科学出版社"十四五"普通高等教育本科规划教材

组 合 数 学

王祖朝　杨越峰　编著

科学出版社

北　京

内 容 简 介

组合数学的研究对象是有限或可数的离散结构或模式,其目标之一就是在给定的准则下对结构或模式进行计数和枚举. 因此,组合数学属于离散数学的范畴,是算法科学的数学基础. 本书主要介绍组合计数技术,共八章,内容安排上紧紧围绕组合数学中三大计数技术——母函数、容斥原理和 Pólya 计数理论展开,具体包括基本计数技术、母函数及其应用、递推关系、特殊计数序列、容斥原理、Möbius 反演及应用、鸽巢原理、Pólya 计数理论,每章均配有丰富的例题和习题,部分典型的习题给出了答案和提示.

本书可作为高等院校数学专业和计算机科学相关专业本科生和研究生学习组合数学的入门教材. 主要知识点的层次安排既有浅显易懂的入门内容,也有一般化和深刻一般化的主题,适合不同层次的读者.

图书在版编目(CIP)数据

组合数学 / 王祖朝,杨越峰编著. —北京:科学出版社,2023.11
科学出版社"十四五"普通高等教育本科规划教材
ISBN 978-7-03-077025-7

Ⅰ. ①组… Ⅱ. ①王… ②杨… Ⅲ. ①组合数学-高等学校-教材
Ⅳ. ①O157

中国国家版本馆 CIP 数据核字(2023)第 220519 号

责任编辑:张中兴 梁 清 孙翠勤 / 责任校对:杨聪敏
责任印制:师艳茹 / 封面设计:无极书装

科学出版社 出版
北京东黄城根北街 16 号
邮政编码:100717
http://www.sciencep.com

北京建宏印刷有限公司 印刷
科学出版社发行 各地新华书店经销
*
2023 年 11 月第 一 版 开本:720×1000 1/16
2024 年 1 月第二次印刷 印张:30 1/2
字数:615 000
定价:108.00 元
(如有印装质量问题, 我社负责调换)

前　言

　　组合数学也叫组合学, 是数学科学中最迷人的分支之一, 也是在当代所有的数学分支中发展最快的分支之一. 它之所以能够快速发展, 一个主要原因是其在计算机科学、通信、交通运输、遗传学、实验设计、生产调度以及日程安排等方面的广泛应用. 可以这样说, 组合数学的发展同计算机的发展是齐头并进的. 一方面, 高速计算机的出现使得各领域中实际组合问题的求解成为可能, 而这些问题在不久前还是无法解决的, 这无疑增加了研究组合问题求解方法的重要性. 另一方面, 计算机科学的发展本身又带来了大量具有挑战性的组合问题. 因此, 很难把组合数学和计算机科学的发展割裂开来. 借助于现代计算机科学的发展, 组合数学已成为近几十年来最活跃的数学分支之一.

　　本质上, 计算机科学是一个算法的科学. 计算机科学中的算法一般分为两大类: 一类称为数值算法, 主要解决数值计算问题, 如解方程组、方程求根、定积分的计算、微分方程的求解等; 另一类称为组合算法, 主要解决搜索、排序、安排、组合优化等问题, 其理论基础就是组合数学. 另外, 无论是哪一类算法都会涉及算法的效率分析. 分析算法的效率有时是相当困难的, 其中涉及许多复杂的计数问题, 而计数正是组合数学的一个重要的研究领域. 鉴于此, 我们需要告诫学习组合数学的全体学生要接受算法的思想, 具备算法的思维方式, 这种思维方式对学习本课程来说是重要的也是最基本的.

　　组合数学真正成为现代数学的一个分支还是 20 世纪 60 年代的事, 但其研究的历史可以追溯到远古时代. 相传在大禹治水时代, 在洛水曾发现过一只神龟, 它的背上有如图 0.1 左边的点阵图, 如将点阵图表示成数字, 则得到右边的矩阵, 习惯上称这个矩阵为一个三阶幻方, 它的特征是每行、每列以及两条对角线上的元素之和均为 15. 这可能是组合设计领域最早的一个实例. 实际上, 幻方问题是组

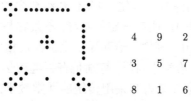

$$\begin{matrix} 4 & 9 & 2 \\ 3 & 5 & 7 \\ 8 & 1 & 6 \end{matrix}$$

图 0.1　洛书点阵图与对应的幻方

合数学领域里的一个非常迷人的问题, 曾经在相当长的一段时期内吸引了大量的才俊. 尽管本书并不打算讨论幻方, 但不可否认的是, 正是这些益智游戏的无穷魅力, 激发人们的聪明才智和数学兴趣, 组合数学也因此从中获得了广阔的历史发展空间.

组合数学属于离散数学的范畴, 是研究 "安排" 的一门学科. 例如, 给定有限个或可数无限个对象, 需要将这些对象按一定规则来安排时, 自然会产生以下四个问题: ① 符合要求的安排是否存在? ② 在安排存在的情况下有多少种这样的安排? ③ 怎样将所有符合要求的安排一一枚举出来? ④ 当存在衡量这些安排的优劣标准时, 怎样构造出最优的安排? 这四个问题依次称为存在性问题、组合计数问题、组合构造或枚举问题以及组合优化问题. 而组合数学中的计数和枚举, 则是算法分析与设计的重要手段和理论基础.

本书是在笔者的组合数学课程讲义基础上历经多年的修改而成. 在内容侧重点上, 主要以组合计数为主, 也涉及少量的枚举和存在性问题, 组合优化不在本书讨论的范畴. 这种安排的主要考虑是避免与其他教材在教学内容上的重叠. 各知识点导入自然, 深度有层次, 既有相关知识的历史渊源和浅显的入门知识, 又有较具难度的一般化内容, 更有深刻一般化的主题, 非常适合不同层次的学生延伸学习. 全书共分八章, 主要围绕组合数学中的三大计数技术 —— 母函数、容斥原理和 Pólya 计数理论及其应用展开, 具体内容包括: 基本计数技术、母函数及其应用、递推关系、特殊计数序列、容斥原理、Möbius 反演及应用、鸽巢原理、Pólya 计数理论. 内容安排尽可能精练, 叙述力求简洁流畅, 符号使用自成一格, 并通过大量的典型例题和习题展示了组合数学的部分应用领域. 习题和例题取材广泛, 注重科学性和趣味性, 有利于培养学生对该学科的兴趣. 本书的一部分例题和习题取材于书后的文献, 如 R. P. Stanley 的 *Enumerative Combinatorics*, J. H. van Lint 和 R. M. Wilson 的 *A Course in Combinatorics*, R. A. Brualdi 的 *Introductory Combinatorics*, M. Aigner 的 *Combinatorial Theory*, Miklós Bóna 的 *Introduction to Enumerative Combinatorics*, F. S. Roberts 和 B. Tesman 的 *Applied Combinatorics*, 卢开澄和卢华明的《组合数学》以及康庆德的《组合学笔记》等. 绝大部分习题给出了解答或提示. 因此, 本书适合作为大学数学和计算机科学等相关专业本科生或研究生的教材. 用作本科生教材时, 第 6 章 "Möbius 反演及应用" 是容斥原理的深刻一般化, 也是代数组合学的基石, 但因涉及较多的基础概念和定理, 有些定理的证明有一定的难度, 不太容易被大多数学生接受, 故笔者在 30 余年的教学实践中, 好像只给两届学生讲授过相关内容, 教学效果也一般. 因此, 这部分内容可以留给学生自学, 特别是有兴趣和学有余力的学生, 对学生亦不作特别要求. 如果对这部分内容采用传统的课堂教学方式讲授, 则比较浪费学时, 建议采用幻灯片演示. 除去这部分内容之外, 其余 7 章内容的讲授, 建议课堂学时为 56 学时或 64 学时.

毋庸置疑, 组合数学是一门正在迅速发展的学科, 新的组合问题不断涌现, 新的组合学方法正在迅速建立, 它的应用也正在迅速地探索. 限于水平, 书中疏漏之处在所难免, 欢迎各位同仁专家批评指正, 也十分期待广大读者的建议和指正. 作者联系方式: wzc@cugb.edu.cn.

作　者

2022 年 8 月于五道口

目　　录

符 号 说 明

一、基 本 符 号

$\varnothing$	空集
$\mathbb{C}$	复数集合
$\mathbb{R}$	实数集合
$\mathbb{R}^+$	正实数集合
$\mathbb{Q}$	有理数集合
$\mathbb{Q}^+$	正有理数集合
$\mathbb{Z}$	整数集合
$\mathbb{Z}^+$	正整数集合
$\mathbb{N}$	非负整数集合
$\mathbb{P}$	全体素数集合
$\mathbb{Z}_n$	集合 $\{0, 1, \cdots, n-1\}$
$\mathbb{Z}_n^+$	集合 $\{1, 2, \cdots, n\}$
$[n..m]$	集合 $\{n, n+1, \cdots, m\}$, $n \leqslant m$
$\mathbb{F}_q$	q 个元素的有限域
$\mathbb{F}_q^n$	域 $\mathbb{F}_q$ 上的 n 维向量空间
2^S 或 $\{0,1\}^S$	集合 S 的所有子集的集合
$A \times B$	集合 A 与集合 B 的 Cartes 积
S^n	n 个 S 的 Cartes 积, $S^n = S \times S \times \cdots \times S$
$|S|$	有限集合 S 中的元素个数
$(x)_n$	x 的 n 次下阶乘, $(x)_n = x(x-1)\cdots(x-n+1)$
$(x)^n$	x 的 n 次上阶乘, $(x)^n = x(x+1)\cdots(x+n-1)$

$[x]$ 实数 x 的整数部分

$\{x\}$ 实数 x 的小数部分 (不含符号)

$\lfloor x \rfloor$ 不大于实数 x 的最大整数

$\lceil x \rceil$ 不小于实数 x 的最小整数

$\langle x \rangle$ 最接近实数 x 的整数

$\phi(n)$ Euler 函数, 不超过 n 且与 n 互素的正整数个数

$\pi(n)$ 素数统计函数, 集合 $\mathbb{Z}_n^+$ 中的素数个数

$\boldsymbol{\Lambda}_S(x)$ 集合 S 的特征函数

$\boldsymbol{\Lambda}_n$ 满足 $\sum_{k=1}^{n} k\lambda_k = n$ 的非负整数向量 $(\lambda_1, \lambda_2, \cdots, \lambda_n)$ 的集合

$\boldsymbol{\Lambda}_{n,k}$ $\boldsymbol{\Lambda}_n$ 中满足 $\lambda_1 + \lambda_2 + \cdots + \lambda_n = k$ 的子集

$\gcd(n_1, \cdots, n_k)$ 整数 $n_1, n_2, \cdots, n_k$ 的最大公因子

$\operatorname{lcm}(n_1, \cdots, n_k)$ 整数 $n_1, n_2, \cdots, n_k$ 的最小公倍数

二、集合拆分

$\Pi(S)$ 集合 S 的所有非空无序拆分的集合

$\Pi_k(S)$ 集合 S 的所有非空无序 k 拆分的集合

$\Pi[S]$ 集合 S 的所有非空有序拆分的集合

$\Pi_k[S]$ 集合 S 的所有非空有序 k 拆分的集合

$\Pi^{\varnothing}(S)$ 集合 S 的所有无序拆分 (允许空集) 的集合

$\Pi_k^{\varnothing}(S)$ 集合 S 的所有无序 k 拆分 (允许空集) 的集合

$\Pi^{\varnothing}[S]$ 集合 S 的所有有序拆分 (允许空集) 的集合

$\Pi_k^{\varnothing}[S]$ 集合 S 的所有有序 k 拆分 (允许空集) 的集合

三、关系、映射

$\varnothing$ 空关系

Ω_X 集合 X 上的全关系

I_X 集合 X 上的恒等关系

$\preccurlyeq$ 集合上的偏序关系

$\sim$	集合上的等价关系
$\underset{\sim}{G}$	由置换群 G 所导出的等价关系
$\Xi(S)$	集合 S 上等价关系的集合
$[x]$	集合中元素 x 所在的等价类
$\simeq$	同态 (偏序集、代数系统或向量空间)
$\cong$	同构 (偏序集、代数系统、向量空间或图)
Y^X	集合 X 到集合 Y 的所有映射的集合
$Y_\vdash^X$	集合 X 到集合 Y 的所有单映射的集合
$Y_\vDash^X$	集合 X 到集合 Y 的所有满映射的集合
$Y_=^X$	集合 X 到集合 Y 的所有双射的集合
$Y_\simeq^X$	代数系统或向量空间 X 到 Y 的所有同态映射的集合
$Y_\cong^X$	代数系统或向量空间 X 到 Y 的所有同构映射的集合
$Y_<^X$	偏序集 X 到偏序集 Y 的所有严格单调增映射的集合
$Y_\leqslant^X$	偏序集 X 到偏序集 Y 的所有单调不减映射的集合
$\mathfrak{S}(S)$	集合 S 上全体置换的集合
$\mathfrak{S}_k(S)$	集合 S 上可分解为 k 个循环的置换集合
$\mathfrak{S}(S; \lambda_1, \cdots, \lambda_n)$	n 元集 S 上格式为 $(1)^{\lambda_1}(2)^{\lambda_2}\cdots(n)^{\lambda_n}$ 的置换集合
$\mathrm{img}(\varphi)$	映射 φ 的像构成的普通集合
$\mathrm{img}((\varphi))$	映射 φ 的像构成的重集
$\ker(\varphi)$	映射 φ 的无序核
$\ker[\varphi]$	映射 φ 的有序核
$\mathrm{typ}(\varphi)$	映射 φ 的类型或置换 φ 的格式
$\varphi^{-1}(b)$	映射 φ 下 b 的原像集合

四、排列组合

$S!$	集合 S 的全排列集合
$D(\pi)$	排列 $\pi = a_1 a_2 \cdots a_n \in \mathbb{Z}_n^+!$ 的降序集 $D(\pi) = \{i \mid a_i > a_{i+1}\}$

$S^{[r]}$	集合 S 的全体 r 排列的集合
$S^{\llbracket r \rrbracket}$	集合 S 的全体 r 重复排列的集合
$S^{(r)}$	集合 S 的所有 r 组合的集合
$S^{((r))}$	集合 S 的所有 r 重复组合的集合
$S^{(r)}_{|k|}$	集合 S 的所有 k 间隔 r 组合的集合
$\mathbf{it}(\pi)$	n 元集 $\mathbb{Z}_n^+$ 的排列 π 的逆序表
it_n	n 元集 $\mathbb{Z}_n^+$ 全体排列的逆序表集合
$i(\pi)$	$\mathbb{Z}_n^+!$ 中的排列 π 的逆序数
$j(\pi)$	$\mathbb{Z}_n^+!$ 中的排列 π 的指数, $j(\pi) = \sum_{i \in D(\pi)} i$
$\imath(n,k)$	$\mathbb{Z}_n^+!$ 中恰有 k 个逆序的排列个数
$\jmath(n,k)$	$\mathbb{Z}_n^+!$ 中指数等于 k 的排列个数
$\alpha_n(S)$	$\mathbb{Z}_n^+!$ 中降序集 $D(\pi) \subseteq S$ 的排列 π 的个数, $S \subseteq \mathbb{Z}_{n-1}^+$
$\beta_n(S)$	$\mathbb{Z}_n^+!$ 中降序集 $D(\pi) = S$ 的排列 π 的个数, $S \subseteq \mathbb{Z}_{n-1}^+$
$\begin{bmatrix} n \\ r \end{bmatrix}$	n 元集的 r 排列数
$\begin{bmatrix}\!\!\begin{bmatrix} n \\ r \end{bmatrix}\!\!\end{bmatrix}$	n 元集的 r 重复排列数
$\odot_b[n;r]$	n 元集的 r 手镯型圆排列数
$\odot_n[n;r]$	n 元集的 r 项链型圆排列数
$\odot_b\llbracket n;r \rrbracket$	n 元集的 r 手镯型重复圆排列数
$\odot_n\llbracket n;r \rrbracket$	n 元集的 r 项链型重复圆排列数
$\odot_b[n_1,\cdots,n_k]$	n 元重集 $\{n_1 \cdot a_1, \cdots, n_k \cdot a_k\}$ 的手镯型圆排列数
$\odot_n[n_1,\cdots,n_k]$	n 元重集 $\{n_1 \cdot a_1, \cdots, n_k \cdot a_k\}$ 的项链型圆排列数
$\binom{n}{r}$	二项式系数, n 元集的 r 组合数
$\binom{n}{r}_{|k|}$	n 元 k 间隔 r 组合数
$\binom{n}{n_1,\,n_2,\,\cdots,\,n_k}$	多项式系数, $n = n_1 + n_2 + \cdots + n_k$
$\left(\!\!\binom{n}{r}\!\!\right)$	n 元集的 r 重复组合数
$(n)_q$	q 版整数 n, $(n)_q = 1 + q + \cdots + q^{n-1}$
$(n)_q!$	q 版 n 阶乘, $(n)_q! = (n)_q(n-1)_q \cdots (1)_q$

$\binom{n}{k}_q$ q 二项式系数, $0 \leqslant k \leqslant n$

$\binom{n}{n_1, n_2, \cdots, n_k}_q$ q 多项式系数, $n = n_1 + n_2 + \cdots + n_k$

$\binom{n}{k}_{pq}$ pq 二项式系数, $0 \leqslant k \leqslant n$

$\binom{n}{n_1, n_2, \cdots, n_k}_{pq}$ pq 多项式系数, $n = n_1 + n_2 + \cdots + n_k$

五、特殊序列

B_n Bell 数序列, $B_n = \sum_{k=1}^{n} S(n, k)$

C_n Catalan 数序列, $C_0 = 1$, $C_n = \dfrac{1}{n+1}\binom{2n}{n}$, $n \geqslant 1$

D_n 集合 $\mathbb{Z}_n^+$ 的错排列数, $D_n = n!\left[\dfrac{1}{2!} - \dfrac{1}{3!} + \cdots + (-1)^n \dfrac{1}{n!}\right]$

E_n Euler 数序列, 集合 $\mathbb{Z}_n^+$ 的交错排列数

F_n Fibonacci 序列, $F_0 = 0$, $F_1 = 1$, $F_n = F_{n-1} + F_{n-2}$, $n \geqslant 2$

H_n 调和数序列, $H_n = 1 + \dfrac{1}{2} + \cdots + \dfrac{1}{n}$

L_n Lucas 数序列, $L_n = F_{n-1} + F_{n+1}$, $n \geqslant 1$

M_n Motzkin 数序列, $M_0 = 1$, $M_1 = 1$, $M_2 = 2$, $M_3 = 4$, $\cdots$

s_n 小 Schröder 数序列, $s_0 = 1$, $s_1 = 1$, $s_2 = 3$, $s_3 = 11$, $\cdots$

S_n 大 Schröder 数序列, $S_0 = 1$, $S_n = 2s_n$, $n \geqslant 1$

$S(k)$ Schur 数序列, $S(1) = 2$, $S(2) = 5$, $S(3) = 14$, $\cdots$

$\omega(m)$ 五边形数 (或五角数), $\omega(m) = (3m^2 - m)/2$

$W(k; r)$ Waerden 数序列, $k, r \in \mathbb{Z}^+$

$w(n_1, n_2, \cdots, n_r)$ 非对角 Waerden 数序列, $n_k, r \in \mathbb{Z}^+$, $r \geqslant 2$

$s(n, k)$ 第一类 Stirling 数序列, $0 \leqslant k \leqslant n$

$c(n, k)$ 第一类无符号 Stirling 数序列, $c(n, k) = (-1)^{n+k} s(n, k)$

$S(n, k)$ 第二类 Stirling 数序列, $S(n, k) = |\Pi_k(S)|$

$S^{\varnothing}(n, k)$ n 元集 S 的无序 k 拆分的个数, $S^{\varnothing}(n, k) = \left|\Pi_k^{\varnothing}(S)\right|$

$S[n, k]$ n 元集 S 的非空有序 k 拆分的个数, $S[n, k] = |\Pi_k[S]|$

$S^{\varnothing}[n, k]$ n 元集 S 的有序 k 拆分的个数, $S^{\varnothing}[n, k] = \left|\Pi_k^{\varnothing}[S]\right|$

$N(n,k)$	Narayana 数, 恰有 k 个峰的 Dyck 路径数
$R(p,q)$	二色 Ramsey 数
$R(p,q,r)$	三色 Ramsey 数
$R(n_1, n_2, \cdots, n_k)$	k 色 Ramsey 数
$L(n,k)$	Lah 数
$g_q(n,k)$	第一类 Gauss 系数, $g_q(n,k) = q^{\binom{k}{2}} \binom{n}{k}_q$
$G_q(n,k)$	第二类 Gauss 系数, $G_q(n,k) = \binom{n}{k}_q$
$w_k(P)$	分级偏序集 P 的第一类 Whitney 数
$W_k(P)$	分级偏序集 P 的第二类 Whitney 数

六、整数拆分

$\Pi[n]$	正整数 n 的有序拆分集
$\Pi_r[n]$	正整数 n 的有序 r 拆分集
$\Pi(n)$	正整数 n 的无序拆分集
$\Pi_r(n)$	正整数 n 的无序 r 拆分集
$\Pi^r(n)$	正整数 n 的最大部分等于 r 的无序拆分集
$\Pi_{\leqslant r}(n)$	正整数 n 的不超过 r 个部分的无序拆分集
$\Pi^{\leqslant r}(n)$	正整数 n 的最大部分不超过 r 的无序拆分集
$\Pi^{\geqslant r}(n)$	正整数 n 的最小部分不小于 r 的无序拆分集
$\Pi_r^{\neq}(n)$	正整数 n 的各部分互异的无序 r 拆分集
$\Pi_{\leqslant r}^{\leqslant s}(n)$	正整数 n 部分数不超过 r 且最大部分不超过 s 的无序拆分集
$\Pi\langle n \rangle$	正整数 n 的完备拆分集
$\pi[n]$	正整数 n 的一个有序拆分
$\pi_r[n]$	正整数 n 的一个有序 r 拆分
$\pi(n)$	正整数 n 的一个无序拆分 (重用符号)
$\pi_r(n)$	正整数 n 的一个无序 r 拆分

$p[n]$	正整数 n 的有序拆分数
$p_r[n]$	正整数 n 的有序 r 拆分数
$p(n)$	正整数 n 的无序拆分数
$p_r(n)$	正整数 n 含有 r 个部分的无序拆分数
$p_{\leqslant r}(n)$	正整数 n 不超过 r 个部分的无序拆分数
$p^{\neq}(n)$	正整数 n 各部分互异的无序拆分数
$p^r(n)$	正整数 n 最大部分等于 r 的无序拆分数
$p^{\leqslant r}(n)$	正整数 n 最大部分不超过 r 的无序拆分数
$p^{\geqslant r}(n)$	正整数 n 最小部分不小于 r 的无序拆分数
$p^e(n)$	正整数 n 的各部分均为偶数的无序拆分数
$p^o(n)$	正整数 n 的各部分均为奇数的无序拆分数
$p^{\neq e}(n)$	正整数 n 的各部分互异且各部分均为偶数的无序拆分数
$p^{\neq o}(n)$	正整数 n 含各部分互异且各部分均为奇数的无序拆分数
$p_e^{\neq}(n)$	正整数 n 的各部分互异且部分数为偶数的无序拆分数
$p_o^{\neq}(n)$	正整数 n 的各部分互异且部分数为奇数的无序拆分数
$p_r^{\neq}(n)$	正整数 n 含有 r 个互异部分的无序拆分数
$p_{\leqslant r}^{\leqslant s}(n)$	正整数 n 部分数不超过 r 且最大部分不超过 s 的无序拆分数
$p\langle n\rangle$	正整数 n 的完备拆分数, $p\langle n\rangle = |\Pi\langle n\rangle|$
$p_{\min}\langle n\rangle$	正整数 n 的具有最小部分数的完备拆分数

七、图表示

$\mathscr{D}_F(\pi)$	拆分或排列 π 的 Ferrers 图
$\mathscr{D}_Y(\pi)$	拆分或排列 π 的 Young 图
$\mathscr{B}_F(\pi)$	拆分或排列 π 对应的 Ferrers 图或棋盘
$\mathscr{B}_Y(\pi)$	拆分或排列 π 对应的 Young 图或棋盘
$\mathscr{D}_H(P)$	偏序集 P 的 Hasse 图

八、格点路径

$\mathscr{L}_p(n, m)$ $\qquad$ $(0,0)$ 到 (n, m) 的 UR 格点路径集

$L_p(n, m)$ $\qquad$ $(0,0)$ 到 (n, m) 的 UR 格点路径数

$L_p^{\leqslant}(n, m)$ $\qquad$ $(0,0)$ 到 (n, m) 满足 $x \leqslant y$ 的 UR 格点路径数

$L_p^{\geqslant}(n, m)$ $\qquad$ $(0,0)$ 到 (n, m) 满足 $x \geqslant y$ 的 UR 格点路径数

$L_p^{<}(n, m)$ $\qquad$ $(0,0)$ 到 (n, m) 满足 $x < y$ 的 UR 格点路径数

$L_p^{>}(n, m)$ $\qquad$ $(0,0)$ 到 (n, m) 满足 $x > y$ 的 UR 格点路径数

$L_p^{\neq}(n, m)$ $\qquad$ $(0,0)$ 到 (n, m) 穿过 $y = x$ 的 UR 格点路径数

$D_p(n)$ $\qquad$ $(0,0)$ 到 $(2n, 0)$ 的 Dyck 路径数

$D_p^{>}(n)$ $\qquad$ $(0,0)$ 到 $(2n, 0)$ 且位于 x 轴之上的 Dyck 路径数

九、特殊元素统计

$N_{=j}$ $\qquad$ 集合中恰具有 j 个性质的元素统计

$N_{\geqslant k}$ $\qquad$ 集合中至少具有 k 个性质的元素统计

$\mathbb{P}_{=j}$ $\qquad$ n 个事件中恰有 j 个事件发生的概率

$\mathbb{P}_{\geqslant k}$ $\qquad$ n 个事件中至少 k 个事件发生的概率

$r_k(B)$ $\qquad$ k 个棋子在棋盘 B 上的布局方案数

$N_{=j}(B)$ $\qquad$ n 个棋子在 $\boxplus_n$ 上布局恰有 j 个棋子落入棋盘 B 的方案数

$N_{\geqslant k}(B)$ $\qquad$ n 个棋子在 $\boxplus_n$ 上布局至少有 k 个棋子落入棋盘 B 的方案数

$\mathcal{R}(B; x)$ $\qquad$ 棋盘 $B \subseteq \boxplus_n$ 上的棋盘多项式

$\mathcal{N}(B; x)$ $\qquad$ 棋盘 $B \subseteq \boxplus_n$ 上的命中多项式

十、算子

$\mathbf{G}_o$ $\qquad$ 序列的普通型母函数发生算子

$\mathbf{G}_e$ $\qquad$ 序列的指数型母函数发生算子

$\mathbf{D}$ $\qquad$ 函数的微商算子, $\mathbf{D} = \dfrac{\mathrm{d}}{\mathrm{d}x}$

$\mathbf{\Delta}$ $\qquad$ 向前差分算子, $\mathbf{\Delta}f(n) = f(n+1) - f(n)$

$\mathbf{E}$	平移算子，$\mathbf{E}f(n) = f(n+1)$
$\mathbf{I}$	恒等算子，$\mathbf{I}f(n) = f(n)$

十一、偏序集

$\mathbf{0}$	偏序集的最小元
$\mathbf{1}$	偏序集的最大元
$\widehat{\mathbf{0}}$	偏序集的补充最小元
$\widehat{\mathbf{1}}$	偏序集的补充最大元
P^*	偏序集 P 的对偶
$\widehat{P}$	补充 $\widehat{\mathbf{0}}$ 和 $\widehat{\mathbf{1}}$ 到偏序集 P 形成的偏序集，$\widehat{P} = P \cup \{\widehat{\mathbf{0}}, \widehat{\mathbf{1}}\}$
Λ_x	由元素 x 生成的主序理想，$\Lambda_x = \{y \mid y \in P, y \preccurlyeq x\}$
V_x	由元素 x 生成的主对偶序理想，$V_x = \{y \mid y \in P, y \succcurlyeq x\}$
$\mathrm{Ch}(P)$	偏序集 P 中所有非空链的集合
$\mathrm{Ch}((P))$	偏序集 P 中所有非空重链集合
$\mathrm{Ch}(x, y)$	偏序集中始于 x 终于 y 的链的集合
$\mathrm{Ch}((x, y))$	偏序集中始于 x 终于 y 的重链集合
$\mathrm{Ch}_k(P)$	偏序集 P 中所有长度为 k 的链的集合
$\mathrm{Ch}_k((P))$	偏序集 P 中所有长度为 k 的重链集合
$\mathrm{Ch}_k(x, y)$	偏序集中始于 x 终于 y 且长度为 k 的链的集合
$\mathrm{Ch}_k((x, y))$	偏序集中始于 x 终于 y 且长度为 k 的重链集合
$\mathcal{A}_k(P)$	有限分级偏序集 P 中 k 阶元的集合
$\mathrm{Ac}(P)$	偏序集 P 中所有非空反链的集合
$\ell(Q)$	链或反链 Q 的长度，$\ell(Q) = |Q| - 1$
$\mathcal{H}(P)$	偏序集 P 的高度
$\mathcal{W}(P)$	偏序集 P 的宽度
$\mathcal{H}(x, y)$	闭区间 $[x, y]$（子偏序集）的高度
$\mathcal{W}(x, y)$	闭区间 $[x, y]$（子偏序集）的宽度

$\mathrm{rank}(P)$	偏序集 P 的阶
$\mathrm{rank}(x, y)$	闭区间 $[x, y]$(子偏序集) 的阶
$P \boxplus Q$	偏序集 P 与 Q 的直和
$P \oplus Q$	偏序集 P 与 Q 的有序和
$P \boxtimes Q$	偏序集 P 与 Q 的直积
$P \otimes Q$	偏序集 P 与 Q 的有序积
$Q_{\preccurlyeq}^{P}$	偏序集 P 与 Q 的幂偏序集
$\rho(x)$	分级偏序集中元素 x 的阶
$\boldsymbol{\mathcal{R}}(P; q)$	分级偏序集 P 的阶母函数
$\boldsymbol{\chi}(P; \lambda)$	分级偏序集 P 的特征多项式
$[\![n]\!]$	集合 $\{1, 2, \cdots, n\}$ 在数的大小意义下构成的偏序集
$[\![n]\!]_0$	集合 $\{0, 1, \cdots, n\}$ 在数的大小意义下构成的偏序集
$\mathbb{N}$	非负整数集 $\mathbb{N}$ 在数的大小意义下构成的偏序集 (重用符号)
$\mathbb{B}_n$	集合 $2^{\mathbb{Z}_n^+}$ 在集合的包含关系意义下构成的偏序集
$\mathbb{D}_n$	正整数 n 的正因子集合在整除关系意义下构成的偏序集
$\mathbb{D}_\infty$	正整数集 $\mathbb{Z}^+$ 在整除关系意义下构成的偏序集
$\mathbb{M}(X)$	集合 X 上的有限重集在包含关系意义下构成的偏序集
$\boldsymbol{\Pi}_n$	$\mathbb{Z}_n^+$ 无序拆分集 $\Pi(S)$ 在拆分细化关系意义下构成的偏序集
$\mathbb{L}_q^n$	$\mathbb{F}_q^n$ 子空间的集合在集合包含关系意义下构成的偏序集
$\mathbb{F}(P)$	凸多面体 P 的面集在集合的包含关系意义下构成的偏序集
$\mathbb{J}(P)$	偏序集 P 的序理想集在集合包含关系意义下构成的偏序集
$\mathbb{A}(P)$	偏序集 P 上的关联代数
$\delta(x, y)$	偏序集上的 Delta 函数
$\mu(x, y)$	偏序集上的 Möbius 函数
$\zeta(x, y)$	偏序集上的 Zeta 函数, 也称为重链函数
$\lambda(x, y)$	偏序集上的 Lambda 函数, 也称为极大重链函数
$\eta(x, y)$	偏序集上的 Eta 函数, 也称为链函数

$\kappa(x,y)$	偏序集上的 Kappa 函数, 也称为极大链函数
$\nu(x,y)$	偏序集上所有的 xy 链函数, $\nu(x,y) = (2\delta - \zeta)^{-1}(x,y)$
$\gamma(x,y)$	偏序集上所有的 xy 极大链函数, $\gamma(x,y) = (2\delta - \lambda)^{-1}(x,y)$

十二、群

$\mathcal{K}$	Klein 四元群
$\mathcal{S}_n$	n 元集 $\mathbb{Z}_n^+$ 上的对称群
$\mathcal{S}_n(X)$	n 元集 X 上的对称群
$\mathcal{A}_n$	n 元集 $\mathbb{Z}_n^+$ 上的交错群
$\mathcal{A}_n(X)$	n 元集 X 上的交错群
$\mathcal{I}_n$	n 元集 $\mathbb{Z}_n^+$ 上的恒等置换群, 即 $\mathcal{I}_n = \{\iota\}$
$\mathcal{I}_n(X)$	n 元集 X 上的恒等置换群
$\mathcal{C}_n$	n 元集上的循环群
$\mathcal{D}_n$	n 元集上的二面体群
$\mathrm{Aut}(H)$	图 H 的自同构群
$G(\pi)$	由拆分 π 所导出的置换群 G
$\langle a \rangle$	群中元素 a 生成的循环群
$H \leqslant G$	群 H 是群 G 的子群
$H < G$	群 H 是群 G 的真子群
$G \times H$	置换群 G 置换群 H 的 Cartes 积
$G \boxplus H$	置换群 G 和置换群 H 形成的直和上的置换群
H^G	置换群 G 和置换群 H 形成的幂群
$G^{(2)}$	由 X 上的置换群 G 导出的 $X^{(2)}$ 上的对群
$G^{[2]}$	由 X 上的置换群 G 导出的 X^2 上的有序对群
$[G : H]$	群 G 的子群 H 在 G 中的指数
$\mathcal{S}_n(\lambda_1, \cdots, \lambda_n)$	群 $\mathcal{S}_n$ 中格式为 $(1)^{\lambda_1}(2)^{\lambda_2}\cdots(n)^{\lambda_n}$ 的共轭类
$\mathrm{Sta}\,(x)$	X 上的置换群 G 中关于 $x \in X$ 的不动置换类, $\mathrm{Sta}\,(x) \leqslant G$

$\mathrm{Orb}\,(x)$	X 上的置换群 G 关于 $x \in X$ 的轨道, $\mathrm{Orb}\,(x) \subseteq X$
$\mathrm{Fix}\,(\sigma)$	置换 σ 的不动点的集合
$\mathrm{Keb}\,(\sigma)$	C^X 中置换 σ 同一循环中的对象染成同样颜色的染色方案集
$\mathrm{Inv}\big(C^X/G\big)$	在群 G 的作用下染色方案集 C^X 的模式清单
$\mathrm{Inv}\big(C^X/H^G\big)$	在幂群 H^G 的作用下染色方案集 C^X 的模式清单
X/G	X 上的置换群 G 的所有轨道的集合
$\mathrm{CI}_G(x_1, x_2, \cdots)$	置换群 G 的循环指数

十三、图

$\overline{G}$	图 G 的补图
(V, E)	顶点集为 V 边集为 E 的图
$V(G)$	图 G 的顶点集
$E(G)$	图 G 的边集
$\mathbf{N}_G(v)$	图 G 的顶点 v 的邻域, 即与 v 邻接的顶点集
$\mathbf{N}_G[v]$	图 G 的顶点 v 的邻域, 即 $\mathbf{N}_G[v] = \mathbf{N}_G(v) \cup \{v\}$
$\mathbf{deg}^+(v)$	有向图的顶点 v 的入度
$\mathbf{deg}^-(v)$	有向图的顶点 v 的出度
$\mathbf{deg}(v)$	顶点 v 的度, 对有向图 $\mathbf{deg}(v) = \mathbf{deg}^+(v) + \mathbf{deg}^-(v)$
$\boldsymbol{\delta}(G)$	图 G 的顶点度的最小值
$\boldsymbol{\Delta}(G)$	图 G 的顶点度的最大值
$\boldsymbol{\omega}(G)$	图 G 的团数, 即 G 的最大完全子图的阶
$\boldsymbol{k}(G)$	图 G 的连通分支的个数
(u, v) 或 uv	始于顶点 u 终于 v 的有向边
$\{u, v\}$ 或 uv	关联顶点 u 和 v 的无向边
N_n	n 阶零图
C_n	n 阶环 (重用符号)

P_n	n 阶简单道路
K_n	n 阶完全图
$K_{n,m}$	(n, m) 阶完全二部图
$K_{n_1, n_2, \cdots, n_k}$	$(n_1, n_2, \cdots, n_k)$ 阶完全 k 部图

十四、杂类

$\boxplus_n$	$n \times n$ 棋盘格子的集合, 即 $\boxplus_n = \mathbb{Z}_n^+ \times \mathbb{Z}_n^+$
$\boxplus_{r \times s}$	$r \times s$ 棋盘格子的集合, 即 $\boxplus_{r \times s} = \mathbb{Z}_r^+ \times \mathbb{Z}_s^+$
B_π	排列 $\pi \in \mathbb{Z}_n^+!$ 的图, 即 $B_\pi \subseteq \boxplus_n$
$\odot$	矩阵的 Kronecker 积
$\oplus_n$	模 n 的加法运算

第 1 章　基本计数技术

众所周知, 组合数学的研究对象是有限或可数的离散结构, 其研究目标之一就是在给定的准则下对结构进行计数和枚举. 为此, 组合数学中有许多技术和方法用于这两个目的. 单就计数来说, 就有许多非常精巧的计数方法, 但是排列与组合的计数是最直接和最基本的, 也是应用最为广泛的. 例如, 在古典概率论领域里的概率计算主要就是排列与组合的计算. 本章主要介绍一些基本的计数原理以及排列与组合的计数和枚举, 尽管可能有相当大的一部分内容读者已经很熟悉, 我们仍然予以完整介绍. 鉴于本书涉及的许多计数问题均与图有关, 因此我们将在介绍这些基本的计数技术之前, 用一节的篇幅介绍图论中关于图的一些基本概念, 以方便读者理解与图相关的计数问题. 建议读者有选择地阅读本章内容, 特别需要关注的是一些问题的叙述方式及所使用的符号, 它们也将会频繁地出现在本书的其余部分.

1.1　图的基本概念

图论中涉及许多有关图的概念, 所以我们这里并不打算一次性地将所有概念呈现出来, 一是内容太多, 二是没有必要. 因为我们的目的仅仅是服务于将图作为计数对象的需要, 并不是完整介绍图论的内容, 所以我们采用按需的策略, 先介绍一些最基本的概念, 然后在需要的时候再介绍相关内容.

1.1.1　图的定义

一个图 G 由集合 V 及其二元子集 E 构成, 其中集合 V 称为**顶点集**, V 中的元素称为**顶点**; 集合 E 称为**边集**, E 中的元素称为**边**. 因此, 一个图 G 常用二元序偶 (V, E) 表示. 对于没有显式给出顶点集和边集的图 G, 常用 $V(G)$ 表示图 G 的顶点集, $E(G)$ 表示图 G 的边集. 如果图 G 的顶点集 V 是有限集, 则称 G 是**有限图**, 并称顶点数 $|V|$ 是图 G 的**阶** ($|V|$ 表示集合 V 中的元素个数, 下同), 而称边数 $|E|$ 为图 G 的**大小**. 如果 $|V| = n$, $|E| = m$, 则也称图 G 是一个 (n, m) **图**. 如果 V 是无限集, 则称 G 为**无限图**. 如果 $|E| = 0$, 则称 G 为**零图**; 如果 $|V| = 0$, 则称 G 为**空图**. 两个图 G 和 H 相等, 记为 $G = H$, 当且仅当 $V(G) = V(H)$, $E(G) = E(H)$.

如果图 $G = (V, E)$ 的边集 E 中每条边 e 都有一个实数 $W(e)$ 与之关联, 则

实数 $W(e)$ 一般称为边 e 的**权**, 并称图 G 为**赋权图**, 记为 $G = (V, E, W)$; 赋权图也称为**网络**. 如果边集 E 中所有边均有方向, 则称 G 是**有向图**; 如果 E 中一部分边有方向, 另一部分边没有方向, 则称 G 是**部分有向图**或**混合图**; 如果 E 中所有边均没有方向, 则称 G 是**无向图**. 对于有向边 e, 记为 $e = (u, v)$, 其中 $u, v \in V$; 如果 e 是无向边, 则记为 $e = \{u, v\}$, $u, v \in V$. 无论边 e 是有向边 (u, v) 还是无向边 $\{u, v\}$, 都称**边** e **关联顶点** u 和顶点 v, 也称**顶点** u 和 v **关联边** e. 如果顶点 u 和 v 关联同一条边 e, 则称顶点 u 和 v 是**相邻的**. 如果两条边 e_1 和 e_2 关联到同一个顶点 v, 则称边 e_1 和 e_2 是**相邻的**. 如果边 e 关联到同一个顶点 v, 即 $e = (v, v)$ 或 $e = \{v, v\}$, 则称边 e 是一个**自环**. 如果有两条或两条以上的边关联到同一对顶点, 则称这样的边为**重边**. 没有重边和自环的图称为**简单图**, 否则称为**重图**. 如果没有特别说明, 我们所讨论的图都是有限的简单无向图. 在不至于混淆的情况下, 为了简便, 我们将边 $e = \{u, v\}$ 或 $e = (u, v)$ 简记为 uv.

设 $G = (V, E)$ 是无向图, 对于 $v \in V$, 与顶点 v 邻接的顶点集合称为顶点 v 的**邻域**, 记为 $\mathbf{N}(v)$; 有时我们也记为 $\mathbf{N}_G(v)$, 以强调是图 G 中的顶点. 有时也用 $\mathbf{N}[v]$ 和 $\mathbf{N}_G[v]$ 来表示包含顶点 v 自身的邻域, 即 $\mathbf{N}[v] = \mathbf{N}(v) \cup \{v\}$, $\mathbf{N}_G[v] = \mathbf{N}_G(v) \cup \{v\}$. 顶点 v 所关联的边数称为顶点 v 的**度**, 记为 $\mathbf{deg}(v)$, 即 $\mathbf{deg}(v) = |\mathbf{N}(v)|$. 如果 $V(G) = \{v_1, v_2, \cdots, v_n\}$, 则称 $\{\mathbf{deg}(v_i)\}_{i=1}^n$ 为图 G 的**度序列**. 可通过选择顶点的编号, 使得度序列呈递增或递减的序列. 对于有向图 G, 从顶点 v 引出的边数称为顶点 v 的**出度**, 记为 $\mathbf{deg}^-(v)$; 而进入顶点 v 的边数称为顶点 v 的**入度**, 一般记为 $\mathbf{deg}^+(v)$, 并以入度 $\mathbf{deg}^+(v)$ 和出度 $\mathbf{deg}^-(v)$ 之和作为顶点 v 的度, 即 $\mathbf{deg}(v) = \mathbf{deg}^+(v) + \mathbf{deg}^-(v)$. 图 G 中所有顶点度的最小值记为 $\delta(G)$, 最大值则记为 $\Delta(G)$. 度为零的顶点称为**孤立顶点**. 零图中的每个顶点都是孤立顶点. 对于某个正整数 k, 如果 $\delta(G) = \Delta(G) = k$, 即图 G 中每个顶点的度均为 k, 则称图 G 是 k **正则图**.

对于简单图, 无论是有向图还是无向图, 其中的每条边对顶点度的贡献都是 2. 因此, 下面的结论是显然的, 并且一般将其称为**图论第一定理**.

定理 1.1　设 $G = (V, E)$ 是一个简单图 (有向或无向), 那么有

$$\sum_{v \in V} \mathbf{deg}(v) = 2|E|$$

这个定理有时也称为**握手定理**, 意思是指在任何会议上所有人的握手次数之和为偶数, 也意味着任何图中度为奇数 (奇度顶点) 的顶点数为偶数. 对于一个 (n, m) 图 G, 根据握手定理可得

$$\delta(G) \leqslant \lfloor 2m/n \rfloor, \quad \Delta(G) \geqslant \lceil 2m/n \rceil$$

1.1.2 图的连通性

设 $G = (V, E)$ 是一个简单无向图, 且 $|V| = n$, 如果 V 中的任何两个顶点都有一条边关联, 则称 G 是一个 n **阶完全图**, 一般记为 K_n; n 阶零图记为 N_n. 在简单图 G 中, 始于顶点 v_0 终于 v_k 的顶点与边的交错序列 $W_k = v_0 e_1 v_1 e_2 v_2 \cdots e_k v_k$, 其中的边 $e_i (1 \leqslant i \leqslant k)$ 关联顶点 v_{i-1} 与 v_i, 则称 W_k 为一条从 v_0 到 v_k 的**道路**, 简记为 $v_0 - v_k$ **道路**, 其中 k 称为**道路的长度**, 即道路的长度就是道路中包含的边的条数. 显然, 一条 v_0 至 v_k 长度为 k 的 $v_0 - v_k$ 道路, 也是一条 v_k 至 v_0 长度为 k 的 $v_k - v_0$ 道路. 如果道路 W_k 中 $v_0 = v_k$, 则称道路 W_k 为**回路**. 如果道路 W_k 中的诸顶点彼此不同 (因而诸边必然不同), 则该道路为一条**简单道路**; 长度为 $k - 1$ 的简单道路记为 P_k. 如果 P_{k+1} 中的顶点 $v_0 = v_k$, 则称简单道路 P_{k+1} 为一个 k **阶环**, 一般记为 C_k; 如果 k 为奇数, 则称 C_k 为**奇环**; 否则称为**偶环**. 实际上, 环就是简单回路. 如果简单道路 P_k 中的顶点集 $\{v_0, v_1, \cdots, v_{k-1}\} = V$, 则称简单道路 P_k 为图 G 中的一条 **Hamilton 道路**; 如果 Hamilton 道路 P_k 中的 $v_0 = v_{k-1}$, 则称 P_k 为 **Hamilton 回路**. 如果道路 W_k 中的边彼此不同, 且这些边构成的集合 $\{e_1, e_2, \cdots, e_k\} = E$, 则称 W_k 为 **Euler 道路**; 如果 Euler 道路 W_k 中的 $v_0 = v_k$, 则称 Euler 道路 W_k 为 **Euler 回路**. 图 1.1 展示了几个特殊图 K_6, C_6, P_6 以及 N_{10}.

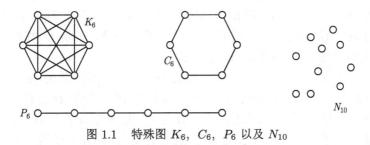

图 1.1　特殊图 K_6, C_6, P_6 以及 N_{10}

设 $G = (V, E)$ 是一个图, 如果对于 V 中任何两个顶点 u 和 v, 均存在一条始于 u 终于 v 的 $u-v$ 道路, 则称图 G 是**连通的**; 否则称 G 是**非连通的**. 如果图 G 是一个连通图, 且 $|E(G)| = |V(G)| - 1$, 则称图 G 是一棵树. 容易看出, 树是一个具有最少边数的连通图, 即如果从树 G 中去掉任何一条边 e(记为 $G - e$), 则 $G - e$ 不再是一个连通图. 反过来, 如果向树 G 中增加任何一条边 e(记为 $G + e$), 则 $G + e$ 中必存在环或回路. 一般在绘制树图时, 习惯将树中的一个顶点 v 安排在最上面, 并称其为**树根**; 而将所有与 v 相邻的顶点安排在 v 的下面, 并称其为树根 v 的**孩子**或**后继**, 相应地称树根为这些孩子的**父亲**或**前驱**; 类似地, 每个孩子也是其后继顶点的前驱, 因此每个孩子及其后继顶点也是一棵树, 称其为树根 v 的**子树**. 因为树具有天然的递归结构, 许多文献就采用递归的方式来定义树. 树中除树根顶点 v

之外满足 $\deg(u) = 1$ 的顶点 u 称为**树叶**. 如果树根顶点 v 满足 $\deg(v) = 1$, 则称这棵树是一棵**人工树**, 即人工树的树根只有一棵子树. 如果树中除树叶外每个顶点至多有 k 个子树, 则称树是一棵 **k 叉树**; 如果树中除树叶外每个顶点恰有 k 个子树, 则称树是一棵**完全 k 叉树**. 如果人工树的树根顶点 v 的子树是一棵完全 k 叉树, 则称其为**人工完全 k 叉树**. 如果区分子树的顺序, 即不同的子树顺序表示不同的树, 则称树是**有序树** (有序树也称为**平面树**), 否则称其为**无序树**.

图 1.2 所示的两棵树, 其树根顶点均为 6. 如果将它们看成是有序树, 则是两棵不同的有序树; 如果看成是无序树, 则这两棵树是同一棵树.

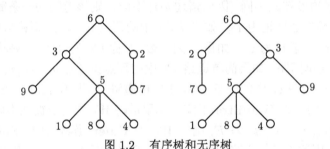

图 1.2   有序树和无序树

如果图 H 满足 $V(H) \subseteq V(G)$, $E(H) \subseteq E(G)$, 则称 H 是 G 的**子图**, 一般记为 $H \subseteq G$. 如果 $H \subseteq G$, 且 $V(H) \subset V(G)$ 或 $E(H) \subset E(G)$, 则称 H 是 G 的**真子图**, 记为 $H \subset G$. 如果 H 是 G 的一个完全子图, 则称 H 是 G 中的一个**团**; G 中最大团的阶数称为 G 的**团数**, 记为 $\boldsymbol{\omega}(G)$.

设 $H \subseteq G$, 对于 $\forall u, v \in V(H)$, 如果 $\{u, v\} \in E(G)$, 那么 $\{u, v\} \in E(H)$, 则称 H 是**由 $V(H)$ 导出的子图**, 并将其记为 $G[V(H)]$. 如果 $H \subseteq G$, 且 $V(H) = V(G)$, 则称 H 是 G 的**生成子图**, 记为 $H \leqslant G$; 如果生成子图 H 是一棵树, 则称 H 是图 G 的**生成树**. 设图 G 是非连通图, H 是 G 的连通子图, 如果对任意的边 $e \in E(G) - E(H)$, 图 $H + e$ 是非连通的, 则称图 H 是图 G 的一个**连通分支**; 图 G 中连通分支的个数记为 $\boldsymbol{k}(G)$.

下面的定理给出了图连通的充分条件.

定理 1.2   设图 $G = (V, E)$ 是简单无向图, 且 $|V| = n$. 如果对于 V 中任意的两个不邻接顶点 u, v 均满足

$$\deg(u) + \deg(v) \geqslant n - 1$$

则图 G 一定是连通的.

证明   显然, 我们只需证明 $\forall u, v \in V$, 存在一条 $u - v$ 道路即可. 事实上, 如果 $uv \in E$, 结论自然成立. 如果 u 与 v 不邻接, 则由于 $\deg(u) + \deg(v) \geqslant n - 1$,

所以必存在一顶点 $w \in V$ 使得 $uw \in E$, $wv \in E$, 由此即得一条 $u-v$ 道路. 因为否则就有 $\mathbf{N}(u) \cap \mathbf{N}(v) = \varnothing$, 此时必有 $\mathbf{deg}(u) + \mathbf{deg}(v) \leqslant n-2$, 矛盾. ∎

注意定理 1.2 中的条件只是一个充分条件而非必要条件, 因为当 $n \geqslant 6$ 时, C_n 是连通图, 但对 $\forall u, v \in V(C_n)$ 均有 $\mathbf{deg}(u) + \mathbf{deg}(v) \equiv 4 < n-1$. 而当 $n \geqslant 4$ 时, 连通图 P_n 的始点 u 与终点 v 满足 $\mathbf{deg}(u) + \mathbf{deg}(v) \equiv 2 < n-1$.

如果图 G 满足 $|V(G)| = n$, K_n 是以 $V(G)$ 作为顶点集的完全图, 如果同样以 $V(G)$ 作为顶点集的图 H 满足

$$E(H) \cup E(G) = E(K_n), \quad E(H) \cap E(G) = \varnothing$$

则称图 H 为图 G 的**补图**, 并将 H 记为 $\overline{G}$. 显然, K_n 的补图 $\overline{K_n}$ 是 n 阶零图 N_n. 如果 G 是连通的, 则 $\overline{G}$ 可能是连通的, 也可能是非连通的. 例如, 图 1.3 中的图 G_1 与 G_2 是连通的, 但其补图 $\overline{G_1}$ 是连通的, 而补图 $\overline{G_2}$ 却是非连通的. 但容易证明下面的结论成立.

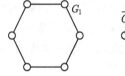

图 1.3 互补图的连通性

定理 1.3 设图 G 是非连通的, 则其补图 $\overline{G}$ 一定是连通的.

设简单图 G 满足 $V(G) = U \cup V$, $U \cap V = \varnothing$, 如果对于 $\forall \{u,v\} \in E(G)$ 都有 $u \in U$, $v \in V$, 则称图 G 是一个**二部图**; 如果二部图 G 的边集 $E(G)$ 满足: 对 $\forall u \in U$, $v \in V$ 都有 $\{u,v\} \in E(G)$, 则称二部图 G 是一个**完全二部图**. 对于完全二部图 G, 如果 $|U| = n$, $|V| = m$, 则一般将 G 记为 $K_{n,m}$, 其中当 $n = 1$ 时 $K_{1,m}$ 称为**星形图**; n 阶星形图一般记为 S_n. 例如, 图 1.3 中的 G_2 就是星形图 S_4. 类似地, 可以定义多部图. 对于 $k \geqslant 2$, 设图 $G = (V, E)$ 的顶点集 V 满足

$$V = V_1 \cup V_2 \cup \cdots \cup V_k, \quad \text{其中 } V_i \cap V_j = \varnothing, i \neq j$$

如果 $\forall uv \in E$, 存在 i, j $(i \neq j)$ 使得 $u \in V_i$, $v \in V_j$, 则称图 G 为 **k 部图**; 如果对任意的 V_i 与 V_j $(i \neq j)$ 以及任意的 $u \in V_i$ 和任意的 $v \in V_j$, 都有 $uv \in E$, 则称图 G 为**完全 k 部图**; 如果 $|V_i| = n_i$, 则将完全 k 部图记为 $K_{n_1, n_2, \cdots, n_k}$. 图 1.4 展示了几个典型的完全 (多部) 图.

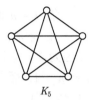 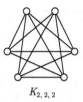 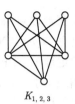

K_5　　　　　$K_{3,3}$　　　　　$K_{2,2,2}$　　　　　$K_{1,2,3}$

图 1.4　几个典型的完全 (多部) 图

1.1.3　图的同构

如何区分不同的图? 或者说不同的图意味着什么? 这是我们比较关心的问题. 回想一下, 我们研究图的目的是为了研究图中顶点之间的关系, 换句话说, 就是这个图到底有哪些边. 因此, 具有完全不同顶点集的两个图一般视为不同的图; 而具有相同顶点集的两个图, 如果它们的边集不同, 那么一般也将它们视为两个不同的图. 如图 1.5 中 G_1 与 G_2, 就是两个不同的图. 显然, 得以区分这两个图的本质就是我们将图的每个顶点赋予一个唯一的标记. 只要每个顶点的标记给定, 那么基于这些顶点的图就可以由边集唯一确定. 我们将每个顶点赋予一个唯一标记的图称为**标定图**, 顶点没有标记的图称为**非标定图**. 在没有特别说明的情况下, 我们所讨论的图都是标定图. 但在有些情况下, 我们也只在意标定图的结构而不关心具体的边是什么, 为了简便, 在绘制标定图时也不标记其顶点.

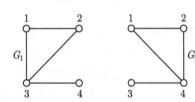

图 1.5　具有相同顶点集的两个不同的标定图

如果我们仔细观察一下图 1.5 中 G_1 与 G_2, 就会发现这两个图似乎有本质相同的东西, 那就是只要将图 G_2 中的顶点重新标记, 就会得到一个与 G_1 完全一样的图. 这时候, 在很多应用场合就需要将 G_1 与 G_2 视为一样的. 实际上, 图 G_1 与 G_2 是同构的. 下面我们给出图同构的定义.

定义 1.1　设 G_1 与 G_2 是两个图, 如果存在一个双射 $\varphi: V(G_1) \mapsto V(G_2)$, 使得 $uv \in E(G_1)$ 当且仅当 $\varphi(u)\varphi(v) \in E(G_2)$, 则称映射 φ 是图 G_1 与 G_2 之间的一个**同构映射**, 并称图 G_1 与图 G_2 是**同构的**, 记为 $G_1 \cong G_2$. 如果 $G_1 = G_2 = G$, 则称同构映射 φ 是图 G 上的一个**自同构**, 也称 φ 是 $V(G)$ 上的一个**置换**.

根据定义 1.1, 两个图 G_1 与 G_2 同构, 通俗地说就是存在一种标记顶点的方法, 使得 G_1 与 G_2 是完全一样的两个图. 显然, 如果图 G 与图 H 同构, 则必有

$$|V(G)| = |V(H)|, \quad |E(G)| = |E(H)|$$

这是两个图同构的必要条件, 且不难看出这个条件并非充分条件. 除此之外, 容易证明下面的结论成立.

定理 1.4　设 G 与 H 是两个图, 且 $G \cong H$. 如果 φ 是 G 与 H 之间的一个同构映射, 则对 $\forall v \in V(G)$ 均有 $\mathbf{deg}_G(v) = \mathbf{deg}_H(\varphi(v))$.

容易证明, G 上所有自同构的集合在映射合成运算 "∘" 下形成顶点集 $V(G)$ 上的一个置换群, 称为图 G 的**自同构群**, 一般记为 $\mathrm{Aut}(G)$(关于群、置换群的概念, 我们将在后面的章节介绍). 显然, 如果定义映射 φ 满足:

$$\varphi(1) = 2, \quad \varphi(2) = 1, \quad \varphi(3) = 4, \quad \varphi(4) = 3$$

那么 φ 就是图 1.5 中 G_1 与 G_2 的顶点集 $\{1, 2, 3, 4\}$ 上的一个置换, 也是 G_1 与 G_2 之间的一个同构映射. 因此, 在同构的意义下, 图 1.5 中的 G_1 与 G_2 就是同一个图. 在关于图的计数方面, 最常见的就是在上面两种意义下的计数, 即一种是在同构意义下统计不同构的图; 另一种则不涉及同构的概念统计不同边集的个数.

1.2　基本计数原理

为描述方便, 本书将统一采用下面的符号来表示几个常用的集合: $\mathbb{C}$ 表示全体复数的集合, $\mathbb{R}$ 表示全体实数的集合, $\mathbb{R}^+$ 表示全体正实数的集合, $\mathbb{Q}$ 表示全体有理数的集合, $\mathbb{Q}^+$ 表示全体正有理数的集合, $\mathbb{Z}$ 表示全体整数的集合, $\mathbb{Z}^+$ 表示全体正整数的集合, $\mathbb{N}$ 表示全体非负整数的集合, $\mathbb{P}$ 表示全体素数的集合, $\mathbb{F}_q$ 表示 q 个元素的有限域, 2^S 或 $\{0,1\}^S$ 表示集合 S 的所有子集的集合. 除此之外, 对于 $n \in \mathbb{Z}^+$, 本书也常用下面的两个符号表示有限的整数集:

$$\mathbb{Z}_n^+ = \{1, 2, \cdots, n\}, \quad \mathbb{Z}_n = \{0, 1, \cdots, n-1\}$$

其他的符号将会随内容给出, 并且有些符号将被重用, 但在特定的上下文环境下, 这些被重用的符号很容易区分其含义.

1.2.1　分类计数原理

分类计数原理就是通常人们所说的**加法原理**. 适合于加法原理的计数对象, 均可通过若干类不同的方法予以构造. 在引入这个原理之前, 我们先来介绍几个与集合拆分相关的概念.

定义 1.2　设 S 是一个有限集合, $A_1, A_2, \cdots, A_k$ 是 S 的非空子集, 如果对于任意的 $i \neq j$ 有 $A_i \cap A_j = \varnothing$, 且 $\bigcup_{i=1}^{k} A_i = S$, 则称 $\pi = \{A_1, A_2, \cdots, A_k\}$ 是

集合 S 的一个含有 k 个部分 (或块) 的无序拆分, 简称无序 k 拆分. 如果关心 π 中各子集的次序, 即不同的次序代表不同的拆分, 此时记 $\pi = (A_1, A_2, \cdots, A_k)$, 则称 π 是一个有序 k 拆分. 集合 S 的所有无序 k 拆分的集合记为 $\Pi_k(S)$, 所有有序 k 拆分的集合记为 $\Pi_k[S]$, 并分别以 $\Pi(S)$ 和 $\Pi[S]$ 表示集合 S 的所有无序拆分和有序拆分的集合, 即有

$$\Pi(S) = \bigcup_{k \geqslant 1} \Pi_k(S), \quad \Pi[S] = \bigcup_{k \geqslant 1} \Pi_k[S] \tag{1.1}$$

如果允许拆分中出现空集, 则以 $\Pi_k^{\varnothing}[S]$ 和 $\Pi_k^{\varnothing}(S)$ 分别表示集合 S 的允许空集的有序 k 拆分和无序 k 拆分的集合, 并分别以 $\Pi^{\varnothing}[S]$ 和 $\Pi^{\varnothing}(S)$ 表示集合 S 的所有允许空集的有序拆分和无序拆分的集合, 即有

$$\Pi^{\varnothing}(S) = \bigcup_{k \geqslant 1} \Pi_k^{\varnothing}(S), \quad \Pi^{\varnothing}[S] = \bigcup_{k \geqslant 1} \Pi_k^{\varnothing}[S] \tag{1.2}$$

如果 S 中包含 n 个元素 (以下称为 **n 元集**), 我们将采用下面的符号:

$$S(n,k) = |\Pi_k(S)|, \quad S[n,k] = |\Pi_k[S]|$$

$$S^{\varnothing}(n,k) = \left|\Pi_k^{\varnothing}(S)\right|, \quad S^{\varnothing}[n,k] = \left|\Pi_k^{\varnothing}[S]\right|$$

其中 $S(n,k)$ 被称为**第二类 Stirling 数**, 且显然有 $S[n,k] = k!S(n,k)$, 它们与重集的排列及集合之间的映射计数有关. 后面还会更详细地研究数 $S(n,k)$ 与 $S[n,k]$ 以及它们的表达式. 为了方便, 我们约定 $S(0,0) = S[0,0] = 1$. 但对于 $n \in \mathbb{Z}^+$, $k=0$ 时, 由于 n 元集 S 的 k 拆分不存在, 即

$$\Pi_0(S) = \Pi_0[S] = \Pi_0^{\varnothing}(S) = \Pi_0^{\varnothing}[S] = \varnothing$$

所以此时我们约定

$$S(n,0) = S[n,0] = S^{\varnothing}(n,0) = S^{\varnothing}[n,0] = 0, \quad n \in \mathbb{Z}^+$$

自然地, 对于 $0 < n < k$, 我们定义 $S(n,k) = S[n,k] = 0$; 但显然不能由此定义

$$S^{\varnothing}(n,k) = S^{\varnothing}[n,k] = 0, \quad 0 < n < k$$

这是因为 $\Pi_k^{\varnothing}(S) = \Pi_k^{\varnothing}[S] \neq \varnothing, 0 < n < k$.

需要注意的是, 与集合拆分等价的一些说法, 例如下面的几种说法是完全等价的: ① n 元集的一个 k 拆分; ② n 元集到 k 元集的一个映射; ③ 用 k 种颜色对 n 个对象进行染色的一种染色方案; ④ n 个球放入 k 个盒子的一种放入方案. 为了描述的方便, 我们需要在不同的场合采用不同的叙述方式. 因此, $S(n,k)$ 也

是 n 个不同的球放入 k 个相同的盒子且不允许空盒的方案数, $S[n, k]$ 则是 n 个不同的球放入 k 个不同的盒子且不允许空盒的方案数或 n 元集到 k 元集的满射个数等等; $S^\varnothing(n, k)$ 也统计了 n 个不同的球放入 k 个相同的盒子且允许空盒的方案数, $S^\varnothing[n, k]$ 则也是 n 个不同的球放入 k 个不同的盒子且允许空盒的方案数或 n 元集到 k 元集的映射个数等等.

下面的定理就是所谓的分类计数原理, 其结论是显然的.

定理 1.5(加法原理) 设 S 是一个有限集合, $\{A_1, A_2, \cdots, A_k\} \in \Pi_k(S)$ 是集合 S 的一个无序 k 拆分, 则有

$$|S| = \sum_{i=1}^{k} |A_i|$$

于是由加法原理和 (1.1) 可得

$$|\Pi(S)| = \sum_{k=0}^{n} |\Pi_k(S)| = \sum_{k=0}^{n} S(n, k) \tag{1.3}$$

$$|\Pi[S]| = \sum_{k=0}^{n} |\Pi_k[S]| = \sum_{k=0}^{n} S[n, k] \tag{1.4}$$

值得注意的是, n 元集 S 允许空集的拆分个数将有无穷多个, 因为可以通过任意地添加空集得到不同的拆分, 所以有 $|\Pi^\varnothing[S]| = |\Pi^\varnothing(S)| = \infty$. 因此, 讨论集合 $\Pi^\varnothing[S]$ 和 $\Pi^\varnothing(S)$ 的计数没有任何实际的意义, 但是对于任何给定的正整数 k, $\Pi_k^\varnothing[S]$ 和 $\Pi_k^\varnothing(S)$ 都是有限集, 从而数 $S^\varnothing(n, k)$ 和 $S^\varnothing[n, k]$ 总是有限的, 并且显然有

$$S^\varnothing(n, k) = \sum_{\ell=0}^{k} S(n, \ell) \tag{1.5}$$

$$S^\varnothing[n, k] = \sum_{\ell=0}^{k} \binom{k}{\ell} S[n, \ell] \tag{1.6}$$

这里 $\binom{k}{\ell}$ 表示组合数, 稍后我们将详细地讨论它, 到时相信读者将自会明了上式的正确性.

例 1.1 设 $n > 1$ 为正整数, 求满足 $x + y \leqslant n$ 的有序正整数对 (x, y) 的个数.

解 设 $S = \{(x, y) \mid x + y \leqslant n; \, x, y \in \mathbb{Z}^+\}$, 并令

$$A_k = \{(k, y) \mid (k, y) \in S\}, \quad k = 1, 2, \cdots, n - 1$$

则显然有 $|A_k| = n - k$, 且 $\{A_1,\, A_2,\, \cdots,\, A_{n-1}\} \in \Pi_{n-1}(S)$. 于是有

$$|S| = \sum_{k=1}^{n-1} |A_k| = \sum_{k=1}^{n-1} (n-k) = \frac{1}{2}n(n-1)$$

更一般地, 设 $\mathscr{S}$ 是由一些有限集所形成的集合类, 且 $\mathscr{S}$ 中 n 元集有 $f(n)$ 个, $g(n)$ 是定义在非负整数集 $\mathbb{N}$ 上的函数, 则有

$$\sum_{S \in \mathscr{S}} g(|S|) = \sum_{n \geqslant 0} f(n)g(n)$$

上式左边显然是针对集类 $\mathscr{S}$ 中所有元素 (即集合) 的求和, 而右边则是先将集类 $\mathscr{S}$ 中的所有集合按其所包含的元素个数进行分类, 然后进行分类求和.

例 1.2 设 $\mathscr{A}$ 表示集合 $\mathbb{Z}_n^+$ 的全部非空子集所成之集, 则对于任意的 $A \in \mathscr{A}$, 以 $\sigma(A)$ 表示集合 A 中的元素之和, 求 $\sum\limits_{A \in \mathscr{A}} \sigma(A)$.

解 显然 $|\mathscr{A}| = 2^n - 1$, 且这 $2^n - 1$ 个非空子集中, 含 k 的非空子集有 2^{n-1} 个, 故

$$\sum_{A \in \mathscr{A}} \sigma(A) = \sum_{k=1}^{n} k \cdot 2^{n-1} = n(n+1) \cdot 2^{n-2}$$

1.2.2 分步计数原理

分步计数原理就是通常所说的**乘法原理**. 适合于乘法原理的计数对象, 一般是多维的有序数组, 可以根据数组的维数 d 经过 d 个步骤构造出来. 我们先来介绍几个相关的概念.

定义 1.3 设 $A_1,\, A_2,\, \cdots,\, A_n$ 是 n 个集合, 则 n 元有序组的集合

$$S = \left\{ (a_1,\, a_2,\, \cdots,\, a_n) \,\middle|\, a_k \in A_k,\ k = 1,\, 2,\, \cdots, n \right\}$$

称为 n 个集合 $A_1,\, A_2,\, \cdots,\, A_n$ 的 **Cartes 积**或**笛卡儿积**, 一般记为

$$S = A_1 \times A_2 \times \cdots \times A_n$$

特别地, 当 $A_1 = A_2 = \cdots = A_n = A$ 时, 记 $A \times A \times \cdots \times A = A^n$.

下面的定理称为分步计数原理, 主要用来对一些笛卡儿积之类的集合进行计数. 其结论是显然的.

定理 1.6(乘法原理) 设 $A_1,\, A_2,\, \cdots,\, A_n$ 均是有限集, 则

$$|A_1 \times A_2 \times \cdots \times A_n| = \prod_{i=1}^{n} |A_i|$$

例 1.3 求 n 元集 $S = \{a_1, a_2, \cdots, a_n\}$ 的子集的个数.

解 显然, S 的任何一个子集均可以通过 n 个步骤来构造: 第 k 步, 是否选 a_k 作为子集的元素, 共有两种方法. 于是, 由分步计数原理知, 构造 S 的子集的方法数为 2^n, 即 n 元集的子集个数为 2^n.

例 1.4 在 1000 和 9999 之间有多少个具有不同数字位的奇数?

解 设所求为 N. 可用如下四个步骤来构造满足条件的奇数.

① 选取个位数, 5 种方法 (1, 3, 5, 7, 9); ② 选取千位数, 8 种方法; ③ 选取百位数, 8 种方法; ④ 选取十位数, 7 种方法. 故由乘法原理知

$$N = 5 \times 8 \times 8 \times 7 = 2240$$

注 可能不存在一个固定的顺序来执行这些计算任务, 但是通过改变任务的执行顺序, 一个问题可能更容易地通过乘法原理得到解决!

例 1.5 将 $2n$ 个人分成 n 组, 每组 2 人, 共有多少种分组方法?

解 设 a_n 表示所求, 显然 $a_1 = 1$.

设甲是 $2n$ 个人之一, 则与甲同组的分组方法数为 $2n - 1$, 其余的 $2n - 2$ 个人的分组方法数是 a_{n-1}, 所以由乘法原理得

$$a_n = (2n - 1)a_{n-1} = \cdots = \frac{(2n)!}{2^n \cdot n!}$$

1.2.3 对应计数原理

下面的定理我们称为**对应计数原理**, 简称**对应原理**, 其结论是显然的.

定理 1.7(对应原理) 设 X, Y 是两个有限集合, 如果存在一个由 X 到 Y 的双射, 则集合 X 与集合 Y 的元素个数相等, 即 $|X| = |Y|$.

例 1.6 n 名选手参加乒乓球单打淘汰赛, 需要打多少场比赛才能决出冠军 (假定不出现和局).

解 设 X 表示全部的比赛之集, Y 表示除冠军之外的所有选手之集. 对任意的 $a \in X$, 如果比赛 a 淘汰选手 b, 则令 $f(a) = b$. 显然 f 是 X 到 Y 的一个一一对应, 因此有 $|X| = |Y| = n - 1$.

下面的定理 1.8 一般称为 Cayley **定理**, 是由英国数学家 A. Cayley (1821—1895) 首先发现[1]. 这个定理的证明方法有很多, 但最为著名的还是德国数学家 H. Prüfer (1896—1934) 给出的证明[2]. 这个证明采用了对应计数原理, 下面关于这个定理的证明就是 H. Prüfer 的证明.

定理 1.8 顶点集为 $\mathbb{Z}_n^+$ 的所有不同的树的数目为 n^{n-2}.

证明 在证明这个定理之前, 先作一点说明: 这里所说的树是所谓的标号树或标定树, 即树的顶点集是固定的, 两棵具有相同顶点集的树视为同一棵树当且仅当它们具有完全相同的边集, 也就是说我们这里实际上区分所谓同构的树.

设 T 是顶点集为 $\mathbb{Z}_n^+$ 的全体树的集合, 对于 $\forall t \in T$, t 是一棵树, t 的树叶中标号最小者设为 a_1, a_1 的邻接点设为 b_1. 从树 t 中删去树叶 a_1 和边 $\{a_1, b_1\}$, 但保留 b_1, 记剩下的树为 t_1. 在树 t_1 中继续寻找标号最小的树叶, 设为 a_2, 与 a_2 相连的顶点设为 b_2, 然后从树 t_1 中删去树叶 a_2 和边 $\{a_2, b_2\}$, 但保留 b_2, 记此时剩下的树为 t_2. 对树 t_2 重复上述过程, 直至树只剩下最后一条边为止. 显然, 这个过程进行了 $n-2$ 次, 最后得到一个序列:

$$b_1, \ b_2, \ \cdots, \ b_{n-2} \tag{1.7}$$

易知, $1 \leqslant b_i \leqslant n$, $i = 1, 2, \cdots, n-2$, 且诸 b_i 可能相同. 令

$$P = \big\{(b_1, \ b_2, \ \cdots, \ b_{n-2}) \ \big| \ 1 \leqslant b_i \leqslant n, \ i = 1, 2, \cdots, n-2\big\}$$

作映射 $f : T \mapsto P$ 使 $f(t) = (b_1, \ b_2, \ \cdots, \ b_{n-2})$, 这里 $(b_1, \ b_2, \ \cdots, \ b_{n-2})$ 是按如上方式得到的序列. 另一方面, $\forall (b_1, \ b_2, \ \cdots, \ b_{n-2}) \in P$, 可以得到与之对应的树 t, 方法如下: 首先令 $t = \varnothing$, 然后从左到右扫描序列

$$1, \ 2, \ \cdots, \ n \tag{1.8}$$

找到第一个不出现在 (1.7) 中的数, 这个数实际上就是 a_1, 于是得到边 $\{a_1, b_1\}$, 并令 $t = t \cup \{a_1, b_1\}$, 然后分别从序列 (1.7) 和 (1.8) 中删除 b_1 和 a_1. 从剩下的序列中继续这个过程, 直至序列 (1.7) 为空, 这时序列 (1.8) 中的最后两个数就是树 t 的最后一条边 $\{a_{n-1}, b_{n-1}\}$, 且令 $t = t \cup \{a_{n-1}, b_{n-1}\}$. 也就是说, 映射 $f : T \mapsto P$ 是集合 T 到集合 P 的一个一一对应, 因此有

$$|T| = |P| = n^{n-2} \qquad\blacksquare$$

在上面的证明过程中, 与每棵树 t 对应的长度为 $n-2$ 的序列 $b_1, b_2, \cdots, b_{n-2}$, 称为树 t 的 **Prüfer 码**或 **Prüfer 序列**. 标定树与 Prüfer 码之间的一一对应关系, 使得在许多有关树的算法中, 都采用 Prüfer 码来表示树. 从树到其对应的 Prüfer 码的算法过程, 在定理 1.8 的证明过程中已经明了; 反向的算法过程即从 Prüfer 码到树的过程我们再稍作说明. 先看一个例子.

图 1.6 中的树所对应的 Prüfer 码为 4445. 显然, 树的树叶 (度为 1 的顶点) 在其 Prüfer 码 4445 中并不出现, 非树叶的顶点在 Prüfer 码中出现的次数为该顶点的度数减 1. 事实上, 我们可以得出这样的结论: *树中所有的顶点在其对应的 Prüfer 码中出现的次数等于其度数减 1*. 这个观察使我们很容易设计一个从 Prüfer 码到其对应树的算法过程.

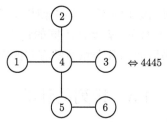

图 1.6 树及其对应的 Prüfer 码

Cayley 定理告诉我们, n 个顶点的标定完全图 K_n 有 n^{n-2} 个生成树. 这个结论可以扩充到各顶点的度有限制的情况, 即 n 个顶点的标定完全图 K_n 中有

$$\frac{(n-2)!}{(d_1-1)!(d_2-1)!\cdots(d_n-1)!}$$

个生成树满足顶点 i 的度 d_i(参见习题 1.17). 也可更进一步地一般化到标定的完全二部图的情况, 即 $n+m$ 个顶点的标定完全二部图 $K_{n,m}$ 有 $n^{m-1}m^{n-1}$ 个生成树 (参见习题 1.18).

1.2.4 殊途同归原理

除了上述三个基本的计数原理之外, 组合数学中最常用的一种计数技巧就是从不同的途径或角度对同一个集合中的对象进行计数, 结果自然应该是完全相等的, 所谓殊途同归. 因此, 我们这里称这种计数原理为**殊途同归原理**.

设 X 和 Y 是两个有限集, S 是集合 $X \times Y$ 的子集, 令

$$S_{a\cdot} = \{y \mid (a, y) \in S\}, \quad S_{\cdot b} = \{x \mid (x, b) \in S\}$$

显然, $S_{a\cdot}$ 与 S 的所有形如 (a, y) 的有序对的子集存在一一对应关系, 换句话说, 所有的 $S_{a\cdot}$ 是 S 的一个拆分; $S_{\cdot b}$ 也具有同样的意义. 因此, 下面的结论成立.

定理 1.9 设 $S, S_{a\cdot}, S_{\cdot b}$ 定义如上, 则有

$$|S| = \sum_{a \in X} |S_{a\cdot}| = \sum_{b \in Y} |S_{\cdot b}|$$

特别地, 如果 $|S_{a\cdot}| = r$, $|S_{\cdot b}| = s$, 且 a, b 相互独立, 则有

$$r|X| = s|Y|$$

例如, 设 G 是一个 (无向) 二部图, $V(G) = V_1 \cup V_2$, 那么有

$$\sum_{v \in V_1} \deg(v) = \sum_{v \in V_2} \deg(v) = |E(G)|$$

需要注意的是, 殊途同归原理是组合学中使用最广泛的计数技巧之一, 尽管其表现形式多样, 但思想是一样的, 就是从不同的角度对同一个集合进行计数. 细心的读者可能会注意到本书后面的各个章节都有它的应用.

1.3　排列的计数

在讨论排列问题之前, 先引入下面的概念.

定义 1.4　对任意的 $x \in \mathbb{R}$, $n \in \mathbb{N}$, 令 $(x)_0 = (x)^0 = 1$; 当 $n \in \mathbb{Z}^+$ 时, 令

$$(x)_n = x(x-1)(x-2)\cdots(x-n+1)$$

$$(x)^n = x(x+1)(x+2)\cdots(x+n-1)$$

则称 $(x)_n$ 为 x 的 **n 次下阶乘**, 称 $(x)^n$ 为 x 的 **n 次上阶乘**.

显然, 无论是上阶乘 $(x)^n$ 还是下阶乘 $(x)_n$ 都是 x 的 n 次多项式, 且当 $n \in \mathbb{Z}^+$ 时其常数项为 0. 因此可以将上阶乘和下阶乘分别记为

$$(x)_n = \sum_{k=0}^{n} s(n,k)\, x^k \tag{1.9}$$

$$(x)^n = \sum_{k=0}^{n} c(n,k)\, x^k \tag{1.10}$$

其中 $s(n,k)$ 和 $c(n,k)$ 分别称为**第一类 Stirling 数**和**第一类无符号 Stirling 数**. 由于我们已经约定了 $(x)_0 = (x)^0 = 1$, 所以有 $s(0,0) = c(0,0) = 1$; 而对于 $n \in \mathbb{Z}^+$, 则显然有 $s(n,0) = c(n,0) = 0$. 因此, Stirling 数 $s(n,k)$ 和 $c(n,k)$ 只对满足 $n \geqslant k \geqslant 0$ 的 n, k 有确定的意义; 对于其他范围的 n, k, 为方便我们约定 $s(n,k) = c(n,k) = 0$.

根据上面的定义, $(-x)_n = (-1)^n (x)^n$, $(-x)^n = (-1)^n (x)_n$, 由此立即可得

$$s(n,k) = (-1)^{n+k} c(n,k), \ \ n \geqslant k \geqslant 0 \tag{1.11}$$

关于第一类 Stirling 数 $s(n,k)$ 和第一类无符号 Stirling 数 $c(n,k)$ 的一些性质, 本书后面还会详细讨论.

1.3.1　排列

定义 1.5　设 $n, r \in \mathbb{Z}^+$, 且 $r \leqslant n$, S 是一个 n 元集, 所谓 S 的一个 r 排列就是从 S 中无放回地选择 r 个元素的一个有序安排; 如果 $r = n$, 则 S 的 r 排列称为 S 的**全排列**.

我们以 $S!$ 表示集合 S 的全排列之集, 以 $S^{[r]}$ 表示集合 S 的全体 r 排列所形成的集合, 该集合中的元素个数称为 n 的 **r 排列数**, 记为 $\left[\begin{smallmatrix} n \\ r \end{smallmatrix}\right]$. 当 $r > n$ 时, 我们约定 $\left[\begin{smallmatrix} n \\ r \end{smallmatrix}\right] = 0$, 且 $\left[\begin{smallmatrix} n \\ 0 \end{smallmatrix}\right] = 1$, $n \geqslant 0$.

定理 1.10 设 $n, r \in \mathbb{Z}^+$, 且 $r \leqslant n$, 则 $\left[\begin{smallmatrix} n \\ r \end{smallmatrix}\right] = (n)_r$.

根据上面的定理立即可得: $\left| S^{[r]} \right| = (n)_r$, $|S!| = |S|!$.

例 1.7 试求由 n 元集 $S = \{a_1, a_2, \cdots, a_n\}$ 所作成的 a_1 与 a_2 不相邻的全排列的个数.

解 设所求的全排列的个数 N. 因为 S 的全排列的个数为 $n!$, 其中 a_1 与 a_2 不相邻的全排列的个数为 N, 而 a_1 与 a_2 相邻的全排列的个数为 $2(n-1)!$, 故由加法原理得 $N + 2(n-1)! = n!$. 由此即得

$$N = n! - 2(n-1)! = (n-2)(n-1)!$$

例 1.8 设有 $1, 2, \cdots, 6$ 组成的各位数字互异的 4 位偶数共有 N 个, 这 N 个数字的和记为 M, 求 N 和 M.

解 由于 4 位偶数的个位数只能是 $2, 4, 6$, 故

$$N = 3 \times \begin{bmatrix} 5 \\ 3 \end{bmatrix} = 180$$

以 a_0, a_1, a_2, a_3 分别表示这 180 个偶数的个位、十位、百位、千位数字之和, 则有

$$M = a_0 + 10a_1 + 100a_2 + 1000a_3$$

由于 180 个偶数中, 个位为 $2, 4, 6$ 的偶数各有 60 个, 所以

$$a_0 = (2 + 4 + 6) \times 60 = 720$$

又由于 180 个偶数中, 十 (百、千) 位为 $1, 3, 5$ 的偶数各有 $3 \times \begin{bmatrix} 4 \\ 2 \end{bmatrix} = 36$ 个; 而十 (百、千) 位为 $2, 4, 6$ 的偶数各有 $2 \times \begin{bmatrix} 4 \\ 2 \end{bmatrix} = 24$ 个, 所以

$$a_1 = a_2 = a_3 = (1 + 3 + 5) \times 36 + (2 + 4 + 6) \times 24 = 612$$

所以

$$M = 720 + 612 \times (10 + 100 + 1000) = 680040$$

1.3.2 重复排列

定义 1.6 设 $n, r \in \mathbb{Z}^+$, S 是一个 n 元集, 所谓 S 的一个 **r 重复排列**就是从 S 中有放回地选择 r 个元素的一个有序安排; S 的全体的 r 重复排列的个数称为 n 元集 S 的 **r 重复排列数**, 简称 **n 的 r 重复排列数**, 记为 $\left[\!\left[\begin{smallmatrix} n \\ r \end{smallmatrix}\right]\!\right]$.

从上述定义可以看出, n 元集 S 的一个 r 重复排列中, S 中的同一个元素可以出现多次. 如果我们以 $S^{[r]}$ 表示 S 的全体 r 重复排列之集, 则有 $|S^{[r]}| = \left[\!\!\left[\begin{smallmatrix} n \\ r \end{smallmatrix}\right]\!\!\right]$.

定理 1.11　设 n, r 为正整数, 则 $\left[\!\!\left[\begin{smallmatrix} n \\ r \end{smallmatrix}\right]\!\!\right] = n^r$.

例 1.9　由 1, 2, 3, 4, 5, 6 可组成多少个大于 35000 的 5 位数?

解　设所求为 N, 则这 N 个 5 位数可分为如下两类.

万位为 3 的 5 位数, 千位必须是 5 或 6, 故此类数共有

$$2 \times \left[\!\!\left[\begin{smallmatrix} 6 \\ 3 \end{smallmatrix}\right]\!\!\right] = 2 \times 6^3 = 432$$

个; 万位数大于 3 的 5 位数, 万位必须是 4, 5, 6, 故此类数共有

$$3 \times \left[\!\!\left[\begin{smallmatrix} 6 \\ 4 \end{smallmatrix}\right]\!\!\right] = 3 \times 6^4 = 3888$$

个. 于是, 由加法原理得 $N = 432 + 3888 = 4320$.

1.3.3　重集的排列

定义 1.7　设集合 $X = \{x_1, x_2, \cdots, x_k\}$ 是一个 k 元集, 集合 S 是由 n_1 个 x_1, n_2 个 $x_2, \cdots, n_k$ 个 x_k 所组成的集合, 则称 S 是集合 X 上的一个**重集**, 记为

$$S = \{n_i \cdot x_i \mid 1 \leqslant i \leqslant k\} = \{n_1 \cdot x_1, n_2 \cdot x_2, \cdots, n_k \cdot x_k\}$$

如果 $n = \sum_{i=1}^{k} n_i < \infty$, 则称 S 是 X 上的一个 n **元重集**或**有限重集**, 否则称 S 是 X 上的一个**无限重集**.

为了方便, 有时我们也直接称集合 S 是一个重集, 而忽略集合 X. 显然, 当 S 是一个无限重集时, 至少有一个 $n_i = \infty$; 特别地, 如果每一个 $n_i = \infty$, 则无限重集 S 记为

$$S = \{\infty \cdot x_1, \infty \cdot x_2, \cdots, \infty \cdot x_k\}$$

定义 1.8　设集合 $X = \{x_1, x_2, \cdots, x_k\}$ 是一个 k 元集, 集合

$$S = \{n_1 \cdot x_1, n_2 \cdot x_2, \cdots, n_k \cdot x_k\}$$

$$A = \{m_1 \cdot x_1, m_2 \cdot x_2, \cdots, m_k \cdot x_k\}$$

均是 X 上的重集, 如果满足 $0 \leqslant m_i \leqslant n_i$, $i = 1, 2, \cdots, k$, 则称重集 A 是重集 S 的子集. 如果 $r = \sum_{i=1}^{k} m_i$, 则称 A 是 S 的一个 r 子集.

设 $K = \{k_x \cdot x \,|\, x \in X, k_x \geqslant 0\}$ 和 $L = \{l_x \cdot x \,|\, x \in X, l_x \geqslant 0\}$ 是有限集 X 上的两个重集, 那么关于重集的子集以及重集的运算可表示为

① $K \subseteq L$ 当且仅当 $k_x \leqslant l_x, \forall x \in X$;

② $K \cap L = \{\min(k_x, l_x) \cdot x \,|\, x \in X\}$;

③ $K \cup L = \{\max(k_x, l_x) \cdot x \,|\, x \in X\}$.

定义 1.9 设集合 $S = \{n_1 \cdot x_1, n_2 \cdot x_2, \cdots, n_k \cdot x_k\}$ 是一个 n 元重集, 从 S 中无放回地选取 r 个元素进行排列, 则称该排列为重集 S 的一个 **r 排列**. 特别地, 当 S 是一个 n 元重集且 $r = n$ 时, 称该排列为有限重集 S 的**全排列**.

像普通集合一样, 我们仍然以 $S^{[r]}$ 表示重集 S 的所有 r 排列所形成的集合, 以 $S!$ 表示重集 S 的全排列的集合, 则有

定理 1.12 有限重集 $S = \{n_1 \cdot x_1, n_2 \cdot x_2, \cdots, n_k \cdot x_k\}$ 的全排列数为

$$|S!| = \frac{n!}{n_1! n_2! \cdots n_k!} \triangleq \binom{n}{n_1, \ n_2, \ \cdots, \ n_k}, \quad n = \sum_{i=1}^{k} n_i$$

证明 以 T 表示 S 中的 n_i 个 x_i 换成 n_i 个相异元 $x_{i1}, x_{i2}, \cdots, x_{in_i}$ 所成的集合, 则显然有 $|T!| = n!$. 可用如下的两个步骤去构造 T 的全排列:

① 作 S 的全排列, 其排列数为 $|S!|$.

② 对于 S 中的每一个全排列, 将该排列中的 $n_i (1 \leqslant i \leqslant k)$ 个 x_i 换成 n_i 个相异元 $x_{i1}, x_{i2}, \cdots, x_{in_i}$, 显然这种换元的方法数为 $n_1! n_2! \cdots n_k!$. 故由乘法原理知, $n! = |S!| \cdot n_1! \cdot n_2! \cdots n_k!$. 由此即得定理的结论. ∎

记号 $\binom{n}{n_1, n_2, \cdots, n_k}$ 习惯上称为多项式系数, 这是因为

$$(x_1 + x_2 + \cdots + x_k)^n = \sum_{\substack{n_1 + n_2 + \cdots + n_k = n \\ n_i \geqslant 0; \ i = 1, 2, \cdots, k}} \frac{n!}{n_1! n_2! \cdots n_k!} x_1^{n_1} x_2^{n_2} \cdots x_k^{n_k}$$

$$= \sum_{\substack{n_1 + n_2 + \cdots + n_k = n \\ n_i \geqslant 0; \ i = 1, 2, \cdots, k}} \binom{n}{n_1, \ n_2, \ \cdots, \ n_k} x_1^{n_1} x_2^{n_2} \cdots x_k^{n_k} \quad (1.12)$$

多项式系数 $\binom{n}{n_1, n_2, \cdots, n_k}$ 还有很多其他的组合解释, 例如: ① n 个不同的球放入 k 个编号的盒子且满足编号为 i 的盒子恰有 n_i 个球的方案数; ② n 元集 S 拆分成 k 个有序子集且满足第 i 个子集包含 n_i 个元素的方案数; ③ k 维空间中的原点 $(0, 0, \cdots, 0)$ 到非负整数点 $(n_1, n_2, \cdots, n_k)$ 的最短路径数, 即所谓 k 维空间中的格点路径数等等.

如果在式 (1.12) 中令 $x_1 = x_2 = \cdots = x_k = 1$, 则有

$$k^n = \sum_{\substack{n_1+n_2+\cdots+n_k=n \\ n_i \geqslant 0;\ i=1,2,\cdots,k}} \binom{n}{n_1,\ n_2,\ \cdots,\ n_k} = \begin{bmatrix} k \\ n \end{bmatrix} \tag{1.13}$$

如此一来, (1.13) 的组合意义就是: n 个不同的球放入 k 个编号的盒子且允许空盒的方案数, 或 n 元集拆分成 k 个有序子集且允许空集的方案数, 显然这个数就是 $S^{\varnothing}[n,k]$, 即

$$S^{\varnothing}[n,k] = \left| \Pi_k^{\varnothing}[S] \right| = \sum_{\substack{n_1+n_2+\cdots+n_k=n \\ n_i \geqslant 0;\ i=1,2,\cdots,k}} \binom{n}{n_1,\ n_2,\ \cdots,\ n_k} = k^n \tag{1.14}$$

实际上, 数 $S^{\varnothing}[n,k]$ 也可以解释为 n 元集到 k 元集的所有映射的个数, 关于这一点稍后有详细的证明. 除此之外, 如果不允许空盒或不允许集合 S 的拆分中出现空子集, 即所有的 $n_i \geqslant 1$, 则有

$$S[n,k] = \left| \Pi_k[S] \right| = \sum_{\substack{n_1+n_2+\cdots+n_k=n \\ n_i \geqslant 1;\ i=1,2,\cdots,k}} \binom{n}{n_1,\ n_2,\ \cdots,\ n_k} \tag{1.15}$$

由此可进一步得到: n 个不同的球放入 k 个相同的盒子且不允许空盒的方案数; 或 n 元集 S 拆分成 k 个无序子集且不允许空集的方案数, 即

$$S(n,k) = \left| \Pi_k(S) \right| = \frac{1}{k!} \sum_{\substack{n_1+n_2+\cdots+n_k=n \\ n_i \geqslant 1;\ i=1,2,\cdots,k}} \binom{n}{n_1,\ n_2,\ \cdots,\ n_k} \tag{1.16}$$

另外, 如果读者稍加留心的话, 即可发现在本书的其他章节我们还会采用完全不同的方法再次得到 (1.15) 和 (1.16).

下面我们考虑重集的选排列. 设 $S = \{n_1 \cdot x_1, n_2 \cdot x_2, \cdots, n_k \cdot x_k\}$ 是一重集 (有限或无限), 以 $S^{(r)}$ 表示 S 的全体 r 子集所形成的集合. 一方面, S 的每一个 r 子集

$$A = \{m_1 \cdot x_1, m_2 \cdot x_2, \cdots, m_k \cdot x_k\} \tag{1.17}$$

均满足不定方程

$$\begin{cases} m_1 + m_2 + \cdots + m_k = r, \\ 0 \leqslant m_i \leqslant n_i, i = 1, 2, \cdots, k \end{cases} \tag{1.18}$$

另一方面, 不定方程 (1.18) 的任何一个整数解 $(m_1, m_2, \cdots, m_k)$ 均对应重集 S 的一个 r 子集 (1.17). 因此, S 的 r 子集的个数 $\left| S^{(r)} \right|$ 等于方程 (1.18) 的整数解

的个数, 即有

$$|S^{(r)}| = \sum_{\substack{m_1+m_2+\cdots+m_k=r \\ 0\leqslant m_i\leqslant n_i;\ i=1,2,\cdots,k}} 1 \tag{1.19}$$

由于 S 的 r 子集 A 的任何一个全排列均是重集 S 的一个 r 排列, 并且 S 的任何一个 r 排列均是 S 的某个 r 子集的一个全排列. 也就是说, S 的 r 排列数等于 S 的所有 r 子集的全排列数之和, 即有如下结论.

定理 1.13 重集 $S = \{n_1 \cdot x_1, n_2 \cdot x_2, \cdots, n_k \cdot x_k\}$ 的 r 排列数为

$$|S^{[r]}| = \sum_{\substack{m_1+m_2+\cdots+m_k=r \\ 0\leqslant m_i\leqslant n_i;\ i=1,2,\cdots,k}} \binom{r}{m_1,\ m_2,\ \cdots,\ m_k} \tag{1.20}$$

这个定理告诉我们怎样去求一个重集的 r 排列数: 先求重集的所有 r 子集, 然后求每个 r 子集的全排列数, 最后相加即可. 下面的结论是显然的.

推论 1.13.1 设 $S = \{n_1 \cdot x_1, n_2 \cdot x_2, \cdots, n_k \cdot x_k\}$ 是一重集, r 是正整数, 如果 r 满足 $r \leqslant n_i$, $i = 1, 2, \cdots, k$, 则 $|S^{[r]}| = k^r$. 特别地, 如果每一个 n_i 均为 ∞, 则重集 $S = \{\infty \cdot x_1, \infty \cdot x_2, \cdots, \infty \cdot x_k\}$ 的 r 排列数 $|S^{[r]}| = k^r$.

证明 由定理 1.13 和式 (1.13), 当 $r \leqslant n_i$ 时, 有

$$|S^{[r]}| = \sum_{\substack{m_1+m_2+\cdots+m_k=r \\ 0\leqslant m_i\leqslant n_i;\ i=1,2,\cdots,k}} \binom{r}{m_1,\ m_2,\ \cdots,\ m_k}$$

$$= \sum_{\substack{m_1+m_2+\cdots+m_k=r \\ 0\leqslant m_i\leqslant r;\ i=1,2,\cdots,k}} \binom{r}{m_1,\ m_2,\ \cdots,\ m_k} = k^r \qquad \blacksquare$$

也就是说, 当 $r \leqslant n_i$ 时, 重集 $S = \{n_1 \cdot x_1, n_2 \cdot x_2, \cdots, n_k \cdot x_k\}$ 的 r 排列数等于对应 k 元集 $X = \{x_1, x_2, \cdots, x_k\}$ 的 r 重复排列数, 即 $|S^{[r]}| = |X^{[r]}|$.

因此, 关于 k 元集 X 上的重集 S 的 r 排列与 X 的 r 重复排列的关系可总结如下: S 的每一个 r 排列对应于 X 的一个 r 重复排列, 且该排列中元素 x_i 的重复次数不超过 n_i.

例 1.10 求重集 $S = \{5 \cdot a, 3 \cdot b\}$ 的 6 排列的个数.

解 因为 3, 5 均小于 6, 故先求 S 的 6 子集. 因 S 的 6 子集有如下 3 个:

$$A = \{5 \cdot a, 1 \cdot b\}, \quad B = \{4 \cdot a, 2 \cdot b\}, \quad C = \{3 \cdot a, 3 \cdot b\}$$

故

$$|S^{[6]}| = |A!| + |B!| + |C!| = \frac{6!}{5! \cdot 1!} + \frac{6!}{4! \cdot 2!} + \frac{6!}{3! \cdot 3!} = 41$$

1.3.4 圆排列初步

前面我们所讨论的排列, 都可看成是首尾不相接的一行或一列, 而这里将要讨论的排列则是将集合中的元素安排成首尾相接的环状形式. 为区别起见, 将前面研究的排列称为**线排列**, 而将首尾相接的环状排列称为**圆排列**.

在讨论圆排列的计数之前, 首先必须明确两个圆排列 "不同" 的含义.

图 1.7 展示了 3 颗白色珠子和 3 颗黑色珠子的几种圆排列的情况. 如果珠子放置的位置都有固定的编号, 那么这三个圆排列均不相同, 此时实际上等同于线排列. 如果珠子的位置未编号, 且允许圆排列平面旋转, 那么①和②实质上是同一个圆排列. 如果不仅允许圆排列平面旋转, 而且还允许空间翻转, 那么①、②和③都是同一个圆排列. 一般将排列位置有编号的圆排列称为**标定圆排列**, 否则称为**非标定圆排列**. 在非标定圆排列中, 将允许平面旋转的圆排列称为**手镯型圆排列**, 而将既允许平面旋转又允许空间翻转的圆排列称为**项链型圆排列**.

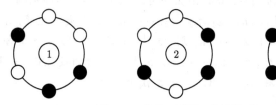

图 1.7   几种 "不同" 的圆排列

显然, 标定圆排列实际上是线排列, 在此不再赘述. 对于手镯型圆排列和项链型圆排列, 下面的结论是显然的.

定理 1.14 设 $S = \{a_1, a_2, \cdots, a_n\}$ 是一个 n 元集, 从 S 中取 r 个元素作成一个圆排列, 称之为 n 元集的 r **圆排列**. 如果以 $\odot_b[n; r]$ 表示 n 元集的 r 圆排列中的手镯型圆排列数, $\odot_n[n; r]$ 表示 n 元集的 r 圆排列中的项链型圆排列数, 则有

$$\odot_b[n; r] = \frac{1}{r}\begin{bmatrix} n \\ r \end{bmatrix} = \frac{(n)_r}{r}, \quad \odot_n[n; r] = \frac{1}{2r}\begin{bmatrix} n \\ r \end{bmatrix} = \frac{(n)_r}{2r}$$

值得一提的是, 圆排列也可以考虑重复圆排列、周期圆排列以及重集的圆排列, 不过这需要更加深入的知识, 我们将在后面的章节讨论这些内容.

1.4   组合的计数

下面我们介绍 n 元集的各类组合计数问题.

1.4.1 组合

定义 1.10 设 $S = \{a_1, a_2, \cdots, a_n\}$ 是一个 n 元集, 则 S 的包含 r 个元素的子集称为 S 的一个 **r 组合**, S 的所有 r 组合的个数称为 S 的 **r 组合数**, 记为 $\binom{n}{r}$.

为方便, 我们以 $S^{(r)}$ 表示 n 元集 S 的全体 r 组合的集合, 因此有 $|S^{(r)}| = \binom{n}{r}$. 我们约定: 当整数 $r > n$ 时, $\binom{n}{r} = 0$, $\binom{0}{0} = 1$.

定理 1.15 设 n 为正整数, r 为非负整数, 且 $r \leqslant n$, 则有 $\binom{n}{r} = (n)_r/r!$.

证明 考虑 n 元集的 r 排列, 并采用如下两个步骤来构造 n 元集的所有 r 排列: ① 构造 n 元集的所有 r 组合, 其方法数为 $\binom{n}{r}$; ② 构造每一个 r 组合的全排列, 有 $r!$ 种方法. 于是, 由乘法原理得 n 元集的 r 排列数为 $\left[\begin{smallmatrix} n \\ r \end{smallmatrix}\right] = \binom{n}{r} \cdot r!$, 即有 $\binom{n}{r} = \left[\begin{smallmatrix} n \\ r \end{smallmatrix}\right]/r! = (n)_r/r!$. ∎

按照我们前面约定的关于多项式的符号, 显然有 $\binom{n}{r} = \binom{n}{r, n-r}$. 不过为简便起见, 今后我们仍然以 $\binom{n}{r}$ 表示 $\binom{n}{r, n-r}$, 并且对于任意的实数 x, $\binom{x}{r}$ 仍采用同样形式的定义, 即 $\binom{x}{r} = (x)_r/r!$. 此时 $\binom{x}{0} = 1$ 的约定仍然有效; 但当 $x < r$ 且 x 为正整数时 $\binom{x}{r} = 0$ 的约定没有意义. 因为当 x 是实数时, 即使 $x < r$ 仍然能够保证 $\binom{x}{r}$ 是有意义的.

例 1.11 一个凸 n 边形, 其任何三条对角线均不相交于内部一点, 问这些对角线被它们的交点分成多少条线段?

解 先求总的对角线条数为 $\binom{n}{2} - n$.

再求对角线的交点数. 因是一个凸 n 边形, 故每 4 个顶点确定一个对角线的交点, 所以对角线的交点总数为 $\binom{n}{4}$.

由于每个交点位于两条对角线上, 所以每增加一个交点将增加两条线段, 从而线段的总数 $N = \binom{n}{2} - n + 2 \times \binom{n}{4}$.

1.4.2 重复组合

定义 1.11 设 $S = \{a_1, a_2, \cdots, a_n\}$, $A = \{x_1 \cdot a_1, x_2 \cdot a_2, \cdots, x_n \cdot a_n\}$ 是 S 上的一个重集, 其中 x_i 是非负整数, 则称 A 是 n 元集 S 的一个**重复组合**; 如果 $x_1 + x_2 + \cdots + x_n = r$, 则称集合 A 是 n 元集 S 的一个 **r 重复组合**; S 的所有 r 重复组合的个数称为 **S 的 r 重复组合数**, 记为 $\left(\!\binom{n}{r}\!\right)$, 也称其为 **$n$ 元集的 r 重复组合数**.

对于 r 重复组合数 $\left(\!\binom{n}{r}\!\right)$, 我们约定 $\left(\!\binom{n}{0}\!\right) = 1$, 并以 $S^{((r))}$ 表示 S 的全体 r 重复组合的集合, 即有 $|S^{((r))}| = \left(\!\binom{n}{r}\!\right)$. 下面的定理给出了重复组合数与组合数之间的关系.

定理 1.16 n 元集的 r 重复组合数 $\left(\!\binom{n}{r}\!\right) = \binom{n+r-1}{r}$.

证明   不妨设 n 元集 $A = \mathbb{Z}_n^+$，并令 $B = \mathbb{Z}_{n+r-1}^+$，则对于 $\forall I \in A^{((r))}$，记 $I = \{i_1, i_2, \cdots, i_r\}$，不妨设 $i_1 \leqslant i_2 \leqslant \cdots \leqslant i_r$. 记

$$j_k = i_k + k - 1, \quad k = 1, 2, \cdots, r$$

并令 $J = \{j_1, j_2, \cdots, j_r\}$，则 $J \in B^{(r)}$. 如果令 $f : A \mapsto B$ 使得 $f(I) = J$，则易证 f 是集合 $A^{((r))}$ 到集合 $B^{(r)}$ 之间的双射，故有 $\left|A^{((r))}\right| = \left(\!\binom{n}{r}\!\right) = \binom{n+r-1}{r}$. ■

推论 1.16.1   不定方程 $x_1 + x_2 + \cdots + x_n = r$ 的非负整数解的个数为 $\left(\!\binom{n}{r}\!\right)$.

证明   由 n 元集 $S = \{a_1, a_2, \cdots, a_n\}$ 的 r 重复组合的定义知，S 的任何一个 r 重复组合 A 是集合 S 上的 r 重集，即 $A = \{x_1 \cdot a_1, x_2 \cdot a_2, \cdots, x_n \cdot a_n\}$，并且满足

$$\begin{cases} x_1 + x_2 + \cdots + x_n = r \\ x_i \geqslant 0; \ i = 1, 2, \cdots, n \end{cases}$$

因此，n 元集的 r 重复组合与不定方程 $x_1 + x_2 + \cdots + x_n = r$ 的非负整数解是一一对应的，所以结论成立. ■

推论 1.16.1 的另一个组合解释是：将 r 个相同的球放入到 n 个不同的盒子中且允许空盒的放法数为 $\left(\!\binom{n}{r}\!\right) = \binom{n+r-1}{r}$.

推论 1.16.2   当 $r \geqslant n$ 时，则不定方程 $x_1 + x_2 + \cdots + x_n = r$ 的正整数解的个数为 $\binom{r-1}{r-n} = \binom{r-1}{n-1}$.

证明   只需要令 $y_k = x_k - 1$，$k = 1, 2, \cdots, n$，则有

$$y_1 + y_2 + \cdots + y_n = r - n; \quad y_k \geqslant 0, \ k = 1, 2, \cdots, n$$

然后利用推论 1.16.1 的结论即得. ■

推论 1.16.2 也可以解释为：将 r 个相同的球放入到 n 个不同的盒子中且不允许空盒的放法数为 $\binom{r-1}{n-1}$.

下面给出推论 1.16.2 的一个完全不同的组合证明如下.

用 ○○○○○ ⋯⋯ ○○○○ 来表示 r 个相同的球，在两个球之间插入一竖线 "|" 来表示两个隔开的盒子，例如：○○○|○○○○○ 表示将 8 个相同的球放入到 2 个编号的盒子中，其中第一个盒子有 3 个球第二个盒子有 5 个球的放法. 所以，要想将 r 个相同的球放入到 n 个不同的盒子中且不允许空盒，必须在 $r - 1$ 个两球之间的位置插入 $n - 1$ 条竖线，每一种竖线的插入方法都对应着一种不允许空盒的放法，故总的放法数为 $\binom{r-1}{n-1}$.

例 1.12   求展开式 $(x + y + z)^{15}$ 中的项数.

解   由于展开式中的每项均具有 $x^i y^j z^k$ 的形式，且

$$i + j + k = 15, \quad i \geqslant 0, \ j \geqslant 0, \ k \geqslant 0$$

故展开式的项数 $N = \left(\!\!\binom{3}{15}\!\!\right) = \binom{3+15-1}{15} = 136.$

1.4.3 重集的组合

定义 1.12 设 $S = \{m_1 \cdot a_1, m_2 \cdot a_2, \cdots, m_n \cdot a_n\}$ 是一个重集 (有限或无限), 集合 $A = \{x_1 \cdot a_1, x_2 \cdot a_2, \cdots, x_n \cdot a_n\}$ 是 S 的一个 r 子集, 即有

$$\begin{cases} x_1 + x_2 + \cdots + x_n = r \\ 0 \leqslant x_i \leqslant m_i, \ 1 \leqslant i \leqslant n \end{cases}$$

则称集合 A 是集合 S 的一个 r 组合.

像前面的普通集合一样, 我们仍然以 $S^{(r)}$ 来表示重集 S 的所有 r 组合之集, 则有下面的结论.

定理 1.17 无限重集 $S = \{\infty \cdot a_1, \infty \cdot a_2, \cdots, \infty \cdot a_n\}$ 的 r 组合数为 $\left(\!\!\binom{n}{r}\!\!\right)$.

证明 因为重集 $S = \{\infty \cdot a_1, \infty \cdot a_2, \cdots, \infty \cdot a_n\}$ 的 r 组合实际上等同于集合 $T = \{a_1, a_2, \cdots, a_n\}$ 的 r 重复组合, 所以结论是显然的. ∎

更一般地, 我们有下面的结论.

定理 1.18 设 $S = \{m_1 \cdot a_1, m_2 \cdot a_2, \cdots, m_n \cdot a_n\}$, r 为正整数, 且对任意的整数 $i\,(1 \leqslant i \leqslant n)$ 有 $r \leqslant m_i$, 则集合 S 的 r 组合数为 $\left|S^{(r)}\right| = \left(\!\!\binom{n}{r}\!\!\right)$.

证明 因为当每一个 $m_i \geqslant r$ 时, 重集 $T = \{\infty \cdot a_1, \infty \cdot a_2, \cdots, \infty \cdot a_n\}$ 的 r 组合与重集 $S = \{m_1 \cdot a_1, m_2 \cdot a_2, \cdots, m_n \cdot a_n\}$ 的 r 组合是一一对应的, 由此即得本定理的结论. ∎

推论 1.18.1 当 $r \leqslant m_i$, $i = 1, 2, \cdots, n$ 时, 则不定方程

$$\begin{cases} x_1 + x_2 + \cdots + x_n = r \\ 0 \leqslant x_i \leqslant m_i, \ 1 \leqslant i \leqslant n \end{cases}$$

的整数解的个数为 $\left(\!\!\binom{n}{r}\!\!\right)$.

证明 显然, 这是 定理 1.18 的一个直接推论, 这里不再赘述. ∎

值得注意的是, 如果重集 $S = \{m_1 \cdot a_1, m_2 \cdot a_2, \cdots, m_n \cdot a_n\}$ 的某些元素 a_j 的重复次数 $m_j < r$, 则 S 的 r 组合数没有简单的计算公式. 等价地, 如果存在某些 $m_j < r$, 则不定方程

$$\begin{cases} x_1 + x_2 + \cdots + x_n = r \\ 0 \leqslant x_i \leqslant m_i, \ 1 \leqslant i \leqslant n \end{cases}$$

的整数解的个数也不能简单地求出. 关于这个问题的进一步研究, 将在后面的章节再来讨论.

例 1.13　试求重集 $S = \{1 \cdot a_1, \infty \cdot a_2, \cdots, \infty \cdot a_n\}$ 的 r 组合数.

解　S 的 r 组合可分为两类:

① 包含 a_1 的 r 组合, 其组合数为重集 $S = \{\infty \cdot a_2, \cdots, \infty \cdot a_n\}$ 的 $r - 1$ 组合数, 即 $\binom{n-1+r-1-1}{r-1} = \binom{n+r-3}{r-1}$;

② 不包含 a_1 的 r 组合, 其组合数为重集 $S = \{\infty \cdot a_2, \cdots, \infty \cdot a_n\}$ 的 r 组合数, 即 $\binom{n-1+r-1}{r} = \binom{n+r-2}{r}$. 故有 $\left|S^{(r)}\right| = \binom{n+r-3}{r-1} + \binom{n+r-2}{r}$.

1.4.4　不相邻的组合

定义 1.13　设 S 是一个 n 元集, π 是 S 中元素的一个规定的次序. A 是集合 S 的一个 r 子集, 如果 A 中任何两个元素相对于次序 π 至少间隔 k 个位置, 则集合 A 称为集合 S 相对于次序 π 的一个 **k 间隔 r 组合**.

我们以 $S_{|k|}^{(r)}$ 表示集合 S 的所有 k 间隔 r 组合的集合, 其中的元素个数称为 **n 的 k 间隔 r 组合数**, 记为 $\binom{n}{r}_{|k|}$. 这里有一点需要特别注意, 那就是集合 $S_{|k|}^{(r)}$ 虽然与具体的次序 π 相关, 即不同的次序 π 对应不同的 $S_{|k|}^{(r)}$, 但集合 $S_{|k|}^{(r)}$ 中的元素个数即 n 的 k 间隔 r 组合数 $\binom{n}{r}_{|k|}$ 却只与数 n, r 以及 k 有关, 而与具体的次序 π 无关. 次序 π 只是起着为 S 中的元素定义一个参考次序的作用, 从而使得 "间隔" 具有确定的意义.

定理 1.19　n 的 k 间隔 r 组合数 $\binom{n}{r}_{|k|} = \binom{n-rk+k}{r}$, $n \geqslant (k+1)r - k$.

证明　不妨设 $S = \mathbb{Z}_n^+$, 其参考次序就是自然数的次序. 并设 $\{a_1, a_2, \cdots, a_r\}$ 是 S 的一个 k 间隔 r 组合, 其中

$$1 \leqslant a_1 < a_2 < \cdots < a_r \leqslant n, \text{ 且 } a_i - a_{i-1} > k, \; i = 2, 3, \cdots, r$$

所以有

$$1 \leqslant a_1 < a_2 - k < \cdots < a_r - (r-1)k \leqslant n - (r-1)k$$

也就是说 $\{a_1, a_2 - k, \cdots, a_r - (r-1)k\}$ 是 $\mathbb{Z}_{n-rk+k}^+$ 的一个 r 组合. 反之, 对集合 $\mathbb{Z}_{n-rk+k}^+$ 的任一个 r 组合 $\{b_1, b_2, \cdots, b_r\}$, 由于

$$1 \leqslant b_1 < b_2 < \cdots < b_r \leqslant n - rk + k$$

所以有

$$1 \leqslant b_1 < b_2 + k < \cdots < b_r + (r-1)k \leqslant n$$

即 $\{b_1, b_2 + k, \cdots, b_r + (r-1)k\}$ 是 $\mathbb{Z}_n^+$ 的一个 k 间隔 r 组合. 由对应原理, 立即可得定理的结论. ∎

显然, 当 $k = 0$ 时, n 的 k 间隔 r 组合就是普通的 r 组合, 即有 $\binom{n}{r}_{|0|} = \binom{n}{r}$; 当 $k = 1$ 时, $\binom{n}{r}_{|1|} = \binom{n-r+1}{r}$ 就是 **n 的不相邻 r 组合数**.

1.5 组合数的性质

组合数的性质尤其是组合恒等式其内容非常丰富, 如果将现已发现的所有组合恒等式列出来, 足足可以占据几大卷书的篇幅. 许多恒等式具有非常深刻的组合意义, 其组合解释也饶有趣味. 本节所涉及的内容仅为一些皮毛, 主要是为了加深对一些常见组合恒等式及其组合意义的理解.

定义 1.14 设 $\{u_k\}_{k=0}^n$ 是一个实数序列, 如果存在整数 $m\,(0 \leqslant m \leqslant n)$ 使得

$$u_0 \leqslant u_1 \leqslant \cdots \leqslant u_{m-1} \leqslant u_m \geqslant u_{m+1} \geqslant \cdots \geqslant u_n$$

则称实序列 $\{u_k\}_{k=0}^n$ 是**单峰的**.

定理 1.20 组合数序列 $\left\{\binom{n}{k}\right\}_{k=0}^n$ 是单峰的.

证明 这是因为当 n 为偶数时有

$$\binom{n}{0} < \binom{n}{1} < \cdots < \binom{n}{n/2} > \binom{n}{n/2+1} > \cdots > \binom{n}{n}$$

而当 n 为奇数时则有

$$\binom{n}{0} < \binom{n}{1} < \cdots < \binom{n}{(n-1)/2} = \binom{n}{(n+1)/2} > \cdots > \binom{n}{n} \qquad \blacksquare$$

下面是一些常见的组合恒等式.

定理 1.21 对任意的非负整数 n, k, 当 $n \geqslant k \geqslant 0$ 时有 $\binom{n}{k} = \binom{n}{n-k}$.

证明 从 n 个元素中取 k 个元素, 余下的元素为 $n-k$ 个, 故取 k 个的组合与取 $n-k$ 个的组合一一对应. $\qquad \blacksquare$

对于任意的正整数 n, m, 由定理 1.21 可知, $\binom{n+m}{n} = \binom{n+m}{m}$, 这个数的一个组合解释是: 从格点 $(0,0)$ 到格点 (m,n) 或 (n,m) 的 UR 路径数. 我们以 $L_p(n,m)$ 表示这个 UR 路径数. 这里所谓的**格点**, 是平面上坐标为整数的点; 路径则是由沿着 x 轴方向的 R 步和沿着 y 轴方向的 U 步构成, 其中

$$R: (x,y) \to (x+1, y), \quad U: (x,y) \to (x, y+1)$$

显然, 从格点 $(0,0)$ 到格点 (n,m) 无论怎样走, 都必须沿 x 轴方向走 n 步, 沿 y 轴的方向走 m 步, 总共有 $m+n$ 步 (图 1.8). 假如每沿 x 轴方向走 1 步就标记一个 x, 而每沿 y 轴方向走 1 步标记一个 y, 那么从格点 $(0,0)$ 到格点 (n,m) 任何一条路径, 都对应着由 n 个 x 和 m 个 y 组成的一个长为 $m+n$ 的字符串, 实际上该字符串是重集 $S = \{n \cdot x, m \cdot y\}$ 的一个全排列. 因此, 所有不同的路径数为

$$L_p(n,m) = |S\,!| = \frac{(n+m)!}{n!m!} = \binom{n+m}{n}$$

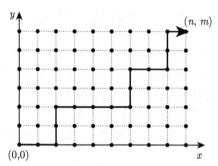

图 1.8　从格点 $(0, 0)$ 到达格点 (n, m) 的路径示意图

定理 1.22　设 m, n, k 是非负整数, 且满足 $m \geqslant n \geqslant k \geqslant 0$, 则有

$$\binom{m}{k}\binom{m-k}{n-k} = \binom{m}{n}\binom{n}{k} \tag{1.21}$$

证明　可直接利用组合数的公式得到, 此处从略.　　■

组合解释一　从一个人数为 m 的班中选取 n 个人组成班委, 然后从这 n 个人的班委中选取 k 个人作为常委, 则选取方法数为 $\binom{m}{n}\binom{n}{k}$. 显然, 也可以这样选择: 先从 m 个人中选取 k 个人作为班委常委, 然后再从剩下的 $m - k$ 个人中选取 $n - k$ 个人补充到班委, 其方法数为 $\binom{m}{k}\binom{m-k}{n-k}$.

组合解释二　恒等式 (1.21) 实际上是从 m 个不同的球中选取 n 个球放入两个相同的盒子中, 使得一个盒子中有 k 个球而另一个盒子中有 $n - k$ 个球的方案数. 一种选法是先从 m 个球中选取 k 个球放入其中一个盒子, 然后再从 $m - k$ 个球中选取 $n - k$ 个球放入另一个盒子, 方法数是 $\binom{m}{k}\binom{m-k}{n-k}$; 另一种选法是先从 m 个球中选取 n 个球, 再从这 n 个球中选取 k 个球放入其中一个盒子, 而剩下的 $n - k$ 个球放入另一个盒子, 其方法数显然是 $\binom{m}{n}\binom{n}{k}$.

定理 1.23　对任意的正整数 n, k, 当 $n > k \geqslant 1$ 时有

$$\binom{n}{k} = \binom{n-1}{k} + \binom{n-1}{k-1} \tag{1.22}$$

证明　n 元集 $S = \{a_1, a_2, \cdots, a_n\}$ 的 k 元子集包含两类: 第一类是包含 a_1 的子集, 有 $\binom{n-1}{k-1}$ 个; 第二类是不包含的 a_1 的子集, 有 $\binom{n-1}{k}$ 个. 由加法原理即得定理的结论. 也可以直接利用组合数的公式得到.　　■

另外, 由等式 (1.22) 知

$$\binom{n+m}{n} = \binom{n+m-1}{n-1} + \binom{n+m-1}{n} = \binom{n+m-1}{m} + \binom{n+m-1}{n}$$

根据格点路径的定义, $\binom{n+m}{n}$ 是从格点 $(0,0)$ 到 (n,m) 的路径数. 由图 1.9 可以看出, 这样的路径可分为两类: 一类是从格点 $(0,0)$ 经 $(n, m-1)$ 到达 (n,m), 共有 $\binom{n+m-1}{n}$ 条; 另一类是经过格点 $(n-1,m)$ 到达 (n,m), 共有 $\binom{n+m-1}{m}$ 条, 即

$$L_p(n,m) = L_p(n,m-1) + L_p(n-1,m)$$

由此知上式成立.

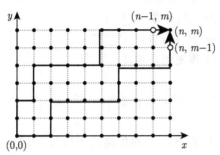

图 1.9　从格点 $(0,0)$ 到达格点 (n,m) 的两类路径示意图

定理 1.24　对任意的非负整数 n, m, 当 $n \geqslant m \geqslant 0$ 时有

$$\binom{n+m+1}{m} = \binom{n+m}{m} + \binom{n+m-1}{m-1} + \cdots + \binom{n+1}{1} + \binom{n}{0} \tag{1.23}$$

证明　由恒等式 (1.22) 可得

$$\begin{cases} \binom{n+m}{m} = \binom{n+m+1}{m} - \binom{n+m}{m-1} \\ \binom{n+m-1}{m-1} = \binom{n+m}{m-1} - \binom{n+m-1}{m-2} \\ \cdots\cdots \\ \binom{n+1}{1} = \binom{n+2}{1} - \binom{n+1}{0} = \binom{n+2}{1} - \binom{n}{0} \end{cases}$$

然后以上各式相加即得. 以下是恒等式 (1.23) 的两个组合证明.

　　组合证明一　恒等式 (1.23) 的左边是 $n+m+1$ 元集 $A = \{a_1, a_2, \cdots, a_{n+m+1}\}$ 的 m 组合数, 所有这些 m 组合可分为如下的 $m+1$ 个类:

(0) 不含 a_1 的 m 组合数 $\binom{n+m}{m}$;

(1) 含 a_1 不含 a_2 的 m 组合数 $\binom{n+m-1}{m-1}$;

(2) 含 a_1, a_2 不含 a_3 的 m 组合数 $\binom{n+m-2}{m-2}$;

......

$(m-1)$ 含 $a_1, \cdots, a_{m-1}$ 不含 a_m 的 m 组合数 $\binom{n+1}{1}$;

(m) 含 $a_1, a_2, \cdots, a_m$ 的 m 组合数 $\binom{n+1}{0}$.

然后由加法原理即得.

组合证明二　恒等式 (1.23) 的左边是 $n+2$ 元集 $A = \{a_1, a_2, \cdots, a_{n+2}\}$ 的 m 重复组合数, 所有这些 m 重复组合可分为 $m+1$ 个类:

(0) 不含 a_1 的 m 重复组合数 $\binom{n+m}{m}$;

(1) 含 1 个 a_1 的 m 重复组合数 $\binom{n+m-1}{m-1}$;

(2) 含 2 个 a_1 的 m 重复组合数 $\binom{n+m-2}{m-2}$;

......

(m) 全部均为 a_1 的 m 重复组合数为 $\binom{n+1}{0} = \binom{n}{0}$.

然后由加法原理即得. ∎

除此之外, 也可以从格点路径的角度给予解释. 因为恒等式 (1.23) 的左边是从格点 $(0, 0)$ 到 $(n+1, m)$ 的路径数, 这些路径可分为经由格点 (n, k), $k = 0, 1, \cdots, m$ 到达 $(n+1, m)$ 的 $m+1$ 个类. 显然, 从图 1.10 不难看出恒等式 (1.23) 的正确性. 如果用前面的格点路径数符号表示, 则有

$$L_p(n+1, m) = \sum_{k=0}^{m} L_p(n, k)$$

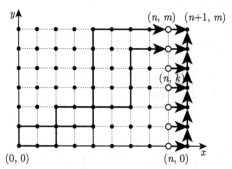

图 1.10　从格点 $(0, 0)$ 到达格点 $(n+1, m)$ 的 $m+1$ 类路径示意图

显然, 恒等式 (1.23) 也可以写为

$$\binom{n+1}{m} = \binom{n}{m} + \binom{n-1}{m-1} + \cdots + \binom{n-m+1}{1} + \binom{n-m}{0} \tag{1.24}$$

恒等式 (1.24) 的应用参见习题 1.26.

定理 1.25 对任意的非负整数 n 有

$$\binom{n}{0} + \binom{n}{1} + \cdots + \binom{n}{n} = 2^n \tag{1.25}$$

证明 恒等式 (1.25) 右端实际上是 n 元集 $S = \{a_1, a_2, \cdots, a_n\}$ 的所有子集的个数, 而左端则是对 n 元集 S 的所有子集按其所包含的元素个数所进行的分类统计. 由此即知恒等式的正确性. ■

显然, 恒等式 (1.25) 实际上也可以直接从 Newton 二项式公式得到, 还可以从格点路径的角度给予一个组合解释. 恒等式 (1.25) 左端的第 k 项 $\binom{n}{k}$ 表示从格点 $(0, 0)$ 到达格点 $(k, n-k)$ 的路径数, 于是左端等于从格点 $(0, 0)$ 到达线段 PQ 上格点 $(k, n-k)$, $0 \leqslant k \leqslant n$ 的所有路径数之和, 如图 1.11 所示.

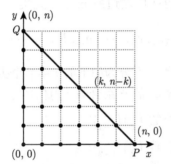

图 1.11 从格点 $(0, 0)$ 到达线段 PQ 上格点 $(k, n-k)$ 的路径示意图

相当于 2^n 个人从格点 $(0, 0)$ 出发, 每到一个十字路口便一分为二, 直到到达直线 PQ 上为止. 每个人所走的路径各不相同, 因为每个人都经历了 n 个十字路口, 故到达终点线 PQ 上的人数等于从格点 $(0, 0)$ 到达线段 PQ 上格点的路径数.

定理 1.26 对任意的非负整数 n 有

$$\binom{n}{0} - \binom{n}{1} + \cdots + (-1)^n \binom{n}{n} = 0 \tag{1.26}$$

证明 可以直接从 Newton 二项式公式得到. ■

组合解释 n 元集的所有子集中, 包含偶数个元素的子集与包含奇数个元素的子集一样多. 利用恒等式 (1.25) 可得到

$$\binom{n}{0} + \binom{n}{2} + \cdots = \binom{n}{1} + \binom{n}{3} + \cdots = 2^{n-1}, \quad n \geqslant 1 \tag{1.27}$$

上述恒等式 (1.27) 可用组合方法证明如下: 设 $X = \{x_1, x_2, \cdots, x_n\}$ 是一 n 元集, 可用 n 个步骤来构造 X 所有的包含偶数个元素的子集, 其中第 k 个步骤

决定元素 x_k 是否选入子集. 显然, 对于元素 $x_1, x_2, \cdots, x_{n-1}$ 来说, 每个元素均有 2 种可能, 但对于元素 x_n 来说就只有一种可能: 如果前 $n-1$ 个步骤已选入偶数个元素, 则元素 x_n 不能再入选; 否则元素 x_n 就必须入选, 这样共有 2^{n-1} 种方式构造 X 的含有偶数个元素的子集. 对于 X 的含有奇数个元素的子集, 可类似地证明.

定理 1.27 对任意的正整数 m, n, r, 当 $r \leqslant \min(m, n)$ 时有

$$\binom{m+n}{r} = \binom{m}{0}\binom{n}{r} + \binom{m}{1}\binom{n}{r-1} + \cdots + \binom{m}{r}\binom{n}{0} \tag{1.28}$$

证明 比较 $(1+x)^{m+n} = (1+x)^m \cdot (1+x)^n$ 两边 x^r 的系数即得. ■

组合解释 恒等式 (1.28) 的左边是 $m + n$ 元集

$$S = \{a_1, a_2, \cdots, a_m, b_1, b_2, \cdots, b_n\}$$

的 r 组合数. 由于 S 的 r 组合可分为如下的 $r + 1$ 个类:

(0) 不含任何 a(即只含 b) 的 r 组合数 $\binom{m}{0}\binom{n}{r}$;

(1) 含 1 个 a 的 r 组合数 $\binom{m}{1}\binom{n}{r-1}$;

(2) 含 2 个 a 的 r 组合数 $\binom{m}{2}\binom{n}{r-2}$;

......

(r) 全为 a 的 r 组合数 $\binom{m}{r}\binom{n}{0}$.

然后由加法原理即得. 恒等式 (1.28) 也称为 **Vandermonde 卷积**.

定理 1.28 对任意的正整数 m, n, 当 $0 \leqslant n \leqslant m$ 时有

$$\binom{m}{0}\binom{m}{n} + \binom{m}{1}\binom{m-1}{n-1} + \cdots + \binom{m}{n}\binom{m-n}{0} = 2^n \binom{m}{n} \tag{1.29}$$

证明 对任意的 $0 \leqslant k \leqslant n \leqslant m$, 利用恒等式 (1.21) 得

$$\sum_{k=0}^{n} \binom{m}{k}\binom{m-k}{n-k} = \sum_{k=0}^{n} \binom{m}{n}\binom{n}{k} = \binom{m}{n}\sum_{k=0}^{n}\binom{n}{k} = 2^n \binom{m}{n} \quad ■$$

组合解释 恒等式 (1.29) 的右边可解释为从 m 个不同的球中取出 n 个放入到 2 个编号的盒子中且允许空盒的放法数. 而等式左边的第 k 项 ($k = 0, 1, \cdots, n$) $\binom{m}{k}\binom{m-k}{n-k}$ 是第一个盒子里放 k 个球, 第二个盒子里放 $n - k$ 个球的放法数, 然后由加法原理即得恒等式 (1.29).

定理 1.29 对任意的正整数 n 有

$$\sum_{k=0}^{n}\binom{n}{k}^2 = \binom{2n}{n} \tag{1.30}$$

证明 考虑恒等式

$$(1+x)^{2n} = (1+x)^n \cdot (1+x)^n = x^n(1+x)^n\left(1+\frac{1}{x}\right)^n$$

然后比较两边 x^n 的系数即得.   ■

显然, 这个恒等式也可以通过在恒等式 (1.28) 中令 $m = n = r$ 得到.

组合解释 恒等式 (1.30) 的右边是 $2n$ 元集 S 的 n 元子集的个数. 现将该 $2n$ 元集 S 拆分成 2 个不相交的 n 元子集 A 和 B, 即 $S = A \cup B$, $A \cap B = \varnothing$, 那么 S 的所有 n 元子集可分成 $n+1$ 个类, 其中第 k 类的 n 元子集含有 A 中的元素 k 个, 含有 B 中的元素 $n-k$ 个, 因此第 k 类的 n 元子集的个数为 $\binom{n}{k}\binom{n}{n-k} = \binom{n}{k}^2$, 这里, $k = 0, 1, \cdots, n$, 由加法原理即得恒等式 (1.30).

1.6 q 多项式系数

下面我们介绍所谓的 q 多项式系数, 它在一些组合计数问题中被用到, 如对称多项式的统计、整数的某些拆分的统计以及有限域上的子空间的统计等.

定义 1.15 设 $n_1, n_2, \cdots, n_k$ 是非负整数, 且 $n = n_1 + n_2 + \cdots + n_k$, 则称

$$\binom{n}{n_1, \ n_2, \ \cdots, \ n_k}_q = \frac{(n)_q!}{(n_1)_q!(n_2)_q! \cdots (n_k)_q!}$$

为 **q 多项式系数**, 其中 $(k)_q! = (k)_q(k-1)_q \cdots (1)_q$ 称为 **q 版 k 阶乘** (或简称 k 的 q 阶乘), 并约定 $(0)_q! = 1$; 而 $(j)_q$ 称为 **q 版自然数 j** (或简称 q 自然数 j), 定义如下:

$$(j)_q = \frac{1-q^j}{1-q} = 1 + q + q^2 + \cdots + q^{j-1}$$

在上述定义中, 我们对符号 q 没作任何要求, 但在大多数应用情况下, q 是一个素数的幂, 所以这里我们一般假定 q 是正整数. 根据上述定义, 当 $q = 1$ 时, 由于 $(k)_1 = k$, $(k)_1! = k!$, 所以 q 多项式系数就是通常的多项式系数, 即

$$\binom{n}{n_1, \ n_2, \ \cdots, \ n_k}_1 = \binom{n}{n_1, \ n_2, \ \cdots, \ n_k}$$

当 $k = 2$ 时, q 二项式系数 $\binom{n}{k,\,n-k}_q$ 一般称为 **Gauss 二项式系数**, 并将其简记为 $\binom{n}{k}_q$. q 多项式系数与 q 二项式系数之间的关系类似于普通多项式系数与普通二项式系数之间的关系, 即有

$$\binom{n}{n_1,\,n_2,\,\cdots,\,n_k}_q = \binom{n}{n_1}_q \binom{n-n_1}{n_2}_q \cdots \binom{n_k}{n_k}_q \tag{1.31}$$

此外, 我们应该注意到: $\binom{n}{n_1,\,n_2,\,\cdots,\,n_k}_q$ 虽然采用有理式定义, 但它实际上却是一个关于 q 的多项式, 且各项系数均为非负整数. 关于这一点, 可以归纳地证明.

因为已经约定 $(0)_q! = 1$, 所以对于 $n \geqslant 0$ 有 $\binom{n}{0}_q = 1$; 但当 $k > n$ 时我们约定 $\binom{n}{k}_q = 0$. 根据定义, q 二项式系数也如二项式系数一样具有对称性, 即

$$\begin{aligned}
\binom{n}{k}_q &= \frac{(n)_q!}{(k)_q!(n-k)_q!} = \binom{n}{n-k}_q \\
&= \frac{(q^n - 1)(q^{n-1} - 1)\cdots(q^{n-k+1} - 1)}{(q^k - 1)(q^{k-1} - 1)\cdots(q - 1)} \\
&= \frac{(q^n - 1)(q^n - q)\cdots(q^n - q^{k-1})}{(q^k - 1)(q^k - q)\cdots(q^k - q^{k-1})}
\end{aligned} \tag{1.32}$$

特别地, 有

$$\binom{n}{n}_q = \binom{n}{0}_q = 1, \quad \binom{n}{1}_q = \binom{n}{n-1}_q = \sum_{k=0}^{n-1} q^k = (n)_q$$

定理 1.30　q 二项式系数序列 $\left\{\binom{n}{k}_q\right\}_{k=0}^{n}$ 是一个单峰序列.

证明　因为容易直接验证, 当 n 为偶数时有

$$\binom{n}{0}_q < \binom{n}{1}_q < \cdots < \binom{n}{n/2}_q > \binom{n}{n/2+1}_q > \cdots > \binom{n}{n}_q$$

而当 n 为奇数时则有

$$\binom{n}{0}_q < \binom{n}{1}_q < \cdots < \binom{n}{(n-1)/2}_q = \binom{n}{(n+1)/2}_q > \cdots > \binom{n}{n}_q \qquad \blacksquare$$

定理 1.31　q 二项式系数 $\binom{n}{k}_q$ 满足如下递推关系:

$$\binom{n}{k}_q = \binom{n-1}{k}_q + q^{n-k} \binom{n-1}{k-1}_q \tag{1.33}$$

$$\binom{n}{k}_q = \binom{n-1}{k-1}_q + q^k \binom{n-1}{k}_q \tag{1.34}$$

$$\binom{n}{k}_q = \frac{1-q^n}{1-q^{n-k}} \binom{n-1}{k}_q \tag{1.35}$$

$$\binom{n}{k}_q = \frac{(n)_q}{(k)_q} \binom{n-1}{k-1}_q \tag{1.36}$$

证明 以上关系式均可以根据定义通过直接计算得到. ∎

有些文献称 $G_q(n,k) = \binom{n}{k}_q$ 为**第二类 Gauss 系数**, 而将 $g_q(n,k) = q^{\binom{k}{2}} \binom{n}{k}_q$ 称为**第一类 Gauss 系数**. 关于这两类 Gauss 系数, 均可以很容易地证明它们都是关于 q 的多项式, 且有如下结论.

定理 1.32 对于任意的实数 x, Gauss 系数满足如下恒等式:

$$g_n(x) = \sum_{k=0}^{n} (-1)^k g_q(n,k) x^{n-k} \tag{1.37}$$

$$x^n = \sum_{k=0}^{n} G_q(n,k) g_k(x) \tag{1.38}$$

其中 $g_0(x) \equiv 1$, $g_n(x) = (x-1)(x-q)\cdots(x-q^{n-1})$, $n \geqslant 1$.

这个定理中的多项式序列 $\{g_k(x)\}_{k \geqslant 0}$ 称为 **Gauss 多项式序列** (事实上它也是偏序集 $\mathbb{L}_q^n$ 的特征多项式 $\chi(\mathbb{L}_q^n; x)$, 我们将在 Möbius 反演部分讨论这些内容), 而 $\{x^k\}_{k \geqslant 0}$ 一般称为**标准多项式序列**, 它们都是实系数多项式函数空间的基. 因此, 这个定理实际上表示了这两个基之间可以互相线性表示, 且系数 $g_q(n,k)$ 和 $G_q(n,k)$ 则是这两个基之间的**联结系数**. (1.37) 我们将留在 Möbius 反演部分予以证明 (也可利用递推关系 $g_{n+1}(x) = x g_n(x) - q^n g_n(x)$ 和 q 二项式系数的递推关系 (1.33) 直接用归纳法证明), 而 (1.38) 则留作习题 (参见习题 1.54). 值得注意的是, (1.37) 常写成如下等价的形式:

$$\prod_{k=0}^{n-1} (1 + q^k x) = \sum_{k=0}^{n} g_q(n,k) x^k \tag{1.39}$$

众所周知, 二项式系数 $\binom{n}{k}$ 统计了 n 元集的 k 元子集的个数, 那么 q 二项式系数 $\binom{n}{k}_q$ 有什么组合意义呢? 下面我们来讨论这一问题.

设 q 是一个素数幂, 以 $\mathbb{F}_q$ 表示 q 个元素的有限域, 令 $\mathbb{F}_q^n$ 表示域 $\mathbb{F}_q$ 上的 n 维向量空间, 即 $\mathbb{F}_q^n = \{(\alpha_1, \alpha_2, \cdots, \alpha_n) \mid \alpha_i \in \mathbb{F}_q, 1 \leqslant i \leqslant n\}$. 下面的定理给出了 $\binom{n}{k}_q$ 的第一个组合解释.

定理 1.33 n 维向量空间 $\mathbb{F}_q^n$ 的 k 维子空间的个数为 $\binom{n}{k}_q$.

证明   令 $N_q(n,k)$ 表示 $\mathbb{F}_q^n$ 的 k 维子空间的个数, 以 N 表示 $\mathbb{F}_q^n$ 中大小为 k 的线性无关向量组 $\mathbf{v}_1, \mathbf{v}_2, \cdots, \mathbf{v}_k$ 的个数, 我们将以两种方式来计数 N.

一方面, 由于在 $\mathbb{F}_q^n$ 中选择 $\mathbf{v}_1$ 有 $q^n - 1$ 种方式, 选择 $\mathbf{v}_2$ 有 $q^n - q$ 种方式, $\cdots$, 最后选择 $\mathbf{v}_k$ 有 $q^n - q^{k-1}$ 种方式, 因此有

$$N = (q^n - 1)(q^n - q) \cdots (q^n - q^{k-1})$$

另一方面, 我们可以首先选择 $\mathbb{F}_q^n$ 的一个 k 维子空间 W, 有 $N_q(n,k)$ 种选择方式; 然后在子空间 W 中选择 $\mathbf{v}_1$, 有 $q^k - 1$ 种方式, 选择 $\mathbf{v}_2$ 有 $q^k - q$ 种方式, $\cdots$, 选择 $\mathbf{v}_k$ 有 $q^k - q^{k-1}$ 种方式, 因此又有

$$N = N_q(n,k)(q^k - 1)(q^k - q) \cdots (q^k - q^{k-1})$$

由此即得 $N_q(n,k) = \binom{n}{k}_q$. ∎

下面的定理给出了 q 二项式系数的第二个组合解释.

定理 1.34   设 $Q_{n,k} = \{1, q, q^2, \cdots, q^{n-k}\}$, 对 $Q \in Q_{n,k}^{((k))}$, 令 $\pi(Q)$ 表示 Q 中元素的乘积, 即

$$\pi(Q) = \prod_{q^j \in Q} q^j = q^{i_1 + i_2 + \cdots + i_k}, \quad 0 \leqslant i_1 \leqslant i_2 \leqslant \cdots \leqslant i_k \leqslant n - k$$

并约定 $\pi(\varnothing) = 1$, 那么有

$$\binom{n}{k}_q = \sum_{Q \in Q_{n,k}^{((k))}} \pi(Q) = \sum_{0 \leqslant i_1 \leqslant i_2 \leqslant \cdots \leqslant i_k \leqslant n-k} q^{i_1 + i_2 + \cdots + i_k}$$

也就是说, $Q_{n,k}$ 的所有 k 重复子集中元素的乘积之和等于 $\binom{n}{k}_q$.

证明   设 $N_q(n,k)$ 表示集合 $Q_{n,k}$ 的所有重复 k 子集中元素的乘积之和, 易知

$$N_q(n,n) = 1, \quad N_q(n,1) = (n)_q$$

对于 $N_q(n,0)$, 由于 $Q_{n,0}^{((0))} = \{\varnothing\}$, 因此我们有 $N_q(n,0) = 1$. 对于 $n > k \geqslant 1$, 由于 $Q_{n,k}$ 的所有 k 重复子集可分为两类: 一类是不包含元素 q^{n-k}, 而所有这类 k 重复子集中元素的乘积之和, 显然等于集合 $Q_{n-1,k} = \{1, q, q^2, \cdots, q^{n-1-k}\}$ 的所有 k 重复子集中元素的乘积之和; 另一类是至少包含一个 q^{n-k}, 且所有这类 k 重复子集中元素的乘积之和等于 $Q_{n,k}$ 的所有 $k-1$ 重复子集中元素的乘积之和 N' 再乘以 q^{n-k}, 并注意到集合 $Q_{n,k} = Q_{n-1,k-1}$, 所以 $N' = N_q(n-1, k-1)$, 即有

$$N_q(n,k) = N_q(n-1,k) + q^{n-k} N_q(n-1, k-1), \quad n > k \geqslant 1 \tag{1.40}$$

显然, 递推关系式 (1.40) 与 (1.33) 是完全一样的, 即序列 $N_q(n,k)$ 与 $\binom{n}{k}_q$ 满足同样的递推关系, 且易知它们也具有同样的初始值, 例如,

$$N_q(n,0) = \binom{n}{0}_q = \binom{n}{n}_q = N_q(n,n) = 1, \quad N_q(n,1) = \binom{n}{1}_q = (n)_q$$

因此有 $N_q(n,k) = \binom{n}{k}_q$.

根据定理 1.34 的结论, q 二项式系数 $\binom{n}{k}_q$ 显然可以表示为

$$
\begin{aligned}
\binom{n}{k}_q &= \sum_{0 \leqslant i_1 \leqslant i_2 \leqslant \cdots \leqslant i_k \leqslant n-k} q^{i_1+i_2+\cdots+i_k} \\
&= \sum_{0 \leqslant j_1 < j_2 < \cdots < j_k \leqslant n-1} q^{j_1+(j_2-1)+(j_3-2)+\cdots+(j_k-k+1)} \\
&= q^{-\binom{k}{2}} \sum_{0 \leqslant j_1 < j_2 < \cdots < j_k \leqslant n-1} q^{j_1+j_2+\cdots+j_k}
\end{aligned}
$$

于是有

$$q^{\binom{k}{2}} \binom{n}{k}_q = \sum_{0 \leqslant j_1 < j_2 < \cdots < j_k \leqslant n-1} q^{j_1+j_2+\cdots+j_k}$$

由此得到第一类 Gauss 系数 $g_q(n,k)$ 的一个组合解释.

定理 1.35 设 $Q_{n,1} = \{1, q, q^2, \cdots, q^{n-1}\}$, 则 $Q_{n,1}$ 的所有 k 子集中元素的乘积之和等于第一类 Gauss 系数 $g_q(n,k) = q^{\binom{k}{2}} \binom{n}{k}_q$.

除了以上的组合解释之外, q 二项式系数也常被用来对某些着色问题中着色方案的统计. 下面我们就来讨论一个正方形格子的 2 着色问题.

假设有一个 $1 \times n$ 的正方形格子, 用黑白两色对每个格子进行着色, 并以 $\mathcal{C}_{n,k}$ 表示恰有 k 个格子着黑色 $n-k$ 个格子着白色的着色方案之集. 对于每一个着色方案 $c \in \mathcal{C}_{n,k}$, 以 $c(j)$ 表示着色方案 c 从左到右的第 j 个格子的颜色, 并按如下方式对每个着色的格子赋予一个权: 如果 $c(j)$ 是白色, 则该格子的权 $w_j = 1$; 如果 $c(j)$ 是黑色, 则该格子的权 $w_j = q^i$, 其中 i 是第 j 个格子的左边白色格子个数, 因此有 $0 \leqslant i \leqslant j-1$. 现定义着色方案 c 的权 $w(c)$ 为 c 上所有格子的权积, 即 $w(c) = \prod_{j=1}^n w_j$. 例如, $w(\square\text{▨}\square\text{▨}) = q^{1+3+3} = q^7$, 注意这里用黑色的阴影线代替黑色. 由此可得到 q 二项式系数的另一个组合解释, 也就是下面的定理.

定理 1.36 设 $n \geqslant k \geqslant 0$, 则 $\mathcal{C}_{n,k}$ 中所有着色方案的权和等于 $\binom{n}{k}_q$, 即

$$\binom{n}{k}_q = \sum_{c \in \mathcal{C}_{n,k}} w(c)$$

这个定理的证明同定理 1.34 完全类似, 可假设着色方案集 $\mathcal{C}_{n,k}$ 中着色方案的权和为 $N_q(n,k)$, 可根据最后一格是白色和黑色将权和分为两类, 由此得到

$$N_q(n,k) = N_q(n-1,k) + q^{n-k}N_q(n-1,k-1), \quad n > k \geqslant 1$$

从而得到定理的证明, 此处从略. 另外, $\mathcal{C}_{n,k}$ 中染色方案 c 中黑色格子的权构成的集合与 $Q_{n,k}$ 的 k 重复子集显然存在一一对应关系. 由此亦可得到定理的证明.

显然, 含有 k 个黑色格子和 $n-k$ 个白色格子的着色方案与 k 个 1、$n-k$ 个 2 的排列存在一一对应关系, 即上述 $\mathcal{C}_{n,k}$ 与集合 $M = \{k \cdot 1, (n-k) \cdot 2\}$ 的全排列一一对应. 对于任一个排列 $\pi \in M!$, 以 $\pi(j)$ 表示排列 π 的第 j 个元素. 如果 $i < j$ 时 $\pi(i) > \pi(j)$, 则称 $\pi(i)$ 与 $\pi(j)$ 是排列 π 的一个**逆序**. 如以 a_j 表示 $\pi(j)$ 的左边比 $\pi(j)$ 大的元素个数, 即如果 $\pi(j) = 1$, 则 a_j 就表示第 j 个位置的 1 左边的 2 的个数, 一般称 a_j 为排列 π 中元素 $\pi(j)$ 的**逆序数**, 且显然有 $0 \leqslant a_j \leqslant j-1$. 排列 π 中所有元素的逆序数之和, 称为排列 π 的**逆序数**, 一般记为 $i(\pi) = a_1 + a_2 + \cdots + a_n$. 显然, 对应于我们这里的着色问题, 排列中元素 1 的逆序数实际上就是黑色格子左边白色格子的个数, 所以 $q^{i(\pi)}$ 就是与排列 π 对应的着色方案 c 的权 $w(c)$. 从而, 根据定理 1.36 可立即得到下面的推论:

推论 1.36.1　设 $M = \{k \cdot 1, (n-k) \cdot 2\}$, 则有 $\sum_{\pi \in M!} q^{i(\pi)} = \binom{n}{k}_q$.

事实上, 推论 1.36.1 对 q 多项式系数也成立, 即有

推论 1.36.2　设有 n 元重集 $M = \{n_1 \cdot 1, n_2 \cdot 2, \cdots, n_k \cdot k\}$, 则有

$$\sum_{\pi \in M!} q^{i(\pi)} = \binom{n}{n_1, \ n_2, \ \cdots, \ n_k}_q$$

其中 $n = n_1 + n_2 + \cdots + n_k$.

证明　详见 R. P. Stanley 的著作[3], 此处从略. ■

定理 1.48 给出了推论 1.36.2 在 $n_1 = n_2 = \cdots = n_k = 1$ 时, 即 M 是普通 k 元集情况下的结论:

$$\sum_{\pi \in \mathbb{Z}_k^+!} q^{i(\pi)} = (k)_q!$$

这个公式后面会有另一个更为直接的方法予以证明.

q 二项式系数还有一个"标准"的组合解释, 那就是对整数拆分的统计. 这里的格子着色与整数拆分也有一个自然的对应, 这些问题我们将在后面的有关整数拆分的部分予以讨论. 除此之外, 在 Möbius 反演部分给出了 q 二项式系数的另一个组合解释, 即 $\binom{n}{k}_q$ 统计了偏序集 $\mathbb{L}_q^n$ 中 k 阶元的个数, 也就是第二类 **Whitney** 数 $W_k(\mathbb{L}_q^n)$. 相关内容将在后面的章节介绍, 此处不再赘述.

1.7 排列的生成算法

所谓排列的生成算法, 就是给排列一个次序 (或者说给排列一个编号), 然后按照这个次序将所有的排列枚举出来. 有许多对排列编号的方法, 不同编号方法对应不同的排列生成算法. 这里我们只介绍三种常用的排列生成算法.

1.7.1 字典序法

字典序法是一个常用的排列生成算法. 其思想是将集合中的每个元素看成是字母, 而将这些元素构成的排列看成是由字母构成的单词, 然后将这些单词按照字典排序方式进行编排, 于是每一个排列就有了一个固定的次序. 按照这个固定的次序枚举所有的排列, 就是所谓的字典序排列生成算法. 例如, 对于 n 元集 $\mathbb{Z}_n^+$, 其字典序意义下的第一个排列为 $12\cdots n$, 最后一个排列为 $n(n-1)\cdots 21$. 下面的算法 1.1 是从一个给定的排列生成字典序意义下的下一个排列的算法. 这是一个非常古老的算法, 至少可以追溯到 14 世纪. 若要生成集合 $\mathbb{Z}_n^+$ 的所有排列, 只需在算法 1.1 中令 $S = \mathbb{Z}_n^+$, 并从第一个排列 $12\cdots n$ 开始反复调用该算法即可.

算法 1.1 给定 $S = \{a_1, a_2, \cdots, a_n\}$, $a_1 \leqslant a_2 \leqslant \cdots \leqslant a_n$, $\pi = p_1 p_2 \cdots p_n$ 是集合 S 的一个全排列, 算法生成字典序意义下 π 的下一个排列 $\sigma = q_1 q_2 \cdots q_n$.

① 置 $I = \{k \mid p_k < p_{k+1}\}$, 如果 $I \neq \varnothing$, 置 $i = \max I$; 否则算法终止.

② 置 $J = \{k \mid p_i < p_k\}$, 并置 $j = \max J$ (显然 $j \geqslant i+1$).

③ 互换排列 π 中的 p_i 与 p_j, 此时 $\pi = p_1 p_2 \cdots p_{i-1} \underline{p_j} p_{i+1} \cdots p_{j-1} \underline{p_i} p_{j+1} \cdots p_n$.

④ 反转排列 π 中最后 $n-i$ 个元素得到排列 σ, 输出 σ, 此时

$$\sigma = p_1 p_2 \cdots p_{i-1} p_j p_n \cdots p_{j+1} p_i p_{j-1} \cdots p_{i+1}$$

读者可能已经注意到, 上述算法在步骤①之后, 如果终止, 则意味着当前的排列 π 已经是字典序意义下的最后一个排列, 即有 $p_1 \geqslant p_2 \geqslant \cdots \geqslant p_n$; 否则就有 $p_i < p_{i+1} \geqslant p_{i+2} \geqslant \cdots \geqslant p_n$. 因此, 索引 i 就是字典序意义下的下一个具有增值潜力的排列位置. 从而, π 在字典序意义下的下一个排列将从增加 p_i 开始. 步骤②则寻找 p_i 下一个值的索引位置 j, 因此 p_j 就是位于索引位置 i 的下一个值. 此时必有 $j > i$, 且 p_j 是大于 p_i 的最小元素, 因而 p_j 可合法地紧跟在 $p_1 p_2 \cdots p_{i-1}$ 之后. 步骤③交换 p_i 与 p_j, 使得 $p_1 \cdots p_{i-1} p_j$ 紧跟在 $p_1 \cdots p_{i-1} p_i$ 之后, 且在交换前显然有 $p_{i+1} \geqslant p_{i+2} \geqslant \cdots \geqslant p_n$, 而在交换后则有 $p_{i+1} \geqslant \cdots \geqslant p_{j-1} > p_i \geqslant p_{j+1} \cdots \geqslant p_n$. 步骤④的反转操作则使得子排列 $p_n \cdots p_{j+1} p_i p_{j-1} \cdots p_{i+1}$ 是集合 $S - \{p_1, p_2, \cdots, p_{i-1}, p_j\}$ 在字典序意义下的第一个排列, 从而 σ 就是 π 在字典序意义下的下一个排列.

按照字典序可将排列组织成树的形式, 例如, 图 1.12 就是集合 $\mathbb{Z}_4^+$ 所有排列

的字典序所形成的树图. 从树根到树叶路径上的数字就是集合 $\mathbb{Z}_4^+$ 的排列, 从左到右的排列顺序就是排列的字典序.

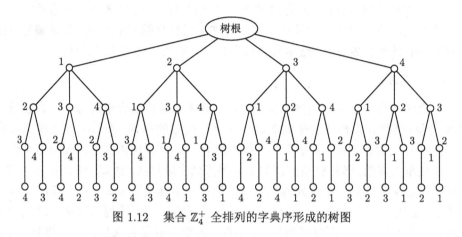

图 1.12　集合 $\mathbb{Z}_4^+$ 全排列的字典序形成的树图

例 1.14　求集合 $\mathbb{Z}_7^+$ 的全排列 $\pi = 3521476$ 在字典序意义下的下一个排列 σ.

解　因为按照算法 1.1 的第①步之后有

$$i = \max\{j \mid p_j < p_{j+1}\} = \max\{1, 4, 5\} = 5$$

第②步之后则有 $j = \max\{k \mid p_i < p_k\} = \max\{2, 6, 7\} = 7$; 第③步互换 π 中的 p_i 与 p_j 即 p_5 与 p_7 之后, 得 $\pi = 3521\underline{6}74$; 第④步的反转操作之后, 便得到 $\pi = 3521476$ 在字典序意义下的下一个排列 $\sigma = 3521647$.

容易看出, 算法 1.1 也能产生多重集的排列, 请看下面的例子.

例 1.15　求集合 $S = \{1, 2, 2, 3\}$ 的全排列 $\pi = 2132$ 字典序的下一个排列 σ.

解　按照算法 1.1, 第①步之后有 $i = \max\{j \mid p_j < p_{j+1}\} = \max\{2\} = 2$; 第②步之后有 $j = \max\{k \mid p_i < p_k\} = \max\{1, 3, 4\} = 4$; 第③步互换 p_i 与 p_j 即互换元素 p_2 与 p_4 之后, 得排列 $\pi = 2\underline{2}31 \triangleq \bar{p}_1 \bar{p}_2 \bar{p}_3 \bar{p}_4$; 第④步反转排列 π 中 $\bar{p}_3$ 与 $\bar{p}_4$ 之间的元素, 从而得到 $\pi = 2132$ 在字典序意义下的下一个排列 $\sigma = 2213$.

事实上, 集合 $S = \{1, 2, 2, 3\}$ 的 12 个全排列的字典序如下:

$$1223, 1232, 1322, 2123, 2132, 2213, 2231, 2312, 2321, 3122, 3212, 3221$$

一般情况下, 集合 $S = \{a_1, a_2, \cdots, a_n\}$ 的任何全排列 $\pi = p_1 p_2 \cdots p_n$ 在字典序意义下的后继均可通过如下三个步骤得到:

① 寻找具有增加潜力的 p_j 的最大下标 j;

② 以最小可能的增量增加 p_j;

③ 将排列 $p_1 p_2 \cdots p_j$ 扩展成 S 的全排列 $p_1 p_2 \cdots p_j q_{j+1} \cdots q_n$, 使得子排列 $q_{j+1} q_{j+2} \cdots q_n$ 成为集合 $S - \{p_1, p_2, \cdots, p_j\}$ 在字典序意义下的第一个排列.

显然, 算法 1.1 遵循上述一般规则, 但这个算法的效率还不太令人满意. 一个自然的问题是: 能否给排列一种编号的方法, 使得在这种编号的意义下任何两个相邻排列只通过交换一个排列中的两个相邻元素彼此得到? 显然, 只交换一对相邻的元素是从一个排列得到另一个排列的最小代价. 如果存在这样的排列编号方法, 那么排列的生成算法将会更简单更有效. 这种编号方式有点像 Gray 二进制码的编号方式, 因为 Gray 码的任何两个相邻的码字之间恰有一位不同. 正因为如此, Gray 二进制码在一些数模转换装置中起着十分重要的作用.

如果两个排列可通过交换其中一个排列中的两个相邻元素而得到另一个排列, 则称这两个排列是**彼此相邻的**. 如果将一个集合的所有全排列看成是平面上的顶点, 两个顶点之间存在一条边当且仅当它们所对应的两个排列是彼此相邻的. 于是, 这些顶点和边形成了一个图, 我们称该图为**排列的关系图**. 显然, 如果这个图中存在一条遍历各个顶点一次且仅一次的路径 (一般称为 **Hamilton 通路**), 则上述编号方式是存在的, 反之则不存在. 对于一个一般的 n 元集, 由其全排列之间的相邻关系所确定的关系图, 确实存在 Hamilton 通路. 例如, 图 1.13 是集合 $\mathbb{Z}_3^+$ 的全排列所形成的关系图, 后面的图 1.17 是集合 $\mathbb{Z}_4^+$ 的全排列所形成的关系图. 容易看出, 它们确实存在一条 Hamilton 通路 (实际上是一条所谓的 **Hamilton 回路**).

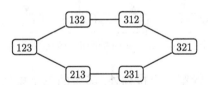

图 1.13　$\mathbb{Z}_3^+$ 的全排列形成的关系图

但是, 对于重集有时却并没有这样幸运. 例如, 重集 $S = \{1, 1, 2, 2\}$ 的排列所形成的关系图就没有哈密顿通路, 如图 1.14 所示. 不过大多数应用只涉及含不同元素集合的排列生成问题. 下面我们研究这种只通过排列的相邻位元素互换生成下一个排列的方法, 这就是所谓的**换位生成算法**.

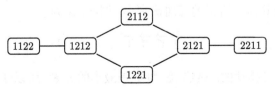

图 1.14　$S = \{1, 1, 2, 2\}$ 的全排列形成的关系图

1.7.2 换位生成算法

换位生成算法源于下面的观察: 如果从一个 $\mathbb{Z}_n^+$ 的排列中去掉 n, 则得到一个 $\mathbb{Z}_{n-1}^+$ 的排列; 并且一个 $\mathbb{Z}_{n-1}^+$ 的排列可以从 n 个不同的位置插入 n 得到 n 个 $\mathbb{Z}_n^+$ 的排列. 例如, 当 $n = 1$ 时, 所有的排列就是一个 1; 而当 $n = 2$ 时, 只需将整数 2 插入到 1 的左右即可得到 $\mathbb{Z}_2^+$ 的全部排列, 1$\underline{2}$, $\underline{2}$1; 当 $n = 3$ 时, 只需将整数 3 插入到 $\mathbb{Z}_2^+$ 的所有排列的 3 个可能的位置即可得到 $\mathbb{Z}_3^+$ 的全部排列, 如图 1.15 所示.

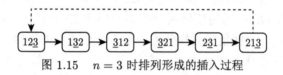

图 1.15　$n = 3$ 时排列形成的插入过程

而当 $n = 4$ 时, 类似的插入过程如图 1.16 所示.

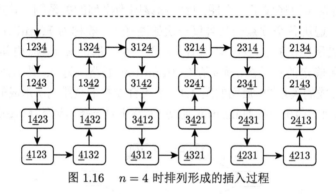

图 1.16　$n = 4$ 时排列形成的插入过程

观察图 1.16 可知, 除第一个排列外, 其余的每个排列都是对前一个排列 (沿着箭头方向) 通过交换两个相邻的数得到的. 从第一个排列开始, 反复交换 4 和其左邻居得到下一个排列, 而当 4 到达最左边时, 4 保持不动, 但交换 2 和 3, 然后 4 又开始与它右边的数反复交换, 直至最右边. 而且, 还可以看出, 每当 4 停留不动时, 恰好是 $n = 3$ 时的交换动作.

为了跟踪这样的过程, 通过在排列的每个元素上方加上一个向左或向右的箭头, 从而将排列中的每个元素赋予了一个方向, 如 $\overleftarrow{k}$ 或 $\overrightarrow{k}$. 排列中的一个元素称为**可移动的**, 如果其箭头所指的邻居比它小. 例如, 排列

$$\overrightarrow{2}\,\overrightarrow{6}\,\overrightarrow{3}\,\overleftarrow{1}\,\overrightarrow{5}\,\overleftarrow{4}$$

只有 3, 5 和 6 是可移动的. 显然, 因为 1 是最小的元素, 所以 1 总是不可移动的; 而 n 是最大的元素, 所以 n 总是可移动的, 除了在以下两种情况.

① n 在排列的最左边, 并且其箭头指向左: $\overleftarrow{n} * * \cdots *$.

② n 在排列的最右边, 并且其箭头指向右: $* * \cdots * \overrightarrow{n}$.

下面的算法 1.2 描述了换位生成排列的过程.

算法 1.2 排列的换位生成算法, 生成 n 元集 $\mathbb{Z}_n^+$ 的所有排列. 数组 p_k 包含 $\mathbb{Z}_n^+$ 的排列, 而数组 d_k 指示排列 $p_1 p_2 \cdots p_n$ 中各元素的方向, -1 向左, $+1$ 向右. 另外, 两个临时变量 p_0, p_{n+1} 被用于边界情况的比较.

① 对 $1 \leqslant k \leqslant n$, 置 $p_k = k$, $d_k = -1$. 对于两个临时变量, 可置 $p_0 = n+1$, $p_{n+1} = n+1$(注意这两个变量的赋值必须保证, 当 p_1 方向向左和 p_n 的方向向右时, p_1 和 p_n 都是不可移动的).

② 置 $\pi = p_1 p_2 \cdots p_n$, 输出排列 π.

③ 置 $j = 0$, 对 $1 \leqslant k \leqslant n$, 置 $\ell = k + d_k$, 如果 $p_k > p_\ell$, 则当 $j = 0$ 或者 $p_j < p_k$ 时置 $j = k$(循环终止时 p_j 是 π 中最大的可移动元素).

④ 如果 $j = 0$, 则终止; 否则, 置 $x = p_j$.

⑤ 置 $\ell = j + d_j$, $p_j \Leftrightarrow p_\ell$, $d_j \Leftrightarrow d_\ell$.

⑥ 对 $1 \leqslant k \leqslant n$, 如果 $p_k > x$, 则置 $d_k = -d_k$. 转步骤 ②.

当 $n = 4$ 时, 算法 1.2 产生的排列顺序如图 1.16 所示, 而图 1.17 中粗黑的箭头表示 $\mathbb{Z}_4^+$ 的全排列所对应的关系图的 Hamilton 通路, 其排列的访问顺序正好对应由算法 1.2 所产生的集合 $\mathbb{Z}_4^+$ 全排列的顺序.

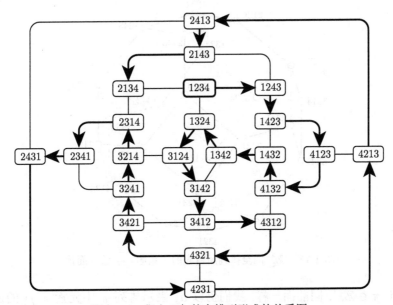

图 1.17 集合 $\mathbb{Z}_4^+$ 的全排列形成的关系图

1.7.3　逆序生成算法

前面我们曾介绍过排列的逆序和逆序数的概念. 逆序的概念最早是由法国数学家 G. Cramer (1704—1752) 在研究解线性方程组的著名规则 —— **Cramer 法则**时引进的[4]. 逆序刻画了一个排列违反排序的程度, 因此它与排序算法密切相关. 某些排序算法的分析涉及 n 个元素的排列恰有 k 个逆序的问题. 这也是人们对逆序如此感兴趣的主要原因.

前面我们曾经介绍过排列的换位生成算法 (算法 1.2), 也就是从一个 n 元初始排列 $123\cdots n$ 开始, 反复交换该排列的两个相邻元素来生成所有的排列. 也就是说, 排列的关系图存在 Hamilton 回路. 但是, 交换一个排列的一对相邻元素, 将会使该排列的逆序数增 1 或减 1. 因此, 沿着排列的关系图中任何一条 Hamilton 回路遍历所有的顶点 (或排列), 最后回到起始点, 逆序数增 1 的次数与减 1 的次数相等. 图 1.18 所示的是 4 元集 $\mathbb{Z}_4^+$ 的全排列所对应的关系图, 不像图 1.17 是一个平面图, 这里我们将其画成了三维的 "截八面体" 的形式, 以便于更好地观察图中相邻顶点 (排列) 的逆序数的变化情况. 这个所谓的截八面体, 它有 8 个六边形的面和 6 个正方形的面. 从图中任一顶点 (排列) 开始, 每向下经过一条边到达相邻顶点都会使逆序数增 1; 而向上经过一条边到达相邻顶点则会使逆序数减 1. 从而, 图中最上面的顶点 1234 具有最小的逆序数 0, 最下面的顶点 4321 具有最大的逆序数 6, 即从顶点 1234 向下到达顶点 4321 所经过的边数.

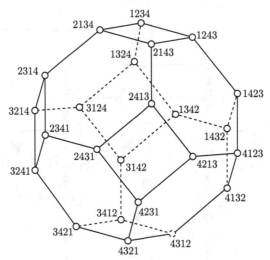

图 1.18　$\mathbb{Z}_4^+$ 的全排列所对应的关系图——截八面体

对于 $\pi \in \mathbb{Z}_n^+!$, 同前面一样, 我们仍以 a_j 表示排列 π 中元素 $\pi(j)$ 的逆序数, 以 $i(\pi) = a_1 + a_2 + \cdots + a_n$ 表示排列 π 的逆序数, 并称 $\mathbf{it}(\pi) = (a_1, a_2, \cdots, a_n)$

是排列 π 的**逆序表**. 注意, 我们后面也经常以 $\mathbf{it}(\pi)$ 表示排列 π 中诸元素逆序数的集合 (一般来说是一个重集), 因此 $a_j \in \mathbf{it}(\pi)$ 就不言自明了. 排列的逆序表与排列之间是一一对应的, 换句话说, 排列的逆序表唯一地确定相应的排列. 这个结果最早由美国数学家 M. Hall (1910—1990) 发现[5]. 排列与其逆序表之间的这个对应关系非常重要, 这使得我们能够经常将一个关于排列的问题表述成一个等价的关于逆序表的问题, 而后一问题往往更易于解决.

注意在有些文献中, a_j 有时被定义成排列 π 中元素 j 的逆序数, 即排列中元素 j 的左边大于 j 的元素个数. 不难看出这是一个等价的定义. 按照我们这里关于逆序数的定义, 显然有 $0 \leqslant a_j \leqslant j - 1$. 如果记

$$\mathrm{it}_n = \left\{ (a_1,\, a_2,\, \cdots,\, a_n) \,|\, 0 \leqslant a_j \leqslant j - 1 \right\}$$

则可利用 it_n 与 $\mathbb{Z}_n^+!$ 之间的一一对应关系来生成所有的排列, 因为集合 it_n 很容易以一种非常自然的次序来索引.

对于 $\pi \in \mathbb{Z}_n^+!$, 其逆序表为 $\mathbf{it}(\pi) = (a_1,\, a_2,\, \cdots,\, a_n)$, 易知诸 a_j 中至少有一个 0. 首先显然有 $a_1 = 0$; 其次因为 n 无论位于排列 π 的什么位置, 其逆序数总是 0. 另外由于排列 π 中位于 n 右边的元素其逆序数一定大于 0, 因此如果令

$$k = \max \left\{ j \,|\, a_j = 0,\, 1 \leqslant j \leqslant n,\, a_j \in \mathbf{it}(\pi) \right\}$$

则必有 $\pi(k) = n$. 然后对 $1 \leqslant j < k$, 令 $a_j' = a_j$, 对 $k \leqslant j \leqslant n$, 令 $a_j' = a_j - 1$, 于是得到一个新的逆序表 $\mathbf{it}(\pi)' = (a_1',\, a_2',\, \cdots,\, a_n')$. 显然, 在这个新的逆序表中, 除 $a_k' (= -1)$ 之外的 $n - 1$ 个元素恰构成集合 $\mathbb{Z}_{n-1}^+$ 的一个排列 π' 的逆序表, 其中 π' 是从 π 中除去 n 之后所形成的排列. 因此, 若 k' 是满足

$$k' = \max \left\{ j \,|\, a_j' = 0,\, 1 \leqslant j \leqslant n,\, a_j' \in \mathbf{it}(\pi)' \right\}$$

的正整数 (它的存在性是无疑的!), 则必有 $k' \neq k$, 且 $\pi(k') = n - 1$. 依此类推, 可最终从逆序表 $\mathbf{it}(\pi)$ 中构造出排列 π. 算法 1.3 给出了这一构造过程.

算法 1.3 给定一个逆序表 $\mathbf{it}(\pi) = (a_1,\, a_2,\, \cdots,\, a_n)$, 其中 $0 \leqslant a_j \leqslant j - 1$, 生成对应的 n 元集 $\mathbb{Z}_n^+$ 的排列 π, $\pi(j)$ 仍表示排列 π 的第 j 个元素.

① 置 $k = n$ (k 是排列中下一个即将安排的元素).

② 置 $j = n$, 若 $a_j \neq 0$ 置 $j = j - 1$, 循环直至 $a_j = 0$.

③ 置 $\pi(j) = k$, $k = k - 1$; 如果 $k = 0$ 则算法终止.

④ 对 $j \leqslant i \leqslant n$ 置 $a_i = a_i - 1$; 转步骤 ②.

例如, $\mathbf{it}(\pi) = (0, 1, 0, 2, 0, 2, 5, 1, 4)$, 这是集合 $\mathbb{Z}_9^+$ 的一个排列 π 所对应的逆序表. 表 1.1 给出了算法 1.3 中逆序表的变化与排列 π 的构造过程之间的关系.

表 1.1   逆序表与排列的构造

it(π)	π
(0, 1, 0, 2, 0, 2, 5, 1, 4)	|****9****|
(0, 1, 0, 2, −1, 1, 4, 0, 3)	|****9**8*|
(0, 1, 0, 2, −1, 1, 4, −1, 2)	|**7*9**8*|
(0, 1, −1, 1, −2, 0, 3, −2, 1)	|**7*96*8*|
(0, 1, −1, 1, −2, −1, 2, −3, 0)	|**7*96*85|
(0, 1, −1, 1, −2, −1, 2, −3, −1)	|4*7*96*85|
(−1, 0, −2, 0, −3, −2, 1, −4, −2)	|4*7396*85|
(−1, 0, −2, −1, −4, −3, 0, −5, −3)	|4*7396285|
(−1, 0, −2, −1, −4, −3, −1, −6, −4)	|417396285|

1.8   组合的生成算法

同排列的生成一样, 组合的生成就是给组合一个次序, 然后按照这个次序将所有的组合枚举出来. 有许多给出组合次序的方法, 不同的方法对应于不同的组合生成算法. 这里仅介绍其中的三种.

1.8.1   基于二进制的算法

由于 n 元集的子集与 n 位二进制数存在一一对应关系, 所以为简单起见, 我们设 n 元集为 $\mathbb{Z}_n = \{0, 1, \cdots, n-1\}$. n 位二进制数 $B = (b_{n-1}b_{n-2}\cdots b_1 b_0)_2$ 与 $\mathbb{Z}_n$ 的子集 C 之间的对应关系为: 对于 $0 \leqslant i < n$, 则 $b_i = 1$ 当且仅当 $i \in C$. 因此, 可以通过遍历所有的 n 位二进制数来生成 n 元集的所有子集.

一个很自然的问题是, 能否用这个方法生成 $\mathbb{Z}_n$ 的所有 r 组合? 答案是肯定的. 设正整数 $n = s + r$, 其中 $n \geqslant r \geqslant 0$, 并设

$$C = \{c_1, c_2, \cdots, c_r\}, \quad 0 \leqslant c_1 < c_2 < \cdots < c_r < n \tag{1.41}$$

是 $\mathbb{Z}_n$ 的任一 r 组合, 则有

$$2^{c_r} + 2^{c_{r-1}} + \cdots + 2^{c_1} = \sum_{k=0}^{n-1} b_k 2^k = (b_{n-1}\cdots b_1 b_0)_2 \tag{1.42}$$

其中 $b_k = 1$, $k \in C$; $b_k = 0$, $k \notin C$, 且 $b_0 + b_1 + \cdots + b_{n-1} = r$, 也就是说, 二进制数 $(b_{n-1}\cdots b_1 b_0)_2$ 中恰有 r 个 1 和 s 个 0, 作为一个二进制的位串, 它实际上是重集 $\{s \cdot 0, r \cdot 1\}$ 的一个排列. 因此, 可以先利用算法1.1 生成 $\{s \cdot 0, r \cdot 1\}$ 的所有排列, 然后从这些排列中得到 $\mathbb{Z}_n$ 的所有 r 组合.

对于 $n = s + r$, n 元集 $\mathbb{Z}_n$ 的 r 组合有时也被称为 **(s, r) 组合**. 根据 (1.42), 易知组合 $C = \{c_1, c_2, \cdots, c_r\}$ 中的元素实际上记录了与子集 C 对应的二进制位

串 B 中 r 个 1 的位置. 同样地, 如果我们记

$$D = \{d_1, d_2, \cdots, d_s\}, \quad 0 \leqslant d_1 < d_2 < \cdots < d_s < n \tag{1.43}$$

其中诸 $d_i (1 \leqslant i \leqslant s)$ 记录了与子集 C 对应的二进制位串 B 中 s 个 0 的位置, 那么 D 是 n 元集 $\mathbb{Z}_n$ 的一个 s 组合, 且显然有 $C \cap D = \varnothing$, $C \cup D = \mathbb{Z}_n$, 所以一般称组合 D 是组合 C 的**对偶组合**.

由于 $\left(\!\binom{s+1}{r}\!\right) = \binom{s+r}{r} = \binom{n}{r}$, 所以 n 元集 $\mathbb{Z}_n$ 的每一个 (s, r) 组合 (1.41) 唯一地对应于 $s + 1$ 元集 $\mathbb{Z}_{s+1}$ 的一个 r 重复组合

$$E = \{e_1, e_2, \cdots, e_r\}, \quad 0 \leqslant e_1 \leqslant e_2 \leqslant \cdots \leqslant e_r \leqslant s \tag{1.44}$$

其中

$$e_1 = c_1, e_2 = c_2 - 1, \cdots, e_r = c_r - r + 1 \tag{1.45}$$

元素 $e_1, e_2, \cdots, e_r$ 可以解释为 (s, r) 组合 C 所对应的二进制位串 $(b_{n-1} \cdots b_1 b_0)_2$ 中, 每个 1 的右边 0 的个数. 利用 (1.45), 可通过生成 n 元集的 (s, r) 组合来生成 $s + 1$ 元集的 r 重复组合.

$\mathbb{Z}_n$ 的一个 (s, r) 组合 $C = \{c_1, c_2, \cdots, c_r\}$ 与不定方程

$$\begin{cases} n + 1 = x_0 + x_1 + \cdots + x_r \\ x_i \geqslant 1, i = 0, 1, \cdots, r \end{cases} \tag{1.46}$$

的整数解也存在一一对应关系, 这个对应关系可通过公式

$$x_0 = c_1 + 1, x_1 = c_2 - c_1, \cdots, x_{r-1} = c_r - c_{r-1}, x_r = n - c_r \tag{1.47}$$

来建立. 实际上整数解 $x_0, x_1, \cdots, x_r$ 表示组合 C 所对应的位串 $(b_{n-1} \cdots b_1 b_0)_2$ 中, 两个相继的 1 之间的距离, 假定位串的两端各有一个附加的 1. 关系式(1.47) 可被用来枚举不定方程 (1.46) 的所有解, 因为这只需要生成 $\mathbb{Z}_n$ 的所有 (s, r) 组合即可.

如果在不定方程 (1.46) 中以 $x_i = y_i + 1$ 代入, 则得

$$\begin{cases} s = y_0 + y_1 + \cdots + y_r \\ y_i \geqslant 0, i = 0, 1, \cdots, r \end{cases} \tag{1.48}$$

其中 y_i 与 $\mathbb{Z}_{s+1}$ 的一个 r 重复组合 (1.44) 满足如下关系:

$$y_0 = e_1, y_1 = e_2 - e_1, \cdots, y_{r-1} = e_r - e_{r-1}, y_r = s - e_r \tag{1.49}$$

即

$$y_0 = c_1,\ y_1 = c_2 - c_1 - 1,\ \cdots,\ y_{r-1} = c_r - c_{r-1} - 1,\ y_r = n - c_r - 1$$

并且 $y_0, y_1, \cdots, y_r$ 还可以解释为位串 $(b_{n-1} \cdots b_1 b_0)_2$ 中, 两个 1 之间的 0 的个数, 不过 y_0 和 y_r 稍有不同, y_0 表示第 1 个 1 右边 0 的个数, 而 y_r 则表示第 r 个 1 左边 0 的个数, 也就是说, (s, r) 组合 C 所对应的将二进制位串 $(b_{n-1} \cdots b_1 b_0)_2$ 形如

$$\underbrace{0 \cdots 0}_{y_r \text{ 个}} 1 \underbrace{0 \cdots 0}_{y_{r-1} \text{ 个}} 1 \cdots \cdots 1 \underbrace{0 \cdots 0}_{y_1 \text{ 个}} 1 \underbrace{0 \cdots 0}_{y_0 \text{ 个}}$$

另外, 从前面的知识我们知道, 一个 (s, r) 组合还对应于一条从格点 $(0, 0)$ 到格点 (s, r) 的 UR 格点路径. 因此, 可通过生成所有的 (s, r) 组合来枚举从格点 $(0, 0)$ 到格点 (s, r) 的所有 UR 格点路径.

1.8.2　字典序法

字典序法将一个组合看成是一个 "单词", 根据 "单词" 的字典顺序枚举所有的组合就是所谓的字典序组合生成算法.

定理 1.37　① 在字典序意义下, $\mathbb{Z}_n$ 的第一个 r 组合是 $\{0, 1, \cdots, r-1\}$, 最后一个 r 组合是 $\{n-r, n-r+1, \cdots, n-1\}$. ② 设 $C = \{c_1, c_2, \cdots, c_r\}$ 是集合 $\mathbb{Z}_n$ 的任一个 r 组合, 其中 $0 \leqslant c_1 < c_2 < \cdots < c_r < n$, 如果 C 不是 $\mathbb{Z}_n$ 的最后一个 r 组合, 那么在字典序意义下 C 的下一个 r 组合是

$$C' = \{c_1, c_2, \cdots, c_{k-1}, c_k + 1, c_k + 2, \cdots, c_k + r - k + 1\}$$

其中 $k = \max\{j \mid c_j + 1 < n,\ c_j + 1 \notin C\}$.

证明　① 是显然的. 至于 ②, 由于 $k = \max\{j \mid c_j + 1 < n,\ c_j + 1 \notin C\}$, 所以或者 $k = r$, 此时 C 的下一个 r 组合显然是 $C' = \{c_1, c_2, \cdots, c_{r-1}, c_r + 1\}$; 或者 $k < r$, 此时对任何 $k < j \leqslant r$ 的 j, 或者 $c_j + 1 = n$, 或者 $c_j + 1 < n$ 且 $c_j + 1 \in C$. 因此, 当 $j = r$ 时必有 $c_r = n - 1$; 而当 $j < r$ 时则必有 $c_j < n - 1$ 且 $c_j + 1 \in C$. 从而有

$$\{c_1, c_2, \cdots, c_r\} = \{c_1, \cdots, c_k, n-r+k, n-r+k+1, \cdots, n-1\}$$

不难看出 $c_k + 1 < n - r + k$, 即 $C = \{c_1, c_2, \cdots, c_r\}$ 是以 $c_1, c_2, \cdots, c_k$ 开始的最后一个 r 组合, 而下面的 r 组合

$$C' = \{c_1, c_2, \cdots, c_{k-1}, c_k + 1, c_k + 2, \cdots, c_k + r - k + 1\}$$

则是以 $c_1, c_2, \cdots, c_{k-1}, c_k+1$ 开始的第一个 r 组合. 因此, C' 是 C 在字典序意义下的下一个 r 组合. ■

下面的 算法 1.4 将按字典序生成 n 元集 $\mathbb{Z}_n$ 所有的 r 组合.

算法 1.4 按字典序生成 n 元集 $\mathbb{Z}_n$ 的所有 r 组合, 其中 $0 \leqslant r \leqslant n$. 附加的临时变量 c_0 与 c_{r+1} 用于循环条件的判断.

① 对 $1 \leqslant j \leqslant r$ 置 $c_j = j-1$, 并置 $c_{r+1} = n$, $c_0 = -1$.

② 置 $C = \{c_1, c_2, \cdots, c_r\}$, 输出组合 C.

③ 置 $j = r$, 当 $c_j + 1 = c_{j+1}$ 时置 $j = j-1$, 直到 $c_j + 1 \neq c_{j+1}$.

④ 如果 $j < 1$, 则终止算法.

⑤ 置 $x = c_j$, 并对 $j \leqslant k \leqslant r$ 置 $c_k = x + k - j + 1$, 转步骤 ②.

容易看出, 在算法 1.4 中, c_0 和 c_{r+1} 均用于步骤③的循环条件 $c_j + 1 = c_{j+1}$ 测试, 这一步骤的目的是寻找可以增加的元素 c_j 的最大下标, 即满足 $c_j + 1 \neq c_{j+1}$ 的最大的 j. 由于必须有 $c_j < c_{j+1}$, 所以当 $c_j + 1 \neq c_{j+1}$ 成立时, 当前组合 C 在字典序意义下的下一个组合 C' 将从首先增加 c_j 开始, 这一过程推迟到终止条件测试后的步骤⑤完成. 当 c_0 最终被用到时 $j = 0$, 此时一定有 $c_0 + 1 \neq c_1$, 随后的步骤④将正常地终止算法.

定理 1.38 设 $C = \{c_1, c_2, \cdots, c_r\}$, 其中 $0 \leqslant c_1 < c_2 < \cdots < c_r < n$, 是集合 $\mathbb{Z}_n$ 的任一个 r 组合, 那么在字典序意义下 C 是 $\mathbb{Z}_n$ 的第

$$\binom{n}{r} - \sum_{j=1}^{r} \binom{n-1-c_j}{r-j+1}$$

个 r 组合, 这里假定 r 组合的编号从 1 开始.

证明 我们首先来计算在字典序意义下 C 后面的 r 组合的个数. 显然, 这些 r 组合可分成 r 个类以及相应于这些类的 r 组合的个数如下:

(1) 第 1 个元素大于 c_1, 个数为 $\binom{n-1-c_1}{r}$;

(2) 第 1 个元素等于 c_1, 第 2 个元素大于 c_2, 个数为 $\binom{n-1-c_2}{r-1}$;

(3) 前 2 个元素为 c_1, c_2, 第 3 个元素大于 c_3, 个数为 $\binom{n-1-c_3}{r-2}$;

······

(r) 前 $r-1$ 个元素为 $c_1, c_2, \cdots, c_{r-1}$, 第 r 个元素大于 c_r, 个数为 $\binom{n-1-c_r}{1}$.

由于 r 组合的总数为 $\binom{n}{r}$, 而在 C 后面的组合个数为 $\sum_{k=1}^{r} \binom{n-1-c_k}{r-k+1}$, 所以 C 是 $\mathbb{Z}_n$ 的第 $\binom{n}{r} - \sum_{k=1}^{r} \binom{n-1-c_k}{r-k+1}$ 个 r 组合. ■

1.8.3   旋转门算法

有时候我们不仅仅要生成所有的组合, 而且希望以最小的代价来完成这一工作. 有一类方法已被 A. Nijenhuis 和 H.S.Wilf 称为**旋转门算法** (Revolving Door Algorithm, RDA)[6], 其目标就是以最小的代价产生某种序列, 如组合序列、排列序列、生成树序列、路径序列等等. 旋转门算法一般要将序列中的元素先安排成所谓的**旋转门次序**, 该次序使得序列中的一对相邻元素能够以最小代价基于对方生成. 下面我们来探讨生成 (s, r) 组合序列的旋转门次序.

假设我们已经有一个 $\mathbb{Z}_n$ 的 (s, r) 组合 C, 能否只通过反复更新 C 中的一个元素, 从而获得所有 (s, r) 组合? 这就好比有两个相邻的房间, 分别记为 A 和 B, 房间 A 中有 s 个人, 房间 B 中有 r 个人, $s + r = n$. 假定两个房间的中间有一个旋转门相通, 每当一个人从一个房间 A 通过旋转门进入房间 B 时, 房间 B 也同时有一个人通过旋转门进入房间 A. 那么这个问题就相当于是否存在 n 个人的一个移动交换序列 (称为**旋转门序列**), 使得集合 $\mathbb{Z}_n$ 的每一个 s 组合在房间 A 中恰出现一次 (对应地, $\mathbb{Z}_n$ 的每一个 r 组合在房间 B 中恰出现一次)?

上述问题的答案是肯定的, 因为存在非常多满足要求的移动交换序列. 我们知道, $\mathbb{Z}_n$ 的 (s, r) 组合 C 与一个 n 位二进制串对应, 且串中必须包含 r 个 1 和 s 个 0. 除此之外, 符合旋转门要求的 n 位二进制序列还要求相邻的两个二进制码之间恰有两位不同. 一般称具有这种性质的二进制码序列为**旋转门 Gray 二进制码序列**, 因为两个相邻的普通 Gray 二进制码恰有一位不同. 如果这样的序列存在, 那么我们的问题就迎刃而解了. 为此, 我们先来介绍一点关于普通 Gray 二进制码的知识.

设 G_n 表示所有的 n 位 Gray 二进制码序列, G_n^R 表示序列 G_n 的次序反转的序列, 如 2 位的 Gray 码序列 $G_2 = 00, 01, 11, 10$, 那么 $G_2^R = 10, 11, 01, 00$. 如果在序列 G_n 的每个码左边分别添加一个 0 和 1, 便得到两个长度为 $n+1$ 位的序列, 分别以 $0G_n$ 和 $1G_n$ 表示这两个序列. 那么, $n+1$ 位 Gray 码序列就可表示为

$$G_{n+1} = 0G_n, 1G_n^R$$

如果注意到 $G_n^R = G_n \oplus_2 \overbrace{100\cdots0}^{n\text{位}}$, 则 $n+1$ 位 Gray 码序列 G_{n+1} 还可以表示为

$$G_{n+1} = 0G_n, \quad (0G_n) \oplus_2 1\overbrace{100\cdots0}^{n\text{位}}$$

其中 $\oplus_2$ 表示模 2 的加法运算, 即按位的异或运算. 例如, 0 至 15 所对应的 4 位 Gray 码如下:

$$0000, 0001, 0011, 0010, 0110, 0111, 0101, 0100,$$

$$1100, 1101, 1111, 1110, 1010, 1011, 1001, 1000$$

上式中的第一行就是 $0G_3$, 而第二行则是 $1G_3^R$ 或 $(0G_3) \oplus_2 1100$.

如令 $G_n = g(0), g(1), \cdots, g(2^n - 1)$, 那么对任意的 $0 \leqslant k, \ell \leqslant 2^n - 1$, 有

$$g(k) = k \oplus_2 \lfloor k/2 \rfloor, \quad g(k \oplus_2 \ell) = g(k) \oplus_2 g(\ell)$$

如果 n 不超过计算机的字长的话, 那么上式可用来在计算内更快地生成 Gray 二进制码序列. 但对于较大的 n, 可以逐位地生成每个 Gray 二进制码. 例如, 如果令 $k = (b_{n-1} \cdots b_1 b_0)_2$ 是 k 的二进制表示, $g(k) = (a_{n-1} \cdots a_1 a_0)_2$ 是第 k 个 n 位 Gray 二进制码, 则可通过对 n 用归纳法证明下面的结论:

$$a_j = b_j \oplus_2 b_{j+1}, \quad b_j = a_j \oplus_2 a_{j+1} \oplus_2 a_{j+2} \oplus_2 \cdots, \quad j \geqslant 0$$

其中 $a_j = 0, j \geqslant n$.

设 $G_{s,r}$ 表示具有 r 个 1 和 s 个 0 的 n 位旋转门 Gray 二进制码序列, 仍以 $G_{s,r}^R$ 表示 $G_{s,r}$ 次序反转的序列, 且记 $G_{s,0} = 0^s$, $G_{0,r} = 1^r$, 那么可用归纳法证明这个与 (s, r) 组合对应的旋转门 Gray 二进制码序列 $G_{s,r}$ 满足如下递推关系:

$$G_{s,r} = 0G_{s-1,r}, 1G_{s,r-1}^R, \quad sr > 0 \tag{1.50}$$

其中上式中逗号处分隔的两个码是序列 $0G_{s-1,r}$ 的最后元素和序列 $1G_{s,r-1}$ 的最后元素, 即 $010^{s-1}1^{r-1}$ 和 $110^s 1^{r-2}$. 事实上, 如果注意到

$$010^{s-1}1^{r-1} = \underline{0}10^{s-1}\underline{1}1^{r-2}, \quad 110^s 1^{r-2} = \underline{1}10^{s-1}\underline{0}1^{r-2}, \quad s \geqslant 1, r \geqslant 2$$

容易看出, 这两个相继的二进制码恰有两位不同, 符合旋转门序列的要求. 而对于 $s = 1, r = 1$ 时的情况, 可直接验证 $G_{1,1} = 01, 10$ 显然符合旋转门序列的要求. 下面是 6 元集 $\mathbb{Z}_6$ 的 $(3,3)$ 组合所对应的旋转门 Gray 二进制码序列 $G_{3,3}$, 序列的顺序按纵向从上到下然后从左到右排列.

$$\begin{array}{llll}
000111 & 011010 & 110001 & 101010 \\
001101 & 011100 & 110010 & 101100 \\
001110 & 010101 & 110100 & 100101 \\
001011 & 010110 & 111000 & 100110 \\
011001 & 010011 & 101001 & 100011
\end{array} \tag{1.51}$$

显然这个旋转门 Gray 二进制码序列还是一个循环的序列, 即最后一个码与第一个码之间也恰有两位不同. 下面是与旋转门 Gray 码序列 $G_{3,3}$ 对应的 $(3,3)$ 组合. 不过这些 $(3,3)$ 组合的顺序初看起来似乎没有什么规律, 但若将所有组合中的元素降序安排即 $\{c_3, c_2, c_1\}$, 就能看出输出组合的顺序规律: c_3 按升序排列; 但对每个固定的 c_3, c_2 按降序排列; 对固定的 c_3 与 c_2, c_1 按升序排列. 一般我们称这种次序为**广义字典序**或**交错字典序**.

$$
\begin{array}{llll}
\{0,1,2\} & \{1,3,4\} & \{0,4,5\} & \{1,3,5\} \\[4pt]
\{0,2,3\} & \{2,3,4\} & \{1,4,5\} & \{2,3,5\} \\[4pt]
\{1,2,3\} & \{0,2,4\} & \{2,4,5\} & \{0,2,5\} \\[4pt]
\{0,1,3\} & \{1,2,4\} & \{3,4,5\} & \{1,2,5\} \\[4pt]
\{0,3,4\} & \{0,1,4\} & \{0,3,5\} & \{0,1,5\}
\end{array}
\tag{1.52}
$$

下面的算法就是生成组合的旋转门算法, 它来自 D. E. Knuth 的著作[7].

算法 1.5   给定正整数 $n = s + r$, 算法以旋转门的方式产生 n 元集 $\mathbb{Z}_n$ 的所有 (s,r) 组合 $C = \{c_1, c_2, \cdots, c_r\}$, $0 \leqslant c_1 < c_2 < \cdots < c_r < n$.

① 对 $1 \leqslant j \leqslant r$ 置 $c_j = j - 1$, 并置 $c_{r+1} = n$.

② 置 $C = \{c_1, c_2, \cdots, c_r\}$, 输出组合 C.

③ 如果 r 是偶数, 转步骤 ④. 如果 $c_1 + 1 < c_2$, 置 $c_1 = c_1 + 1$, 转步骤 ②;
  否则 (此时 $c_1 + 1 \geqslant c_2$), 置 $j = 2$, 转步骤 ⑤.

④ 如果 $c_1 > 0$, 置 $c_1 = c_1 - 1$, 转步骤 ②;
  否则 (此时 $c_1 \leqslant 0$), 置 $j = 2$, 转步骤 ⑥.

⑤ 如果 $c_j \geqslant j$, 置 $c_j = c_{j-1}$, $c_{j-1} = j - 2$, 转步骤 ②;
  否则 (此时 $c_j < j$), 置 $j = j + 1$.

⑥ 如果 $c_j + 1 < c_{j+1}$, 置 $c_{j-1} = c_j$, $c_j = c_j + 1$, 转步骤 ②;
  否则 (此时 $c_j + 1 \geqslant c_{j+1}$), 置 $j = j + 1$.
  如果 $j > r$, 算法终止; 否则, 转步骤 ⑤.

当 $n = 6$, $r = 3$ 时, 算法 1.5 将输出 $\mathbb{Z}_6$ 的所有 $(3,3)$ 组合, 其次序如 (1.52). 值得注意的一点是, 算法 1.5 虽然我们称之为旋转门算法, 但它并不真正产生形如 (1.51) 的旋转门 Gray 二进制码序列, 取而代之的是它直接以交错字典序产生 $\mathbb{Z}_n$ 的所有 (s,r) 组合. 当然, 我们也可以先按照递推关系 (1.50) 产生旋转门 Gray 二进制码序列, 然后将序列翻译成对应的 (s,r) 组合.

1.9 映射与排列的表示

这一节我们讨论映射的表示与一些相关的计数问题. 映射的计数有时会相当复杂, 不过这里及以后的部分章节我们会偶尔涉及一些初步的映射计数问题, 更复杂的映射计数问题将在 Pólya 计数理论部分予以详细讨论.

1.9.1 映射的表示与计数

设 $n, x \in \mathbb{Z}^+$, 并设 $N = \{a_1, a_2, \cdots, a_n\}$, $X = \{b_1, b_2, \cdots, b_x\}$. 下面讨论集合 N 到集合 X 的映射计数问题, 并且在没有特别说明的情况下, 我们进一步假定 N 和 X 都是全序集, 大多数情况下我们以元素下标的自然次序表征元素的大小关系. 为方便讨论, 我们以 X^N 表示集合 N 到集合 X 的所有映射之集, $X_{\vdash}^N$ 表示 N 到 X 的所有单映射之集 $(n \leqslant x)$, $X_{\dashv}^N$ 表示 N 到 X 的所有满映射之集 $(n \geqslant x)$, $X_{=}^N$ 表示 N 到 X 的所有双映射之集 $(n = x)$. 如果 N 与 X 都是全序集, 以 $X_{<}^N$ 表示 X^N 中严格单调映射的集合, 即 $\varphi \in X_{<}^N$ 当且仅当 $a_i < a_j$ 时 $\varphi(a_i) < \varphi(a_j)$; 而以 $X_{\leqslant}^N$ 表示 X^N 中单调不减映射的集合, 即 $\varphi \in X_{\leqslant}^N$ 当且仅当 $a_i < a_j$ 时 $\varphi(a_i) \leqslant \varphi(a_j)$. 习题 1.42 给出了集合 $X_{<}^N$ 和 $X_{\leqslant}^N$ 的元素统计.

对于 $\varphi \in X^N$, 以 $\mathrm{img}(\varphi)$ 表示映射 φ 的所有不同的像的集合, 而以 $\mathrm{img}((\varphi))$ 表示映射 φ 的所有像的集合, 那么 $\mathrm{img}(\varphi)$ 是 X 的子集, 而 $\mathrm{img}((\varphi))$ 则 X 上的一个 n 元重集. 对于 $b \in X$, 令 $\varphi^{-1}(b) = \{a \mid a \in N, \varphi(a) = b\}$, 即 $\varphi^{-1}(b)$ 是在映射 φ 下 b 的原像集合, 这是 N 的子集. 如果记 $n_j = |\varphi^{-1}(b_j)|$, $1 \leqslant j \leqslant x$, 那么有

$$\begin{cases} n_1 + n_2 + \cdots + n_x = n \\ 0 \leqslant n_k, \ k = 1, 2, \cdots, x \end{cases}$$

且 $\mathrm{img}((\varphi)) = \{n_1 \cdot b_1, n_2 \cdot b_2, \cdots, n_x \cdot b_x\} \in X^{((n))}$, 则重集 $\mathrm{img}((\varphi))$ 表示映射 φ 将集合 N 中的某 n_k 个元素映射到了集合 X 中的元素 $b_k \, (1 \leqslant k \leqslant x)$, 并称映射 φ 是一个类型为 $(b_1)^{n_1}(b_2)^{n_2} \cdots (b_x)^{n_x}$ 的映射, 记为 $\mathrm{typ}(\varphi) = (b_1)^{n_1}(b_2)^{n_2} \cdots (b_x)^{n_x}$. 容易看出, 不同的映射 φ 可能具有完全相同的 $\mathrm{img}((\varphi))$. 如果映射 φ 的类型 $\mathrm{typ}(\varphi)$ 中所有的 $n_j \leqslant 1 \, (1 \leqslant j \leqslant x)$, 那么必有 $\varphi \in X_{\vdash}^N$; 如果映射 φ 的类型 $\mathrm{typ}(\varphi)$ 中所有的 $n_j \geqslant 1 \, (1 \leqslant j \leqslant x)$, 那么必有 $\varphi \in X_{\dashv}^N$; 而如果类型 $\mathrm{typ}(\varphi)$ 中所有的 $n_j = 1 \, (1 \leqslant j \leqslant x)$, 那么必有 $n = x$, 且 $\varphi \in X_{=}^N$.

如果记 $X^N(n_1, n_2, \cdots, n_x) = \{\varphi \mid \varphi \in X^N, \mathrm{typ}(\varphi) = (b_1)^{n_1}(b_2)^{n_2} \cdots (b_x)^{n_x}\}$, 其中 $n_j \geqslant 0$ 且 $n_1 + n_2 + \cdots + n_x = n$, 那么对于 $\varphi \in X^N(n_1, n_2, \cdots, n_x)$, φ 唯一地决定 N 的一个有序 x 拆分 $\pi_\varphi = (N_1, N_2, \cdots, N_x) \in \Pi_x^\varnothing[N]$, 其中 $N_j = \varphi^{-1}(b_j)$, 且满足 $|N_j| = n_j \, (1 \leqslant j \leqslant x)$; 反过来, 对于集合 N 的每一个满足 $|N_j| = n_j \, (1 \leqslant j \leqslant x)$ 且允许空集的有序拆分 $\pi = (N_1, N_2, \cdots, N_x)$, 可以唯一地定义一

个 $\varphi_\pi \in X^N(n_1, n_2, \cdots, n_x)$. 因为只需令 $\varphi_\pi(a) = b_j$, $a \in N_j\,(1 \leqslant j \leqslant x)$ 即可. 于是有

$$|X^N(n_1, n_2, \cdots, n_x)| = \begin{pmatrix} n \\ n_1,\ n_2,\ \cdots,\ n_x \end{pmatrix}$$

对于 $\forall K \in X^{(k)}$, 若记 $X^N(K) = \{\varphi \mid \varphi \in X^N,\ \mathrm{img}(\varphi) = K\}$, 显然 $X^N(K)$ 实际上是集合 N 到 X 的子集 K 上所有满射的集合 $K_\vDash^N$, 因此有

$$|X^N(K)| = |K_\vDash^N| = \sum_{\substack{n_1+n_2+\cdots+n_k=n \\ 1 \leqslant n_j,\, j=1,2,\cdots,k}} \begin{pmatrix} n \\ n_1,\ n_2,\ \cdots,\ n_k \end{pmatrix} = S[n, k]$$

设 $\mathrm{img}(\varphi) = \{b_{j_1},\ b_{j_2},\ \cdots,\ b_{j_k}\}$, 并令

$$\begin{cases} \ker(\varphi) = \big\{\varphi^{-1}(b_{j_1}),\ \varphi^{-1}(b_{j_2}),\ \cdots,\ \varphi^{-1}(b_{j_k})\big\} \\ \ker[\varphi] = \big(\varphi^{-1}(b_{j_1}),\ \varphi^{-1}(b_{j_2}),\ \cdots,\ \varphi^{-1}(b_{j_k})\big) \end{cases}$$

则 $\ker(\varphi)$ 称为映射 φ 的**无序核**, 而 $\ker[\varphi]$ 则称为映射 φ 的**有序核**, 且显然有

$$\ker(\varphi) \in \Pi_k(N),\quad \ker[\varphi] \in \Pi_k[N]$$

如果 $\varphi \in X_\vDash^N$, 那么 $\ker(\varphi) \in \Pi_x(N)$, $\ker[\varphi] \in \Pi_x[N]$. 因此, $\forall \varphi \in X^N$, φ 唯一地确定集合 N 的一个非空无序拆分 $\ker(\varphi)$ 和非空有序拆分 $\ker[\varphi]$; 但如果 φ 不是满射, 则无论是 $\ker(\varphi)$ 还是 $\ker[\varphi]$ 都无法唯一地确定 φ. 因为核只是 N 的一个拆分, 它只能确定一个映射像的个数, 而无法确定映射具体的像是什么, 所以不同的 φ 可能具有相同的无序核和有序核. 如果 φ 是满射, 其有序核 $\ker[\varphi]$ 与 φ 相互唯一地确定.

对于 $\varphi \in X^N$, 假设 $\varphi(a_k) = b_{j_k}$, $1 \leqslant k \leqslant n$, 那么也可将 φ 表示为矩阵形式

$$\varphi = \begin{bmatrix} a_1 & a_2 & \cdots & a_n \\ b_{j_1} & b_{j_2} & \cdots & b_{j_n} \end{bmatrix}$$

其中 $b_{j_1} b_{j_2} \cdots b_{j_n}$ 是 X 的一个 n 重复排列, 即 $b_{j_1} b_{j_2} \cdots b_{j_n} \in X^{[\![n]\!]}$, 并且不难看出集合 X^N 与集合 $X^{[\![n]\!]}$ 之间存在一一对应关系. 后面我们将会看到, 这种矩阵表示对分析有些映射计数问题会更加方便.

需要注意的是, 关于 n 元集 N 到 x 元集 X 的映射, 我们将在不同的场合采用不同的说法, 因为有些说法对于分析和统计映射来说更易于理解. 下面的几种说法是完全等价的:

① n 元集 N 到 x 元集 X 的一个映射 φ;

② n 个不同的球放入 x 个编号的盒子;

③ x 种颜色对 n 个不同的对象进行染色;

④ n 元集拆分成 x 个有序子集;

⑤ x 元集 X 的一个 n 重复排列.

下面我们研究初步的映射计数问题, 它主要包括以下四种情形.

① N 是普通的 n 元集, X 也是普通的 x 元集; ② N 是普通的 n 元集, 但 X 中的诸元素不可区分; ③ X 是普通的 x 元集, N 中的诸元素不可区分; ④ N 和 X 中的诸元素均不可区分. 注意我们这里所说的 "不可区分" 仅作通俗的理解, 也就是 "一样的" 或 "相同的". 例如, 情形 ③ 相当于 " n 个相同的球放入 x 个编号的盒子"; 而情形 ④ 则相当于 " n 个相同的球放入 x 个相同的盒子" 等等. 在数学上, "不可区分" 的精确含义是在某种变换群意义下的等价性. 实际上, 我们这里所说的 "不可区分", 用群论的语言来说, 就是在对称群作用下的等价. 关于群的概念和细节, 我们将在 Pólya 计数理论部分予以讨论.

首先考虑情形 ① 的映射计数问题, 即 N 和 X 都是简单集合的情况, 这相当于将 n 个不同的球放入 x 个编号盒子的计数问题.

定理 1.39 设 $n, x \in \mathbb{Z}^+$, $N = \{a_1, a_2, \cdots, a_n\}$, $X = \{b_1, b_2, \cdots, b_x\}$, 则有

$$|X^N| = x^n; \quad |X^N_{\vdash}| = (x)_n, \ n \leqslant x; \quad |X^N_{\vDash}| = S[n, x], \ n \geqslant x; \quad |X^N_{=}| = n!, \ n = x.$$

证明 首先考虑 X^N, 结论是显然的. 这是因为集合 X^N 与集合 $X^{[n]}$ 是一一对应的, 所以有 $|X^N| = |X^{[n]}| = x^n$.

再来看 $X^N_{\vdash}$, 显然此时必有 $n \leqslant x$. 对于 $\forall \varphi \in X^N_{\vdash}$, 设

$$\varphi = \begin{bmatrix} a_1 & a_2 & \cdots & a_n \\ b_{j_1} & b_{j_2} & \cdots & b_{j_n} \end{bmatrix}$$

由于 φ 是单射, 所以 $b_{j_1} b_{j_2} \cdots b_{j_n} \in X^{[n]}$; 反过来, 对于 $\forall b_{j_1} b_{j_2} \cdots b_{j_n} \in X^{[n]}$, 表达式 $\varphi(a_k) = b_{j_k}$, $1 \leqslant k \leqslant n$ 唯一地定义了一个集合 N 到 X 的单映射 φ. 因此, 集合 N 到集合 X 的单映射个数等于集合 X 的 n 排列数 $\begin{bmatrix} x \\ n \end{bmatrix} = (x)_n$.

至于 $X^N_{\vDash}$, 此时必有 $n \geqslant x$. 对于 $\forall \varphi \in X^N_{\vDash}$, φ 的有序核 $\ker[\varphi]$ 唯一地确定集合 N 的一个有序 x 拆分; 反过来, 对于集合 N 的每一个非空有序 x 拆分 $\pi = (N_1, N_2, \cdots, N_x)$, 可唯一地定义 $\varphi(a) = b_j$, $a \in N_j$, $1 \leqslant j \leqslant x$. 显然 $\varphi \in X^N_{\vDash}$, 且有 $\ker[\varphi] = (N_1, N_2, \cdots, N_x)$. 因而有 $|X^N_{\vDash}| = |\Pi_x[N]| = S[n, x]$.

最后, 结论 $|X^N_{=}| = n!$, $n = x$ 是显然的. ∎

现在我们考虑情形 ② 的 N 到 X 的映射计数问题, 即假定集合 X 中的元素是不可区分的, 这相当于将 n 个不同的球放入 x 个相同盒子的计数情况. 我们有下面的结论.

定理 1.40　设 n 元集 $N = \{a_1, a_2, \cdots, a_n\}$, x 元集 $X = \{b_1, b_2, \cdots, b_x\}$, 并假定 X 中的诸元素是不可区分的, 那么有

$$|X^N| = S^\varnothing(n, x), \quad |X_\vdash^N| = 1, \quad n \leqslant x$$

$$|X_\vDash^N| = S(n, x), \quad n \geqslant x, \quad |X_=^N| = 1, \quad n = x$$

证明　由于 $|X^N|$ 是 n 个不同的球放入 x 个相同的盒子且允许空盒的方案数, 也是 n 元集无序拆分成 x 个子集且允许空集的方案数 $S^\varnothing(n, x)$, 所以由 (1.5) 得

$$|X^N| = S^\varnothing(n, x) = \sum_{k=1}^{x} S(n, k)$$

再来看 $|X_\vdash^N|$, 这相当于将 n 个不同的球放入 x 个相同的盒子且每盒至多 1 球的方案数, 所以当 $n > x$ 时有 $|X_\vdash^N| = 0$, 而当 $n \leqslant x$ 时则有 $|X_\vdash^N| = 1$.

至于 $|X_\vDash^N|$, 则等同于将 n 个不同的球放入 x 个相同的盒子且不允许空盒的方案数, 所以当 $n \geqslant x$ 时有 $|X_\vDash^N| = S(n, x)$, 而当 $n < x$ 时则有 $|X_\vDash^N| = 0$.

最后, 当 $n = x$ 时结论 $|X_=^N| = 1$ 是平凡的.　　　　　　　　　　■

现在考虑第 ③ 种情形的初步映射计数问题, 即 n 元集 N 中的元素是不可区分的, 而 x 元集 X 是普通集合, 这等同于将 n 个相同的球放入 x 个不同盒子的计数问题. 对于这种情况, 我们有下面的结论.

定理 1.41　设 n 元集 $N = \{a_1, a_2, \cdots, a_n\}$, x 元集 $X = \{b_1, b_2, \cdots, b_x\}$, 并假定集合 N 中的诸元素是不可区分的, 那么有

$$|X^N| = \left(\!\!\binom{x}{n}\!\!\right), \quad |X_\vdash^N| = \binom{x}{n}, \quad n \leqslant x$$

$$|X_\vDash^N| = \binom{n-1}{x-1}, \quad n \geqslant x, \quad |X_=^N| = 1, \quad n = x$$

证明　$|X^N| = \left(\!\binom{x}{n}\!\right)$ 是显然的, 因为 $|X^N|$ 等同于将 n 个相同的球放入到 x 个不同的盒子且允许空盒的放法数, 也是方程 $n_1 + n_2 + \cdots + n_x = n$ 的非负整数解的个数. $|X_\vdash^N| = \binom{x}{n}$ 也是显然的, 因为 $|X_\vdash^N|$ 等同于将 n 个相同的球放入到 x 个不同的盒子且每盒至多 1 个球的放法数. 至于集合 N 到集合 X 的满射个

数 $|X_{\vDash}^N|$, 则等同于将 n 个相同的球放入到 x 个不同的盒子且不允许空盒的放法数, 也是方程 $n_1 + n_2 + \cdots + n_x = n$ 的正整数解的个数, 因此有 $|X_{\vDash}^N| = \binom{n-1}{x-1}$. 最后, $|X_{\underline{=}}^N| = 1$, $n = x$ 是显然的. ∎

至于初步映射计数问题的第 ④ 种情况, 我们将在整数拆分部分予以讨论.

1.9.2 排列的表示与计数

设 $X = \{x_1, x_2, \cdots, x_n\}$ 是一个 n 元集, X 的全排列 $\pi = x_{i_1} x_{i_2} \cdots x_{i_n} \in X!$ 以自然的方式定义了 X 到其自身的一个双射 $\sigma_\pi : X \mapsto X$, $\sigma_\pi(x_k) = x_{i_k}$, $k = 1, 2, \cdots, n$, 并将 X 到其自身的双射称为集合 X 上的一个**置换**, 而映射 $\varphi_n : \pi \mapsto \sigma_\pi$ 则称为排列到置换的**自然映射**. 因此, n 元集 X 上的一个全排列、置换或一一对应都具有等价的意义, 有时我们不加区分, 也就是说, 每当我们需要将一个排列 π 看作是一个置换时, 在没有特别说明的情况下, 均是指自然映射下 π 的像 σ_π, 有时候我们也直接用 π 来表示其自然映射下的像 σ_π, 此时 $\pi(i)$ 既表示排列 π 的第 i 个位置的元素, 也表示元素 x_i 在自然映射下置换 σ_π 的像. 不过, X 上全排列的集合仍用 $X!$ 表示, X 上全体置换的集合则用 $\mathfrak{S}(X)$ 表示. 显然, φ_n 是 $X!$ 到 $\mathfrak{S}(X)$ 的双射.

设 $\sigma, \tau \in \mathfrak{S}(X)$, 可以定义两个置换的合成运算 "∘" 如下: 对于 $\forall x \in X$, 令 $(\sigma \circ \tau)(x) = \sigma(\tau(x))$, 则易知运算 "∘" 具有如下性质.

① 封闭性: 对 $\forall \sigma, \tau \in \mathfrak{S}(X)$ 有 $\sigma \circ \tau \in \mathfrak{S}(X)$.

② 满足结合律: 对于 $\forall \sigma, \tau, \pi \in \mathfrak{S}(X)$ 有 $(\sigma \circ \tau) \circ \pi = \sigma \circ (\tau \circ \pi)$.

③ 存在单位元: 对于 $\forall \sigma \in \mathfrak{S}(X)$, 存在 $\iota \in \mathfrak{S}(X)$ 使得 $\iota \circ \sigma = \sigma \circ \iota = \sigma$, 且显然有 $\iota(x) = x$, $x \in \mathfrak{S}(X)$, 并称 ι 为二元运算 "∘" 的单位元 (**恒等置换**).

④ 存在逆元: 对于 $\forall \sigma \in \mathfrak{S}(X)$, 存在唯一的 $\tau \in \mathfrak{S}(X)$ 使得 $\sigma \circ \tau = \tau \circ \sigma = \iota$, 并称置换 τ 为置换 σ 的 **逆元** (**逆置换**), 一般记为 $\tau^{-1} = \sigma$ 或 $\tau = \sigma^{-1}$.

事实上, $\mathfrak{S}(X)$ 在置换的合成运算 "∘" 下形成一个群 —— **置换群**. 不过, 我们不准备在这里介绍置换群的有关知识, 而将这些细节放在 Pólya 计数理论部分. 为了简便, 在不至于混淆的情况下我们将忽略运算符, 即将 $\sigma \circ \tau$ 表示为 $\sigma\tau$; 而将 $\sigma \circ \sigma$ 表示为 σ^2. 类似地, 对于任意正整数 k, σ^k 可递归地定义; σ^{-k} 则定义为 $(\sigma^{-1})^k$; 若约定 $\sigma^0 = \iota$, 那么对于任意的整数 k, σ^k 就都有了确定的意义.

设 $\sigma \in \mathfrak{S}(X)$, 对于 $\forall x \in X$, 考虑由集合 X 中的元素组成的如下序列:

$$x, \sigma(x), \sigma^2(x), \cdots, \sigma^\ell(x), \cdots$$

由于 X 是一个有限集, 而 σ 是一个双射, 所以必有最小正整数 ℓ 使得 $\sigma^\ell(x) = x$, 也就是说, 序列

$$x, \sigma(x), \sigma^2(x), \cdots, \sigma^{\ell-1}(x)$$

必互不相同, 一般称 $C = \{x,\, \sigma(x),\, \sigma^2(x),\, \cdots,\, \sigma^{\ell-1}(x)\}$ 是置换 σ 的一个长度为 ℓ 的**循环**; 长度为 2 的循环称为**对换**. 由于集合 X 的每个元素必出现在 σ 的某个循环中并且只出现在一个循环中, 所以 σ 可表示为互不相同的循环 $C_1, C_2, \cdots, C_k$ 的乘积, 即 $\sigma = C_1 C_2 \cdots C_k$, 称其为置换 σ 的**循环表示式**, 有时也称为 σ 的**循环分解式**. 注意, 在表示一个较小集合上的置换分解式时, 为了简便常常去掉循环中分隔各元素的逗号. 例如, 9 元集 $\mathbb{Z}_9^+$ 上的置换 $\sigma : \mathbb{Z}_9^+ \mapsto \mathbb{Z}_9^+$ 可表示如下:

$$\sigma = \begin{bmatrix} 1 & 2 & 3 & 4 & 5 & 6 & 7 & 8 & 9 \\ 3 & 1 & 2 & 7 & 6 & 5 & 8 & 4 & 9 \end{bmatrix} = (132)(478)(56)(9)$$

显然, 上述表示方法并不唯一. 因为一个长度为 ℓ 的循环可以有 ℓ 种不同的写法, 而且各循环的次序可以任意. 为了描述方便, 我们来定义一个循环分解式的所谓**标准形式**: 在每个循环中最大的元素放在最左边, 并且各循环按最左边的元素升序排列. 按照这个标准形式, 前面的 9 元集 $\mathbb{Z}_9^+$ 上的置换 $\sigma : \mathbb{Z}_9^+ \mapsto \mathbb{Z}_9^+$ 可表示如下:

$$\sigma = \begin{bmatrix} 1 & 2 & 3 & 4 & 5 & 6 & 7 & 8 & 9 \\ 3 & 1 & 2 & 7 & 6 & 5 & 8 & 4 & 9 \end{bmatrix} = (321)(65)(847)(9)$$

容易看出, 置换的标准形式是唯一的. 如果在置换 σ 的标准形式中去掉括号, σ 就是集合 X 上的一个排列; 反过来, 任给集合 X 上的一个排列 π, 可以通过添加括号的方式得到集合 X 上的一个标准形式表示的置换. 事实上, 只需要在排列 π 的最左边加一个左括号 "(", 在最右边加一个右括号 ")", 然后在 π 的每一个从左到右的极大值前加一对括号 ")(" 即可. 这里所谓的从左到右的极大值是排列 π 中这样的元素, 它的左边的元素都比它小. 因此, 若将从排列 π 通过加括号所得到的标准形式的置换记为 τ_π, 则映射 $\varphi_s : \pi \mapsto \tau_\pi$ 定义了集合 $X!$ 到集合 $\mathfrak{S}(X)$ 的一个双射, 称这种映射 φ_s 是排列到置换的**标准映射**. 例如, 设 $\pi = 321658479$ 是 $\mathbb{Z}_9^+$ 上的一个全排列, 则由自然映射 φ_n 和标准映射 φ_s 所定义的置换 σ_π 和 τ_π 分别为

$$\sigma_\pi = \begin{bmatrix} 1 & 2 & 3 & 4 & 5 & 6 & 7 & 8 & 9 \\ 3 & 2 & 1 & 6 & 5 & 8 & 4 & 7 & 9 \end{bmatrix} = (13)(2)(4687)(5)(9)$$

$$\tau_\pi = \begin{bmatrix} 1 & 2 & 3 & 4 & 5 & 6 & 7 & 8 & 9 \\ 3 & 1 & 2 & 7 & 6 & 5 & 8 & 4 & 9 \end{bmatrix} = (321)(65)(847)(9)$$

设 X 是一个 n 元集, $\sigma \in \mathfrak{S}(X)$, 以 $\lambda_\ell = \lambda_\ell(\sigma)$ 表示置换 σ 的循环分解式中长度为 ℓ 的循环个数, 以 $\lambda(\sigma)$ 表示 σ 中总的循环个数, 即 $\lambda(\sigma) = \sum_{\ell=1}^n \lambda_\ell(\sigma)$. 在

不至于混淆的情况下, 常常忽略 σ 直接以 λ_ℓ 或 λ 表示相应的计数. 显然, 我们有

$$\lambda_1(\sigma) + 2\lambda_2(\sigma) + \cdots + n\lambda_n(\sigma) = n \tag{1.53}$$

如记 $\text{typ}(\sigma) = (\lambda_1(\sigma), \lambda_2(\sigma), \cdots, \lambda_n(\sigma))$, 则称 $\text{typ}(\sigma)$ 是置换 σ 的**格式**, 有时我们也将置换 σ 的格式像映射的类型一样形象地记为

$$\text{typ}(\sigma) = (1)^{\lambda_1(\sigma)}(2)^{\lambda_2(\sigma)} \cdots (n)^{\lambda_n(\sigma)}.$$

如果以 Λ_n 表示满足 (1.53) 的非负整数 λ_i 所构成的 n 元有序数组 $(\lambda_1, \lambda_2, \cdots, \lambda_n)$ 的集合, 即 Λ_n 是 n 元集 X 所有置换的格式集合, 那么有以下定理.

定理 1.42 设 X 是 n 元集, 对 $\forall (\lambda_1, \lambda_2, \cdots, \lambda_n) \in \Lambda_n$, 令

$$\mathfrak{S}(X; \lambda_1, \lambda_2, \cdots, \lambda_n) = \left\{ \sigma \,\middle|\, \sigma \in \mathfrak{S}(X), \text{typ}(\sigma) = (\lambda_1, \lambda_2, \cdots, \lambda_n) \right\}$$

那么

$$|\mathfrak{S}(X; \lambda_1, \lambda_2, \cdots, \lambda_n)| = \frac{n!}{1^{\lambda_1} 2^{\lambda_2} \cdots n^{\lambda_n} \cdot \lambda_1! \lambda_2! \cdots \lambda_n!} \tag{1.54}$$

证明 设 $\sigma \in \mathfrak{S}(X; \lambda_1, \lambda_2, \cdots, \lambda_n)$, 则 σ 的循环分解式为

$$\underbrace{(*)(*) \cdots (*)}_{\lambda_1(\sigma)} \underbrace{(**)(**) \cdots (**)}_{\lambda_2(\sigma)} \cdots\cdots \underbrace{(* * \cdots *) \cdots (* * \cdots *)}_{\lambda_n(\sigma)}$$

将 $X!$ 中的每一个排列按排列中元素的顺序填入到上面的 n 个 $*$ 所在的位置, 这样便得到 $n!$ 个不同的排列与置换的对应关系, 但这种对应关系并不是一一对应. 因为每一个长度为 k 的循环可以有 k 种不同的写法, λ_k 个长度为 k 的循环则有 k^{λ_k} 种写法和 $\lambda_k!$ 个排列, 因此, λ_k 个长度为 k 循环共有 $k^{\lambda_k} \lambda_k!$ 个排列对应于同一置换, 从而, $\mathfrak{S}(X)$ 中格式为 $(\lambda_1, \lambda_2, \cdots, \lambda_n)$ 的元素个数为

$$\frac{n!}{1^{\lambda_1} 2^{\lambda_2} \cdots n^{\lambda_n} \cdot \lambda_1! \lambda_2! \cdots \lambda_n!}$$

证毕. ■

在有些文献里, 公式 (1.54) 被称为 **Cauchy 公式**. 根据上面的定理, 并注意到 $|\mathfrak{S}(X)| = n!$, 立即可得下面的推论.

推论 1.42.1

$$\sum_{(\lambda_1, \lambda_2, \cdots, \lambda_n) \in \Lambda_n} \frac{1}{1^{\lambda_1} 2^{\lambda_2} \cdots n^{\lambda_n} \cdot \lambda_1! \lambda_2! \cdots \lambda_n!} = 1 \tag{1.55}$$

设 X 是一个 n 元集, k 为正整数, 以 $\mathfrak{S}_k(X)$ 表示 n 元集 X 的置换中恰可分解为 k 个循环的全体置换之集, 那么有 $c(n,k) = |\mathfrak{S}_k(X)|$, 这里 $c(n,k)$ 就是我们前面介绍的第一类无符号 Stirling 数, 即上阶乘 $(x)^n$ 的展开式中 x^k 的系数, 后面将会证明这个结论. 因此, $c(n,k)$ 就是 " n 元集的置换中恰可分解为 k 个循环的置换个数", 也可以解释为 " n 元集形成 k 个不相交的非空循环排列的方案数". 为方便, 前面曾经对 $c(n,k)$ 有一些约定, 即当 n, k 不满足 $n \geqslant k \geqslant 0$ 时约定 $c(n,k) = 0$, 且 $c(0,0) = 1$. 另外, 因为 $\mathfrak{S}(X)$ 中只有一个恒等置换 $e = (x_1)(x_2)\cdots(x_n)$ 包含 n 个循环, 所以 $c(n,n) = 1$; 还有就是 $c(n,1) = (n-1)!$, 这可以从定理 1.42 直接得出来.

推论 1.42.2　设 $\Lambda_{n,k}$ 表示 Λ_n 中满足 $\lambda_1 + \lambda_2 + \cdots + \lambda_n = k$ 的子集, 那么有

$$c(n,k) = \sum_{(\lambda_1, \lambda_2, \cdots, \lambda_n) \in \Lambda_{n,k}} \frac{n!}{1^{\lambda_1} 2^{\lambda_2} \cdots n^{\lambda_n} \cdot \lambda_1! \lambda_2! \cdots \lambda_n!}$$

下面的定理给出了序列 $\{c(n,k)\}_{n \geqslant k}$ 所满足的递推关系.

定理 1.43　对于 $n \geqslant k \geqslant 1$, 序列 $\{c(n,k)\}_{n \geqslant k}$ 有如下递推关系:

$$c(n,k) = c(n-1, k-1) + (n-1)c(n-1, k) \tag{1.56}$$

证明　不失一般性, 令 $X = \mathbb{Z}_n^+$, 则集合 X 上恰可分解为 k 个循环的置换共有 $c(n,k)$ 个, 这 $c(n,k)$ 个置换可分为如下两类.

① n 所在的循环是 1 循环, 这类置换的个数为 $c(n-1, k-1)$.

② n 所在的循环不是 1 循环, 这类置换可用如下两个步骤来构造: 先构造 $\mathbb{Z}_{n-1}^+$ 的恰可表为 k 个循环的 $n-1$ 元置换, 有 $c(n-1, k)$ 种方法; 然后将 n 插入到这 k 个循环中, 共有 $n-1$ 种方法. 由乘法原理, 共有 $(n-1)c(n-1, k)$ 个这类置换. 再由加法原理即得本定理的结论. ■

下面我们证明曾经作为 $c(n,k)$ 定义的恒等式, 即上阶乘 $(x)^n$ 的展开式 (1.10), 因为只有证明了这个恒等式才能真正说明 $c(n,k) = |\mathfrak{S}_k(X)|$.

定理 1.44　设 x 是任意的变量, 则对于任意的非负整数 n 有

$$\sum_{k=0}^{n} c(n,k) x^k = (x)^n \tag{1.57}$$

证明一　公式 (1.57) 实际上给出了序列 $\{c(n,k)\}_{k=0}^n$ 关于 k 的普通型母函数 (母函数的概念将在后面介绍). 令 $(x)^n = x(x+1)(x+2)\cdots(x+n-1) = \sum_{k=0}^{n} b(n,k)x^k$, 按前面的约定 $(x)^0 = 1$, 显然有 $b(n,n) = 1$, $n \geqslant 0$; 并且当 $n > 0$ 且 $k \leqslant 0$ 或者当 $n < k$ 时, 有 $b(n,k) = 0$. 于是,

$$\sum_{k=0}^{n} b(n, k)x^k = (x)^n = (x + n - 1)(x)^{n-1}$$

$$= x \sum_{k=0}^{n-1} b(n-1, k)x^k + (n-1) \sum_{k=0}^{n-1} b(n-1, k)x^k$$

$$= \sum_{k=1}^{n} b(n-1, k-1)x^k + \sum_{k=1}^{n} (n-1)b(n-1, k)x^k$$

$$= \sum_{k=1}^{n} [b(n-1, k-1) + (n-1)b(n-1, k)] x^k$$

由定理 1.43 知, 序列 $\{c(n,k)\}_{n \geqslant k}$ 与序列 $\{b(n, k)\}_{n \geqslant k}$ 满足同样的递推关系, 且显然具有相同的初始值, 所以 $c(n,k) = b(n, k)$. ∎

证明二 由于 $(x)^n = x(x+1)(x+2)\cdots(x+n-1)$ 的展开式中 x^k 的系数 c_k 为

$$c_k = \sum_{1 \leqslant a_1 < a_2 < \cdots < a_{n-k} \leqslant n-1} a_1 a_2 \cdots a_{n-k}$$

显然, 上式右端的求和针对 $\mathbb{Z}_{n-1}^+$ 的所有 $n-k$ 子集, 即求和项数为 $\binom{n-1}{n-k}$. 对于 $\mathbb{Z}_{n-1}^+$ 的每一个特定的 $n-k$ 子集 $S = \{a_1, a_2, \cdots, a_{n-k}\}$, 数 $a_1 a_2 \cdots a_{n-k}$ 统计了从集合 S 到集合 $\mathbb{Z}_{n-1}^+$ 所有满足 $\varphi(x) \leqslant x$ 的映射 φ 的个数, 即

$$a_1 a_2 \cdots a_{n-k} = \left|\left\{\varphi \,\middle|\, \varphi : S \mapsto \mathbb{Z}_{n-1}^+, \, \varphi(x) \leqslant x\right\}\right|$$

因此, c_k 统计了所有有序对 (S, φ) 的个数, 即如果令

$$\Omega_k = \left\{(S, \varphi) \,\middle|\, S \in (\mathbb{Z}_{n-1}^+)^{(n-k)}, \, \varphi : S \mapsto \mathbb{Z}_{n-1}^+, \, \varphi(x) \leqslant x\right\}$$

则有 $c_k = |\Omega_k|$. 因此, 要想证明 $c_k = c(n,k)$, 只需证明集合 Ω_k 与集合 $\mathfrak{S}_k(\mathbb{Z}_n^+)$ 之间存在一个一一对应即可.

对于 $\forall (S, \varphi) \in \Omega_k$, 其中 $S = \{a_1, a_2, \cdots, a_{n-k}\} \subseteq \mathbb{Z}_{n-1}^+$, $\varphi : S \mapsto \mathbb{Z}_{n-1}^+$, 且满足 $\varphi(x) \leqslant x$, 定义集合

$$J = \left\{j \,\middle|\, j \in \mathbb{Z}_n^+, \, n - j \notin S\right\}$$

显然有 $n \in J$ 且 $|J| = k$, 所以 $|\mathbb{Z}_n^+ - J| = n - k$. 不妨设

$$\mathbb{Z}_n^+ - J = \{b_1, b_2, \cdots, b_{n-k}\}, \quad b_1 > b_2 > \cdots > b_{n-k}$$

构造 $\mathbb{Z}_n^+$ 的置换 $\pi = f(S, \varphi)$ 的标准形式如下: ① 让 J 中的 k 个元素从小到大依次作为 π 的 k 个循环的第一个元素 (最大元素); ② 让 π 中先于 b_i 且大于 b_i 的

元素个数为 $\varphi(a_i)$. 显然, $\pi \in \mathfrak{S}_k(\mathbb{Z}_n^+)$, 且映射 f 建立了集合 Ω_k 与集合 $\mathfrak{S}_k(\mathbb{Z}_n^+)$ 之间的一个一一对应. ∎

例 1.16　设 $n = 9$, $k = 4$, $S = \{1, 3, 4, 6, 8\}$, 并且 $\varphi(1) = 1$, $\varphi(3) = 2$, $\varphi(4) = 1$, $\varphi(6) = 3$, $\varphi(8) = 6$, 那么有

$$J = \{2, 4, 7, 9\}, \quad [9] - J = \{8, 6, 5, 3, 1\}$$

由此得 $\pi = f(S, \varphi) = (2)(4)(753)(9168)$.

从上述证明过程易知有下面的结论.

定理 1.45　设 $n, k \in \mathbb{Z}^+$, 且 $n \geqslant k$, 则集合 $\mathbb{Z}_{n-1}^+$ 的所有 $n - k$ 子集中元素的乘积之和是 $c(n, k)$.

下面我们给出定理 1.44 的第三个证明.

证明三　欲证明的等式两端都是关于 x 的多项式, 所以只需证明方程两边的多项式对所有的 $x \in \mathbb{Z}^+$ 都相等即可.

设 $x \in \mathbb{Z}^+$, 对于 $\forall \pi \in \mathfrak{S}(\mathbb{Z}_n^+)$, 必存在唯一的整数 $k \in \mathbb{Z}_n^+$, 使得 $\pi \in \mathfrak{S}_k(\mathbb{Z}_n^+)$. 令 $\mathscr{C}(\pi) = \{C_1, C_2, \cdots, C_k\}$, 其中 C_ℓ 是置换 π 的循环分解式中第 ℓ 个循环所包含的元素之集. 先来看欲证明的等式左端的第 k 项 $c(n, k) x^k$, 其中 x^k 是 k 元集 $\mathscr{C}(\pi)$ 到集合 $\mathbb{Z}_x^+$ 的所有映射 φ 的个数, 而 $c(n, k) = |\mathfrak{S}_k(\mathbb{Z}_n^+)|$, 因此 $c(n, k) x^k$ 统计了序偶 (π, φ) 的个数. 如令

$$B_k = \left\{(\pi, \varphi) \,\big|\, \pi \in \mathfrak{S}_k(\mathbb{Z}_n^+), \varphi : \mathscr{C}(\pi) \mapsto \mathbb{Z}_x^+\right\}, \quad k = 1, 2, \cdots, n$$

则 $c(n, k) x^k = |B_k|$, 并且 $\sum_{k=0}^n c(n, k) x^k = |B|$, 其中

$$B = \bigcup_{k=1}^n B_k = \left\{(\pi, \varphi) \,\big|\, \pi \in \mathfrak{S}(\mathbb{Z}_n^+), \varphi : \mathscr{C}(\pi) \mapsto \mathbb{Z}_x^+\right\}$$

另一方面, (1.57) 式右端 $(x)^n = x(x + 1) \cdots (x + n - 1)$ 统计了满足

$$0 \leqslant a_j \leqslant x + j - 2, \quad j = 1, 2, \cdots, n$$

的整数序列 $(a_1, a_2, \cdots, a_n)$ 的个数. 因此, 如果令

$$A = \left\{(a_1, a_2, \cdots, a_n) \,\big|\, 0 \leqslant a_j \leqslant x + j - 2, 1 \leqslant j \leqslant n\right\}$$

则 $(x)^n = |A|$. 所以, 只需要构造出一个由集合 A 到集合 B 的一一对应即可.

对于 $\forall (a_1, a_2, \cdots, a_n) \in A$, 我们将通过下面的简单算法构造集合 A 到集合 B 的映射 f, 使得 $f(a_1, a_2, \cdots, a_n) = (\pi, \varphi) \in B$. 算法如下 (其中的变量 i 将用于索引排列 π 的循环):

① 置 $i=1$, $\pi=\varnothing$, 并对 $j=1, 2, \cdots, n$ 循环执行 ② 和 ③;

② 如果 $0 \leqslant a_j \leqslant x-1$, 那么在 π 的最左边开始一个新的循环 C_i, 其最大元素为 $n-j+1$, 令 $\varphi(C_i)=a_j+1$, 并置 $i=i+1$ (i 将是下一个循环的编号);

③ 否则 $a_j=x-1+k$, $1 \leqslant k \leqslant j-1$, 那么插入 $n-j+1$ 到 π 的已有的循环中, 使得 $n-j+1$ 位于 π 中已插入的 k 个元素的右边, 且 $n-j+1$ 不是任何循环的最左边的元素.

显然, 如上所构造出的 $(\pi, \varphi) \in B$. 容易证明: 上述过程建立了 A 与 B 之间的一个一一对应. ■

例 1.17 设 $n=9$, $x=4$, $(a_1, a_2, \cdots, a_9)=(1, 4, 2, 5, 7, 0, 5, 8, 4)$, 那么 $(\pi, \varphi) \in B$ 的建立过程如表 1.2.

表 1.2

j	i	$n-j+1$	π	C_i	φ
1	1	9	(9)	$C_1=(9)$	$\varphi(C_1)=a_1+1=2$
2	2	8	(98)	$C_1=(98)$	
3	2	7	(7)(98)	$C_2=(7)$	$\varphi(C_2)=a_3+1=3$
4	3	6	(7)(968)	$C_1=(968)$	
5	3	5	(7)(9685)	$C_1=(9685)$	
6	3	4	(4)(7)(9685)	$C_3=(4)$	$\varphi(C_3)=a_6+1=1$
7	4	3	(4)(73)(9685)	$C_2=(73)$	
8	4	2	(4)(73)(96285)	$C_1=(96285)$	
9	4	1	(41)(73)(96285)	$C_3=(41)$	

细心的读者可能已经注意到, 当 $x=1$ 时, 上面过程中的 n 元组 $(a_1, a_2, \cdots, a_n)$ 实际上是集合 $\mathbb{Z}_n^+$ 的排列的逆序表, 所以上面的证明过程也给出了如下结论的一个组合证明.

定理 1.46 设 $n, k \in \mathbb{Z}^+$, 且 $n \geqslant k$, 则满足 $0 \leqslant a_j \leqslant j-1$ 且恰有 k 个 a_j 等于零的整数序列 $(a_1, a_2, \cdots, a_n)$ 的个数为 $c(n, k)$.

证明 参见上面的证明过程. ■

由于标准映射 φ_s 是 $\mathbb{Z}_n^+!$ 到 $\mathfrak{S}(\mathbb{Z}_n^+)$ 的双射, 于是我们得到

定理 1.47 设 $n, k \in \mathbb{Z}^+$, 且 $n \geqslant k$, 则集合 $\mathbb{Z}_n^+!$ 中恰有 k 个从左到右的极大值的元素个数为 $c(n, k)$.

定理 1.48 设 $\pi \in \mathbb{Z}_n^+!$, $\mathbf{it}(\pi)=(a_1, a_2, \cdots, a_n)$, 令 $i(\pi)$ 为排列 π 的逆序数, 即 $i(\pi)=a_1+a_2+\cdots+a_n$, 则

$$\sum_{\pi \in \mathbb{Z}_n^+!} q^{i(\pi)} = (n)_q!$$

证明 在前面这个公式曾经作为 q 多项式系数的组合解释的一个结论, 这里

我们将直接证明. 因为

$$\sum_{\pi \in \mathbb{Z}_n^+!} q^{i(\pi)} = \sum_{a_n=0}^{n-1} \sum_{a_{n-1}=0}^{n-2} \cdots \sum_{a_1=0}^{0} q^{a_1+a_2+\cdots+a_n}$$

$$= \left(\sum_{a_n=0}^{n-1} q^{a_n} \right) \left(\sum_{a_{n-1}=0}^{n-2} q^{a_{n-1}} \right) \cdots \left(\sum_{a_1=0}^{0} q^{a_1} \right)$$

$$= (n)_q (n-1)_q \cdots (1)_q = (n)_q!$$

利用排列与映射的关系, 容易证明下面的结论.

定理 1.49   对 $\forall \pi \in \mathbb{Z}_n^+!$, 有 $i(\pi) = i(\pi^{-1})$.

证明   请读者自行完成 (详见习题 1.61).

如果以 $\imath(n,k)$ 表示恰有 k 个逆序的 n 元排列的个数, 即

$$\imath(n,k) = \left| \left\{ \pi \, | \, \pi \in \mathbb{Z}_n^+!, \, i(\pi) = k \right\} \right|, \quad 0 \leqslant k \leqslant \binom{n}{2}$$

那么定理 1.48 告诉我们, 序列 $\{\imath(n,k)\}_{k \geqslant 0}$ 的普通型母函数 (相关概念将在后面的章节介绍) 为

$$I_n(q) = \sum_{k=0}^{\binom{n}{2}} \imath(n,k) q^k = (n)_q! \tag{1.58}$$

也就是说, $I_n(q)$ 中 q^k 的系数就是 $\imath(n,k)$. 根据上式显然有

$$\imath(n,0) = 1$$

$$\imath(n,1) = n-1, \quad n \geqslant 1$$

$$\imath(n,2) = \binom{n-1}{2} + \binom{n-2}{1}, \quad n \geqslant 2$$

$$\imath(n,3) = \binom{n+1}{3} - \binom{n}{1}, \quad n \geqslant 3$$

$$\imath(n,4) = \binom{n+2}{4} - \binom{n+1}{2}, \quad n \geqslant 4$$

$$\imath(n,5) = \binom{n+3}{5} - \binom{n+2}{3} + 1, \quad n \geqslant 5$$

等等. 一般来说, 当 $n \geqslant k$ 时, 恰具有 k 个逆序的 n 元排列的个数 $\imath(n,k)$ 的公式

中大约包含 $1.6\sqrt{k}$ 个组合项:

$$\imath(n,k) = \binom{n+k-2}{k} - \binom{n+k-3}{k-2} + \binom{n+k-6}{k-5} - \binom{n+k-8}{k-7} - \cdots$$

$$+ (-1)^j \left[\binom{n+k-\omega(j)-1}{k-\omega(j)} + \binom{n+k-\omega(j)-j-1}{k-\omega(j)-j} \right] + \cdots$$

这里 $\omega(j) = \left(3j^2 - j\right)/2$ 是所谓的**五边形数**或**五角数**, 在本书后面的整数拆分部分我们还会涉及它.

容易证明数 $\imath(n,k)$ 还具有下面的性质.

定理 1.50 设 $\imath(n,k)$ 是恰有 k 个逆序的 n 元排列数, 则有

① $\imath(n,k) = \imath\left(n, \binom{n}{2} - k\right)$;

② $\imath(n,k) = \imath(n,k-1) + \imath(n-1,k)$, $k < n$;

③ $\imath(n,k) = \sum_{j=m}^{k} \imath(n-1,j)$, 其中 $m = \max(0, k-n+1)$.

证明 留作习题 (习题 1.60). ■

1.9.3 排列的降序集

对于 $\forall \pi = a_1 a_2 \cdots a_n \in \mathbb{Z}_n^+!$, 定义 $D(\pi) = \{i \mid a_i > a_{i+1}\}$, 并称 $D(\pi)$ 是排列 π 的**降序集**. 显然, 按照定义, $n \notin D(\pi)$. 对于 $\forall S \subseteq \mathbb{Z}_{n-1}^+$, 以 $\alpha_n(S)$ 表示 $\mathbb{Z}_n^+!$ 中降序集包含在 S 中的排列数, 以 $\beta_n(S)$ 表示 $\mathbb{Z}_n^+!$ 中降序集等于 S 的排列数, 即

$$\alpha_n(S) = \left| \{ \pi \mid \pi \in \mathbb{Z}_n^+!,\ D(\pi) \subseteq S \} \right| \tag{1.59}$$

$$\beta_n(S) = \left| \{ \pi \mid \pi \in \mathbb{Z}_n^+!,\ D(\pi) = S \} \right| \tag{1.60}$$

且显然有

$$\alpha_n(S) = \sum_{T \subseteq S} \beta_n(T) \tag{1.61}$$

定理 1.51 设 $S = \{s_1, s_2, \cdots, s_k\} \subseteq \mathbb{Z}_{n-1}^+$, $s_1 < s_2 < \cdots < s_k$, 则

$$\alpha_n(S) = \binom{n}{s_1,\ s_2 - s_1,\ \cdots,\ s_k - s_{k-1},\ n - s_k}$$

证明 对于 $\forall \pi = a_1 a_2 \cdots a_n \in \mathbb{Z}_n^+!$, 并且 $D(\pi) \subseteq S$, 则必有

$$a_1 < \cdots < a_{s_1},\ a_{s_1+1} < \cdots < a_{s_2},\ \cdots,\ a_{s_k+1} < \cdots < a_n$$

显然, 选择 $a_1, a_2, \cdots, a_{s_1}$ 的方式 $\binom{n}{s_1}$ 种; 选择 $a_{s_1+1}, a_{s_1+2}, \cdots, a_{s_2}$ 的方式 $\binom{n-s_1}{s_2-s_1}$ 种; $\cdots$; 选择 $a_{s_{k-1}+1}, a_{s_{k-1}+2}, \cdots, a_{s_k}$ 的方式 $\binom{n-s_{k-1}}{s_k-s_{k-1}}$ 种; 自然地, 最后选

择 $a_{s_k+1}, a_{s_k+2}, \cdots, a_n$ 的方式就只有 $\binom{n-s_k}{n-s_k}$ 种. 从而由乘法原理可得

$$
\begin{aligned}
\alpha_n(S) &= \binom{n}{s_1}\binom{n-s_1}{s_2-s_1}\cdots\binom{n-s_{k-1}}{s_k-s_{k-1}}\binom{n-s_k}{n-s_k} \\
&= \frac{n!}{s_1!(n-s_1)!}\cdot\frac{(n-s_1)!}{(s_2-s_1)!(n-s_2)!}\cdots\frac{(n-s_{k-1})!}{(s_k-s_{k-1})!(n-s_k)!}\cdot 1 \\
&= \frac{n!}{s_1!(s_2-s_1)!\cdots(s_k-s_{k-1})!(n-s_k)!} \\
&= \binom{n}{s_1,\ s_2-s_1,\ \cdots,\ s_k-s_{k-1},\ n-s_k}
\end{aligned}
$$

■

关于 $\beta_n(S)$ 的计算, 我们将在容斥原理之后再予以考虑.

对于 $\forall \pi \in \mathbb{Z}_n^+!$, $D(\pi)$ 表示其降序集, 定义 $j(\pi) = \sum_{i\in D(\pi)} i$, 并且我们约定当 $D(\pi) = \varnothing$ 时, $j(\pi) = 0$, 称 $j(\pi)$ 为排列 π 的**指数**. 如果以 $\jmath(n,k)$ 表示指数为 k 的 n 元排列的个数, 即

$$
\jmath(n,k) = \left|\left\{\pi \mid \pi \in \mathbb{Z}_n^+!,\, j(\pi) = k\right\}\right|, \quad 0 \leqslant k \leqslant \binom{n}{2}
$$

那么 $\iota(n,k)$ 与 $\jmath(n,k)$ 具有完全相同的分布! 若以 $J_n(q)$ 表示序列 $\{\jmath(n,k)\}_{k\geqslant 0}$ 的普通型母函数, 那么有 $J_n(q) = I_n(q)$, 即有

$$
J_n(q) = \sum_{\pi\in\mathbb{Z}_n^+!} q^{j(\pi)} = \sum_{k=0}^{\binom{n}{2}} \jmath(n,k)q^k = (n)_q! \tag{1.62}
$$

这是英国数学家 P. A. MacMahon (1854—1929) 的著名发现[8]. 关于进一步的内容, 请有兴趣的读者参阅相关文献, 在此不再赘述.

1.9.4   排列的树表示

从前面的讨论可知, 排列可以有多种表示方法, 如可按自然映射或标准映射表示成置换、逆序表等. 下面我们来介绍另外的表示方法, 也就是从几何的角度来表示排列, 并期望使用几何推理来获得有关排列的信息. 具体来说, 我们要将排列表示成一个树形的结构. 下面我们将介绍排列的两种常用的树结构表示方法.

第一种树结构的表示方法是将排列表示成一个有序二叉树. 设 $\pi = a_1 a_2 \cdots a_n$ 是集合 $\mathbb{Z}_n^+$ 的一个全排列, 则排列 π 也可以看成是一个基于字母表 $\mathbb{Z}_n^+$ 上的单词, 定义有序二叉树 $T(\pi)$ 如下: 如果单词 $\pi = \varnothing$, 那么定义 $T(\pi) = \varnothing$, 即一棵空树; 如果 $\pi \neq \varnothing$, 令 i 是 π 中的最小元素, 那么 π 可以写成 $\pi = \sigma i \tau$, 并让 i 成为有

序二叉树 $T(\pi)$ 的根, $T(\sigma)$ 和 $T(\tau)$ 分别作为根 i 的左右子树, 这里 $T(\sigma)$ 和 $T(\tau)$ 按递归的方式定义. 例如, 我们来考虑 8 元集 $\mathbb{Z}_8^+$ 上的全排列 $\pi = 57316284$, 其对应的有序二叉树 $T(\pi)$ 如图 1.19.

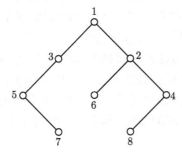

图 1.19 $\pi = 57316284$ 的有序二叉树表示

显然, 映射 $\pi \mapsto T(\pi)$ 是集合 $\mathbb{Z}_n^+!$ 或 $\mathfrak{S}(\mathbb{Z}_n^+)$ 到顶点集为 $\mathbb{Z}_n^+$ 的递增有序二叉树集合之间的一个双射. 这里, 所谓顶点集为 $\mathbb{Z}_n^+$ 的递增有序二叉树是指顶点标号属于集合 $\mathbb{Z}_n^+$ 且满足从树根到树叶的任何路径上顶点的标号是递增的. 这个性质类似于二叉排序树的性质.

设 $\pi = a_1 a_2 \cdots a_n \in \mathbb{Z}_n^+!$, 如果 π 中的元素 a_i 满足条件 $a_{i-1} < a_i < a_{i+1}$, 则称 a_i 是一个**上升**; 如果 a_i 满足条件 $a_{i-1} > a_i > a_{i+1}$, 则称 a_i 是一个**下降**; 如果 $a_{i-1} < a_i > a_{i+1}$, 则称 a_i 是一个**峰**; 如果 $a_{i-1} > a_i < a_{i+1}$, 则称元素 a_i 是一个**谷**. 这里, 补充定义 $a_0 = a_{n+1} = 0$. 显然, 这些概念与排列 π 所对应的递增平面二叉树 $T(\pi)$ 有如下关系: 如果 a_i 是一个上升, 则 a_i 有右子树; 如果 a_i 是一个下降, 则 a_i 有左子树; 如果 a_i 是一个谷, 则 a_i 既有左子树也有右子树; 如果 a_i 是一个峰, 则 a_i 既无左子树也无右子树, 即 a_i 是一片树叶.

值得注意的是, 双射 $\pi \mapsto T(\pi)$ 可以导出关于递增有序二叉树的许多神秘的性质, 如下面的结论.

定理 1.52 设 n 为正整数, k 为非负整数, 则有

① 顶点集为 $\mathbb{Z}_n^+$ 的递增有序二叉树的数目为 $n!$;

② 顶点集为 $\mathbb{Z}_n^+$ 且有 k 个树叶顶点的递增有序二叉树的数目等于顶点集为 $\mathbb{Z}_n^+$ 恰有 k 个顶点具有左右子树的递增有序二叉树的数目.

③ 顶点集为 $\mathbb{Z}_{2n+1}^+$ 的递增有序完全二叉树 (即除树叶外每个顶点均有左右子树) 的数目等于集合 $\mathbb{Z}_{2n+1}^+!$ 中交错排列的数目, 这里所谓的交错排列是指满足 $a_1 > a_2 < a_3 > a_4 < \cdots < a_{2n} < a_{2n+1}$ 的排列 $\pi = a_1 a_2 \cdots a_{2n+1}$.

证明 ① 显然. ② 顶点集为 $\mathbb{Z}_n^+$ 且有 k 个树叶顶点的递增有序二叉树与 $\mathbb{Z}_n^+!$ 中恰有 k 个峰的排列一一对应, 而顶点集为 $\mathbb{Z}_n^+$ 恰有 k 个顶点具有左右子树的递

增有序二叉树与 $\mathbb{Z}_n^+!$ 中恰有 k 个谷的排列一一对应. 因此, 我们只需证明 $\mathbb{Z}_n^+!$ 中恰有 k 个谷与恰有 k 个峰的排列存在一一对应关系即可. 这是显然的. 因为对于 $\forall \pi = a_1 a_2 \cdots a_n \in \mathbb{Z}_n^+!$, 如果 π 恰有 k 个谷, 则排列 $\pi' = a_1' a_2' \cdots a_n'$ 恰有 k 个峰, 其中 $a_i' = n + 1 - a_i$, $1 \leqslant i \leqslant n$. 至于 ③, 因为顶点集为 $\mathbb{Z}_{2n+1}^+$ 的递增有序完全二叉树有 $n + 1$ 片树叶和 n 个内部顶点 (即既有左子树也有右子树的顶点), 而 $\mathbb{Z}_{2n+1}^+!$ 中的每一个交错排列恰有 n 个谷. 因此, 结论 ③ 成立. ∎

第二种树结构的表示方法是将排列表示成一个无序树. 设 $\pi = a_1 a_2 \cdots a_n$ 是基于字母表 $\mathbb{Z}_n^+$ 上的一个单词 (或排列), 定义树 $T'(\pi)$ 如下: 顶点 i 为 π 中先于 i 但小于 i 的元素中最右边的那个元素 j 的子树; 如果不存在这样的 j, 则让 i 作为树根 0 的子树. 例如, $\pi = 57316284$, 那么对应的树 $T'(\pi)$ 如图 1.20 .

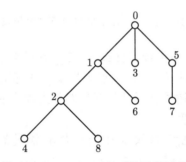

图 1.20　$\pi = 57316284$ 的无序树表示

显然, 对应 $\pi \mapsto T'(\pi)$ 是集合 $\mathbb{Z}_n^+!$ 到 $n + 1$ 个顶点的递增无序树集合之间的一个双射, 并且容易看出根 0 的后继是 π 的从左到右的极小值 (通俗地说, 一个从左到右的极小值就是其左边的元素都比它大). 而且, $T'(\pi)$ 的叶顶点就是满足 $i \in D(\pi)$ 或 $i = n$ 的那些 a_i. 类似于定理 1.52, 我们有下面显然的结论.

定理 1.53　设 n 为正整数, k 为非负整数, 则有

① $n + 1$ 个顶点的递增无序树的数目为 $n!$;

② $n + 1$ 个顶点且根 0 有 k 个后继的递增无序树的数目为 $c(n, k)$.

有关这方面进一步的内容, 请有兴趣的读者请参阅相关文献[3].

第三种树结构表示是将排列表示成一棵所谓的 **PQ 树**. PQ 树常用于表示一个集合满足某些约束条件的一簇排列, 排列中的每个元素表示为 PQ 树的树叶, 其内部顶点或者是一个 P 顶点, 或者是一个 Q 顶点. P 顶点至少有两个孩子, 孩子的次序可以任意, 即孩子的任意排列是合法的; 而 Q 顶点至少有三个孩子, 孩子的次序只允许两种次序 (或排列), 即一个正常的次序和一个反向的次序. 因此, 一棵具有很多 P 和 Q 顶点的 PQ 树可以表示树叶顶点集满足某些约束条件的复杂排列. 例如, 图 1.21 表示 [1 (2 3 4) 5] 所代表的排列, 这里方括号 "[ ]" 中的

元素表示 "Q" 顶点的孩子, 圆括号 "( )" 中的元素表示 "P" 顶点的孩子, 所以图 1.21 实际上表示如下的 12 种排列:

$$12345, \quad 12435, \quad 13245, \quad 13425, \quad 14235, \quad 14325$$

$$52341, \quad 52431, \quad 53241, \quad 53421, \quad 54231, \quad 54321$$

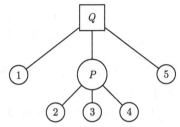

图 1.21　[1 (2 3 4) 5] 的 PQ 树表示

PQ 树是由 K. S. Booth 和 G. S. Lueker 于 1976 年引入的[9], 目标是寻找树叶顶点满足不同约束的排列. PQ 树的其他应用还包括从 DNA 片段创建邻接图、检验一个 0-1 矩阵的连续 1 性质 (Consecutive Ones Property)、识别区间图以及判断一个图是否可平面化等等. 1999 年, Wei-Kuan Shih 和 Wen-Lian Hsu 开发了一个类似的数据结构 —— **PC 树**[10]. PC 树可以看成是 PQ 树的一般化. 我们知道, PQ 树主要致力于解决满足某些约束的集合元素的线性排列问题, 而 PC 树则是为了解决满足某些约束条件的集合元素的循环排列问题. 事实上, 有学者曾经证明了 PQ 树和 PC 树在功能上是等价的, 可以彼此相互实现, 所不同的是 PC 树的维护更新极为简单, 只需要一个操作即可, 而 PQ 树的维护更新则稍显复杂. 对此有兴趣的读者可自行查阅相关文献.

1.9.5 排列的矩阵表示

排列的矩阵表示是一个非常有用的工具, 常被用来研究排列的一些性质. 其定义如下:

定义 1.16　设 $\pi \in \mathbb{Z}_n^+!$, 则 $n \times n$ 矩阵 $\mathbf{A}_\pi = (a_{ij})_{n \times n}$ 称为排列 π 的矩阵, 其中 $a_{ij} = 1$, $\pi(i) = j$, 否则 $a_{ij} = 0$, $\pi(i) \neq j$.

从上面的定义可以看出, 一个 n 元排列 $\pi \in \mathbb{Z}_n^+!$ 的矩阵 $\mathbf{A}_\pi$, 其每行每列均恰有一个 1 和 $n-1$ 个 0. n 元排列 $\iota = 12\cdots n$(恒等置换) 所对应的矩阵 $\mathbf{A}_\iota$ 就是 n 阶单位矩阵 $\mathbf{I}$. 实际上, 任何一个排列 π 的矩阵 $\mathbf{A}_\pi$ 都是一个排列阵, 均可通过单位矩阵 $\mathbf{I}$ 经一系列的行或列的交换得到. 交换的方式虽不唯一, 但交换次数的奇偶性不变, 这个奇偶性正是对应排列的奇偶性. 譬如, $\pi = 3264751 \in \mathbb{Z}_7^+!$, 这是一

个偶置换, 因为其逆序数 $i(\pi) = 10$, 其所对应的矩阵为

$$
\mathbf{A}_\pi = \begin{bmatrix}
0 & 0 & 1 & 0 & 0 & 0 & 0 \\
0 & 1 & 0 & 0 & 0 & 0 & 0 \\
0 & 0 & 0 & 0 & 0 & 1 & 0 \\
0 & 0 & 0 & 1 & 0 & 0 & 0 \\
0 & 0 & 0 & 0 & 0 & 0 & 1 \\
0 & 0 & 0 & 0 & 1 & 0 & 0 \\
1 & 0 & 0 & 0 & 0 & 0 & 0
\end{bmatrix}
$$

易知, 单位矩阵 $\mathbf{I}$ 经 4 次列交换即可得到 $\mathbf{A}_\pi$, 这也意味着排列 $\iota = 1234567$ 经过 4 次位置交换即可得到排列 $\pi = 3264751$.

定理 1.54　设 $\sigma, \tau \in \mathbb{Z}_n^+!$, 其对应的矩阵分别为 $\mathbf{A}_\sigma$ 和 $\mathbf{A}_\tau$, 则有

$$
\mathbf{A}_\sigma \mathbf{A}_\tau = \mathbf{A}_{\tau\sigma}
$$

其中 $\tau\sigma$ 表示自然映射下置换 τ 与置换 σ 的合成.

证明　为方便, 我们令

$$
\mathbf{A}_\sigma = (s_{ij})_{n \times n}, \quad \mathbf{A}_\tau = (t_{ij})_{n \times n}, \quad \mathbf{A}_{\tau\sigma} = (p_{ij})_{n \times n}
$$

根据矩阵乘法的规则, 那么有 $p_{ij} = \sum_{k=1}^{n} s_{ik}t_{kj}$. 因为诸 s_{ik} 和诸 t_{kj} 中均只有一个 1, 其余全为 0, 所以 p_{ij} 或者为 0 或者为 1; 并且 $p_{ij} = 1$ 当且仅当 $\exists \ell \in \mathbb{Z}_n^+$ 使得 $s_{i\ell} = t_{\ell j} = 1$. 这表明 $\sigma(i) = \ell$, $\tau(\ell) = j$, 因此 $(\tau\sigma)(i) = \tau(\sigma(i)) = \tau(\ell) = j$, 即 $p_{ij} = 1$ 当且仅当 $(\tau\sigma)(i) = j$. ■

对于 $\sigma, \tau \in \mathbb{Z}_n^+!$, 它们也是 $\mathbb{Z}_n^+$ 上的置换, 如果 $\sigma\tau = \tau\sigma = \iota$, 则 $\sigma = \tau^{-1}$ 或 $\tau = \sigma^{-1}$. 利用行列式和逆矩阵的定义以及矩阵乘法的运算规则, 立即可得下面的结论.

定理 1.55　对于 $\forall \pi \in \mathbb{Z}_n^+!$, 矩阵 $\mathbf{A}_\pi$ 可逆, 且

$$
\mathbf{A}_\pi^{-1} = \mathbf{A}_{\pi^{-1}} = \mathbf{A}_\pi^{\mathrm{T}}, \quad |\mathbf{A}_\pi| = (-1)^{i(\pi)}
$$

即 $\mathbf{A}_\pi$ 是一个正交矩阵.

习　题　1

1.1　试求数 50! 和数 1000! 的尾部 0 的个数.

1.2　对于 $n \in \mathbb{Z}^+$, 试推出 $n!$ 尾部零的个数公式, 并通过习题 1.1 来验证其正确性.

1.3 从 1 至 100 的整数中不重复地选取 2 个数组成有序数对 (x, y), 使得 xy 不能被 3 整除, 这样的有序数对共有多少个?

1.4 在 0 和 10000 之间有多少个整数恰好有一位数字是 5?

1.5 试求小于 10000 的正整数中满足各位数字之和等于 5 的正整数的个数.

1.6 试求从集合 $S = \{1, 2, \cdots, 1000\}$ 中选出 3 个数并使这 3 个数的和能被 3 整除的方案数.

1.7 求多重集 $S = \{3 \cdot a, 2 \cdot b, 4 \cdot c\}$ 的 8 排列数.

1.8 求不定方程 $x_1 + x_2 + x_3 + x_4 = 20$ 满足 $x_1 \geqslant 3$, $x_2 \geqslant 1$, $x_3 \geqslant 0$, $x_4 \geqslant 5$ 的整数解的个数.

1.9 求多项式 $\left(1 + 4x + 4x^2 + 3x^3\right)^6$ 的展开式中 x^5 的系数 a_5.

1.10 设 $A = a_1 a_2 \cdots a_n \, (0 \leqslant a_i \leqslant 9, \; i = 1, 2, \cdots, n)$ 是一 n 位数, 如果 $a_1 \leqslant a_2 \leqslant \cdots \leqslant a_n$, 则称 A 是一个具有非降次序的 n 位数. 求小于 10^n 且具有非降次序的 n 位正整数的个数 N.

1.11 分别求集合 $S = \{3 \cdot a, 4 \cdot b, 5 \cdot c, 6 \cdot d\}$ 的 3 组合数、4 组合数和 5 组合数.

1.12 某宾馆欲安排 7 个人入住 5 个房间, 要求每个房间至少安排一人, 有多少种安排住宿的方案?

1.13 某学生在一书店兼职工作, 书店要求他每周至少工作 2 天, 至多工作 4 天, 并且至少有 1 天是周末. 那么, 该学生一周有多少种不同的日程安排?

1.14 将 5 只白色棋子和 5 只黑色棋子摆放在 10×10 的棋盘上, 使得棋盘的每一行与每一列均只有一个棋子, 求摆放的方案数.

1.15 将 n 个不同颜色的棋子摆放在 $n \times n$ 的棋盘上, 使得棋盘的每一行与每一列均只有一个棋子, 求摆放的方案数.

1.16 现有 n 个具有 k 种颜色的棋子, 其中第 1 种颜色的棋子有 n_1 个, 第 2 种颜色的棋子有 n_2 个, $\cdots$, 第 k 种颜色的棋子有 n_k 个. 如将这 n 个棋子摆放在 $n \times n$ 的棋盘上, 且棋盘的每一行与每一列均只能摆放一个棋子, 求摆放的方案数.

1.17 试证明: n 个顶点的标定完全图 K_n 中, 有

$$\frac{(n-2)!}{(d_1 - 1)!(d_2 - 1)! \cdots (d_n - 1)!}$$

个生成树满足顶点 i 的度为 d_i.

1.18 设 n, m 是正整数, 试证明: 标定的完全二部图 $K_{n,m}$ 有 $n^{m-1} m^{n-1}$ 个生成树.

1.19 设 S 是一个 n 元集, 求 $\sum_{A \subseteq S} |A|$.

1.20 证明: 对任何正整数 m 有 $(m!)^{(m-1)!} \mid (m!)!$.

1.21 设 $n, r \in \mathbb{Z}^+$, 试用组合的方法证明: $\binom{n}{r} = \binom{n}{r-1} + \binom{n-1}{r}$.

1.22 设 $n \in \mathbb{Z}^+$, $r \in \mathbb{N}$, 试用组合的方法证明: $\binom{n}{r} = \binom{r+1}{n-1}$.

1.23 证明: $\binom{n}{r} = \frac{n}{r} \binom{n+1}{r-1} = \frac{n+r-1}{r} \binom{n}{r-1}$, $n, r \in \mathbb{Z}^+$.

1.24 设 n, k 均为正整数, 试用组合的方法证明: 方程 $x_1 + x_2 + \cdots + x_k \leqslant n$ 的非负整数解的个数为 $\binom{n+k}{k}$.

1.25 对任意的正整数 m, 试验证:

$$m^2 = 2\binom{m}{2} + \binom{m}{1}, \quad m^3 = 6\binom{m}{3} + 6\binom{m}{2} + \binom{m}{1}$$

并以此计算: ① $S^2(n) = 1^2 + 2^2 + \cdots + n^2$; ② $S^3(n) = 1^3 + 2^3 + \cdots + n^3$.

1.26 试利用恒等式 (1.24) 计算下列和式:

① $S_1(n) = 1 + 2 + \cdots + n$;

② $S_2(n) = 1 \cdot 2 + 2 \cdot 3 + \cdots + n(n+1)$;

③ $S_3(n) = 1 \cdot 2 \cdot 3 + 2 \cdot 3 \cdot 4 + \cdots + n(n+1)(n+2)$;

④ $S_k(n) = 1 \cdot 2 \cdots k + 2 \cdot 3 \cdots (k+1) + \cdots + n(n+1) \cdots (n+k-1)$.

1.27 设 n, a, b 均为非负整数, 且 $a + b \leqslant n$, 试用组合的方法证明:

$$\binom{n+1}{a+b+1} = \sum_{k=0}^{n} \binom{k}{a}\binom{n-k}{b}$$

1.28 设 n, m 均为非负整数, 且 $m \leqslant n$, 试用组合的方法证明:

$$\sum_{k=m}^{n} \binom{k}{m} = \binom{n+1}{m+1}$$

1.29 设 n, p, q 是给定的正整数, 且 $p \leqslant n$, $q \leqslant n$, 试用组合的方法证明:

$$\binom{n}{p}\binom{n}{q} = \sum_{k=0}^{n} \binom{n}{k}\binom{n-k}{p-k}\binom{n-p}{q-k}$$

1.30 试证明恒等式:

$$\left(1 + \frac{1}{n}\right)^{n-1} = \sum_{k=1}^{n} \binom{n}{k}\frac{k}{n^k}, \quad n = \sum_{k=1}^{n} \binom{n+1}{k+1}\frac{k}{n^k}$$

1.31 试证明如下组合恒等式:

① $\binom{n}{0} + \binom{n}{3} + \binom{n}{6} + \cdots = \frac{1}{3}\left(2^n + 2\cos\frac{n\pi}{3}\right)$;

② $\binom{n}{1} + \binom{n}{4} + \binom{n}{7} + \cdots = \frac{1}{3}\left(2^n + 2\cos\frac{(n-2)\pi}{3}\right)$;

③ $\binom{n}{2} + \binom{n}{5} + \binom{n}{8} + \cdots = \frac{1}{3}\left(2^n + 2\cos\frac{(n-4)\pi}{3}\right)$.

1.32 试证明如下的一组组合恒等式:

① $\sum_{k=1}^{n}(-1)^k k\binom{n}{k} = 0$;

② $\sum_{k=0}^{n}\frac{1}{k+1}\binom{n}{k} = \frac{1}{n+1}\left(2^{n+1} - 1\right)$;

③ $\sum_{k=1}^{n} \frac{(-1)^{k-1}}{k} \binom{n}{k} = \sum_{k=1}^{n} \frac{1}{k}$;

④ $\sum_{k=1}^{n} k \binom{n}{k} 2^{n-k} = n \cdot 3^{n-1}$.

1.33 证明: 由字母表 $\{0, 1, 2\}$ 生成的长度为 n 的字符串中, 0 出现偶数次的字符串有 $\frac{3^n+1}{2}$ 个, 且有

$$\binom{n}{0} 2^n + \binom{n}{2} 2^{n-2} + \cdots + \binom{n}{q} 2^{n-q} = \frac{3^n+1}{2}, \quad \text{其中 } q = 2\left[\frac{n}{2}\right]$$

1.34 试用组合的方法证明 $\frac{(2n)!}{2^n}$ 和 $\frac{(3n)!}{2^n \cdot 3^n}$ 以及 $\frac{(n^2)!}{(n!)^{n+1}}$ 均为整数.

1.35 有 n 个不同的整数, 从中取出两组来, 要求第一组的最小数大于另一组的最大数, 求不同的取法数.

1.36 从 n 双不同的鞋中取出 $2r(<n)$ 只鞋, 使得其中恰有 $k(\leqslant r)$ 双配成对, 求不同的取法数.

1.37 试求以下问题的方案数: ① 在 $2n$ 个球中有 n 个球相同, 求从这 $2n$ 个球中选取 n 个球的方案数; ② 在 $3n+1$ 个球中有 n 个球相同, 求从这 $3n+1$ 个球中选取 n 个球的方案数.

1.38 一圆周上有 n 个点分别标以 $1, 2, \cdots, n$, 每个点与其余的 $n-1$ 个点连一直线, 假定无任何三条直线交于圆内一点, 试问这些直线在圆内有多少个交点?

1.39 设 n 为正整数, 试求由三条直线 $y=x$, $y=n$, $x+y=n$ 所围成的三角形内 (含边界) 坐标均为整数的点的个数 a_n.

1.40 试求三条边的长度均为整数且最长边的长度为 n 的三角形的个数 a_n.

1.41 设 $S = \mathbb{Z}_n^+$, 对于 $1 \leqslant r \leqslant n$, 以 $S^{(r)}$ 表示 S 的所有 r 子集的集合. 对 $\forall A \in S^{(r)}$, 分别以 $m(A)$ 和 $M(A)$ 表示集合 A 中的最小元与最大元, 试求:

① $\overline{m}(n, r) = \frac{1}{|S^{(r)}|} \sum_{A \in S^{(r)}} m(A);$ ② $\overline{M}(n, r) = \frac{1}{|S^{(r)}|} \sum_{A \in S^{(r)}} M(A).$

1.42 设 X 是 x 元集, N 是 n 元集, 试求 $\left|N_{\leqslant}^X\right|$ 和 $\left|N_{<}^X\right|$.

1.43 当 $n \geqslant k \geqslant 0$ 时, 试证明第一类 Stirling 数 $s(n, k)$ 和 $c(n, k)$ 满足如下恒等式:

$$\begin{cases} s(n, k) = \displaystyle\sum_{j=k}^{n} (-1)^{j-k} \binom{j}{k} (n-1)^{j-k} c(n, j) \\ c(n, k) = \displaystyle\sum_{j=k}^{n} \binom{j}{k} (n-1)^{j-k} s(n, j) \end{cases}$$

1.44 试证明如下关于第一类 Stirling 数的恒等式:

① $\sum_{k=1}^{n} s(n, k) x^{n-k} = \prod_{k=1}^{n-1} (1-kx)$, $n \geqslant 1$;

② $\sum_{k=1}^{n} c(n, k) x^{n-k} = \prod_{k=1}^{n-1} (1+kx)$, $n \geqslant 1$.

1.45 设 n, x 是正整数, $S(n, k)$ 是第二类 Stirling 数, 约定 $S(0, 0) = 1$, 并且约定 $S(n, 0) = 0$, $n \geqslant 1$ 以及 $S(n, k) = 0$, $n < k$. 试证明 (推荐组合证明):

$$x^n = \sum_{k=0}^{n} S(n, k) (x)_k$$

1.46 设 p 是素数, n, m 是正整数, $n \geqslant m$, 且有 p 进制展开式

$$n = \sum_{i \geqslant 0} a_i p^i, \quad m = \sum_{i \geqslant 0} b_i p^i$$

① 证明: $\binom{n}{m} = \binom{a_0}{b_0}\binom{a_1}{b_1} \cdots \pmod{p}$;

② 何时 $\binom{n}{m}$ 是奇数? 何时对任意的 $0 \leqslant m \leqslant n$ 组合数 $\binom{n}{m}$ 都是奇数?

1.47 试证明: 对任意的正整数 n, 下面的恒等式成立:

$$(x+y)_n = \sum_{k=0}^{n} \binom{n}{k}(x)_k(y)_{n-k}, \quad (x+y)^n = \sum_{k=0}^{n} \binom{n}{k}(x)^k(y)^{n-k}$$

1.48 设 $n, n_1, n_2, \cdots, n_k$ 均为正整数, 且满足 $n = n_1 + n_2 + \cdots + n_k$, 试用组合的方法证明如下关于多项式系数的恒等式 (**Pascal 公式**):

$$\binom{n}{n_1, n_2, \cdots, n_k} = \binom{n-1}{n_1-1, n_2, \cdots} + \binom{n-1}{n_1, n_2-1, \cdots} + \cdots$$

1.49 试证明: $\displaystyle\sum_{\substack{n_1+n_2+\cdots+n_k=n \\ n_i \geqslant 1, \, i=1, 2, \cdots, k}} \frac{n!}{(n_1-1)!(n_2-1)!\cdots(n_k-1)!} = (n)_k k^{n-k}$.

1.50 设 $\boldsymbol{\alpha}_1, \boldsymbol{\alpha}_2, \cdots, \boldsymbol{\alpha}_s \in \mathbb{F}_q^n$, 令 $\mathscr{K} = \mathrm{Span}\{\boldsymbol{\alpha}_1, \boldsymbol{\alpha}_2, \cdots, \boldsymbol{\alpha}_s\}$ 表示由有限域 $\mathbb{F}_q$ 上的 n 维向量 $\boldsymbol{\alpha}_1, \boldsymbol{\alpha}_2, \cdots, \boldsymbol{\alpha}_s$ 所张成的向量空间, 如果 $\dim \mathscr{K} = r$, 试证明: $|\mathscr{K}| = q^r$.

1.51 设 $\mathbb{F}_q^{m \times n}$ 表示有限域 $\mathbb{F}_q$ 上的 $m \times n$ 阶矩阵的集合, 对于 $\forall \mathbf{A} \in \mathbb{F}_q^{m \times n}$, 令 $\mathrm{r}(\mathbf{A})$ 表示矩阵 $\mathbf{A}$ 的秩, 而以 $N_q(r) = \left|\{\mathbf{A} \mid \mathbf{A} \in \mathbb{F}_q^{m \times n}, \, \mathrm{r}(\mathbf{A}) = r\}\right|$ 表示 $\mathbb{F}_q^{m \times n}$ 中秩为 r 的矩阵计数, 试证明:

① 当 $m \leqslant n$ 时有 $N_q(m) = \prod_{k=1}^{m}(q^n - q^{k-1})$;

② 当 $0 < r < m \leqslant n$ 时有 $N_q(r) = \binom{m}{r}_q \prod_{k=1}^{r}(q^n - q^{k-1})$;

③ 如果 $q > 1$, 那么任取 $\mathbf{A} \in \mathbb{F}_q^{n \times n}$, $\mathbf{A}$ 可逆的概率为

$$P\{\mathbf{A} \text{可逆}\} = \left(1 - \frac{1}{q}\right)\left(1 - \frac{1}{q^2}\right) \cdots \left(1 - \frac{1}{q^n}\right)$$

1.52 试证明: 对于满足 $n \geqslant k \geqslant d \geqslant 1$ 的正整数 n, k, d, q 二项式系数满足:

$$\frac{(k)_q!}{(k-d)_q!}\binom{n}{k}_q = \frac{(n)_q!}{(n-d)_q!}\binom{n-d}{k-d}_q$$

1.53 试证明: 对于正整数 n, q 二项式系数满足:

$$\binom{2n}{n}_q = \sum_{j=0}^{n} q^{j^2}\binom{n}{j}_q^2$$

1.54 试证明:

$$x^n = \sum_{k=0}^{n} \binom{n}{k}_q g_n(x)$$

这里 $\{g_k(x)\}_{k \geqslant 0}$ 是 Gauss 多项式序列, 即 x^n 可表示为 $\{g_k(x)\}_{k=0}^{n}$ 的线性组合, 其组合系数即为 $\binom{n}{k}_q$.

1.55 设 $n \geqslant k \geqslant 0$ 是非负整数, 对于 $p \neq q$, 仿照 q 二项式系数定义, 定义所谓的 pq 二项式系数如下:

$$\binom{n}{k}_{pq} = \prod_{i=1}^{k} \frac{p^{n-i+1} - q^{n-i+1}}{p^i - q^i}$$

试证明: $\binom{n}{k}_{pq} = \dfrac{(n)_{pq}!}{(k)_{pq}!(n-k)_{pq}!}$, 其中 $(k)_{pq}! = (k)_{pq}(k-1)_{pq} \cdots (1)_{pq}$, 并约定 $(0)_{pq}! = 1$, 而 pq 整数 $(k)_{pq}$ 则定义为

$$(k)_{pq} = \frac{p^k - q^k}{p - q} = p^{k-1} + p^{k-2}q + \cdots + q^{k-1}$$

1.56 试证明上题中定义的 pq 二项式系数满足如下恒等式:

① $\binom{n}{0}_{pq} = \binom{n}{n}_{qp} = 1$, $\binom{n}{1}_{qp} = (n)_{pq}$;

② $\binom{n}{k}_{pq} = \binom{n}{k}_{qp} = \binom{n}{n-k}_{pq}$;

③ $\binom{n}{k}_{pq} = \dfrac{(n)_{pq}}{(k)_{pq}} \binom{n-1}{k-1}_{pq}$;

④ $\binom{n}{k}_{pq} = p^k \binom{n-1}{k}_{pq} + q^{n-k} \binom{n-1}{k-1}_{pq}$;

⑤ $\binom{n}{k}_{pq} = q^k \binom{n-1}{k}_{pq} + p^{n-k} \binom{n-1}{k-1}_{pq}$;

⑥ $\prod_{r=0}^{n-1} (p^r + xq^r) = \sum_{k=0}^{n} p^{\binom{n-k}{2}} q^{\binom{k}{2}} \binom{n}{k}_{pq} x^k$.

1.57 试仿照定理 1.34 和定理 1.35 给出 pq 二项式系数 $\binom{n}{k}_{pq}$ 的一个组合解释.

1.58 用两种颜色对 $1 \times n$ 的正方形格子着色, 令 $\mathcal{C}_{n,k}$ 表示恰有 k 个格子着黑色 $n-k$ 个格子着白色的所有着色方案的集合. 对 $c \in \mathcal{C}_{n,k}$, 以 $c(j)$ 表示着色方案 c 从左到右的第 j 个格子的颜色, 并对每一个格子赋予一个权: 如果 $c(j)$ 是白色, 则令 $w_j = 1$; 如果 $c(j)$ 是黑色, 则令 $w_j = q^i p^{n-k-i}$, 其中 i 表示格子 $c(j)$ 的左边白色格子的个数, 而 $n-k-i$ 则是 $c(j)$ 的右边白色格子的个数. 如果以 $w(c)$ 表示着色方案 c 的权, 它被定义为 c 中所有格子的权积; 而以 $N_{pq}(n,k)$ 表示着色方案集 $\mathcal{C}_{n,k}$ 中所有着色方案的权和, 即

$$w(c) = \prod_{j=1}^{n} w_j, \quad N_{pq}(n,k) = \sum_{c \in \mathcal{C}_{n,k}} w(c)$$

显然, $N_{pq}(n,0) = N_{pq}(n,n) = 1$, $n \geqslant 1$; 并约定 $N_{pq}(0,0) = 1$. 试证明:

$$N_{pq}(n,k) = \binom{n}{k}_{pq}, \quad n \geqslant k \geqslant 0$$

1.59　设 $S = \mathbb{Z}_n^+$, $m = \binom{n}{r}$, 并设 $A_1, A_2, \cdots, A_m$ 是 S 的字典序意义下的所有 r 组合, 试证明: $\overline{A}_m, \overline{A}_{m-1}, \cdots, \overline{A}_2, \overline{A}_1$ 是 S 在字典序意义下的所有 $n-r$ 组合, 其中 $\overline{A}_k = S - A_k$.

1.60　试证明: 恰有 k 个逆序的 n 元排列数 $\iota(n, k)$ 的性质 (定理 1.50).

1.61　试证明: 对任何 $\pi \in \mathbb{Z}_n^+!$ 有 $i(\pi) = i(\pi^{-1})$.

1.62　试证明 **Wilson 定理**: 设 p 是素数, 则 $p \,|\, (p-1)! + 1$(**注**　Wilson 定理的完整陈述是, 自然数 n 是素数当且仅当 $n \,|\, (n-1)! + 1$, 所以本题只是 Wilson 定理结论的一个方面).

第 2 章　母函数及其应用

众所周知, 计数是组合数学的基本任务之一, 但计数的对象 —— 模式或结构有时却相当复杂, 这使得计数可能会变得非常困难, 因此组合数学中有很多用来辅助计数的工具, 母函数便是组合数学中最重要的计数工具之一, 它能以一种统一的程序化的方式找到数列的表达式或解. 美国计算数学家 H. S. Wilf (1931—2012) 更是将母函数技术称为一种方法论[11]. 母函数最早由法国数学家 A. de Moivre (1667—1754) 引入 (约 1730 年), 以解决线性递推问题; 后来大数学家 L. Euler (1707—1783) 则利用母函数解决整数的拆分问题 (约 1748 年). 在 18 世纪后期和 19 世纪初, 法国数学家 P. S. Laplace (1749—1827) 将其广泛地用于概率论领域. 现在, 母函数已经不仅仅用来进行计数, 也被广泛地用于解决其他类型的问题.

母函数也叫生成函数或发生函数, 为统一起见, 本书一律称之为母函数. 在数学这个学科的各个领域里存在着形形色色的母函数, 并被用于不同的目的, 如普通型母函数、指数型母函数、Poisson 母函数、Lambert 母函数、Bell 母函数、Dirichlet 母函数以及多项式序列母函数等等. 不过, 在本章我们只研究两种类型的母函数, 即普通型母函数与指数型母函数. 在母函数的应用上, 本章只准备介绍两个应用, 一个是直接用作计数的工具, 因为这两类母函数都是将一个关于序列的问题变为一个关于函数的问题; 另一个是母函数在整数拆分中的应用. 在下一章, 我们将介绍母函数的另一个重要的应用, 即用母函数求解递推关系.

2.1　普通型母函数

首先, 考虑如下的代数多项式:

$$(1+ax)(1+bx)(1+cx) = 1+(a+b+c)x+(ab+ac+bc)x^2+abc \cdot x^3 \quad (2.1)$$

显然, (2.1) 中 x^k 项的系数包含了 $S = \{a, b, c\}$ 的所有 k 组合, 如 x^2 项的系数 $ab+ac+bc$ 枚举了 S 的所有 2 组合. 若在 (2.1) 中令 $a = b = c = 1$, 则 (2.1) 变为

$$(1+x)(1+x)(1+x) = 1+3x+3x^2+x^3 \quad (2.2)$$

此时, (2.2) 中 x^k 项的系数则是集合 S 的 k 组合数. 又如, 多项式

$$\left(1+ax+a^2x^2+a^3x^3\right)(1+bx)(1+cx)$$

$$= 1 + (a+b+c)\, x + \left(a^2 + ab + ac + bc\right) x^2$$

$$+ \left(a^3 + a^2 b + a^2 c + abc\right) x^3 + \left(a^3 b + a^3 c + a^2 bc\right) x^4 + \left(a^3 bc\right) x^5 \qquad (2.3)$$

显然, (2.3) 中 x^k 项的系数包含了重集 $S = \{3 \cdot a, b, c\}$ 的所有 k 组合, 例如 x^3 项的系数 $a^3 + a^2 b + a^2 c + abc$ 枚举了 S 的所有 3 组合. 同样地, 如果在 (2.3) 中令 $a = b = c = 1$, 则 (2.3) 变为

$$\left(1 + x + x^2 + x^3\right)(1+x)(1+x) = 1 + 3x + 4x^2 + 4x^3 + 3x^4 + x^5 \qquad (2.4)$$

此时, (2.4) 中 x^k 项的系数则是集合 S 的 k 组合数. 为什么是这样呢? 因为 (2.4) 中的第一项 $1 + x + x^2 + x^3$ 代表了集合 S 中的元素 a 在组合中的各种可能配置, 例如, $1 (= x^0)$ 表示在组合中不出现 a; x^2 表示在组合中出现了 2 个 a; 等等. 类似地, (2.4) 中的第二项 $1 + x$ 和第三项 $1 + x$, 分别表示了组合中元素 b 和 c 的各种可能的配置. 所以, 这些因子的代数运算结果, 其 x^k 项的系数正好反映了集合 S 中元素 a, b 和 c 的 k 组合数. 事实上, (2.2) 就是集合 $\{a, b, c\}$ 的组合序列母函数, 而 (2.4) 是重集 $\{3 \cdot a, b, c\}$ 的组合序列母函数. 显然, 这种技术可以推广到求任意集合的组合数的情况. 为了对母函数有一个直观的了解, 再来看一个例子.

例 2.1　试求重集 $S = \{3 \cdot a, 4 \cdot b, 5 \cdot c\}$ 的 4 组合数.

解　考虑如下的函数:

$$F(x) = \underbrace{\left(1 + x + x^2 + x^3\right)}_{\{3 \cdot a\} \text{ 的组合配置}} \underbrace{\left(1 + x + \cdots + x^4\right)}_{\{4 \cdot b\} \text{ 的组合配置}} \underbrace{\left(1 + x + x^2 + \cdots + x^5\right)}_{\{5 \cdot c\} \text{ 的组合配置}}$$

$$= 1 + 3x + 6x^2 + 10x^3 + 14x^4 + 17x^5 + 18x^6$$

$$+ 17x^7 + 14x^8 + 10x^9 + 6x^{10} + 3x^{11} + x^{12}$$

由此可得, S 的 4 组合数为 14, S 的其他 k 组合数很容易从函数 $F(x)$ 中得到. 此时, 多项式 $F(x)$ 扮演着集合 S 的各种组合数母体的角色, S 的 k 组合数寄生在多项式 $F(x)$ 的第 k 项, 事实上函数 $F(x)$ 就是集合 S 的组合序列**普通型母函数**.

注　显然, 母函数这种计数方法的好处是, 我们不必关心在一个组合中各个元素之间的可能配置, 而这种配置在有些情况下可能会异常复杂. 只需要按照代数运算规律进行形式运算即可, 这种形式代数运算具有收集组合配置的能力, 因而不仅可用于组合的计数, 还能用于组合的枚举, 关键是正确地写出集合中各元素所对应的因子 (一个关于 x 的多项式, 其系数即为对应元素的组合配置数).

如果在例 2.1 中要求在 4 组合中元素 b 出现偶数次, 而元素 c 出现奇数次, 这样的 4 组合数如何求? 实际上, 只需要将母函数 $f(x)$ 改写成

$$f(x) = \left(1 + x + x^2 + x^3\right)\left(1 + x^2 + x^4\right)\left(x + x^3 + x^5\right)$$

$$= x + x^2 + 3x^3 + 3x^4 + 5x^5 + 5x^6 + 5x^7$$

$$+ 5x^8 + 3x^9 + 3x^{10} + x^{11} + x^{12}$$

也就是说, 满足要求的 4 组合数为 3, 显然这 3 个 4 组合是

$$\{1 \cdot a, \, 2 \cdot b, \, 1 \cdot c\}, \quad \{3 \cdot a, \, 1 \cdot c\}, \quad \{1 \cdot a, \, 3 \cdot c\}$$

下面我们正式引入母函数的概念, 从更一般的角度推广这种计数技术.

定义 2.1 设 $\{a_n\}_{n \geqslant 0}$ 是一个序列, 如下的形式幂级数

$$F(x) = a_0 + a_1 x + a_2 x^2 + \cdots + a_n x^n + \cdots$$

称为序列 $\{a_n\}_{n \geqslant 0}$ 的**普通型母函数**, 有时简称**母函数**, 记为 $\mathbf{G}_\mathrm{o}(a_n) = F(x)$, 并称 $\mathbf{G}_\mathrm{o}$ 为**普通型母函数生成算子**.

值得注意的是, 幂级数形式的母函数 $F(x)$ 只是序列 $\{a_n\}_{n \geqslant 0}$ 的一个寄生体, 目的是利用代数的形式运算规律来进行计数, 所以我们不必关心形式幂级数的收敛性问题, 换句话说, 我们总可以假定幂级数是收敛的, 所幸我们用于计数的幂级数绝大多数就是这种情况, 因而总可以求出它们的和函数, 甚至对和函数进行求导和积分. 事实上, 收敛是我们将这种形式的幂级数用于计数的必要条件. 因为如果不收敛的话, 我们便无法通过形式幂级数的和函数展开式得到寄生序列的表达式; 但我们对这种形式幂级数收敛域的大小没有特别的要求, 只要存在非零的 x 使幂级数收敛即可. 当然, 我们也可以事先建立一套形式幂级数理论使得在形式幂级数上所执行的运算有所依据. 例如, 所有满足 $a_n \in \mathbb{C}$ 的形式幂级数 $\sum_{n \geqslant 0} a_n x^n$ 在通常的加法和乘法运算下形成一个整环, 它还是一个主理想环. 不过这些代数概念可在一般代数教材上找到, 这里不再赘述. 因为我们的主要目标是组合计数, 幂级数只是作为计数的工具. 另外, 在没有特别说明的情况下, 本章所研究的序列都是实序列. 为了简便, 我们以 ∞ 表示 $+\infty$; 对于无穷序列我们像前面一样只标注序列索引的下标, 即以 $\{a_n\}_{n \geqslant 0}$ 表示 $\{a_n\}_{n=0}^{\infty}$; 对于无穷级数的求和以及无穷乘积也做同样的处理, 即分别以 $\sum_{i \geqslant k}$ 和 $\prod_{i \geqslant k}$ 来代替 $\sum_{i=k}^{\infty}$ 和 $\prod_{i=k}^{\infty}$.

母函数生成算子显然具有下面的性质.

定理 2.1 设序列 $\{a_n\}_{n \geqslant 0}$ 和 $\{b_n\}_{n \geqslant 0}$, 并且 $\mathbf{G}_\mathrm{o}(a_n) = F_a(x)$, $\mathbf{G}_\mathrm{o}(b_n) = F_b(x)$, c 为任意实常数, 则有

① $\mathbf{G}_\mathrm{o}(a_n \pm b_n) = F_a(x) \pm F_b(x)$;

② $\mathbf{G}_\mathrm{o}(ca_n) = cF_a(x)$.

上面的定理表明, 母函数生成算子 $\mathbf{G}_\mathrm{o}$ 是一个线性算子. 下面是一些常见序列的母函数.

例 2.2 对于常数序列 $a, a, \cdots, a, \cdots$, 因为

$$F(x) = a + ax + ax^2 + \cdots = \frac{a}{1-x}$$

所以 $\mathbf{G}_o(a) = \dfrac{a}{1-x}$.

例 2.3 对于自然数序列 $1, 2, \cdots, n, \cdots$, 因为

$$F(x) = 1 + 2x + 3x^2 + \cdots + nx^{n-1} + \cdots = \frac{1}{(1-x)^2}$$

所以 $\mathbf{G}_o(n) = \dfrac{1}{(1-x)^2}$.

例 2.4 n 元集的组合序列 $\left\{ \binom{n}{k} \right\}_{k=0}^{n}$ 的普通型母函数为

$$F(x) = \binom{n}{0} + \binom{n}{1}x + \binom{n}{2}x^2 + \cdots + \binom{n}{n}x^n = (1+x)^n$$

所以 $\mathbf{G}_o\left(\binom{n}{k} \right) = (1+x)^n$.

例 2.5 设 k 是给定的正整数, 且 $\mathbf{G}_o(a_n) = \dfrac{1}{(1-x)^k}$, 求序列 $\{a_n\}_{n \geqslant 0}$.

解 由于 $(1+x)^\alpha = \sum_{n \geqslant 0} \binom{\alpha}{n} x^n$, 其中 $\alpha \in \mathbb{R}$, 且有

$$\binom{\alpha}{n} = \frac{\alpha(\alpha-1)\cdots(\alpha-n+1)}{n!} = \frac{(\alpha)_n}{n!}$$

所以

$$F(x) = (1-x)^{-k} = \sum_{n \geqslant 0} \binom{-k}{n}(-x)^n = \sum_{n \geqslant 0} \left(\!\! \binom{k}{n} \!\! \right) x^n \tag{2.5}$$

因此, $a_n = \left(\!\! \binom{k}{n} \!\! \right)$, 即 $F(x)$ 是 k 元集的 n 重复组合序列 $\left\{ \left(\!\! \binom{k}{n} \!\! \right) \right\}_{n \geqslant 0}$ 的母函数. 事实上, 这个结论也可以从另外一个角度导出. 如果注意下面的事实:

$$\frac{1}{(1-x)^k} = \underbrace{(1 + x + x^2 + \cdots) \cdots (1 + x + x^2 + \cdots)}_{k \text{个因子相乘}}$$

$$= \left(\sum_{n_1 \geqslant 0} x^{n_1} \right) \left(\sum_{n_2 \geqslant 0} x^{n_2} \right) \cdots \left(\sum_{n_k \geqslant 0} x^{n_k} \right)$$

$$= \sum_{n \geqslant 0} \left(\sum_{\substack{n_1+n_2+\cdots+n_k=n \\ n_i \geqslant 0, \, i=1, 2, \cdots, k}} 1 \right) x^n = \sum_{n \geqslant 0} \left(\!\! \binom{k}{n} \!\! \right) x^n \tag{2.6}$$

上式利用了方程 $n_1 + n_2 + \cdots + n_k = n$ 的非负整数解的个数为 $\left(\!\!\binom{k}{n}\!\!\right)$.

利用上述结论, 立即可得组合序列 $\left\{\binom{n}{k}\right\}_{n \geqslant k}$ 的普通型母函数 $F_{(k)}(x)$ 为

$$F_{(k)}(x) = \frac{x^k}{(1-x)^{k+1}} = \sum_{n \geqslant k} \binom{n}{k} x^n \tag{2.7}$$

因而, 排列序列 $\left\{\begin{bmatrix} n \\ k \end{bmatrix}\right\}_{n \geqslant k}$ 的普通型母函数为 $F_{[k]}(x) = k! F_{(k)}(x)$.

一个序列与其母函数相互唯一确定, 即一个序列存在唯一的母函数与之对应; 反之, 一个母函数存在唯一一个序列与之对应. 下面的定理给出了普通型母函数的一些性质, 更多的性质可参见习题 2.2.

定理 2.2 设序列 $\{a_n\}_{n \geqslant 0}$ 和 $\{b_n\}_{n \geqslant 0}$, $F_a(x) = \mathbf{G}_\mathrm{o}(a_n)$, $F_b(x) = \mathbf{G}_\mathrm{o}(b_n)$, α 是给定的实数, 则有

① $\mathbf{G}_\mathrm{o}\left(\sum_{j=0}^{n} a_j\right) = F_a(x)/(1-x)$;

② $\mathbf{G}_\mathrm{o}\left(\sum_{j \geqslant n} a_j\right) = [F_a(1) - xF_a(x)]/(1-x)$;

③ $\mathbf{G}_\mathrm{o}(na_n) = xF_a'(x)$;

④ $\mathbf{G}_\mathrm{o}(a_n/(n+1)) = \dfrac{1}{x}\displaystyle\int_0^x F_a(x)\,\mathbf{d}x$;

⑤ $\mathbf{G}_\mathrm{o}\left(\sum_{j=0}^{n} a_j b_{n-j}\right) = F_a(x)F_b(x)$;

⑥ $\mathbf{G}_\mathrm{o}(\alpha^n a_n) = F_a(\alpha x)$.

证明 留作习题 (习题 2.1). ∎

利用定理 2.2 的结论 ③ 还可以证明下面更一般的结论.

定理 2.3 设有序列 $\{a_n\}_{n \geqslant 0}$, 并令 $\mathbf{G}_\mathrm{o}(a_n) = F(x)$, $\mathbf{D}$ 表示微商算子, 且 $\mathbf{D}^n F = F^{(n)}(x)$. 如果 $p(n)$ 是关于 n 的多项式, 则 $\mathbf{G}_\mathrm{o}(p(n)a_n) = p(x\mathbf{D})F(x)$.

证明 留作习题 (习题 2.4). ∎

例 2.6 试求调和数序列 $H_n = 1 + \dfrac{1}{2} + \cdots + \dfrac{1}{n}$ 的母函数 $F_H(x)$.

解 设 $a_n = \dfrac{1}{n}$, 则其母函数 $F_a(x)$ 为

$$F_a(x) = \sum_{n \geqslant 1} \frac{x^n}{n} = -\ln(1-x) = \ln\frac{1}{1-x}$$

由于 $H_n = \sum_{k=1}^{n} a_k$, 所以根据定理 2.2 的结论 ①, 立即可得

$$F_H(x) = \frac{F_a(x)}{1-x} = \frac{1}{1-x}\ln\frac{1}{1-x}$$

定理 2.2 的结论 ⑤ 一般称为普通型母函数的**乘法公式**, 它可以看成是将一个 n 元集分裂成两个子集, 然后在每个子集上执行特定任务的方案数. 因此, 有时也可以这样来叙述:

定理 2.4   设 a_n 是在 n 元集上执行任务 A 的方案数, $F_a(x) = \mathbf{G}_o(a_n)$; b_n 是在 n 元集上执行任务 B 的方案数, $F_b(x) = \mathbf{G}_o(b_n)$; c_n 则是在 n 元集 S 上执行如下复合任务 C 的方案数: 先将 $S = \{s_1, s_2, \cdots, s_n\}$ 分裂成两个子集

$$S_1 = \{s_1, s_2, \cdots, s_i\}, \quad S_2 = \{s_{i+1}, s_{i+2}, \cdots, s_n\}$$

这里 $0 \leqslant i \leqslant n$ ($i = 0$ 时约定 $S_1 = \varnothing$, $i = n$ 时约定 $S_2 = \varnothing$), 然后在集合 S_1 上执行任务 A, 而在集合 S_2 上执行任务 B, 那么有

$$c_n = \sum_{i=0}^{n} a_i b_{n-i}$$

且有 $F_c(x) = F_a(x) F_b(x)$, 其中 $F_c(x) = \mathbf{G}_o(c_n)$.

注意我们在这个定理的叙述中采用了 "分裂" 这个词, 而不采用 "拆分". 一个 n 元集拆分成两个子集 (允许空集) 的方案数是 2^n, 而分裂成两个子集 (同样允许空的子集) 的方案数却是 $n+1$, 分别对应于定理中的 $i = 0, 1, \cdots, n$ 的情况.

利用乘法公式的关键是如何将计数序列所对应的母函数分解成两个母函数的乘积. 换句话说, 就是如何将整个的组合任务过程分成两个阶段, 找出每阶段所对应的简单任务, 并求出与这两个简单任务对应的母函数.

例 2.7   有两支足球队 (分别称为主队和客队) 准备于周末来一场表演赛, 比赛一直进行到双方各进 n 个球的平局时终止, 但要求在比赛过程中主队始终不落后于客队 (主场优势), 试求有多少种不同的进球方式或序列完成比赛?

解   设不同的方式数为 C_n, 并设 $\mathbf{G}_o(C_n) = C(x)$.

首先看一下 n 较小时的 C_n. 为了描述方便, 以 H 表示主队进球得分, 以 G 表示客队进球得分. 那么, 当 $n = 1$ 时只有 1 种可能: HG, 即 $C_1 = 1$. 当 $n = 2$ 时只有 2 种可能: $HGHG$ 和 $HHGG$, 所以 $C_2 = 2$. 而当 $n = 3$ 时却有 5 种可能:

$$HHHGGG, \ HHGHGG, \ HHGGHG, \ HGHHGG, \ HGHGHG$$

因此, $C_3 = 5$. 注意到 $C_0 = 1$, 因为两个队都不得分只有 1 种情况: $0 : 0$. 下面我们将利用乘法公式 (定理 2.4) 来求 $C(x)$, 进而得到序列 C_n 的表达式.

下面我们研究如何分解母函数 $C(x)$, 即研究如何将本题的计数任务 C (C_n 就是 n 元集上执行任务 C 的方案数) 分成两个阶段, 这里的关键是确定两个阶段的分界线.

对于 $n \geqslant 1$, 如果由于客队的进球而出现了第一个 $k : k(1 \leqslant k \leqslant n)$ 的平局, 那么称此时为竞赛的**关键局**. 我们将整个比赛过程分为从开始至关键局 (任务 A) 和关键局之后 (任务 B) 两个阶段. 因此, 我们需要计算出任务 A 阶段的进球方式数 A_k(k 元集上执行任务 A 的方案数) 和任务 B 阶段的进球方式数 B_{n-k}($n - k$ 元集上执行任务 B 的方案数). 显然, 在关键局之后, 有 $B_{n-k} = C_{n-k}$ 种不同的进球方式完成比赛, 于是有

$$B(x) = \sum_{k \geqslant 0} B_k x^k = \sum_{k \geqslant 0} C_k x^k = C(x)$$

至于从开始至关键局阶段执行任务 A 的方案数 A_k, 由于在任务 A 阶段, 主队一定是第一个进球, 而客队一定是最后一个进球. 因此, 考虑主队进第一个球 (比分 $1 : 0$) 之后和关键局到来之前的这段比赛时间, 不妨称这段比赛时间为**主队绝对优势**阶段. 显然, 在这段时间里主客队各进了 $k - 1$ 个球. 由于整个比赛过程中主队不落后于客队, 所以在主队绝对优势阶段主队始终是领先的. 但如果不考虑主队的第一个进球, 则单纯的主队绝对优势阶段的比赛实际上是一个主队不落后于客队且以比分 $(k-1) : (k-1)$ 平局结束的比赛, 从而有 $A_k = C_{k-1}$, 即

$$A(x) = \sum_{k \geqslant 1} A_k x^k = \sum_{k \geqslant 1} C_{k-1} x^k = x C(x)$$

由于 $n = 0$ 时不存在关键局, 所以我们的分解只有在 $n \geqslant 1$ 时才成立, 即

$$\sum_{n \geqslant 1} C_n x^n = C(x) - 1 = A(x)B(x) = x[C(x)]^2$$

利用上式并注意到 $\lim\limits_{x \to 0} C(x) = C_0 = 1$, 则可得

$$C(x) = \frac{1 - \sqrt{1 - 4x}}{2x} = \sum_{n \geqslant 0} \frac{1}{n+1} \binom{2n}{n} x^n$$

由此得到 $C_n = \dfrac{1}{n+1} \binom{2n}{n}$. 这个数称为 **Catalan 数**, 是以比利时数学家 E. C. Catalan (1814—1894) 名字命名的, 后面我们还会专门研究它.

为了更好地理解乘法公式, 再来看一个类似的例子.

例 2.8 甲、乙两个象棋选手准备对弈, 并对每局的对弈结果进行累计计分, 计分规则如下: 赢一局得 2 分, 输一局得 0 分, 平一局各得 1 分. 设 M_n 表示两个选手以累计比分 $n : n$ 结束对弈且在整个对弈过程中甲始终不落后于乙的累计得分序列的个数, 并令 $M(x) = \sum_{n \geqslant 0} M_n x^n$, 试求母函数 $M(x)$.

解　首先观察 n 较小时的情况. 显然, $M_0 = 1$, 因 0 : 0 就一种情况; 当 $n = 1$ 时, 只有 1 个得分序列, 即 1:1, 所以 $M_1 = 1$; 当 $n = 2$ 时, 有 2 个得分序列: 2:0, 2:2 和 1:1, 2:2, 所以 $M_2 = 2$; 而当 $n = 3$ 时, 却有 4 个得分序列:

$$2{:}0,\ 3{:}1,\ 3{:}3;\quad 2{:}0,\ 2{:}2,\ 3{:}3;\quad 1{:}1,\ 3{:}1,\ 3{:}3;\quad 1{:}1,\ 2{:}2,\ 3{:}3$$

因此, $M_3 = 4$; 同样地, 不难得到当 $n = 4$ 时有如下 9 个得分序列:

$$1{:}1,\ 2{:}2,\ 3{:}3,\ 4{:}4;\quad 2{:}0,\ 2{:}2,\ 3{:}3,\ 4{:}4;\quad 1{:}1,\ 3{:}1,\ 3{:}3,\ 4{:}4$$

$$1{:}1,\ 2{:}2,\ 4{:}2,\ 4{:}4;\quad 2{:}0,\ 2{:}2,\ 4{:}2,\ 4{:}4;\quad 2{:}0,\ 3{:}1,\ 4{:}2,\ 4{:}4$$

$$2{:}0,\ 4{:}0,\ 4{:}2,\ 4{:}4;\quad 1{:}1,\ 3{:}1,\ 4{:}2,\ 4{:}4;\quad 2{:}0,\ 3{:}1,\ 3{:}3,\ 4{:}4$$

即 $M_4 = 9$, 等等.

像例 2.7 一样, 下面我们通过应用乘法公式来求序列 $\{M_n\}_{n\geqslant 0}$ 的普通型母函数 $M(x)$. 对于 $n \geqslant 1$, 我们首先将整个 n 局的对弈过程分成两个阶段: 关键局 (含关键局) 以前的阶段与关键局之后的阶段. 这里 "关键局" 是指由于乙选手的得分首次形成了一个累计比分为 $k : k$ 的得分局, 其中 $1 \leqslant k \leqslant n$. 关键局之前对应于任务 A, 关键局之后对应于任务 B. 只要能够计算出在 k 元集上执行任务 A 的方案数 A_k 和 $n-k$ 元集上执行任务 B 的方案数 B_{n-k}, 就能够得到序列 $\{A_n\}_{n\geqslant 1}$ 和 $\{B_n\}_{n\geqslant 0}$ 的普通型母函数 $A(x)$ 和 $B(x)$, 然后由乘法公式即可得到 $M(x)$.

为了方便, 可将累计得分序列分成两类, 一类是以平局开始的得分序列, 另一类是以甲赢得第一局的得分序列. 显然, 以平局开始以累计比分 $n : n$ 结束的累计得分序列数为 $\overline{M}_n = M_{n-1}$, 其母函数为 $\overline{M}(x) = \sum_{n\geqslant 1} M_{n-1}x^n = xM(x)$. 以甲赢得第一局以累计比分 $n : n$ 结束的得分序列数 $\widetilde{M}_n$ 则按关键局进行分解. 由于在关键局之后阶段对应于甲乙两个选手对弈 $n-k$ 局的情况, 所以 $B_{n-k} = M_{n-k}$, 从而有 $B(x) = M(x)$. 而在关键局以前的阶段, 由于甲选手赢得第一局, 乙选手赢得最后一局 (第 k 局), 且中间过程不会出现相等的累计得分. 所以在关键局到来之前, 甲选手的积分为 k, 乙选手的积分为 $k-2$. 如果只考虑第二局到关键局之前的阶段, 则甲乙两个选手的累计得分均为 $k-2$, 且有 $A_k = M_{k-2}$, $k \geqslant 2$. 因此, $A(x) = \sum_{k\geqslant 2} A_k x^k = x^2 M(x)$, 即有 $\widetilde{M}(x) = A(x)B(x)$. 注意到我们的分解仅在 $n \geqslant 1$ 时成立, 所以有

$$\sum_{n\geqslant 1} M_n x^n = M(x) - 1 = \overline{M}(x) + \widetilde{M}(x) = xM(x) + A(x) \cdot B(x)$$

从而有

$$x^2 M(x)^2 + (x-1)M(x) + 1 = 0 \tag{2.8}$$

利用 $\lim\limits_{x \to 0} M(x) = M_0 = 1$, 则由上式可解得

$$M(x) = \frac{1 - x - \sqrt{1 - 2x - 3x^2}}{2x^2}$$

$$= 1 + x + 2x^2 + 4x^3 + 9x^4 + 21x^5 + 51x^6 + 127x^7$$

$$+ 323x^8 + 835x^9 + 2188x^{10} + 5798x^{11} + 15511x^{12}$$

$$+ 41835x^{13} + 113634x^{14} + 310572x^{15} + 853467x^{16}$$

$$+ 2356779x^{17} + 6536382x^{18} + 18199284x^{19} + \cdots \tag{2.9}$$

利用 $M(x)$ 的展开式, 可以证明 (参见习题 2.28):

$$M_n = \frac{1}{2} \sum_{k=\left[\frac{n+1}{2}\right]+1}^{n+2} \frac{(2k-3)!!}{k!} \binom{k}{n-k+2} \left(\frac{3}{2}\right)^{n-k+2}, \quad n \geqslant 0 \tag{2.10}$$

这里我们约定 $(-1)!! = 1$.

例 2.8 中的数 M_n 也与许多组合问题的计数有关, 而且它在数论与几何学领域也有许多重要的应用, 一般称之为 **Motzkin 数**[12], 这是一个以美国数学家 T. S. Motzkin (1908—1970) 命名的数.

下面的定理是乘法公式 (定理 2.4) 扩充到多个任务的情况.

定理 2.5 设 $a_n^{(i)}$ 是在 n 元集上执行任务 $i\,(1 \leqslant i \leqslant k)$ 的方案数, b_n 是在 n 元集 S 上执行如下复合任务的方案数: 首先, 将集合 S 分裂成 k 个子集 $S_1, S_2, \cdots, S_k$, 然后对每个 $i\,(1 \leqslant i \leqslant k)$, 在子集 S_i 上执行任务 i, 那么有

$$b_n = \sum_{\substack{n_1 + n_2 + \cdots + n_k = n \\ n_i \geqslant 0,\ i=1,2,\cdots,k}} a_{n_1}^{(1)} a_{n_2}^{(2)} \cdots a_{n_k}^{(k)}$$

且有 $F_b(x) = F_1(x) F_2(x) \cdots F_k(x)$, 其中 $F_b(x) = \mathbf{G}_{\mathrm{e}}(b_n)$, $F_i(x) = \mathbf{G}_{\mathrm{e}}(a_n^{(i)})$.

事实上, 前面的例 2.1 和式 (2.6) 正是乘法公式的应用. 利用定理 2.5, 立即可得下面的推论:

推论 2.5.1 设序列 $\{a_n\}_{n \geqslant 0}$, 且 $\mathbf{G}_{\mathrm{o}}(a_n) = F(x)$, 如果

$$b_n = \sum_{\substack{n_1 + n_2 + \cdots + n_k = n \\ n_i \geqslant 0,\ i=1,2,\cdots,k}} a_{n_1} a_{n_2} \cdots a_{n_k}$$

那么 $\mathbf{G}_{\mathrm{o}}(b_n) = F(x)^k$.

推论 2.5.1 也可直接证明如下: 因为

$$F(x) = a_0 + a_1 x + a_2 x^2 + \cdots + a_n x^n + \cdots$$

所以

$$F(x)^k = \underbrace{\left(a_0 + a_1 x + a_2 x^2 + \cdots\right) \cdots \left(a_0 + a_1 x + a_2 x^2 + \cdots\right)}_{k \text{ 个因子相乘}}$$

$$= \sum_{n_1 \geqslant 0} \sum_{n_2 \geqslant 0} \cdots \sum_{n_k \geqslant 0} a_{n_1} a_{n_2} \cdots a_{n_k} x^{n_1 + n_2 + \cdots + n_k}$$

$$= \sum_{n \geqslant 0} \left(\sum_{\substack{n_1 + n_2 + \cdots + n_k = n \\ n_i \geqslant 0, \, i = 1, 2, \cdots, k}} a_{n_1} a_{n_2} \cdots a_{n_k} \right) x^n$$

由此即知结论成立. ∎

例 2.9　试求重集 $S = \{n_1 \cdot a_1, \, n_2 \cdot a_2, \, \cdots, \, n_k \cdot a_k\}$ 的 n 组合序列 $\{c_n\}_{n \geqslant 0}$ 的普通型母函数 $F(x)$.

解　当 $\sum_{i=1}^{k} n_i < \infty$ 时, S 的 n 组合数 c_n 等于不定方程

$$\begin{cases} x_1 + x_2 + \cdots + x_k = n \\ 0 \leqslant x_i \leqslant n_i, \ 1 \leqslant i \leqslant k \end{cases}$$

的整数解的个数. 欲构造 S 的一个 n 组合, 首先需要确定组合中含多少个 a_1, 多少个 $a_2, \cdots$, 多少个 a_k. 假定 n 组合中含有 x_j 个 a_j, 其中 $x_1, x_2, \cdots, x_k$ 满足上面的不定方程. 这相当于将 n 元集 $\mathbb{Z}_n^+$ 分裂成 k 个子区间 $S_1, S_2, \cdots, S_k$, 其中 $|S_j| = x_j$. 然后将 x_j 个 a_j 放入到这个组合中, 这相当于在 x_j 元集 S_j 上执行任务 j. 如果以 $a_n^{(j)}$ 表示在 n 元集上执行任务 j 的方案数, 则显然有

$$a_n^{(j)} = \begin{cases} 1, & n \leqslant n_j, \\ 0, & n > n_j, \end{cases} \qquad j = 1, 2, \cdots, k$$

于是有

$$F_j(x) = \mathbf{G}_{\mathrm{o}}(a_n^{(j)}) = 1 + x + x^2 + \cdots + x^{n_j}$$

从而由定理 2.5可得, 序列 $\{c_n\}_{n \geqslant 0}$ 的普通型母函数 $F(x)$ 为

$$F(x) = F_1(x) F_2(x) \cdots F_k(x)$$

$$= \frac{1 - x^{n_1+1}}{1-x} \cdot \frac{1 - x^{n_2+1}}{1-x} \cdots \frac{1 - x^{n_k+1}}{1-x}$$

$$= \prod_{i=1}^{k} \frac{1 - x^{n_i+1}}{1-x}$$

当 $\sum_{i=1}^{k} n_i = \infty$ 时, 至少有一个 $n_j = \infty$, 此时只需要将上式 $F(x)$ 中第 j 项的因子

$$F_j(x) = 1 + x + \cdots + x^{n_j} = \frac{1 - x^{n_j+1}}{1-x}$$

换成

$$F_j(x) = 1 + x + x^2 + \cdots = \frac{1}{1-x}$$

即可. 由此得重集 $S = \{\infty \cdot a_1, \infty \cdot a_2, \cdots, \infty \cdot a_k\}$ 的 n 组合序列 $\{c_n\}_{n \geqslant 0}$ 的普通型母函数 $F(x)$ 为

$$F(x) = \frac{1}{(1-x)^k}$$

比较式 (2.5) 知, 无限重集 $S = \{\infty \cdot a_1, \infty \cdot a_2, \cdots, \infty \cdot a_k\}$ 的 n 组合数等于有限集 $A = \{a_1, a_2, \cdots, a_k\}$ 的 n 重复组合数.

例如重集 $S = \{3 \cdot a, 4 \cdot b, 5 \cdot c\}$ 的 10 组合数 a_{10}, 可通过检查如下母函数

$$F(x) = \left(1 + x + x^2 + x^3\right)\left(1 + x + \cdots + x^4\right)\left(1 + x + \cdots + x^5\right)$$

$$= 1 + 3x + \cdots + 6x^{10} + \cdots + 3x^{11} + x^{12}$$

的 x^{10} 的系数得到, 从而有 $a_{10} = 6$. 又如重集 $S = \{\infty \cdot a_1, \infty \cdot a_2, \cdots, \infty \cdot a_k\}$ 的每个元素只出现偶数次的 n 组合数 c_n, 则可通过计算

$$F(x) = \left(1 + x^2 + x^4 + \cdots\right)^k = \frac{1}{(1-x^2)^k} = \sum_{m \geqslant 0} \left(\!\!\binom{k}{m}\!\!\right) x^{2m}$$

的 x^n 的系数得到, 即有

$$c_n = \begin{cases} \left(\!\!\binom{k}{m}\!\!\right), & n = 2m \\ 0, & n = 2m + 1 \end{cases}$$

例 2.10 n 个完全相同的球放入 k 个编号的盒子中 $(n \geqslant k)$, 且不允许空盒, 求不同的方案数 a_n.

解　这个问题前面已经讨论过, 所求 a_n 等于不定方程

$$\begin{cases} x_1 + x_2 + \cdots + x_k = n \\ x_i \geqslant 1,\ i = 1, 2, \cdots, k \end{cases}$$

的整数解的个数, 即 $a_n = \binom{n-1}{k-1}$. 下面我们利用母函数求解该问题. 设序列 $\{a_n\}_{n \geqslant 0}$ 的普通型母函数为 $F(x)$, 则根据乘法公式有

$$F(x) = \underbrace{(x + x^2 + x^3 + \cdots)}_{\text{第 1 盒放球方案}} \underbrace{(x + x^2 + x^3 + \cdots)}_{\text{第 2 盒放球方案}} \cdots \underbrace{(x + x^2 + x^3 + \cdots)}_{\text{第 } k \text{ 盒放球方案}}$$

$$= \frac{x^k}{(1-x)^k} = \sum_{m \geqslant 0} \left(\!\!\binom{k}{m}\!\!\right) x^{m+k}$$

由此即得 $a_n = \left(\!\!\binom{k}{n-k}\!\!\right) = \binom{n-1}{k-1}$.

例 2.11　求不定方程 $x_1 + 2x_2 = 15$ 的非负整数解的个数 a_{15}.

解　首先将该问题一般化, 求不定方程 $x_1 + 2x_2 = n$ 的非负整数解的个数 a_n. 设序列 $\{a_n\}_{n \geqslant 0}$ 的普通型母函数为 $F(x)$, 则有

$$F(x) = \left(1 + x + x^2 + \cdots\right)\left(1 + x^2 + x^4 + \cdots\right)$$

$$= \frac{1}{(1-x)^2} \cdot \frac{1}{1+x} = \frac{1}{2(1-x)^2} + \frac{1}{4(1-x)} + \frac{1}{4(1+x)}$$

$$= \frac{1}{2} \sum_{n \geqslant 0} (n+1)x^n + \frac{1}{4} \sum_{n \geqslant 0} x^n + \frac{1}{4} \sum_{n \geqslant 0} (-1)^n x^n$$

$$= \sum_{n \geqslant 0} \left[\frac{1}{2}(n+1) + \frac{1}{4} + (-1)^n \frac{1}{4}\right] x^n$$

所以有

$$a_n = \begin{cases} \dfrac{1}{2}(n+1), & n \text{ 为奇数} \\[2mm] \dfrac{1}{2}n + 1, & n \text{ 为偶数} \end{cases}$$

由此可得, $a_{15} = 8$.

更一般地, 设 $p_k,\ k = 1, 2, \cdots, m$ 均为正整数, 并设不定方程

$$p_1 x_1 + p_2 x_2 + \cdots + p_m x_m = n$$

的非负整数解的个数为 a_n, 正整数解的个数为 b_n, 则序列 $\{a_n\}_{n \geqslant 0}$ 和 $\{b_n\}_{n \geqslant 0}$ 的普通型母函数 $F_a(x)$ 和 $F_b(x)$ 分别为

$$F_a(x) = \left(1 + x^{p_1} + x^{2p_1} + \cdots\right) \cdots \left(1 + x^{p_m} + x^{2p_m} + \cdots\right)$$

$$= \frac{1}{1 - x^{p_1}} \cdot \frac{1}{1 - x^{p_2}} \cdot \cdots \cdot \frac{1}{1 - x^{p_m}} \tag{2.11}$$

$$F_b(x) = \left(x^{p_1} + x^{2p_1} + \cdots\right) \cdots \left(x^{p_m} + x^{2p_m} + \cdots\right)$$

$$= \frac{x^{p_1}}{1 - x^{p_1}} \cdot \frac{x^{p_2}}{1 - x^{p_2}} \cdot \cdots \cdot \frac{x^{p_m}}{1 - x^{p_m}} \tag{2.12}$$

注 通过上面的例题可以看出, 使用普通型母函数对一些组合问题进行计数, 显然是非常方便的, 但关键是要写对母函数, 也就是要找对参与计数的每个组合对象所对应的因子, 而这些因子正是某个特定计数序列的母函数. 也就是说, 以上各例实际上是普通型母函数乘法公式的具体应用.

2.2 指数型母函数

现在我们来考虑由至多 3 个 a, 至多 1 个 b 和至多 1 个 c 所组成的单词数量, 即考虑重集 $S = \{3 \cdot a, b, c\}$ 的所有的排列. 显然, 这是一个与次序有关的计数. 但我们先从组合计数开始, 考虑如下的普通型母函数:

$$\left(1 + ax + a^2x^2 + a^3x^3\right)\left(1 + bx\right)\left(1 + cx\right)$$
$$= 1 + (a + b + c)\,x + \left(a^2 + ab + ac + bc\right)x^2$$
$$+ \left(a^3 + a^2b + a^2c + abc\right)x^3 + \left(a^3b + a^3c + a^2bc\right)x^4 + \left(a^3bc\right)x^5 \tag{2.13}$$

上式中 x^k 的系数给出了重集 S 中 k 个字母的组合, 如 x^3 的系数 $a^3 + a^2b + a^2c + abc$ 指明了集合 S 的 4 个 3 组合:

$$\{3 \cdot a\}, \ \{2 \cdot a, b\}, \ \{2 \cdot a, c\}, \ \{a, b, c\}$$

但由集合 S 中的元素构成的 3 字母排列数却有 13 个! 表 2.1 列出了集合 S 的所有 3 组合与其对应的 3 排列.

如果在式 (2.13) 中令 $a = b = c = 1$, 则 x^3 的系数 $a^3 + a^2b + a^2c + abc = 4$, 这是集合 $S = \{3 \cdot a, b, c\}$ 的 3 组合数. 如果希望以同样的方式得到集合 S 的 3 排列数, 就必须想办法使 x^3 前的系数具有如下形式:

$$\frac{3!}{3!}\,a^3 + \frac{3!}{2!1!}\,a^2b + \frac{3!}{2!1!}\,a^2c + \frac{3!}{1!1!1!}\,abc$$

表 2.1   3 个字母的排列与组合

组合	排列	排列数
$\{3 \cdot a\}$	aaa	$\dfrac{3!}{3!} = 1$
$\{2 \cdot a, b\}$	aab, baa, aba	$\dfrac{3!}{2!1!} = 3$
$\{2 \cdot a, c\}$	aac, caa, aca	$\dfrac{3!}{2!1!} = 3$
$\{a, b, c\}$	$abc, acb, bca, bac, cab, cba$	$\dfrac{3!}{1!1!1!} = 6$

因为上式中各项的系数正好是对应组合的全排列数, 例如, a^2b 项的系数 $\dfrac{3!}{2!1!}$ 正是组合 $\{2 \cdot a, b\}$ 的全排列数. 因此, 此时如果我们令 $a = b = c = 1$, 则上面的项将给出重集 $S = \{3 \cdot a, b, c\}$ 的 3 排列数

$$\frac{3!}{3!} + \frac{3!}{2!1!} + \frac{3!}{2!1!} + \frac{3!}{1!1!1!} = 13$$

其他的各 x^k 项的系数也应该具有相应的形式, 例如项 x^4 的系数显然应该具有下面的形式:

$$\frac{4!}{3!1!} a^3b + \frac{4!}{3!1!} a^3c + \frac{4!}{2!1!1!} a^2bc$$

事实上, 我们只需要将 (2.13) 改写成如下形式:

$$\left(1 + a\frac{x}{1!} + a^2\frac{x^2}{2!} + a^3\frac{x^3}{3!}\right)\left(1 + b\frac{x}{1!}\right)\left(1 + c\frac{x}{1!}\right)$$

$$= 1 + \left(\frac{1!}{1!}a + \frac{1!}{1!}b + \frac{1!}{1!}c\right)\frac{x}{1!}$$

$$+ \left(\frac{2!}{2!}a^2 + \frac{2}{1!1!}ab + \frac{2!}{1!1!}ac + \frac{2!}{1!1!}bc\right)\frac{x^2}{2!}$$

$$+ \left(\frac{3!}{3!}a^3 + \frac{3!}{2!1!}a^2b + \frac{3!}{2!1!}a^2c + \frac{3!}{1!1!1!}abc\right)\frac{x^3}{3!}$$

$$+ \left(\frac{4!}{3!1!}a^3b + \frac{4!}{3!1!}a^3c + \frac{4!}{2!1!1!}a^2bc\right)\frac{x^4}{4!} + \left(\frac{5!}{3!1!1!}a^3bc\right)\frac{x^5}{5!} \quad (2.14)$$

在上式中令 $a = b = c = 1$ 得

$$\left(1 + \frac{1}{1!}x + \frac{1}{2!}x^2 + \frac{1}{3!}x^3\right)(1 + x)(1 + x)$$

$$= 1 + 3\frac{x}{1!} + 7\frac{x^2}{2!} + 13\frac{x^3}{3!} + 20\frac{x^4}{4!} + 20\frac{x^5}{5!} \quad (2.15)$$

(2.15) 就是重集 $S = \{3 \cdot a, b, c\}$ 的排列序列的指数型母函数, 其中 $\dfrac{x^k}{k!}$ 项的系数就是集合 S 的 k 排列数.

定义 2.2 设 $\{a_n\}_{n \geqslant 0}$ 是一个序列, 令

$$E(x) = a_0 + a_1 x + a_2 \frac{x^2}{2!} + \cdots + a_n \frac{x^n}{n!} + \cdots$$

则形式幂级数 $E(x)$ 称为序列 $\{a_n\}_{n \geqslant 0}$ 的**指数型母函数**, 记为 $\mathbf{G}_e(a_n) = E(x)$, 并称 $\mathbf{G}_e$ **是指数型母函数生成算子**.

像普通型母函数一样, 指数型母函数仅仅作为一种形式运算工具, 利用其形式运算规律进行某种类型的计数, 从而不必关心指数型母函数的收敛性问题. 因为我们讨论的级数总是收敛的, 所以可对其进行求和、对和函数求导、积分等, 所有这些运算仅作形式上的解释.

显然, 指数型母函数生成算子 $\mathbf{G}_e$ 也是一个线性算子, 因为它有如下性质.

定理 2.6 设有序列 $\{a_n\}_{n \geqslant 0}$ 和 $\{b_n\}_{n \geqslant 0}$, 且 $\mathbf{G}_e(a_n) = E_a(x)$, $\mathbf{G}_e(b_n) = E_b(x)$, c 为任意实常数, 则有

① $\mathbf{G}_e(a_n + b_n) = E_a(x) + E_b(x)$;

② $\mathbf{G}_e(c a_n) = c E_a(x)$.

下面是一些常见序列的指数型母函数.

例 2.12 常数序列 $1, 1, \cdots, 1, \cdots$ 的指数型母函数为

$$E(x) = 1 + x + \frac{x^2}{2!} + \cdots + \frac{x^n}{n!} + \cdots = \mathrm{e}^x$$

即 $\mathbf{G}_e(1) = \mathrm{e}^x$.

例 2.13 自然数序列 $1, 2, \cdots, n, \cdots$ 的指数型母函数为

$$E(x) = 1 + 2x + 3 \frac{x^2}{2!} + \cdots + n \frac{x^{n-1}}{(n-1)!} + \cdots$$

$$= \left[x + x^2 + \frac{x^3}{2!} + \cdots + \frac{x^n}{(n-1)!} + \cdots \right]'$$

$$= (x \mathrm{e}^x)' = (1 + x) \mathrm{e}^x$$

所以 $\mathbf{G}_e(n) = (1 + x) \mathrm{e}^x$.

例 2.14 n 元集的排列序列 $\left\{ \begin{bmatrix} n \\ k \end{bmatrix} \right\}_{k=0}^{n}$ 的指数型母函数为

$$E(x) = \begin{bmatrix} n \\ 0 \end{bmatrix} + \begin{bmatrix} n \\ 1 \end{bmatrix} x + \begin{bmatrix} n \\ 2 \end{bmatrix} \frac{x^2}{2!} + \cdots + \begin{bmatrix} n \\ n \end{bmatrix} \frac{x^n}{n!} = (1 + x)^n$$

因此, $\mathbf{G}_e\left(\begin{bmatrix} n \\ k \end{bmatrix} \right) = (1 + x)^n$.

比较例 2.4 与例 2.14 可知, 函数 $(1+x)^n$ 既是组合序列 $\left\{\binom{n}{k}\right\}_{k=0}^n$ 的普通型母函数, 也是排列序列 $\left\{\begin{bmatrix}n\\k\end{bmatrix}\right\}_{k=0}^n$ 的指数型母函数. 也就是说, 函数 $(1+x)^n$ 的展开式中 x^k 的系数是组合数 $\binom{n}{k}$, 而 $\dfrac{x^k}{k!}$ 的系数则是排列数 $\begin{bmatrix}n\\k\end{bmatrix}$.

考虑组合序列 $\left\{\binom{n}{k}\right\}_{n\geqslant k}$ 与排列序列 $\left\{\begin{bmatrix}n\\k\end{bmatrix}\right\}_{n\geqslant k}$ 的指数型母函数, 则有

$$
\begin{cases}
E_{(k)}(x) = \displaystyle\sum_{n\geqslant k}\binom{n}{k}\frac{x^n}{n!} = \frac{1}{k!}\sum_{n\geqslant k}\frac{x^n}{(n-k)!} = \frac{x^k\mathrm{e}^x}{k!} \\[4mm]
E_{[k]}(x) = \displaystyle\sum_{n\geqslant k}\begin{bmatrix}n\\k\end{bmatrix}\frac{x^n}{n!} = k!E_{(k)}(x) = x^k\mathrm{e}^x
\end{cases}
$$

例 2.15　序列 $\{a^n\}_{n\geqslant 0}$ 的指数型母函数为

$$
E(x) = 1 + ax + a^2\frac{x^2}{2!} + \cdots + a^n\frac{x^n}{n!} + \cdots = \mathrm{e}^{ax}
$$

所以 $\mathbf{G}_{\mathrm{e}}(a^n) = \mathrm{e}^{ax}$.

定理 2.7　设序列 $\{a_n\}_{n\geqslant 0}$, $\mathbf{G}_{\mathrm{e}}(a_n) = E_a(x)$, α 是任意的实常数, 则有

① $\mathbf{G}_{\mathrm{e}}(\alpha^n a_n) = E_a(\alpha x)$, $\alpha \in \mathbb{R}$;

② $\mathbf{G}_{\mathrm{e}}(na_n) = xE'_a(x)$;

③ $\mathbf{G}_{\mathrm{e}}(a_n/(n+1)) = \dfrac{1}{x}\displaystyle\int_0^x E_a(x)\,\mathrm{d}x$;

④ $\mathbf{G}_{\mathrm{e}}(a_{n+k}) = E_a^{(k)}(x)$;

⑤ $\mathbf{G}_{\mathrm{e}}(a_{n-k}) = \dfrac{x^k}{k!}\mathbf{G}_{\mathrm{e}}\left(a_n/\binom{n+k}{k}\right)$.

证明　请读者自行完成.　■

定理 2.8　设有序列 $\{a_n\}_{n\geqslant 0}$、$\{b_n\}_{n\geqslant 0}$, $\mathbf{G}_{\mathrm{e}}(a_n) = E_a(x)$, $\mathbf{G}_{\mathrm{e}}(b_n) = E_b(x)$, 如果序列 $\{c_n\}_{n\geqslant 0}$ 满足

$$
c_n = \sum_{k=0}^n \binom{n}{k}a_k b_{n-k}
$$

那么 $E_c(x) = E_a(x)E_b(x)$, 其中 $E_c(x) = \mathbf{G}_{\mathrm{e}}(c_n)$.

证明　直接利用母函数相乘可得

$$
\begin{aligned}
E_c(x) &= \left(a_0 + a_1 x + a_2\frac{x^2}{2!} + \cdots\right)\left(b_0 + b_1 x + b_2\frac{x^2}{2!} + \cdots\right) \\
&= \sum_{n\geqslant 0}\left[\frac{a_0 b_n}{0!n!} + \frac{a_1 b_{n-1}}{1!(n-1)!} + \cdots + \frac{a_{n-1}b_1}{(n-1)!1!} + \frac{a_n b_0}{n!0!}\right]x^n
\end{aligned}
$$

$$= \sum_{n \geq 0} \left[\sum_{k=0}^{n} \frac{n!}{k!(n-k)!} a_k b_{n-k} \right] \frac{x^n}{n!}$$

$$= \sum_{n \geq 0} \left[\sum_{k=0}^{n} \binom{n}{k} a_k b_{n-k} \right] \frac{x^n}{n!} \qquad \blacksquare$$

这个定理称为指数型母函数的**乘法公式**. 它告诉我们, 两个指数型母函数的乘积仍然是一个指数型母函数. 利用这个结论可得如下著名的**二项式反演公式**.

定理 2.9 设 $\{a_n\}_{n \geq 0}, \{b_n\}_{n \geq 0}$ 是两个序列, 则有

$$a_n = \sum_{k=0}^{n} (-1)^k \binom{n}{k} b_k \iff b_n = \sum_{k=0}^{n} (-1)^k \binom{n}{k} a_k \qquad (2.16)$$

证明 如果 $b_n = \sum_{k=0}^{n} (-1)^k \binom{n}{k} a_k$, 令 $c_n = (-1)^n a_n$, 并考虑序列 $\{c_n\}_{n \geq 0}$ 的指数型母函数 $E_c(x)$, 则有

$$E_c(x) = \sum_{n \geq 0} c_n \frac{x^n}{n!} = \sum_{n \geq 0} (-1)^n a_n \frac{x^n}{n!}$$

那么由定理 2.8 的结果, 可得

$$e^x E_c(x) = \left(\sum_{n \geq 0} \frac{x^n}{n!} \right) \left[\sum_{n \geq 0} (-1)^n a_n \frac{x^n}{n!} \right]$$

$$= \sum_{n \geq 0} \left[\sum_{k=0}^{n} (-1)^k \binom{n}{k} a_k \right] \frac{x^n}{n!}$$

$$= \sum_{n \geq 0} b_n \frac{x^n}{n!} = E_b(x)$$

于是, 再一次利用定理 2.8 的结果, 可得

$$E_c(x) = e^{-x} E_b(x) = \left(\sum_{n \geq 0} (-1)^n \frac{x^n}{n!} \right) \left(\sum_{n \geq 0} b_n \frac{x^n}{n!} \right)$$

$$= \sum_{n \geq 0} \left[\sum_{k=0}^{n} (-1)^{n-k} \binom{n}{k} b_k \right] \frac{x^n}{n!}$$

由此得

$$(-1)^n a_n = c_n = \sum_{k=0}^{n} (-1)^{n-k} \binom{n}{k} b_k \implies a_n = \sum_{k=0}^{n} (-1)^k \binom{n}{k} b_k$$

另一半的证明类似, 请读者自己完成.   ∎

注 二项式反演公式也可以表示成稍微不同的形式:

$$a_n = \sum_{k=0}^{n} \binom{n}{k} b_k \iff b_n = \sum_{k=0}^{n} (-1)^{n-k} \binom{n}{k} a_k \qquad (2.17)$$

例 2.16 设 $S = \{n_1 \cdot a_1,\ n_2 \cdot a_2,\ \cdots,\ n_k \cdot a_k\}$, 以 $S_m[n_1, n_2, \cdots, n_k]$ 表示将 S 中的元素放入 m 个不同的盒子且不允许空盒的方案数, 求 $S_m[n_1, n_2, \cdots, n_k]$.

解 显然, 将 S 中的元素放入 m 个不同的盒子且允许空盒的方案数为

$$\left(\!\! \binom{m}{n_1} \!\! \right) \left(\!\! \binom{m}{n_2} \!\! \right) \cdots \left(\!\! \binom{m}{n_k} \!\! \right) = \prod_{i=1}^{k} \binom{m+n_i-1}{n_i}$$

而将 S 中的元素放入其中 j 个不同的盒子且不允许空盒的方案数为

$$\binom{m}{j} S_j[n_1, n_2, \cdots, n_k]$$

由加法原理知,

$$\prod_{i=1}^{k} \binom{m+n_i-1}{n_i} = \sum_{j=1}^{m} \binom{m}{j} S_j[n_1, n_2, \cdots, n_k]$$

利用式 (2.17) 立即可得

$$S_m[n_1, n_2, \cdots, n_k] = \sum_{j=1}^{m} (-1)^{m-j} \binom{m}{j} \prod_{i=1}^{k} \binom{j+n_i-1}{n_i}$$

显然, 指数型母函数的乘法公式 (定理 2.8) 也可以看成是先将一个 n 元集拆分成两个子集 (允许空集), 然后在每个子集上执行特定任务的方案数. 因此, 有时也将它表述为以下定理.

定理 2.10 设 a_n 是在 n 元集上执行任务 A 的方案数, $E_a(x) = \mathbf{G}_e(a_n)$; b_n 是在 n 元集上执行任务 B 的方案数, $E_b(x) = \mathbf{G}_e(b_n)$; c_n 是在 n 元集 S 上执行如下复合任务 C 的方案数: 首先选择 $(S_1, S_2) \in \Pi_2^{\varnothing}[S]$, 然后在集合 S_1 上执行任务 A, 在集合 S_2 上执行任务 B, 那么有

$$c_n = \sum_{(S_1, S_2) \in \Pi_2^{\varnothing}[S]} a_{|S_1|} b_{|S_2|} = \sum_{k=0}^{n} \binom{n}{k} a_k b_{n-k}$$

且 $E_c(x) = E_a(x) E_b(x)$, 其中 $E_c(x) = \mathbf{G}_e(c_n)$.

定理 2.8 可以推广到任意有限个指数型母函数相乘的情形, 即有

定理 2.11 设有 k 个序列 $\left\{a_n^{(i)}\right\}_{n \geqslant 0}$, $1 \leqslant i \leqslant k$, $E_i(x) = \mathbf{G}_{\mathrm{e}}\left(a_n^{(i)}\right)$. 如果序列 $\{c_n\}_{n \geqslant 0}$ 满足

$$c_n = \sum_{\substack{n_1+n_2+\cdots+n_k=n \\ n_i \geqslant 0,\, i=1,2,\cdots,k}} \binom{n}{n_1,\ n_2,\ \cdots,\ n_k} a_{n_1}^{(1)} a_{n_2}^{(2)} \cdots a_{n_k}^{(k)}$$

那么有 $E_c(x) = E_1(x) E_2(x) \cdots E_k(x)$, 其中 $E_c(x) = \mathbf{G}_{\mathrm{e}}(c_n)$.

证明 留作习题 (习题 2.3). ∎

根据这个定理, 下面的推论是显然的.

推论 2.11.1 设序列 $\{a_n\}_{n \geqslant 0}$, 令 $E_a(x) = \mathbf{G}_{\mathrm{e}}(a_n)$, $E_c(x) = \mathbf{G}_{\mathrm{e}}(c_n)$, 其中

$$c_n = \sum_{\substack{n_1+n_2+\cdots+n_k=n \\ n_i \geqslant 0,\, i=1,2,\cdots,k}} \binom{n}{n_1,\ n_2,\ \cdots,\ n_k} a_{n_1} a_{n_2} \cdots a_{n_k}$$

那么有 $E_c(x) = E_a(x)^k$.

例如, 设 $a_n \equiv 1$, 则 $E_a(x) = \mathbf{G}_{\mathrm{e}}(a_n) = \mathrm{e}^x$. 如果令 $E_c(x) = \mathbf{G}_{\mathrm{e}}(c_n) = \mathrm{e}^{kx}$, 那么有

$$c_n = \sum_{\substack{n_1+n_2+\cdots+n_k=n \\ n_i \geqslant 0,\, i=1,2,\cdots,k}} \binom{n}{n_1,\ n_2,\ \cdots,\ n_k} = k^n$$

这正是 (1.13) 的结果.

下面的定理 2.12 是定理 2.10 的推广, 它也是定理 2.11 的另一种叙述形式.

定理 2.12 设 $a_n^{(i)}$ 是在 n 元集上执行任务 i 的方案数, $1 \leqslant i \leqslant k$, c_n 是在 n 元集 S 上执行如下复合任务 C 的方案数: 首先选择 $(S_1, S_2, \cdots, S_k) \in \Pi_k^{\varnothing}[S]$, 然后对每个 $i\,(1 \leqslant i \leqslant k)$, 在集合 S_i 上执行任务 i, 那么有

$$c_n = \sum_{(S_1,\, S_2,\, \cdots,\, S_k) \in \Pi_k^{\varnothing}[S]} a_{|S_1|}^{(1)} a_{|S_2|}^{(2)} \cdots a_{|S_k|}^{(k)}$$

$$= \sum_{\substack{n_1+n_2+\cdots+n_k=n \\ n_i \geqslant 0,\, i=1,2,\cdots,k}} \binom{n}{n_1,\ n_2,\ \cdots,\ n_k} a_{n_1}^{(1)} a_{n_2}^{(2)} \cdots a_{n_k}^{(k)}$$

且 $E_c(x) = E_1(x) E_2(x) \cdots E_k(x)$, 其中 $E_i(x) = \mathbf{G}_{\mathrm{e}}\left(a_n^{(i)}\right)$, $E_c(x) = \mathbf{G}_{\mathrm{e}}(c_n)$.

一个经常问的问题是: 什么时候采用普通型母函数的乘法公式? 什么时候采用指数型母函数的乘法公式? 实际上区分这两种情况非常简单, 因为它与具体执

行什么任务无关, 这主要是看这些欲计数的多任务是分配在 n 元集拆分的子集上执行还是分配在 n 元集分裂的区间上执行. 如果任务是分配在 n 元集拆分的子集上执行, 则必须用指数型母函数的乘法公式, 而如果任务是分配在 n 元集分裂的区间上执行, 那么就要用普通型母函数的乘法公式.

例 2.17　某大学学生会有 n 名学生, 现需要由这 n 名学生组成 3 个俱乐部: 排球俱乐部、足球俱乐部和电影俱乐部, 并且每个学生必须加入一个俱乐部且只能加入一个俱乐部. 除此之外, 排球俱乐部需要偶数 (允许零) 个成员, 足球俱乐部需要奇数个成员, 电影俱乐部的人数不限 (可能是零), 但需要从中产生 1 名经理. 试问有多少种组成这 3 个俱乐部方案数?

解　设 S 表示学生会的 n 名学生的集合, 并设方案数为 d_n. 注意到我们的计数方案中包含 3 个任务, 即组成排球俱乐部、足球俱乐部和电影俱乐部, 且显然这些任务被分配在 S 的子集上执行, 因此必须采用指数型母函数的乘法公式. 设由 n 名学生组成排球俱乐部、足球俱乐部和电影俱乐部的方案数分别是 a_n, b_n 和 c_n, 则对整数 $n \geqslant 0$ 有

$$
a_n = \begin{cases} 1, & n\text{为偶数}, \\ 0, & n\text{为奇数}, \end{cases} \qquad b_n = \begin{cases} 1, & n\text{为奇数}, \\ 0, & n\text{为偶数}, \end{cases} \qquad c_n = n
$$

于是有

$$
E_a(x) = \mathbf{G}_{\mathrm e}(a_n) = \sum_{n \geqslant 0} \frac{x^{2n}}{(2n)!} = \frac{1}{2}\left(\mathrm e^x + \mathrm e^{-x}\right)
$$

$$
E_b(x) = \mathbf{G}_{\mathrm e}(b_n) = \sum_{n \geqslant 0} \frac{x^{2n+1}}{(2n+1)!} = \frac{1}{2}\left(\mathrm e^x - \mathrm e^{-x}\right)
$$

$$
E_c(x) = \mathbf{G}_{\mathrm e}(c_n) = \sum_{n \geqslant 0} n \cdot \frac{x^n}{n!} = x\mathrm e^x
$$

从而由指数型母函数的乘法公式可得

$$
\begin{aligned}
E_d(x) = \mathbf{G}_{\mathrm e}(d_n) &= E_a(x)E_b(x)E_c(x) \\
&= \frac{1}{2}\left(\mathrm e^x + \mathrm e^{-x}\right) \cdot \frac{1}{2}\left(\mathrm e^x - \mathrm e^{-x}\right) \cdot x\mathrm e^x \\
&= \frac{1}{4}\sum_{n \geqslant 2} n\left[3^{n-1} - (-1)^{n-1}\right] \cdot \frac{x^n}{n!}
\end{aligned}
$$

于是可得

$$
d_n = \frac{n\left[3^{n-1} - (-1)^{n-1}\right]}{4}, \quad n \geqslant 2
$$

定理 2.13 设 $S = \{n_1 \cdot a_1, n_2 \cdot a_2, \cdots, n_k \cdot a_k\}$ 是一个重集, c_n 是 S 的 n 排列数, 若记 $E_c(x) = \mathbf{G}_e(c_n)$, 那么 $E_c(x) = E_1(x)E_2(x) \cdots E_k(x)$, 其中

$$E_i(x) = 1 + x + \frac{x^2}{2!} + \cdots + \frac{x^{n_i}}{n_i!}, \quad i = 1, 2, \cdots, k$$

如果某个 $n_i = \infty$, 则相应的 $E_i(x)$ 变为

$$E_i(x) = 1 + x + \frac{x^2}{2!} + \cdots + \frac{x^n}{n!} + \cdots = \mathrm{e}^x$$

证明 首先假定所有的 $n_i < \infty$, 那么有

$$
\begin{aligned}
E_1(x)E_2(x) \cdots E_k(x) &= \left(\sum_{m_1=0}^{n_1} \frac{x^{m_1}}{m_1!} \right) \left(\sum_{m_2=0}^{n_2} \frac{x^{m_2}}{m_2!} \right) \cdots \left(\sum_{m_k=0}^{n_k} \frac{x^{m_k}}{m_k!} \right) \\
&= \sum_{m_1=0}^{n_1} \sum_{m_2=0}^{n_2} \cdots \sum_{m_k=0}^{n_k} \frac{x^{m_1}}{m_1!} \cdot \frac{x^{m_2}}{m_2!} \cdots \frac{x^{m_k}}{m_k!} \\
&= \sum_{m_1=0}^{n_1} \sum_{m_2=0}^{n_2} \cdots \sum_{m_k=0}^{n_k} \frac{x^{m_1+m_2+\cdots+m_k}}{m_1!m_2!\cdots m_k!} \\
&= \sum_{n \geqslant 0} \left(\sum_{\substack{m_1+m_2+\cdots+m_k=n \\ 0 \leqslant m_i \leqslant n_i, \, i=1, \cdots, k}} \frac{n!}{m_1!m_2!\cdots m_k!} \right) \frac{x^n}{n!}
\end{aligned}
$$

上式中项 $\dfrac{x^n}{n!}$ 的系数为

$$\sum_{\substack{m_1+m_2+\cdots+m_k=n \\ 0 \leqslant m_i \leqslant n_i, \, i=1, \cdots, k}} \frac{n!}{m_1!m_2!\cdots m_k!} = \sum_{\substack{m_1+m_2+\cdots+m_k=n \\ 0 \leqslant m_i \leqslant n_i, \, i=1, \cdots, k}} \binom{n}{m_1, \, m_2, \, \cdots, \, m_k}$$

这正好是重集 S 的 n 排列数 c_n. 因此, $E_c(x) = E_1(x)E_2(x) \cdots E_k(x)$. 至于存在某个 $n_i = \infty$ 的情形, 讨论是平凡的, 请读者自行完成. ■

定理 2.13 也可以由乘法公式 (定理 2.12) 得到. 因为统计重集 (有限或无限) $S = \{n_1 \cdot a_1, n_2 \cdot a_2, \cdots, n_k \cdot a_k\}$ 的 n 排列数 c_n, 可以看成是执行如下任务的方案数, 即第一步, 选择 $\mathbb{Z}_n^+$ 的有序拆分 $(S_1, S_2, \cdots, S_k) \in \Pi_k^{\varnothing}[\mathbb{Z}_n^+]$, 这里集合 $\mathbb{Z}_n^+$ 代表了 n 排列的 n 个位置, 而子集 S_j 中的元素则代表了从 n 个位置中选出的 $m_j = |S_j|$ 个位置; 第二步, 在 $m_j \, (\leqslant n_j)$ 元集 S_j 上执行任务 j. 显然, 任务 j 就是将 m_j 个 a_j 安排在 S_j 中元素所指示的位置上. 如果我们以 $b_n^{(j)}$ 表示

在 n 元集上执行任务 j 的方案数, 那么有 $b_n^{(j)} = 1$, $n \geqslant 0$. 因此, 序列 $\{b_n^{(j)}\}_{n \geqslant 0}$ 的指数型母函数就是定理 2.13 中的 $E_j(x)$. 于是由定理 2.12 即得定理 2.13 的结论.

如果 $S = \{\infty \cdot a_1, \infty \cdot a_2, \cdots, \infty \cdot a_k\}$, 则根据定理 2.13 的结论知, S 的 n 排列数 c_n 的指数型母函数 $E_c(x) = \mathrm{e}^{kx}$, 这正是前面的一个推论所得出的结论.

例 2.18 用数字 1, 2, 3, 4 构造 6 位数, 并要求在所构造的 6 位数中每个数字出现的次数不得大于 2, 问可构造出多少个不同的 6 位数?

解 这个问题实际上等同于求重集 $S = \{2 \cdot 1, 2 \cdot 2, 2 \cdot 3, 2 \cdot 4\}$ 的 6 排列数. 设 a_n 是集合 S 的 n 排列数, 根据定理 2.13 知, 序列 $\{a_n\}_{n \geqslant 0}$ 的指数型母函数为

$$
\begin{aligned}
E(x) &= \left(1 + x + \frac{x^2}{2!}\right)^4 \\
&= \frac{1}{16}x^8 + \frac{1}{2}x^7 + 2x^6 + 5x^5 + \frac{17}{2}x^4 + 10x^3 + 8x^2 + 4x + 1
\end{aligned}
$$

则所求 $a_6 = 2 \times 6! = 1440$.

例 2.19 求重集 $S = \{2 \cdot a, 3 \cdot b, 1 \cdot c\}$ 的 4 排列数.

解 设 S 的 n 排列数为 a_n, 则序列 $\{a_n\}_{n \geqslant 0}$ 的指数型母函数为

$$
\begin{aligned}
E(x) &= \left(1 + x + \frac{x^2}{2!}\right)\left(1 + x + \frac{x^2}{2!} + \frac{x^3}{3!}\right)(1 + x) \\
&= 60 \cdot \frac{x^6}{6!} + 60 \cdot \frac{x^5}{5!} + 38 \cdot \frac{x^4}{4!} + 19 \cdot \frac{x^3}{3!} + 8 \cdot \frac{x^2}{2!} + 3x + 1
\end{aligned}
$$

由此得 $a_4 = 38$.

例 2.20 求由 1, 2, 3, 4, 5 这 5 个数字组成的 n 位数的个数 a_n, 并要求 n 位数中数字 3 和 5 出现的次数为偶数.

解 显然, a_n 是无限重集 $\{\infty \cdot 1, \infty \cdot 2, \infty \cdot 3, \infty \cdot 4, \infty \cdot 5\}$ 的 n 排列中满足数字 3 和 5 出现的次数为偶数的排列数, 所以序列 $\{a_n\}_{n \geqslant 0}$ 的指数型母函数为

$$
\begin{aligned}
E(x) &= \left(1 + x + \frac{x^2}{2!} + \cdots\right)^3 \left(1 + \frac{x^2}{2!} + \frac{x^4}{4!} + \cdots\right)^2 \\
&= \mathrm{e}^{3x}\left(\frac{\mathrm{e}^x + \mathrm{e}^{-x}}{2}\right)^2 = \frac{1}{4}\left(\mathrm{e}^{5x} + 2\mathrm{e}^{3x} + \mathrm{e}^x\right) \\
&= \sum_{n \geqslant 0} \frac{1}{4}\left(5^n + 2 \cdot 3^n + 1\right) \cdot \frac{x^n}{n!}
\end{aligned}
$$

由此得 $a_n = \dfrac{1}{4}\left(5^n + 2 \cdot 3^n + 1\right)$.

例 2.21 将 n 个可区分的球放入 $k\,(\leqslant n)$ 个不可区分的盒子中, 且不允许空盒, 求方案数 $S(n,k)$.

解 我们首先来求将 n 个可区分的球放入 $k\,(\leqslant n)$ 个可区分的盒子中, 且不允许空盒的方案数 $S[n,k]$. 显然, $S[n,k]=k!S(n,k)$. 根据第 1 章的结论, $S[n,k]$ 也是 n 元集到 k 元集的满射个数, 即有

$$S[n,k]=\sum_{\substack{n_1+n_2+\cdots+n_k=n \\ n_i\geqslant 1,\, i=1,2,\cdots,k}}\binom{n}{n_1,\ n_2,\ \cdots,\ n_k} \tag{2.18}$$

因此有

$$S(n,k)=\frac{1}{k!}\sum_{\substack{n_1+n_2+\cdots+n_k=n \\ n_i\geqslant 1,\, i=1,2,\cdots,k}}\binom{n}{n_1,\ n_2,\ \cdots,\ n_k} \tag{2.19}$$

下面我们将从另一个角度得到第二类 Stirling 数 $S(n,k)$ 的另一个表达式.

设 $b_1,b_2,\cdots,b_n$ 是 n 个可区分的球, $c_1,c_2,\cdots,c_k$ 是 k 个可区分的盒子, 则每一种放球方案都对应 k 元集 $C=\{c_1,c_2,\cdots,c_k\}$ 的一个 n 重复排列 π; 而不允许空盒则相当于在排列中集合 C 的每个元素至少出现一次. 除此之外, 每一种放球方案也相当于无限重集 $S=\{\infty\cdot c_1,\infty\cdot c_2,\cdots,\infty\cdot c_k\}$ 的 n 排列, 且要求 S 中的每个元素至少出现一次. 因此, 序列 $\{S[n,k]\}_{n\geqslant k}$ 的指数型母函数为

$$\mathbf{E}_S^{[k]}(x)=\sum_{n\geqslant k}S[n,k]\cdot\frac{x^n}{n!}=\left(x+\frac{x^2}{2!}+\frac{x^3}{3!}+\cdots\right)^k=\left(e^x-1\right)^k \tag{2.20}$$

由此即得

$$S[n,k]=\sum_{j=0}^{k}(-1)^j\binom{k}{j}(k-j)^n \tag{2.21}$$

从而有

$$S(n,k)=\frac{1}{k!}\sum_{j=0}^{k}(-1)^j\binom{k}{j}(k-j)^n \tag{2.22}$$

另外, 从上面序列 $\{S[n,k]\}_{n\geqslant k}$ 的指数型母函数 $\mathbf{E}_S^{[k]}(x)$ 还能得到 $\{S(n,k)\}_{n\geqslant k}$ 的指数型母函数

$$\mathbf{E}_S^{(k)}(x)=\sum_{n\geqslant k}S(n,k)\frac{x^n}{n!}=\frac{(e^x-1)^k}{k!} \tag{2.23}$$

实际上, 用二项式反演公式也可以得到 (2.21). 考虑 n 元集到 k 元集的映射个数 k^n, 由于数 $S[n,k]$ 是 n 元集到 k 元集的满射个数, 所以由加法原理得

$$k^n = S^{\varnothing}[n,k] = \sum_{i=0}^{k} \binom{k}{i} S[n,i]$$

由二项式反演公式得到

$$S[n,k] = \sum_{i=0}^{k} (-1)^{k-i} \binom{k}{i} i^n = \sum_{j=0}^{k} (-1)^j \binom{k}{j} (k-j)^n$$

此即式 (2.21).

例 2.22 试求第一类无符号 Stirling 数序列 $\{c(n,k)\}_{n \geqslant k}$ 的指数型母函数 $\mathbf{E}_c^{(k)}(x)$.

解 考虑函数 $(1-x)^{-z}$ 展开式. 一方面, 我们有

$$(1-x)^{-z} = e^{-z\ln(1-x)} = \sum_{k \geqslant 0} \frac{[-\ln(1-x)]^k}{k!} z^k \tag{2.24}$$

另一方面, 则有

$$(1-x)^{-z} = \sum_{n \geqslant 0} \binom{-z}{n} (-1)^n x^n = \sum_{n \geqslant 0} (z)^n \frac{x^n}{n!} \tag{2.25}$$

如果注意到我们曾经证明过的恒等式

$$(z)^n = \sum_{k=0}^{n} c(n,k) \, z^k$$

那么由 (2.25) 可得

$$
\begin{aligned}
(1-x)^{-z} &= \sum_{n \geqslant 0} \sum_{k=0}^{n} c(n,k) \, z^k \frac{x^n}{n!} \\
&= \sum_{k \geqslant 0} \left[\sum_{n \geqslant k} c(n,k) \, \frac{x^n}{n!} \right] z^k \\
&= \sum_{k \geqslant 0} \mathbf{E}_c^{(k)}(x) z^k
\end{aligned}
\tag{2.26}
$$

比较 (2.24) 与 (2.26) 中 z^k 的系数即得第一类无符号 Stirling 数序列 $\{c(n,k)\}_{n \geqslant k}$ 的指数型母函数 $\mathbf{E}_c^{(k)}(x)$ 为

$$\mathbf{E}_c^{(k)}(x) = \frac{[-\ln(1-x)]^k}{k!} \tag{2.27}$$

利用序列 $\{c(n,k)\}_{n \geqslant k}$ 的指数型母函数 $\mathbf{E}_c^{(k)}(x)$ 以及函数 $-\ln(1-x)$ 的幂级数展开式, 可得 $c(n,k)$ 的另一个表达式. 因为

$$\begin{aligned}
\mathbf{E}_c^{(k)}(x) &= \frac{1}{k!}\left(\sum_{n_1 \geqslant 1} \frac{x^{n_1}}{n_1}\right)\left(\sum_{n_2 \geqslant 1} \frac{x^{n_2}}{n_2}\right) \cdots \left(\sum_{n_k \geqslant 1} \frac{x^{n_k}}{n_k}\right) \\
&= \frac{1}{k!} \sum_{n_1 \geqslant 1} \sum_{n_2 \geqslant 1} \cdots \sum_{n_k \geqslant 1} \frac{x^{n_1 + n_2 + \cdots + n_k}}{n_1 n_2 \cdots n_k} \\
&= \sum_{n \geqslant k}\left(\frac{1}{k!} \sum_{\substack{n_1 + n_2 + \cdots + n_k = n \\ 1 \leqslant n_i,\, i = 1, 2, \cdots, k}} \frac{n!}{n_1 n_2 \cdots n_k}\right) \frac{x^n}{n!}
\end{aligned}$$

从而有

$$c(n,k) = \frac{1}{k!} \sum_{\substack{n_1 + n_2 + \cdots + n_k = n \\ 1 \leqslant n_i,\, i = 1, 2, \cdots, k}} \frac{n!}{n_1 n_2 \cdots n_k} \tag{2.28}$$

再根据 $c(n,k)$ 与 $s(n,k)$ 的关系 (1.11), 立即可得 $s(n,k)$ 的一个表达式

$$s(n,k) = \frac{(-1)^{n+k}}{k!} \sum_{\substack{n_1 + n_2 + \cdots + n_k = n \\ 1 \leqslant n_i,\, i = 1, 2, \cdots, k}} \frac{n!}{n_1 n_2 \cdots n_k} \tag{2.29}$$

能否给公式 (2.28) 或公式 (2.29) 一个组合证明 (参见习题 2.26)?

完全类似地, 也可以给出序列 $\{s(n,k)\}_{n \geqslant k}$ 的指数型母函数 $\mathbf{E}_s^{(k)}(x)$ (参见习题 2.27).

2.3 母函数的合成

在研究母函数的合成之前, 先来看一个例子.

例 2.23 王教授准备编写一本 n 页的组合数学教材, 章数不限, 但每章必须包含至少 1 页的文字内容和至少 1 页的图形内容, 并且每章所包含的文字内容页数和图形内容页数必须是整数. 试求这本教材的 n 个页面的安排方案数 b_n.

解　这个问题的难度在于我们不知道这本教材到底包含多少章. 如果确定教材包含 2 章、3 章或 4 章等, 那么我们很容易利用普通型母函数的乘法公式得到 b_n 的表达式. 首先, 我们来看教材只包含 1 章的情况. 设 a_n 表示 n 页内容安排在 1 章的方案数, 则显然有

$$a_n = \begin{cases} 2^n - 2, & n \geqslant 2 \\ 0, & n < 2 \end{cases}$$

若令 $F_a(x) = \mathbf{G}_\circ(a_n)$, 则有

$$F_a(x) = \sum_{n \geqslant 2} (2^n - 2)\, x^n = \sum_{n \geqslant 1} 2^n x^n - 2 \sum_{n \geqslant 1} x^n$$

$$= \frac{2x}{1 - 2x} - \frac{2x}{1 - x} = \frac{2x^2}{(1 - 2x)(1 - x)}$$

若 n 页内容安排在 2 章里, 则由普通型母函数的乘法公式知, 母函数 $F_a(x)^2$ 中 x^n 的系数统计了 n 个页面的安排方案数; 如果 n 页的内容安排在不超过 2 章里, 则母函数 $F_a(x) + F_a(x)^2$ 中 x^n 的系数统计了安排方案数. 完全类似地, 如果将 n 页的教材内容安排在不超过 k 章里, 那么母函数 $\sum_{n=1}^{k} F_a(x)^n$ 中 x^n 的系数统计了安排方案数. 为描述方便, 我们约定 $F_a(x)^0 = 1$, 这相当于说将 n 个页面的内容安排在 0 章的方案数只有 1 种. 于是, 在章数不限的情况下, 母函数

$$\sum_{n \geqslant 0} F_a(x)^n = 1 + F_a(x) + F_a(x)^2 + F_a(x)^3 + \cdots$$

中 x^n 的系数统计了 n 个页面内容的所有安排方案数 b_n, 其中 $b_0 = 1$. 如果令 $F_b(x)$ 是序列 $\{b_n\}_{n \geqslant 0}$ 的普通型母函数, 并注意 $F_a(x)$ 的表达式, 则有

$$F_b(x) = \sum_{n \geqslant 0} F_a(x)^n = \frac{1}{1 - F_a(x)} = \frac{1}{1 - \dfrac{2x^2}{(1 - 2x)(1 - x)}}$$

$$= \frac{(1 - x)(1 - 2x)}{1 - 3x} = 1 + 2 \sum_{n \geqslant 2} 3^{n-2} x^n$$

由此即得 $b_n = 2 \cdot 3^{n-2}$, $n \geqslant 2$, 且 $b_0 = 1$, $b_1 = 0$. 你能给出这个结果的一个组合证明吗 (参见习题 2.24)?

虽然许多问题可能同时存在母函数的方法和非母函数的方法, 但它们各有用途. 母函数方法一般不需要事先知道问题的计数公式, 计数公式可由母函数推出;

而非母函数的其他组合方法则往往作为一种验证手段, 因此, 一般需要事先知道问题的计数公式.

这个例子实际上就是两个普通型母函数 $F_0(x) = \dfrac{1}{1-x}$ 与 $F_a(x) = \dfrac{2x^2}{(1-2x)(1-x)}$ 的合成. 母函数的合成是一个非常重要的计数技术, 有些计数问题必须借助于这一技巧才能很好地解决. 下面我们具体地给出普通型母函数合成的定义.

定义 2.3　设 $F(x) = \mathbf{G}_\mathrm{o}(f_n) = \sum_{n \geqslant 0} f_n x^n$, $G(x)$ 是另一个常数项为零的母函数, 则称如下形式幂级数:

$$F(G(x)) = \sum_{n \geqslant 0} f_n G(x)^n \tag{2.30}$$

为母函数 $F(x)$ 与 $G(x)$ 的**合成**, 记为 $(F \circ G)(x)$, 并且约定 $G(x)^0 = 1$.

这里有一点需要说明, 上述母函数的合成定义 (2.30) 是有意义的. 因为 $G(x)$ 是一个常数项为零的母函数, 所以对于任意的正整数 n, $G(x)^n$ 中 x 的次数至少是 n, 因此 (2.30) 中 x^n 的系数都是有限项的和. 这也是为什么我们要求母函数 $G(x)$ 的常数项为零的缘故.

定理 2.14　设 a_n 是在 n 元集上执行任务 A 的方案数, $a_0 = 0$, $F_a(x) = \mathbf{G}_\mathrm{o}(a_n)$. 对于 $n \geqslant 1$, 设 b_n 是在 n 元集 S 上执行如下复合任务 B 的方案数: 对于正整数 $k \geqslant 1$, 首先将 n 元集 S 分裂成 k 个不相交的非空子集 $S_1, S_2, \cdots, S_k$, 然后在每个分裂的子集 $S_i (1 \leqslant i \leqslant k)$ 上执行任务 A, 那么当 $n \geqslant 1$ 时有

$$b_n = \sum_{k=1}^{n} \left(\sum_{\substack{n_1 + n_2 + \cdots + n_k = n \\ 1 \leqslant n_i,\, i = 1, 2, \cdots, k}} a_{n_1} a_{n_2} \cdots a_{n_k} \right)$$

如果约定 $b_0 = 1$, 并记 $F_b(x) = \mathbf{G}_\mathrm{o}(b_n)$, 则有

$$F_b(x) = (F_0 \circ F_a)(x) = \frac{1}{1 - F_a(x)}, \quad \text{其中 } F_0(x) = \frac{1}{1-x}$$

证明　根据普通型母函数的乘法公式, 将 n 元集 S 分裂成 k 个不相交的区间, 然后在每个区间上执行由 a_n 计数的任务, 则其方案数的母函数为 $F_a(x)^k$; 然后对 $k \geqslant 0$ 求和 $F_a(x)^k$, 并注意到 $b_0 = F_a(x)^0 = 1$, 即得序列 $\{b_n\}_{n \geqslant 0}$ 的普通型母函数为

$$F_b(x) = b_0 + \sum_{k \geqslant 1} F_a(x)^k = \frac{1}{1 - F_a(x)}$$

至于 b_n 的表达式, 注意到 $F_a(x)^k$ 的幂级数展开式中 x 的最低次数为 k, 因此对于 $n \geqslant 1$, b_n 就是如下 n 项部分和

$$F_a(x) + F_a(x)^2 + \cdots + F_a(x)^n$$

的幂级数展开式中项 x^n 的系数, 由此即得 b_n 的表达式. ■

读者可能已经注意到, 在前面的普通型母函数的乘法公式 (定理 2.5) 中, 我们并没有要求将 n 元集 S 分裂成若干个不相交的 "非空" 子集! 主要原因是这里我们要求了 $a_0 = 0$, 所以 $\sum_{n\geqslant 0} a_n x^n = \sum_{n\geqslant 1} a_n x^n$, 这等同于 S 的所有包含空集的分裂不起作用. 另一方面, 如果我们不要求 $a_0 = 0$, 则级数

$$1 + F_a(x) + F_a(x)^2 + \cdots$$

中 x^n 的系数为

$$a_n + \sum_{\substack{n_1+n_2=n \\ n_1,n_2\geqslant 0}} a_{n_1}a_{n_2} + \sum_{\substack{n_1+n_2+n_3=n \\ n_1,n_2,n_3\geqslant 0}} a_{n_1}a_{n_2}a_{n_3} + \cdots$$

在 $a_0 \neq 0$ 的情况下, 上述数项级数包含无穷多项, 我们无法保证它的收敛性. 但如果 $a_0 = 0$, 则上述数项级数只是有限项的求和.

例 2.24 某足球队一年有 n 个工作日, 通常情况下这 n 个工作日将分为若干个赛季 (一个赛季为若干个连续的工作日). 在每个赛季, 足球队将享有 1 天的假期, 其余的每天或者参加比赛或者进行集训. 试求该足球队一年的日程安排方案数 b_n.

解 设 a_n 是足球队在一个含有 n 个工作日的赛季的日程安排方案数, 则显然有 $a_n = n \cdot 2^{n-1}$, 且有 $a_0 = 0$. 如令 $F_a(x) = \mathbf{G}_{\mathrm{o}}(a_n)$, 则有

$$F_a(x) = \sum_{n\geqslant 0} a_n x^n = \sum_{n\geqslant 0} n \cdot 2^{n-1} x^n = \frac{x}{(1-2x)^2}$$

注意到每个赛季的工作日都是连续的, 如果设 S 是 n 个工作日的集合, 则将 n 个工作日分成 k 个赛季, 相当于将 n 元集 S 分裂成 k 个非空子集 $S_1, S_2, \cdots, S_k$. 在每个赛季的日程安排, 则相当于在 S 的每个子区间 S_i 上执行由 a_n 计数的任务, 其方案数为 a_{n_i}, 这里 $n_i = |S_i|$. 所以若令 $F_b(x) = \mathbf{G}_{\mathrm{o}}(b_n)$, 并约定 $b_0 = 1$, 则由定理 2.14 可得

$$F_b(x) = \frac{1}{1 - F_a(x)} = \frac{1}{1 - \dfrac{x}{(1-2x)^2}} = \frac{(1-2x)^2}{(1-2x)^2 - x}$$

$$= 1 + \frac{x}{(1-4x)(1-x)} = 1 + \sum_{n\geqslant 1} \frac{4^n - 1}{3} x^n$$

由此即得 $b_n = \dfrac{4^n - 1}{3}$, $n \geqslant 1$. 习题 2.25 要求给出这个结果一个不使用母函数方法的组合证明.

在定理 2.14 中, 如果我们用指数型母函数替换普通型母函数, 并将复合的任务分配在 n 元集的子集而不是区间上执行, 便得到如下的所谓**指数公式**.

定理 2.15 设 a_n 是在 n 元集上执行任务 A 的方案数, $a_0 = 0$, $E_a(x) = \mathbf{G}_e(a_n)$. 对于 $n \geqslant 1$, 设 b_n 是在 n 元集 S 上执行如下复合任务 B 的方案数: 对于正整数 $k \geqslant 1$, 首先选择 S 的一个无序 k 拆分 $\pi = \{S_1, S_2, \cdots, S_k\} \in \Pi_k(S)$, 然后在每个拆分的子集 $S_i\,(1 \leqslant i \leqslant k)$ 上执行任务 A, 那么当 $n \geqslant 1$ 时有

$$b_n = \sum_{k=1}^{n} \frac{1}{k!} \left[\sum_{\substack{n_1 + n_2 + \cdots + n_k = n \\ 1 \leqslant n_i,\, i = 1, 2, \cdots, k}} \binom{n}{n_1,\, n_2,\, \cdots,\, n_k} a_{n_1} a_{n_2} \cdots a_{n_k} \right]$$

如果约定 $b_0 = 1$, 并记 $E_b(x) = \mathbf{G}_e(b_n)$, 则有

$$E_b(x) = (E_0 \circ E_a)(x) = \exp\big(E_a(x)\big), \quad \text{其中 } E_0(x) = \mathrm{e}^x$$

证明 对 $n \geqslant 1$, 设 $b_n^{(k)}$ 表示对于固定 k 时的 b_n, 并令 $E_b^{(k)}(x) = \mathbf{G}_e(b_n^{(k)})$, 则由指数型母函数的乘法公式 (定理 2.12) 可得

$$E_b^{(k)}(x) = \frac{E_a(x)^k}{k!} \tag{2.31}$$

这是因为在定理 2.12 中所涉及的 S 的拆分子集 S_i 是有序的, 我们这里的拆分是无序的, 并且对于每一个无需拆分 $\{S_1, S_2, \cdots, S_k\} \in \Pi_k(S)$, 因诸 S_i 非空且互异, 所以有 $k!$ 种方式决定这些 S_i 的次序. 另外, 定理 2.12 中的拆分允许空的子集, 而这个定理中的无序拆分却不允许空子集, 但由于我们强制 $a_0 = 0$, 这等同于允许空子集的拆分不起作用, 即每一个存在空集的拆分都会对计数方案贡献 0. 因此, 通过在 (2.31) 中关于 $k \geqslant 1$ 求和并注意到 $b_0 = 1$ 得到

$$E_b(x) = 1 + \sum_{k \geqslant 1} E_b^{(k)}(x) = 1 + \sum_{k \geqslant 1} \frac{E_a(x)^k}{k!} = \exp\big(E_a(x)\big)$$

至于 b_n 的表达式, 只需注意到 $E_a(x)^k$ 的幂级数展开式中 x 的最低次数是 k, 所以 b_n 实际上是如下部分和式

$$E_a(x) + \frac{E_a(x)^2}{2!} + \cdots + \frac{E_a(x)^n}{n!}$$

的幂级数展开式中 $x^n/n!$ 项的系数, 由此即得结论. ∎

如果在定理 2.15 中将无序 k 拆分换成有序 k 拆分 $\pi = (S_1, S_2, \cdots, S_k) \in \Pi_k[S]$, 结果怎么样呢? 下面的定理 (我们姑且称之为**几何公式**) 给出了这个问题的答案.

定理 2.16 设 a_n 是在 n 元集上执行任务 A 的方案数, $a_0 = 0$, $E_a(x) = \mathbf{G}_e(a_n)$. 对于 $n \geqslant 1$, 设 b_n 是在 n 元集 S 上执行如下复合任务 B 的方案数: 对于正整数 $k \geqslant 1$, 首先选择 S 的一个有序 k 拆分 $\pi = (S_1, S_2, \cdots, S_k) \in \Pi_k[S]$, 然后在每个拆分的子集 $S_i\,(1 \leqslant i \leqslant k)$ 上执行任务 A, 那么当 $n \geqslant 1$ 时有

$$b_n = \sum_{k=1}^n \left[\sum_{\substack{n_1 + n_2 + \cdots + n_k = n \\ 1 \leqslant n_i,\, i = 1, 2, \cdots, k}} \binom{n}{n_1,\ n_2,\ \cdots,\ n_k} a_{n_1} a_{n_2} \cdots a_{n_k} \right]$$

如果约定 $b_0 = 1$, 并记 $E_b(x) = \mathbf{G}_e(b_n)$, 则有

$$E_b(x) = (F_0 \circ E_a)(x) = \frac{1}{1 - E_a(x)}, \quad 其中 F_0(x) = \frac{1}{1 - x}$$

证明 由于此时有 $E_b^{(k)}(x) = E_a(x)^k$, 所以结论是显然的. ■

例 2.25 试求 n 个人围绕若干个圆桌而坐的座位安排方案数 b_n, 假定使得每个人具有同样的左邻居的两种座位安排方案视为同一种安排方案.

解 设 S 表示 n 个人的集合. 显然, 入座每个圆桌的人的集合都是 S 的子集, 因没有特别说明和要求, 所有圆桌应视为是一样的, 故这些子集构成 S 的一个无序拆分. 如设 a_n 是 n 个人在一个圆桌上的座位安排方案数, 则根据题意知 a_n 是 n 元集的手镯型圆排列数, 所以当 $n \geqslant 1$ 时, 有 $a_n = (n-1)!$, 并约定 $a_0 = 0$. 因此有

$$E_a(x) = \mathbf{G}_e(a_n) = \sum_{n \geqslant 1} (n-1)! \cdot \frac{x^n}{n!} = \sum_{n \geqslant 1} \frac{x^n}{n} = \ln \frac{1}{1-x}$$

由指数公式 (定理 2.15) 可得

$$E_b(x) = \mathbf{G}_e(b_n) = \exp\left(E_a(x)\right) = \frac{1}{1-x} = \sum_{n \geqslant 0} n! \cdot \frac{x^n}{n!}$$

从而有 $b_n = n!$, $n \geqslant 1$.

这个例题的结果可能有点让人吃惊, 因为它居然与具体使用多少张桌子无关! 而只与人数有关. 确实, 在 n 元集的所有排列与本题的座位安排方案之间存在一个一一对应关系. 因为 n 个人围绕 k 个圆桌而坐的座位安排方案数就是 n 个对象安排成 k 个非空循环排列的方案数, 即第一类无符号的 Stirling 数 $c(n, k)$, 也

是 n 元集恰可分解为 k 个循环的置换个数, 所以有 $b_n = \sum_{k=1}^n c(n,k) = n!$. 而如果直接由定理 2.15 则得到

$$b_n = \sum_{k=1}^n \frac{1}{k!} \left(\sum_{\substack{n_1+n_2+\cdots+n_k=n \\ 1 \leqslant n_i,\, i=1,2,\cdots,k}} \frac{n!}{n_1 n_2 \cdots n_k} \right)$$

比较这两个表达式即得

$$c(n,k) = \frac{1}{k!} \sum_{\substack{n_1+n_2+\cdots+n_k=n \\ 1 \leqslant n_i,\, i=1,2,\cdots,k}} \frac{n!}{n_1 n_2 \cdots n_k}$$

这正是我们前面导出的公式 (2.28).

如果在例 2.25 中要求桌子是编号的, 则需要使用定理 2.16 即几何公式的结论, 此时有

$$E_b(x) = \frac{1}{1 + \ln(1-x)} = 1 + \sum_{k \geqslant 1} [-\ln(1-x)]^k$$

并且有

$$b_n = \sum_{k=1}^n \left(\sum_{\substack{n_1+n_2+\cdots+n_k=n \\ 1 \leqslant n_i,\, i=1,2,\cdots,k}} \frac{n!}{n_1 n_2 \cdots n_k} \right), \quad n \geqslant 1$$

读者可能已经注意到, 应用几何公式、指数公式和指数型母函数的乘法公式之间的区别. 这种区别有两点: ① 虽然它们的计数任务都分配在 n 元集的子集上执行, 但指数型母函数的乘法公式和几何公式所涉及的子集是有序拆分的子集, 而指数公式中所涉及的子集则是无序拆分的子集; ② 乘法公式中所涉及的子集个数是给定的, 而几何公式和指数公式中涉及的子集个数是任意的. 这些特点是区分在什么情况下应用几何公式、指数公式和指数型母函数的乘法公式的标志. 另外, 关于母函数的合成还有一点应该注意: 每当计数的任务分配到拆分的子集上执行, 则被合成的母函数一定是指数型母函数; 而当计数的任务分配到分裂的子集上执行, 则被合成的母函数一定是普通型母函数.

几何公式和指数公式的应用非常方便, 常常能产生其系数无法简单表示的母函数, 如习题 2.29 就属于这类问题, 它是例 2.25 的一个修改的版本.

例 2.26 设 b_n 是将 n 名入会代表分成若干个会议小组并为每个小组指定 1 名组长的方案数, 约定 $b_0 = 1$. 若令 $E_b(x) = \mathbf{G}_e(b_n)$, 试求 $E_b(x)$, 并由此求 b_9.

解 设 S 表示 n 名代表的集合. 显然, 每一个会议小组都是 S 的子集, 所有的会议小组构成 S 的一个无序拆分. 如设 a_n 是在由 n 名会议成员所构成的小组

上指定组长的方案数, 则显然有 $a_n = n$, $n \geqslant 1$, 并约定 $a_0 = 0$, 则有

$$E_a(x) = \sum_{n \geqslant 0} a_n \cdot \frac{x^n}{n!} = \sum_{n \geqslant 1} n \cdot \frac{x^n}{n!} = x\mathrm{e}^x$$

从而由指数公式可得

$$E_b(x) = \exp\left(x\mathrm{e}^x\right) = 1 + \sum_{k \geqslant 1} \frac{x^k \mathrm{e}^{kx}}{k!}$$

并且有

$$b_n = \sum_{k=1}^{n} \binom{n}{k} k^{n-k}, \quad n \geqslant 1$$

如果直接利用指数公式 (定理 2.15) 的结论则有

$$b_n = \sum_{k=1}^{n} \frac{1}{k!} \left[\sum_{\substack{n_1+n_2+\cdots+n_k=n \\ 1 \leqslant n_i,\, i=1,2,\cdots,k}} \binom{n}{n_1,\, n_2,\, \cdots,\, n_k} n_1 n_2 \cdots n_k \right]$$

$$= \sum_{k=1}^{n} \frac{1}{k!} \sum_{\substack{n_1+n_2+\cdots+n_k=n \\ 1 \leqslant n_i,\, i=1,2,\cdots,k}} \frac{n!}{(n_1-1)!(n_2-1)!\cdots(n_k-1)!}$$

比较以上两式即得

$$\frac{1}{k!} \sum_{\substack{n_1+n_2+\cdots+n_k=n \\ 1 \leqslant n_i,\, i=1,2,\cdots,k}} \frac{n!}{(n_1-1)!(n_2-1)!\cdots(n_k-1)!} = \binom{n}{k} k^{n-k}$$

两边同乘以 $k!$ 可得恒等式

$$\sum_{\substack{n_1+n_2+\cdots+n_k=n \\ 1 \leqslant n_i,\, i=1,2,\cdots,k}} \frac{n!}{(n_1-1)!(n_2-1)!\cdots(n_k-1)!} = (n)_k k^{n-k} \qquad (2.32)$$

这正是习题 1.49 的结论.

例如展开 $E_b(x)$ 到前 10 项, 得到

$$E_b(x) = 1 + x + 3 \cdot \frac{x^2}{2!} + 10 \cdot \frac{x^3}{3!} + 41 \cdot \frac{x^4}{4!} + 196 \cdot \frac{x^5}{5!}$$

$$+ 1057 \cdot \frac{x^6}{6!} + 6322 \cdot \frac{x^7}{7!} + 41393 \cdot \frac{x^8}{8!} + 293608 \cdot \frac{x^9}{9!}$$

$$+ 2237921 \cdot \frac{x^{10}}{10!} + 18210094 \cdot \frac{x^{11}}{11!} + \cdots$$

由此得到 $b_9 = 293608$.

如果我们要求会议小组是不同专题的会议小组, 此时由几何公式得到

$$E_b(x) = \frac{1}{1 - x\mathrm{e}^x} = 1 + \sum_{k \geqslant 1} x^k \mathrm{e}^{kx}$$

由此得

$$b_n = \sum_{k=1}^{n} (n)_k k^{n-k} \tag{2.33}$$

显然, 在这两种情况下 b_n 表达式的组合意义都是十分明显的. 但由定理 2.16 的表达式则直接得到

$$b_n = \sum_{k=1}^{n} \left[\sum_{\substack{n_1+n_2+\cdots+n_k=n \\ 1 \leqslant n_i,\, i=1,2,\cdots,k}} \frac{n!}{(n_1-1)!(n_2-1)! \cdots (n_k-1)!} \right] \tag{2.34}$$

由 (2.33) 和 (2.34) 也可直接得到 (2.32). 事实上, (2.32) 左右两侧都统计了 n 个人分到 k 个不同专题的小组且每个小组指定 1 名组长的方案数, 也是 n 个不同的球放入到 k 个不同的盒子不允许空盒且每个盒子标记 1 个球的方案数.

下面的定理也是指数公式的一个非常经典的应用.

定理 2.17　设集合 $N = \{n_1, n_2, \cdots, n_k, \cdots\}$ 是由一些 (可能无穷多个) 正整数构成的集合, π_n 是将 n 元集 S 无序拆分成若干个非空子集且这些子集的大小属于集合 N 的方案数, 若令 $E_\pi(x) = \mathbf{G}_\mathrm{e}(\pi_n)$, 那么有

$$E_\pi(x) = \exp\left(\sum_{n \in N} \frac{x^n}{n!} \right) = \exp\left(\sum_{k \geqslant 1} \frac{x^{n_k}}{n_k!} \right)$$

证明　我们将利用指数公式解决这个问题. 显然, 我们的目标是统计 n 元集 S 的无序拆分的方案数, 但并不是 S 的任何一个无序拆分均予以统计, 而只统计那些使得所有拆分子集的元素个数均属于 N 的拆分. 这样一来, 分配在 n 元集 S 的子集上执行的计数任务就非常清楚了: 如果子集的元素个数属于 N, 则令其为 1, 否则为 0. 因此, 如设 a_n 是在 n 元集 S 上执行相关任务的方案数, 则当 $n \in N$ 时有 $a_n = 1$; 而当 $n \notin N$ 时 $a_n = 0$. 从而, 若令 $E_a(x) = \mathbf{G}_\mathrm{e}(a_n)$, 则易知

$$E_a(x) = \sum_{n \in N} a_n \cdot \frac{x^n}{n!} = \sum_{k \geqslant 1} \frac{x^{n_k}}{n_k!}$$

最后由指数公式即得所证的结论.　　　　　　　　　　　　　　　　■

例如, 如果 $N = \{2, 4, \cdots, 2k, \cdots\}$, 则 π_n 就是将 n 元集 S 无序拆分成偶数大小的非空子集的方案数, 此时其指数型母函数为

$$E_\pi(x) = \exp\left(\sum_{k \geqslant 1} \frac{x^{2k}}{(2k)!}\right) = \exp(\cosh x - 1)$$

$$= 1 + (\cosh x - 1) + \frac{(\cosh x - 1)^2}{2!} + \cdots + \frac{(\cosh x - 1)^k}{k!} + \cdots$$

$$= 1 + \frac{x^2}{2!} + 4 \cdot \frac{x^4}{4!} + 31 \cdot \frac{x^6}{6!} + 379 \cdot \frac{x^8}{8!} + 6556 \cdot \frac{x^{10}}{10!}$$

$$+ 150349 \cdot \frac{x^{12}}{12!} + 4373461 \cdot \frac{x^{14}}{14!} + 156297964 \cdot \frac{x^{16}}{16!} + \cdots \qquad (2.35)$$

注意到

$$\frac{(\cosh x - 1)^k}{k!} = \frac{1}{k!}\left[\sum_{n_1 \geqslant 1} \frac{x^{2n_1}}{(2n_1)!}\right]\left[\sum_{n_2 \geqslant 1} \frac{x^{2n_2}}{(2n_2)!}\right] \cdots \left[\sum_{n_k \geqslant 1} \frac{x^{2n_k}}{(2n_k)!}\right]$$

$$= \frac{1}{k!}\sum_{n_1 \geqslant 1}\sum_{n_2 \geqslant 1}\cdots\sum_{n_k \geqslant 1} \frac{x^{2n_1 + 2n_2 + \cdots + 2n_k}}{(2n_1)!(2n_2)! \cdots (2n_k)!}$$

$$= \frac{1}{k!}\sum_{n \geqslant k}\left[\sum_{\substack{n_1 + n_2 + \cdots + n_k = n \\ 1 \leqslant n_i, \, i = 1, 2, \cdots, k}} \frac{(2n)!}{(2n_1)!(2n_2)! \cdots (2n_k)!}\right]\frac{x^{2n}}{(2n)!}$$

于是得到 π_{2n} 的表达式

$$\pi_{2n} = \sum_{k=1}^{n} \frac{1}{k!}\left[\sum_{\substack{n_1 + n_2 + \cdots + n_k = n \\ 1 \leqslant n_i, \, i = 1, 2, \cdots, k}} \binom{2n}{2n_1, \, 2n_2, \, \cdots, \, 2n_k}\right] \qquad (2.36)$$

对照 $E_\pi(x)$ 的幂级数展开式 (2.35) 中的几个低阶系数, 读者不难验证上述关于 π_{2n} 表达式 (2.36) 的正确性.

在定理 2.17, 如果 $N = \{1, 2, \cdots, n, \cdots\} = \mathbb{Z}^+$, 则 π_n 就是 n 元集 S 的所有无序非空拆分方案数, 此时其指数型母函数为

$$E_\pi(x) = \exp\left(\sum_{k \geqslant 1} \frac{x^k}{k!}\right) = \exp(e^x - 1) = 1 + \sum_{k \geqslant 1} \frac{(e^x - 1)^k}{k!} \qquad (2.37)$$

由于 $(e^x - 1)^k$ 展开式中 x 的最低次数是 k, 所以 $E_\pi(x)$ 中 $\dfrac{x^n}{n!}$ 的系数已全部包

含在上式前 n 项的求和之中, 故只需考虑这些项的 $\dfrac{x^n}{n!}$ 的系数即可.

$$
\begin{aligned}
\sum_{k=1}^{n} \frac{(e^x - 1)^k}{k!} &= \sum_{k=1}^{n} \frac{1}{k!} \sum_{i=0}^{k} (-1)^i \binom{k}{i} e^{(k-i)x} \\
&= \sum_{k=1}^{n} \frac{1}{k!} \sum_{i=0}^{k} (-1)^i \binom{k}{i} \sum_{j \geqslant 0} (k-i)^j \cdot \frac{x^j}{j!} \\
&= \sum_{j \geqslant 0} \left[\sum_{k=1}^{n} \frac{1}{k!} \sum_{i=0}^{k} (-1)^i \binom{k}{i} (k-i)^j \right] \frac{x^j}{j!}
\end{aligned}
$$

如果注意到第二类 Stirling 数的表达式 (2.22), 那么由上式立即可得

$$
\pi_n = \sum_{k=1}^{n} \frac{1}{k!} \sum_{i=0}^{k} (-1)^i \binom{k}{i} (k-i)^n = \sum_{k=1}^{n} S(n,k) \tag{2.38}
$$

由于 $S(n,k)$ 表示 n 元集非空无序 k 拆分方案数, 所以上面这个结论表明, π_n 确实就是 n 元集的所有非空无序拆分方案数, 此时的数 π_n 实际上就是所谓的 Bell 数 B_n, (2.37) 就是 Bell 数序列 $\{B_n\}_{n \geqslant 0}$ 的指数型母函数.

下面的定理描述了母函数合成的最一般的情况, 我们称之为**指数合成公式**.

定理 2.18 设 a_n 是在 n 元集上执行任务 A 的方案数, $a_0 = 0$, $E_a(x) = \mathbf{G}_e(a_n)$; b_n 是在 n 元集上执行任务 B 的方案数, $b_0 = 1$, $E_b(x) = \mathbf{G}_e(b_n)$. 对于 $n \geqslant 1$, 令 c_n 是在 n 元集 S 上执行如下复合任务 C 的方案数: 对于正整数 $k \geqslant 1$, 首先选择 n 元集 S 的无序 k 拆分 $\pi = \{S_1, S_2, \cdots, S_k\} \in \Pi_k(S)$, 然后在每一个拆分的子集 $S_i\, (1 \leqslant i \leqslant k)$ 上执行任务 A, 最后在 k 元集 π 上执行任务 B, 那么当 $n \geqslant 1$ 时有

$$
c_n = \sum_{k=1}^{n} \frac{b_k}{k!} \left[\sum_{\substack{n_1+n_2+\cdots+n_k=n \\ 1 \leqslant n_i,\, i=1,2,\cdots,k}} \binom{n}{n_1,\, n_2,\, \cdots,\, n_k} a_{n_1} a_{n_2} \cdots a_{n_k} \right]
$$

如果约定 $c_0 = 1$, 并记 $E_c(x) = \mathbf{G}_e(c_n)$, 则有

$$
E_c(x) = (E_b \circ E_a)(x) = E_b(E_a(x))
$$

证明 对 $n \geqslant 1$, 设 $c_n^{(k)}$ 表示对于固定 k 时的 c_n, 并令 $E_c^{(k)}(x) = \mathbf{G}_e(c_n^{(k)})$, 则由指数型母函数的乘法公式 (定理 2.12) 和乘法原理可得

$$
E_c^{(k)}(x) = b_k \cdot \frac{E_a(x)^k}{k!}, \quad k \geqslant 1
$$

上式关于 k 求和即得

$$E_c(x) = 1 + \sum_{k \geqslant 1} E_c^{(k)}(x) = \sum_{k \geqslant 0} b_k \cdot \frac{E_a(x)^k}{k!} = E_b(E_a(x))$$ ∎

容易看出, 指数公式 (定理 2.15) 实际上是指数合成公式 (定理 2.18) 在 $b_n \equiv 1$ 情况下的特例. 类似地, 如果在定理 2.18 中以 k 维集向量 $\pi = (S_1, S_2, \cdots, S_k)$ 代替 k 元集 $\pi = \{S_1, S_2, \cdots, S_k\}$, 便得到下面的定理 (称之为**普通合成公式**):

定理 2.19 设 a_n 是在 n 元集上执行任务 A 的方案数, $a_0 = 0$, $E_a(x) = \mathbf{G}_e(a_n)$; b_n 是在 n 维向量上执行任务 B 的方案数, $b_0 = 1$, $F_b(x) = \mathbf{G}_o(b_n)$. 对于 $n \geqslant 1$, 令 c_n 是在 n 元集 S 上执行如下复合任务 C 的方案数: 对于正整数 $k \geqslant 1$, 首先选择 n 元集 S 的有序 k 拆分 $\pi = (S_1, S_2, \cdots, S_k) \in \Pi_k[S]$, 然后在每一个拆分的子集 $S_i (1 \leqslant i \leqslant k)$ 上执行任务 A, 最后在 k 维向量 π 上执行任务 B, 那么当 $n \geqslant 1$ 时则有

$$c_n = \sum_{k=1}^{n} b_k \left[\sum_{\substack{n_1 + n_2 + \cdots + n_k = n \\ 1 \leqslant n_i, \, i = 1, 2, \cdots, k}} \binom{n}{n_1, \, n_2, \, \cdots, \, n_k} a_{n_1} a_{n_2} \cdots a_{n_k} \right]$$

如果约定 $c_0 = 1$, 并记 $E_c(x) = \mathbf{G}_e(c_n)$, 则有

$$E_c(x) = (F_b \circ E_a)(x) = F_b(E_a(x))$$

证明 对于给定的 k, 仍设 $c_n^{(k)}$ 是固定 k 时的 $c_n (n \geqslant 1)$, 并记 $E_c^{(k)}(x) = \mathbf{G}_e\big(c_n^{(k)}\big)$, 那么有

$$E_c^{(k)}(x) = b_k \cdot E_a(x)^k, \quad k \geqslant 1$$

由此即得定理的结论. ∎

例 2.27 设 c_n 是先将 n 个人排成若干个非空的行, 然后将这些行作手镯型圆排列的方案数, 并记 $E_c(x) = \mathbf{G}_e(c_n)$, 试求 c_n 和 $E_c(x)$.

解 记 a_n 是将 n 个人形成一个非空行的方案数, b_k 是将 k 个非空的行作圆排列的方案数, 并约定 $a_0 = 0$, $b_0 = 1$, 则有 $a_n = n!$, $n \geqslant 1$, 且当 $k \geqslant 1$ 时有 $b_k = (k-1)!$. 因此有

$$E_a(x) = \sum_{n \geqslant 1} a_n \cdot \frac{x^n}{n!} = \sum_{n \geqslant 1} n! \cdot \frac{x^n}{n!} = \frac{x}{1-x}$$

$$E_b(x) = \sum_{n \geqslant 0} b_n \cdot \frac{x^n}{n!} = 1 + \sum_{n \geqslant 1} (n-1)! \cdot \frac{x^n}{n!} = 1 - \ln(1-x)$$

对于 c_n, 也约定 $c_0 = 1$, 那么根据定理 2.18可得

$$E_c(x) = E_b(E_a(x)) = 1 - \ln\left(1 - \frac{x}{1-x}\right)$$

$$= 1 - \ln(1 - 2x) + \ln(1 - x)$$

$$= 1 + \sum_{n \geqslant 1} \frac{1}{n}\left(2^n - 1\right)x^n$$

$$= 1 + \sum_{n \geqslant 1}(n-1)!\left(2^n - 1\right) \cdot \frac{x^n}{n!}$$

由此即得 $c_n = (n-1)! \cdot \left(2^n - 1\right)$.

如果注意到

$$c_n = \sum_{k=1}^n \frac{b_k}{k!} \sum_{\substack{n_1+n_2+\cdots+n_k=n \\ 1 \leqslant n_i,\, i=1,2,\cdots,k}} \binom{n}{n_1,\ n_2,\ \cdots,\ n_k} a_{n_1} a_{n_2} \cdots a_{n_k} \tag{2.39}$$

上面的结果也可以从 c_n 的表达式 (2.39) 直接计算得到. 事实上, 我们有

$$c_n = \sum_{k=1}^n \frac{b_k}{k!} \sum_{\substack{n_1+n_2+\cdots+n_k=n \\ 1 \leqslant n_i,\, i=1,2,\cdots,k}} \binom{n}{n_1,\ n_2,\ \cdots,\ n_k} a_{n_1} a_{n_2} \cdots a_{n_k}$$

$$= \sum_{k=1}^n \frac{(k-1)!}{k!} \sum_{\substack{n_1+n_2+\cdots+n_k=n \\ 1 \leqslant n_i,\, i=1,2,\cdots,k}} \frac{n!}{n_1! n_2! \cdots n_k!} \cdot n_1! n_2! \cdots n_k!$$

$$= \sum_{k=1}^n \frac{n!}{k} \binom{n-1}{k-1} = (n-1)! \sum_{k=1}^n \binom{n}{k}$$

$$= (n-1)! \cdot \left(2^n - 1\right)$$

上述 c_n 的最后结果简单整齐, 直觉告诉我们这个问题应该存在一个纯组合的证明. 事实确实如此. 证明如下: 第一步, 可先 n 个人作环形排列, 有 $(n-1)!$ 种方案; 第二步, 在 n 个人形成的 n 个间隔之间做隔断, 两个相邻的隔断之间按顺时针方向对应一个非空的行. 由于每个间隔之间的隔断有 2 个选择, 共有 2^n 种方案, 但必须至少做一个隔断以决定这个唯一非空行的起点, 因此共有 $2^n - 1$ 种方案. 然后由乘法原理即得 c_n 的表达式. 图 2.1 所示的是 8 个人的一种安排与环形排列之间的对应.

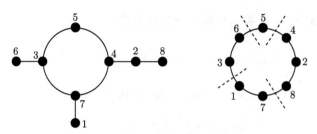

图 2.1   8 个人的一种安排及其对应的环形排列

2.4 多元母函数

前面我们所讨论的关于序列的母函数, 无论是普通型还是指数型母函数都是一元母函数, 因为所涉及的序列都是单索引序列, 即索引序列的下标是一维的, 例如 Catalan 序列 $\{C_n\}_{n\geqslant 0}$、Motzkin 序列 $\{M_n\}_{n\geqslant 0}$ 等都是单索引序列. 但在很多应用场合, 序列是二维甚至是多维的, 索引序列中的项需要二维或多维索引. 这时候就需要借助于二元和多元母函数来寻找序列的表达式.

定义 2.4 设 $\{a(n,m)\}_{n,m\geqslant 0}$ 是一个序列, 则如下形式幂级数:

$$F(x,y) = \sum_{n\geqslant 0}\sum_{m\geqslant 0} a(n,m)x^n y^m$$

称为序列 $\{a(n,m)\}_{n,m\geqslant 0}$ 的**普通型母函数**.

例如, 组合序列 $\left\{\binom{n}{m}\right\}_{n\geqslant m\geqslant 0}$ 实际上就是一个双索引序列. 当将 n, m 之一看成常数时, 它是一个单索引序列, 其一元母函数已经在前面讨论过. 但作为一个双索引序列, 其二元母函数为

$$\begin{aligned}
F(x,y) &= \sum_{m\geqslant 0}\sum_{n\geqslant m}\binom{n}{m}x^n y^m \\
&= \sum_{n\geqslant 0}x^n\sum_{m=0}^{n}\binom{n}{m}y^m \\
&= \sum_{n\geqslant 0}x^n(1+y)^n \\
&= \frac{1}{1-x(1+y)}
\end{aligned}$$

又如, 多项式系数序列 $\left\{\binom{n}{n_1,\,n_2,\,\cdots,\,n_k}\right\}_{n_i\geqslant 0,\,i=1,2,\cdots,k}$ 是一个 k 索引序列, 其普通型母函数就是一个 k 元母函数 $F(x_1,x_2,\cdots,x_k)$, 且显然有

$$F(x_1, x_2, \cdots, x_k) = \sum_{\substack{n_1+n_2+\cdots+n_k=n \\ 0 \leqslant n_i,\, i=1,2,\cdots,k}} \binom{n}{n_1,\ n_2,\ \cdots,\ n_k} x_1^{n_1} x_2^{n_2} \cdots x_k^{n_k}$$

$$= (x_1 + x_2 + \cdots + x_k)^n$$

另外, 序列 $\left\{ \binom{n}{n_1, n_2, \cdots, n_k} \right\}_{n \geqslant 0,\, 0 \leqslant n_i \leqslant n,\, i=1,2,\cdots,k}$ 还可以看成是一个 $k+1$ 索引序列, 其对应的 $k+1$ 元普通型母函数为

$$F(x_1, x_2, \cdots, x_k, y) = \sum_{n \geqslant 0} \left[\sum_{\substack{n_1+n_2+\cdots+n_k=n \\ 0 \leqslant n_i,\, i=1,2,\cdots,k}} \binom{n}{n_1,\ n_2,\ \cdots,\ n_k} x_1^{n_1} x_2^{n_2} \cdots x_k^{n_k} \right] y^n$$

$$= \sum_{n \geqslant 0} (x_1 + x_2 + \cdots + x_k)^n y^n$$

$$= \frac{1}{1 - (x_1 + x_2 + \cdots + x_k)y}$$

例 2.28 设 $m,\, n \in \mathbb{N}$, $f(m,n)$ 是从格点 $(0,0)$ 到格点 (m,n) 的路径数, 但要求路径中的每一步只允许以下三种走法. $R: (x,y) \to (x+1,y)$, $U: (x,y) \to (x,y+1)$, $D^+: (x,y) \to (x+1,y+1)$, 试求序列 $\{f(m,n)\}_{m,n \geqslant 0}$ 的普通型母函数 $F(x,y)$.

解 不失一般性, 假设 $m \geqslant n$, 则对于每一条从格点 $(0,0)$ 到格点 (m,n) 的满足要求的路径, 都是三元集 $S = \{U,\, R,\, D^+\}$ 的一个可重复排列. 如果这个排列中含有 k 个 U 步, 则必有 $n-k$ 个 D^+ 步与 $m-n+k$ 个 R 步, 其中 $k = 0, 1, \cdots, n$. 于是有

$$f(m,n) = \sum_{k=0}^{n} \binom{m+k}{k,\ n-k,\ m-n+k} = \sum_{k=0}^{n} \binom{m+k}{m} \binom{m}{n-k}$$

从而母函数为

$$F(x,y) = \sum_{m \geqslant 0} \sum_{n \geqslant 0} f(m,n) x^m y^n$$

$$= \sum_{m \geqslant 0} \sum_{n \geqslant 0} \left[\sum_{k=0}^{n} \binom{m+k}{m} \binom{m}{n-k} \right] x^m y^n$$

$$= \sum_{m \geqslant 0} x^m \sum_{k \geqslant 0} \binom{m+k}{m} \left[\sum_{n \geqslant k} \binom{m}{n-k} y^n \right]$$

$$= \sum_{m \geqslant 0} \sum_{k \geqslant 0} \binom{m+k}{m} x^m (1+y)^m y^k$$

$$= \sum_{m \geqslant 0} (x+xy)^m \sum_{k \geqslant 0} \binom{m+k}{m} y^k$$

$$= \sum_{m \geqslant 0} (x+xy)^m \frac{1}{(1-y)^{m+1}}$$

$$= \frac{1}{1-x-y-xy}$$

在很多实际应用中, 多索引序列对每个索引的增长规模可能具有较大的差异, 这时可能需要混合的多元母函数. 例如, 对给定的 m, 数 $a(n,m)$ 以 $O(n!)$ 阶的规模增长; 而对于给定的 n, $a(n,m)$ 则以 $O(m^k)$ 阶的规模增长, k 是某个给定的正整数. 因此, 可以考虑如下形式幂级数:

$$F(x,y) = \sum_{n \geqslant 0} \sum_{m \geqslant 0} a(n,m) \frac{x^n}{n!} y^m$$

并称 $F(x,y)$ 为序列 $\{a(n,m)\}_{n,m \geqslant 0}$ 的**混合型母函数**.

例如, 双索引的排列序列 $\left\{ \begin{bmatrix} n \\ k \end{bmatrix} \right\}_{n \geqslant k \geqslant 0}$ 的几个混合型母函数为

$$\sum_{n \geqslant 0} \sum_{k=0}^{n} \begin{bmatrix} n \\ k \end{bmatrix} \frac{x^n}{n!} \cdot y^k = \frac{\mathrm{e}^x}{1-xy}$$

$$\sum_{n \geqslant 0} \sum_{k=0}^{n} \begin{bmatrix} n \\ k \end{bmatrix} x^n \cdot \frac{y^k}{k!} = \frac{1}{1-x(1+y)}$$

$$\sum_{n \geqslant 0} \sum_{k=0}^{n} \begin{bmatrix} n \\ k \end{bmatrix} \frac{x^n}{n!} \cdot \frac{y^k}{k!} = \mathrm{e}^{x(1+y)}$$

但是下面的级数

$$\sum_{n \geqslant 0} \sum_{k=0}^{n} \begin{bmatrix} n \\ k \end{bmatrix} x^n \cdot y^k$$

却不收敛. 这是因为对于给定的 n 有 $\begin{bmatrix} n \\ n \end{bmatrix} = n!$, 所以单索引序列 $\left\{ \begin{bmatrix} n \\ k \end{bmatrix} \right\}_{k=0}^{n}$ 中至少有一项以 $n!$ 的方式增长.

例 2.29　试求第一类无符号 Stirling 数序列 $\{c(n,k)\}_{n \geqslant k}$ 的混合型母函数

$$\mathbf{M}_c(x,y) = \sum_{n \geqslant 0} \sum_{k=0}^{n} c(n,k) \frac{x^n}{n!} y^k$$

的表达式.

解 首先, 我们交换 $\mathbf{M}_c(x,y)$ 中求和顺序得到

$$\mathbf{M}_c(x,y) = \sum_{k \geq 0} \left[\sum_{n \geq k} c(n,k) \frac{x^n}{n!} \right] y^k$$

其次, 注意到对于给定的 k 单索引序列 $\{c(n,k)\}_{n \geq k}$ 的指数型母函数表达式 (2.27), 即得 $\mathbf{M}_c(x,y)$ 的表达式

$$\mathbf{M}_c(x,y) = \sum_{k \geq 0} \frac{[-\ln(1-x)]^k}{k!} y^k$$

$$= \exp[-y \ln(1-x)]$$

$$= (1-x)^{-y} \tag{2.40}$$

关于 $\{s(n,k)\}_{n \geq k}$ 的混合型母函数 $\mathbf{M}_s(x,y)$ 可参见习题 2.27.

例 2.30 试求第二类 Stirling 数序列 $\{S(n,k)\}_{n \geq k}$ 的混合型母函数

$$\mathbf{M}_S(x,y) = \sum_{n \geq 0} \sum_{k=0}^{n} S(n,k) \frac{x^n}{n!} y^k$$

的表达式.

解 根据 (2.23), 得到

$$\mathbf{M}_S(x,y) = \sum_{k \geq 0} \sum_{n \geq k} S(n,k) \frac{x^n}{n!} y^k$$

$$= \sum_{k \geq 0} \frac{(e^x - 1)^k}{k!} y^k$$

$$= \exp[y(e^x - 1)] \tag{2.41}$$

2.5 整数的拆分

下面我们研究母函数最早的用途之一 —— 正整数的拆分问题. 众所周知, 对这一问题的研究始于德国数学家 G. W. Leibniz (1646—1716), 据说他在这方面有很多未发表的手稿. 后来 L. Euler 也开展了这一领域的研究, 他以母函数作为工具, 并取得了许多令人惊奇的成果. 例如, 他得出了拆分数的母函数公式以及许多关于无穷乘积与无穷级数的等式.

2.5.1　整数拆分的概念

所谓正整数 n 的一个拆分, 就是将 n 表示成一些自然数之和的一种方式. 如果关心这些自然数的求和的顺序, 即不同的求和顺序表示不同的拆分, 则称拆分是有序的; 如果不关心求和的顺序, 则称拆分是无序的. 为描述简便, 我们给出如下具体的定义:

定义 2.5　设 n, r 为正整数, 如果正整数 $n_1, n_2, \cdots, n_r$ 满足

$$n = n_1 + n_2 + \cdots + n_r \tag{2.42}$$

则称 (2.42) 为正整数 n 的一个 r **拆分**, n_k 称为拆分的**第 k 个部分**. 若不同的 n_k 顺序视为不同的拆分, 则 (2.42) 称为 n 的一个**有序 r 拆分**, 记为 $\pi_r[n] = (n_1, n_2, \cdots, n_r)$; 如果不同的 n_k 顺序被视为相同的拆分, 则 (2.42) 称为 n 的一个**无序 r 拆分**, 记为 $\pi_r(n) = \{n_1, n_2, \cdots, n_r\}$, 并约定 $n_1 \geqslant n_2 \geqslant \cdots \geqslant n_r \geqslant 1$.

例如, 关于 6 的 3 个拆分 $6 = 1+2+3$, $6 = 3+2+1$, $6 = 2+1+3$ 都是 6 的同一个无序 3 拆分, 但它们却是 6 的 3 个不同的有序 3 拆分. 今后, 我们以 $\pi[n]$ 与 $\pi(n)$ 泛指 n 的任一个有序拆分与无序拆分, 而以 $|\pi[n]|$ 与 $|\pi(n)|$ 表示对应拆分的部分数. 读者可能已经注意到, 在数论领域符号 $\pi(n)$ 习惯表示素数函数, 即不超过 n 的素数个数, 暂时忘掉这个素数函数吧. 在这里我们重新用这个符号来表示正整数 n 的任一个无序拆分. 为描述方便, 我们采用与集合拆分同样的符号, 以 $\Pi_r(n)$ 和 $\Pi_r[n]$ 分别表示正整数 n 的无序 r 拆分和有序 r 拆分之集, 令

$$p_r(n) = |\Pi_r(n)|, \quad p_r[n] = |\Pi_r[n]|, \quad n \geqslant r \geqslant 1$$

并称 $p_r(n)$ 为 n 的**无序 r 拆分数**, 称 $p_r[n]$ 为 n 的**有序 r 拆分数**; 对于不满足 $n \geqslant r \geqslant 1$ 的正整数 n, r, 则补充定义 $p_r(n) = p_r[n] = 0$, 但约定 $p_0(0) = p_0[0] = 1$ 以及 $p_0(n) = p_0[n] = 0$, $n \geqslant 1$. 为了方便, 我们也以 $p(n)$ 和 $p[n]$ 分别表示正整数 n 的全体无序拆分数和有序拆分数, 即

$$p(n) = \sum_{r=0}^{n} p_r(n), \quad p[n] = \sum_{r=0}^{n} p_r[n], \quad n \in \mathbb{N}$$

显然, 按照约定有 $p(0) = 1$, $p[0] = 1$.

对于 $n \in \mathbb{Z}^+$, 由于 n 的任一有序 r 拆分 $\pi_r[n] = (n_1, n_2, \cdots, n_r)$, 是不定方程 $n = n_1 + n_2 + \cdots + n_r$ 的正整数解; 另一方面, 不定方程 $n = n_1 + n_2 + \cdots + n_r$ 的任一正整数解 $(n_1, n_2, \cdots, n_r)$ 都是 n 的一个有序 r 拆分. 所以, 正整数 n 的有序拆分数 $p_r[n]$ 就是不定方程 $n = n_1 + n_2 + \cdots + n_r$ 正整数解的个数, 显然也等

于 n 个相同的球放入 r 个不同的盒子中且不允许空盒的方案数, 即 $p_r[n] = \binom{n-1}{r-1}$. 如果记序列 $\{p_r[n]\}_{n \geqslant r}$ 的普通型母函数为 $F_r(x)$, 那么有

$$
\begin{aligned}
F_r(x) &= \sum_{n \geqslant r} p_r[n] x^n = \sum_{n \geqslant r} \binom{n-1}{r-1} x^n \\
&= x^r \sum_{n \geqslant r} \binom{n-1}{r-1} x^{n-r} = x^r \sum_{m \geqslant 0} \binom{m+r-1}{m} x^m \\
&= x^r \sum_{m \geqslant 0} \left(\!\!\binom{r}{m}\!\!\right) x^m = \left(\frac{x}{1-x}\right)^r
\end{aligned}
\tag{2.43}
$$

因此, 对于 $n \in \mathbb{Z}^+$ 有

$$
p[n] = \sum_{r=1}^{n} p_r[n] = \sum_{r=1}^{n} \binom{n-1}{r-1} = 2^{n-1}
$$

事实上, 上式也可以从另外一个角度得到. 设 $\Pi[n]$ 表示正整数 n 的所有的有序拆分之集, 即 $\Pi[n] = \bigcup_{r=1}^{n} \Pi_r[n]$. 对于 $\forall \pi[n] \in \Pi[n]$, 不妨设 $\pi[n] \in \Pi_r[n]$, 于是令 $\pi[n] = (n_1, n_2, \cdots, n_r)$, $1 \leqslant r \leqslant n$, 作集合 $\Pi[n]$ 到集合 $2^{\mathbb{Z}_{n-1}^+}$ 的映射 f 如下:

$$
f(\pi[n]) = \{ n_1, n_1 + n_2, \cdots, n_1 + n_2 + \cdots + n_{r-1} \} \subseteq \mathbb{Z}_{n-1}^+
$$

如果 $\pi[n] = n$, 定义 $f(\pi[n]) = \varnothing$. 容易验证, 映射 f 是集合 $\Pi[n]$ 到集合 $2^{\mathbb{Z}_{n-1}^+}$ 上的一个一一对应, 从而有

$$
p[n] = |\Pi[n]| = \left| 2^{\mathbb{Z}_{n-1}^+} \right| = 2^{n-1}
$$

根据上面的结论, 序列 $\{p[n]\}_{n \geqslant 1}$ 的普通型母函数 $F(x)$ 为

$$
\begin{aligned}
F(x) &= \sum_{n \geqslant 1} p[n] x^n = \sum_{n \geqslant 1} 2^{n-1} x^n = \frac{x}{1-2x} \\
&= \frac{\dfrac{x}{1-x}}{1 - \dfrac{x}{1-x}} = \sum_{r \geqslant 1} \left(\frac{x}{1-x}\right)^r
\end{aligned}
\tag{2.44}
$$

因此, 下面我们只讨论正整数 n 的无序 r 拆分, 并且在没有特别说明的情况下, 简称 n 的 r 拆分.

2.5.2　无序拆分的表示

设 $n, r \, (\leqslant n)$ 是正整数, 按照前面的定义和约定, 对于 $\pi_r(n) \in \Pi_r(n)$, 可将拆分 $\pi_r(n)$ 表示为 $\pi_r(n) = \{n_1, n_2, \cdots, n_r\}$, 其中正整数 $n_1, n_2, \cdots, n_r$ 满足

$$
\begin{cases}
n = n_1 + n_2 + \cdots + n_r \\
n_1 \geqslant n_2 \geqslant \cdots \geqslant n_r \geqslant 1
\end{cases}
\tag{2.45}
$$

反过来, 不定方程 (2.45) 的任何一个解都是 n 的一个无序 r 拆分. 因此, 正整数 n 的无序 r 拆分数等于不定方程 (2.45) 解的个数.

如果 n 的无序 r 拆分 $\pi_r(n)$ 中含有 λ_i 个 $i \, (1 \leqslant i \leqslant n)$, 那么也可以将 $\pi_r(n)$ 表示为 $\pi_r(n) = (1)^{\lambda_1}(2)^{\lambda_2} \cdots (n)^{\lambda_n}$. 这种表示在后面研究完备拆分时常常采用, 其中

$$
\begin{cases}
\lambda_1 + 2\lambda_2 + \cdots + n\lambda_n = n \\
\lambda_1 + \lambda_2 + \cdots + \lambda_n = r \\
\lambda_i \geqslant 0, \; i = 1, 2, \cdots, n
\end{cases}
\tag{2.46}
$$

也就是说, $(\lambda_1, \lambda_2, \cdots, \lambda_n) \in \mathbf{\Lambda}_{n,r}$, 这里 $\mathbf{\Lambda}_{n,r}$ 表示 n 元集可表示为 r 个循环的所有置换格式的集合 (参见第 1 章). 因此, $p_r(n) = |\mathbf{\Lambda}_{n,r}|$. 另外, 对于每一个形如 $\pi_r(n) = (1)^{\lambda_1}(2)^{\lambda_2} \cdots (n)^{\lambda_n}$ 的无序 r 拆分, 对应 $\binom{r}{\lambda_1, \, \lambda_2, \, \cdots, \, \lambda_n}$ 个有序 r 拆分, 因此有

$$
p_r[n] = \sum_{(\lambda_1, \lambda_2, \cdots, \lambda_n) \in \mathbf{\Lambda}_{n,r}} \binom{r}{\lambda_1, \, \lambda_2, \, \cdots, \, \lambda_n} = \binom{n-1}{r-1}
\tag{2.47}
$$

进一步还可以得到有序拆分数 $p[n]$ 的一个表达式

$$
p[n] = \sum_{(\lambda_1, \lambda_2, \cdots, \lambda_n) \in \mathbf{\Lambda}_n} \binom{\lambda_1 + \lambda_2 + \cdots + \lambda_n}{\lambda_1, \, \lambda_2, \, \cdots, \, \lambda_n} = 2^{n-1}
\tag{2.48}
$$

除了上述表示之外, 还有一个非常直观的表示, 那就是 Ferrers 图. 这种直观的表示在一些证明过程中起着非常重要的作用. 下面是关于 Ferrers 图的定义.

定义 2.6　设 n, r 为正整数, $\pi_r(n) = \{n_1, n_2, \cdots, n_r\} \in \Pi_r(n)$, 将 $\pi_r(n)$ 表示为一个 r 行左对齐的点阵图, 其中第 1 行有 n_1 个点, 第 2 行有 n_2 个点, $\cdots$, 第 r 行有 n_r 个点, 则称这样的图为拆分 $\pi_r(n)$ 所对应的 Ferrers 图, 记为 $\mathscr{D}_F(\pi)$.

显然, 正整数 n 的任何拆分 π 都唯一地对应着一个含有 n 个点的 Ferrers 图, 其行数对应 n 的拆分 π 的部分数, 而列数则对应拆分 π 的最大部分的值. 有些文

献里将 Ferrers 图中的点用正方形格子代替, 此时的图称为 Young **图**. 图 2.2 是 16 的 5 拆分 $16 = 6 + 4 + 3 + 2 + 1$ 所对应的 Ferrers 图和 Young 图.

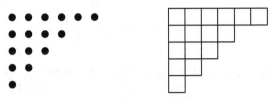

图 2.2 拆分 $16 = 6 + 4 + 3 + 2 + 1$ 对应的 Ferrers 图和 Young 图

定义 2.7 设 π 是 n 的 r 拆分, $\mathscr{D}_F(\pi)$ 是对应的 Ferrers 图. 若交换 $\mathscr{D}_F(\pi)$ 的行列位置, 即将 $\mathscr{D}_F(\pi)$ 的第 1 行变为第 1 列, 第 2 行变为第 2 列, $\cdots$, 第 r 行变为第 r 列, 其效果相当于绕 $\mathscr{D}_F(\pi)$ 的左上角至右下角的轴线 ℓ 作 $180°$ 翻转, 所得到的图仍然是一个 Ferrers 图, 称其为 $\mathscr{D}_F(\pi)$ 的**共轭图**, 记为 $\mathscr{D}_F(\pi^*)$; 其所对应的拆分 π^* 称为拆分 π 的**共轭拆分**.

例如, $\pi_6(27) = \{7, 6, 6, 4, 3, 1\}$ 是整数 27 的 6 拆分, 其共轭拆分 π^* 则是整数 27 的 7 拆分 $\pi_7(27) = \{6, 5, 5, 4, 3, 3, 1\}$, $\mathscr{D}_F(\pi)$ 与 $\mathscr{D}_F(\pi^*)$ 如图 2.3 所示.

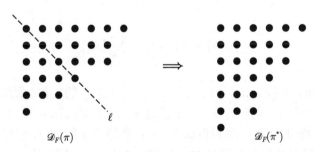

图 2.3 π 及其共轭 π^* 的 Ferrers 图

定义 2.8 设 n, r 为正整数, $\pi(n) \in \Pi_r(n)$, $\pi^*(n)$ 是其共轭拆分, 如果它们的 Ferrers 图 $\mathscr{D}_F(\pi)$ 与 $\mathscr{D}_F(\pi^*)$ 完全一样, 则称拆分 $\pi(n)$ 是**自共轭拆分**.

根据定义, 自共轭拆分的 Ferrers 图关于自左上至右下的轴线 ℓ 是对称的. 例如, 15 的 5 拆分 $\pi_5(15) = \{5, 4, 3, 2, 1\}$ 是一个自共轭拆分; 16 的 6 拆分 $\pi_6(16) = \{6, 4, 2, 2, 1, 1\}$ 以及 17 的 6 拆分 $\pi_6(17) = \{6, 4, 3, 2, 1, 1\}$ 等都是自共轭拆分.

2.5.3 无序拆分与拆分数

显然, n 的 r 拆分数 $p_r(n)$ 等于将 n 个相同的球放入 r 个相同的盒子中且不允许空盒的方案数.

定理 2.20 设 $n, r \in \mathbb{Z}^+$, 则 $p_1(n) = p_n(n) = p_{n-1}(n) = 1$, $p_2(n) = \left\lfloor \frac{n}{2} \right\rfloor$.

证明 我们只证明 $p_2(n) = \left\lfloor \dfrac{n}{2} \right\rfloor$, 其他结论是显然的.

设 $\pi_2(n) = \{n_1, n_2\}$ 是 n 的 2 拆分, 则由于

$$n_1 \geqslant n_2 \geqslant 1 \implies n_2 \leqslant \left\lfloor \frac{n}{2} \right\rfloor$$

另一方面, 对于任何一个满足 $1 \leqslant n_2 \leqslant \left\lfloor \dfrac{n}{2} \right\rfloor$ 的正整数 n_2, 令 $n_1 = n - n_2$, 则有 $n = n_1 + n_2$, $n_1 \geqslant n_2$, 故有 $p_2(n) = \left\lfloor \dfrac{n}{2} \right\rfloor$. ■

定理 2.21 设 $n, r \in \mathbb{Z}^+$, 则当 $n > r$ 时有 $p_r(n) = \sum_{k=1}^{r} p_k(n-r)$.

证明 令 A_k 表示 n 的 r 拆分中恰有 k 个部分大于 1 的拆分之集, 也就是说, 对任意的 $\pi_r(n) = \{n_1, n_2, \cdots, n_r\} \in A_k$, 有

$$n_1, n_2, \cdots, n_k > 1; \quad n_{k+1} = \cdots = n_r = 1$$

且显然有

$$\Pi_r(n) = \bigcup_{k=1}^{r} A_k \text{ 且 } A_i \cap A_j = \varnothing, \quad i \neq j$$

因此得

$$p_r(n) = |\Pi_r(n)| = \sum_{k=1}^{r} |A_k|$$

对于 $\forall \pi_r(n) = \{n_1, n_2, \cdots, n_r\} \in A_k$, 将 $\pi_r(n)$ 的各部分均减 1, 则得到正整数 $n - r$ 的一个 k 拆分 $\pi_k(n-r)$; 反过来, 对于 $\forall \pi_k(n-r) \in \Pi_k(n-r)$, 先将 $\pi_k(n-r)$ 各部分均加 1, 然后再加上 $r - k$ 个等于 1 的部分, 便得到一个 n 的 r 拆分 $\pi_r(n)$, 且其中恰有 k 个部分大于 1, 即 $\pi_r(n) \in A_k$. 因此有 $|A_k| = p_k(n-r)$, 从而可得

$$p_r(n) = \sum_{k=1}^{r} |A_k| = \sum_{k=1}^{r} p_k(n-r)$$ ■

由以上定理, 立即得到下面的推论.

推论 2.21.1 设 $n, r \in \mathbb{Z}^+$, 则 $p_r(n+r) = \sum_{k=1}^{r} p_k(n)$.

例 2.31 求 9 的 4 拆分数 $p_4(9)$.

解 根据上面的定理 2.20 和定理 2.21, 可得

$$p_4(9) = \sum_{k=1}^{4} p_k(5) = p_1(5) + p_2(5) + p_3(5) + p_4(5)$$

$$= 1 + \left\lfloor \frac{5}{2} \right\rfloor + \sum_{k=1}^{3} p_k(2) + 1$$

$$= 1 + 2 + p_1(2) + p_2(2) + 1 = 6$$

即 9 的 4 拆分有 6 个:

$$9 = 6 + 1 + 1 + 1, \quad 9 = 4 + 2 + 2 + 1$$

$$9 = 5 + 2 + 1 + 1, \quad 9 = 3 + 3 + 2 + 1$$

$$9 = 4 + 3 + 1 + 1, \quad 9 = 3 + 2 + 2 + 2$$

定理 2.22 设 $n, r \in \mathbb{Z}^+$, 则当 $n > r \geqslant 2$ 时有

$$p_r(n) = \sum_{k=1}^{\lfloor n/r \rfloor} p_{r-1}(n - rk + r - 1)$$

证明 令 A_k 表示 n 的 r 拆分中最小部分为 k 的拆分之集, 即

$$A_k = \left\{ \pi_r(n) \,\middle|\, \pi_r(n) = \{n_1, n_2, \cdots, n_r\}, \, n_r = k \right\}, \quad 1 \leqslant k \leqslant \lfloor n/r \rfloor$$

显然有 $\Pi_r(n) = \bigcup_{k=1}^{\lfloor n/r \rfloor} A_k$, 且 $A_i \cap A_j = \varnothing$, $i \neq j$. 所以

$$p_r(n) = |\Pi_r(n)| = \sum_{k=1}^{\lfloor n/r \rfloor} |A_k|$$

因此, 下面我们只需证明 $|A_k| = p_{r-1}(n - rk + r - 1)$ 即可.

一方面, 对于 $\forall \pi_r(n) \in A_k$, 去掉 $\pi_r(n)$ 中最后一个等于 k 的部分, 其余的 $r-1$ 个部分均减少 $k-1$, 则得正整数 $n - k - (r-1)(k-1) = n - rk + r - 1$ 的一个 $r-1$ 拆分 $\pi_{r-1}(n - rk + r - 1)$; 另一方面, 对于任何一个拆分 $\pi_{r-1}(n - rk + r - 1)$, 先将 $\pi_{r-1}(n - rk + r - 1)$ 的各个部分均加上 $k-1$, 然后再加一个等于 k 的部分, 便得到 n 的一个 r 拆分 $\pi_r(n)$, 且 $\pi_r(n)$ 的最小部分为 k, 即 $\pi_r(n) \in A_k$. 故有 $|A_k| = p_{r-1}(n - rk + r - 1)$. ∎

例 2.32 求 17 的 3 拆分 $p_3(17)$.

解 根据定理 2.22, 可得

$$p_3(17) = \sum_{k=1}^{\lfloor 17/3 \rfloor} p_2(17 - 3k + 2) = \sum_{k=1}^{5} p_2(19 - 3k)$$

$$= p_2(16) + p_2(13) + p_2(10) + p_2(7) + p_2(4)$$

$$= \left\lfloor \frac{16}{2} \right\rfloor + \left\lfloor \frac{13}{2} \right\rfloor + \left\lfloor \frac{10}{2} \right\rfloor + \left\lfloor \frac{7}{2} \right\rfloor + \left\lfloor \frac{4}{2} \right\rfloor$$

$$= 8 + 6 + 5 + 3 + 2 = 24$$

实际上, 可以证明 (参见本章习题): $p_3(n) = \langle n^2/12 \rangle$, 其中 $\langle n^2/12 \rangle$ 表示最接近 $n^2/12$ 的整数.

定理 2.23　设 r 是给定的正整数, $\{p_r(n)\}_{n \geqslant r}$ 是正整数 n 的拆分数序列, $\mathcal{P}_r(x)$是其普通型母函数, 则

$$\mathcal{P}_r(x) = \sum_{n \geqslant r} p_r(n)\, x^n = \frac{x^r}{(1-x)(1-x^2) \cdots (1-x^r)}$$

证明　正整数 n 的 r 拆分可按如下方式分成两类, 即最小部分等于 1 拆分数 $p_{r-1}(n-1)$, 以及最小部分大于 1 的拆分数 $p_r(n-r)$, 所以有

$$p_r(n) = p_{r-1}(n-1) + p_r(n-r), \quad n \geqslant r$$

从而有

$$\mathcal{P}_r(x) = \sum_{n \geqslant r} p_r(n)\, x^n = \sum_{n \geqslant r} \left[p_{r-1}(n-1) + p_r(n-r) \right] x^n$$

$$= x\mathcal{P}_{r-1}(x) + x^r \mathcal{P}_r(x)$$

所以

$$\mathcal{P}_r(x) = \frac{x}{1-x^r}\, \mathcal{P}_{r-1}(x) = \cdots = \prod_{k=2}^{r} \frac{x}{1-x^k} \mathcal{P}_1(x)$$

注意到

$$\mathcal{P}_1(x) = \sum_{n \geqslant 1} p_1(n)\, x^n = x + x^2 + x^3 + \cdots = \frac{x}{1-x}$$

由此即得本定理的结论. ∎

根据这个定理的结论, 我们有

$$\mathcal{P}_r(x) = \frac{x^r}{(1-x)(1-x^2) \cdots (1-x^r)}$$

$$= x^r \left(\sum_{n_1 \geqslant 0} x^{n_1} \right) \left(\sum_{n_2 \geqslant 0} x^{2n_2} \right) \cdots \left(\sum_{n_r \geqslant 0} x^{rn_r} \right)$$

$$= x^r \sum_{k \geqslant 0} \left(\sum_{\substack{n_1+2n_2+\cdots+rn_r=k \\ n_i \geqslant 0,\ i=1,2,\cdots,r}} x^{n_1+2n_2+\cdots+rn_r} \right)$$

$$= \sum_{n \geqslant r} \left(\sum_{\substack{n_1+2n_2+\cdots+rn_r=n-r \\ 0 \leqslant n_i,\ i=1,2,\cdots,r}} 1 \right) x^n$$

由此即得下面的推论.

推论 2.23.1 n 的 r 拆分数 $p_r(n)$ 为不定方程 $x_1 + 2x_2 + \cdots + rx_r = n - r$ 非负整数解的个数.

如果以 $\Pi^r(n)$ 表示正整数 n 的最大部分等于 r 的拆分之集, 以 $p^r(n)$ 表示 n 的最大部分等于 r 的拆分数, 即 $p^r(n) = |\Pi^r(n)|$, 并像 $p_r(n)$ 一样, 对于不满足 $n \geqslant r \geqslant 1$ 的正整数 n, r 补充定义 $p^r(n) = 0$, 并约定 $p^0(0) = 1$; $p^0(n) = 0$, $n \geqslant 1$. 那么利用 Ferrers 图, 我们可以立即得到下面的结论:

定理 2.24 设 $n, r \in \mathbb{Z}^+$, 则 n 的最大部分等于 r 的拆分数 $p^r(n) = p_r(n)$.

在第 1 章, 我们曾经研究过 n 元集 N 到 x 元集 X 的映射计数问题的前 3 种情形, 下面我们考虑这种映射计数问题的第 ④ 种情形, 也是最后一种情形, 即假定集合 N 和集合 X 中的元素都是不可区分的, 这等同于将 n 个相同的球放入 x 个相同的盒子的计数问题. 对于这种情况, 我们有下面的结论:

定理 2.25 设 n 元集 $N = \{a_1, a_2, \cdots, a_n\}$, x 元集 $X = \{b_1, b_2, \cdots, b_x\}$, 并假定集合 N 和 X 中的诸元素都是不可区分的, 那么有

$$|X^N| = p_x(n+x)\,;\quad |X_\vdash^N| = 1,\ n \leqslant x\,;\quad |X_\vDash^N| = p_x(n),\ n \geqslant x\,;\quad |X_\doteq^N| = 1,\ n = x$$

证明 首先, $|X^N|$ 相当于 n 个相同的球放入 x 个相同的盒子中且允许空盒的方案数, 也等于正整数 n 的不超过 x 个部分的拆分数 $p_{\leqslant x}(n)$(稍后我们将研究这样的拆分数). 因此, 可按照 n 的拆分部分数 $k\,(1 \leqslant k \leqslant x)$ 进行分类统计, 并利用推论 2.21.1 可得

$$|X^N| = \sum_{k=1}^{x} p_k(n) = p_x(n+x)$$

其次, 由于 $|X_\vdash^N|$ 相当于 n 个相同的球放入 x 个相同的盒子中且每盒至多 1 个球的方案数, 也等于正整数 n 的每个部分均为 1 的拆分数, 所以有 $|X_\vdash^N| = 1$.

至于 $|X_\vDash^N|$, 则相当于 n 个相同的球放入 x 个相同的盒子且不允许空盒的方案数, 也即正整数 n 拆分成 x 个部分的拆分数 $p_x(n)$.

最后, $|X_\doteq^N| = 1$ 是显然的. ∎

至此, 我们已经研究了 n 元集 N 到 x 元集 X 的所有可能的初步映射计数问题, 即 n 个球放入 x 个盒子的所有可能的情况. 为了更好地观察和对比这些结论, 我们将其归纳在一张表中 (参见表 2.2).

表 2.2　初步映射问题的计数

集合 N	集合 X	映射数 $\lvert X^N \rvert$	单射数 $\lvert X^N_{\vdash} \rvert$	满射数 $\lvert X^N_{\models} \rvert$	双射数 $\lvert X^N_{=} \rvert$
可区分	可区分	x^n	$(x)_n$	$x!S(n,x)$	$n!$
可区分	不可区分	$S^{\varnothing}(n,x)$	1	$S(n,x)$	1
不可区分	可区分	$\binom{x}{n}$	$\binom{x}{n}$	$\binom{x}{n-x}$	1
不可区分	不可区分	$p_x(n+x)$	1	$p_x(n)$	1

2.5.4　各部分互异的拆分

下面我们讨论正整数的各部分互异的拆分. 为方便计, 以 $\Pi_r^{\neq}(n)$ 表示正整数 n 的各部分互异的 r 拆分之集, 以 $p_r^{\neq}(n)$ 表示正整数 n 的各部分互异的 r 拆分数, 即 $p_r^{\neq}(n) = \lvert \Pi_r^{\neq}(n) \rvert$. 显然, 对于给定的正整数 r, 只有当 $n \geqslant \binom{r+1}{2}$ 时 $p_r^{\neq}(n)$ 才有意义. 因此, 当 $n < \binom{r+1}{2}$ 时补充定义 $p_r^{\neq}(n) = 0$.

定理 2.26　设 $n, r \in \mathbb{Z}^+$, 且 $n \geqslant \binom{r+1}{2}$, 则有 $p_r^{\neq}(n) = p_r\left(n - \binom{r}{2}\right)$.

证明　显然, 我们只需证明当 $n \geqslant \binom{r+1}{2}$ 时集合 $\Pi_r^{\neq}(n)$ 与集合 $\Pi_r\left(n - \binom{r}{2}\right)$ 存在一一对应关系即可.

对于 $\{n_1, n_2, \cdots, n_r\} \in \Pi_r^{\neq}(n)$, $n_1 > n_2 > \cdots > n_r \geqslant 1$. 令

$$n_i' = n_i - r + i, \quad i = 1, 2, \cdots, r$$

则有

$$n_1' + n_2' + \cdots + n_r' = n - \binom{r}{2} \geqslant r, \text{ 并且 } n_i' - n_{i+1}' \geqslant 0$$

即 $\{n_1', n_2', \cdots, n_r'\} \in \Pi_r\left(n - \binom{r}{2}\right)$. 定义

$$f(\{n_1, n_2, \cdots, n_r\}) = \{n_1', n_2', \cdots, n_r'\}$$

易知映射 $f : \Pi_r^{\neq}(n) \mapsto \Pi_r\left(n - \binom{r}{2}\right)$ 是一个双射.　■

定理 2.27　设 $\mathcal{P}_r^{\neq}(x)$ 是拆分数序列 $\left\{p_r^{\neq}(n)\right\}_{n \geqslant \binom{r+1}{2}}$ 的普通型母函数, 则

$$\mathcal{P}_r^{\neq}(x) = \sum_{n \geqslant \binom{r+1}{2}} p_r^{\neq}(n) x^n = x^{\binom{r}{2}} \mathcal{P}_r(x) = \prod_{k=1}^r \frac{x^k}{1 - x^k}$$

其中 $\mathcal{P}_r(x)$ 是拆分序列 $\{p_r(n)\}_{n \geqslant r}$ 的普通型母函数.

证明 由定理 2.26 或利用递推关系 $p_r^{\neq}(n) = p_r^{\neq}(n-r) + p_{r-1}^{\neq}(n-r)$ 直接得到证明, 此处从略. ∎

从 $\mathcal{P}_r^{\neq}(x)$ 的展开式可直接得到下面的推论.

推论 2.27.1 不定方程 $x_1 + 2x_2 + \cdots + rx_r = n$ 正整数解的个数为 $p_r^{\neq}(n)$.

如果以 $p^o(n)$ 表示正整数 n 的各部分均为奇数的拆分数, $p^e(n)$ 表示 n 的各部分均为偶数的拆分数, $p^{\neq}(n)$ 表示 n 的各部分互异的拆分数, 并约定

$$p^{\neq}(0) = p^o(0) = p^e(0) = 1$$

那么有下面的结论.

定理 2.28 设 n 为正整数, 则有 $p^o(n) = p^{\neq}(n)$.

证明 设 $\pi(n) = \{n_1, n_2, \cdots\}$ 是 n 的一个各部分均为奇数的拆分, 其中每一个 n_i 均为奇数. 我们不妨设 $n_1, n_2, \cdots, n_r$ 是拆分 $\pi(n)$ 中全部不同的奇数, 并设拆分 $\pi(n)$ 中含有 d_i 个 $n_i (1 \leqslant i \leqslant r)$, 于是有

$$n = d_1 n_1 + d_2 n_2 + \cdots + d_r n_r$$

现将 d_i 表示为

$$d_i = \sum_{j=0}^{k_i} b_{ij} 2^j, \quad b_{ij} \in \{0, 1\}$$

于是

$$\begin{aligned}
n = &\, b_{10} 2^0 n_1 + b_{11} 2^1 n_1 + \cdots + b_{1k_1} 2^{k_1} n_1 \\
&+ b_{20} 2^0 n_2 + b_{21} 2^1 n_2 + \cdots + b_{2k_2} 2^{k_2} n_2 \\
&+ \cdots \\
&+ b_{r0} 2^0 n_r + b_{r1} 2^1 n_r + \cdots + b_{rk_r} 2^{k_r} n_r
\end{aligned}$$

下面我们证明上式是 n 的一个各部分互异的拆分, 并记为 π'.

因为 $b_{ij} \in \{0, 1\}$, 所以 π' 的所有非零项均具有 $2^i n_k$ 的形式. 因此, 对于 π' 的任何两个非零项 $n_s' = 2^i n_k$ 和 $n_t' = 2^j n_l$, 如果 $i = j$, 必有 $n_k \neq n_l$, 所以 $n_s' \neq n_t'$; 如果 $i \neq j$, 不妨设 $j > i$, 也必有 $n_s' \neq n_t'$. 因若 $n_s' = n_t'$, 则由等式 $2^i n_k = 2^j n_l$ 可得 $n_k = 2^{j-i} n_l$, 这显然与 n_k 为奇数矛盾. 从而, π' 是 n 的一个各部分互异的拆分, 而且不同的 π 按照上面对应关系必得到不同的 π', 故有 $p^o(n) \leqslant p^{\neq}(n)$.

另一方面, 设 $\pi' = \{n_1', n_2', \cdots, n_r'\}$ 是 n 的一个各部分互异的拆分, 对于 π' 的每一个部分 n_k', $k = 1, 2, \cdots, r$ 作如下处理: 如果 n_k' 为奇数, 则不作处理; 如

果 n_k' 为偶数, 则将 n_k' 一分为二, 即使 $n_k' = n_{k1}' + n_{k2}'$, 其中 $n_{k1}' = n_{k2}'$. 然后检查 n_{k1}' 和 n_{k2}' 是否为偶数, 对于为偶数的部分继续同样的过程, 直到所有的部分为奇数为止. 有限步之后, 一定得到一个 n 的各部分均为奇数的拆分 π. 且显然不同的 π' 按上述过程必得到不同的 π, 故有 $p^{\neq}(n) \leqslant p^o(n)$.

综上所述, 我们有 $p^o(n) = p^{\neq}(n)$. ∎

利用 Ferrers 图, 还可得到 n 的各部分互异且为奇数的拆分数 $p^{\neq o}(n)$ 与所谓的自共轭拆分数 $p^*(n)$ 之间的关系.

正整数 n 的每一个自共轭拆分 π, 可按如下方式与 n 的一个各部分均为奇数且互异的拆分 π' 对应起来: 设 ℓ 是 $\mathscr{D}_F(\pi)$ 的自左上至右下的轴线, 将 $\mathscr{D}_F(\pi)$ 的自 ℓ 上开始向右的第 i 行与向下的第 i 列共 $2n_i + 1$ 个点 (因 $\mathscr{D}_F(\pi)$ 关于 ℓ 对称) 作为 $\mathscr{D}_F(\pi')$ 的第 i 行. 显然, 如此构造的 π' 是 n 的一个各部分均为奇数且互不相等的拆分; 反过来, 对于 n 的每一个各部分均为奇数且互不相等的拆分 π', 将 $\mathscr{D}_F(\pi')$ 的第 i 行的 $2n_i + 1$ 个点作为 $\mathscr{D}_F(\pi)$ 的自 ℓ 上开始向右的第 i 行与向下的第 i 列各 $n_i + 1$ 个点 (轴线 ℓ 上的点重叠). 显然, 这样构造的 $\mathscr{D}_F(\pi)$ 关于轴线 ℓ 对称, 即 π 是 n 的一个自共轭拆分.

例如, 15 的 5 拆分 $\pi : 15 = 5 + 4 + 3 + 2 + 1$ 是一个自共轭拆分, 所对应的 15 的拆分 $\pi' : 15 = 9 + 5 + 1$ 是一个各部分均为奇数且互不相等的拆分. 图 2.4 演示了这个对应关系.

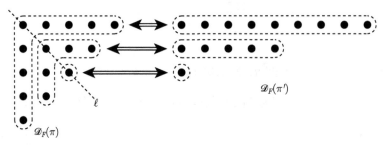

图 2.4   自共轭拆分 π 与各部分为奇数且互异拆分 π' 的对应关系

根据上面的讨论, 立即可得下面的结论.

定理 2.29   设 n 为正整数, 则 n 的自共轭拆分数 $p^*(n)$ 等于 n 的各部分互异且为奇数的拆分数 $p^{\neq o}(n)$.

2.5.5   受限的拆分

设 $\Pi^{\leqslant r}(n)$ 表示正整数 n 的所有部分均不超过 r 的拆分之集, $\Pi_{\leqslant r}(n)$ 表示正整数 n 的不超过 r 个部分的拆分之集, 并令

$$p^{\leqslant r}(n) = \left| \Pi^{\leqslant r}(n) \right|, \quad p_{\leqslant r}(n) = \left| \Pi_{\leqslant r}(n) \right|$$

注意到集合 $\Pi^{\leqslant r}(n)$ 与集合 $\Pi_{\leqslant r}(n)$ 存在一一对应关系, 所以有 $p^{\leqslant r}(n) = p_{\leqslant r}(n)$, 并约定 $p^{\leqslant 0}(0) = p_{\leqslant 0}(0) = 1$; $p^{\leqslant 0}(n) = p_{\leqslant 0}(n) = 0$, $n \geqslant 1$. 那么, 我们有下面的定理:

定理 2.30 设 n, $r \in \mathbb{Z}^+$, 则 $p^{\leqslant r}(n) = p_{\leqslant r}(n) = p_r(n+r)$.

证明 设 $\pi(n) \in \Pi^{\leqslant r}(n)$, 由于 $\pi(n)$ 的各部分均不超过 r, 不妨设拆分 π 中有 k_1 个 1, k_2 个 2, $\cdots$, k_r 个 r, 即 $\pi(n) = (1)^{k_1}(2)^{k_2}\cdots(r)^{k_r}$, 则显然有

$$k_1 + 2k_2 + \cdots + rk_r = n$$

即 $p^{\leqslant r}(n)$ 是上述方程非负整数解的个数, 根据推论 2.23.1 得

$$p^{\leqslant r}(n) = p_r(n+r)$$ ∎

这个定理也可以直接证明. 设 $\pi \in \Pi^{\leqslant r}(n)$, 我们考虑 π 的共轭拆分 π^*. 由于 π^* 是 n 的不超过 r 部分的拆分, 可通过在 π^* 的后面添加若干个为零的部分使之成为 n 的 r 拆分 (可能含有为零的部分), 然后将 π^* 的每个部分加 1 便得到 $n+r$ 的一个 r 拆分 π'. 反过来, $\forall \pi' \in \Pi_r(n+r)$, 可先将 π' 的每一个部分减 1, 得到 n 的一个不超过 r 个部分的拆分 π^*, 那么 π^* 的共轭拆分 π 就是 n 的一个各部分均不超过 r 的拆分. 也就是说, 集合 $\Pi^{\leqslant r}(n)$ 与集合 $\Pi_r(n+r)$ 存在一一对应关系.

定理 2.31 设 $\mathcal{P}^{\leqslant r}(x)$ 是拆分数序列 $\{p^{\leqslant r}(n)\}_{n \geqslant 0}$ 的普通型母函数, 则

$$\mathcal{P}^{\leqslant r}(x) = \frac{1}{(1-x)(1-x^2)\cdots(1-x^r)} = x^{-r}\mathcal{P}_r(x)$$

其中 $\mathcal{P}_r(x)$ 是拆分序列 $\{p_r(n)\}_{n \geqslant r}$ 的普通型母函数.

证明 因为 $p^{\leqslant r}(n)$ 是不定方程 $k_1 + 2k_2 + \cdots + rk_r = n$ 非负整数解的个数, 所以其母函数

$$\mathcal{P}^{\leqslant r}(x) = \sum_{n \geqslant 0} p^{\leqslant r}(n)x^n = \prod_{k=1}^{r}\left(1 + x^k + x^{2k} + \cdots\right)$$

$$= \frac{1}{(1-x)(1-x^2)\cdots(1-x^r)} = x^{-r}\mathcal{P}_r(x)$$

也可以直接从 $p^{\leqslant r}(n) = p_r(n+r)$ 得到上述结论. ∎

下面我们研究部分数以及最大部分均受到限制的拆分. 为此, 我们以 $\Pi_{\leqslant r}^{\leqslant s}(n)$ 表示正整数 n 的部分数不超过 r 且最大部分不超过 s 的拆分之集, $p_{\leqslant r}^{\leqslant s}(n)$ 表示 n 的部分数不超过 r 且最大部分不超过 s 的拆分数, 即 $p_{\leqslant r}^{\leqslant s}(n) = |\Pi_{\leqslant r}^{\leqslant s}(n)|$, $n \leqslant rs$.

为方便, 对任意的非负整数 r, s, 我们约定 $p_{\leqslant r}^{\leqslant s}(0) = 1$. 因为 $\Pi_{\leqslant r}^{\leqslant s}(n) = \varnothing$, $n > rs$, 所以 $p_{\leqslant r}^{\leqslant s}(n) = 0$, $n > rs$.

　　显然, 对于 $\forall \pi(n) \in \Pi_{\leqslant r}^{\leqslant s}(n)$, 拆分 $\pi(n)$ 的 Young 图 $\mathscr{D}_Y(\pi)$ 完全地包含在一个 r 行 s 列的正方形格子集中, 我们将这个格子集记为 $⊞_{r \times s}$. 易知, 每一个拆分 $\pi(n) \in \Pi_{\leqslant r}^{\leqslant s}(n)$ 唯一地决定一条从 $⊞_{r \times s}$ 的左下角 $(0,0)$ 到右上角 (s, r) 的 UR 格点路径 L, 且路径之上的格子数为 n; 反过来, 每一条自格点 $(0,0)$ 至 (s, r) 的 UR 格点路径 L 也唯一地对应某个整数 $n\,(0 \leqslant n \leqslant rs)$ 的一个拆分 $\pi(n)$, 其中 n 为路径 L 之上的格子数, 且有 $\pi(n) \in \Pi_{\leqslant r}^{\leqslant s}(n)$. 如果以 q^n 表示这样一条路径 L 的权, 记为 $w(L) = q^n$, 则从格点 $(0,0)$ 至 (s, r) 且权为 q^n 的格点路径数, 等于 n 的拆分所对应的 Young 图完全包含在格子集 $⊞_{r \times s}$ 中的拆分数. 图 2.5 展示了 16 的部分数不超过 4 且最大部分不超过 5 的拆分与从格点 $(0,0)$ 到 $(5,4)$ 且权为 q^{16} 的格点路径之间的一一对应关系.

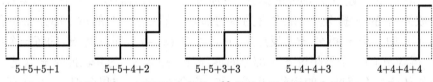

$$5+5+5+1 \qquad 5+5+4+2 \qquad 5+5+3+3 \qquad 5+4+4+3 \qquad 4+4+4+4$$

图 2.5　16 的拆分与权为 q^{16} 的格点路径的对应关系

　　设 $\mathscr{L}_p(s, r)$ 表示从格点 $(0,0)$ 到 (s, r) 的 UR 格点路径的集合, 对于 $\mathscr{L}_p(s, r)$ 中的任何一条格点路径 L, $w(L) = q^n$ 表示该路径 L 的权, 其中 n 是位于格子集 $⊞_{r \times s}$ 内且在路径 L 之上的格子数. 记 $m = r + s$, 并令

$$N_q(m, r) = \sum_{L \in \mathscr{L}_p(s, r)} w(L)$$

即 $N_q(m, r)$ 表示 $\mathscr{L}_p(s, r)$ 中所有格点路径的权和. 因集合 $\mathscr{L}_p(s, r)$ 与 $\mathscr{L}_p(r, s)$ 显然存在一一对应的关系, 所以有 $N_q(m, r) = N_q(m, s)$, 而且对于任意的 $m \geqslant 1$, 由于从格点 $(0,0)$ 到 $(m, 0)$ 的格点路径只有一条, 其权为 1, 所以 $N_q(m, 0) = 1$. 类似地, 从格点 $(0,0)$ 到 $(0, m)$ 的格点路径也只有一条, 其权为 1, 因而也有 $N_q(m, m) = 1$. 为了方便, 约定 $N_q(0, 0) = 1$. 而从格点 $(0,0)$ 到 $(m-1, 1)$ 的格点路径却有 m 条, 其权分别为 $1, q, q^2, \cdots, q^{m-1}$, 所以有

$$N_q(m, 1) = 1 + q + q^2 + \cdots + q^{m-1} = (m)_q$$

而且, 我们有下面的结论.

　　定理 2.32　设整数 m, r 满足 $m \geqslant r \geqslant 0$, 则有 $N_q(m, r) = \binom{m}{r}_q$.

证明 首先我们证明下面的关系式:

$$N_q(m,r) = N_q(m-1,r) + q^{m-r}N_q(m-1,r-1), \quad m \geqslant r \geqslant 1$$

这是显然的. 因为 $\mathscr{L}(s,r)$ 中的路径可分为两类: 一类是经过格点 $(s-1,r)$ 到达格点 (s,r), 显然这类路径的权和为 $N_q(m-1,r)$; 另一类是经过格点 $(s,r-1)$ 到达格点 (s,r), 而这类路径的权和为 $q^s N_q(m-1,r-1) = q^{m-r}N_q(m-1,r-1)$, 因而有以上关系式成立. 这说明 $N_q(m,r)$ 与 $\binom{m}{r}_q$ 满足同样的递推关系 (参见第 1 章), 并且显然具有相同的初始值, 如 $N_q(m,0) = N_q(m,m) = 1$, $N_q(m,1) = (m)_q$ 等等. 由此即得定理的结论. ■

根据定理 2.32, 立即得到下面的推论.

推论 2.32.1 设 n, r, $s \in \mathbb{Z}^+$, 满足 $n \leqslant rs$, 则拆分数 $p_{\leqslant r}^{\leqslant s}(n)$ 等于 $\binom{r+s}{r}_q$ 中 q^n 的系数, 且 $\binom{r+s}{r}_q$ 中除常数项之外的所有项的系数之和, 等于不超过 rs 的正整数拆分成至多 r 个部分每个部分至多为 s 的拆分数之和.

例如, 16 的部分数不超过 4 且最大部分不超过 5 的拆分数 $p_{\leqslant 4}^{\leqslant 5}(16)$ 等于 $\binom{9}{4}_q$ 中项 q^{16} 的系数, 即 $p_{\leqslant 4}^{\leqslant 5}(16) = 5$, 这就是图 2.5 所展示的 16 的 5 种拆分. 因为

$$
\begin{aligned}
\binom{9}{4}_q = {}& 1 + q + 2q^2 + 3q^3 + 5q^4 + 6q^5 + 8q^6 + 9q^7 \\
& + 11q^8 + 11q^9 + 12q^{10} + 11q^{11} + 11q^{12} + 9q^{13} + 8q^{14} \\
& + 6q^{15} + 5q^{16} + 3q^{17} + 2q^{18} + q^{19} + q^{20}
\end{aligned}
$$

由此还可得到 $p_{\leqslant 4}^{\leqslant 5}(14) = 8$, $p_{\leqslant 4}^{\leqslant 5}(15) = 6$ 等等, 且不超过 20 的正整数拆分成至多 4 个部分每个部分至多为 5 的所有拆分数之和为 125.

推论 2.32.1 告诉我们, 拆分数序列 $\left\{ p_{\leqslant r}^{\leqslant s}(n) \right\}_{n=0}^{rs}$ 的普通型母函数为

$$\mathcal{P}_{\leqslant r}^{\leqslant s}(x) = \sum_{n=0}^{rs} p_{\leqslant r}^{\leqslant s}(n)x^n = \binom{r+s}{r}_x$$

在第 1 章我们曾经将 q 二项式系数 $\binom{n}{k}_q$ 解释为用黑白两色对 $1 \times n$ 的正方形格子进行着色所有含有 k 个黑色格子 $n-k$ 个白色格子的着色方案的权和. 事实上, 用黑白两色对 $1 \times (r+s)$ 的格子进行着色, 则含有 r 个黑色格子和 s 个白色格子的每一种着色方案, 都唯一地对应着 $\mathscr{L}(s,r)$ 中的一条格点路径: 在着色方案中, 从左到右的每一个白色格子都对应路径中的一个 x 步, 而黑色格子则对应路径中的一个 y 步; 并且按照前面我们对着色方案和格点路径的赋权方式, 相互对应的着色方案与格点路径具有完全相同的权. 图 2.6 展示了用黑白两色对 1×9

的格子进行着色所有含有 4 个黑色格子和 5 个白色格子且权为 q^{16} 的全部 5 种着色方案, 它们对应着从格点 $(0,0)$ 到格点 $(5,4)$ 的所有权为 q^{16} 的 5 种格点路径 (参见图 2.5).

2.5.6　拆分数 $p(n)$ 的性质

自 Leibniz 开创了正整数拆分这一研究方向开始, 这个领域里最迷人、最困难的问题就是关于拆分数 $p(n)$ 的渐进性质. 此后该问题一直困扰数学家许多年, 直到 1918 年才由英国数学家 G. H. Hardy (1877—1947) 和印度数学家 S. Ramanujan (1887—1920) 完全解决了这个问题[13]. 1920 年, 数学家 J. V. Uspensky (1883—1947) 独立地得到了同样的结果. 1937 年, 德国数学家 H. A. Rademacher (1892—1969) 改进了 Hardy 和 Ramanujan 的结果[14]. 这里我们只介绍拆分数 $p(n)$ 的部分简单性质, 并不准备包含 $p(n)$ 的全部内容, 有兴趣的读者可参阅相关文献.

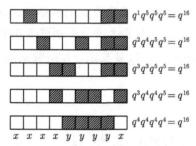

$$q^1 q^5 q^5 q^5 = q^{16}$$
$$q^2 q^4 q^5 q^5 = q^{16}$$
$$q^3 q^3 q^5 q^5 = q^{16}$$
$$q^3 q^4 q^4 q^5 = q^{16}$$
$$q^4 q^4 q^4 q^4 = q^{16}$$

图 2.6　着色方案与格点路径之间的对应关系

下面的定理一般称为 Euler 定理.

定理 2.33　设 n 是非负整数, $\{p(n)\}_{n \geqslant 0}$ 是 n 的拆分数序列, 则其普通型母函数 $\mathcal{P}(x)$ 为

$$\mathcal{P}(x) = \sum_{n \geqslant 0} p(n) \, x^n = \prod_{k \geqslant 1} \frac{1}{1 - x^k}$$

证明　设 n 的拆分中有 n_1 个 1, n_2 个 2, $\cdots$, n_k 个 k, $\cdots$, 则 $p(n)$ 是不定方程

$$n_1 + 2n_2 + \cdots + kn_k + \cdots = n$$

非负整数解的个数, 因此有

$$\mathcal{P}(x) = \prod_{k \geqslant 1} \left(1 + x^k + x^{2k} + \cdots \right)$$

$$= \frac{1}{1 - x} \cdot \frac{1}{1 - x^2} \cdot \cdots \cdot \frac{1}{1 - x^k} \cdots$$

$$= \prod_{k \geqslant 1} \frac{1}{1 - x^k} \qquad \blacksquare$$

事实上, 如果我们注意到

$$p_{\leqslant r}(n) = p_1(n) + p_2(n) + \cdots + p_r(n)$$

这是 n 的不超过 r 个部分的拆分数. 因此有

$$\mathcal{P}(x) = \lim_{r \to \infty} \prod_{k=1}^{r} \frac{1}{1 - x^k} = \lim_{r \to \infty} \mathcal{P}_{\leqslant r}(x)$$

其中 $\mathcal{P}_{\leqslant r}(x)$ 是 n 的不超过 r 个部分的拆分序列 $\{p_{\leqslant r}(n)\}_{n \geqslant 0}$ 的普通型母函数.

拆分序列 $\{p(n)\}_{n \geqslant 0}$ 的母函数 $\mathcal{P}(x)$ 一般称为 Euler 函数. $\mathcal{P}(x)$ 中 x^n 是由参与构造 $\mathcal{P}(x)$ 的各因子各取一项的乘积得到的. 由于 $\mathcal{P}(x)$ 的第 i 个因子 $1 + x^i + x^{2i} + \cdots$ 表示整数 i 在 n 的拆分中可能出现的各种次数, 所以如果我们从第 i 个因子中选择了 x^{in_i} 项, 那么整数 i 将在 n 的拆分中出现 n_i 次. 从这些因子中每个使得 $n = 1n_1 + 2n_2 + 3n_3 + \cdots$ 的选择组合都对 x^n 的系数贡献 1, 因为

$$x^{1n_1} \cdot x^{2n_2} \cdot x^{3n_3} \cdots = x^{1n_1 + 2n_2 + 3n_3 + \cdots}$$

所以最后展开式中 x^n 的系数就是将 n 表示成 $n = 1n_1 + 2n_2 + 3n_3 + \cdots$, $n_i \geqslant 0$ 的方式数, 这正好就是正整数 n 的拆分数.

如果以 $\Pi^{\geqslant 2}(n)$ 表示正整数 n 的每个部分均不小于 2 的拆分之集, 以 $p^{\geqslant 2}(n)$ 表示相应的拆分数, 即 $p^{\geqslant 2}(n) = |\Pi^{\geqslant 2}(n)|$, 并约定 $p^{\geqslant 2}(1) = 0$, $p^{\geqslant 2}(0) = 1$. 因 $\Pi^{\geqslant 2}(n)$ 中的拆分不含有为 1 的部分, 即 $p^{\geqslant 2}(n)$ 是将 n 表示成

$$n = 2n_2 + 3n_3 + \cdots$$

的方式数, 所以拆分数序列 $\{p^{\geqslant 2}(n)\}_{n \geqslant 0}$ 的普通母函数为

$$\mathcal{P}^{\geqslant 2}(x) = \sum_{n \geqslant 0} p^{\geqslant 2}(n) x^n = 1 + \sum_{n \geqslant 2} p^{\geqslant 2}(n) x^n$$

$$= \left(1 + x^2 + x^4 + \cdots\right)\left(1 + x^3 + x^6 + \cdots\right) \cdots$$

$$= (1 - x)\mathcal{P}(x)$$

从上式中立即可得下面的定理, 它表明 n 的含有为 1 部分的拆分与 $n - 1$ 的拆分存在一一对应关系, 其组合意义是显然的.

定理 2.34 当 $n \geqslant 2$ 时, $p^{\geqslant 2}(n) = p(n) - p(n-1)$.

例 2.33 设有普通母函数 $G(x)$ 如下:

$$G(x) = (1+x)\left(1+x^2\right)\left(1+x^4\right)\left(1+x^8\right)\cdots$$
$$= \prod_{k \geqslant 0}\left(1 + x^{2^k}\right) \tag{2.49}$$

试求对应的序列 $\{g_n\}_{n \geqslant 0}$.

解 显然 $G(x)$ 类似于 Euler 函数 $\mathcal{P}(x)$, 但构成 $G(x)$ 的因子只是构成 $\mathcal{P}(x)$ 的部分因子的前 2 项, 所以 $G(x)$ 中 x^n 的系数 g_n 是满足如下不定方程:

$$n = b_0 2^0 + b_1 2^1 + b_2 2^2 + \cdots, \quad b_i \in \{0, 1\}, \quad i = 0, 1, 2, \cdots$$

非负整数解的个数, 即 g_n 是正整数 n 拆分成各部分为 2 的幂且每个 2 的幂至多出现 1 次的拆分数. 显然这种拆分就是正整数 n 的二进制表示, 由于每个正整数 n 有唯一的二进制表示, 所以拆分数 $g_n = 1$. 从而得到

$$G(x) = \prod_{k \geqslant 0}\left(1 + x^{2^k}\right) = 1 + x + x^2 + x^3 + \cdots = \frac{1}{1-x}$$

例 2.34 设有普通母函数 $F(x)$ 如下:

$$F(x) = (1+x)\left(1+x^2\right)\left(1+x^3\right)\left(1+x^4\right)\cdots$$
$$= \prod_{k \geqslant 1}\left(1 + x^k\right) = \sum_{n \geqslant 0} f_n x^n \tag{2.50}$$

试求对应的序列 $\{f_n\}_{n \geqslant 0}$.

解 同上题完全类似地分析, 不难看出 f_n 就是正整数 n 的各部分互异的拆分数, 即 $f_n = p^{\neq}(n)$, 因此 $F(x)$ 实际上是 n 的各部分互异拆分序列 $\{p^{\neq}(n)\}_{n \geqslant 0}$ 的普通型母函数 $\mathcal{P}^{\neq}(x)$. 另一方面, 由于

$$F(x) = \prod_{k \geqslant 1}\left(1 + x^k\right) = \prod_{k \geqslant 1}\frac{\left(1 - x^{2k}\right)}{\left(1 - x^k\right)}$$
$$= \prod_{k \geqslant 1}\left(1 - x^{2k}\right)\prod_{l \geqslant 1}\frac{1}{\left(1 - x^l\right)}$$
$$= \prod_{m \geqslant 1}\frac{1}{\left(1 - x^{2m-1}\right)}$$

从上式容易看出, $F(x)$ 也是正整数 n 的各部分均为奇数的拆分序列 $\{p^o(n)\}_{n \geqslant 0}$ 的母函数, 于是 $p^{\neq}(n) = p^o(n)$. 这实际上是定理 2.28 的结论, 同前面的直接证明不同, 这里我们采用了母函数技术.

定理 2.35 设 $n, k \in \mathbb{Z}^+$, 令 $\sigma(k) = \sum_{d \mid k} d$, 即 $\sigma(k)$ 表示正整数 k 的所有因子之和, 那么 n 的拆分数 $p(n)$ 满足如下递推关系:

$$p(n) = \frac{1}{n} \sum_{k=1}^{n} \sigma(k)\, p(n-k) \tag{2.51}$$

证明 事实上, 根据定理 2.33, 对 Euler 函数取自然对数得

$$\ln \mathcal{P}(x) = -\sum_{k \geqslant 1} \ln\left(1 - x^k\right)$$

两边关于 x 求导, 可得

$$\frac{\mathrm{d}}{\mathrm{d}x} \mathcal{P}(x) = \left[\sum_{k \geqslant 1} \frac{k x^{k-1}}{1 - x^k} \right] \mathcal{P}(x)$$

即有

$$\sum_{n \geqslant 1} n p(n)\, x^{n-1} = \left[\sum_{k \geqslant 1} \frac{k x^{k-1}}{1 - x^k} \right] \left[\sum_{n \geqslant 0} p(n)\, x^n \right]$$

将上式中的 $\dfrac{1}{1 - x^k}$ 也展开成幂级数, 得到

$$\sum_{n \geqslant 1} n p(n)\, x^{n-1} = \left[\sum_{m \geqslant 0} \left(\sum_{\substack{kl = m+1 \\ k \geqslant 1,\, l \geqslant 1}} k \right) x^m \right] \left[\sum_{n \geqslant 0} p(n)\, x^n \right]$$

即有

$$\sum_{n \geqslant 1} n p(n)\, x^{n-1} = \left[\sum_{m \geqslant 0} \sigma(m+1)\, x^m \right] \left[\sum_{n \geqslant 0} p(n)\, x^n \right]$$

比较上式两边 x^{n-1} 的系数可得

$$p(n) = \frac{1}{n} \sum_{k=1}^{n} \sigma(k)\, p(n-k) \qquad\blacksquare$$

对于正整数 n 的各部分互异的拆分数序列 $\left\{ p^{\neq}(n) \right\}_{n \geqslant 0}$ 的母函数 $\mathcal{P}^{\neq}(x)$ (参见例 2.34), 可类似地得到关于 $p^{\neq}(n)$ 的递推关系 (习题 2.46):

$$p^{\neq}(n) = \frac{1}{n} \sum_{k=1}^{n} \tau(k)\, p^{\neq}(n-k), \quad n \in \mathbb{Z}^+ \tag{2.52}$$

其中 $\tau(k) = \sum_{dl=k}(-1)^{l-1}d$. 当 k 为奇数时, $\tau(k) = \sigma(k)$; 当 k 为偶数时, $\tau(k)$ 为 k 的诸因子中对偶因子为奇数的因子之和减去对偶因子为偶数的因子之和 (这里对偶因子是指: 如果 $dl = k$, 则 l 称为 k 的因子 d 的对偶因子).

现在我们考虑 Euler 函数 $\mathcal{P}(x)$ 的倒数

$$\frac{1}{\mathcal{P}(x)} = \prod_{k \geqslant 1}(1 - x^k) = 1 + \sum_{n \geqslant 1} g_n x^n \tag{2.53}$$

显然, 在 (2.53) 右端展开式中, 对于 n 的各部分互异且部分数为偶数的每个拆分, 将对 x^n 的系数贡献 $+1$, 而对 n 的各部分互异且部分数为奇数的每个拆分, 将对 x^n 的系数贡献 -1. 因此, 如果我们用 $p_e^{\neq}(n)$ 和 $p_o^{\neq}(n)$ 分别表示正整数 n 的各部分互异且部分数为偶数的拆分数和各部分互异且部分数为奇数的拆分数, 则 (2.53) 中 x^n 的系数为 $g_n = p_e^{\neq}(n) - p_o^{\neq}(n)$. Euler 曾经证明了下面的结论.

定理 2.36 对于 Euler 函数的倒数 $\mathcal{P}(x)^{-1}$, 我们有

$$\frac{1}{\mathcal{P}(x)} = \prod_{k \geqslant 1}(1 - x^k) = 1 + \sum_{m \geqslant 1}(-1)^m \left[x^{\omega(m)} + x^{\omega(-m)} \right]$$

其中 $\omega(m) = (3m^2 - m)/2$ 仍表示五边形数.

证明 显然, 我们只需要证明下面的结论:

$$p_e^{\neq}(n) - p_o^{\neq}(n) = \begin{cases} (-1)^m, & n = \omega(\pm m) \\ 0, & n \neq \omega(\pm m) \end{cases}$$

下面我们给出的这个极为优雅的图示化证明并不是 Euler 原来的证明, 而是由 B. Franklin (1830—1915) 给出的[15].

设 $\pi(n) = \{n_1, n_2, \cdots, n_r\}$ 是 n 的各部分互异的拆分, 我们考虑拆分 $\pi(n)$ 的 Ferrers 图 $\mathcal{D}_F(\pi)$, 并称 $\mathcal{D}_F(\pi)$ 最底部的行为 Ferrers 图 $\mathcal{D}_F(\pi)$ 的**基**, 基中的点数记为 b, 即 $b = n_r$; 由 $\mathcal{D}_F(\pi)$ 的顶行右端点与以下各行右端点所形成的最长的 45° 线段称为 Ferrers 图 $\mathcal{D}_F(\pi)$ 的**斜边**, 斜边中的点数记为 s. 图 2.7 (a) 展示了正整数 23 的各部分互异的一个 5 拆分 $23 = 7+6+5+3+2$, 其中 $b = 2$, $s = 3$.

下面我们在 Ferrers 图上定义两种操作 (分别称之为 A 和 B) 如下.

操作 A 如果 $b \leqslant s$, 去掉基, 并将其放入斜边的右边以形成新的斜边; 除非 $b = s$ 且基与斜边有公共点. 图 2.8 (a) 展示了 A 操作的例外情况: $b = s = 4$ 且有公共点, 而图 2.7 (b) 则展示了图 2.7 (a) 经过 A 操作后的结果.

操作 B 如果 $b > s$, 去掉斜边, 并将其放入 Ferrers 图的底部以形成新的基; 除非 $b = s + 1$ 且基与斜边有公共点. 图 2.8 (b) 展示了 B 操作的例外情况: $b = s + 1 = 4$ 且有公共点.

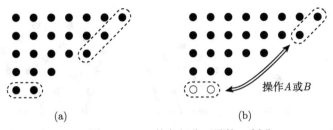

图 2.7　23 的各部分互异的 5 拆分

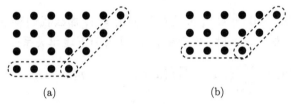

图 2.8　A 操作的结果及其例外情况

显然, A 操作的例外情况仅在拆分 $\pi(n) = \{b,\, b+1,\, \cdots,\, 2b-1\}$, 即

$$n = b + (b+1) + \cdots + (2b-1) = \omega(b)$$

时发生, 此时拆分 $\pi(n)$ 对 x^n 的系数贡献为 $(-1)^b$; 对于 B 操作, 其例外情况也仅在拆分 $\pi(n) = \{s+1,\, s+2,\, \cdots,\, 2s\}$ 时发生, 即

$$n = (s+1) + (s+2) + \cdots + 2s = \omega(-s)$$

此时拆分 $\pi(n)$ 对 x^n 的系数贡献为 $(-1)^s$. 除了这两个例外的情况之外, n 的各部分互异且部分数为奇数的拆分与各部分互异且部分数为偶数的拆分存在一一对应关系, 因为 A 操作和 B 操作之后, 拆分的部分数的奇偶性发生了变化. 因此, 此时有 $p_{\mathrm{e}}^{\neq}(n) - p_{\mathrm{o}}^{\neq}(n) = 0$; 例外的情况下有 $p_{\mathrm{e}}^{\neq}(n) - p_{\mathrm{o}}^{\neq}(n) = \pm 1$. ∎

　　定理 2.36 一般称为 **Euler 恒等式**, 其中五边形数或五角数 $\omega(m)$ 曾经出现在第 1 章, 因为

$$\omega(m) = \frac{3m^2 - m}{2} = \sum_{k=0}^{m-1} (3k+1)$$

且可表示为图 2.9 中五边形边界上的点数之和, 五边形数因此而得名.

$$\omega(1)=1 \qquad \omega(2)=1+4 \qquad \omega(3)=1+4+7 \qquad \omega(4)=1+4+7+10$$

图 2.9   五边形数的图示

如果约定 $p(n) = 0$, $n < 0$, 并注意到 $p(0) = 1$, 那么我们有下面的结论.

定理 2.37   当 $n \geqslant 1$ 时, 拆分数 $p(n)$ 满足如下递推关系:

$$p(n) = \sum_{m \geqslant 1} (-1)^{m+1} \big[p(n - \omega(m)) + p(n - \omega(-m)) \big] \tag{2.54}$$

其中 $\omega(m)$ 为五边形数.

证明   由 Euler 定理 (定理 2.33) 和 Euler 恒等式 (定理 2.36) 立即可得

$$\left(\sum_{n \geqslant 0} p(n) x^n \right) \cdot \left(1 + \sum_{m \geqslant 1} (-1)^m \big[x^{\omega(m)} + x^{\omega(-m)} \big] \right) = 1$$

比较上式两边 x^n 的系数, 得到

$$p(n) + \sum_{m \geqslant 1} (-1)^m \big[p(n - \omega(m)) + p(n - \omega(-m)) \big] = 0$$

由此即得定理的结论.   ∎

从递推关系 (2.54) 很容易得到拆分数序列 $\{p(n)\}_{n \geqslant 0}$ 前几项的递推关系:

$$p(0) = 1, \quad p(1) = 1$$
$$p(2) = p(1) + p(0)$$
$$p(3) = p(2) + p(1)$$
$$p(4) = p(3) + p(2)$$

$$\cdots\cdots$$

这个关系前三项与所谓的 Fibonacci 序列 $\{F_n\}_{n \geqslant 0}$ (将在下一章讨论) 是一样的, 于是有人猜测 $p(n)$ 是否以类似于 F_n 的方式增长? 即以某个常数 c 的 n 次幂 c^n

增长. 然而实际情况却并非如此, $p(n)$ 的增长要慢得多. 实际上, 上面的递推关系在 $n = 5$ 时就不成立, 因为 $p(5) = p(4) + p(3) - 1 = 7 < p(4) + p(3) = 8$. 下面的定理给出了 $p(n)$ 的一个较为宽松的上界估计.

定理 2.38 设 $p(n)$ 是 n 的拆分数, 则当 $n > 2$ 时有

$$p(n) < \frac{\pi}{\sqrt{6(n-1)}} \exp\left(\sqrt{\frac{2n}{3}}\pi\right)$$

证明 设 $\mathcal{P}(x)$ 是序列 $\{p(n)\}_{n \geqslant 0}$ 的普通型母函数, 根据定理 2.33 有

$$\ln \mathcal{P}(x) = -\sum_{k \geqslant 1} \ln\left(1 - x^k\right) = \sum_{k \geqslant 1}\sum_{l \geqslant 1} \frac{x^{kl}}{l} = \sum_{l \geqslant 1} \frac{x^l}{l\left(1 - x^l\right)}$$

考虑 $x \in (0, 1)$, 那么由

$$\frac{1 - x^l}{1 - x} = 1 + x + \cdots + x^{l-1} > lx^{l-1}$$

可得

$$\frac{x^l}{l\left(1 - x^l\right)} < \frac{x}{(1 - x)\, l^2}$$

于是有

$$\ln \mathcal{P}(x) < \frac{x}{1 - x} \sum_{l \geqslant 1} \frac{1}{l^2} = \frac{\pi^2}{6} \cdot \frac{x}{1 - x}$$

由于 $p(n)$ 是增函数, 所以有

$$\mathcal{P}(x) > p(n)x^n + p(n+1)x^{n+1} + \cdots > p(n) \cdot \frac{x^n}{1 - x}$$

联合以上两个不等式可得

$$\ln p(n) < \frac{\pi^2}{6} \cdot \frac{x}{1 - x} - n \ln x + \ln(1 - x)$$

将 $x = \frac{1}{1 + u}$ 代入上式得

$$\ln p(n) < \frac{\pi^2}{6} \cdot \frac{1}{u} + (n-1)u + \ln u$$

在上式中令 $u = \dfrac{\pi}{\sqrt{6(n-1)}}$，可得

$$\ln p(n) - \ln \frac{\pi}{\sqrt{6(n-1)}} < \sqrt{\frac{2n}{3}}\pi$$

即有

$$p(n) < \frac{\pi}{\sqrt{6(n-1)}} \exp\left(\sqrt{\frac{2n}{3}}\pi\right)$$

　　需要指出的是, 定理 2.38 中的上界估计太宽松了, 这也可以从其证明过程和表 2.3 中的数据看出来. 关于拆分数 $p(n)$ 的一个较为精确的渐近结果还是由英国数学家 Hardy 和印度数学家 Ramanujan 做出的. 这就是下面的定理.

　　定理 2.39　设 $p(n)$ 是 n 的拆分数, 则当 $n \to \infty$ 时有

$$p(n) \sim \frac{1}{4\sqrt{3}n} \exp\left(\sqrt{\frac{2n}{3}}\pi\right)$$

　　表 2.3 列出了前 24 个较小 n 值的拆分数及其上界估计, 其中

$$c_1 = \frac{1}{4\sqrt{3}n}, \quad c_2 = \frac{\pi}{\sqrt{6(n-1)}}$$

表 2.3　拆分数及其上界估计

n	$p(n)$	$c_1 e^{\sqrt{\frac{2n}{3}}\pi}$	$c_2 e^{\sqrt{\frac{2n}{3}}\pi}$	n	$p(n)$	$c_1 e^{\sqrt{\frac{2n}{3}}\pi}$	$c_2 e^{\sqrt{\frac{2n}{3}}\pi}$
1	1	1.88	*	13	101	115.36	3846.79
2	2	2.72	48.25	14	135	151.88	5240.12
3	3	4.09	77.10	15	176	198.53	7072.08
4	5	6.10	125.18	16	231	257.81	9463.75
5	7	8.94	198.63	17	297	332.74	12565.78
6	11	12.88	307.14	18	385	427.02	16564.87
7	15	18.27	463.86	19	490	545.10	21691.47
8	22	25.54	686.15	20	627	692.38	28229.00
9	30	35.25	996.68	21	792	875.36	36524.82
10	42	48.10	1424.81	22	1002	1101.84	47003.29
11	56	64.97	2008.27	23	1255	1381.18	60181.17
12	77	86.94	2795.23	24	1575	1724.54	76685.94

2.5.7　整数的完备拆分

下面我们研究正整数的完备拆分, 其定义如下.

定义 2.9　设 $\pi(n) = \{n_1, n_2, \cdots\}$ 是正整数 n 的一个拆分, 如果对于任何满足 $1 \leqslant m < n$ 的正整数 m, 拆分 $\pi(n)$ 中恰有一个子集 $\{n_{j_1}, n_{j_2}, \cdots\}$ 是 m 的一个拆分, 即 $\pi(m) = \{n_{j_1}, n_{j_2}, \cdots\}$, 则称 $\pi(n)$ 是正整数 n 的一个**完备拆分**, 记为 $\pi\langle n \rangle$, 并以 $|\pi\langle n \rangle|$ 表示完备拆分 $\pi\langle n \rangle$ 的部分数.

例如, $\pi\langle 15 \rangle = \{8, 4, 2, 1\}$ 就是 15 的一个完备拆分, 因为

$1 = 1$	$2 = 2$	$3 = 2 + 1$	$4 = 4$
$5 = 4 + 1$	$6 = 4 + 2$	$7 = 4 + 2 + 1$	$8 = 8$
$9 = 8 + 1$	$10 = 8 + 2$	$11 = 8 + 2 + 1$	$12 = 8 + 4$
$13 = 8 + 4 + 1$	$14 = 8 + 4 + 2$		

正整数的完备拆分有很多实际的应用, 如货币、有价证券的币值设计、天平砝码的重量设计等, 都需要用到整数的完备拆分. 若以 $\Pi\langle n \rangle$ 表示正整数 n 的全体完备拆分之集, 而以 $p\langle n \rangle$ 表示 n 的完备拆分数, 即 $p\langle n \rangle = |\Pi\langle n \rangle|$, 那么有下面的结论:

定理 2.40　设 n 为正整数, 且 $n + 1 = p_1^{\alpha_1} p_2^{\alpha_2} \cdots p_k^{\alpha_k}$, 其中 $p_1, p_2, \cdots, p_k$ 均为素数, 令 $m = \alpha_1 + \alpha_2 + \cdots + \alpha_k$, 则

$$p\langle n \rangle = \sum_{t=1}^{m} \sum_{j=1}^{t} (-1)^{t-j} \binom{t}{j} \prod_{i=1}^{k} \binom{j + \alpha_i - 1}{\alpha_i}$$

证明　设 $n + 1 = d_1 d_2 \cdots d_t$, 其中 $d_j \, (1 \leqslant j \leqslant t)$ 是 t 个大于 1 的正整数. 我们首先将证明

$$\pi(n) = (1)^{d_1 - 1} (d_1)^{d_2 - 1} (d_1 d_2)^{d_3 - 1} \cdots (d_1 d_2 \cdots d_{t-1})^{d_t - 1} \tag{2.55}$$

就是正整数 n 的一个完备拆分, 这是因为

$$n = d_1 d_2 \cdots d_t - 1$$
$$= d_1 - 1 + (d_2 - 1) d_1 + (d_3 - 1) d_1 d_2 + \cdots + (d_t - 1) d_1 d_2 \cdots d_{t-1}$$

并且对于整数 $m \, (1 \leqslant m < n)$, $\pi(n)$ 中恰存在一个 m 的拆分. 事实上, 对于任何满足 $1 \leqslant m < n$ 的正整数 m, 必存在正整数 $k \, (1 \leqslant k \leqslant t)$ 使得

$$d_1 d_2 \cdots d_{k-1} \leqslant m < d_1 d_2 \cdots d_k, \quad d_0 = 1$$

下面我们对 k 用归纳法, 证明形如 (2.55) 的 $\pi(n)$ 中恰存在一个 m 的拆分.

当 $k = 1$ 时, 由于 $1 \leqslant m < d_1$, 且 $\pi(n)$ 中含有 $d_1 - 1$ 个为 1 的部分, 所以 $\pi(n)$ 中恰存在一个 m 的拆分, 即 m 个为 1 的部分. 当 $k = 2$ 时, 由于 $d_1 \leqslant m < d_1 d_2$, 可将 m 表示为 $m = s d_1 + r$, 其中 $s < d_2$, $0 \leqslant r < d_1$, 因此 $\pi(n)$ 中 s 个为 d_1 的部分和 r 个为 1 的部分就是 m 的一个拆分, 除此之外 $\pi(n)$ 中不存在 m 的其他拆分.

现假设当 $k < l$ 时结论成立, 则当 $k = l$ 时, 由于有 $d_1 d_2 \cdots d_{l-1} \leqslant m < d_1 d_2 \cdots d_l$, 故可将 m 表示为 $m = s(d_1 d_2 \cdots d_{l-1}) + r$, 其中 $s < d_l$, $0 \leqslant r < d_1 d_2 \cdots d_{l-1}$. 根据归纳假设, $\pi(n)$ 中恰有一个 r 的拆分 $\pi(r)$, 且 $\pi(r)$ 连同 $\pi(n)$ 中 s 个为 $d_1 d_2 \cdots d_{l-1}$ 的部分, 就是 $\pi(n)$ 中的一个关于 m 的拆分, 除此之外, $\pi(n)$ 中不存在 m 的其他拆分.

其次, 我们证明 n 的任何一个完备拆分 $\pi\langle n \rangle$ 均具有 (2.55) 的形式. 这是因为 $\pi\langle n \rangle$ 是 n 的一个完备拆分, 所以其中必含有等于 1 的部分, 不妨设 $\pi\langle n \rangle$ 中含有 $d_1 - 1$ 个等于 1 的部分, 显然 $d_1 > 1$. 因为 $\pi\langle n \rangle$ 为 n 的完备拆分, 所以 $\pi\langle n \rangle$ 不含有大于 1 而小于 d_1 的部分, 但必含有等于 d_1 的部分, 并设 $\pi\langle n \rangle$ 含有 $d_2 - 1$ 个等于 d_1 的部分, 显然 $d_2 > 1$. 类似地, 由于 $\pi\langle n \rangle$ 是完备拆分, $\pi\langle n \rangle$ 中不含有大于 d_1 而小于 $d_1 d_2 = d_1 + d_1(d_2 - 1)$ 的部分, 但必含有等于 $d_1 d_2$ 的部分, 并设 $\pi\langle n \rangle$ 中含有 $d_3 - 1$ 个等于 $d_1 d_2$ 的部分, 显然 $d_3 > 1$. 以此类推, 设 $\pi\langle n \rangle$ 中含有 $d_t - 1$ 个等于 $d_1 d_2 \cdots d_{t-1}$ 的部分, 且不再含有其他的部分. 此时 $\pi\langle n \rangle$ 显然可表为 (2.55) 的形式, 其中 d_1, d_2, $\cdots$, d_t 是 t 个大于 1 的正整数, 且满足 $n + 1 = d_1 d_2 \cdots d_t$. 这表明, 正整数 n 的完备拆分对应于 $n + 1$ 的一个有序因子分解, 反之亦然. 因此, 正整数 n 的完备拆分的个数 $p\langle n \rangle$ 等于 $n + 1$ 的有序因子分解的个数. 若以 N_t 表示将 $n + 1$ 分解成 t 个有序因子乘积的方案数, 则有

$$p\langle n \rangle = \sum_{t=1}^{m} N_t, \quad \text{其中} \, m = \sum_{j=1}^{k} \alpha_j$$

因为 $n + 1 = p_1^{\alpha_1} p_2^{\alpha_2} \cdots p_k^{\alpha_k}$, 所以 $n + 1$ 的任何因子 q 均可由 q 的素因子分解式中所含的 $p_i \, (i = 1, 2, \cdots, k)$ 的个数决定, 从而将 $n + 1$ 分解成 t 个有序因子乘积的方案数 N_t, 等于将重集 $S = \{\alpha_1 \cdot p_1, \, \alpha_2 \cdot p_2, \cdots, \alpha_k \cdot p_k\}$ 中的元素放入到 t 个不同的盒子中且不允许空盒的方案数 $S_t[\alpha_1, \alpha_2, \cdots, \alpha_k]$, 由例 2.16 立即可得

$$N_t = S_t[\alpha_1, \alpha_2, \cdots, \alpha_k] = \sum_{j=1}^{t} (-1)^{t-j} \binom{t}{j} \prod_{i=1}^{k} \binom{j + \alpha_i - 1}{\alpha_i}$$

从而有

$$p\langle n\rangle = \sum_{t=1}^{m}\sum_{j=1}^{t}(-1)^{t-j}\binom{t}{j}\prod_{i=1}^{k}\binom{j+\alpha_i-1}{\alpha_i}$$ ∎

以上的定理证明表明, n 的任一个完备拆分 $\pi\langle n\rangle$ 均可表示为

$$\pi\langle n\rangle = (1)^{d_1-1}(d_1)^{d_2-1}(d_1d_2)^{d_3-1}\cdots(d_1d_2\cdots d_{t-1})^{d_t-1} \tag{2.56}$$

的形式, 其中 $d_1,\ d_2,\ \cdots,\ d_t$ 是大于 1 的正整数, 且满足 $n+1=d_1d_2\cdots d_t$. 因此, 只要能够得到 $n+1$ 的一个有序因子分解 $n+1=d_1d_2\cdots d_t$, 就能得到 n 的一个完备拆分.

例 2.35 求正整数 15 的完备拆分数 $p\langle 15\rangle$.

解 因为 $16=2^4$, 所以 $m=4,\ \alpha_1=4,\ k=1$, 根据定理 2.40 得

$$\begin{aligned}
p\langle 15\rangle &= \sum_{t=1}^{4}\sum_{j=1}^{t}(-1)^{t-j}\binom{t}{j}\binom{j+4-1}{4}\\
&= \sum_{t=1}^{4}\sum_{j=1}^{t}(-1)^{t-j}\binom{t}{j}\binom{j+3}{4}\\
&= \sum_{j=1}^{1}(-1)^{1-j}\binom{1}{j}\binom{j+3}{4} + \sum_{j=1}^{2}(-1)^{2-j}\binom{2}{j}\binom{j+3}{4}\\
&\quad + \sum_{j=1}^{3}(-1)^{3-j}\binom{3}{j}\binom{j+3}{4} + \sum_{j=1}^{4}(-1)^{4-j}\binom{4}{j}\binom{j+3}{4}\\
&= 1+3+3+1 = 8
\end{aligned}$$

下面就是 16 的有序因子分解以及对应的 15 的 8 个完备拆分:

$$16 = 16 \qquad\qquad \pi\langle 15\rangle = (1)^{15}$$
$$16 = 2\cdot 8 \qquad\qquad \pi\langle 15\rangle = (1)^1(2)^7$$
$$16 = 4\cdot 4 \qquad\qquad \pi\langle 15\rangle = (1)^3(4)^3$$
$$16 = 8\cdot 2 \qquad\qquad \pi\langle 15\rangle = (1)^7(8)^1$$
$$16 = 2\cdot 2\cdot 4 \qquad\qquad \pi\langle 15\rangle = (1)^1(2)^1(4)^3$$
$$16 = 2\cdot 4\cdot 2 \qquad\qquad \pi\langle 15\rangle = (1)^1(2)^3(8)^1$$
$$16 = 4\cdot 2\cdot 2 \qquad\qquad \pi\langle 15\rangle = (1)^3(4)^1(8)^1$$

$$16 = 2 \cdot 2 \cdot 2 \cdot 2 \qquad\qquad \pi\langle 15 \rangle = (1)^1 (2)^1 (4)^1 (8)^1$$

在正整数的完备拆分的很多实际应用中, 有时需要知道具有最小部分数的完备拆分. 根据前面的结论, 正整数 n 的完备拆分 $\pi\langle n \rangle$ 具有 (2.56) 的形式, 其部分数为

$$|\pi\langle n \rangle| = (d_1 - 1) + (d_2 - 1) + \cdots + (d_t - 1) = d_1 + d_2 + \cdots + d_t - t \quad (2.57)$$

下面我们讨论, 当 n 给定时, 有序因子分解式 $n + 1 = d_1 d_2 \cdots d_t$ 中的因子 d_i 满足什么条件时 (2.57) 取最小值, 即讨论 $n + 1$ 的什么样的有序因子分解式能够使 (2.56) 的拆分 $\pi\langle n \rangle$ 具有最小的部分数 $\min |\pi\langle n \rangle|$.

定理 2.41 设 n 是正整数, $n + 1 = d_1 d_2 \cdots d_t$, 其中 d_1, d_2, $\cdots$, d_t 是大于 1 的正整数, 则当 d_1, d_2, $\cdots$, d_t 均为素数时, 完备拆分 $\pi\langle n \rangle$ 的部分数 $|\pi\langle n \rangle|$ 取得最小值, 即此时有 $|\pi\langle n \rangle| = d_1 + d_2 + \cdots + d_t - t$.

证明 首先, 容易用归纳法证明: 当 d_1, d_2, $\cdots$, d_t 均为大于 1 的正整数时有

$$d_1 + d_2 + \cdots + d_t \leqslant d_1 d_2 \cdots d_t$$

其次, 设 $n + 1 = p_1 p_2 \cdots p_m$ 是 $n + 1$ 的素因子分解式, 其中 p_1, p_2, $\cdots$, p_m 均为素数 (不一定互不相同), 则对于 $n + 1$ 的任何因子分解式 $n + 1 = d_1 d_2 \cdots d_t$, 如果因子 d_1, d_2, $\cdots$, d_t 均大于 1 且都是素数, 由素因子分解的唯一性, 必有 $t = m$, 并且

$$\{p_1, \ p_2, \ \cdots, \ p_m\} = \{d_1, \ d_2, \ \cdots, \ d_t\}$$

此时其部分数显然有

$$p_1 + p_2 + \cdots + p_m - m = d_1 + d_2 + \cdots + d_t - t$$

如果诸 $d_i \, (1 \leqslant i \leqslant t)$ 均大于 1 且不全为素数, 不妨设 d_1, d_2, $\cdots$, d_s 为合数, 而 d_{s+1}, d_{s+2}, $\cdots$, d_t 为素数, 并令

$$d_j = p_{j1} p_{j2} \cdots p_{jt_j}, \quad j = 1, 2, \cdots, s$$

为因子 d_j 的素因子分解式, 由素因子分解的唯一性可得

$$\{p_1, p_2, \cdots, p_m\} = \{p_{11}, p_{12}, \cdots, p_{1t_1}, \cdots, p_{s1}, p_{s2}, \cdots, p_{st_s}, d_{s+1}, \cdots, d_t\}$$

如果注意到 $p_{j1} + p_{j2} + \cdots + p_{jt_j} \leqslant d_j$ 和 $m = t_1 + t_2 + \cdots + t_s + t - s > t$, 可得

$$d_1 + d_2 + \cdots + d_t - t = d_1 + d_2 + \cdots + d_s + d_{s+1} + d_{s+2} + \cdots + d_t - t$$

$$\geqslant \sum_{j=1}^{s}\sum_{i=1}^{t_j} p_{ji} + \sum_{j=s+1}^{t} d_j - t$$

$$= p_1 + p_2 + \cdots + p_m - t$$

$$> p_1 + p_2 + \cdots + p_m - m$$ ■

定理 2.42 设 $n \in \mathbb{Z}^+$, $n+1 = p_1^{\alpha_1} p_2^{\alpha_2} \cdots p_k^{\alpha_k}$ 是 $n+1$ 的素因子分解式, 并设 $\min|\pi\langle n\rangle|$ 是 n 的完备拆分 $\pi\langle n\rangle$ 的最小部分数, $p_{\min}\langle n\rangle$ 表示 n 的具有最小部分数的完备拆分的个数, 则有

$$\min|\pi\langle n\rangle| = \sum_{i=1}^{k}\alpha_i(p_i - 1), \quad p_{\min}\langle n\rangle = \frac{(\alpha_1 + \alpha_2 + \cdots + \alpha_k)!}{\alpha_1!\alpha_2!\cdots\alpha_k!}$$

证明 根据定理 2.41 立即可得

$$\min|\pi\langle n\rangle| = \sum_{i=1}^{k}\alpha_i p_i - \sum_{i=1}^{k}\alpha_i = \sum_{i=1}^{k}\alpha_i(p_i - 1)$$

而 $p_{\min}\langle n\rangle$ 就是将 $n+1$ 分解成有序素因子乘积的方案数, 即重集

$$S = \{\alpha_1 \cdot p_1,\ \alpha_2 \cdot p_2,\ \cdots,\ \alpha_k \cdot p_k\}$$

的全排列数, 所以有

$$p_{\min}\langle n\rangle = \frac{(\alpha_1 + \alpha_2 + \cdots + \alpha_k)!}{\alpha_1!\alpha_2!\cdots\alpha_k!}$$ ■

例如, 由于 $16 = 2^4$, 所以 $\min|\pi\langle 15\rangle| = 4$, 而 $p_{\min}\langle 15\rangle = 4!/4! = 1$, 即 15 的完备拆分的最小部分数为 4, 而具有这个最小部分数 4 的完备拆分只有 1 个, 它就是 $15 = 8 + 4 + 2 + 1$. 又如, $36 = 2^2 3^2$, 所以 $\min|\pi\langle 35\rangle| = 2 + 2\cdot 2 = 6$, 而 $p_{\min}\langle 35\rangle = 4!/(2!2!) = 6$, 即 35 的完备拆分中最小部分数为 6, 具有最小部分数的完备拆分有 6 个, 具体如下:

$$36 = 2 \cdot 2 \cdot 3 \cdot 3 \qquad\qquad \pi\langle 35\rangle = (1)^1(2)^1(4)^2(12)^2$$

$$36 = 2 \cdot 3 \cdot 2 \cdot 3 \qquad\qquad \pi\langle 35\rangle = (1)^1(2)^2(6)^1(12)^2$$

$$36 = 2 \cdot 3 \cdot 3 \cdot 2 \qquad\qquad \pi\langle 35\rangle = (1)^1(2)^2(6)^2(18)^1$$

$$36 = 3 \cdot 2 \cdot 2 \cdot 3 \qquad\qquad \pi\langle 35\rangle = (1)^2(3)^1(6)^1(12)^2$$

$$36 = 3 \cdot 2 \cdot 3 \cdot 2 \qquad\qquad \pi\langle 35 \rangle = (1)^2(3)^1(6)^2(18)^1$$

$$36 = 3 \cdot 3 \cdot 2 \cdot 2 \qquad\qquad \pi\langle 35 \rangle = (1)^2(3)^2(9)^1(18)^1$$

实际上, 根据定理 2.40 可得, $p\langle 35 \rangle = 26$.

习　题　2

2.1　试证明定理 2.2 中关于普通型母函数的性质 ① 至 ⑥.

2.2　设序列 $\{a_n\}_{n \geqslant 0}$ 的普通型母函数为 $F(x)$, 试证明:

① $\mathbf{G}_{\mathrm{o}}(a_{n+1}) = [F(x) - a_0]/x$;

② $\mathbf{G}_{\mathrm{o}}(a_{n+k}) = \left[F(x) - \sum_{j=0}^{k-1} a_j x^j\right]/x^k$;

③ $\mathbf{G}_{\mathrm{o}}(a_{n-1}) = xF(x)$;

④ $\mathbf{G}_{\mathrm{o}}(a_{n-k}) = x^k F(x)$;

⑤ $\mathbf{G}_{\mathrm{o}}(a_n - a_{n-1}) = (1-x)F(x)$;

⑥ $\mathbf{G}_{\mathrm{o}}(a_n - a_{n-k}) = (1-x^k)F(x)$.

2.3　试证明定理 2.11.

2.4　试证明定理 2.3; 并根据所证明的结论, 求级数 $\sum_{n \geqslant 0} \dfrac{n^2 + 4n + 5}{n!}$ 的和.

2.5　试求序列 $0, 1, 8, \cdots, n^3, \cdots$ 普通型母函数 $f(x)$.

2.6　已知序列 $\{a_n\}_{n \geqslant 0}$ 满足 $\mathbf{G}_{\mathrm{e}}(a_n) = \mathrm{e}^{x + x^2/2}$, 试求 a_n.

2.7　试求序列 $\{a_n\}_{n \geqslant 0}$ 使得对 $\forall n \in \mathbb{N}$ 均有 $\sum_{k=0}^{n} a_k a_{n-k} = 1$.

2.8　设 n, k 是给定的正整数, $a_k(n)$ 是 $\mathbb{Z}_n^+$ 的满足 $X_1 \cap X_2 \cap \cdots \cap X_k = \varnothing$ 的子集序列 $(X_1, X_2, \cdots, X_k)$ 的个数, 试求 $a_k(n)$.

2.9　设 $s_n = \binom{n}{2}$, $t_n = \binom{n}{3}$, 试分别求序列 $\{s_n\}_{n \geqslant 2}$ 和序列 $\{t_n\}_{n \geqslant 3}$ 普通型母函数 $f_s(x)$ 及 $f_t(x)$.

2.10　设 h_n 是不定方程 $2x_1 + 5x_2 + x_3 + 7x_4 = n$ 的非负整数解的个数, 试求序列 $\{h_n\}_{n \geqslant 0}$ 的普通型母函数 $f_h(x)$.

2.11　两棋手玩多局下棋游戏, 并对游戏进行累计积分, 积分规则如下: 每局游戏的赢者积 1 分, 输者积 0 分, 平局双方各积 1 分. 游戏进行到双方各积 n 分即比分为 $n:n$ 时终止, 设 d_n 表示可能的得分序列数, 并约定 $d_0 = 1$. 试求序列 $\{d_n\}_{n \geqslant 0}$ 的普通型母函数 $D(x) = \sum_{n \geqslant 0} d_n x^n$.

2.12　设 a_n 是用数字 1, 3, 5, 7, 9 作成的 1 和 3 均出现非零偶数次的 n 位数的个数, 试求序列 $\{a_n\}_{n \geqslant 0}$ 的指数型母函数 $E_a(x)$.

2.13　设重集 $S = \{\infty \cdot a_1, \infty \cdot a_2, \cdots, \infty \cdot a_k\}$, 序列 $\{h_n\}_{n \geqslant 0}$ 是如下定义的序列, 且满足 $h_0 = 1$, 如果 $\mathbf{G}_{\mathrm{e}}(h_n) = E_h(x)$, 试求指数型母函数 $E_h(x)$:

① h_n 是集合 S 的每个元素均出现奇数次的 n 排列数;

② h_n 是集合 S 的每个元素均至少出现 4 次的 n 排列数;

③ h_n 是集合 S 满足元素 $a_i\,(1 \leqslant i \leqslant k)$ 至少出现 i 次的 n 排列数;

④ h_n 是集合 S 满足元素 $a_i\,(1 \leqslant i \leqslant k)$ 至多出现 i 次的 n 排列数.

2.14　试求重集 $\{4 \cdot a, 3 \cdot b, 4 \cdot c, 5 \cdot d\}$ 的 12 组合数 c_{12}.

2.15　掷骰子 3 次, 求点数之和等于 14 的方案数 a_{14}.

2.16　求 n 位 4 进制数中数字 2 和 3 必须出现偶数次 (含 0 次) 的数目 a_n.

2.17　用数字 1, 2, 3, 4, 5, 6 作成 n 位数, 使得数字 1 和数字 3 出现的次数之和为偶数, 试求这样的 n 位数的个数.

2.18　现有红、黄、蓝、白球各 2 个, 绿、紫、黑球各 3 个, 从中取出 10 个球, 试用母函数求其方案数?

2.19　试求重集 $\{n \cdot a, n \cdot b, n \cdot c\}$ 的包含偶数个 a 的 n 组合数 c_n.

2.20　将 $2n$ 个不同的球放入 m 个不同的盒子使得每个盒子中的球数为偶数, 求方案数 $S_e^{\#}(2n, m)$.

2.21　将 18 个足球分给甲、乙、丙三个班, 要求甲班和乙班均至少分得 3 个, 至多分得 10 个, 丙班至少分得 2 个, 求不同的分配方案数.

2.22　将一张 5 元的纸币兑换成 1 角、 2 角和 5 角的硬币, 有多少种兑换方案?

2.23　某教授每周上班 5 天, 共工作 36 小时, 假定他每天工作的小时数是整数, 且每天至少工作 6 小时, 至多工作 8 小时, 试问该教授一周的作息时间表有多少种编排方法?

2.24　试给出例 2.23 一个组合证明 (不使用母函数).

2.25　试给出例 2.24 一个组合证明 (不使用母函数).

2.26　试用组合的方法证明第一类无符号 Stirling 数 $c(n, k)$ 的如下表达式:

$$c(n, k) = \frac{1}{k!} \sum_{\substack{n_1 + n_2 + \cdots + n_k = n \\ 1 \leqslant n_i,\, i = 1, 2, \cdots, k}} \frac{n!}{n_1 n_2 \cdots n_k}$$

2.27　对于 $n \geqslant k \geqslant 0$, 试证明第一类 Stirling 数 $s(n, k)$ 的如下表达式:

① $\mathbf{E}_s^{(k)}(x) = \sum_{n \geqslant k} s(n, k) \dfrac{x^n}{n!} = \dfrac{[\ln(1+x)]^k}{k!}$;

② $\mathbf{M}_s(x, y) = \sum_{n \geqslant 0} \sum_{k=0}^{n} s(n, k) \dfrac{x^n}{n!} y^k = (1+x)^y$.

2.28　试证明: Motzkin 数 M_n 的表达式 (2.10).

2.29　设 b_n 是 n 个人围绕若干个圆桌而坐的座位安排方案数, 假定使得每个人具有同样的邻居集的两种座位安排方案视为同一种安排方案. 若令 $E_b(x) = \mathbf{G}_e(b_n)$, 并约定 $b_0 = 1$, 试求 $E_b(x)$.

2.30　王教授本学期开设了一门 "遗传算法" 选修课, 共有 n 名学生选择该课程. 为了了解学生对遗传算法课程的掌握程度, 王教授准备让每个学生进行一次口头报告, 作为该课程的期末考试形式, 考试必须在连续的若干天内完成, 每天必须至少一个学生, 学生一个接一个地进行报告. 设 c_n 是这 n 个学生的考试日程安排方案数, 并约定 $c_0 = 1$, 试求 c_n.

2.31　求不定方程 $x_1 + x_2 + \cdots + x_8 = 40$ 满足 x_1, x_3, x_5, x_7 取奇数 x_2, x_4, x_6, x_8 取偶数的非负整数解的个数.

2.32　试证明:

$$\sum_{k=1}^{n} (-1)^k \binom{n}{k} \left(1 + \frac{1}{2} + \frac{1}{3} + \cdots + \frac{1}{k}\right) = -\frac{1}{n}$$

2.33 用红、绿、蓝三色对一个 $1 \times n$ 的棋盘格进行染色, 每格染一种颜色, 但要求染红色和染蓝色的格子数为偶数, 试求染色方案数 a_n.

2.34 将 $n\,(\geqslant 1)$ 个可区分的球放入 4 个可区分的盒子 c_1, c_2, c_3, c_4 中, 要求 c_1 中含有奇数个球, c_2 中含有偶数个球, 试求不同的放入方案数 g_n.

2.35 设 $n, k \in \mathbb{Z}^+$, 且 $1 \leqslant k < n$, 试用组合的方法证明: 在 n 的所有 2^{n-1} 个有序拆分中, 等于 k 的部分共出现了 $(n - k + 3) \cdot 2^{n-k-2}$ 次.

2.36 求不定方程 $x_1 + 2x_2 + 3x_3 + 4x_4 = 13$ 的非负整数解的个数.

2.37 试求 17 的完备拆分数.

2.38 试写出 11 的全部完备拆分.

2.39 试求 89 的部分数最小的完备拆分数及其最小的部分数.

2.40 试写出 19 的部分数最小的全部完备拆分.

2.41 设 $n \in \mathbb{Z}^+$, 证明: $p_3(n) = \left\langle \dfrac{n^2}{12} \right\rangle$, 其中 $\left\langle \dfrac{n^2}{12} \right\rangle$ 为最接近 $\dfrac{n^2}{12}$ 的整数.

2.42 证明: 当 $n \geqslant 6$ 时, $p_3^{\neq}(n) = \left\langle \dfrac{(n-3)^2}{12} \right\rangle$.

2.43 设 $n, r \in \mathbb{Z}^+$, 证明: $p^{\leqslant r}(n) = \sum_{k=1}^{r} p^{\leqslant k}(n - k)$.

2.44 设 $n, r \in \mathbb{Z}^+$, 证明: $p^{\leqslant r}(n) = p^{\leqslant r-1}(n) + p^{\leqslant r}(n - r)$.

2.45 设 $n, r \in \mathbb{Z}^+$, 证明: $p_r^{\neq}(n) = p_r^{\neq}(n - r) + p_{r-1}^{\neq}(n - r)$.

2.46 试证明各部分互异的拆分数序列 $\{p^{\neq}(n)\}_{n \geqslant 0}$ 所满足的递推关系 (2.52).

2.47 证明: 对于固定的 r, 当 $n \to \infty$ 时有 $p_r(n) \sim \dfrac{n^{r-1}}{r!(r-1)!}$.

2.48 试求无穷乘积 $G(x) = \prod_{k \geqslant 0} \left(1 + x^{3^k} + x^{2 \cdot 3^k} \right)$ 的表达式.

2.49 试推广上题的结论, 对于任意的正整数 $q\,(\geqslant 2)$, 求无穷乘积

$$G(x) = \prod_{k \geqslant 0} \left[1 + x^{q^k} + x^{2 \cdot q^k} + \cdots + x^{(q-1) \cdot q^k} \right]$$

的表达式.

2.50 设 $\mu(n)$ 是定义在 $\mathbb{Z}^+$ 上的古典 Möbius 函数, 其定义为 $\mu(1) = 1$; 如果 $p^2\,(p$ 是某个素数) 是 n 的因子, 则 $\mu(n) = 0$; 如果 n 是 r 个不同素数的乘积, 则 $\mu(n) = (-1)^r$. 试证明 Möbius 函数的性质:

$$\sum_{d \mid m} \mu(d) = \begin{cases} 1, & m = 1 \\ 0, & m > 1 \end{cases}$$

并求无穷乘积

$$F(x) = \prod_{n \geqslant 1} \left(1 - x^n \right)^{-\frac{\mu(n)}{n}}$$

的表达式.

2.51 **阈值图**就是一个简单图 (无回路和重边), 可递归定义如下: ① 空图是一个阈值图; ② 如果 $G = (V, E)$ 是一个阈值图, 那么对于 $\forall x \notin V(G)$, 图 $G' = (V \cup \{x\}, E)$ 也是一个阈值图; ③ 如果 $G = (V, E)$ 是一个阈值图, 那么 G 的补图 (针对边集) $\overline{G}$ 也是一个阈值图.

设 t_n 表示顶点集 $V = \mathbb{Z}_n^+$ 的阈值图的个数, s_n 表示顶点集 $V = \mathbb{Z}_n^+$ 且无分离顶点的阈值图的个数, 因此 $s_1 = 0$, 并约定 $t_0 = 1$, $s_0 = 1$. 令

$$\mathbf{G}_e(s_n) = E_s(x), \quad \mathbf{G}_e(t_n) = E_t(x)$$

试证明 $E_t(x) = e^x E_s(x)$, $E_t(x) = 2E_s(x) + x - 1$, 并计算 $E_s(x)$ 和 $E_t(x)$.

2.52 设 $\pi(n)$ 是正整数 n 的拆分, 则位于 $\pi(n)$ 的 Young 图 $\mathscr{D}_Y(\pi)$ 左上角的最大正方形称为 **Durfee 正方形**; 如果一个拆分 $\pi(n)$ 的 Durfee 正方形的边长为 k, 则定义拆分 $\pi(n)$ 的**逐次秩**为 $r_1, r_2, \cdots, r_k$, 其中整数 r_i 为 $\pi(n)$ 的 Young 图 $\mathscr{D}_Y(\pi)$ 中第 i 行与第 i 列的格子数之差. 试证明: 正整数 n 的各部分互异的拆分数 $p^{\neq}(n)$ 等于 $2n$ 的拆分中逐次秩均为 1 的拆分数.

2.53 一个学术会议共有 n 位代表参加, 假定 $k_i \geqslant 1 (1 \leqslant i \leqslant n)$ 是入会代表 i 所认识的其他代表的人数 (这里假定如果代表 A 认识代表 B, 那么代表 B 也认识代表 A), 并且 $k_i \geqslant 1$, $1 \leqslant i \leqslant n$. 试证明: ① $\pi : 2m = k_1 + k_2 + \cdots + k_n$, 其中 m 是某个正整数; ② 拆分 $\pi(2m)$ 的逐次秩 r_1, r_2 是否满足 $r_1 + r_2 \geqslant -1$ (假定逐次秩 r_2 有定义).

第 3 章 递 推 关 系

很多组合计数问题需要借助于递推关系, 虽然某些计数问题存在其他的方法, 但采用递推关系往往更简洁. 递推关系蕴含着 "程序" 和 "动力" 的思想, 其定义本身就是采用递归的方式, 以反映当前状态以怎样的方式依赖于前面的状态. 因此, 递推关系有时也称为**递归关系**或**差分方程**. 本质上, 递推关系是常微分方程的离散形式. 递推关系在算法分析中占有十分重要的地位, 因为算法分析的目标就是分析一个指令序列的时间和空间效率, 譬如一个算法的时间复杂度一般是问题规模 n 的函数 $f(n)$, 而 $f(n)$ 的计算往往依赖于 $f(n-1)$, $f(n-2)$ 等前面的值, 也就是说, $f(n)$ 是 $f(n-1)$, $f(n-2)$ 等的函数, 事实上这就是所谓的递推关系. 除了在算法分析中的应用之外, 递推关系还在许多其他领域有重要的应用. 在生物学领域里, 递推关系常用来对生物种群的增长进行建模, 许多著名的递推关系均源于此. 例如, Fibonacci 序列就是为了模拟兔子种群的增长; Logistic 映射也常用来直接模拟种群的增长过程, 或作为一个复杂种群模型的起点; Nicholson-Bailey 模型 (一个非线性的递推关系组) 被用来模拟宿主与寄生混合种群的生长; 在数字信号处理领域, 递推关系被用来模拟系统的反馈过程, 该过程是将某一时刻的系统输出作为将来某时刻的系统输入; 等等.

本章主要介绍递推关系的概念及其解法, 并针对一些组合学中常见的和特殊的计数问题如何建立递推关系. 在求解递推关系方面, 系统地介绍了线性常系数齐次和非齐次递推关系解的性质、解的结构以及求解方法, 并介绍了母函数方法在求解递推关系中的应用.

3.1 递推关系的概念

所谓递推关系, 就是一个递归定义的序列方程, 序列的每一项被定义为其前面若干项的函数. 具体说来, 设序列 $\{a_n\}_{n \geqslant 0}$ 满足

$$a_n = g(a_{n-1}, a_{n-2}, \cdots, a_{n-k}), \quad n \geqslant k \tag{3.1}$$

其中 k 是正整数, 则称式 (3.1) 是一个 k **阶递推关系**, 或称序列 $\{a_n\}_{n \geqslant 0}$ **满足 k 阶递推关系** (3.1). 如果函数 $g(\cdot)$ 是 $a_{n-1}, a_{n-2}, \cdots, a_{n-k}$ 的线性函数, 则称 (3.1) 是一个**线性递推关系**, 否则称为**非线性递推关系**. 例如, 著名的 Logistic 映射

$$x_{n+1} = rx_n(1 - x_n), \quad n \geqslant 0 \tag{3.2}$$

就是一个简单的一阶非线性递推关系. 这个表面上看似简单的递推关系却有着非常复杂的行为, 实际上对某些 r 的值它是一个混沌系统, 这是非线性分析的重要研究领域. 另外, 除非特别说明, 本章所讨论的序列均为实序列.

下面再来看几个古典的问题.

Hanoi 塔问题 n 个半径互异且中心有圆孔的圆盘, 按半径从大到小依次套在 A 柱上, 现欲将这 n 个圆盘移到 C 柱上. 移动的方法是利用 B 柱作为缓冲, 每次移动一个圆盘, 且移动过程中不能出现大圆盘摞在小圆盘的上面. 问总共需要移动多少次?

设移动次数为 h_n, 则显然有 $h_1 = 1$, $h_2 = 3$, $\cdots$, $h_n = 2h_{n-1} + 1$. 由于 $h_1 = 1$, 可根据关系式 $h_n = 2h_{n-1} + 1$ 补充定义 $h_0 = 0$. 方程 $h_n = 2h_{n-1} + 1$ 就是序列 $\{h_n\}_{n \geqslant 0}$ 所满足的递推关系. 根据初始值 $h_0 = 0$, 很容易从这个一阶线性递推关系 $h_n = 2h_{n-1} + 1$ 中直接推出 h_n 的表达式, 这里我们准备采用母函数求解递推关系, 从而得到 h_n 的表达式.

设 $H(x)$ 是序列 $\{h_n\}_{n \geqslant 0}$ 的普通型母函数, 即

$$H(x) = h_0 + h_1 x + h_2 x^2 + \cdots + h_n x^n + \cdots$$

则由递推关系 $h_n = 2h_{n-1} + 1$, $n \geqslant 1$ 可得

$$\sum_{n \geqslant 1} h_n x^n = 2x \sum_{n \geqslant 1} h_{n-1} x^{n-1} + \sum_{n \geqslant 1} x^n$$

$$H(x) = 2xH(x) + \frac{1}{1-x} - 1$$

由此得

$$H(x) = \frac{x}{(1-2x)(1-x)} = \frac{1}{1-2x} - \frac{1}{1-x}$$

$$= \sum_{n \geqslant 0} (2^n - 1) x^n$$

所以 $h_n = 2^n - 1$.

Fibonacci 问题 设有初生小兔一对, 雌雄各一, 两个月之后性成熟, 每月繁殖一对小兔, 雌雄各一. 试问 n 个月之后, 总共有多少对兔子?

设 n 个月之后共有 F_n 对兔子, 则显然有

$$F_1 = 1, \ F_2 = 1, \ F_3 = 2, \ \cdots, \ F_n = F_{n-1} + F_{n-2}$$

根据递推关系式, 可补充定义 $F_0 = 0$. 序列 $\{F_n\}_{n \geqslant 0}$ 称为 **Fibonacci 序列**.

设 $F(x)$ 是序列 $\{F_n\}_{n \geqslant 0}$ 的普通型母函数, 则由 $F_n = F_{n-1} + F_{n-2}$, $n \geqslant 2$ 可得

$$\sum_{n \geqslant 2} F_n x^n = x \sum_{n \geqslant 2} F_{n-1} x^{n-1} + x^2 \sum_{n \geqslant 2} F_{n-2} x^{n-2}$$

$$F(x) - x = xF(x) + x^2 F(x)$$

从而有

$$F(x) = \frac{x}{1 - x - x^2} = \frac{x}{\left(1 - \dfrac{1 + \sqrt{5}}{2} x\right)\left(1 - \dfrac{1 - \sqrt{5}}{2} x\right)}$$

$$= \frac{1}{\sqrt{5}} \left(\frac{1}{1 - \dfrac{1 + \sqrt{5}}{2} x} - \frac{1}{1 - \dfrac{1 - \sqrt{5}}{2} x} \right)$$

$$= \sum_{n \geqslant 0} \frac{1}{\sqrt{5}} \left[\left(\frac{1 + \sqrt{5}}{2} \right)^n - \left(\frac{1 - \sqrt{5}}{2} \right)^n \right] x^n$$

由此得

$$F_n = \frac{1}{\sqrt{5}} \left[\left(\frac{1 + \sqrt{5}}{2} \right)^n - \left(\frac{1 - \sqrt{5}}{2} \right)^n \right], \quad n \geqslant 0$$

$$= \begin{cases} \left\lceil \dfrac{1}{\sqrt{5}} \left(\dfrac{1 + \sqrt{5}}{2} \right)^n \right\rceil, & n \text{ 为奇数}, \\ \left\lfloor \dfrac{1}{\sqrt{5}} \left(\dfrac{1 + \sqrt{5}}{2} \right)^n \right\rfloor, & n \text{ 为偶数}, \end{cases} \quad n \geqslant 0$$

Fibonacci 序列 $\{F_n\}_{n \geqslant 0}$ 有许多重要的性质, 下一章还会有更详细的介绍.

无论是 Hanoi 塔问题还是 Fibonacci 问题, 所得的计数序列 h_n 或 F_n 都满足一个线性的递推关系. 除此之外, 这两个递推关系还有一个共同的特点, 那就是系数都是常数, 即所谓线性常系数递推关系. 正如读者所看到的, 这类递推关系可利用普通型母函数来求解. 以下我们将从更一般的角度来具体讨论线性常系数递推关系及其解法.

3.2 线性常系数递推关系

线性常系数递推关系是线性递推关系中最简单、最易于求解的一类线性递推关系; 而且在应用中, 线性常系数递推关系也比较常见. 所以, 我们首先研究线性常系数递推关系, 其定义如下.

定义 3.1 设序列 $\{a_n\}_{n \geqslant 0}$ 满足方程

$$a_n + c_1 a_{n-1} + c_2 a_{n-2} + \cdots + c_m a_{n-m} = f_n, \quad n \geqslant m \tag{3.3}$$

其中 $c_1, c_2, \cdots, c_m$ 是常数, 且 $c_m \neq 0$, 则称 (3.3) 为 **m 阶线性常系数递推关系**; 当 $f_n = 0$ 时, (3.3) 成为

$$a_n + c_1 a_{n-1} + c_2 a_{n-2} + \cdots + c_m a_{n-m} = 0, \quad n \geqslant m \tag{3.4}$$

并称 (3.4) 为 **m 阶线性常系数齐次递推关系**; 而当 $f_n \neq 0$ 时, 相应的 (3.3) 一般称为**线性常系数非齐次递推关系**; 并称 $p(\lambda) = \lambda^m + c_1 \lambda^{m-1} + c_2 \lambda^{m-2} + \cdots + c_m$ 为线性常系数齐次递推关系 (3.4) 的**特征多项式**, 而 $p(\lambda) = 0$ 即

$$\lambda^m + c_1 \lambda^{m-1} + c_2 \lambda^{m-2} + \cdots + c_m = 0 \tag{3.5}$$

则称为线性常系数齐次递推关系 (3.4) 的**特征方程**; 特征方程的根称为线性常系数齐次递推关系 (3.4) 的**特征根**.

显然, 定义 3.1 比较简单, 也很容易理解, 关键是如何求解. 求解线性常系数递推关系一般是从线性常系数齐次递推关系入手. 所以, 以下我们首先讨论线性常系数齐次递推关系, 研究诸如它是否有解、解是否唯一以及如何求解等问题. 容易看出, 对线性常系数齐次递推关系来说, 一个恒零的序列总是它的解, 称为**平凡解**. 我们主要研究它的非平凡解的存在唯一性问题.

定理 3.1 任给 m 个常数 $v_0, v_1, \cdots, v_{m-1}$, 存在唯一的序列 $\{u_n\}_{n \geqslant 0}$ 满足递推关系 (3.4), 且满足初始条件 $u_n = v_n$, $n = 0, 1, 2, \cdots, m-1$.

证明 存在性是显然的. 因为对于 $n = 0, 1, 2, \cdots, m-1$, 可令 $u_n = v_n$; 而对于 $n \geqslant m$, 可令

$$u_n = -(c_1 u_{n-1} + c_2 u_{n-2} + \cdots + c_m u_{n-m})$$

这样构造出的序列 $\{u_n\}_{n \geqslant 0}$ 显然满足递推关系 (3.4) 和初始条件

$$u_n = v_n, \quad n = 0, 1, 2, \cdots, m-1$$

唯一性也是显然的. 因为假定存在两个这样的序列 $\{u_n\}_{n\geqslant 0}$ 和 $\{u'_n\}_{n\geqslant 0}$, 由于满足同样的初值条件, 所以必有

$$u_n = u'_n = v_n, \quad n = 0, 1, \cdots, m-1$$

再由递推关系 (3.4) 知, 对 $n \geqslant m$ 也有 $u_n = u'_n$. ∎

注 这个定理告诉我们, m 阶线性常系数齐次递推关系 (3.4) 有无穷多个解, 因为有无穷多个给定初始值 $v_0, v_1, \cdots, v_{m-1}$ 的方法. 但是, 一旦给定了 m 个初始值, 递推关系 (3.4) 的解由这 m 个初始值唯一确定.

下面的结论是显然的.

定理 3.2 设 r 个序列 $\{a_n^{(k)}\}_{n\geqslant 0}\,(1 \leqslant k \leqslant r)$ 均为线性常系数齐次递推关系 (3.4) 的解, 那么其线性组合序列 $\{c_1 a_n^{(1)} + c_2 a_n^{(2)} + \cdots + c_r a_n^{(r)}\}_{n\geqslant 0}$ 也是线性常系数齐次递推关系 (3.4) 的解.

如果以 $\mathscr{H}_m$ 表示 m 阶线性常系数齐次递推关系 (3.4) 的所有解的集合, 则定理 3.2 表明 $\mathscr{H}_m$ 是一个线性空间, 并且还是一个由无穷维向量所构成的向量空间. 实际上, $\mathscr{H}_m$ 是无穷维实向量空间 $\mathbb{R}^\infty$ 的一个子空间, 后面我们将会证明: $\dim \mathscr{H}_m = m$. 为了进一步探讨空间 $\mathscr{H}_m$ 的结构, 我们首先从比较简单的二阶线性常系数齐次递推关系入手, 研究其求解方法, 以便对线性常系数齐次递推关系的求解方法以及解的结构有一个初步的认识.

考虑如下二阶线性常系数齐次递推关系:

$$a_n + ba_{n-1} + ca_{n-2} = 0, \quad c \neq 0, \quad n \geqslant 2 \tag{3.6}$$

其特征方程为

$$p(\lambda) = \lambda^2 + b\lambda + c = 0 \tag{3.7}$$

设 λ_1, λ_2 是特征方程 (3.7) 的二根, 则有

$$1 + bx + cx^2 = (1 - \lambda_1 x)(1 - \lambda_2 x) = x^2 p(x^{-1})$$

并设 $A(x) = \sum_{n\geqslant 0} a_n x^n$ 是序列 $\{a_n\}_{n\geqslant 0}$ 的普通型母函数, 则由递推关系 (3.6) 得

$$A(x) = \frac{a_0 + (a_1 + a_0 b)x}{1 + bx + cx^2} = \frac{a_0 + (a_1 + a_0 b)x}{(1 - \lambda_1 x)(1 - \lambda_2 x)} \tag{3.8}$$

如果 λ_1, λ_2 是特征方程 (3.7) 的两个不同的实根, 则有

$$A(x) = \frac{a_0 + (a_1 + a_0 b)x}{(1 - \lambda_1 x)(1 - \lambda_2 x)} = \frac{A_1}{1 - \lambda_1 x} + \frac{A_2}{1 - \lambda_2 x}$$

$$= \sum_{n \geqslant 0} \left(A_1 \lambda_1^n + A_2 \lambda_2^n \right) x^n$$

由此得 $a_n = A_1 \lambda_1^n + A_2 \lambda_2^n$, 其中 A_1, A_2 是待定常数.

如果 λ_1, λ_2 是特征方程 (3.7) 的二重根, 即 $\lambda_1 = \lambda_2 = \lambda$, 则有

$$A(x) = \frac{a_0 + (a_1 + a_0 b)x}{(1 - \lambda x)^2} = \frac{A_1}{1 - \lambda x} + \frac{A_2}{(1 - \lambda x)^2}$$

$$= \sum_{n \geqslant 0} \left[A_1 \lambda^n + A_2 (n+1) \lambda^n \right] x^n$$

$$= \sum_{n \geqslant 0} \left[\left(C_1 + C_2 n \right) \lambda^n \right] x^n$$

由此得 $a_n = (C_1 + C_2 n) \lambda^n$, 其中 C_1, C_2 是待定常数.

如果 λ_1, λ_2 是特征方程 (3.7) 的一对共轭复根, 即 $\lambda_{1,2} = \rho e^{\pm i\theta}$, 则有

$$a_n = A_1 \lambda_1^n + A_2 \lambda_2^n$$

$$= A_1 \rho^n e^{in\theta} + A_2 \rho^n e^{-in\theta}$$

$$= A_1 \rho^n (\cos n\theta + i \sin n\theta) + A_2 \rho^n (\cos n\theta - i \sin n\theta)$$

$$= (A_1 + A_2) \rho^n \cos n\theta + (A_1 i - A_2 i) \rho^n \sin n\theta$$

$$= C_1 \rho^n \cos n\theta + C_2 \rho^n \sin n\theta$$

其中 C_1, C_2 是待定常数.

综上所述, 我们得到下面的结论.

定理 3.3　设 $\{a_n\}_{n \geqslant 0}$ 满足递推关系 (3.6), λ_1, λ_2 是方程 (3.7) 的二根, 则有

① 如果 λ_1, λ_2 是实数且 $\lambda_1 \neq \lambda_2$, 则 $a_n = C_1 \lambda_1^n + C_2 \lambda_2^n$;

② 如果 λ_1, λ_2 是实数且 $\lambda_1 = \lambda_2 = \lambda$, 则 $a_n = (C_1 + C_2 n) \lambda^n$;

③ 如果 λ_1, λ_2 是一对共轭复根, 即 $\lambda_{1,2} = \rho e^{\pm i\theta}$, 则

$$a_n = C_1 \rho^n \cos n\theta + C_2 \rho^n \sin n\theta$$

其中 C_1, C_2 是待定常数.

定理 3.3 表明, 对于求解二阶线性常系数齐次递推关系, 可以先求特征根, 然后根据特征根的三种不同情况写出解的表达式, 其中的待定系数可以根据递推关系的初始值求得. 设 $\mathscr{H}_2$ 是递推关系 (3.6) 的解构成的向量空间, 后面我们将证明: 设 λ_1, λ_2 是特征方程 (3.7) 的二根, 那么当 λ_1, λ_2 是一对互异的实根时,

$\{\lambda_1^n\}_{n\geqslant 0}$, $\{\lambda_2^n\}_{n\geqslant 0}$ 是 $\mathscr{H}_2$ 的一组基; 当 $\lambda_1 = \lambda_2 = \lambda$ 是二重实根时, $\{\lambda^n\}_{n\geqslant 0}$, $\{n\lambda^n\}_{n\geqslant 0}$ 是 $\mathscr{H}_2$ 的一组基; 而当 $\lambda_{1,2} = \rho e^{\pm i\theta}$ 是一对共轭复根时, $\{\rho^n \cos n\theta\}_{n\geqslant 0}$, $\{\rho^n \sin n\theta\}_{n\geqslant 0}$ 是 $\mathscr{H}_2$ 的一组基. 因此, 定理 3.3 中带有两个待定系数的解表示了二阶线性常系数齐次递推关系 (3.6) 的所有解 —— **通解**. 下面先来看一些例子.

例 3.1　已知 $\begin{cases} a_n - a_{n-1} - 12a_{n-2} = 0, \ n \geqslant 2, \\ a_0 = 3, \ a_1 = 26, \end{cases}$　求 a_n.

解　由特征方程 $\lambda^2 - \lambda - 12 = 0$ 得 $\lambda_1 = -3$, $\lambda_2 = 4$, 所以

$$a_n = C_1 \lambda_1^n + C_2 \lambda_2^n = C_1(-3)^n + C_2 4^n$$

由 $a_0 = 3$, $a_1 = 26$ 可得

$$\begin{cases} C_1 + C_2 = 3 \\ -3C_1 + 4C_2 = 26 \end{cases} \implies \begin{cases} C_1 = -2 \\ C_2 = 5 \end{cases}$$

因此

$$a_n = -2 \cdot (-3)^n + 5 \cdot 4^n$$

例 3.2　已知 $\begin{cases} F_n = F_{n-1} + F_{n-2}, \ n \geqslant 3, \\ F_1 = 1, \ F_2 = 1, \end{cases}$　求 F_n.

解　根据递推关系式以及初始值 $F_1 = 1$, $F_2 = 1$, 可补充定义 $F_0 = 0$. 由于其特征方程 $\lambda^2 - \lambda - 1 = 0$ 的根为 $\lambda_1 = \dfrac{1+\sqrt{5}}{2}$, $\lambda_2 = \dfrac{1-\sqrt{5}}{2}$, 所以

$$F_n = C_1 \left(\frac{1+\sqrt{5}}{2}\right)^n + C_2 \left(\frac{1-\sqrt{5}}{2}\right)^n$$

再根据 $F_0 = 0$, $F_1 = 1$ 可得

$$\begin{cases} C_1 + C_2 = 0 \\ \dfrac{1+\sqrt{5}}{2} C_1 + \dfrac{1-\sqrt{5}}{2} C_2 = 1 \end{cases} \implies \begin{cases} C_1 = \dfrac{1}{\sqrt{5}} \\ C_2 = -\dfrac{1}{\sqrt{5}} \end{cases}$$

从而有

$$F_n = \frac{1}{\sqrt{5}} \left[\left(\frac{1+\sqrt{5}}{2}\right)^n - \left(\frac{1-\sqrt{5}}{2}\right)^n \right]$$

注 二阶线性常系数齐次递推关系的通解中含有两个待定常数, 因此需要两个初值条件才能求解这两个待定常数. 根据通解的表示形式, 以 $n = 0$, $n = 1$ 代入时得到的关于求解这两个待定常数的线性代数方程组显然要比以 $n = 1$, $n = 2$ 代入时得到的线性代数方程组简单. 因此, 如果递推关系没有定义序列 $n = 0$ 时的值, 则可根据递推关系补充定义.

例 3.3 试求行列式 $Q_n = \begin{vmatrix} 1 & 1 & 0 & \cdots & 0 & 0 \\ 1 & 1 & 1 & \cdots & 0 & 0 \\ 0 & 1 & 1 & \cdots & 0 & 0 \\ \vdots & \vdots & \vdots & \ddots & \vdots & \vdots \\ 0 & 0 & 0 & \cdots & 1 & 1 \\ 0 & 0 & 0 & \cdots & 1 & 1 \end{vmatrix}$ 的值.

解 根据行列式的性质, 立即可得

$$\begin{cases} Q_n = Q_{n-1} - Q_{n-2}, \ n \geqslant 3 \\ Q_1 = 1, \ Q_2 = 0 \end{cases}$$

并补充定义 $Q_0 = 1$. 由于特征方程 $\lambda^2 - \lambda + 1 = 0$ 的根为

$$\lambda_{1,2} = \frac{1}{2} \pm \frac{\sqrt{3}}{2}\mathrm{i} = \mathrm{e}^{\pm \frac{\pi}{3}\mathrm{i}}$$

所以

$$Q_n = C_1 \cos \frac{n\pi}{3} + C_2 \sin \frac{n\pi}{3}$$

由初值条件 $Q_0 = 1$, $Q_1 = 1$ 可得

$$\begin{cases} C_1 = 1 \\ \dfrac{1}{2}C_1 + \dfrac{\sqrt{3}}{2}C_2 = 1 \end{cases} \implies \begin{cases} C_1 = 1 \\ C_2 = \dfrac{1}{\sqrt{3}} \end{cases}$$

从而有

$$Q_n = \cos \frac{n\pi}{3} + \frac{1}{\sqrt{3}} \sin \frac{n\pi}{3}, \quad n = 0, 1, 2, \cdots$$

例 3.4 已知 $a_n = \left(\dfrac{5 + \sqrt{13}}{2} \right)^n - \left(\dfrac{5 - \sqrt{13}}{2} \right)^n$, $n = 0, 1, 2, \cdots$, 试求序列 $\{a_n\}_{n \geqslant 0}$ 所满足的递推关系.

解　令 $\lambda_1 = \dfrac{5+\sqrt{13}}{2}$, $\lambda_2 = \dfrac{5-\sqrt{13}}{2}$, 则因为 $\lambda_1 + \lambda_2 = 5$, $\lambda_1\lambda_2 = 3$, 所以 λ_1, λ_2 是方程 $\lambda^2 - 5\lambda + 3 = 0$ 的两个根, 从而 $\{a_n\}_{n\geqslant 0}$ 一定满足递推关系

$$\begin{cases} a_n - 5a_{n-1} + 3a_{n-2} = 0, & n \geqslant 2 \\ a_0 = 0, \ a_1 = \sqrt{13} \end{cases}$$

例 3.5　试证明 $a_n = 11^{n+2} + 12^{2n+1}$, $n \geqslant 0$ 能被 133 整除.

证明　因为 $a_n = 121 \cdot 11^n + 12 \cdot 144^n$, $n \geqslant 0$, 所以如令 $\lambda_1 = 11$, $\lambda_2 = 144$, 则由于 $\lambda_1 + \lambda_2 = 155$, $\lambda_1\lambda_2 = 1584$, 所以 λ_1, λ_2 是方程 $\lambda^2 - 155\lambda + 1584 = 0$ 的两个根, 从而序列 $\{a_n\}_{n\geqslant 0}$ 满足递推关系

$$\begin{cases} a_n - 155a_{n-1} + 1584a_{n-2} = 0, & n \geqslant 2 \\ a_0 = 133, \ a_1 = 3059 \end{cases}$$

又由于 a_0, a_1 都能被 133 整除, 则由递推关系知 $133 \,\big|\, a_n$, $n \geqslant 0$.　∎

例 3.6　试求由 a, b, c 三个字母所组成的 n 位符号串中不出现 aa 模式的字符串的数目 a_n.

解　可将所有满足要求的字符串按最后位是否为 a 分成两类:

① 最后位为 a 的 n 位字符串的数目 $2a_{n-2}$;

② 最后位不是 a 的 n 位字符串的数目 $2a_{n-1}$.

由加法原理可得, 序列 $\{a_n\}_{n\geqslant 0}$ 满足递推关系

$$\begin{cases} a_n = 2a_{n-1} + 2a_{n-2}, & n \geqslant 3 \\ a_1 = 3, \ a_2 = 8 \end{cases}$$

根据上述递推关系可补充定义 $a_0 = 1$. 其特征方程 $\lambda^2 - 2\lambda - 2 = 0$ 的根为 $\lambda_{1,2} = 1 \pm \sqrt{3}$, 所以有

$$a_n = C_1\big(1+\sqrt{3}\big)^n + C_2\big(1-\sqrt{3}\big)^n, \quad n \geqslant 0$$

由初始值 $a_0 = 1$, $a_1 = 3$ 可得

$$\begin{cases} C_1 + C_2 = 1 \\ \big(1+\sqrt{3}\big)C_1 + \big(1-\sqrt{3}\big)C_2 = 3 \end{cases} \implies \begin{cases} C_1 = \dfrac{1}{2} + \dfrac{\sqrt{3}}{3} \\ C_2 = \dfrac{1}{2} - \dfrac{\sqrt{3}}{3} \end{cases}$$

从而有

$$a_n = \left(\frac{1}{2} + \frac{\sqrt{3}}{3}\right)(1 + \sqrt{3})^n + \left(\frac{1}{2} - \frac{\sqrt{3}}{3}\right)(1 - \sqrt{3})^n, \ n \geqslant 0$$

前面我们已经有了二阶线性常系数齐次递推关系的初步认识, 下面将对高阶线性常系数齐次递推关系解的结构及求解方法进行系统的研究. 为此, 首先介绍序列组的线性相关性和线性无关性的概念.

定义 3.2 设 $\{a_n^{(k)}\}_{n\geqslant 0}$ 是 m 个序列, 其中 $k = 1, 2, \cdots, m$, 称其为一个**序列组**, 并将其记为 $\mathscr{A} = \{a_n^{(k)}, 1 \leqslant k \leqslant m\}_{n\geqslant 0}$. 如果存在一组不全为零的数 $x_1, x_2, \cdots, x_m$ 使得对 $\forall n \in \mathbb{N}$ 有

$$x_1 a_n^{(1)} + x_2 a_n^{(2)} + \cdots + x_m a_n^{(m)} = 0 \tag{3.9}$$

则称序列组 $\mathscr{A}$ 是**线性相关**的; 否则称序列组 $\mathscr{A}$ 是**线性无关**的, 此时 (3.9) 成立当且仅当 $x_1 = x_2 = \cdots = x_m = 0$.

定理 3.4 设有序列组 $\mathscr{A} = \{a_n^{(k)}, 1 \leqslant k \leqslant m\}_{n\geqslant 0}$, 则有

① $\mathscr{A}$ 线性相关 $\Longleftrightarrow$ $\mathscr{A}$ 中至少存在一个序列能被组中的其他序列线性表示;

② $\mathscr{A}$ 线性无关 $\Longleftrightarrow$ 方程 (3.9) 只有零解 $x_1 = x_2 = \cdots = x_m = 0$;

③ 单个序列 $\{a_n\}_{n\geqslant 0}$ 线性相关 $\Longleftrightarrow$ $a_n \equiv 0, \ n \geqslant 0$;

④ 单个序列 $\{a_n\}_{n\geqslant 0}$ 线性无关 $\Longleftrightarrow$ $a_n \not\equiv 0, \ n \geqslant 0$.

证明 留作习题 (习题 3.1). ∎

定理 3.5 设序列组 $\mathscr{A} = \{a_n^{(k)}, 1 \leqslant k \leqslant m\}_{n\geqslant 0}$, 如果存在 m 个不同的非负整数 $n_1, n_2, \cdots, n_m$ 使得行列式

$$D = \begin{vmatrix} a_{n_1}^{(1)} & a_{n_1}^{(2)} & \cdots & a_{n_1}^{(m)} \\ a_{n_2}^{(1)} & a_{n_2}^{(2)} & \cdots & a_{n_2}^{(m)} \\ \vdots & \vdots & & \vdots \\ a_{n_m}^{(1)} & a_{n_m}^{(2)} & \cdots & a_{n_m}^{(m)} \end{vmatrix} \neq 0$$

则 $\mathscr{A}$ 必线性无关.

证明 设有数 $x_1, x_2, \cdots, x_m$ 使得 $\forall n \in \mathbb{N}$ 有

$$x_1 a_n^{(1)} + x_2 a_n^{(2)} + \cdots + x_m a_n^{(m)} = 0$$

自然地, 就有

$$
\begin{cases}
a_{n_1}^{(1)} x_1 + a_{n_1}^{(2)} x_2 + \cdots + a_{n_1}^{(m)} x_m = 0 \\
a_{n_2}^{(1)} x_1 + a_{n_2}^{(2)} x_2 + \cdots + a_{n_2}^{(m)} x_m = 0 \\
\qquad\qquad \cdots\cdots \\
a_{n_m}^{(1)} x_1 + a_{n_m}^{(2)} x_2 + \cdots + a_{n_m}^{(m)} x_m = 0
\end{cases}
$$

根据定理的条件, 以上齐次线性方程组只有零解 $x_1 = x_2 = \cdots = x_m = 0$. 因此, 序列组 $\mathscr{A}$ 线性无关.

定理 3.6　设序列组 $\mathscr{A} = \{a_n^{(k)}, 1 \leqslant k \leqslant m\}_{n \geqslant 0}$ 中的每个序列均是 m 阶线性常系数齐次递推关系 (3.4) 的解, 则它们线性无关的充分必要条件是行列式

$$
D = \begin{vmatrix}
a_0^{(1)} & a_0^{(2)} & \cdots & a_0^{(m)} \\
a_1^{(1)} & a_1^{(2)} & \cdots & a_1^{(m)} \\
\vdots & \vdots & & \vdots \\
a_{m-1}^{(1)} & a_{m-1}^{(2)} & \cdots & a_{m-1}^{(m)}
\end{vmatrix} \neq 0 \tag{3.10}
$$

证明　充分性由定理 3.5 即得. 以下证明必要性, 并采用反证法. 假设序列组 $\mathscr{A}$ 线性无关, 但 (3.10) 中的 $D = 0$, 那么齐次线性代数方程组

$$
\begin{cases}
a_0^{(1)} x_1 + a_0^{(2)} x_2 + \cdots + a_0^{(m)} x_m = 0 \\
a_1^{(1)} x_1 + a_1^{(2)} x_2 + \cdots + a_1^{(m)} x_m = 0 \\
\qquad\qquad \cdots\cdots \\
a_{m-1}^{(1)} x_1 + a_{m-1}^{(2)} x_2 + \cdots + a_{m-1}^{(m)} x_m = 0
\end{cases}
$$

有非零解, 即存在不全为零的数 $x_1, x_2, \cdots, x_m$ 使得

$$
a_n^{(1)} x_1 + a_n^{(2)} x_2 + \cdots + a_n^{(m)} x_m = 0, \quad 0 \leqslant n \leqslant m - 1 \tag{3.11}
$$

以下我们用归纳法证明对 $n \geqslant m$, (3.11) 也成立.

因为当 $n = m$ 时, 由递推关系 (3.4), 并注意 (3.11) 可得

$$
\sum_{i=1}^{m} x_i a_m^{(i)} = \sum_{i=1}^{m} x_i \left[-\sum_{j=1}^{m} c_j a_{m-j}^{(i)} \right] = -\sum_{j=1}^{m} c_j \left[\sum_{i=1}^{m} x_i a_{m-j}^{(i)} \right] = 0
$$

即 $n = m$ 时 (3.11) 成立. 假定 $n < k\,(k > m)$ 时 (3.11) 成立, 则当 $n = k$ 时有

$$
\sum_{i=1}^{m} x_i a_k^{(i)} = \sum_{i=1}^{m} x_i \left[-\sum_{j=1}^{m} c_j a_{k-j}^{(i)} \right] = -\sum_{j=1}^{m} c_j \left[\sum_{i=1}^{m} x_i a_{k-j}^{(i)} \right] = 0
$$

所以, (3.11) 对任意的非负整数 n 均成立. 由此得到序列组 $\mathscr{A}$ 线性相关, 这与 $\mathscr{A}$ 线性无关的假设矛盾. ∎

定理 3.7 设序列组 $\mathscr{A} = \{a_n^{(k)}, 1 \leqslant k \leqslant m\}_{n \geqslant 0}$ 是 m 阶线性常系数齐次递推关系 (3.4) 的 m 个线性无关的解, 则其通解可表为 $a_n = x_1 a_n^{(1)} + x_2 a_n^{(2)} + \cdots + x_m a_n^{(m)}$.

证明 根据定理 3.2, $a_n = x_1 a_n^{(1)} + x_2 a_n^{(2)} + \cdots + x_m a_n^{(m)}$ 显然是 (3.4) 的解, 所以只需证明递推关系 (3.4) 的任何解均可由线性无关的序列组 $\mathscr{A}$ 线性表示即可. 设 u_n 是递推关系 (3.4) 的任一解, 考虑如下线性方程组

$$\begin{cases} a_0^{(1)} x_1 + a_0^{(2)} x_2 + \cdots + a_0^{(m)} x_m = u_0 \\ a_1^{(1)} x_1 + a_1^{(2)} x_2 + \cdots + a_1^{(m)} x_m = u_1 \\ \qquad \cdots\cdots \\ a_{m-1}^{(1)} x_1 + a_{m-1}^{(2)} x_2 + \cdots + a_{m-1}^{(m)} x_m = u_{m-1} \end{cases} \tag{3.12}$$

根据定理 3.6 知, 线性方程组 (3.12) 有唯一解 $(x_1^*, x_2^*, \cdots, x_m^*)$, 并令

$$u_n^* = x_1^* a_n^{(1)} + x_2^* a_n^{(2)} + \cdots + x_m^* a_n^{(m)}, \quad n \in \mathbb{N}$$

则 u_n^* 与 u_n 有相同的初始值, 根据定理 3.1 可得, $u_n \equiv u_n^*$. 这说明 u_n 可由序列组 $\mathscr{A}$ 线性表示, 且表示方法还是唯一的. ∎

根据定理 3.7, 对于 m 阶的线性常系数齐次递推关系 (3.4) 的解空间 $\mathscr{H}_m$, 其维数为 m, 因而 (3.4) 的任何 m 个线性无关解都是解空间 $\mathscr{H}_m$ 的一组基. 因此, 求解递推关系 (3.4) 的通解的问题就变为如何寻找 (3.4) 的 m 个线性无关解的问题. 如果 $\mathscr{A} = \{a_n^{(k)}, 1 \leqslant k \leqslant m\}_{n \geqslant 0}$ 是 m 阶线性常系数齐次递推关系 (3.4) 的一组线性无关的解, 那么有

$$\mathscr{H}_m = \left\{ a_n \,\middle|\, a_n = x_1 a_n^{(1)} + x_2 a_n^{(2)} + \cdots + x_m a_n^{(m)}, \, x_k \in \mathbb{R} \right\} \triangleq \mathrm{Span}\{\mathscr{A}\}$$

对于 $m = 2$ 的情况, 定理 3.3 给出了答案. 下面我们重点研究 $m > 2$ 时线性常系数齐次递推关系 (3.4) 通解的求法.

定理 3.8 设 λ_0 是一个非零的实数或复数, 则 $a_n = \lambda_0^n$ 是递推关系 (3.4) 的解的充分必要条件是 λ_0 是特征方程 (3.5) 的根; 如果 λ_0 是特征方程 (3.5) 的 k 重根, 并且 $k \geqslant 2$, 则 $\lambda_0^n, n\lambda_0^n, \cdots, n^{k-1}\lambda_0^n$ 都是递推关系 (3.4) 的解, 并且是线性无关的.

证明 充分性显然, 以下证明必要性.

设 $a_n = \lambda_0^n$ 是递推关系 (3.4) 的解, 即

$$\lambda_0^n + c_1 \lambda_0^{n-1} + c_2 \lambda_0^{n-2} + \cdots + c_m \lambda_0^{n-m} = 0$$

由于 $\lambda_0 \neq 0$, 上式两边同除以 λ_0^{n-m} 可得

$$\lambda_0^m + c_1 \lambda_0^{m-1} + c_2 \lambda_0^{m-2} + \cdots + c_m = 0$$

这说明, λ_0 是特征方程 (3.5) 的根.

设 λ_0 是特征方程 (3.5) 的 k 重根, 即

$$\lambda^m + c_1 \lambda^{m-1} + c_2 \lambda^{m-2} + \cdots + c_m = (\lambda - \lambda_0)^k q(\lambda)$$

其中 $q(\lambda)$ 是关于 λ 的首项系数为 1 的 $m-k$ 次多项式, 且 $q(\lambda_0) \neq 0$. 若记 $c_0 = 1$, 并将上式两端乘 λ^{n-m} 得

$$\sum_{i=0}^{m} c_i \lambda^{n-i} = (\lambda - \lambda_0)^k q_0(\lambda)$$

其中 $q_0(\lambda) = \lambda^{n-m} q(\lambda)$ 是关于 λ 的首项系数为 1 的 $n-k$ 次多项式, $q_0(\lambda_0) \neq 0$. 若将上式两端关于 λ 求导之后再乘以 λ, 则得

$$\sum_{i=0}^{m} c_i (n-i) \lambda^{n-i} = (\lambda - \lambda_0)^{k-1} q_1(\lambda)$$

这里 $q_1(\lambda) = \lambda [k q_0(\lambda) + (\lambda - \lambda_0) q_0'(\lambda)]$ 是关于 λ 的 $n - k + 1$ 次多项式, 且有 $q_1(\lambda_0) \neq 0$. 再将上式两端关于 λ 求导之后再乘以 λ 可得

$$\sum_{i=0}^{m} c_i (n-i)^2 \lambda^{n-i} = (\lambda - \lambda_0)^{k-2} q_2(\lambda)$$

这里 $q_2(\lambda) = \lambda [(k-1) q_1(\lambda) + (\lambda - \lambda_0) q_1'(\lambda)]$ 是 λ 的 $n - k + 2$ 次多项式, 且 $q_2(\lambda_0) \neq 0$. 如此反复继续, 我们有

$$\sum_{i=0}^{m} c_i (n-i)^j \lambda^{n-i} = (\lambda - \lambda_0)^{k-j} q_j(\lambda), \quad 0 \leqslant j \leqslant k-1$$

其中 $q_j(\lambda) = \lambda [(k-j+1) q_{j-1}(\lambda) + (\lambda - \lambda_0) q_{j-1}'(\lambda)]$ 是关于 λ 的 $n - k + j$ 次多项式, 且 $q_j(\lambda_0) \neq 0$. 如果在上式中令 $\lambda = \lambda_0$ 可得

$$\sum_{i=0}^{m} c_i (n-i)^j \lambda_0^{n-i} = 0, \quad 0 \leqslant j \leqslant k-1$$

上式表明 $\lambda_0^n, n\lambda_0^n, \cdots, n^{k-1}\lambda_0^n$ 都是递推关系 (3.4) 的解.

以下证明 $\lambda_0^n, n\lambda_0^n, \cdots, n^{k-1}\lambda_0^n$ 线性无关. 设有数 $x_0, x_1, \cdots, x_{k-1}$ 使得

$$x_0\lambda_0^n + x_1 n\lambda_0^n + \cdots + x_{k-1}n^{k-1}\lambda_0^n = 0, \quad n \in \mathbb{N}$$

即对任意的非负整数 n 均有

$$x_0 + nx_1 + \cdots + n^{k-1}x_{k-1} = 0$$

特别地, 对 $0 \leqslant n_1 < n_2 < \cdots < n_k$ 有

$$\begin{cases} x_0 + n_1 x_1 + n_1^2 x_2 + \cdots + n_1^{k-1}x_{k-1} = 0 \\ x_0 + n_2 x_1 + n_2^2 x_2 + \cdots + n_2^{k-1}x_{k-1} = 0 \\ \qquad\qquad \cdots\cdots \\ x_0 + n_k x_1 + n_k^2 x_2 + \cdots + n_k^{k-1}x_{k-1} = 0 \end{cases}$$

显然上面的方程组只有零解, 所以 $\lambda_0^n, n\lambda_0^n, \cdots, n^{k-1}\lambda_0^n$ 线性无关. ∎

定理 3.9 设 $\lambda_1, \lambda_2, \cdots, \lambda_r$ 是递推关系 (3.4) 的特征方程 (3.5) 的 $r (\leqslant m)$ 个不同的非零特征根, 其重数分别为 $k_1, k_2, \cdots, k_r$, 其中 $k_1 + k_2 + \cdots + k_r = m$, 令

$$C_j(n) = C_{j1} + C_{j2}n + \cdots + C_{jk_j}n^{k_j-1}, \quad 1 \leqslant j \leqslant r \tag{3.13}$$

则递推关系 (3.4) 的通解为

$$a_n = C_1(n)\lambda_1^n + C_2(n)\lambda_2^n + \cdots + C_r(n)\lambda_r^n \tag{3.14}$$

证明 显然我们只需要证明如下的 m 个解

$$\lambda_1^n, n\lambda_1^n, n^2\lambda_1^n, \cdots, n^{k_1-1}\lambda_1^n$$

$$\lambda_2^n, n\lambda_2^n, n^2\lambda_2^n, \cdots, n^{k_2-1}\lambda_2^n$$

$$\cdots\cdots$$

$$\lambda_r^n, n\lambda_r^n, n^2\lambda_r^n, \cdots, n^{k_r-1}\lambda_r^n$$

线性无关即可. 令 $a_n^{(ij)} = n^{j-1}\lambda_i^n$, $1 \leqslant i \leqslant r$, $1 \leqslant j \leqslant k_i$, 取 $0 \leqslant n \leqslant m-1$, 则得 m 阶行列式

$$D = \begin{vmatrix} a_0^{(11)} & \cdots & a_0^{(1k_1)} & a_0^{(21)} & \cdots & a_0^{(2k_2)} & \cdots & a_0^{(r1)} & \cdots & a_0^{(rk_r)} \\ a_1^{(11)} & \cdots & a_1^{(1k_1)} & a_1^{(21)} & \cdots & a_1^{(2k_2)} & \cdots & a_1^{(r1)} & \cdots & a_1^{(rk_r)} \\ \vdots & & \vdots & \vdots & & \vdots & & \vdots & & \vdots \\ a_{m-1}^{(11)} & \cdots & a_{m-1}^{(1k_1)} & a_{m-1}^{(21)} & \cdots & a_{m-1}^{(2k_2)} & \cdots & a_{m-1}^{(r1)} & \cdots & a_{m-1}^{(rk_r)} \end{vmatrix}$$

注意这个行列式实际上可写成 r 个分块矩阵的行列式, 即 $D = |\boldsymbol{A}_1\ \boldsymbol{A}_2\ \cdots\ \boldsymbol{A}_r|$, 其中 $\boldsymbol{A}_i$ 是如下的 $m \times k_i$ 块矩阵

$$\boldsymbol{A}_i = \begin{bmatrix} a_0^{(i1)} & a_0^{(i2)} & \cdots & a_0^{(ik_i)} \\ a_1^{(i1)} & a_1^{(i2)} & \cdots & a_1^{(ik_i)} \\ \vdots & \vdots & & \vdots \\ a_{m-1}^{(i1)} & a_{m-1}^{(i2)} & \cdots & a_{m-1}^{(ik_i)} \end{bmatrix}_{m \times k_i}$$

$$= \begin{bmatrix} 1 & 0 & \cdots & 0 \\ \lambda_i & \lambda_i & \cdots & \lambda_i \\ \lambda_i^2 & 2\lambda_i^2 & \cdots & 2^{k_i-1}\lambda_i^2 \\ \vdots & \vdots & & \vdots \\ \lambda_i^{m-1} & (m-1)\lambda_i^{m-1} & \cdots & (m-1)^{k_i-1}\lambda_i^{m-1} \end{bmatrix}_{m \times k_i}$$

一般称 D 为广义的 Vandermonde 行列式, 其值为

$$D = (-1)^r \prod_{i=1}^{r} \lambda_i^{\binom{k_i}{2}} \prod_{1 \leqslant i < j \leqslant r} (\lambda_j - \lambda_i)^{k_i k_j}$$

由于各 λ_i 互不相同, 所以 $D \neq 0$. 由定理 3.5 知, 序列组

$$\mathscr{A} = \left\{ a_n^{(ij)},\ 1 \leqslant i \leqslant r,\ 1 \leqslant j \leqslant k_i \right\}_{n \geqslant 0}$$

线性无关.   ■

由上面的定理立即可得下面的推论.

推论 3.9.1　设 $\lambda_1, \lambda_2, \cdots, \lambda_m$ 是特征方程 (3.5) 的 m 个互异的非零特征根, 则

$$a_n = C_1\lambda_1^n + C_2\lambda_2^n + \cdots + C_m\lambda_m^n$$

是递推关系 (3.4) 的通解.

推论 3.9.2　设 $\lambda_1, \lambda_2, \cdots, \lambda_r$ 是特征方程 (3.5) 的 $r (\leqslant m)$ 个互异的非零特征根, 其重数分别为 $k_1, k_2, \cdots, k_r$, 其中 $k_1 + k_2 + \cdots + k_r = m$. 如果 λ_s, λ_t 是一对共轭复根, 即 $\lambda_{s,t} = \rho \mathrm{e}^{\pm \mathrm{i}\theta}$, 则必有 $k_s = k_t = k$. 此时只需将 (3.14) 中的项

$$C_s(n)\lambda_s^n + C_t(n)\lambda_t^n$$

改写为

$$C_s'(n)\rho^n \cos n\theta + C_t'(n)\rho^n \sin n\theta$$

即可, 其中 $C'_s(n) = C_s(n) + C_t(n)$, $C'_t(n) = iC_s(n) - iC_t(n)$.

根据上述结论, m 阶线性常系数齐次递推关系的通解中含有 m 个待定常数, 故一般需要 m 个初始条件才能求出一个特定的解. 到此为止, 我们已经采用纯代数的方法完整地建立了线性常系数齐次递推关系的有关理论, 包括解的存在性、解的表示形式以及求解方法等. 事实上, 定理 3.9 可以直接从序列的母函数推导出来. 例如, 设 $A(x) = \sum_{n \geqslant 0} a_n x^n$, 由于序列 $\{a_n\}_{n \geqslant 0}$ 满足 (3.4), 即

$$a_n + c_1 a_{n-1} + c_2 a_{n-2} + \cdots + c_m a_{n-m} = 0, \quad n \geqslant m$$

将上式两边同乘以 x^n, 然后对 $n \geqslant m$ 求和得

$$\sum_{n \geqslant m} a_n x^n + c_1 x \sum_{n \geqslant m} a_{n-1} x^{n-1} + \cdots + c_m x^m \sum_{n \geqslant m} a_{n-m} x^{n-m} = 0$$

由上式可得

$$A(x) - \sum_{j=0}^{m-1} a_j x^j + \sum_{i=1}^{m-1} c_i x^i \left[A(x) - \sum_{j=0}^{m-i-1} a_j x^j \right] + c_m x^m A(x) = 0$$

即有

$$A(x) \left(1 + \sum_{i=1}^{m} c_i x^i \right) = \sum_{j=0}^{m-1} a_j x^j + \sum_{i=1}^{m-1} c_i x^i \sum_{j=0}^{m-i-1} a_j x^j$$

$$= b_0 + b_1 x + \cdots + b_{m-1} x^{m-1}$$

其中

$$b_k = \begin{cases} a_0, & k = 0 \\ a_k + c_1 a_{k-1} + \cdots + c_k a_0, & 1 \leqslant k \leqslant m-1 \end{cases}$$

从而有

$$A(x) = \frac{b_0 + b_1 x + \cdots + b_{m-1} x^{m-1}}{1 + c_1 x + c_2 x^2 + \cdots + c_m x^m}$$

实际上, 对于任何满足 m 阶线性常系数齐次递推关系的序列 $\{a_n\}_{n \geqslant 0}$, 其普通型母函数一定是一个有理函数, 且该有理函数的分母是一个 m 次的多项式 $x^m p(x^{-1})$, 分子则是次数不超过 $m-1$ 的多项式; 但如果 m 阶线性常系数齐次递推关系只对 $n \geqslant m_0 > m$ 成立, 则有理母函数的分子一定是一个次数为 $m_0 - 1$ 的多项式 (参见例 3.15).

如果设 $\lambda_1, \lambda_2, \cdots, \lambda_r$ 是特征方程 (3.5) 的 $r\,(\leqslant m)$ 个互异的非零特征根, 其重数分别为 $k_1, k_2, \cdots, k_r$, 且显然有 $k_1 + k_2 + \cdots + k_r = m$, 那么

$$\lambda^m + c_1\lambda^{m-1} + \cdots + c_m = (\lambda - \lambda_1)^{k_1}(\lambda - \lambda_2)^{k_2}\cdots(\lambda - \lambda_r)^{k_r}$$

可得

$$A(x) = \frac{b_0 + b_1 x + \cdots + b_{m-1}x^{m-1}}{(1 - \lambda_1 x)^{k_1}(1 - \lambda_2 x)^{k_2}\cdots(1 - \lambda_r x)^{k_r}}$$

$$= \sum_{i=1}^{r}\sum_{j=1}^{k_i}\frac{A_{ij}}{(1 - \lambda_i x)^j}$$

并注意到结论

$$\frac{1}{(1 - \lambda_i x)^j} = \sum_{n\geqslant 0}\left(\!\!\binom{j}{n}\!\!\right)\lambda_i^n x^n = \sum_{n\geqslant 0}\binom{n+j-1}{j-1}\lambda_i^n x^n$$

于是有

$$A(x) = \sum_{i=1}^{r}\sum_{j=1}^{k_i}A_{ij}\sum_{n\geqslant 0}\binom{n+j-1}{j-1}\lambda_i^n x^n$$

$$= \sum_{i=1}^{r}\sum_{n\geqslant 0}\left[\sum_{j=1}^{k_i}A_{ij}\binom{n+j-1}{j-1}\right]\lambda_i^n x^n$$

$$= \sum_{i=1}^{r}\sum_{n\geqslant 0}\left(C_{i1} + C_{i2}n + \cdots + C_{ik_i}n^{k_i-1}\right)\lambda_i^n x^n$$

$$= \sum_{n\geqslant 0}\left[\sum_{i=1}^{r}C_i(n)\lambda_i^n\right]x^n$$

由此即得

$$a_n = C_1(n)\lambda_1^n + C_2(n)\lambda_2^n + \cdots + C_r(n)\lambda_r^n$$

这正是定理 3.9 的结论.

例 3.7 已知递推关系: $\begin{cases} a_n = 8a_{n-1} - 22a_{n-2} + 24a_{n-3} - 9a_{n-4}, & n \geqslant 4, \\ a_0 = -1,\ a_1 = -3,\ a_2 = -5,\ a_3 = 5, \end{cases}$

试求 a_n 的表达式.

解 与递推关系对应的特征方程为

$$\lambda^4 - 8\lambda^3 + 22\lambda^2 - 24\lambda + 9 = (\lambda - 1)^2(\lambda - 3)^2 = 0$$

所以
$$a_n = C_1 + C_2 n + (C_3 + C_4 n)3^n, \quad n \geqslant 0$$
由初始条件可解得 $C_1 = 2$, $C_2 = 1$, $C_3 = -3$, $C_4 = 1$, 即
$$a_n = 2 + n + (n-3) \cdot 3^n, \quad n \geqslant 0$$

例 3.8 求 $S_n = \sum_{k=0}^{n} k^2$.

解 易知序列 $\{S_n\}_{n \geqslant 0}$ 满足如下递推关系:
$$\begin{cases} S_n - 4S_{n-1} + 6S_{n-2} - 4S_{n-3} + S_{n-4} = 0, & n \geqslant 4 \\ S_0 = 0, \ S_1 = 1, \ S_2 = 5, \ S_3 = 14 \end{cases}$$

所对应的特征方程 $\lambda^4 - 4\lambda^3 + 6\lambda^2 - 4\lambda + 1 = (\lambda - 1)^4 = 0$, 其特征根 $\lambda = 1$ 是一个四重根, 所以
$$S_n = C_1 + C_2 n + C_3 n^2 + C_4 n^3, \quad n \geqslant 0$$
由初始条件可解得 $C_1 = 0$, $C_2 = \frac{1}{6}$, $C_3 = \frac{1}{2}$, $C_4 = \frac{1}{3}$, 因此有

$$S_n = \frac{n}{6} + \frac{n^2}{2} + \frac{n^3}{3} = \frac{1}{6} n(n+1)(2n+1), \quad n \geqslant 0$$

对于线性常系数非齐次的递推关系, 下面的定理是显然的.

定理 3.10 设 u_n, v_n 都是线性常系数非齐次递推关系 (3.3) 的解, 则 $u_n - v_n$ 是对应的齐次递推关系 (3.4) 的解.

定理 3.11 设 A_n 是齐次递推关系 (3.4) 的通解, u_n 是非齐次递推关系 (3.3) 的一个解, 则 $a_n = A_n + u_n$ 是非齐次递推关系 (3.3) 的通解.

证明 根据定理的条件, 有
$$u_n + c_1 u_{n-1} + c_2 u_{n-2} + \cdots + c_m u_{n-m} = f_n$$
$$A_n + c_1 A_{n-1} + c_2 A_{n-2} + \cdots + c_m A_{n-m} = 0$$

以上两式相加即得
$$(A_n + u_n) + c_1 (A_{n-1} + u_{n-1}) + \cdots + c_m (A_{n-m} + u_{n-m}) = f_n$$

即 $a_n = A_n + u_n$ 是非齐次递推关系 (3.3) 的解.

设 v_n 是非齐次递推关系 (3.3) 的任一解, 则根据定理 3.10 可知, $v_n - u_n$ 是齐次递推关系 (3.4) 的解, 而 A_n 是 (3.4) 的通解, 所以 $v_n - u_n$ 可由 A_n 表示, 即 v_n 可由 $A_n + u_n$ 表示. 由此可知, (3.3) 的任一个解 v_n 均可表示为 $A_n + u_n$, 从而 $A_n + u_n$ 是非齐次递推关系 (3.3) 的通解. ∎

这个定理告诉我们, 线性常系数非齐次递推关系的通解由它的某一个解 (一般称之为**特解**) 与对应的齐次递推关系的通解之和构成. 关于齐次问题 (3.4) 的通解, 前面我们已经完整地讨论过. 下面我们重点讨论怎样求非齐次问题 (3.3) 的一个特解. 对于一般形式的右端项 f_n, 求非齐次问题 (3.3) 的特解并没有通用的方法; 但对于某些特殊形式的右端项 f_n, 则可用待定系数法求其特解. 下面的定理描述了这种特殊情况, 请读者自行完成这个定理的证明.

定理 3.12 设非齐次递推关系 (3.3) 的右端项 $f_n = \lambda^n p(n)$, $p(n)$ 是 n 的多项式, 则非齐次递推关系 (3.3) 有形如 $a_n = n^k \lambda^n q(n)$ 的特解, 其中 λ 是齐次递推关系 (3.4) 的特征方程 (3.5) 的 k 重根; 如果 λ 不是特征方程 (3.5) 的根, 则取 k 为零; $q(n)$ 是与 $p(n)$ 同次数关于 n 的多项式.

例 3.9 求递推关系 $a_n - 3a_{n-1} + 2a_{n-2} = n^2$ 的通解.

解 先求对应齐次问题的通解. 因为特征方程 $\lambda^2 - 3\lambda + 2 = 0$ 的根为 $\lambda_1 = 1$, $\lambda_2 = 2$, 所以对应齐次递推关系的通解为

$$A_n = C_1 + C_2 2^n$$

由于 1 是特征方程的单根, 且非齐次递推关系的右端项 $f_n = n^2$, 所以原递推关系有形如 $u_n = n(an^2 + bn + c)$ 的特解. 将 u_n 代入原递推关系得

$$(an^3 + bn^2 + cn) - 3\left[a(n-1)^3 + b(n-1)^2 + c(n-1)\right]$$
$$+ 2\left[a(n-2)^3 + b(n-2)^2 + c(n-2)\right] = n^2$$

由此得到

$$-3an^2 + (15a - 2b)n + (-13a + 5b - c) = n^2$$

比较上式两边 n 的同次幂的系数可得

$$a = -\frac{1}{3}, \quad b = -\frac{5}{2}, \quad c = -\frac{49}{6}$$

故原递推关系的通解为

$$a_n = C_1 + C_2 2^n - \left(\frac{1}{3} n^3 + \frac{5}{2} n^2 + \frac{49}{6} n\right)$$

例 3.10 求递推关系 $a_n - 4a_{n-1} + 4a_{n-2} = 2^n$ 的通解.

解 因对应的齐次递推关系 $a_n - 4a_{n-1} + 4a_{n-2} = 0$ 的特征方程为

$$\lambda^2 - 4\lambda + 4 = 0$$

其特征根 $\lambda = 2$ 是二重根, 所以齐次递推关系的通解为

$$A_n = (C_1 + C_2 n) \, 2^n$$

由于非齐次递推关系的右端项 $f_n = 2^n$, 且 2 是特征方程的二重根, 所以原递推关系有形如 $u_n = cn^2 \cdot 2^n$ 的特解. 将 u_n 代入到原递推关系得

$$cn^2 \cdot 2^n - 4c(n-1)^2 \cdot 2^{n-1} + 4c(n-2)^2 \cdot 2^{n-2} = 2^n \implies c = \frac{1}{2}$$

故原递推关系的通解为

$$a_n = (C_1 + C_2 n) \, 2^n + \frac{1}{2} \, n^2 \cdot 2^n$$

3.3 一般递推关系

一般递推关系的形式复杂多样, 它们可能是线性的或非线性的, 常系数或变系数, 齐次或非齐次, 甚至是涉及多个序列的联立递推关系组等等. 线性常系数递推关系前面已讨论过, 线性非常系数甚至非线性递推关系, 在现实世界里一般来说要比线性常系数递推关系更普遍, 求解也更复杂, 而且没有规律可循, 更没有一般的公式化方法. 我们不准备系统地讨论一般递推关系的求解方法, 只就几个比较典型的例子来说明一般递推关系的多样性和复杂性.

下面的例子称为错排问题, 这是最早由法国数学家 P. R. de Montmort (1678—1719) 于 1708 年提出并于 1713 年解决的一个问题.

例 3.11 n 元集 $\mathbb{Z}_n^+$ 的全排列中每个元素均不在自己位置上的排列称为**错排**, 试求错排数 D_n.

解 设 $\pi = p_1 p_2 \cdots p_n$ 是 $\mathbb{Z}_n^+$ 的任一个错排. 考虑如下两种情况:

① $p_n = i$ 且 $p_i = n$, 其中 $i = 1, 2, \cdots, n-1$. 显然, 如果从排列 π 中去掉元素 p_i 和 p_n, 则所得排列 $\pi' = p_1 \cdots p_{i-1} p_{i+1} \cdots p_{n-1}$ 是 $n-2$ 元集 $\mathbb{Z}_n^+ - \{i, n\}$ 的一个错排; 反过来, 任给 $\mathbb{Z}_n^+ - \{i, n\}$ 的一个错排 π', 通过在 π' 第 i 个位置插入 n, 而在最后附上元素 i, 则得到 n 元集 $\mathbb{Z}_n^+$ 的一个错排 $\pi = p_1 \cdots p_i \cdots p_n$, 且排列 π 满足 $p_n = i$ 和 $p_i = n$. 因此, 这种类型的错排数为 $(n-1)D_{n-2}$.

② $p_n = i$ 但 $p_j = n$, $i \neq j$. 显然, 这种类型的错排数为 $(n-1)D_{n-1}$.

因此, 根据加法原理我们有

$$
\begin{cases}
D_n = (n-1)\left(D_{n-1} + D_{n-2}\right), & n \geqslant 3 \\
D_1 = 0,\; D_2 = 1
\end{cases}
\tag{3.15}
$$

这是一个线性非常系数递推关系, 也可表示为

$$
\begin{aligned}
D_n - n D_{n-1} &= -\left[D_{n-1} - (n-1)D_{n-2}\right] \\
&= \cdots = (-1)^{n-2}\left(D_2 - D_1\right) \\
&= (-1)^{n-2} = (-1)^n
\end{aligned}
\tag{3.16}
$$

根据这个递推关系, 可补充定义 $D_0 = 1$, 则 (3.15) 和 (3.16) 分别对 $n \geqslant 2$ 和 $n \geqslant 1$ 成立. 设序列 $\{D_n\}_{n \geqslant 0}$ 的指数型母函数为 $D(x)$, 则根据上述递推关系有

$$
\begin{aligned}
D(x) &= \frac{\mathrm{e}^{-x}}{1-x} = \left(1 - x + \frac{x^2}{2!} - \frac{x^3}{3!} + \cdots\right)\left(1 + x + x^2 + \cdots\right) \\
&= \sum_{n \geqslant 0} n!\left[\sum_{k=0}^{n} \frac{(-1)^k}{k!}\right] \frac{x^n}{n!}
\end{aligned}
$$

由此我们得到

$$
D_n = n!\left[1 - \frac{1}{1!} + \frac{1}{2!} - \frac{1}{3!} + \cdots + (-1)^n \frac{1}{n!}\right], \quad n \geqslant 0
\tag{3.17}
$$

由这个结果可得到, 任给一个 n 元排列是错排的概率 p_n 为

$$
p_n = \frac{D_n}{n!} = \frac{1}{2!} - \frac{1}{3!} + \cdots + (-1)^n \frac{1}{n!}
$$

因此, 有 $\lim_{n \to \infty} p_n = \dfrac{1}{\mathrm{e}} \approx 0.367879$.

注 如果在例 3.11 中采用普通型母函数 $D(x) = \sum_{n \geqslant 0} D_n x^n$ 求解递推关系 (3.16), 则可在形式上导出

$$
D'(x) + \left(\frac{1}{x} - \frac{1}{x^2}\right)D(x) = \frac{1}{x + x^2} - \frac{1}{x^2}
$$

这是一个一阶线性常微分方程. 令人遗憾的是, 这个方程的解却不易求得! 事实上, 由于 $D_n = O(n!)$, $n \to \infty$, 所以对任何 $x \neq 0$ 级数 $\sum_{n \geqslant 0} D_n x^n$ 均不收敛.

例 3.12 设 $\pi = a_1 a_2 \cdots a_n \in \mathbb{Z}_n^+!$, 如果排列 π 满足 $a_1 > a_2 < a_3 > \cdots$, 则称 π 是 n 元集 $\mathbb{Z}_n^+$ 上的一个**交错排列**; 如果 π 满足 $a_1 < a_2 > a_3 < \cdots$, 则称 π 是 n 元集 $\mathbb{Z}_n^+$ 上的一个**反交错排列**. 记 $\mathbb{Z}_n^+!$ 中交错排列的个数为 E_n(一般称其为 Euler **数**), $\mathbf{G}_e(E_n) = E(x)$, 试求指数型母函数 $E(x)$.

解 令集合 $X = \{2, 3, \cdots, n+1\}$, $S \in X^{(i)}$, $\overline{S} = X - S$. 对于 S 上的任何一个交错排列 $\sigma \in S!$ 以及 $\overline{S}$ 上的任何一个交错排列 $\tau \in \overline{S}!$, 令 $\pi = \overline{\sigma} 1 \tau$, 其中 $\overline{\sigma}$ 是 σ 的反向排列. 显然, $\pi \in \mathbb{Z}_{n+1}^+!$, 且 π 或者是交错的或者是反交错的. 另外, 也注意到 $\mathbb{Z}_{n+1}^+!$ 中的交错排列与反交错排列是一一对应的. 例如, 如果 $\pi = a_1 a_2 \cdots a_{n+1} \in \mathbb{Z}_{n+1}^+!$ 是一个交错排列, 则 $\pi' = a_1' a_2' \cdots a_{n+1}'$ 就是 $\mathbb{Z}_{n+1}^+!$ 中的一个反交错排列, 其中 $a_k' = n + 2 - a_k \, (1 \leqslant k \leqslant n+1)$. 容易验证, 按照上述方式可以构造出 $\mathbb{Z}_{n+1}^+!$ 中所有的交错排列与反交错排列, 且每一个这样的排列 π 恰出现一次. 由于选择 X 的 i 子集 S 有 $\binom{n}{i}$ 种方式, 选择 σ 有 E_i 种方式, 选择 τ 有 E_{n-i} 种方式, 于是根据上面的分析得到

$$2E_{n+1} = \sum_{i=0}^{n} \binom{n}{i} E_i E_{n-i}, \quad n \geqslant 1$$

注意到 $E_1 = 1$, $E_2 = 1$, 可定义 $E_0 = 1$. 于是根据上式可得

$$2E'(x) = E(x)^2 + 1, \quad E(0) = 1$$

由此立即可得

$$
\begin{aligned}
E(x) &= \tan\left(\frac{x}{2} + \frac{\pi}{4}\right) = \sec x + \tan x \\
&= \left(1 + 1 \cdot \frac{x^2}{2!} + 5 \cdot \frac{x^4}{4!} + 61 \cdot \frac{x^6}{6!} + 1385 \cdot \frac{x^8}{8!} + \cdots \right) \\
&\quad + \left(x + 2 \cdot \frac{x^3}{3!} + 16 \cdot \frac{x^5}{5!} + 272 \cdot \frac{x^7}{7!} + 7936 \cdot \frac{x^9}{9!} + \cdots \right) \\
&= \sum_{n \geqslant 0} E_n \frac{x^n}{n!}
\end{aligned} \tag{3.18}
$$

因此, Euler 数 E_{2n} 有时被称为**正割数**, 而 E_{2n+1} 则被称为**正切数**.

根据 Euler 数 E_n 指数型母函数 $E(x)$ 的表达式 (3.18), 如果约定 $\binom{2n-1}{-1} E_{-1} = 1$, 那么正割数 E_{2n} 和正切数 E_{2n-1} 满足如下递推关系:

$$\begin{cases} E_{2n} = \sum_{k=0}^{n-1}(-1)^{n-k+1}\binom{2n}{2k}E_{2k}, \ n \geqslant 1 \\ E_{2n-1} = \sum_{k=0}^{n-1}(-1)^{n-k+1}\binom{2n-1}{2k-1}E_{2k-1}, \ n \geqslant 1 \end{cases} \quad (3.19)$$

例 3.13 设序列 $\{a_n\}_{n\geqslant 1}$, $\{b_n\}_{n\geqslant 1}$ 和 $\{c_n\}_{n\geqslant 1}$ 满足如下递推关系:

$$\begin{cases} a_{n+1} = a_n + b_n + c_n, \ n \geqslant 1 \\ b_{n+1} = 4^n - c_n, \ n \geqslant 1 \\ c_{n+1} = 4^n - b_n, \ n \geqslant 1 \end{cases}$$

如果 $a_1 = b_1 = c_1 = 1$, 试求 a_n, b_n 和 c_n 的表达式.

解 由于 $a_1 = b_1 = c_1 = 1$, 则根据递推关系可补充定义 $a_0 = 1$, $b_0 = c_0 = 0$. 设 $A(x) = \mathbf{G}_\mathrm{o}(a_n)$, $B(x) = \mathbf{G}_\mathrm{o}(b_n)$, $C(x) = \mathbf{G}_\mathrm{o}(c_n)$, 则根据递推关系可得

$$\begin{cases} A(x) = x\left[A(x) + B(x) + C(x)\right] + 1 \\ B(x) = \dfrac{x}{1-4x} - xC(x) \\ C(x) = \dfrac{x}{1-4x} - xB(x) \end{cases}$$

由此可解得

$$\begin{aligned} A(x) &= \frac{1-3x-2x^2}{(1-x^2)(1-4x)} \\ &= \frac{1}{15}\left(\frac{10}{1-x} + \frac{3}{1+x} + \frac{2}{1-4x}\right) \\ &= \frac{1}{15}\sum_{n\geqslant 0}\left[10 + 3\cdot(-1)^n + 2\cdot 4^n\right]x^n \\ B(x) &= C(x) = \frac{x}{(1+x)(1-4x)} \\ &= \frac{1}{5}\left(\frac{1}{1-4x} - \frac{1}{1+x}\right) \\ &= \frac{1}{5}\sum_{n\geqslant 0}\left[4^n - (-1)^n\right]x^n \end{aligned}$$

从而有

$$
\begin{cases}
a_n = \dfrac{1}{15}\left[10 + 3\cdot(-1)^n + 2\cdot 4^n\right], & n \geqslant 0 \\[3mm]
b_n = c_n = \dfrac{1}{5}\left[4^n - (-1)^n\right], & n \geqslant 0
\end{cases}
$$

例 3.14 一些由苯环构成的有机化合物可用若干个正六边形的平面配置来表示 (参见 F. Harary 和 R. C. Read 的文献 [16] 以及 I. Anderson 的文献 [17])，任何两个正六边形或者是分离的或者共享一条边，但不存在三个正六边形两两共享一条边，所有的正六边形按照这种方式彼此相连. 因此，如图 3.1 所示的是有效的平面配置，但如图 3.2 (a) 和 (b) 所示的两种平面配置却是无效. 设 h_n 表示由 n 个正六边形所组成的平面配置的个数，并约定 $h_0 = 0$，试求序列 $\{h_n\}_{n\geqslant 0}$ 的普通型母函数 $H(x) = \sum_{n\geqslant 0} h_n x^n$.

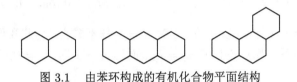

图 3.1　由苯环构成的有机化合物平面结构

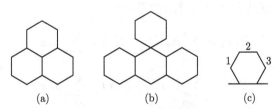

(a)　　　　　(b)　　　　　(c)

图 3.2　无效的有机化合物平面结构和基六边形

解　为了简化问题的处理，我们可以假设 n 个正六边形的平面配置是从一个称为**基六边形**的上方 "生长" 出来的，即基六边形位于最下方，如图 3.2 (c) 所示，其他的 $n-1$ 个正六边形只能沿着基六边形上方的边 1, 2, 3 生长. 可分为两种情况，第一种情况是 $n-1$ 个正六边形中只有 1 个正六边形直接与基六边形相连；第二种情况则是 $n-1$ 个正六边形中恰有 2 个正六边形直接与基六边形相连. 并设第一种情况下的平面配置的个数为 s_n，而第二种情况下的平面配置的个数为 d_n，则有

$$
h_n = s_n + d_n, \quad n \geqslant 2 \tag{3.20}
$$

显然，(3.20) 当 $n = 1$ 时不成立，因为 $h_1 = 1$，而 $s_1 = d_1 = 0$. 除此之外，对于 $n+1$ 个正六边形的平面配置情况，如果只有 1 个正六边形直接与基六边形相

连的话, 则只有 3 种相连的方式, 因此又有

$$s_{n+1} = 3h_n, \quad n \geqslant 1 \tag{3.21}$$

另一方面, 如果恰有 2 个正六边形直接与基六边形相连的话, 则只能在基六边形的边 1 和边 3 上相连; 如果在边 1 上有 k 个正六边形相连, 则在边 3 上就有 $n-k$ 个正六边形相连, 其中 $1 \leqslant k \leqslant n-1$, 从而可得

$$d_{n+1} = h_1 h_{n-1} + h_2 h_{n-2} + \cdots + h_{n-2} h_2 + h_{n-1} h_1, \quad n \geqslant 2 \tag{3.22}$$

由于已约定 $h_0 = 0$, 所以为了便于统一处理, 我们也约定 $s_0 = d_0 = 0$. 这时 (3.21) 对所有 $n \geqslant 0$ 都成立, (3.22) 通过添加两个等于零的项 $h_0 h_n + h_n h_0$, 并注意到 $d_2 = 0$, 可使得 (3.22) 对所有的 $n \geqslant 0$ 都成立, 即有

$$d_{n+1} = h_0 h_n + h_1 h_{n-1} + \cdots + h_{n-1} h_1 + h_n h_0, \quad n \geqslant 0 \tag{3.23}$$

但 (3.20) 只对 $n = 0$ 和 $n \geqslant 2$ 成立, 对 $n = 1$ 却不成立. 为此我们引进一个新的序列 $\{g_n\}_{n \geqslant 0}$ 如下: 当 $n \neq 1$ 时 $g_n = h_n$, 而当 $n = 1$ 时 $g_n = 0$. 这样便有

$$g_n = s_n + d_n, \quad n \geqslant 0 \tag{3.24}$$

现在我们考虑这几个序列的普通型母函数

$$H(x) = \sum_{n \geqslant 0} h_n x^n, \quad G(x) = \sum_{n \geqslant 0} g_n x^n$$

$$S(x) = \sum_{n \geqslant 0} s_n x^n, \quad D(x) = \sum_{n \geqslant 0} d_n x^n$$

那么显然有

$$G(x) = S(x) + D(x), \quad H(x) = G(x) + x \tag{3.25}$$

并且由 (3.21) 和 (3.23) 可得

$$S(x) = 3xH(x), \quad D(x) = xH(x)^2 \tag{3.26}$$

最后由 (3.25) 和 (3.26) 可得

$$H(x) - x = 3xH(x) + xH(x)^2 \tag{3.27}$$

从 (3.27) 可解得

$$H(x) = \frac{1}{2x} \left(1 - 3x \pm \sqrt{1 - 6x + 5x^2} \right) \tag{3.28}$$

如果注意到 $\lim_{x\to 0} H(x) = 0$, 那么有

$$
\begin{aligned}
H(x) &= \frac{1}{2x}\left(1 - 3x - \sqrt{1 - 6x + 5x^2}\right) \\
&= x + 3x^2 + 10x^3 + 36x^4 + 137x^5 + 543x^6 \\
&\quad + 2219x^7 + 9285x^8 + 39587x^9 + 171369x^{10} \\
&\quad + 751236x^{11} + 3328218x^{12} + 14878455x^{13} \\
&\quad + 67030785x^{14} + 304036170x^{15} + \cdots
\end{aligned}
\tag{3.29}
$$

另外, 根据 (3.27), 可推得序列 $\{h_n\}_{n\geqslant 0}$ 满足如下递推关系:

$$
h_n = 3h_{n-1} + \sum_{j=1}^{n-2} h_j h_{n-1-j}, \quad n \geqslant 2
\tag{3.30}
$$

有些递推关系虽然也是线性常系数递推关系, 但推导出这些递推关系却并不是一件轻而易举的事. 下面的例子就属于这种情况.

例 3.15 考虑 n 个正方形的格子在平面上的配置方案数 a_n, 要求这些格子在平面上分层放置, 且相邻两层至少在一个格子上重叠, 每层的格子必须连续放置. 如图 3.3 (a) 就是一种有效的平面配置, 但图 3.3 (b) 的平面配置是非法的, 因为第二层与第三层没有重叠.

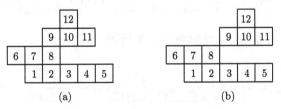

(a)   (b)

图 3.3　正方形格子的平面配置

解　约定 $a_0 = 0$, 并令 $f(x) = \sum_{n\geqslant 0} a_n x^n$. 为求母函数 $f(x)$, 令 $a_{n,m}$ 表示最底层恰有 m 个格子时的 a_n, 所以有 $m \leqslant n$; 并约定当 $m > n$ 时 $a_{n,m} = 0$. 那么, 显然有

$$
\begin{cases}
a_{n,m} = \sum_{\ell \geqslant 1} (m + \ell - 1)a_{n-m,\ell} \\
a_n = \sum_{m \geqslant 1} a_{n,m} = \sum_{m=1}^{n} a_{n,m}
\end{cases}
\tag{3.31}
$$

为计算 $f(x)$, 我们定义二元母函数如下:

$$F(x,y) = \sum_{n \geqslant 1} \sum_{m \geqslant 1} a_{n,m} x^n y^m \tag{3.32}$$

注意到 $a_{n,n} = 1$, $n \geqslant 1$, 可将二元函数 $F(x,y)$ 表示为

$$F(x,y) = \sum_{n \geqslant 1} x^n y^n + \sum_{n \geqslant 2} \sum_{m=1}^{n-1} a_{n,m} x^n y^m \tag{3.33}$$

并令

$$g(x) = \left. \frac{\partial F}{\partial y} \right|_{y=1} = \sum_{n \geqslant 1} \sum_{m \geqslant 1} m a_{n,m} x^n \tag{3.34}$$

将 (3.31) 代入到 (3.33) 第二项, 可得

$$\sum_{n \geqslant 2} \sum_{m=1}^{n-1} a_{n,m} x^n y^m = \frac{(xy)^2}{(1-xy)^2} f(x) + \frac{xy}{1-xy} g(x) \tag{3.35}$$

于是有

$$F(x,y) = \frac{xy}{1-xy} + \frac{(xy)^2}{(1-xy)^2} f(x) + \frac{xy}{1-xy} g(x) \tag{3.36}$$

将 (3.36) 两端关于 y 求导, 然后令 $y = 1$ 得到

$$g(x) = \frac{x}{(1-x)^2} + \frac{2x^2}{(1-x)^3} f(x) + \frac{x}{(1-x)^2} g(x) \tag{3.37}$$

从 (3.37) 可解得

$$g(x) = \frac{x}{1-3x+x^2} + \frac{2x^2}{(1-x)(1-3x+x^2)} f(x) \tag{3.38}$$

将 (3.38) 代入 (3.36), 并令 $y = 1$ 得

$$f(x) = F(x,1) = \frac{x(1-x)^3}{1-5x+7x^2-4x^3} \tag{3.39}$$

从而可知, 序列 $\{a_n\}_{n\geqslant 0}$ 满足递推关系:

$$a_n = 5a_{n-1} - 7a_{n-2} + 4a_{n-3}, \quad n \geqslant 5 \tag{3.40}$$

且满足初始条件: $a_0 = 0$, $a_1 = 1$, $a_2 = 2$, $a_3 = 6$, $a_4 = 19$. 图 3.4 给出了 $1 \leqslant n \leqslant 4$ 时格子的配置方案. 值得注意的是, 虽然 (3.40) 只是一个 3 阶的线性常系数齐次递推关系, 但是却很难给出这个结果的一个纯组合的证明.

有些递推关系表面看起来形式似乎很简单, 但却很难利用两类母函数解决问题, 下面就是这样的一个例子.

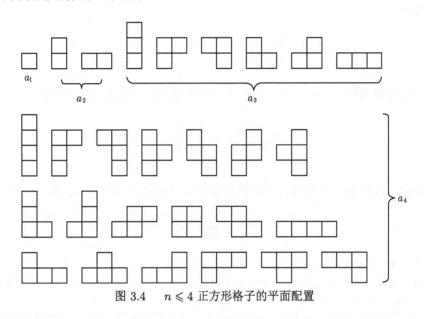

图 3.4　$n \leqslant 4$ 正方形格子的平面配置

例 3.16 设 $a_0 = 1$, $a_n = n^2 a_{n-1} + n!$, $n \geqslant 1$, 试求序列 $\{a_n\}_{n\geqslant 0}$ 的表达式.

解 这个例子的特殊性在于序列 $\{a_n\}_{n\geqslant 0}$ 增长太快, 因为 a_n 甚至比 $n!$ 的增长还快, 所以连指数型母函数也无能为力. 为此, 我们定义

$$A(x) = \sum_{n\geqslant 0} a_n \frac{x^n}{(n!)^2}$$

并将这种类型的函数称为序列 $\{a_n\}_{n\geqslant 0}$ 的**双指数型母函数**. 利用这种双指数型母函数以及递推关系 $a_n = n^2 a_{n-1} + n!$, $n \geqslant 1$ 可得

$$\sum_{n\geqslant 1} a_n \frac{x^n}{(n!)^2} = \sum_{n\geqslant 1} n^2 a_{n-1} \frac{x^n}{(n!)^2} + \sum_{n\geqslant 1} n! \frac{x^n}{(n!)^2}$$

即有

$$A(x) - 1 = xA(x) + e^x - 1$$

$$A(x) = \frac{e^x}{1-x} = \left(\sum_{k \geqslant 0} \frac{x^k}{k!}\right)\left(\sum_{l \geqslant 0} x^l\right)$$

$$= \sum_{n \geqslant 0}\left[(n!)^2\left(\sum_{k=0}^{n} \frac{1}{k!}\right)\right]\frac{x^n}{(n!)^2}$$

于是得到

$$a_n = (n!)^2\left(\sum_{k=0}^{n} \frac{1}{k!}\right) = (n!)^2 + n!\sum_{k=1}^{n} \frac{n!}{k!}, \quad n \geqslant 1$$

这个结论告诉我们, 当 $n \to \infty$ 时 a_n 与 $(n!)^2$ 是同阶的无穷大, 因为有

$$\lim_{n\to\infty} \frac{a_n}{(n!)^2} = \sum_{k \geqslant 0} \frac{1}{k!} = e.$$

读者可以尝试一下是否可利用指数型母函数得到例 3.16 中 a_n 的表达式.

习　题　3

3.1　试证明定理 3.4.

3.2　证明: 序列 ① $1, 1, 1, \cdots$; ② $0, 1, 2, 3, \cdots$; ③ $0, 1, 4, 9, \cdots$ 均是递推关系 $a_n = 3a_{n-1} - 3a_{n-2} + a_{n-3}$, $n \geqslant 3$ 的解.

3.3　设有递推关系 $a_n = 15a_{n-1} - 44a_{n-2}$, $n \geqslant 2$, 试证明如下的每一个序列均是这个递推关系的解: ① $\{4^n\}_{n \geqslant 0}$; ② $\{3 \cdot 11^n\}_{n \geqslant 0}$; ③ $\{4^n - 11^n\}_{n \geqslant 0}$.

3.4　证明: 如下序列均满足递推关系 $a_n = 9a_{n-1} - 27a_{n-2} + 27a_{n-3}$, $n \geqslant 3$.

① $\{3^n\}_{n \geqslant 0}$;　　　② $\{n3^n\}_{n \geqslant 0}$;　　　③ $\{n^2 3^n\}_{n \geqslant 0}$;　　　④ $\{3 \cdot 3^n\}_{n \geqslant 0}$;

⑤ $\{3^n + n3^n\}_{n \geqslant 0}$;　⑥ $\{4 \cdot 3^n + 8 \cdot n3^n - n^2 3^n\}_{n \geqslant 0}$.

3.5　证明: 如下序列

① $2, 2, 2, \cdots$; ② $\{3 \cdot 4^n\}_{n \geqslant 0}$; ③ $\{4^n + 1\}_{n \geqslant 0}$; ④ $\{n4^n - 11\}_{n \geqslant 0}$; ⑤ $\{(1 + n + n^2)4^n\}_{n \geqslant 0}$ 都是递推关系

$$a_n = 13a_{n-1} - 60a_{n-2} + 112a_{n-3} - 64a_{n-4}, \quad n \geqslant 4$$

的解.

3.6　试求如下齐次递推关系的解:

① $\begin{cases} a_n = 7a_{n-1} - 16a_{n-2} + 12a_{n-3}, \\ a_0 = 1, \ a_1 = 2, \ a_2 = 0; \end{cases}$　　② $\begin{cases} a_n = 10a_{n-1} - 25a_{n-2}, \\ a_0 = 1, \ a_1 = 2; \end{cases}$

③ $\begin{cases} a_n = 9a_{n-1} - 15a_{n-2} + 7a_{n-3}, \\ a_0 = 0, \ a_1 = 1, \ a_2 = 2; \end{cases}$ ④ $\begin{cases} a_n = 14a_{n-1} - 49a_{n-2}, \\ a_0 = 0, \ a_1 = 10; \end{cases}$

⑤ $\begin{cases} a_n = 10a_{n-1} - 37a_{n-2} + 60a_{n-3} - 36a_{n-4}, \\ a_0 = a_1 = a_2 = 0, \ a_3 = 5. \end{cases}$

3.7 试求解下列非齐次递推关系:

① $\begin{cases} a_n = 5a_{n-1} - 6a_{n-2} + 2n - 3, \ n \geqslant 2, \\ a_0 = 5, \ a_1 = 10; \end{cases}$

② $\begin{cases} a_n = 7a_{n-1} - 12a_{n-2} + 6n - 5, \ n \geqslant 2, \\ a_0 = 5, \ a_1 = 13; \end{cases}$

③ $\begin{cases} a_n = 4a_{n-1} - 5a_{n-2} + 2a_{n-3} + 2^n, \ n \geqslant 3, \\ a_0 = 4, \ a_1 = 10, \ a_2 = 19; \end{cases}$

④ $\begin{cases} a_n = 7a_{n-1} - 10a_{n-2} - 2 \cdot 3^{n-2}, \ n \geqslant 2, \\ a_0 = 3, \ a_1 = 4. \end{cases}$

3.8 试求解下列非线性递推关系:

① $\begin{cases} a_n = a_{n-1}^2 a_{n-2}^3, \ n \geqslant 2, \\ a_0 = 1, \ a_1 = 2; \end{cases}$ ② $\begin{cases} a_n = a_{n-1}^7 / a_{n-2}^{12}, \ n \geqslant 2, \\ a_0 = 1, \ a_1 = 2; \end{cases}$

③ $\begin{cases} a_n = \left(2\sqrt{a_{n-1}} + 3\sqrt{a_{n-2}}\right)^2, \ n \geqslant 2, \\ a_0 = 1, \ a_1 = 4; \end{cases}$ ④ $\begin{cases} a_n = a_{n-1}^3 a_{n-2}^{10}, \ n \geqslant 2, \\ a_0 = 1, \ a_1 = 2. \end{cases}$

3.9 试计算如下 n 阶行列式的值.

① $D_n = \begin{vmatrix} \cos\alpha & 1 & 0 & \cdots & 0 & 0 & 0 \\ 1 & 2\cos\alpha & 1 & \cdots & 0 & 0 & 0 \\ 0 & 1 & 2\cos\alpha & \cdots & 0 & 0 & 0 \\ \vdots & \vdots & \vdots & \ddots & \vdots & \vdots & \vdots \\ 0 & 0 & 0 & \cdots & 1 & 2\cos\alpha & 1 \\ 0 & 0 & 0 & \cdots & 0 & 1 & 2\cos\alpha \end{vmatrix}$, $\sin\alpha \neq 0$;

② $D_n = \begin{vmatrix} x+y & xy & 0 & \cdots & 0 & 0 \\ 1 & x+y & xy & \cdots & 0 & 0 \\ 0 & 1 & x+y & \cdots & 0 & 0 \\ \vdots & \vdots & \vdots & \ddots & \vdots & \vdots \\ 0 & 0 & 0 & \cdots & 1 & x+y \end{vmatrix}, x \neq y;$

③ $D_n = \begin{vmatrix} 7 & 5 & 0 & \cdots & 0 & 0 \\ 2 & 7 & 5 & \cdots & 0 & 0 \\ 0 & 2 & 7 & \cdots & 0 & 0 \\ \vdots & \vdots & \vdots & \ddots & \vdots & \vdots \\ 0 & 0 & 0 & \cdots & 7 & 5 \\ 0 & 0 & 0 & \cdots & 2 & 7 \end{vmatrix};$ ④ $D_n = \begin{vmatrix} 6 & 11 & 6 & 0 & \cdots & 0 & 0 \\ 1 & 6 & 11 & 6 & \cdots & 0 & 0 \\ 0 & 1 & 6 & 11 & \cdots & 0 & 0 \\ \vdots & \vdots & \vdots & \vdots & \ddots & \vdots & \vdots \\ 0 & 0 & 0 & 0 & \cdots & 6 & 11 \\ 0 & 0 & 0 & 0 & \cdots & 1 & 6 \end{vmatrix}.$

3.10 设 a_n 表示由字母表 $\{0, 1, 2, 3\}$ 所构成的长度为 n 且含有偶数个 0 的单词个数, 试推导 $\{a_n\}_{n \geqslant 0}$ 所满足的递推关系, 并求其普通型母函数 $G(x)$.

3.11 从集合 $S = \{0, 1, 2, \cdots, 9, +, -, \times, \div\}$ 中有放回地取 n 个符号得到一个长度为 n 的排列, 并设该排列构成算术表达式的方案数为 a_n, 求 a_n 的表达式 (假定 $+0, -0, 3 \div 0$ 等都是合格的算术表达式).

3.12 试求由如下普通型母函数 $G(x)$ 决定的序列 $\{a_n\}_{n \geqslant 0}$ 所满足的递推关系:

① $G(x) = \dfrac{1}{(1-x)(1-3x)}$;   ② $G(x) = \dfrac{2x+1}{(1-2x)(1-3x)}$;

③ $G(x) = \dfrac{1}{4x^2 - 5x + 1}$;   ④ $G(x) = \dfrac{2x^2}{(1-3x)(1-5x)(1-7x)}$;

⑤ $G(x) = \dfrac{1}{8x^2 - 6x + 1}$;   ⑥ $G(x) = \dfrac{x}{1 + x - 16x^2 + 20x^3}$.

3.13 设 a_n 表示从格点 $(0, 0)$ 开始的长度为 n 步的路径数, 每步只允许三种走法之一: $L : (x, y) \mapsto (x-1, y)$, $R : (x, y) \mapsto (x+1, y)$, $U : (x, y) \mapsto (x, y+1)$, 且不允许出现 LR 或 RL 之类的走法. 试求: ① 序列 $\{a_n\}_{n \geqslant 0}$ 所满足的递推关系; ② a_n 的表达式; ③ $\{a_n\}_{n \geqslant 0}$ 的普通型母函数 $f(x)$.

3.14 一圆被分成了 n 个扇形区域, 现用 m 种颜色对这 n 个扇形区域进行染色, 每个扇形染一种颜色, 要求相邻的区域不能同色, 试求染色方式数 a_n.

3.15 $m \, (m \geqslant 2)$ 个人互相传球, 每个人接球后即传给别人. 首先由甲发球, 并将其作为第 1 次传球. 试求经过 n 次传球后球又回到甲手中的传球方式数 a_n.

3.16 试确定平面上 n 个处于一般位置的圆将平面划分的区域数 h_n. 这里, 所谓 n 个处于一般位置的圆是指任何两个圆均相交在不同的两点, 且不存在三个圆交于一点的情况.

3.17 试求 n 元集的 k 重复排列中不允许同一个元素连续出现 3 次的排列数 a_k.

3.18 设 V 是满足 $a_n = pa_{n-1} + qa_{n-2}$, $n \geqslant 2$ 的所有复序列 $\{a_n\}_{n \geqslant 0}$ 的集合, 其中 $p, q \in \mathbb{R}$ 是给定的常数. ① 试证明 V 是实数域 $\mathbb{R}$ 上的向量空间; ② 试求向量空间 V 的维数 $\dim(V)$.

3.19 设序列 $\{a_n\}_{n \geqslant 0}$ 满足 $a_n + b_1 a_{n-1} + b_2 a_{n-2} = 5r^n$, $n \geqslant 2$, 其中 b_1, b_2, r 都是常数, 试证序列 $\{a_n\}_{n \geqslant 0}$ 也满足一个三阶线性常系数齐次递推关系, 且该递推关系的特征多项式为 $p(\lambda) = (\lambda - r)(\lambda^2 + b_1 \lambda + b_2)$.

3.20 设序列 $\{a_n\}_{n \geqslant 0}$ 和 $\{b_n\}_{n \geqslant 0}$ 分别满足递推关系:

$$a_n - a_{n-1} - a_{n-2} = 0, \quad n \geqslant 2$$

$$b_n - 2b_{n-1} - b_{n-2} = 0, \quad n \geqslant 2$$

令 $c_n = a_n + b_n$, $n \geqslant 0$, 则序列 $\{c_n\}_{n \geqslant 0}$ 满足一个四阶线性常系数齐次递推关系.

第 4 章　特殊计数序列

　　组合数学这个领域有很多特殊的序列, 这些序列在很多场合被用于计数的目的. 这一章我们研究组合数学中几个典型的计数序列, 包括 Fibonacci 序列、Catalan 序列、Schröder 序列、Motzkin 序列以及 Stirling 序列. 这些序列也出现在许多其他数学领域, 并在这些领域起着十分重要的作用. 例如, Fibonacci 数在数值分析中常用于搜索函数的最大值或最小值, 以极小化函数值的计算次数; Fibonacci 数还经常出现在艺术和音乐领域; 甚至广泛地存在于自然界之中, 体现了大自然的某种最优的策略. Stirling 数在插值和一些有限差分公式中扮演着重要角色. Catalan 数、Schröder 数和 Motzkin 数则出现在许多组合问题的计数结果之中.

4.1　Fibonacci 序列

　　前面我们已经介绍过 Fibonacci 序列, 这里稍作补充. Fibonacci 序列的名称源于意大利数学家 L. Fibonacci (1170—1240). 他在《算盘书》中提出了所谓的兔子问题[18], 该问题的解是一个满足如下递推关系的序列 $\{F_n\}_{n \geqslant 0}$:

$$\begin{cases} F_n = F_{n-1} + F_{n-2}, \ n \geqslant 2 \\ F_0 = 0, \ F_1 = 1 \end{cases} \tag{4.1}$$

根据前面的结果, 这个递推关系的解可表示为

$$F_n = \frac{1}{\sqrt{5}} \left(\alpha^n - \beta^n \right) = \frac{1}{\sqrt{5}} \left[\left(\frac{1+\sqrt{5}}{2} \right)^n - \left(\frac{1-\sqrt{5}}{2} \right)^n \right], \quad n \geqslant 0 \tag{4.2}$$

这个公式通常称为 Binet **公式**, 他在 1843 年找到了这个由特征方程 $\lambda^2 - \lambda - 1 = 0$ 的特征根 α, β 所表示的 Fibonacci 数公式, 尽管法国数学家 A. de Moivre 甚至更早就已经知道了这个公式. 公式中的 $\alpha = 1 - \beta = \dfrac{1+\sqrt{5}}{2} = 1.6180339887 \cdots$ 就是所谓的 "**黄金分割率**", 或称 "**黄金比**". 这个数广泛地存在于自然界, 也频繁地出现在一些优化算法中.

注意到 $\alpha\beta = -1$, $\alpha + \beta = 1$ 并利用递推关系 (4.1), 容易证明序列 $\{F_n - \beta F_{n-1}\}_{n \geqslant 1}$ 是一个等比序列, 即有

$$F_n - \beta F_{n-1} = \alpha\left(F_{n-1} - \beta F_{n-2}\right) = \alpha^{n-1}, \quad n \geqslant 2$$

而且直接验证得到

$$\frac{F_2}{F_1} = 1, \quad \frac{F_3}{F_2} = \frac{2}{1} = 1 + \frac{1}{1}, \quad \frac{F_4}{F_3} = \frac{3}{2} = 1 + \cfrac{1}{1 + \cfrac{1}{1}}$$

$$\frac{F_5}{F_4} = \frac{5}{3} = 1 + \cfrac{1}{1 + \cfrac{1}{1 + \cfrac{1}{1}}}, \quad \frac{F_6}{F_5} = \frac{8}{5} = 1 + \cfrac{1}{1 + \cfrac{1}{1 + \cfrac{1}{1 + \cfrac{1}{1}}}}$$

因此, 比值 $\dfrac{F_n}{F_{n-1}}$ 可表示成如下的连分式:

$$\frac{F_n}{F_{n-1}} = \frac{F_{n-1} + F_{n-2}}{F_{n-1}} = 1 + \cfrac{1}{\cfrac{F_{n-1}}{F_{n-2}}} = \cdots = 1 + \cfrac{1}{1 + \cfrac{1}{1 + \cfrac{1}{1 + \cdots}}}$$

事实上, 我们有

$$\lim_{n \to \infty} \frac{F_n}{F_{n-1}} = \alpha = \frac{1 + \sqrt{5}}{2}$$

法国天文学家 G. D. Cassini (1625—1712) 在 1680 年提出了关于 Fibonacci 数最早的定理:

$$F_{n+1}F_{n-1} - F_n^2 = (-1)^n, \quad n \geqslant 1 \tag{4.3}$$

这个公式被称为 **Cassini 恒等式** (习题 4.1⑧), 它可由下面的恒等式 (习题 4.1⑦)

$$\begin{pmatrix} 1 & 1 \\ 1 & 0 \end{pmatrix}^n = \begin{pmatrix} F_{n+1} & F_n \\ F_n & F_{n-1} \end{pmatrix}, \quad n \geqslant 1 \tag{4.4}$$

两边取行列式得到. 如果注意到对任何方阵 $\boldsymbol{A}$ 均有 $\boldsymbol{A}^n \boldsymbol{A}^m = \boldsymbol{A}^{n+m}$, 则可由恒等式 (4.4) 立即得到下面的恒等式:

$$\begin{cases} F_{n+1}F_{m+1} + F_n F_m = F_{n+m+1} \\ F_{n+1}F_m + F_n F_{m-1} = F_{n+m} \\ F_{m+1}F_n + F_m F_{n-1} = F_{n+m} \\ F_n F_m + F_{n-1}F_{m-1} = F_{n+m-1} \end{cases} \tag{4.5}$$

特别地, 当 $m = n$ 时有

$$F_n^2 + F_{n-1}^2 = F_{2n-1}$$

$$F_{n+1}F_n + F_n F_{n-1} = (F_{n-1} + F_{n+1})F_n = F_{n+1}^2 - F_{n-1}^2 = F_{2n} \tag{4.6}$$

法国数学家 F. E. A. Lucas (1842—1891) 在推广普及 Fibonacci 数方面发挥了重要的作用, 而且 Fibonacci 数这个名字也是由 Lucas 所起的. 另外, 他还引入了所谓的 Lucas **数** $L_n = F_{n+1} + F_{n-1}$, $n \geqslant 1$, 它显然满足如下的递推关系:

$$\begin{cases} L_n = L_{n-1} + L_{n-2}, \ n \geqslant 2 \\ L_0 = 2, \ L_1 = 1 \end{cases} \tag{4.7}$$

容易看出, Lucas 数具有如下的表达式:

$$L_n = \left(\frac{1+\sqrt{5}}{2} \right)^n + \left(\frac{1-\sqrt{5}}{2} \right)^n, \quad n \geqslant 0 \tag{4.8}$$

经过许多学者几百年的努力, 人们已经发现了许多关于 Fibonacci 数的结论. 1963 年, 美国创办了专门的学术刊物 *The Fibonacci Quarterly*, 以发表有关 Fibonacci 数和 Lucas 数的研究文章. Fibonacci 数之所以受到人们广泛的关注, 是因为它有很多重要的应用, 尤其是在优化领域, 例如用于快速查找的 Fibonacci 树, 用于动态存贮的 Fibonacci 堆等等. 鉴于 Fibonacci 序列性质的文献可以说是浩如烟海, 所以我们这里不再赘述, 有兴趣的读者可查阅相关文献.

4.2　Catalan 序列

Catalan 序列源于比利时数学家 E. C. Catalan (1814—1894) 的研究. 实际上, 早在 18 世纪, J. von Segner (1704—1777) 和 Euler 就研究过一个等价的问题, 就是下面即将讨论的凸多边形的剖分问题. Catalan 序列是组合学中最普遍的序列之一, 美国数学家 R. P. Stanley 在其著作[19] 中列出了这个序列的 160 余种组合解释和 11 种代数解释. 我们将在下面介绍其中的部分问题, 另外, 本章习题也列举了一些与 Catalan 序列有关的组合计数问题, 这些问题均来自于 Stanley 的专著[19].

定义 4.1 设 $C_0 = 1$, $C_n = \dfrac{1}{n+1}\binom{2n}{n}$, $n \geqslant 1$, 则序列 $\{C_n\}_{n\geqslant 0}$ 称为 Catalan **序列**, 其中 C_n 称为第 n 个 Catalan **数**.

根据定义, 显然有 $C_0 = 1$, $C_1 = 1$, $C_2 = 2$, $C_3 = 5$, $\cdots$. 下面我们来研究 Catalan 数 C_n 的组合意义.

定理 4.1 设 P_{n+2} 是凸 $n+2$ 边形, 通过不相交于 P_{n+2} 内部的 $n-1$ 条对角线, 将 P_{n+2} 剖分成 n 个三角形, 其不同的剖分方案数是第 n 个 Catalan 数 C_n.

证明 设剖分方案数为 G_n, 显然 $G_1 = 1$, $G_2 = 2$, $G_3 = 5$, $\cdots$. 图 4.1 展示了 $n \leqslant 3$ 的几种情况.

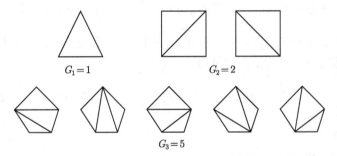

图 4.1 凸 3 边形、凸 4 边形及凸 5 边形的剖分方案

为描述方便, 我们约定 $G_0 = 1$. 下面我们证明序列 $\{G_n\}_{n\geqslant 0}$ 满足递推关系:

$$G_{n+1} = \sum_{k=0}^{n} G_k G_{n-k}, \quad n \geqslant 0 \tag{4.9}$$

$$G_n = \frac{n+2}{2(n-1)} \sum_{k=1}^{n-1} G_k G_{n-k}, \quad n \geqslant 2 \tag{4.10}$$

先证 (4.9). 考虑顶点为 $v_0, v_1, \cdots, v_{n+2}$ 的凸 $n+3$ 边形 P_{n+3}. 以 $v_0 v_{n+2}$ 作为剖分三角形的一条边, 三角形的另一个顶点为 v_k, $k = 1, 2, \cdots, n+1$, 显然三角形 $\triangle v_0 v_{n+2} v_k$ 将凸 $n+3$ 边形 P_{n+3} 分割成一边为 $k+1$ 边形, 另一边为 $n-k+3$ 边形. 所以根据乘法原理, 以 $\triangle v_0 v_{n+2} v_k$ 为一剖分三角形的剖分方案数为 $G_{k-1} G_{n-k+1}$, 从而有

$$G_{n+1} = \sum_{k=1}^{n+1} G_{k-1} G_{n-k+1} = G_0 G_n + G_1 G_{n-1} + \cdots + G_{n-1} G_1 + G_n G_0$$

这就是递推关系 (4.9).

以下证明 (4.10). 考虑顶点为 $v_0, v_1, \cdots, v_{n+1}$ 的凸 $n+2$ 边形 P_{n+2}. 从 v_0 到其余 $n-1$ 个顶点 $v_2, v_3, \cdots, v_n$ 分别引出 $n-1$ 条对角线, 且对角线 $v_0 v_k$ 将凸 $n+2$ 边形 P_{n+2} 分割成一边为 $k+1$ 边形, 另一边为 $n-k+3$ 边形. 因此, 以 $v_0 v_k$ 作为剖分对角线的剖分方案数为 $G_{k-1} G_{n-k+1}$, $2 \leqslant k \leqslant n$, 所以以 v_0 引出的 $n-1$ 条对角线作为剖分对角线的剖分方案数为

$$\sum_{k=2}^{n} G_{k-1} G_{n-k+1} = G_1 G_{n-1} + G_2 G_{n-2} + \cdots + G_{n-2} G_2 + G_{n-1} G_1$$

若将 v_0 换成 $v_1, v_2, \cdots, v_{n+1}$ 也有同样的结果, 但由于每条对角线涉及两个顶点, 故每个顶点只能计算一次, 这样剖分方案数为

$$\frac{n+2}{2} \left(G_1 G_{n-1} + G_2 G_{n-2} + \cdots + G_{n-2} G_2 + G_{n-1} G_1 \right)$$

另外, 凸 $n+2$ 边形 P_{n+2} 的每个剖分均使用 $n-1$ 条对角线, 所以上述剖分方案数的统计重复了 $n-1$ 次, 由此可得

$$G_n = \frac{n+2}{2(n-1)} \left(G_1 G_{n-1} + G_2 G_{n-2} + \cdots + G_{n-2} G_2 + G_{n-1} G_1 \right)$$

这就是 (4.10).

根据 (4.9) 和 (4.10), 可得

$$\begin{aligned}
G_{n+1} &= G_0 G_n + G_1 G_{n-1} + \cdots + G_{n-1} G_1 + G_n G_0 \\
&= \frac{2(n-1)}{n+2} G_n + 2 G_n = \frac{2(2n+1)}{n+2} G_n \\
&= \frac{2(2n+1)}{n+2} \cdot \frac{2(2n-1)}{n+1} \cdots \frac{2(2 \cdot 1 + 1)}{3} G_1 \\
&= \frac{2^{n+1} (2n+1)(2n-1) \cdots 3 \cdot 1}{(n+2)!} \\
&= \frac{1}{n+2} \binom{2(n+1)}{n+1}
\end{aligned}$$

根据上式, 显然有 $G_n = C_n$.   ■

从上面的证明过程立即可得下面结论.

定理 4.2   Catalan 序列 $\{C_n\}_{n \geqslant 0}$ 满足如下递推关系:

$$C_{n+1} = \sum_{k=0}^{n} C_k C_{n-k}, \quad n \geqslant 0 \tag{4.11}$$

$$C_{n+1} = \frac{n+3}{2n} \sum_{k=1}^{n} C_k C_{n-k+1}, \quad n \geqslant 1 \tag{4.12}$$

$$C_{n+1} = \frac{2(2n+1)}{n+2} C_n, \quad n \geqslant 0 \tag{4.13}$$

由 (4.13) 知, Catalan 序列 $\{C_n\}_{n \geqslant 0}$ 满足一阶线性非常系数齐次递推关系.

设 $C(x) = \sum_{n \geqslant 0} C_n x^n$ 是 Catalan 序列的普通型母函数, 我们曾经在前面利用普通型母函数的乘法公式得到了

$$C(x) = \frac{1 - \sqrt{1 - 4x}}{2x} = \sum_{n \geqslant 0} \frac{1}{n+1} \binom{2n}{n} x^n$$

实际上利用递推关系 (4.11) 和普通型母函数的性质, 并注意到得 $\lim\limits_{x \to 0} C(x) = 1$, 亦可得到上述表达式.

定理 4.3 由 n 个 $+1$ 和 n 个 -1 构成的 $2n$ 个元素的排列 $a_1 a_2 \cdots a_{2n}$ 中, 其部分和满足 $a_1 + a_2 + \cdots + a_k \geqslant 0$, $k = 1, 2, \cdots, 2n$ 的排列个数为 C_n.

证明 设 $S = \{n \cdot (+1), n \cdot (-1)\}$, 并设 S 的全排列中满足要求的排列之集为 $\mathcal{A}_n$, 不满足要求的排列之集为 $\mathcal{U}_n$, 则显然有

$$|\mathcal{A}_n| + |\mathcal{U}_n| = \frac{(2n)!}{n!n!}$$

下面我们通过计算 $|\mathcal{U}_n|$ 来证明 $|\mathcal{A}_n| = C_n$.

对于 $\forall u = u_1 u_2 \cdots u_{2n} \in \mathcal{U}_n$, 必存在最小正整数 k 使得

$$u_1 + u_2 + \cdots + u_k < 0, \quad 1 \leqslant k \leqslant 2n - 1$$

由 k 的最小性可知, k 为奇数, 且有

$$u_1 + u_2 + \cdots + u_{k-1} = 0, \quad u_k = -1$$

令 $u' = (-u_1)(-u_2) \cdots (-u_k) u_{k+1} \cdots u_{2n}$, 显然 u' 是由 $n+1$ 个 $+1$ 和 $n-1$ 个 -1 构成的 $2n$ 个元素的排列. 反过来, 对于任意由 $n+1$ 个 $+1$ 和 $n-1$ 个 -1 构成的排列 $u' = u_1' u_2' \cdots u_{2n}'$, 设 k 是满足不等式

$$u_1' + u_2' + \cdots + u_k' > 0$$

的最小者, 这样的 k 显然是存在的, 因为 $u_1' + u_2' + \cdots + u_{2n}' = 2$, 且有 $1 \leqslant k < 2n$. 然后令

$$u = (-u_1')(-u_2') \cdots (-u_k') u_{k+1}' \cdots u_{2n}'$$

易知, 这样的 u 是由 n 个 $+1$ 和 n 个 -1 构成的排列, 且 $u \in \mathcal{U}_n$. 于是, $\mathcal{U}_n$ 与集合 $T = \{(n+1) \cdot (+1), (n-1) \cdot (-1)\}$ 的排列之间存在一一对应关系, 即

$$|\mathcal{U}_n| = \frac{(2n)!}{(n+1)!(n-1)!}$$

从而

$$
\begin{aligned}
|\mathcal{A}_n| &= \frac{(2n)!}{n!n!} - |\mathcal{U}_n| \\
&= \frac{(2n)!}{n!n!} - \frac{(2n)!}{(n+1)!(n-1)!} \\
&= \frac{1}{n+1} \binom{2n}{n}
\end{aligned}
$$
∎

推论 4.3.1 由 n 个 $+1$ 和 n 个 -1 构成的 $2n$ 个元素的排列 $a_1 a_2 \cdots a_{2n}$ 中, 其部分和满足 $a_1 + a_2 + \cdots + a_k > 0$, $k = 1, 2, \cdots, 2n-1$ 的排列个数为 C_{n-1}.

例 4.1 某电影院售票窗口有 $2n$ 个人正在排队买票, 票价 50 元. 假定 $2n$ 个人有 n 个人持有 50 元纸币, 而另外 n 个人只持有 100 元纸币, 并设售票窗口没有准备任何现金找零. 试问有多少种排队方式, 使得只要持有 100 元纸币的人买票售票窗口都有现金找零?

解 如果将 n 个持 50 元纸币的人看成是 n 个 $+1$, 而将 n 个持 100 元纸币的人看成是 n 个 -1, 那么每一种排队方式就相当于 n 个 $+1$ 和 n 个 -1 的一个排列; 所谓售票窗口有现金找零, 就是所排队列满足从队头到队尾的扫描过程中持 50 元纸币的人始终不少于持 100 元纸币的人, 即相当于 n 个 $+1$ 和 n 个 -1 的排列中, 从左至右扫描 $+1$ 的个数始终不少于 -1 的个数. 因此, 这个问题等价于定理 4.3, 即排队方式数等于第 n 个 Catalan 数 C_n.

例 4.2 给定 $n+1$ 个数的乘积 $x_0 x_1 \cdots x_{n-1} x_n$, $n \geqslant 0$, 在不改变它们次序的前提下, 只通过加括号以改变计算顺序, 共有多少种方式计算它们的乘积?

解 由于加括号可改变运算的优先级, 所以不同的加括号方式就有不同的乘法运算顺序. 设所求为 U_n, 并约定 $U_0 = 1$. 显然当 $n = 1$ 时, $U_1 = 1$, 即只有 1 种计算乘积的方式, 记为 $(x_0 x_1)$. 当 $n = 2$ 时, $U_2 = 2$, 即有 2 种计算乘积的方式: 一种是先计算乘积 $(x_0 x_1)$, 再将这个乘积 $(x_0 x_1)$ 与 x_2 作乘法运算, 即 $((x_0 x_1) x_2)$; 另一种是先计算乘积 $(x_1 x_2)$, 再将 x_0 与这个乘积 $(x_1 x_2)$ 作乘法运算, 即 $(x_0 (x_1 x_2))$. 当 $n = 3$ 时, $U_3 = 5$, 按照这种加括号的表示方法, 这 5 种计算乘积的方式可表示如下:

$$(((x_0 x_1) x_2) x_3), \; ((x_0 (x_1 x_2)) x_3), \; (x_0 ((x_1 x_2) x_3))$$

$$((x_0x_1)(x_2x_3)), \; (x_0(x_1(x_2x_3)))$$

通过观察我们发现, $n+1$ 个数的序列需要加 n 对括号才能确定一种计算顺序, 且每对括号之间有两个表达式来参与乘法运算, 参与运算的每个表达式或带有括号或不带有括号. 显然, 最外层括号包含的两个表达式是最后执行计算的两个表达式. 如果其中的一个表达式包含 k 个数 (U_{k-1} 种计算方式), 另一个表达式则包含 $n-k+1$ 个数 (U_{n-k} 种计算方式), 其中 $k=1,2,\cdots,n$. 从而由加法原理得

$$U_n = U_0U_{n-1} + U_1U_{n-2} + \cdots + U_{n-2}U_1 + U_{n-1}U_0$$

显然序列 $\{U_n\}_{n\geqslant 0}$ 与 Catalan 序列 $\{C_n\}_{n\geqslant 0}$ 满足同样的递推关系 (4.11), 且具有相同的初值, 因此 $U_n = C_n$.

注 上面的例 4.2 表明: $n+1$ 个数 $x_0x_1\cdots x_{n-1}x_n$, $n \geqslant 1$ 的乘积计算方式数与凸 $n+2$ 边形 P_{n+2} 通过不相交于内部的 $n-1$ 条对角线将 P_{n+2} 剖分成三角形的方式数相等. 事实上, 我们可以用更直接的方式建立它们之间的联系: 选定凸 $n+2$ 边形 P_{n+2} 一条边代表序列 $x_0x_1\cdots x_{n-1}x_n$ 在某种计算顺序下的结果, 其余的 $n+1$ 条边分别表示参与运算的 $n+1$ 个因子 $x_0, x_1, \cdots, x_n$, 而参与剖分的 $n-1$ 条对角线分别表示乘积 $x_0x_1\cdots x_{n-1}x_n$ 的 $n-1$ 个中间计算结果, 最后的计算结果由选定的 P_{n+2} 的一条边表示. 这样, 凸 $n+2$ 边形 P_{n+2} 的每一种三角剖分方案都与序列 $x_0x_1\cdots x_{n-1}x_n$ 的一种乘法运算顺序对应, 反之亦然. 图 4.2 演示了 $n=6$ 时, 凸 8 边形 P_8 的一种三角剖分方案与序列 $x_0x_1\cdots x_6$ 的一种乘法运算顺序之间的对应关系.

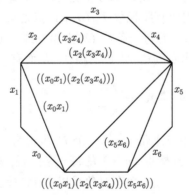

图 4.2 序列 $x_0x_1\cdots x_6$ 的乘法顺序与凸 8 边形的三角剖分之间的关系

例 4.3 考虑 xy 平面上从格点 $(0,0)$ 到格点 (n,n) 的路径数, 路径中的每一步只允许向上 $U: (x,y) \to (x, y+1)$ 和向右 $R: (x,y) \to (x+1, y)$ 走.

试求在对角线以上且允许接触对角线 (即满足 $x \leqslant y$) 的路径数 $L_p^{\leqslant}(n, n)$ 或对角线以下且允许接触对角线 (即满足 $x \geqslant y$) 的路径数 $L_p^{\geqslant}(n, n)$、穿过对角线的路径数 $L_p^{\neq}(n, n)$ 以及完全在对角线以上 (即 $x < y$) 或以下 ($x > y$) 的路径数 $L_p^{<}(n, n)$ 或 $L_p^{>}(n, n)$.

　　解　由于对称性, 显然有 $L_p^{\geqslant}(n, n) = L_p^{\leqslant}(n, n)$, $L_p^{>}(n, n) = L_p^{<}(n, n)$. 首先我们考虑在对角线以上且含接触对角线的路径数 $L_p^{\leqslant}(n, n)$, 如图 4.3 .

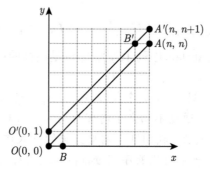

图 4.3　从 $(0, 0)$ 到 (n, n) 的格点路径

　　显然, $L_p^{\leqslant}(n, n)$ 是从 O 点出发经过对角线 OA 的上方的点 (允许接触到对角线 OA) 到达 A 点的路径数, 也等于从 O' 点出发经过 $O'A'$ 上方的点 (允许接触到对角线 $O'A'$) 到达 A' 点的路径数. 而每一条从 O' 点出发经过 OA 上的点到达 A' 的路径, 即为从 O' 点出发穿过直线 $O'A'$ 到达 A' 点的一条路径, 因而也对应于一条从 O 点出发穿过对角线 OA 到达 A 点的路径. 所以, $L_p^{\leqslant}(n, n)$ 等于从 O' 点出发到达 A' 点的所有路径数 $L_p(n, n)$, 减去从 O' 点出发经过 OA 上的点到达 A' 点的路径数 A_n. 而每一条从 O' 点出发经过 OA 上的点到达 A' 点的路径对应于一条从 B 点出发到达 A' 点的路径. 从而有

$$L_p^{\leqslant}(n, n) = L_p(n, n) - A_n = \binom{2n}{n} - \binom{2n}{n+1} = \frac{1}{n+1}\binom{2n}{n} = C_n$$

　　$L_p^{\leqslant}(n, n)$ 也可以这样来计算: 将每一个 U 步记为 $+1$, 而将每一个 R 步记为 -1. 则从格点 $(0, 0)$ 到格点 (n, n) 的每一条路径, 都对应于 n 个 $+1$ 和 n 个 -1 的一个排列 $a_1 a_2 \cdots a_{2n}$; 而在对角线以上 (含接触到对角线的情况) 的每一条路径, 则等价于该排列 $a_1 a_2 \cdots a_{2n}$ 的部分和满足

$$a_1 + a_2 + \cdots + a_k \geqslant 0, \quad k = 1, 2, \cdots, 2n$$

根据定理 4.3, 显然有

$$L_p^{\leqslant}(n, n) = C_n = \frac{1}{n+1}\binom{2n}{n}$$

对于穿过对角线的路径数 $L_p^{\neq}(n, n)$, 显然有

$$L_p^{\neq}(n, n) = L_p(n, n) - 2L_p^{\leqslant}(n, n)$$

$$= \binom{2n}{n} - \frac{2}{n+1}\binom{2n}{n} = (n-1)C_n$$

而完全在对角线以上的路径数 $L_p^<(n, n)$, 等于从格点 $O'(0,1)$ 不接触对角线 OA 而到达格点 $B'(n-1, n)$ 的路径数, 也等于从格点 $O(0,0)$ 到达格点 $(n-1, n-1)$ 且在对角线以上 (含接触对角线) 的路径数, 因此有

$$L_p^<(n, n) = L_p^{\leqslant}(n-1, n-1) = C_{n-1} = \frac{1}{n}\binom{2n-2}{n-1}$$

例 4.4 平面上从格点 $(0, 0)$ 到格点 $(2n, 0)$ 只允许

$$D^+ : (x, y) \to (x+1, y+1), \quad D^- : (x, y) \to (x+1, y-1)$$

两种走法且不穿越到 x 轴下方的路径, 一般称为 Dyck **路径**. 如果以 $D_p(n)$ 表示该路径数, 以 $D_p^>(n)$ 表示 Dyck 路径中不接触到 x 轴 (端点除外) 的路径数, 试求 $D_p(n)$ 和 $D_p^>(n)$.

解 我们首先考虑在上半平面上的两点 $A(0, k)$ 和 $B(n, m)$, $n, m, k > 0$, 并考虑从点 A 到点 B 且经过 x 轴上的点的路径数. 对于每一条这样的路径 p, 可通过将 p 上从起始点 A 到第一次接触 x 轴的点 $C(\ell, 0)$ 之间的路径段, 关于 x 轴作镜像, 便得到一条从点 $A'(0, -k)$ 到点 $B(n, m)$ 的一条路径 p'; 反过来, 对于任何一条从点 $A'(0, -k)$ 到点 $B(n, m)$ 的一条路径 p', 由于它必穿过 x 轴, 所以可将 p' 上从点 $A'(0, -k)$ 到第一次接触到 x 轴的点 C 之间的路径段作关于 x 轴的镜像, 便得到一条从点 A 到点 B 且经过 x 轴上的点的路径 p, 如图 4.4 所示.

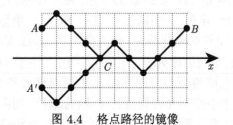

图 4.4 格点路径的镜像

这说明, 从点 A 到点 B 且经过 x 轴上的点的路径与从点 A' 到点 B 的路径存在一一对应关系. 因此, 从点 A 到点 B 且经过 x 轴上的点的路径数, 等于从点 A 的镜像点 A' 到点 B 的路径数. 显然, 从点 A 到点 B 且经过 x 轴上的点的路径数为 $\binom{n}{\ell_1}$, 其中 $2\ell_1 = n - m - k$; 而从点 A 到点 B 的总路径数为 $\binom{n}{\ell_2}$, 且 $2\ell_2 = n - m + k$ (这里 ℓ_1 和 ℓ_2 均为 D^- 步的步数). 因此, 从点 A 到点 B 且不经过 x 轴的路径数为 $\binom{n}{\ell_2} - \binom{n}{\ell_1}$.

下面我们考虑从格点 $(0, 0)$ 到格点 $(2n, 0)$ 不接触 x 轴且位于上半平面的路径. 显然, 这样路径的第一步一定是从格点 $(0, 0)$ 到格点 $(1, 1) \triangleq A$, 而最后一步一定是从格点 $(2n - 1, 1) \triangleq B$ 到格点 $(2n, 0)$. 从上面的分析可知, 从点 A 到点 B 位于上半平面且不经过 x 轴的路径数为 $\binom{2n-2}{\ell_2} - \binom{2n-2}{\ell_1}$, 其中 $m = k = 1$, 由此可得 $\ell_1 = n - 2$, $\ell_2 = n - 1$, 所以

$$D_p^>(n) = \binom{2n-2}{n-1} - \binom{2n-2}{n-2} = \frac{1}{n}\binom{2n-2}{n-1} = C_{n-1}$$

这说明从格点 $(0, 0)$ 到格点 $(2n, 0)$ 不接触 x 轴且位于上半平面的路径数为 C_{n-1}, 如果允许接触 x 轴, 则显然该路径数 $D_p(n) = C_n$. 图 4.5 展示了从格点 $(0, 0)$ 到格点 $(6, 0)$ 位于上半平面且允许接触 x 轴即 $D_p(3) = C_3 = 5$ 的情况.

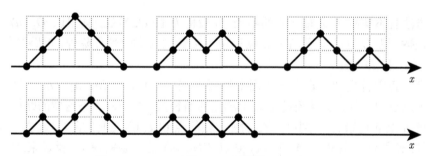

图 4.5　$n = 3$ 时的 Dyck 路径数 $D_p(3) = C_3$

不难看出, 上面的方法有点啰嗦. 实际上, 每一条 Dyck 路径包含 n 个 D^+ 步和 n 个 D^- 步, 无论是 D^+ 步还是 D^- 步, 每一步都会使格点的 x 坐标加 1, 而 y 坐标则不然. D^+ 步使 y 坐标加 1, D^- 步使 y 坐标减 1. 因此, 如果只考虑 Dyck 路径中 y 坐标的变化情况, 那么每一条 Dyck 路径就对应着一个由 n 个 $+1$ 和 n 个 -1 构成的排列 $\pi = a_1 a_2 \cdots a_{2n}$. 由于 Dyck 路径不允许穿越到 x 轴的下方, 这就意味着所对应的排列 π 的所有部分和非负. 利用定理 4.3 即得 $D_p(n) = C_n$. 至于中间不允许触碰到 x 轴的路径, 则由于起始步是一个 D^+ 步, 终止步是一个 D^- 步, 所以去掉这个起始步 D^+ 步和终止步 D^- 步之后, 实

际上等同于一条正常的 Dyck 路径, 只不过该路径包含 $n-1$ 个 D^+ 步和 $n-1$ 个 D^- 步, 从而便有 $D_p^>(n) = D_p(n-1) = C_{n-1}$.

Dyck 路径有时也称为山路. 一条 Dyck 路径中由一个 D^+ 步紧接着一个 D^- 步的结合位置称为一个峰. 所有 $2n$ 步的 Dyck 路径中恰有 k 个峰的 Dyck 路径数, 一般称为 **Narayana 数**, 习惯记为 $N(n,k)$, $n \geqslant 1$, $1 \leqslant k \leqslant n$. 这是一个以印度数学家 T. V. Narayana (1930—1987) 命名的数[20]. 关于 Narayana 数有下面的结果:

$$N(n,k) = \frac{1}{n}\binom{n}{k}\binom{n}{k-1} = \frac{1}{k}\binom{n}{k-1}\binom{n-1}{k-1} \tag{4.14}$$

习题 4.22 给出了这个公式的另一个组合解释. 从上述 $N(n,k)$ 的表达式容易看出, $N(n,k)$ 具有对称性, 即 $N(n,k) = N(n, n-k+1)$. 显然, Narayana 数与 Catalan 数显然有下面的关系:

$$D_p(n) = C_n = \sum_{k=1}^{n} N(n,k) \tag{4.15}$$

下面我们来研究与 Catalan 数有关的几个关于树的计数问题.

例 4.5 n 个顶点的有序二叉树的数目为 C_n.

证明 设 n 个顶点的有序二叉树的数目为 T_n, 显然 $T_1 = 1$, $T_2 = 2$, $T_3 = 5$, 如图 4.6 所示. 我们约定 $T_0 = 1$.

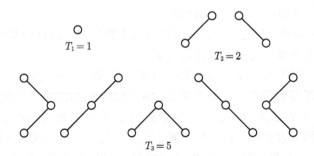

$$T_1 = 1 \qquad T_2 = 2$$

$$T_3 = 5$$

图 4.6　1 个顶点、2 个顶点、3 个顶点的有序二叉树

一棵 $n+1$ 个顶点的有序二叉树含有一棵左子树和一棵右子树, 左子树含有 k 个顶点的二叉树的数目为 $T_k T_{n-k}$, 由加法原理知, $n+1$ 个顶点的二叉树数目为

$$T_{n+1} = T_0 T_n + T_1 T_{n-1} + \cdots + T_{n-1}T_1 + T_n T_0, \quad n \geqslant 0$$

由上式可知, 序列 $\{T_n\}_{n \geqslant 0}$ 与 Catalan 序列 $\{C_n\}_{n \geqslant 0}$ 满足同样的递推关系 (4.11), 且具有相同的初值, 因此 $T_n = C_n$.   ■

例 4.6 $2n+1$ 个顶点 (或 $n+1$ 片树叶) 的有序完全二叉树的数目为 C_n.

证明   可以让 $n+1$ 个树叶从左到右表示 $n+1$ 个数 $x_0, x_1, \cdots, x_n$, 如果两片树叶 x_i 与 x_j 有一个共同的父亲, 则用乘积 $x_i x_j$ 来表示其父亲. 按照这种方式, 有序完全二叉树除树叶外的每个顶点都表示其两个孩子的乘积, 最后树根就表示了 $n+1$ 个数 $x_0, x_1, \cdots, x_n$ 的一种乘法运算顺序, 由此可得有 $n+1$ 片树叶的有序完全二叉树与 $n+1$ 个数 $x_0, x_1, \cdots, x_n$ 一种乘法运算顺序之间的一一对应关系. 图 4.7 演示了 $n = 3$ 时的情况, 即具有 4 片树叶的有序完全二叉树与 4 个数 x_0, x_1, x_2, x_3 的乘法运算顺序之间的一一对应关系.

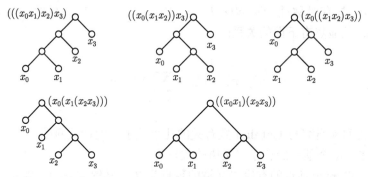

图 4.7   有序完全二叉树与数列的乘法运算顺序之间的对应关系

最后根据例 4.2 的结果即得本例的结论.   ■

例 4.7   试证明: 含有 $n+2$ 个顶点的人工有序树的数目以及含有 $2n+2$ 个顶点的人工有序完全二叉树的数目均为 C_n.

解   首先, 含有 $2n+2$ 个顶点的人工有序完全二叉树与具有 $2n+1$ 个顶点完全有序二叉树显然存在一一对应关系, 因此根据例 4.6 即得. 当然, 我们也可以直接构造凸 $n+2$ 边形 P_{n+2} 的三角剖分与 $n+1$ 个数的序列 $x_0, x_1, \cdots, x_n$ 的乘法顺序之间以及含有 $2n+2$ 个顶点的人工有序完全二叉树之间的一一对应关系. 图 4.8 (a) 展示了 $n = 6$ 时的情况, 即凸 8 边形 P_8 的三角剖分与数列 $x_0, x_1, \cdots, x_6$ 的一个乘法顺序 $(((x_0 x_1)(x_2(x_3 x_4)))(x_5 x_6))$ 以及含有 14 个顶点的一个人工有序完全二叉树之间的对应关系 (由于顶点所处位置的空间有限, 除树叶与树根之外, 有序二叉树的内部顶点均未作标注, 但读者不难发现这些内部顶点所对应的中间结果). 由此不难看出结论的正确性.

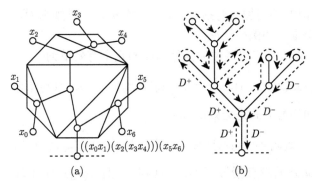

图 4.8 人工有序树与多边形的三角剖分及序列乘法顺序的对应关系

至于含有 $n+2$ 个顶点的人工有序树则与从格点 $(0,0)$ 到格点 $(2n+2,0)$ 的 Dyck 路径之间存在一一对应关系, 图 4.8 (b) 展示了 $n=9$ 的情况, 并且为了描述方便, 这里我们将有序树的树根画在了下面. 图中箭头的方向是对人工有序树进行深度优先遍历的顺序方向, 在每条边的两侧会有方向相反的一对箭头. 由于总共有 $n+1$ 条边, 所以共有 $2n+2$ 个箭头. 如将这 $2n+2$ 个箭头按如下方式与一条从格点 $(0,0)$ 到格点 $(2n+2,0)$ 的 Dyck 路径对应, 即将箭头 ↑, ↗, ↖ 对应 D^+ 步, 而箭头 ↓, ↘, ↙ 则对应 D^- 步, 正如图 4.8 (b) 所标注的那样. 由此我们得到一条由 $n+1$ 个 D^+ 步和 $n+1$ 个 D^- 步构成的 Dyck 路径, 而且不难看出, 这样得到的 Dyck 路径完全位于 x 轴之上. 容易验证, 这建立了 $n+2$ 个顶点的人工有序树与从格点 $(0,0)$ 到格点 $(2n+2,0)$ 且位于 x 轴之上的 Dyck 路径之间的一个一一对应关系. 因此, 利用例 4.4 的结果, 即知本题结论的正确性.

4.3 Schröder 序列

Schröder 序列或 Schröder 数, 源于德国数学家 E. Schröder (1841—1902). Schröder 是一个代数逻辑学家, 在数理逻辑历史上占有重要的地位. 这里我们将介绍两种 Schröder 数, 一种是所谓的小 Schröder 数, 另一种则是所谓的大 Schröder 数.

首先我们来看小 Schröder 数.

设 $w = x_0 x_1 \cdots x_n$ 是 $n+1$ 个字母构成的一个单词, 通过加括号 "()" 可改变单词 w 的构形或含义, 这样所得到的不同的单词数称为**小 Schröder 数**, 一般记为 s_n. 但加括号必须满足如下三条规则:

① 每一对括号中必须至少包含 2 个字母, 即 (x) 不允许出现在单词中;

② 每一对括号及其所括字母看作是单个字母 (称为**复合字母**), 也就是说, 按规则 ① 模式 $((xy))$ 不允许出现在单词中;

③ 整个单词的外面加一对括号. 显然, 当 $n = 0$ 时规则 ① 与规则 ③ 矛盾, 但我们允许这个唯一的例外情况.

例如, 如下是 7 个字母通过加括号构成的几个有效单词:

$$(x_0x_1x_2x_3x_4x_5x_6), \quad ((x_0(x_1x_2x_3))x_4)x_5x_6), \quad (x_0x_1((x_2((x_3x_4)x_5))x_6))$$

但下面的两个加括号方式是无效的单词:

$$x_0x_1x_2((x_3x_4))x_5x_6, \quad ((x_0)(x_1x_2)x_3(x_4x_5)x_6)$$

因为第一个单词外面没有括号, 违反了规则③, 且 $((x_3x_4))$ 出现在单词中, 按规则②它违反了规则①; 而第二个单词中出现了 (x_0), 违反了规则①.

显然, $s_0 = 1, s_1 = 1, s_2 = 3, s_3 = 11, \cdots$. (4.16) 就是 4 个字母的全部 11 种加括号的情况:

$$(x_0x_1x_2x_3), \qquad ((x_0x_1x_2)x_3), \qquad (x_0(x_1x_2x_3)), \qquad ((x_0x_1)(x_2x_3))$$

$$(x_0x_1(x_2x_3)), \qquad ((x_0x_1)x_2x_3), \qquad (x_0(x_1x_2)x_3), \qquad ((x_0(x_1x_2))x_3) \qquad (4.16)$$

$$(x_0(x_1(x_2x_3))), \qquad (((x_0x_1)x_2)x_3), \qquad (x_0((x_1x_2)x_3))$$

为了表示简便, 可以用数字表示括号中的字母数, 则 (4.16) 可表示如下:

$$(4), \qquad\qquad ((3)1), \qquad\qquad (1(3)), \qquad\qquad ((2)(2))$$

$$(2(2)), \qquad\qquad ((2)2), \qquad\qquad (1(2)1), \qquad\qquad ((1(2))1) \qquad (4.17)$$

$$(1(1(2))), \qquad\qquad (((2)1)1), \qquad\qquad (1((2)1))$$

也可以用分支树结构形象地表示, 类似于统计学中的聚类图, 如图 4.9 所示.

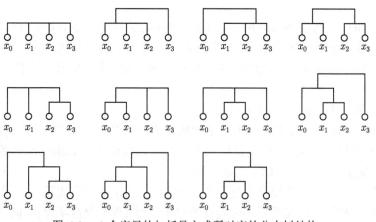

图 4.9　4 个字母的加括号方式所对应的分支树结构

事实上, 图 4.9 中的每个图都可看成是一棵具有固定 4 片树叶 x_0, x_1, x_2, x_3 的有序树, 且树中的每个内部顶点至少具有 2 棵子树. 这种具有固定数目的树叶, 且树中每个内部顶点至少具有 2 棵子树的有序树, 我们称之为 **Schröder** 树. 因此, 小 Schröder 数 s_n 统计了具有 $n+1$ 片树叶的 Schröder 树的数目 (习题 4.24).

设序列 $\{s_n\}_{n \geqslant 0}$ 的普通型母函数为 $s(x)$, 即

$$s(x) = s_0 + s_1 x + s_2 x^2 + \cdots + s_n x^n + \cdots \tag{4.18}$$

为了求 (4.18) 中 $s(x)$ 的表达式, 我们首先寻找小 Schröder 数序列 $\{s_n\}_{n \geqslant 0}$ 所满足的递推关系. 设 w 是由 $n + 1$ 个字母 $x_0, x_1, \cdots, x_n$ 通过加括号构成的一个有效单词, 去掉 w 的最外层的括号, 然后按照字母 x_n 是否处在括号内可将所有的单词分成两类: 第一类是字母 x_n 不在任何括号内; 第二类则是字母 x_n 至少在一对括号内. 第一类可由 n 个字母 $x_0, x_1, \cdots, x_{n-1}$ 构成的有效单词 w' (假定已去掉最外层的括号) 与字母 x_n 通过两种方式结合得到, 一种结合方式构成单词 $w' x_n$, 另一种结合方式构成单词 $(w') x_n$, 且必有 $n \geqslant 2$ ($n = 1$ 时只有一种结合方式, 此时 $w' = x_0$, $(w') x_n = (x_0) x_1$ 是无效的单词). 因此, 由 $n + 1$ 个字母 $x_0, x_1, \cdots, x_n$ 通过加括号构成的第一类有效单词数为 $2s_{n-1}$, $n \geqslant 2$. 对于第二类的单词 w, 由于 x_n 至少包含在一对括号内, 不妨设包含 x_n 的最外层括号内含有 k 个字母 (指非复合字母), 其中 $2 \leqslant k \leqslant n$, 则单词 w 中位于这对最外层括号外 (即 w 的前半部分) 的字母数为 $n + 1 - k$. 容易看出, 括号内的部分与括号外的部分能够形成的有效单词数为 $2s_{k-1} s_{n-k}$, $2 \leqslant k \leqslant n-1$ (因为前半部分可通过加括号与不加括号两种结合方式); 而当 $k = n$ 时两部分能够形成的有效单词数为 $s_{n-1} s_0 = s_{n-1}$, 因为此时前半部分只包含一个字母, 不能加括号. 所以, 第二类的单词总数为 $2 \sum_{k=2}^{n-1} s_{k-1} s_{n-k} + s_{n-1}$. 最后由加法原理可得

$$\begin{aligned} s_n &= 3s_{n-1} + 2\sum_{k=2}^{n-1} s_{k-1} s_{n-k} \\ &= -s_{n-1} + 2\sum_{k=0}^{n-1} s_k s_{n-k-1}, \quad n \geqslant 2 \end{aligned} \tag{4.19}$$

根据上述递推关系, 可得小 Schröder 数序列 $\{s_n\}_{n \geqslant 0}$ 的普通型母函数 $s(x)$ 满足:

$$2x s(x)^2 - (1 + x) s(x) + 1 = 0 \tag{4.20}$$

如果注意到 $s(0) = 1$, 则得到

$$s(x) = \frac{1 + x - \sqrt{1 - 6x + x^2}}{4x}$$

$$= 1 + x + 3x^2 + 11x^3 + 45x^4 + 197x^5 + 903x^6$$
$$+ 4279x^7 + 20793x^8 + 103049x^9 + 518859x^{10}$$
$$+ 2646723x^{11} + 13648869x^{12} + 71039373x^{13}$$
$$+ 372693519x^{14} + 1968801519x^{15} + \cdots \tag{4.21}$$

如果对 (4.20) 两边关于 x 求导, 并注意到 (4.21), 得到

$$(x - 6x^2 + x^3)s'(x) + (1 - 3x)s(x) + x - 1 = 0$$

由此可得序列 $\{s_n\}_{n \geqslant 0}$ 的一个 2 阶非常系数线性齐次递推关系

$$(n+1)s_n - 3(2n-1)s_{n-1} + (n-2)s_{n-2} = 0, \quad n \geqslant 2 \tag{4.22}$$

下面我们研究所谓的大 Schröder 数.

定义 4.2 设 Γ 是平面上从格点 $(0,0)$ 到格点 (n,n) 的一条路径, 如果 Γ 满足

① Γ 中只有三种走法, 即 $R : (x,y) \mapsto (x+1, y)$, $U : (x,y) \mapsto (x, y+1)$ 以及 $D^+ : (x,y) \mapsto (x+1, y+1)$;

② Γ 上的任何格点 (x,y) 均满足 $y \leqslant x$.

则称 Γ 是一条 **Schröder 路径**; 从格点 $(0,0)$ 到格点 (n,n) 的所有 **Schröder** 路径数, 称为**大 Schröder 数**, 一般记为 S_n.

为方便, 一般约定 $S_0 = 1$, 下式列出了前面的几个大 Schröder 数:

$$1, \ 2, \ 6, \ 22, \ 90, \ 394, \ 1806, \ 8558, \ 41586, \ 206098, \ \cdots$$

图 4.10 展示了 $n = 1, 2, 3$ 时的 Schröder 路径. 细心的读者可能已经从图中注意到, 在这些 Schröder 路径中, 对角线 $y = x$ 上不含有 D^+ 步的路径数是 1, 3, 11, 这正好是 $n = 1, 2, 3$ 时的 小 Schröder 数 s_1, s_2, s_3. 事实上, 可以证明: 对角线 $y = x$ 上不含有 D^+ 步的 Schröder 路径数是 小 Schröder 数 s_n (习题 4.26).

对于从格点 $(0,0)$ 到格点 (n,n) 只允许 R, U, D^+ 三种走法且不加限制的路径数 $G_p(n,n)$, 根据习题 4.34可得

$$G_p(n,n) = \sum_{r=0}^{n} \binom{2n-r}{n-r, \ n-r, \ r} \tag{4.23}$$

L. Moser 和 W. Zayachkowski 揭示了下面的事实[21]:

$$G_p(n,n) = L_n(x)\big|_{x=3} \tag{4.24}$$

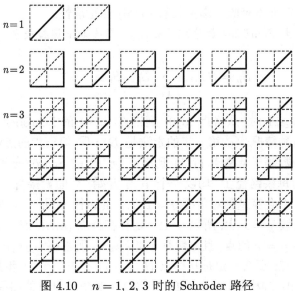

图 4.10　$n = 1, 2, 3$ 时的 Schröder 路径

其中 $L_n(x)$ 是如下定义的 Legendre 多项式:

$$L_0(x) = 1, \quad L_n(x) = \frac{1}{2^n n!} \cdot \frac{\mathbf{d}^n}{\mathbf{d}x^n} \left[\left(x^2 - 1 \right)^n \right], \ n \geqslant 1$$

例如,

$$L_0(x) = 1, \qquad\qquad L_1(x) = x$$

$$L_2(x) = \frac{1}{2} \left(3x^2 - 1 \right), \qquad L_3(x) = \frac{1}{2} \left(5x^3 - 3x \right)$$

$$L_4(x) = \frac{1}{8} \left(35x^4 - 30x^2 + 3 \right), \ L_5(x) = \frac{1}{8} \left(63x^5 - 70x^3 + 15x \right)$$

$$\cdots\cdots$$

由于 Legendre 多项式 $L_n(x)$ 满足如下递推关系:

$$\begin{cases} L_n(x) = \dfrac{2n-1}{n} x L_{n-1}(x) - \dfrac{n-1}{n} L_{n-2}(x), \ n \geqslant 2 \\ L_0(x) = 1, \ L_1(x) = x \end{cases} \tag{4.25}$$

所以如果令 $G_n = G_p(n, n)$, 并约定 $G_0 = 1$, 则序列 $\{G_n\}_{n \geqslant 0}$ 满足如下递推关系:

$$\begin{cases} nG_n - 3(2n-1)G_{n-1} + (n-1)G_{n-2} = 0, \ n \geqslant 2 \\ G_0 = 1, \ G_1 = 3 \end{cases} \tag{4.26}$$

另外, 根据 (4.23) 亦不难验证递推关系 (4.26) 的正确性.

定理 4.4 大 Schröder 数序列 $\{S_n\}_{n\geqslant 0}$ 满足如下递推关系:

$$S_n = S_{n-1} + \sum_{k=1}^{n} S_{k-1}S_{n-k}, \ \ n \geqslant 1 \tag{4.27}$$

证明 当 $n \geqslant 1$ 时, 从格点 $(0,0)$ 到格点 (n,n) 的 Schröder 路径, 可按第一步的走法分成两种情况: ① 第一步的走法是 D^+; ② 第一步的走法是 R. 显然第一种情况的路径数等于从格点 $(1,1)$ 到格点 (n,n) 的 Schröder 路径数 S_{n-1}. 对于第二种情况的每条路径 Γ, 均以一个 R 步开始, 后面紧接着一条从格点 $(1,0)$ 到格点 (n,n) 且不会穿越到对角线 $y = x$ 上方的路径 γ, 即 $\Gamma = R\gamma$. 因为 γ 的终点 (n,n) 在对角线 $y = x$ 上, 所以 γ 上一定存在一点 (k,k), 该点是路径 γ 上第一个接触到对角线 $y = x$ 的点, 且显然有 $1 \leqslant k \leqslant n$. 既然格点 (k,k) 是 γ 上第一个接触到对角线的点, 那么一定是从格点 $(k,k-1)$ 经过一个 U 步到达格点 (k,k). 由于从格点 $(1,0)$ 到格点 $(k,k-1)$ 且完全在对角线以下的路径数为 S_{k-1}, 而从格点 (k,k) 到格点 (n,n) 的 Schröder 路径数为 S_{n-k}, 所以从格点 $(1,0)$ 到格点 (n,n) 且第一个位于对角线上的点是 (k,k) 路径 γ 的条数为 $S_{k-1}S_{n-k}$. 从而, 第二种情况的 Schröder 路径总数为 $\sum_{k=1}^{n} S_{k-1}S_{n-k}$. 然后由加法原理即得 (4.27). ∎

如果设 $S(x)$ 是大 Schröder 数序列 $\{S_n\}_{n\geqslant 0}$ 的普通型母函数, 那么由递推关系 (4.27) 得到

$$xS(x)^2 + (x-1)S(x) + 1 = 0 \tag{4.28}$$

另外, (4.28) 也可以利用母函数的合成公式得到: 因为每一条从格点 $(0,0)$ 到格点 (n,n) 的 Schröder 路径的对角长度为 n (即 n 个 D^+ 步), 所以可沿对角线将每一条对角长度为 n 的 Schröder 路径分裂成若干条简单路径, 而每一条简单路径或者是一个 D^+ 步, 或者是一条在对角线以下 (两个端点除外) 的 Schröder 路径. 设长度为 n 的简单路径的条数为 T_n, 则显然有 $T_1 = 2$, $T_n = S_{n-1}$, $n \geqslant 2$. 因此, 如果约定 $T_0 = 0$, 则序列 $\{T_n\}_{n\geqslant 0}$ 的普通型母函数为

$$T(x) = \sum_{n\geqslant 0} T_n x^n = 2x + \sum_{n\geqslant 2} S_{n-1}x^n = x + xS(x)$$

然后利用普通型母函数的合成公式可得

$$S(x) = \frac{1}{1 - T(x)} = \frac{1}{1 - x - xS(x)}$$

由此即得方程 (4.28). 另外, 根据上式还能得到 $S(x)$ 的连分式表示:

$$S(x) = \cfrac{1}{1-x-\cfrac{x}{1-x-\cfrac{x}{1-x-\cfrac{x}{\ddots}}}}$$

如果注意到 $S(0) = 1$, 那么由 (4.28) 可解得

$$
\begin{aligned}
S(x) = \sum_{n \geqslant 0} S_n x^n &= \frac{1 - x - \sqrt{1 - 6x + x^2}}{2x} \\
&= 1 + 2x + 6x^2 + 22x^3 + 90x^4 + 394x^5 + 1806x^6 \\
&\quad + 8558x^7 + 41586x^8 + 206098x^9 + 1037718x^{10} \\
&\quad + 5293446x^{11} + 27297738x^{12} + 142078746x^{13} \\
&\quad + 745387038x^{14} + 3937603038x^{15} + \cdots
\end{aligned}
\tag{4.29}
$$

比较母函数 $s(x)$ 和 $S(x)$ 的表达式 (4.21) 和 (4.29), 可得

$$S(x) = 2s(x) - 1$$

由此可得如下大 Schröder 数 S_n 与小 Schröder 数 s_n 之间的关系:

定理 4.5 当 $n \geqslant 1$ 时, $S_n = 2s_n$.

由此可知, 大 Schröder 数序列 $\{S_n\}_{n \geqslant 0}$ 与小 Schröder 数序列 $\{s_n\}_{n \geqslant 0}$ 满足同样的递推关系 (4.22).

定理 4.6 大 Schröder 数 S_n 可表示为如下表达式:

$$S_n = \sum_{k=0}^{n} \frac{1}{k+1} \binom{n+k}{k,\ k,\ n-k}, \quad n \geqslant 0 \tag{4.30}$$

$$S_n = \sum_{k=0}^{n} \frac{1}{k+1} \binom{n-1}{k} \binom{n}{k} 2^{k+1}, \quad n \geqslant 1 \tag{4.31}$$

$$S_n = \frac{1}{2 \cdot 6^{n+1}} \sum_{k=\left[\frac{n}{2}\right]+1}^{n+1} (-1)^j \frac{(2k-3)!!}{k!} \binom{k}{j} 18^k, \quad n \geqslant 1 \tag{4.32}$$

其中 (4.32) 中的 $j = n - k + 1$.

证明 留作习题 (习题 4.32). ■

利用以上结果, 不难得到小 Schröder 数满足类似的表达式.

例4.8　证明: 从格点 $(0,0)$ 到格点 $(2n,0)$ 只允许 $D^+ : (x,y) \mapsto (x+1, y+1)$, $D^- : (x,y) \mapsto (x+1, y-1)$ 和 $H : (x,y) \mapsto (x+2, y)$ 三种走法且不穿越到 x 轴下方的路径数为大 Schröder 数 S_n. 图 4.11 展示了 $n = 2, 3$ 的情况.

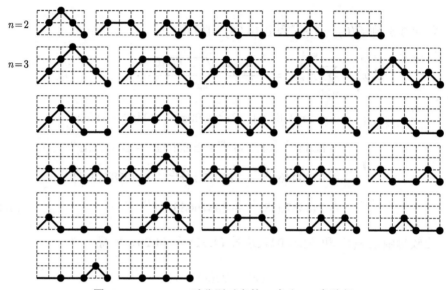

图 4.11　　$n = 2, 3$ 时分别对应的 6 条和 22 条路径

证明　只需证明从格点 $(0,0)$ 到格点 (n,n) 的每一条 Schröder 路径与本题的路径之间存在一一对应关系即可.

设 Γ 是从格点 $(0,0)$ 到格点 (n,n) 的一条 Schröder 路径, 则 Γ 是三元集 $A = \{R, U, D^+\}$ 的重复排列, 且满足: ① 当自左至右扫描排列时, R 的个数始终不少于 U 的个数 (因为 Γ 上的点 (x,y) 满足 $y \leqslant x$); ② 在整个排列中 R 的个数等于 U 的个数, 不妨设其为 k, 则排列中 D^+ 的个数必为 $n - k$.

现将 Γ 按如下规则生成满足本题要求的一条路径 γ: Γ 中的所有 D^+ 替换成 H, 所有的 R 替换成 D^+, 所有的 U 替换成 D^-, 最后所得的排列记为 γ, 显然 γ 是三元集 $B = \{D^+, D^-, H\}$ 的可重复排列. 下面证明 γ 就是满足本题要求的一条路径.

首先, γ 中每步的走法显然符合本题要求, 且由于 γ 中有 k 个 D^+ 和 k 个 D^-, 这使得 γ 的水平位移为 $2k$, 垂直位移为 0; 又由于 γ 中有 $n - k$ 个 H, 这又使得 γ 的水平位移为 $2n - 2k$, 而垂直位移为 0. 从而 γ 的水平总位移为 $2n$, 垂直总位移为 0. 因此, γ 是一条从格点 $(0,0)$ 到格点 $(2n,0)$ 的路径. 另一方面, 从左至右扫描排列 γ 时, D^+ 的个数始终不少于 D^- 的个数 (因为从左至右扫描 Γ 时 R 的

个数始终不少于 U 的个数), 所以 γ 始终不会穿越到 x 轴的下方, 即 γ 是满足本题要求的一条路径. 不难看出, Γ 与 γ 之间是一一对应的. ■

在有些文献中, 例 4.8 中描述的路径也被称为 Schröder 路径, 而将 x 轴上不存在 H 步的 Schröder 路径称为**小 Schröder 路径**.

图 4.11 中的路径顺序与图 4.10 中的路径顺序是对应的, 其对应规则同例 4.8 证明过程中的规则. 根据这个路径的对应关系和习题 4.26 的结论, 立即得到下面的定理:

定理 4.7 从格点 $(0,0)$ 到 $(2n,0)$ 的小 Schröder 路径数为小 Schröder 数 s_n.

下面我们考虑一个比较有趣的问题, 即例 4.8 中的路径与 x 轴所围成的面积.

设 $S_p(n)$ 表示从格点 $(0,0)$ 到格点 $(2n,0)$ 只允许 D^+, D^- 和 H 三种走法且不穿越到 x 轴下方的所有路径的集合, $\hat{S}_p(n)$ 表示 $S_p(n)$ 中除起始和终止点之外中间不允许接触到 x 轴的路径集合, 且显然有 $|S_p(n)| = S_n$. 而对于集合 $\hat{S}_p(n)$, 如果记 $\hat{S}_n = |\hat{S}_p(n)|$, 则有

$$\hat{S}_1 = 1, \ \hat{S}_2 = 2, \ \hat{S}_3 = 6, \ \hat{S}_4 = 22, \ \cdots$$

容易看出, $\hat{S}_n$ 实际上就是大 Schröder 数 S_{n-1}. 因此, 大 Schröder 数 S_n 也可定义为从格点 $(0,0)$ 到格点 $(2(n+1),0)$ 只允许 D^+, D^- 和 H 三种走法且严格位于 x 轴之上的路径数 (起始点和终止点除外); 或定义为从格点 $(0,0)$ 到格点 $(n+1, n+1)$ 只允许 D^+, R 和 U 三种走法且严格位于对角线 $y = x$ 之下的路径数 (起始点和终止点除外). 如果以 $\hat{A}_n$ 表示集合 $\hat{S}_p(n)$ 中的所有路径与 x 轴所围成的面积之和, 则有

$$\hat{A}_1 = 1, \ \hat{A}_2 = 7, \ \hat{A}_3 = 41, \ \hat{A}_4 = 239, \ \hat{A}_5 = 1393, \ \cdots$$

容易从图 4.11 中直接验证 $\hat{A}_1$, $\hat{A}_2$, $\hat{A}_3$ 的正确性, $\hat{A}_4$, $\hat{A}_5$, $\cdots$ 就比较困难, 不过 G. Kreweras 证明了下面的结果[22]:

$$\hat{A}_n = \sum_{k=0}^{n-1} \binom{2n-1}{2k} 2^k \tag{4.33}$$

由此可得序列 $\{\hat{A}_n\}_{n \geqslant 1}$ 满足如下线性常系数齐次递推关系:

$$\hat{A}_n - 6\hat{A}_{n-1} + \hat{A}_{n-2} = 0, \quad n \geqslant 3 \tag{4.34}$$

例 4.9 一个长方形按如下方法通过 n 次切割得到 $n+1$ 个小长方形的方案数为大 Schröder 数 S_n. 要求切割方法满足: ①切割线必须是直线, 且平行于长方形的边; ②长方形内有 n 个点, 任何两个点均不位于同一条平行于长方形边的直

线上, 每个切割线恰通过一个点 (习题 4.33). 图 4.12 展示了 $n = 2, 3$ 时切割线的分布情况.

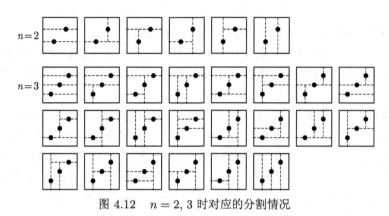

图 4.12 $n = 2, 3$ 时对应的分割情况

例 4.10   在由 $n + 1$ 条简单公理 $A, B, C, \cdots$ 构成的有序串 $ABC \cdots$ 上, 通过施加逻辑 "与" 和逻辑 "或" 二种二元运算以及加括号, 所得到的可能逻辑命题的个数为大 Schröder 数 S_n.

证明   先来看 n 较小时的情况. 例如, 如果以 "$A + B$" 表示 A 和 B 的逻辑 "或", 而以 "AB" 则表示 A 和 B 的逻辑 "与", 则当 $n = 0$ 时, 只有 $S_0 = 1$ 个逻辑命题, 也就是 A. 当 $n = 1$ 时, 有 $S_1 = 2$ 个逻辑命题, 即 AB 和 $A + B$; 实际上这两个命题是 "成对" 的, 因为我们只需将其中一个命题的逻辑操作 "或" 和 "与" 对换, 就可得到另一命题, 并称它们是**互为对偶的命题**. 同样地, 当 $n = 2$ 时, 共有 $S_2 = 6$ 个逻辑命题:

$$ABC, \quad AB + C, \quad A(B + C), \quad A + BC, \quad (A + B)C, \quad A + B + C$$

这 6 个逻辑命题分 3 对, 即

$$ABC \Longleftrightarrow A + B + C$$

$$(A + B)C \Longleftrightarrow AB + C$$

$$A(B + C) \Longleftrightarrow A + BC$$

对于由 $n + 1$ 条简单公理 $A, B, C, \cdots$ 构成的有序串 $ABC \cdots$, 将其看成是 $n + 1$ 个字母构成的单词, 并考虑通过加括号改变单词的构形, 加括号的规则同小 Schröder 数的定义, 但每加一对括号就将括号中的逻辑操作反转, 即将 "或" 变为 "与", 而 "与" 则变为 "或". 显然, 通过这种加括号的方式所得到的命题数为小 Schröder 数 s_n; 但每个命题有一个对偶命题, 所以总的命题数为 $2s_n = S_n$. 例如当 $n = 3$ 时, 共有如下 $s_3 = 11$ 种加括号的方式:

$$(ABCD), \quad ((ABC)D), \quad (A(BCD)), \quad ((AB)(CD))$$
$$(AB(CD)), \quad ((AB)CD), \quad (A(BC)D), \quad ((A(BC))D)$$
$$(A(B(CD))), \quad (((AB)C)D), \quad (A((BC)D))$$

所对应的 11 种命题为 (最外层括号以及包括 "与" 命题的括号已去掉, 但保留包括 "或" 命题的括号)

$$A+B+C+D, \quad ABC+D, \quad A+BCD, \quad AB+CD$$
$$A+B+CD, \quad AB+C+D, \quad A+BC+D, \quad A(B+C)+D$$
$$A+B(C+D), \quad (A+B)C+D, \quad A+(B+C)D$$

与之对应的 11 种对偶题为

$$ABCD, \quad (A+B+C)D, \quad A(B+C+D), \quad (A+B)(C+D)$$
$$AB(C+D), \quad (A+B)CD, \quad A(B+C)D, \quad (A+BC)D$$
$$A(B+CD), \quad (AB+C)D, \quad A(BC+D)$$

由此得到 $n = 3$ 时的全部 $S_3 = 22$ 个逻辑命题. ∎

4.4 Motzkin 序列

Motzkin 序列或 Motzkin 数 $\{M_n\}_{\geqslant 0}$ 源于美国数学家 T. S. Motzkin (1908—1970)[12]. R. Donaghey 和 L. W. Shapiro 给出了这个数的 14 种不同的组合对象的计数模型[23], 迄今为止至少可以给出 Motzkin 数 40 种以上的组合解释. Motzkin 数的应用领域不仅在组合学也广泛地存在于几何学和数论等领域.

在例 2.8 中, M_n 被解释为甲、乙两个棋手对弈 n 局以累计比分 $n : n$ 结束比赛且在整个比赛过程中甲始终不落后于乙的累计得分序列的个数, 其积分规则为: 赢一局得 2 分, 输一局得 0 分, 平一局各得 1 分. 这个例子给出了 Motzkin 序列 $\{M_n\}_{n \geqslant 0}$ 的普通型母函数为

$$M(x) = \frac{1 - x - \sqrt{1 - 2x - 3x^2}}{2x^2}$$
$$= 1 + x + 2x^2 + 4x^3 + 9x^4 + 21x^5 + 51x^6 + 127x^7$$
$$+ 323x^8 + 835x^9 + 2188x^{10} + 5798x^{11} + 15511x^{12}$$

$$+ 41835x^{13} + 113634x^{14} + 310572x^{15} + 853467x^{16}$$

$$+ 2356779x^{17} + 6536382x^{18} + 18199284x^{19} + \cdots \quad (4.35)$$

由此易知 $M(x)$ 满足方程 $M(x) = 1 + xM(x) + x^2 M(x)^2$, 由此得到 Motzkin 序列 $\{M_n\}_{\geqslant 0}$ 满足如下递推关系:

$$M_n = M_{n-1} + \sum_{k=2}^{n} M_{k-2} M_{n-k}, \quad n \geqslant 2 \quad (4.36)$$

根据恒等式 $M(x) = \dfrac{1}{1 - x - x^2 M(x)}$, 也可将 $M(x)$ 表示为如下连分式的形式:

$$M(x) = \cfrac{1}{1 - x - \cfrac{x^2}{1 - x - \cfrac{x^2}{1 - x - \cfrac{x^2}{\ddots}}}} \quad (4.37)$$

如果在方程 $M(x) = 1 + xM(x) + x^2 M(x)^2$ 两边关于 x 求导, 并注意到 (4.35) 则得

$$x(1 - 2x - 3x^2) M'(x) - (3x^2 + 3x - 2) M(x) - 2 = 0$$

由上式可得 Motzkin 序列 $\{M_n\}_{\geqslant 0}$ 满足的另一个递推关系:

$$(n+2) M_n - (2n+1) M_{n-1} - 3(n-1) M_{n-2} = 0, \quad n \geqslant 2 \quad (4.38)$$

下面我们再通过几个例子, 给出 Motzkin 数的另外一些组合解释.

例4.11 试证明: 由 $n+1$ 个 $+1$ 和 $n+1$ 个 -1 组成的排列 $a_1 a_2 \cdots a_{2n+1} a_{2n+2}$ 的个数是 M_n, 其中排列满足: ①$a_1 + a_2 + \cdots + a_k \geqslant 0$, $k = 1, 2, \cdots, 2n + 2$; ②排列中不存在 $+1 -1 +1$ 模式的子序列.

证明 设所求排列的个数为 Q_n, 我们首先将证明 Q_n 与 M_n 具有相同的初始值, 这是显然的. 因为 $Q_0 = 1$, $Q_1 = 1$, 所以 $Q_0 = M_0$, $Q_1 = M_1 = 1$. 其次证明 Q_n 与 M_n 满足同样的递推关系 (4.36).

设 $\pi = a_1 a_2 \cdots a_{2n+1} a_{2n+2}$ 是任何一个满足要求的排列, 则有 $a_1 + a_2 + \cdots + a_{2n+1} + a_{2n+2} = 0$. 不妨设 ℓ 是使得部分和 $a_1 + a_2 + \cdots + a_\ell = 0$ 的最小 ℓ 值, 则必有 $\ell = 2k$, $1 \leqslant k \leqslant n + 1$, 并且当 $n \geqslant 1$ 时, 必有 $k \geqslant 2$. 因若此时 $k = 1$, 则意味着 $a_1 + a_2 = 0$; 而由部分和非负的要求, $a_3 = 1$, 这样就有 $a_1 a_2 a_3 = +1 -1 +1$, 与条件②矛盾. 下面我们分两种情况考虑: $k = n + 1$ 和 $2 \leqslant k \leqslant n$.

当 $k = n+1$ 时, $a_1 + a_2 + \cdots + a_{2n+1} + a_{2n+2} = 0$ 是 $2n+2$ 个非负部分和中唯一等于零的部分和, 因此必有 $a_{2n+2} = -1$, 且 $a_1 + a_2 + \cdots + a_k > 0$, $1 \leqslant k \leqslant 2n+1$, 从而有 $a_1 = a_2 = 1$. 现从该排列 π 中去掉 a_1 和 a_{2n+2}, 则所得的排列 $\pi' = a_2 a_3 \cdots a_{2n+1}$ 是由 n 个 $+1$ 和 n 个 -1 组成的排列, 满足所有的部分和非负, 且不存在 $+1-1+1$ 模式的子序列. 所以, 这样的排列个数为 Q_{n-1}.

当 $n \geqslant 2$ 且 $2 \leqslant k \leqslant n$ 时, 由于 $a_1 + a_2 + \cdots + a_{2k} = 0$ 是 $2n+2$ 个非负部分和中第一个等于零的部分和, 所以必有 $a_{2k} = -1$, 同时 $a_{2k-1} = -1$. 因若 $a_{2k-1} = +1$, 则由于所有的部分和非负, 故必有 $a_{2k+1} = +1$, 这样就出现了 $+1-1+1$ 模式的子序列, 从而必有 $a_{2k-1} = -1$. 另外, 由于 $a_1 = a_2 = 1$, 所以 $a_2 a_2 \cdots a_{2k-1}$ 是由 $k-1$ 个 $+1$ 和 $k-1$ 个 -1 组成的排列, 且满足条件①和②. 因此, 有 Q_{k-2} 个这样的子排列. 另一方面, $a_{2k+1} a_{2k+2} \cdots a_{2n+2}$ 显然也满足条件①和②, 且是由 $n-k+1$ 个 $+1$ 和 $n-k+1$ 个 -1 组成的排列, 所以有 Q_{n-k} 个这样的子排列. 综上所述, 当 $2 \leqslant k \leqslant n$ 时, 由 $n+1$ 个 $+1$ 和 $n+1$ 个 -1 组成的满足条件①和②的排列共有 $\sum_{k=2}^{n} Q_{k-2} Q_{n-k}$ 个. 于是, 我们得到

$$Q_n = Q_{n-1} + \sum_{k=2}^{n} Q_{k-2} Q_{n-k}, \quad n \geqslant 2$$

上式说明 Q_n 与 M_n 满足同样的递推关系, 因此有 $Q_n \equiv M_n$. ■

例4.12 证明: 从格点 $(0,0)$ 到格点 $(n,0)$ 只允许 $D^+ : (x,y) \mapsto (x+1, y+1)$, $D^- : (x,y) \mapsto (x+1, y-1)$ 和 $R : (x,y) \mapsto (x+1, y)$ 三种走法, 且不穿越到 x 轴下方的路径数为 Motzkin 数 M_n. 这样的路径一般称为 **Motzkin 路径**. 图 4.13 展示了 $n = 2, 3, 4$ 时的 Motzkin 路径.

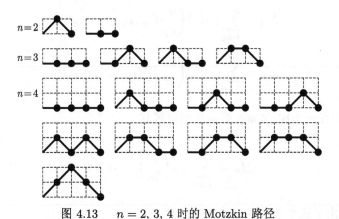

$$n=2$$

$$n=3$$

$$n=4$$

图 4.13 $n = 2, 3, 4$ 时的 Motzkin 路径

证明   设所求的路径数为 Q_n, 并约定 $Q_0 = 1$. 显然, $Q_1 = 1$, $Q_2 = 2$, $Q_3 = $

4, $Q_4 = 9$, $\cdots$. 下面我们证明当 $n \geqslant 2$ 时, Q_n 满足递推关系 (4.36).

显然, 所有 Motzkin 路径可按第一步分为两类: 第一步是 R 和第一步是 D^+. 第一步是 R 的路径数为 Q_{n-1}. 而对于第一步是 D^+ 的路径, 可设该路径第一次接触到 x 轴 (起始点除外) 的坐标为 $(k, 0)$, $2 \leqslant k \leqslant n$. 显然, 点 $(k, 0)$ 将所有第一步是 D^+ 的路径分为两段: 第一段从格点 $(0, 0)$ 到格点 $(k, 0)$, 第二段从格点 $(k, 0)$ 到格点 $(n, 0)$. 容易看出, 第二段的路径数等同于从格点 $(0, 0)$ 到格点 $(n - k, 0)$ 的 Motzkin 路径数 Q_{n-k}. 对于第一段的每条路径, 由于第一步是 D^+, 最后一步是 D^-, 因此它等同于一条从格点 $(1, 1)$ 到格点 $(k-1, 1)$ 且不穿越到水平线 $y = 1$ 下方的路径, 实际上也等同于一条从格点 $(0, 0)$ 到格点 $(k - 2, 0)$ 的 Motzkin 路径, 所以第一段的不同路径数为 Q_{k-2}. 由乘法原理可得第一步是 D^+ 的路径数为 $\sum_{k=2}^{n} Q_{k-2} Q_{n-k}$, 然后再由加法原理即得

$$Q_n = Q_{n-1} + \sum_{k=2}^{n} Q_{k-2} Q_{n-k}, \quad n \geqslant 2$$

此即递推关系 (4.36), 从而有 $Q_n \equiv M_n$. ■

习题 4.41 的 ③ 给出了 Motzkin 数 M_n 与 Catalan 数 C_n 之间的关系:

$$M_n = \mathbf{\Delta}^n C_1, \quad C_n = \mathbf{\Delta}^{2n} M_0 \tag{4.39}$$

其中符号 $\mathbf{\Delta}^n$ 表示 n 阶向前差分算子 (相关内容将在本章后面介绍). 由向前差分算子 $\mathbf{\Delta}$ 与平移算子 $\mathbf{E}$ 及恒等算子 $\mathbf{I}$ 之间的关系 $\mathbf{\Delta} = \mathbf{E} - \mathbf{I}$, 并注意到这些算子都是乘法可交换的线性算子, 立即可得下面的恒等式:

$$M_n = \sum_{k=0}^{n} (-1)^k \binom{n}{k} C_{n-k+1}, \quad n \geqslant 0 \tag{4.40}$$

$$C_n = \sum_{k=0}^{2n} (-1)^k \binom{2n}{k} M_{2n-k}, \quad n \geqslant 0 \tag{4.41}$$

除此之外, 还有一个比 (4.40) 更简单的恒等式:

$$M_n = \sum_{k=0}^{\lfloor n/2 \rfloor} C_k \binom{n}{2k}, \quad n \geqslant 0 \tag{4.42}$$

习题 4.36 给出了这个公式的一个组合解释.

关于 Motzkin 数更多的组合解释, 参见 R. P. Stanley 的著作[19], 习题 4.35 给出了其中的几个组合解释.

4.5 Stirling 序列

Stirling 序列源于苏格兰数学家 J. Stirling (1692—1770) 的研究. 事实上, Stirling 序列或 Stirling 数有两类, 分别称之为**第一类 Stirling 数**和**第二类 Stirling 数**. 它们出现在许多数学领域. 例如, 在许多插值公式和有限差分计算公式中, Stirling 数扮演着重要的角色.

第 1 章我们介绍过实数 x 的 n 次下阶乘 $(x)_n$ 和 n 次上阶乘 $(x)^n$, 并将其展开式中 x^k 的系数分别称为**第一类 Stirling 数** $s(n,k)$ 和**第一类无符号 Stirling 数** $c(n,k)$, 即有

$$
\begin{cases}
(x)_n = \sum_{k=0}^{n} s(n,k)\, x^k \\
(x)^n = \sum_{k=0}^{n} c(n,k)\, x^k
\end{cases}
$$

显然, 对任意的正整数 n, $(x)_n$ 和 $(x)^n$ 都是 x 的首项系数为 1 常数项为 0 的 n 次多项式, 即有 $s(n,0) = c(n,0) = 0$, 并且多项式 $(x)_n$ 有整数根 $0, 1, 2, \cdots, n-1$, 而多项式 $(x)^n$ 则有整数根 $0, -1, -2, \cdots, -(n-1)$. 于是, 当 $n \geqslant 1$ 时如下恒等式对 $0 \leqslant j \leqslant n-1$ 成立:

$$
\sum_{k=1}^{n} s(n,k)\, j^k = 0, \quad \sum_{k=1}^{n} (-1)^k c(n,k)\, j^k = 0 \tag{4.43}
$$

从第一类 Stirling 序列的定义知, $s(n,k)$ 是正负相间的整数, 而 $c(n,k)$ 则是正整数, 且只在 $n \geqslant k \geqslant 0$ 时有意义; 对于其他的 n, k 则约定 $s(n,k) = c(n,k) = 0$. 下面的定理列出了第一类 Stirling 数 $s(n,k)$ 的部分性质, 至于 $c(n,k)$ 的类似性质可利用关系式 $c(n,k) = (-1)^{n+k} s(n,k)$ 得到.

定理 4.8 设 n, $k \in \mathbb{N}$, 则有

① $s(n,0) = 0$, $n \geqslant 1$;

② $s(n,n) = 1$, $n \geqslant 0$;

③ $s(n,1) = (-1)^{n-1}(n-1)!$, $n \geqslant 1$;

④ $s(n,2) = (-1)^n (n-1)! H_{n-1}$, $n \geqslant 2$, 其中 H_{n-1} 是调和数;

⑤ $s(n,n-1) = -\binom{n}{2}$, $n \geqslant 1$;

⑥ $s(n,n-2) = 2\binom{n}{3} + 3\binom{n}{4}$, $n \geqslant 2$;

⑦ $s(n,n-3) = -6\binom{n}{4} - 20\binom{n}{5} - 15\binom{n}{6}$, $n \geqslant 3$;

⑧ $s(n+1,k) = s(n,k-1) - n s(n,k)$, $n \geqslant k-1 \geqslant 0$.

证明　留作习题 (习题 4.38).

表 4.1 列出了第一类 Stirling 数 $s(n,k)$ 类似于二项式系数的三角表.

表 4.1　第一类 Stirling 数 $s(n,k)$ 的三角表

n	\multicolumn{9}{c}{k}
	0	1	2	3	4	5	6	7	8
0	1								
1	0	1							
2	0	−1	1						
3	0	2	−3	1					
4	0	−6	11	−6	1				
5	0	24	−50	35	−10	1			
6	0	−120	274	−225	85	−15	1		
7	0	720	−1764	1624	−735	175	−21	1	
8	0	−5040	13068	−13132	6769	−1960	322	−28	1

在介绍指数型母函数时, 我们曾经推导过序列 $\{c(n,k)\}_{n\geqslant k}$ 的指数型母函数 $\mathbf{E}_c^{(k)}(x)$ 以及序列 $\{s(n,k)\}_{n\geqslant k}$ 的指数型母函数 $\mathbf{E}_s^{(k)}(x)$, 即有

$$
\begin{cases}
\mathbf{E}_s^{(k)}(x) = \sum_{n\geqslant k} s(n,k)\cdot \dfrac{x^n}{n!} = \dfrac{[\ln(1+x)]^k}{k!} \\[3mm]
\mathbf{E}_c^{(k)}(x) = \sum_{n\geqslant k} c(n,k)\cdot \dfrac{x^n}{n!} = \dfrac{[-\ln(1-x)]^k}{k!}
\end{cases}
$$

如果考虑第一类 Stirling 数序列 $\{s(n,k)\}_{n\geqslant k}$ 的普通型母函数 $\mathbf{F}_s^{(k)}(x)$, 则得到

$$
x\frac{\mathrm{d}\mathbf{F}_s^{(k)}(x)}{\mathrm{d}x} + \frac{1}{x}\mathbf{F}_s^{(k)}(x) = \mathbf{F}_s^{(k-1)}(x)
$$

然而这个一阶的线性常微分方程却不易求解.

利用指数型母函数 $\mathbf{E}_s^{(k)}(x)$ 和 $\mathbf{E}_c^{(k)}(x)$ 可得到 $s(n,k)$ 和 $c(n,k)$ 的表达式:

$$
\begin{cases}
s(n,k) = \dfrac{(-1)^{n+k}}{k!} \displaystyle\sum_{\substack{n_1+n_2+\cdots+n_k=n \\ 1\leqslant n_i,\, i=1,2,\cdots,k}} \dfrac{n!}{n_1 n_2 \cdots n_k} \\[5mm]
c(n,k) = \dfrac{1}{k!} \displaystyle\sum_{\substack{n_1+n_2+\cdots+n_k=n \\ 1\leqslant n_i,\, i=1,2,\cdots,k}} \dfrac{n!}{n_1 n_2 \cdots n_k}
\end{cases}
$$

这两个公式我们已经证明过 (参见 (2.29) 和 (2.28), 或参见习题 2.26).

从第一类 Stirling 数的定义可知, 当用 $1, x, x^2, \cdots, x^n$ 线性表示 x 的 n 次下阶乘 $(x)_n$ 时, 其表示式的系数就是第一类 Stirling 数. 反过来, 能否用 x 的各次下阶乘 $(x)_0, (x)_1, (x)_2, \cdots, (x)_n$ 线性表示 x^n? 下面的定理将回答这个问题.

定理 4.9 x^n 可用 $(x)_0, (x)_1, (x)_2, \cdots, (x)_n$ 线性表示, 且表示法唯一.

证明 可先用归纳法证明线性表示的可行性, 然后证明表示的唯一性. 建议读者自行完成. ∎

根据上面的定理, 既然 x^n 可由 $(x)_0, (x)_1, (x)_2, \cdots, (x)_n$ 唯一地线性表示, 那么表示的系数是什么呢? 它就是我们熟悉的第二类 Stirling 数 $S(n, k)$, 即有

$$x^n = \sum_{k=1}^{n} S(n,k)\,(x)_k, \quad n \geqslant 1$$

这个恒等式也可用纯组合的方法证明 (习题 1.45). 像第一类 Stirling 数 $s(n, k)$ 一样, 第二类 Stirling 数 $S(n, k)$ 也只对 $n \geqslant k \geqslant 0$ 有意义, 其他情况下遵循我们前面的约定即 $S(n, k) = 0$. 注意到我们曾经约定 $S(0, 0) = 1$ 以及 $(x)_0 = 1$, 那么上面的恒等式对 $n = 0$ 时也成立, 即有

$$x^n = \sum_{k=0}^{n} S(n,k)\,(x)_k, \quad n \geqslant 0$$

前面我们已经介绍了第二类 Stirling 数 $S(n, k)$ 的一些公式和组合意义, 下面的定理列举了第二类 Stirling 数的另外一些简单性质.

定理 4.10 设 $n, k \in \mathbb{N}$, 则有

① $S(n, 0) = 0,\ n \geqslant 1$;

② $S(n, n) = 1,\ n \geqslant 0$;

③ $S(n, 1) = 1,\ n \geqslant 1$;

④ $S(n, 2) = 2^{n-1} - 1,\ n \geqslant 2$;

⑤ $S(n, 3) = \dfrac{1}{6}(3^n - 3 \cdot 2^n + 3)$;

⑥ $S(n, 4) = \dfrac{1}{6}(4^{n-1} - 3^n - 1) + 2^{n-2},\ n \geqslant 4$;

⑦ $S(n, n-1) = \binom{n}{2},\ n \geqslant 1$;

⑧ $S(n, n-2) = \binom{n}{3} + 3\binom{n}{4},\ n \geqslant 2$;

⑨ $S(n, n-3) = \binom{n}{4} + 10\binom{n}{5} + 15\binom{n}{6},\ n \geqslant 3$;

⑩ $S(n+1, k) = S(n, k-1) + kS(n, k),\ n \geqslant k-1 \geqslant 0$.

证明 留作习题 (习题 4.39). ∎

表 4.2 列出了第二类 Stirling 数 $S(n,k)$ 类似于二项式系数的三角表.

表 4.2　第二类 Stirling 数 $S(n,k)$ 的三角表

n	k								
	0	1	2	3	4	5	6	7	8
0	1								
1	0	1							
2	0	1	1						
3	0	1	3	1					
4	0	1	7	6	1				
5	0	1	15	25	10	1			
6	0	1	31	90	65	15	1		
7	0	1	63	301	350	140	21	1	
8	0	1	127	966	1701	1050	266	28	1

第二类 Stirling 数序列 $\{S(n,k)\}_{n \geqslant k}$ 的指数型母函数 $\mathbf{E}_S^{(k)}(x)$ 已经在母函数部分推导过, 这里我们重新给出仅为完整性.

定理 4.11　对于给定的非负整数 k, 设函数 $\mathbf{F}_S^{(k)}(x)$ 与 $\mathbf{E}_S^{(k)}(x)$ 分别表示第二类 Stirling 数序列 $\{S(n,k)\}_{n \geqslant k}$ 的普通型母函数与指数型母函数, 则有

$$\mathbf{F}_S^{(k)}(x) = \sum_{n \geqslant k} S(n,k)\, x^n = \frac{x^k}{(1-x)(1-2x)\cdots(1-kx)} \tag{4.44}$$

$$\mathbf{E}_S^{(k)}(x) = \sum_{n \geqslant k} S(n,k) \cdot \frac{x^n}{n!} = \frac{(\mathrm{e}^x - 1)^k}{k!} \tag{4.45}$$

证明　指数型母函数 $\mathbf{E}_S^{(k)}(x)$ 的表达式 (4.45) 已经在前面证明过, 这里我们只证明普通型母函数的公式. 由于

$$S(n+1,k) = S(n,k-1) + kS(n,k), \quad n \geqslant k-1 \geqslant 0$$

所以有

$$k\mathbf{F}_S^{(k)}(x) = \sum_{n \geqslant k} kS(n,k)\, x^n = \frac{\mathbf{F}_S^{(k)}(x)}{x} - \mathbf{F}_S^{(k-1)}(x)$$

从而有

$$\mathbf{F}_S^{(k)}(x) = \frac{x}{1-kx}\, \mathbf{F}_S^{(k-1)}(x)$$

注意到 $\mathbf{F}_S^{(0)}(x) = 1$, 由此即得结论.　∎

定理 4.12 设 $n, k \in \mathbb{N}$, 且 $n \geqslant k$, 则第二类 Stirling 数 $S(n, k)$ 可表示为

$$S(n, k) = \frac{1}{k!} \sum_{i=0}^{k} (-1)^i \binom{k}{i} (k-i)^n \tag{4.46}$$

$$S(n, k) = \frac{1}{k!} \sum_{\substack{n_1+n_2+\cdots+n_k=n \\ 1 \leqslant n_i, \, i=1, 2, \cdots, k}} \binom{n}{n_1, \, n_2, \, \cdots, \, n_k} \tag{4.47}$$

$$S(n, k) = \frac{1}{k!} \sum_{\substack{n_1+n_2+\cdots+n_k=n \\ 1 \leqslant n_i, \, i=1, 2, \cdots, k}} 1^{n_1} 2^{n_2} \cdots k^{n_k} \tag{4.48}$$

证明 显然, (4.46) 和 (4.47) 我们已在前面的章节证明过, 这里不再赘述. 根据定理 4.11, 我们有

$$\sum_{n \geqslant k} S(n, k) x^n = \frac{x^k}{(1-x)(1-2x)\cdots(1-kx)}$$

$$= \prod_{i=1}^{k} \left(x + ix^2 + i^2 x^3 + \cdots \right)$$

$$= \sum_{n \geqslant k} \left(\sum_{\substack{n_1+n_2+\cdots+n_k=n \\ 1 \leqslant n_i, \, i=1, 2, \cdots, k}} 1^{n_1-1} 2^{n_2-1} \cdots k^{n_k-1} \right) x^n$$

由此即得 (4.48). ∎

前面我们已经多次提到第二类 Stirling 数 $S(n, k)$ 的各种组合意义, 如 n 个可区分的球放入 k 个相同的盒子且不允许空盒的方案数; n 元集拆分成 k 个无序非空子集的方案数, 这也是 (4.47) 所指示的结果; 而 (4.48) 则给出了 $S(n, k)$ 另一个组合意义: k 元集 $\{1, 2, \cdots, k\}$ 的所有 $n-k$ 重复子集中元素的乘积之和.

我们知道, n 元集拆分成 k 个无序非空子集的方案数为 $S(n, k)$, n 元集拆分成无序非空子集的所有方案数就是前面已经介绍过的 Bell 数 B_n, 即

$$B_n = \sum_{k=1}^{n} S(n, k) \tag{4.49}$$

为方便起见, 我们约定 $B_0 = 1$. 关于 Bell 数, 有下面的结论:

定理 4.13 对于 $n \geqslant 0$, 有 $B_{n+1} = \sum_{i=0}^{n} \binom{n}{i} B_i$.

证明 设 $S = \{a_0, a_1, \cdots, a_n\}$ 是 $n+1$ 元集, S 拆分成无序非空子集的所有拆分方案数为 B_{n+1}. S 的任何一种拆分方案, 元素 a_0 肯定属于某一子集; 因此

可按 a_0 属于 k 元子集将所有的拆分方案进行分类. 显然, 元素 a_0 属于 k 元集的拆分方案数为

$$\binom{n}{k-1}B_{n-k+1} = \binom{n}{n-k+1}B_{n-k+1}$$

由加法原理可得

$$B_{n+1} = \sum_{k=1}^{n+1}\binom{n}{n-k+1}B_{n-k+1} = \sum_{k=0}^{n}\binom{n}{i}B_i$$

■

由于

$$\sum_{n\geqslant k}S(n,k)\cdot\frac{x^n}{n!} = \frac{1}{k!}\left(\mathrm{e}^x - 1\right)^k, \quad k\geqslant 0$$

上式两边关于 k 求和可得

$$\sum_{k\geqslant 0}\sum_{n\geqslant k}S(n,k)\cdot\frac{x^n}{n!} = \sum_{k\geqslant 0}\frac{1}{k!}\left(\mathrm{e}^x - 1\right)^k = \exp(\mathrm{e}^x - 1)$$

交换上式左边的求和顺序得到

$$\sum_{n\geqslant 0}\left[\sum_{k=0}^{n}S(n,k)\right]\cdot\frac{x^n}{n!} = \sum_{n\geqslant 0}B_n\cdot\frac{x^n}{n!} = \exp(\mathrm{e}^x - 1) \tag{4.50}$$

此即 Bell 数序列 $\{B_n\}_{n\geqslant 0}$ 的指数型母函数 $\boldsymbol{E}_\mathrm{B}(x)$, 这个表达式我们曾经在介绍指数公式的应用时得到过, 也就是前面的 (2.37).

如果将 (4.50) 两边关于 x 求导可得

$$\sum_{n\geqslant 1}B_n\cdot\frac{x^{n-1}}{(n-1)!} = \sum_{n\geqslant 0}B_{n+1}\cdot\frac{x^n}{n!} = \mathrm{e}^x\exp(\mathrm{e}^x - 1)$$

注意到

$$\mathrm{e}^x\exp(\mathrm{e}^x - 1) = \left(1 + x + \frac{x^2}{2!} + \cdots\right)\left[\sum_{n\geqslant 0}B_n\cdot\frac{x^n}{n!}\right]$$

$$= \sum_{n\geqslant 0}\left[\sum_{k=0}^{n}\binom{n}{k}B_k\right]\cdot\frac{x^n}{n!}$$

比较以上两式即得定理 4.13 的结论.

下面我们讨论函数的差分与 Stirling 数之间的关系.

定义 4.3 设 $f(x)$ 是定义在非负整数集 $\mathbb{N}$ 上的函数, 定义

$$\Delta f(n) = f(n+1) - f(n), \quad n \in \mathbb{N}$$

则称 $\Delta f(n)$ 为 $f(x)$ 在点 $x = n$ 处的**一阶向前差分**, 并称 Δ 为一阶向前差分算子. 对于任意的正整数 k, 定义

$$\Delta^k f(n) = \Delta\big[\Delta^{k-1} f(n)\big], \quad n \in \mathbb{N}$$

则称 $\Delta^k f(n)$ 为 $f(x)$ 在点 $x = n$ 处的 **k 阶向前差分**, 并称 Δ^k 为 k 阶向前差分算子. 如果令

$$\mathbf{E}f(n) = f(n+1), \quad \mathbf{I}f(n) = f(n), \quad n \in \mathbb{N}$$

则分别称 $\mathbf{E}$ 和 $\mathbf{I}$ 为**平移算子**和**恒等算子**; 并对任意的整数 k, 定义

$$\mathbf{E}^k f(n) = f(n+k), \quad \mathbf{I}^k f(n) = f(n), \quad n \in \mathbb{N}, \, k \in \mathbb{Z}$$

根据上面的定义, 算子 Δ, $\mathbf{E}$ 及 $\mathbf{I}$ 显然都是线性算子, 且有

$$\Delta = \mathbf{E} - \mathbf{I}, \quad \mathbf{E} = \Delta + \mathbf{I}, \quad \mathbf{E}^0 = \Delta^0 = \mathbf{I}$$

还可以定义这些算子的乘法运算如下:

$$(\mathbf{EI})f(n) = \mathbf{E}(\mathbf{I}f(n)) = \mathbf{E}f(n)$$

$$(\mathbf{\Delta I})f(n) = \Delta(\mathbf{I}f(n)) = \Delta f(n)$$

$$(\mathbf{E\Delta})f(n) = \mathbf{E}(\Delta f(n))$$

容易验证, 这些算子的乘法运算是可交换的, 即

$$\mathbf{EI} = \mathbf{IE} = \mathbf{E}, \quad \mathbf{\Delta I} = \mathbf{I\Delta} = \Delta, \quad \mathbf{E\Delta} = \mathbf{\Delta E}$$

于是

$$\Delta^n f(m) = (\mathbf{E} - \mathbf{I})^n f(m) = \sum_{k=0}^{n} (-1)^{n-k} \binom{n}{k} \mathbf{E}^k f(m)$$

$$= \sum_{k=0}^{n} (-1)^{n-k} \binom{n}{k} f(m+k)$$

特别当 $m = 0$ 时有

$$\Delta^n f(0) = \sum_{k=0}^{n} (-1)^{n-k} \binom{n}{k} f(k) \tag{4.51}$$

利用二项式反演公式得到

$$f(n) = \sum_{k=0}^{n} \binom{n}{k} \boldsymbol{\Delta}^k f(0) \tag{4.52}$$

特别地, 如果令 $f(n) = n^m$, 则有

$$n^m = \sum_{k=0}^{n} \binom{n}{k} \boldsymbol{\Delta}^k 0^m = \sum_{k=1}^{n} \binom{n}{k} \boldsymbol{\Delta}^k 0^m$$

但 n^m 显然也可表示为

$$n^m = \sum_{k=1}^{n} \binom{n}{k} k! S(m, k)$$

由此可得

$$k! S(m, k) = \boldsymbol{\Delta}^k 0^m$$

即

$$
\begin{aligned}
S(m, k) &= \frac{1}{k!} \boldsymbol{\Delta}^k 0^m = \frac{1}{k!} (\mathbf{E} - \mathbf{I})^k 0^m \\
&= \frac{1}{k!} \sum_{i=0}^{k} (-1)^i \binom{k}{i} \mathbf{E}^{k-i} 0^m \\
&= \frac{1}{k!} \sum_{i=0}^{k} (-1)^i \binom{k}{i} (k-i)^m
\end{aligned}
$$

上面的结论表明, 第二类 Stirling 数 $S(m, k)$ 可表示为 n^m 在 $n = 0$ 处的 k 阶差分.

例如, $f(n) = n^4$, 则 $f(n)$ 的差分表如表 4.3 所示, 其中对角线上被方框包含的数对应 $f(0)$ 的各阶差分 $\boldsymbol{\Delta}^k f(0)$.

表 4.3 n^4 的各阶差分表

n	n^4	$\Delta f(n)$	$\Delta^2 f(n)$	$\Delta^3 f(n)$	$\Delta^4 f(n)$	$\Delta^5 f(n)$
0	$\boxed{0}$					
1	1	$\boxed{1}$				
2	16	15	$\boxed{14}$			
3	81	65	50	$\boxed{36}$		
4	256	175	110	60	$\boxed{24}$	
5	625	369	194	84	24	$\boxed{0}$

因此有

$$n^4 = \binom{n}{1} + 14\binom{n}{2} + 36\binom{n}{3} + 24\binom{n}{4}$$

$$S(4,0) = \frac{1}{0!}\boldsymbol{\Delta}^0 0^4 = \frac{1}{0!} \times 0 = 0$$

$$S(4,1) = \frac{1}{1!}\boldsymbol{\Delta}^1 0^4 = \frac{1}{1!} \times 1 = 1$$

$$S(4,2) = \frac{1}{2!}\boldsymbol{\Delta}^2 0^4 = \frac{1}{2!} \times 14 = 7$$

$$S(4,3) = \frac{1}{3!}\boldsymbol{\Delta}^3 0^4 = \frac{1}{3!} \times 36 = 6$$

$$S(4,4) = \frac{1}{4!}\boldsymbol{\Delta}^4 0^4 = \frac{1}{4!} \times 24 = 1$$

如果记

$$\boldsymbol{\Delta}\mathbf{f} = [f(0), \boldsymbol{\Delta}f(0), \cdots, \boldsymbol{\Delta}^n f(0)]^{\mathrm{T}}$$

$$\mathbf{f} = [f(0), f(1), \cdots, f(n)]^{\mathrm{T}}$$

$$\mathbf{Q}_n = \begin{bmatrix} 1 & 0 & 0 & \cdots & 0 \\ \binom{1}{0} & \binom{1}{1} & 0 & \cdots & 0 \\ \binom{2}{0} & \binom{2}{1} & \binom{2}{2} & \cdots & 0 \\ \vdots & \vdots & \vdots & \ddots & \vdots \\ \binom{n}{0} & \binom{n}{1} & \binom{n}{2} & \cdots & \binom{n}{n} \end{bmatrix} \tag{4.53}$$

$$\mathbf{R}_n = \begin{bmatrix} 1 & 0 & 0 & \cdots & 0 \\ -\binom{1}{0} & \binom{1}{1} & 0 & \cdots & 0 \\ \binom{2}{0} & -\binom{2}{1} & \binom{2}{2} & \cdots & 0 \\ \vdots & \vdots & \vdots & \ddots & \vdots \\ (-1)^n\binom{n}{0} & (-1)^{n-1}\binom{n}{1} & (-1)^{n-2}\binom{n}{2} & \cdots & \binom{n}{n} \end{bmatrix} \tag{4.54}$$

则有

$$\boldsymbol{\Delta}\mathbf{f} = \mathbf{R}_n\mathbf{f}, \quad \mathbf{f} = \mathbf{Q}_n\boldsymbol{\Delta}\mathbf{f}, \quad \mathbf{Q}_n\mathbf{R}_n = \mathbf{I} \tag{4.55}$$

即 $\mathbf{Q}_n$ 和 $\mathbf{R}_n$ 是互逆的矩阵. 除此之外, 第一类和第二类 Stirling 数构成的矩阵也有类似的性质. 事实上, 令

$$(\mathbf{x}) = [\,(x)_0,\ (x)_1,\ \cdots,\ (x)_n\,]^{\mathrm{T}},\quad \mathbf{x} = [\,1,\ x,\ \cdots,\ x^n\,]^{\mathrm{T}}$$

$$
\mathbf{s}_n = \begin{bmatrix}
s(0,0) & 0 & 0 & \cdots & 0 \\
s(1,0) & s(1,1) & 0 & \cdots & 0 \\
s(2,0) & s(2,1) & s(2,2) & \cdots & 0 \\
\vdots & \vdots & \vdots & \ddots & \vdots \\
s(n,0) & s(n,1) & s(n,2) & \cdots & s(n,n)
\end{bmatrix}
\tag{4.56}
$$

$$
\mathbf{S}_n = \begin{bmatrix}
S(0,0) & 0 & 0 & \cdots & 0 \\
S(1,0) & S(1,1) & 0 & \cdots & 0 \\
S(2,0) & S(2,1) & S(2,2) & \cdots & 0 \\
\vdots & \vdots & \vdots & \ddots & \vdots \\
S(n,0) & S(n,1) & S(n,2) & \cdots & S(n,n)
\end{bmatrix}
\tag{4.57}
$$

则显然有

$$(\mathbf{x}) = \mathbf{s}_n \mathbf{x}, \quad \mathbf{x} = \mathbf{S}_n(\mathbf{x}), \quad \mathbf{s}_n \mathbf{S}_n = \mathbf{I} \tag{4.58}$$

由 $\mathbf{s}_n \mathbf{S}_n = \mathbf{I}$ 立即可得

$$\sum_{k \geqslant 0} S(n,k)\,s(k,m) = \delta_{mn} = \begin{cases} 1, & m = n \\ 0, & m \neq n \end{cases} \tag{4.59}$$

由上面的讨论立即可得下面所谓的 Stirling **反演公式**.

定理 4.14　设 $\{u_n\}_{n \geqslant 0}$ 和 $\{v_n\}_{n \geqslant 0}$ 是两个实序列 (或复序列), 则

$$v_n = \sum_{k=0}^{n} s(n,k)\,u_k,\ \ n \in \mathbb{N} \iff u_n = \sum_{k=0}^{n} S(n,k)\,v_k,\ \ n \in \mathbb{N} \tag{4.60}$$

从代数的观点看, 所有实系数多项式的集合 $\mathbb{R}[\![x]\!]$ 形成实数域 $\mathbb{R}$ 上的一个向量空间, 函数集合 $\{x^n\}_{n \geqslant 0}$ 是向量空间 $\mathbb{R}[\![x]\!]$ 的一组基. 当然, 函数集合 $\{(x)_n\}_{n \geqslant 0}$ 也是它的一组基. 这两组基之间的联结系数矩阵 (或转移矩阵) 就是分别由第一类 Stirling 数和第二类 Stirling 数构成的无穷矩阵 $\mathbf{s}_\infty$ 和 $\mathbf{S}_\infty$. 实际上, 这类结果可以纳入到一个统一的框架之下.

4.6 一般反演序列

有很多序列对之间存在类似于第一类 Stirling 数序列 $\{s(n,k)\}_{n\geqslant k\geqslant 0}$ 和第二类 Stirling 数序列 $\{S(n,k)\}_{n\geqslant k\geqslant 0}$ 之间的关系. 下面的定理描述了更一般的结论.

定理 4.15 设 $\{p_n(x)\}_{n\geqslant 0}$ 和 $\{q_n(x)\}_{n\geqslant 0}$ 是两个多项式序列, 其中 $p_n(x)$ 和 $q_n(x)$ 均为 n 次多项式, $\{a_{n,k}\}_{n\geqslant k\geqslant 0}$ 和 $\{b_{n,k}\}_{n\geqslant k\geqslant 0}$ 是相应的联结系数, 即有

$$q_n(x) = \sum_{k=0}^{n} a_{n,k}p_k(x), \quad p_n(x) = \sum_{k=0}^{n} b_{n,k}q_k(x), \quad n \in \mathbb{N}$$

如果 $\{u_n\}_{n\geqslant 0}$ 和 $\{v_n\}_{n\geqslant 0}$ 是两个实序列, 那么

$$v_n = \sum_{k=0}^{n} a_{n,k}u_k, \quad n \in \mathbb{N} \iff u_n = \sum_{k=0}^{n} b_{n,k}v_k, \quad n \in \mathbb{N}$$

证明 如果记 $\mathbf{A} = (a_{n,k})_{(n+1)\times(n+1)}$, $\mathbf{B} = (b_{n,k})_{(n+1)\times(n+1)}$, 并记

$$\mathbf{p}_n(x) = [p_0(x), p_1(x), \cdots, p_n(x)]^{\mathrm{T}}, \quad n \in \mathbb{N}$$

$$\mathbf{q}_n(x) = [q_0(x), q_1(x), \cdots, q_n(x)]^{\mathrm{T}}, \quad n \in \mathbb{N}$$

那么有

$$\begin{cases} \mathbf{p}_n(x) = \mathbf{B}\mathbf{q}_n(x) \\ \mathbf{q}_n(x) = \mathbf{A}\mathbf{p}_n(x) \end{cases} \implies \mathbf{AB} = \mathbf{BA} = \mathbf{I}$$

其中 $\mathbf{I}$ 是 $n+1$ 阶单位阵. 由此即知定理的结论成立. ∎

例如, 例如多项式序列 $\{x^n\}_{n\geqslant 0}$ 和 $\{(x-1)^n\}_{n\geqslant 0}$ 之间的联结系数可由

$$x^n = \sum_{k=0}^{n} \binom{n}{k}(x-1)^k, \quad (x-1)^n = \sum_{k=0}^{n} (-1)^{n-k}\binom{n}{k}x^k$$

得到, 由此即得二项式反演公式 (可参见 (2.16) 和 (2.17)). 利用多项式序列 $\{x^n\}_{n\geqslant 0}$ 和 $\{(x)_n\}_{n\geqslant 0}$ 之间的联结系数, 可得前面的 Stirling 反演公式.

如果取上阶乘和下阶乘多项式序列 $\{(x)^n\}_{n\geqslant 0}$ 和 $\{(x)_n\}_{n\geqslant 0}$, 则由于有

$$(x)^n = \sum_{k=0}^{n} L(n,k)(x)_k, \quad (x)_n = \sum_{k=0}^{n} (-1)^{n-k}L(n,k)(x)^k \tag{4.61}$$

这里 $L(n, k)$ 称为 **Lah 数**, 其组合意义是将 n 元集拆分成 k 个非空的线性有序子集 (即区分子集中元素的次序) 的方案数, 因而有

$$L(n, k) = \frac{n!}{k!} \binom{n-1}{k-1}, \quad n \geqslant k \geqslant 1$$

且约定 $L(0,0) = 1$, $L(n,0) = 0$, $n \in \mathbb{Z}^+$. 由此得到所谓的 **Lah 反演公式**:

$$v_n = \sum_{k=0}^n L(n,k) u_k \ n \in \mathbb{N} \iff u_n = \sum_{k=0}^n (-1)^{n-k} L(n,k) v_k, \ n \in \mathbb{N} \quad (4.62)$$

如果取多项式序列 $\{x^n\}_{n \geqslant 0}$ 和 Gauss 多项式序列 $\{g_n(x)\}_{n \geqslant 0}$, 利用恒等式 (1.37) 和 (1.38), 即

$$g_n(x) = \sum_{k=0}^n (-1)^{n-k} q^{\binom{n-k}{2}} \binom{n}{k}_q x^k$$

$$x^n = \sum_{k=0}^n \binom{n}{k}_q g_k(x)$$

可得如下的 **Gauss 反演公式**:

$$v_n = \sum_{k=0}^n \binom{n}{k}_q u_k, \ n \in \mathbb{N} \iff u_n = \sum_{k=0}^n (-1)^{n-k} q^{\binom{n-k}{2}} \binom{n}{k}_q v_k, \ n \in \mathbb{N} \quad (4.63)$$

习 题 4

4.1 设 $\{F_n\}_{n \geqslant 0}$ 是 Fibonacci 序列, 则有

① $F_1 + F_2 + \cdots + F_n = F_{n+2} - 1$;

② $F_1 + F_3 + \cdots + F_{2n-1} = F_{2n}$;

③ $F_0 + F_2 + \cdots + F_{2n} = F_{2n+1} - 1$;

④ $F_1^2 + F_2^2 + \cdots + F_n^2 = F_n F_{n+1}$;

⑤ $\gcd(F_n, F_{n+1}) = 1$;

⑥ $\begin{bmatrix} 1 & 1 \\ 1 & 0 \end{bmatrix}^n = \begin{bmatrix} F_{n+1} & F_n \\ F_n & F_{n-1} \end{bmatrix}$;

⑦ $F_{n+1} F_{n-1} - F_n^2 = (-1)^n$;

⑧ $F_{n+1} - 3F_{n-1} + F_{n-3} = 0$, $n \geqslant 4$;

⑨ 任意的自然数 n 均可表示为一系列不连续的 Fibonacci 数之和, 且表示方式唯一, 即自然数 n 可表示为 $n = \sum_{i \geqslant 1} a_i F_i$, 其中 $a_i a_{i+1} = 0$, $a_i \in \{0, 1\}$.

4.2 设 $\{F_n\}_{n\geqslant0}$ 是 Fibonacci 序列, 试证明如下结论:

① 对于 $n \in \mathbb{Z}^+$, 如果 $3\,|\,n$, 那么 F_n 是偶数;

② 对于 $n \in \mathbb{Z}^+$, 如果 $4\,|\,n$, 那么 $3\,|\,F_n$;

③ 对于 $n \in \mathbb{Z}^+$, 如果 $6\,|\,n$, 那么 $8\,|\,F_n$;

④ 对于 $n \in \mathbb{Z}^+$, 如果 $8\,|\,n$, 那么 $21\,|\,F_n$.

4.3 试证明: ① $\sum_{n\geqslant0} \dfrac{F_n}{10^n} = \dfrac{10}{89}$; ② $\sum_{n\geqslant0} \dfrac{F_n}{k^n} = \dfrac{k}{k^2 - k - 1}$, $k \geqslant 2$.

4.4 试证明: $F_n = \dfrac{1}{2^{n-1}} \sum_{k\geqslant0} \binom{n}{2k+1} 5^k$, $n \geqslant 1$.

4.5 对任意的实数 a, b, 令 $F_{a,b}(n) = a\alpha^n + b\beta^n$, 其中 $\alpha = 1 - \beta = \dfrac{1+\sqrt{5}}{2}$. 试证明: 序列 $\{F_{a,b}(n)\}_{n\geqslant0}$ 与 Fibonacci 序列 $\{F_n\}_{n\geqslant0}$ 满足同样的递推关系.

4.6 证明: 任意三个连续的 Fibonacci 数 F_n, F_{n+1}, F_{n+2} 均满足

$$\gcd(F_n, F_{n+1}) = \gcd(F_n, F_{n+2}) = 1$$

4.7 对于 Fibonacci 序列 $\{F_n\}_{n\geqslant0}$, 证明: 对任意的正整数 n, m 均有

$$\gcd(F_n, F_m) = F_{\gcd(n, m)}$$

4.8 试用母函数证明 Fibonacci 序列 $\{F_n\}_{n\geqslant0}$ 满足如下恒等式:

$$\begin{cases} F_{2n} - 3F_{2n-2} + F_{2n-4} = 0, & n \geqslant 2 \\ F_{2n+1} - 3F_{2n-1} + F_{2n-3} = 0, & n \geqslant 2 \end{cases}$$

对比你在习题 4.1 中结论 ⑧ 的证明方式.

4.9 设 $\{F_n\}_{n\geqslant0}$ 是 Fibonacci 序列, 试将如下结果用 Fibonacci 数表示:

① 集合 $\mathbb{Z}_n^+$ 的不相邻的组合数;

② 正整数 n 的每个部分均大于 1 的有序拆分数;

③ 正整数 n 的最大部分不超过 2 的有序拆分数;

④ 正整数 n 的各部分均为奇数的有序拆分数;

⑤ 数 $\sum_R n_1 n_2 \cdots n_k$, 其中 $R : \begin{cases} n_1 + n_2 + \cdots + n_k = n, \\ n_i \geqslant 1, i = 1, 2, \cdots, k; \end{cases}$

⑥ 数 $\sum_R (2^{n_1} - 1)(2^{n_2} - 1) \cdots (2^{n_k} - 1)$, 求和范围 R 同 ⑤;

⑦ 数 $\sum_R 2^{|\{i\,|\,n_i=1\}|}$, 求和范围 R 同 ⑤;

⑧ 集合 $S = \{0, 1, 2\}$ 的不含有模式 01 的 n 可重复排列数;

⑨ 满足 $b_1 \leqslant b_2 \geqslant b_3 \leqslant b_4 \geqslant b_5 \leqslant \cdots$ 的 n 位二进制数 $b_1 b_2 \cdots b_n$ 的个数;

⑩ $\sum_{r\geqslant0} \binom{n-r}{r}$.

4.10 设 $\{F_n\}_{n\geqslant0}$ 是 Fibonacci 序列, 试用 Fibonacci 数表示如下普通型母函数所代表的序列 $\{a_n\}_{n\geqslant0}$:

① $\mathbf{G}_\circ(a_n) = \dfrac{x}{1 - 3x + x^2}$; ② $\mathbf{G}_\circ(a_n) = \dfrac{1-x}{1 - 3x + x^2}$;

③ $\mathbf{G}_\circ(a_n) = \dfrac{2x}{1 - 4x - x^2}$; ④ $\mathbf{G}_\circ(a_n) = \dfrac{x}{1 - 18x + x^2}$.

4.11   试计算从格点 $(0,0)$ 到格点 $(p,q)\,(p \geqslant q)$ 且只允许如下两种走法

$$R : (x,y) \mapsto (x+1,y), \quad U : (x,y) \mapsto (x,y+1)$$

并且在对角线以下的路径数 $L_p^{\geqslant}(p,q)$, 由此得 $C_n = L_p^{\geqslant}(n,n)$.

4.12   由 $2n$ 个正整数 $1, 2, \cdots, 2n$ 可构成 $(2n)!$ 个各元素互异的 $2 \times n$ 整数矩阵, 试证明: 这 $(2n)!$ 个矩阵中使得矩阵各行元素从左到右递增、各列元素从上到下也递增的矩阵个数为第 n 个 Catalan 数 C_n.

4.13   试证明: 具有 $n+1$ 个顶点的平面树的个数为第 n 个 Catalan 数 C_n.

4.14   试证明: 通过圆周上的 $2n$ 个点作 n 条不相交的弦, 其方式数为第 n 个 Catalan 数 C_n. 图 4.14 所示的是 $n = 3$ 时的情况.

图 4.14 $n = 3$ 时的 5 种作弦方式

4.15   试证明: 通过一条水平线上的 $2n$ 个点作 n 条不相交的弧, 其方式数为第 n 个 Catalan 数 C_n, 其中每条弧连接两个点, 且弧位于水平线的上方, 图 4.15 所示的是 $n = 3$ 时的情况.

图 4.15 $n = 3$ 时的 5 种作弧方式

4.16   试证明: 始于格点 $(0,0)$ 并终止于同一格点的无序路径对的个数为 Catalan 数 C_n, 其中路径必须满足: ①每条路径均为 $n+1$ 步; ②路径中只允许两种走法: U 步和 R 步, 这里 $U : (x,y) \mapsto (x,y+1)$, $R : (x,y) \mapsto (x+1,y)$; ③除始点和终点外, 路径对中的两条路径不允许相交. 图 4.16 所示的是 $n = 3$ 时的情况.

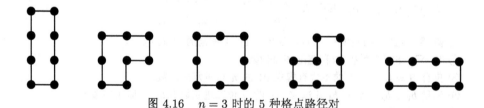

图 4.16 $n = 3$ 时的 5 种格点路径对

4.17   试证明: 平面上底层包含 n 个硬币的堆叠硬币的方式数为 Catalan 数 C_n. 图 4.17 所示的是 $n = 3$ 时的情况.

图 4.17 $n = 3$ 时的 5 种堆叠硬币的方式

4.18 试证明: 如下满足所给条件的序列个数为 Catalan 数 C_n:

① 序列 $a_1, a_2, \cdots, a_n$ 满足 $1 \leqslant a_1 \leqslant a_2 \leqslant \cdots \leqslant a_n$, 且 $a_i \leqslant i$;

② 序列 $a_1, a_2, \cdots, a_{n-1}$ 满足 $a_1 < a_2 < \cdots < a_{n-1}$, 且 $1 \leqslant a_i \leqslant 2i$;

③ 序列 $a_1, a_2, \cdots, a_n$ 满足 $a_1 = 0, 0 \leqslant a_{i+1} \leqslant a_i + 1, 1 \leqslant i \leqslant n - 1$;

④ 序列 $a_1, a_2, \cdots, a_{n-1}$ 满足 $a_i \leqslant 1$, 且 $a_1 + a_2 + \cdots + a_k \geqslant 0, k \geqslant 1$;

⑤ 序列 $a_1, a_2, \cdots, a_n$ 满足 $a_i \geqslant -1$, 且 $a_1 + a_2 + \cdots + a_k \geqslant 0, k \geqslant 1$, 但当 $k = n$ 时有 $a_1 + a_2 + \cdots + a_n = 0$.

4.19 试证明: 如下满足所给条件的排列个数为 Catalan 数 C_n:

① $\mathbb{Z}_{2n}^+$ 的排列 $a_1 a_2 \cdots a_{2n}$ 满足: (i) $1, 3, \cdots, 2n - 1$ 以升序出现在排列中 (从左至右); (ii) $2, 4, \cdots, 2n$ 也以升序出现在排列中; (iii) $2i - 1$ 出现在数 $2i$ 之前, $1 \leqslant i \leqslant n$.

② $S = \{2 \cdot 1, 2 \cdot 2, \cdots, 2 \cdot n\}$ 的排列 $a_1 a_2 \cdots a_{2n}$ 满足: (i) $1, 2, \cdots, n$ 以自然次序首次出现; (ii) 排列中不存在形如 $abab$ 的子序列.

③ $\mathbb{Z}_n^+$ 的禁止 321 排列 $a_1 a_2 \cdots a_n$, 即不存在 $i < j < k$ 使得 $a_i > a_j > a_k$.

④ $\mathbb{Z}_n^+$ 的禁止 312 排列 $a_1 a_2 \cdots a_n$, 即不存在 $i < j < k$ 使得 $a_j < a_k < a_i$.

⑤ $\mathbb{Z}_n^+$ 的排列 $a_1 a_2 \cdots a_n$ 满足 $a_1 a_2 \cdots a_n$ 可以以升序的方式顺序地放入到两个并行的队列中, 即排列 $a_1 a_2 \cdots a_n$ 由两个上升的子序列构成.

4.20 试证明: 用 n 个矩形瓷砖 (允许大小不同但瓷砖的长和宽必须是台阶宽度或高度的倍数, 注意这里假定台阶的宽度和高度相等) 铺砌一个 n 级台阶的侧面的方案数为 C_n. 图 4.18 所示的是 $n = 2, n = 3$ 以及 $n = 4$ 时的情况.

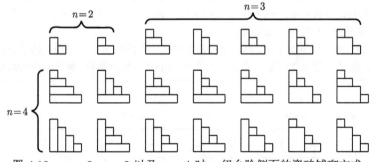

图 4.18 $n = 2, n = 3$ 以及 $n = 4$ 时 n 级台阶侧面的瓷砖铺砌方式

4.21 设 $A = (a_{ij})_{n \times n}$, $B = (b_{ij})_{n \times n}$ 是两个由 Catalan 数构成的 n 阶方阵, 其中 $a_{ij} = C_{i+j-2}$, $b_{ij} = C_{i+j-1}$. 试证明: $|A| = |B| = 1$.

4.22 设 $S_{n,k}$ 表示由 n 个 $+1$ n 个 -1 组成的排列中满足部分和非负且排列中恰有 k 个 $+1 -1$ 模式的排列之集, 试证明: $|S_{n,k}| = N(n, k) = \dfrac{1}{n} \binom{n}{k} \binom{n}{k-1}$.

4.23　试证明: 凸 $n+2$ 边形 $P_{n+2}\,(n \geqslant 1)$ 通过内部不相交的对角线将 P_{n+2} 剖分成多边形的方案数为小 Schröder 数 s_n; 或者说: 凸 $n+2$ 边形 $P_{n+2}\,(n \geqslant 1)$ 作任意数目内部不相交的对角线的方式数是小 Schröder 数 s_n.

4.24　试证明: 具有固定的 $n+1$ 片树叶且每个内部顶点至少具有两个子树的平面树的数目为小 Schröder 数 s_n.

4.25　试证明: 当 $n \geqslant 1$ 时, 具有 n 个顶点且每条向右的边用红蓝两种颜色染色的平面二叉树的数目为小 Schröder 数 s_n. 图 4.19 展示了 $n = 2, 3$ 时的平面二叉树的数目, 树下标出的数字是对应树的右边染色方案数.

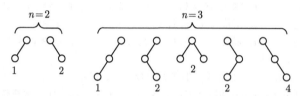

图 4.19　　$n = 2, 3$ 时的平面二叉树及右边的染色方案数

4.26　试证明: 从格点 $(0, 0)$ 到格点 (n, n) 的 Schröder 路径中, 对角线 $y = x$ 上不含有 D^+ 步的路径数是小 Schröder 数 s_n.

4.27　试证明: 满足如下条件的任意长度的整数序列 $i_1 i_2 \cdots i_m$ 的个数是小 Schröder 数 s_n: ① 对 $1 \leqslant j \leqslant m$, $i_j \in \mathbb{Z}^+$ 或 $i_j = -1$, 且 $|\{j \,|\, i_j = -1\}| = n$; ② 对 $1 \leqslant j \leqslant m$, 有 $i_1 + i_2 + \cdots + i_j \geqslant 0$, 且 $i_1 + i_2 + \cdots + i_m = 0$.

4.28　试证明: 平面上从格点 $(0, 0)$ 到格点 $(0, \ell)$ 且满足如下条件的路径数是小 Schröder 数 s_n: ① 路径只允许 $D_k : (x, y) \mapsto (x+1, y+k)$ 步法, 其中 $k \in \mathbb{Z}^+$ 或 $k = -1$; ② 路径从不穿越到 x 轴以下且路径中恰有 n 个 D_{-1} 步.

4.29　试证明: 平面上从格点 $(0, 0)$ 到格点 (n, n) 且满足如下条件的路径数是小 Schröder 数 s_n: ① 路径只允许两种步法: $R_k : (x, y) \mapsto (x+k, y)$, $U : (x, y) \mapsto (x, y+1)$, 其中 $k \in \mathbb{Z}^+$; ② 路径从不穿越到对角线 $y = x$ 以上.

4.30　试证明: 当 $n \geqslant 1$ 时, 树叶用红蓝两种颜色着色的 $n+1$ 个顶点的平面树的数目是大 Schröder 数 S_n. 图 4.20 展示了 $n = 1, 2, 3$ 时的平面树的数目, 树下标出的数字是对应树的着色方案数.

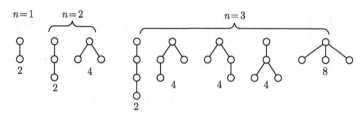

图 4.20　　$n = 1, 2, 3$ 时的平面树及其树叶的着色方案数

4.31　试证明: 集合 $S = \{A, B, C\}$ 的 $2n$ 重复排列数是大 Schröder 数 S_n, 其中排列必

须满足如下条件: ①对任意的 $1 \leqslant i < 2n$, 排列的前 i 项元素 A 和 B 的个数不少于元素 C 的个数; ②排列中元素 A 和 B 的总数是 n, 因而排列中元素 C 的总数也是 n; ③排列中不允许出现两个连续的项是 CB 的模式.

4.32　试证明: 大 Schröder 数 S_n 可表示为如下表达式:

$$S_n = \sum_{k=0}^{n} \frac{1}{k+1} \binom{n+k}{k,\ k,\ n-k}, \quad n \geqslant 0$$

$$S_n = \sum_{k=0}^{n} \frac{1}{k+1} \binom{n-1}{k} \binom{n}{k} 2^{k+1}, \quad n \geqslant 1$$

4.33　试证明例 4.9 的结论.

4.34　设 n, m 是正整数, 考虑从格点 $(0,0)$ 到格点 (n, m) 且只允许三种走法 $R : (x,y) \mapsto (x+1, y)$, $U : (x,y) \mapsto (x, y+1)$, $D^+ : (x,y) \mapsto (x+1, y+1)$ 的路径. 如果以 $G_p(n, m)$ 表示这样的路径数, $G_p(n, m : r)$ 表示恰有 r 个 D^+ 步的路径数, 当 $n \geqslant m$ 时, 以 $G_p^{\geqslant}(n, m)$ 和 $G_p^{\geqslant}(n, m : r)$ 表示路径上的任何格点 (x, y) 均满足 $x \geqslant y$(即在对角线以下) 的相应路径数, 试求 $G_p(n, m)$, $G_p(n, m : r)$ 以及路径数 $G_p^{\geqslant}(n, m)$, $G_p^{\geqslant}(n, m : r)$, 并用 $G_p^{\geqslant}(n, m : r)$ 表示大 Schröder 数 S_n.

4.35　试证明: Motzkin 数 M_n 具有下面的组合解释:

① 通过圆周上的 n 个点画任意数目不相交的弦的方式数 (注意: 共端点的弦也视为相交);

② 从格点 $(0,0)$ 到格点 (n, n) 不穿越到对角线 $y = x$ 以上 (或以下) 且只允许如下三种走法的路径数:

$$R_2 : (x, y) \to (x+2, y), \quad U_2 : (x, y) \to (x, y+2), \quad D^+ : (x, y) \to (x+1, y+1)$$

③ 字母表 $\{-1, 0, 1\}$ 上长度为 n 的序列 $a_1 a_2 \cdots a_n$ 中, 满足

$$S_k = a_1 + a_2 + \cdots + a_k \geqslant 0, \quad 1 \leqslant k \leqslant n \text{ 且 } S_n = 0$$

序列的个数.

4.36　试给出公式 $M_n = \sum_{k=0}^{\lfloor n/2 \rfloor} C_k \binom{n}{2k}$, $n \geqslant 0$ 一个组合证明, 其中 C_k 是第 k 个 Catalan 数.

4.37　设 $1 \leqslant m \leqslant n$, 试证明如下结论:

① $s(n, m) = \sum_{k=m}^{n} n^{k-m} s(n+1, k+1)$;

② $S(n, m) = \sum_{k=m}^{n} m^{n-k} S(k-1, m-1)$.

4.38　设 $s(n, k)$ 是第一类 Stirling 数, 试证明如下结论:

① $s(n, 0) = 0$, $n \geqslant 1$;

② $s(n, n) = 1$, $n \geqslant 0$;

③ $s(n, 1) = (-1)^{n-1} (n-1)!$, $n \geqslant 1$;

④ $s(n, 2) = (-1)^n (n-1)! H_{n-1}$, $n \geqslant 2$, 其中 H_{n-1} 是调和数;

⑤ $s(n, n-1) = -\binom{n}{2}$, $n \geqslant 1$;

⑥ $s(n, n-2) = 2\binom{n}{3} + 3\binom{n}{4}$, $n \geqslant 2$;

⑦ $s(n, n-3) = -6\binom{n}{4} - 20\binom{n}{5} - 15\binom{n}{6}$, $n \geqslant 3$;

⑧ $s(n+1, k) = s(n, k-1) - n s(n, k)$, $n \geqslant k-1$.

4.39　设 $S(n,k)$ 是第二类 Stirling 数, 试证明如下结论:

① $S(n,0)=0,\ n\geqslant 1$;

② $S(n,n)=1,\ n\geqslant 0$;

③ $S(n,1)=1,\ n\geqslant 1$;

④ $S(n,2)=2^{n-1}-1,\ n\geqslant 2$;

⑤$S(n,3)=\dfrac{1}{6}\left(3^n-3\cdot 2^n+3\right)$;

⑥$S(n,4)=\dfrac{1}{6}\left(4^{n-1}-3^n-1\right)+2^{n-2},\ n\geqslant 4$;

⑦$S(n,n-1)=\binom{n}{2},\ n\geqslant 1$;

⑧$S(n,n-2)=\binom{n}{3}+3\binom{n}{4},\ n\geqslant 2$;

⑨$S(n,n-3)=\binom{n}{4}+10\binom{n}{5}+15\binom{n}{6},\ n\geqslant 3$;

⑩$S(n+1,k)=S(n,k-1)+kS(n,k),\ n\geqslant k-1$.

4.40　设 $n,m\in\mathbb{Z}^+$, 并记 $S_m(n)=\sum_{k=1}^n k^m$, 试证明:

$$S_m(n)=\sum_{k=1}^n S(m,k)\cdot\frac{(n+1)_{k+1}}{k+1}$$

4.41　①设 $F(x)=\sum_{n\geqslant 0}f(n)x^n$, 证明:

$$\frac{1}{1+x}F\left(\frac{x}{1+x}\right)=\sum_{n\geqslant 0}\left[\boldsymbol{\Delta}^n f(0)\right]x^n$$

② 求序列 $\{f(n)\}_{n\geqslant 0}$ 和 $\{g(n)\}_{n\geqslant 0}$ 使得

$$\boldsymbol{\Delta}^n f(0)=g(n),\quad \boldsymbol{\Delta}^{2n}g(0)=f(n),\quad \boldsymbol{\Delta}^{2n+1}g(0)=0,\quad n\geqslant 0$$

且满足 $f(0)=1$;

③ 求序列 $\{f(n)\}_{n\geqslant 0}$ 和 $\{g(n)\}_{n\geqslant 0}$ 使得

$$\boldsymbol{\Delta}^n f(1)=g(n),\quad \boldsymbol{\Delta}^{2n}g(0)=f(n),\quad \boldsymbol{\Delta}^{2n+1}g(0)=0,\quad n\geqslant 0$$

且满足 $f(0)=1$.

4.42　设 m 是正整数, $\{S(n,k)\}_{n\geqslant k}$ 是第二类 Stirling 数序列, 试证明:

$$\sum_{n\geqslant k}\frac{S(n,k)}{m^n}=\frac{1}{(m-1)_k}=\frac{m}{(m)_{k+1}}$$

这里 $(m-1)_k$ 表示 $m-1$ 的 k 次下阶乘.

4.43　设 $\boldsymbol{X}$ 是服从参数为 λ 的 Poisson 分布 $\mathbf{P}(\lambda)$ 的随机变量, 即

$$\mathbb{P}\{\boldsymbol{X}=k\}=\frac{\lambda^k\mathrm{e}^{-\lambda}}{k!},\quad k=0,1,2,\cdots$$

试证明: $\boldsymbol{X}$ 的 n 阶矩 $\mathbb{E}(\boldsymbol{X}^n)$ 满足

$$\mathbb{E}(\boldsymbol{X}^n)=\sum_{k=1}^n S(n,k)\lambda^k$$

4.44 设 $\boldsymbol{X}$ 是 m 元集上均匀分布的随机排列不动点个数, 即

$$\mathbb{P}\{\boldsymbol{X} = k\} = \frac{\binom{m}{k} D_{m-k}}{m!}, \quad k = 0, 1, 2, \cdots, m$$

其中 D_{m-k} 是错排计数, 试证明: $\boldsymbol{X}$ 的 n 阶矩 $\mathbb{E}(\boldsymbol{X}^n)$ 满足

$$\mathbb{E}(\boldsymbol{X}^n) = \sum_{k=1}^{m} S(n, k)$$

第 5 章 容 斥 原 理

容斥原理也叫包含排斥原理, 是组合数学、数论、概率论等领域的一个古老而又基本的计数原理. 在有些文献里也称其为 "筛法". 粗略地说, 就是一个逐步确定集合中具有某些性质的元素个数的方法. 一般是从一个较大的集合开始得到一个初始的近似, 然后通过逐步地从集合中保留具有某些性质的元素与剔除不具有这些性质的元素的过程, 最后得到具有某些性质元素的计数. 因此, 容斥原理有时也称为逐步淘汰原理.

容斥原理有多种表现形式, 有易于理解的集合形式, 也有易于应用的符号形式, 还有更为一般的表示形式. 容斥原理的重要性不在原理本身, 因为原理本身的结论是非常简单的, 而在于其具有广泛的应用性. 本章我们将从最简单的集合表示形式入手, 逐步深入地介绍容斥原理及其应用. 至于容斥原理最一般化的形式 —— Möbius 反演, 我们将用单独一章的篇幅予以介绍.

5.1 容 斥 原 理

容斥原理是对集合进行计数, 因此采用集合表示是很自然的. 下面我们首先介绍容斥原理的集合表示形式. 在此之前, 我们不妨先来回顾一下集合论中的 de Morgan 定律.

定理 5.1 设 $A_1, A_2, \cdots, A_n$ 是集合 S 的 n 个子集, 则有

$$\overline{A_1 \cup A_2 \cup \cdots \cup A_n} = \overline{A_1} \cap \overline{A_2} \cap \cdots \cap \overline{A_n}$$

$$\overline{A_1 \cap A_2 \cap \cdots \cap A_n} = \overline{A_1} \cup \overline{A_2} \cup \cdots \cup \overline{A_n}$$

为了描述简单, 下面我们将省略集合交集的符号 "$\cap$", 即以 AB 表示集合 A 与集合 B 的交集. 下面的结论是显然的.

定理 5.2 设 A, B 是两个有限的集合, 那么有

① 如果 $B \subseteq A$, 则 $|A - B| = |A| - |B|$;

② 如果 $AB = \varnothing$, 则 $|A \cup B| = |A| + |B|$.

上面的定理中的结论②显然就是加法原理. 现在我们关心的是如果 $AB \neq \varnothing$, 如何计算 $|A \cup B|$? 下面的定理将回答这个问题.

定理 5.3(容斥原理)   设 A, B 是两个有限的集合, 则有

$$|A \cup B| = |A| + |B| - |AB| \tag{5.1}$$

证明   因为 $A \cup B = (A - AB) \cup (B - AB) \cup (AB)$, 且 $A - AB, B - AB$ 以及 AB 互不相交, 并注意到 $AB \subseteq A, AB \subseteq B$, 由加法原理及定理 5.2 可得

$$|A \cup B| = |A - AB| + |B - AB| + |AB|$$
$$= |A| - |AB| + |B| - |AB| + |AB|$$
$$= |A| + |B| - |AB|$$

∎

对于三个集合甚至三个以上集合的情况, 有类似的结论.

定理 5.4(容斥原理)   设 A, B, C 是 3 个有限集合, 则

$$|A \cup B \cup C| = |A| + |B| + |C| - |AB| - |AC| - |BC| + |ABC| \tag{5.2}$$

证明   略. ∎

定理 5.5(容斥原理)   设 $A_1, A_2, \cdots, A_n$ 是 n 个有限集合, 则

$$\left| \bigcup_{i=1}^{n} A_i \right| = \sum_{i=1}^{n} |A_i| - \sum_{i<j} |A_i A_j| + \sum_{i<j<k} |A_i A_j A_k|$$
$$+ \cdots + (-1)^{n-1} |A_1 A_2 \cdots A_n| \tag{5.3}$$

证明   证明留作习题. ∎

定理 5.6(容斥原理)   设 S 是有限集, $A_1, A_2, \cdots, A_n$ 是 S 的子集, 则

$$\left| \overline{A_1} \overline{A_2} \cdots \overline{A_n} \right| = |S| - \sum_{i=1}^{n} |A_i| + \sum_{i<j} |A_i A_j| - \sum_{i<j<k} |A_i A_j A_k|$$
$$+ \cdots + (-1)^{n} |A_1 A_2 \cdots A_n| \tag{5.4}$$

证明   由 de Morgan 定律知

$$\left| \overline{A_1} \overline{A_2} \cdots \overline{A_n} \right| = \left| \overline{A_1 \cup A_2 \cup \cdots \cup A_n} \right| = |S| - |A_1 \cup A_2 \cup \cdots \cup A_n|$$

然后由定理 5.2 和定理 5.5 即得. ∎

公式 (5.1)~(5.4) 的名称很多, 有人认为它们应该归功于法国数学家 A. de Moivre, 因为包含排斥的概念就源于 de Moivre (1718), 所以称它们为 **de Moivre**

公式; 也有人认为这个公式应归功于葡萄牙数学家 **D. da Silva (1814—1878)**, 因为 "容斥原理" 的名称最早出现在 da Silva 的论文 (**1854**) 中, 所以称之为 **da Silva 公式**; 还有人冠以英国数学家 J. Sylvester (1814—1897) 的名字, 称之为 **Sylvester 公式**, 也是因为这个原理出现在 Sylvester 的论文 (1883) 中; 还有文献以法国大数学家 J. H. Poincaré (1854—1912) 命名, 称之为 **Poincaré 公式**. 我们这里不采用冠名的方式, 一律称这些公式为**容斥原理**.

如果我们将集合 $A_1, A_2, \cdots, A_n$ 看成是某随机试验 E 的样本空间 S 的子集, 那么集合 $A_1, A_2, \cdots, A_n$ 就是 n 个随机事件. 若以 $\mathbb{P}\left(\sum_{i=1}^n A_i\right)$ 或 $\mathbb{P}\left(\bigcup_{i=1}^n A_i\right)$ 表示 n 个事件的和事件的概率, 以 $\mathbb{P}\left(\prod_{i=1}^n A_i\right)$ 表示 n 个事件的积事件的概率, 则有如下所谓的概率型的容斥原理.

定理 5.7(概率型容斥原理)　设 S 是随机试验 E 的样本空间, $A_1, A_2, \cdots, A_n$ 是 S 的子集, 则有

$$\mathbb{P}\left(\sum_{i=1}^n A_i\right) = \sum_{i=1}^n \mathbb{P}(A_i) - \sum_{i<j} \mathbb{P}(A_i A_j) + \sum_{i<j<k} \mathbb{P}(A_i A_j A_k)$$
$$+ \cdots + (-1)^{n-1}\mathbb{P}(A_1 A_2 \cdots A_n) \tag{5.5}$$

$$\mathbb{P}\left(\prod_{i=1}^n \overline{A}_i\right) = 1 - \sum_{i=1}^n \mathbb{P}(A_i) + \sum_{i<j} \mathbb{P}(A_i A_j) - \sum_{i<j<k} \mathbb{P}(A_i A_j A_k)$$
$$+ \cdots + (-1)^n \mathbb{P}(A_1 A_2 \cdots A_n) \tag{5.6}$$

一般读者对公式 (5.5) 和 (5.6) 可能并不陌生, 因为任何一本概率统计教材上都能找到. 这里提到它主要是为了完整性.

例 5.1　求集合 $S = \mathbb{Z}_{500}^+$ 中能被数 $2, 3, 5$ 之一整除的元素个数.

解　设所求为 N, 并令

$$A = \left\{x \,\middle|\, x \in S, \, 2 \,|\, x\right\}, \quad B = \left\{x \,\middle|\, x \in S, \, 3 \,|\, x\right\}, \quad C = \left\{x \,\middle|\, x \in S, \, 5 \,|\, x\right\}$$

则由容斥原理可得

$$N = |A \cup B \cup C|$$
$$= |A| + |B| + |C| - |AB| - |AC| - |BC| + |ABC|$$
$$= \left\lfloor \frac{500}{2} \right\rfloor + \left\lfloor \frac{500}{3} \right\rfloor + \left\lfloor \frac{500}{5} \right\rfloor - \left\lfloor \frac{500}{2 \cdot 3} \right\rfloor - \left\lfloor \frac{500}{2 \cdot 5} \right\rfloor - \left\lfloor \frac{500}{3 \cdot 5} \right\rfloor + \left\lfloor \frac{500}{2 \cdot 3 \cdot 5} \right\rfloor$$
$$= 250 + 166 + 100 - 83 - 50 - 33 + 16 = 366$$

例 5.2 求集合 $\{a, b, c, d\}$ 的 n 重复排列中, a, b, c 均至少出现一次的排列数 a_n.

解 令 S 表示 $\{a, b, c, d\}$ 的 n 重复排列的集合, 并令

$$\overline{A} = \{s \mid s \in S, \ s \text{ 中不含 } a\}$$

$$\overline{B} = \{s \mid s \in S, \ s \text{ 中不含 } b\}$$

$$\overline{C} = \{s \mid s \in S, \ s \text{ 中不含 } c\}$$

则由容斥原理可得

$$
\begin{aligned}
a_n = |ABC| &= |S| - |\overline{A} \cup \overline{B} \cup \overline{C}| \\
&= |S| - |\overline{A}| - |\overline{B}| - |\overline{C}| + |\overline{A}\,\overline{B}| + |\overline{A}\,\overline{C}| + |\overline{B}\,\overline{C}| - |\overline{A}\,\overline{B}\,\overline{C}| \\
&= 4^n - 3 \cdot 3^n + 3 \cdot 2^n - 1
\end{aligned}
$$

本题也可直接用指数型母函数求解. 设 $\mathbf{G}_e(a_n) = g(x)$, 则有

$$
\begin{aligned}
g(x) &= \left(x + \frac{x^2}{2!} + \frac{x^3}{3!} + \cdots \right)^3 \left(1 + x + \frac{x^2}{2!} + \cdots \right) \\
&= (\mathrm{e}^x - 1)^3 \mathrm{e}^x = \mathrm{e}^{4x} - 3\mathrm{e}^{3x} + 3\mathrm{e}^{2x} - \mathrm{e}^x \\
&= \sum_{n=0}^{+\infty} (4^n - 3 \cdot 3^n + 3 \cdot 2^n - 1) \cdot \frac{x^n}{n!}
\end{aligned}
$$

由此即得 $a_n = 4^n - 3 \cdot 3^n + 3 \cdot 2^n - 1$.

例 5.3 试求将 n 个不同的球放入 $k \, (\leqslant n)$ 个不同的盒子中且不允许空盒的方案数 $S[n, k]$.

解 我们曾经在前面的章节用多种方法导出了 $S[n, k]$ 的几个表达式, 不过这里我们将用容斥原理计算 $S[n, k]$. 设 S 是所有的放球方案的集合, A_i 是 S 中第 i 盒为空盒的放球方案的集合, 则由容斥原理可得

$$
\begin{aligned}
S[n, k] &= |\overline{A_1}\,\overline{A_2} \cdots \overline{A_k}| \\
&= |S| - \sum_{i=1}^{k} |A_i| + \sum_{i<j} |A_i A_j| + \cdots + (-1)^k |A_1 A_2 \cdots A_k| \\
&= \binom{k}{0} k^n - \binom{k}{1} (k-1)^n + \cdots + (-1)^k \binom{k}{k} 0^n
\end{aligned}
$$

$$= \sum_{j=0}^{k} (-1)^j \binom{k}{j} (k-j)^n$$

这是我们早已熟知的一个结论.

例 5.4 设 n 是正整数, Euler 函数 $\phi(n)$ 定义为不大于 n 且与 n 互素的正整数的个数, 求 $\phi(n)$.

解 设 $S = \mathbb{Z}_n^+$, $n = p_1^{\alpha_1} p_2^{\alpha_2} \cdots p_k^{\alpha_k}$, 其中 $p_1, p_2, \cdots, p_k$ 均为素数. 并设

$$A_i = \big\{ k \,\big|\, k \in S, \, p_i \,|\, k \big\}, \quad i = 1, 2, \cdots, k$$

且显然有

$$|A_i| = \frac{n}{p_i}, \quad i = 1, 2, \cdots, k$$

则由容斥原理可得

$$\phi(n) = \big| \overline{A_1} \overline{A_2} \cdots \overline{A_k} \big|$$

$$= |S| - \sum_{i=1}^{k} |A_i| + \sum_{i<j} |A_i A_j| + \cdots + (-1)^k |A_1 A_2 \cdots A_k|$$

$$= n - \sum_{i=1}^{k} \frac{n}{p_i} + \sum_{i<j} \frac{n}{p_i p_j} + \cdots + (-1)^k \frac{n}{p_1 p_2 \cdots p_k}$$

$$= n \left(1 - \frac{1}{p_1}\right) \left(1 - \frac{1}{p_2}\right) \cdots \left(1 - \frac{1}{p_k}\right)$$

上式最后一步的结果源于对如下事实的观察:

$$(1 + x_1)(1 + x_2) \cdots (1 + x_r) = \sum_{I \subseteq [r]} \left(\prod_{i \in I} x_i \right), \text{ 其中 } \prod_{i \in \varnothing} x_i = 1$$

数论中最引人注目的一个古老问题就是如何判断一个正整数是否是素数, 即所谓的正整数的素数性判别问题. 与此相关的问题是, 对于给定的正整数 n, 如何找出 1 至 n 之间的所有素数? 不仅在数论领域, 在很多其他的应用领域也会涉及正整数的素性判别这一类问题. 例如, 计算机科学领域中的加密技术, 许多加密算法均与此有关. 2002 年, 印度学者 M. Agrawal 等人发现了判断一个正整数是否是素数的无条件确定性多项式时间算法[24], 其时间复杂度为 $O(\log^{10.5} n)$. 古希腊学者 Eratosthenes (276 BC—195 BC) 提供了一种方法称为 **Eratosthenes 筛法 (sieve of Erastothenes)**. 这个筛法非常简单, 其具体的筛选过程如下:

① 先从数 $1, 2, \cdots, n$ 中去掉 1, 并令 $p = 2$;

② 从剩下的数中去掉所有 p 的倍数, 但不包括 p;

③ 从剩下数中寻找大于 p 的第一个数 q, 然后令 $p = q$;

④ 重复步骤 ② 和步骤 ③, 直至 $p^2 > n$ 时过程终止.

经过上述的筛选过程, 当过程终止时最后剩下的数必然就是 1 至 n 之间的所有素数. 例如, 对 $n = 25$ 的筛法过程如下. 步骤 ①, 此时 $p = 2$, 去掉 p 的倍数但保留 p 后剩下的数为

$$2, 3, 5, 7, 9, 11, 13, 15, 17, 19, 21, 23, 25$$

此时 $p = 3$, 再去掉 p 的倍数但保留 p 之后, 剩下的数为

$$2, 3, 5, 7, 11, 13, 17, 19, 23, 25$$

此时 $p = 5$, 最后去掉 p 的倍数但保留 p 之后, 剩下的数为

$$2, 3, 5, 7, 11, 13, 17, 19, 23$$

此时 $p = 7$. 因为 $7^2 > 25$, 所以最后剩下的数 $2, 3, 5, 7, 11, 13, 17, 19, 23$ 就是所有不超过 25 的素数. 显然, Eratosthenes 筛法的时间复杂度为 $\Omega(\sqrt{n})$.

于是, 人们自然会问一个非常基本的问题, 那就是 1 至 n 之间到底有多少个素数? 一般习惯以 $\pi(n)$ 表示 1 至 n 之间的素数个数, 那么如何计算 $\pi(n)$(这里 $\pi(n)$ 不再表示整数的拆分, 暂时忘掉拆分吧.)? 令人遗憾的是, 数论中虽然有很多关于 $\pi(n)$ 的渐进估计, 但迄今为止尚未得到 $\pi(n)$ 的具体计算公式. 不过, 对于给定的正整数 n, 应用容斥原理可得到计算 $\pi(n)$ 的方法.

例 5.5 设 $n (\geqslant 2)$ 是自然数, $p_1, p_2, \cdots, p_m$ 是不大于 $\sqrt{n}$ 的全部素数, 则

$$\pi(n) = m - 1 + n + \sum_{k=1}^{m} (-1)^k \sum_{1 \leqslant i_1 < i_2 < \cdots < i_k \leqslant m} \left\lfloor \frac{n}{p_{i_1} p_{i_2} \cdots p_{i_k}} \right\rfloor$$

证明 设 $S = \mathbb{Z}_n^+$, 显然对于 $\forall a \in S$, $p_i \nmid a$, $1 \leqslant i \leqslant m$, 当且仅当 $a = 1$ 或者 a 是一个素数. 所以我们先计算 S 中不能被 $p_1, p_2, \cdots, p_m$ 任何一个整除的数的个数 N. 为此令 $A_i = \{a \mid a \in S, p_i \mid a\}$, $1 \leqslant i \leqslant m$, 则由容斥原理可得

$$N = \left| \overline{A}_1 \overline{A}_2 \cdots \overline{A}_m \right|$$

$$= |S| - \sum_{i=1}^{m} |A_i| + \sum_{i<j} |A_i A_j| + \cdots + (-1)^k |A_1 A_2 \cdots A_m|$$

$$= n - \sum_{i=1}^{m} \left\lfloor \frac{n}{p_i} \right\rfloor + \sum_{i<j} \left\lfloor \frac{n}{p_i p_j} \right\rfloor + \cdots + (-1)^m \left\lfloor \frac{n}{p_1 p_2 \cdots p_m} \right\rfloor$$

$$= n + \sum_{k=1}^{m} (-1)^k \sum_{1 \leqslant i_1 < i_2 < \cdots < i_k \leqslant m} \left\lfloor \frac{n}{p_{i_1} p_{i_2} \cdots p_{i_k}} \right\rfloor$$

从而有 $\pi(n) = m - 1 + N$, 由此即得. ■

根据例 5.5, 当 $n = 25$ 时, 不超过 $\sqrt{25} = 5$ 的素数为 2, 3, 5, 所以

$$\pi(25) = 3 - 1 + 25 - \left(\left\lfloor \frac{25}{2} \right\rfloor + \left\lfloor \frac{25}{3} \right\rfloor + \left\lfloor \frac{25}{5} \right\rfloor \right)$$
$$+ \left(\left\lfloor \frac{25}{2 \cdot 3} \right\rfloor + \left\lfloor \frac{25}{2 \cdot 5} \right\rfloor + \left\lfloor \frac{25}{3 \cdot 5} \right\rfloor \right) - \left\lfloor \frac{25}{2 \cdot 3 \cdot 5} \right\rfloor$$
$$= 27 - (12 + 8 + 5) + (4 + 2 + 1) - 0 = 9$$

又如, 当 $n = 100$ 时, 不超过 $\sqrt{100} = 10$ 的素数为 2, 3, 5, 7, 所以

$$\pi(100) = 4 - 1 + 100 - \left(\left\lfloor \frac{100}{2} \right\rfloor + \left\lfloor \frac{100}{3} \right\rfloor + \left\lfloor \frac{100}{5} \right\rfloor + \left\lfloor \frac{100}{7} \right\rfloor \right)$$
$$+ \left(\left\lfloor \frac{100}{2 \cdot 3} \right\rfloor + \left\lfloor \frac{100}{2 \cdot 5} \right\rfloor + \left\lfloor \frac{100}{2 \cdot 7} \right\rfloor + \left\lfloor \frac{100}{3 \cdot 5} \right\rfloor + \left\lfloor \frac{100}{3 \cdot 7} \right\rfloor + \left\lfloor \frac{100}{5 \cdot 7} \right\rfloor \right)$$
$$- \left(\left\lfloor \frac{100}{2 \cdot 3 \cdot 5} \right\rfloor + \left\lfloor \frac{100}{2 \cdot 3 \cdot 7} \right\rfloor + \left\lfloor \frac{100}{2 \cdot 5 \cdot 7} \right\rfloor + \left\lfloor \frac{100}{3 \cdot 5 \cdot 7} \right\rfloor \right)$$
$$+ \left\lfloor \frac{100}{2 \cdot 3 \cdot 5 \cdot 7} \right\rfloor$$
$$= 103 - (50 + 33 + 20 + 14) + (16 + 10 + 7 + 6 + 4 + 2)$$
$$- (3 + 2 + 1 + 0) + 0 = 25$$

例 5.6　求不定方程 $x + y + z + w = 20$ 满足

$$0 \leqslant x \leqslant 6, \quad 0 \leqslant y \leqslant 7, \quad 0 \leqslant z \leqslant 8, \quad 0 \leqslant w \leqslant 9$$

的整数解的个数.

解　设所求为 N, 并设 S 是不定方程 $x + y + z + w = 20$ 的所有非负整数解的集合, 则显然有

$$|S| = \binom{4 + 20 - 1}{20} = \binom{23}{20} = 1771$$

并令

$$A_1 = \big\{(x,\, y,\, z,\, w) \,\big|\, (x,\, y,\, z,\, w) \in S,\ x \geqslant 7 \big\}$$

$$A_2 = \big\{(x,\, y,\, z,\, w) \,\big|\, (x,\, y,\, z,\, w) \in S,\ y \geqslant 8 \big\}$$

$$A_3 = \big\{(x,\, y,\, z,\, w) \,\big|\, (x,\, y,\, z,\, w) \in S,\ z \geqslant 9 \big\}$$

$$A_4 = \big\{(x,\, y,\, z,\, w) \,\big|\, (x,\, y,\, z,\, w) \in S,\ w \geqslant 10 \big\}$$

则由容斥原理得

$$N = \big|\overline{A_1}\,\overline{A_2}\,\overline{A_3}\,\overline{A_4}\big|$$

$$= |S| - \sum_{i=1}^{4} |A_i| + \sum_{i<j} |A_i A_j| - \sum_{i<j<k} |A_i A_j A_k| + |A_1 A_2 A_3 A_4|$$

先求 $|A_i|,\ i = 1, 2, 3, 4.$ 对于 $\forall (x,\, y,\, z,\, w) \in A_1$, 令 $x' = x - 7$, 则有

$$\begin{cases} x' + y + z + w = 13 \\ x' \geqslant 0,\ y \geqslant 0,\ z \geqslant 0,\ w \geqslant 0 \end{cases}$$

所以

$$|A_1| = \binom{4 + 13 - 1}{13} = \binom{16}{13} = 560$$

同理可得

$$|A_2| = \binom{4 + 12 - 1}{12} = \binom{15}{12} = 455$$

$$|A_3| = \binom{4 + 11 - 1}{11} = \binom{14}{11} = 364$$

$$|A_4| = \binom{4 + 10 - 1}{10} = \binom{13}{10} = 286$$

再求 $|A_i A_j|,\ 1 \leqslant i < j \leqslant 4.$ 对于 $\forall (x,\, y,\, z,\, w) \in A_1 A_2$, 令

$$x' = x - 7, \quad y' = y - 8$$

则有

$$\begin{cases} x' + y' + z + w = 5 \\ x' \geqslant 0,\ y' \geqslant 0,\ z \geqslant 0,\ w \geqslant 0 \end{cases}$$

所以

$$|A_1A_2| = \binom{4+5-1}{5} = \binom{8}{5} = 56$$

同理可得

$$|A_1A_3| = \binom{4+4-1}{4} = \binom{7}{4} = 35$$

$$|A_1A_4| = \binom{4+3-1}{3} = \binom{6}{3} = 20$$

$$|A_2A_3| = \binom{4+3-1}{3} = \binom{6}{3} = 20$$

$$|A_2A_4| = \binom{4+2-1}{2} = \binom{5}{2} = 10$$

$$|A_3A_4| = \binom{4+1-1}{1} = \binom{4}{1} = 4$$

完全类似地, 我们有下面的结果:

$$|A_1A_2A_3| = |A_1A_2A_4| = |A_1A_3A_4| = 0$$

$$|A_2A_3A_4| = |A_1A_2A_3A_4| = 0$$

从而有

$$N = 1771 - (560 + 455 + 364 + 286)$$

$$+ (56 + 35 + 20 + 20 + 10 + 4)$$

$$= 251$$

例 5.7　试求 n 元集 $\mathbb{Z}_n^+$ 的错排数 D_n.

解　这个问题我们曾经在例 3.11 中研究过, 在那里我们得到了关于 D_n 的递推关系 (3.15) 和 (3.16), 然后利用母函数得到了 D_n 的计数公式 (3.17). 下面我们将采用容斥原理来解决这个问题. 设 A_i 表示 $\mathbb{Z}_n^+!$ 中第 i 个元素在自己位置上的排列之集, 则根据容斥原理有

$$D_n = |\overline{A}_1\overline{A}_2\cdots\overline{A}_n|$$

$$= |\mathbb{Z}_n^+!| - \sum_{i=1}^{n}|A_i| + \sum_{i<j}|A_iA_j| + \cdots + (-1)^n|A_1A_2\cdots A_n|$$

$$= n! - \binom{n}{1}\cdot(n-1)! + \binom{n}{2}\cdot(n-2)! + \cdots + (-1)^n\binom{n}{n}\cdot 0!$$

$$= n! \left[1 - \frac{1}{1!} + \frac{1}{2!} - \frac{1}{3!} + \cdots + (-1)^n \frac{1}{n!} \right]$$

显然这个结果与公式 (3.17) 是完全一致的.

例 5.8 如图 5.1 所示, 试求从格点 $(0,0)$ 到格点 $(10,5)$ 的路径数, 但要求这些路径不能通过 AB, CD, EF, GH 线段.

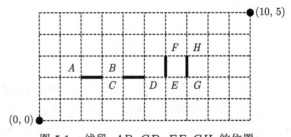

图 5.1 线段 AB, CD, EF, GH 的位置

解 设所求为 N, 并设 A_1, A_2, A_3, A_4 分别表示从格点 $(0,0)$ 到 $(10,5)$ 且分别经过线段 AB, CD, EF, GH 的路径集合, 并设 S 是从格点 $(0,0)$ 到 $(10,5)$ 的所有路径的集合, 则 $|S| = \binom{15}{5} = 3003$, 且有

$$|A_1| = \binom{4}{2}\binom{10}{3} = 720, \quad |A_2| = \binom{6}{2}\binom{8}{3} = 840$$

$$|A_3| = \binom{8}{2}\binom{6}{2} = 420, \quad |A_4| = \binom{9}{2}\binom{5}{2} = 360$$

$$|A_1 A_2| = \binom{4}{2}\binom{8}{3} = 336, \quad |A_1 A_3| = \binom{4}{2}\binom{6}{2} = 90$$

$$|A_1 A_4| = \binom{4}{2}\binom{5}{2} = 60, \quad |A_2 A_3| = \binom{6}{2}\binom{6}{2} = 225$$

$$|A_2 A_4| = \binom{6}{2}\binom{5}{2} = 150, \quad |A_3 A_4| = 0$$

$$|A_1 A_2 A_3| = \binom{4}{2}\binom{6}{2} = 90, \quad |A_1 A_2 A_4| = \binom{4}{2}\binom{5}{2} = 60$$

$$|A_1 A_3 A_4| = |A_2 A_3 A_4| = |A_1 A_2 A_3 A_4| = 0$$

则有

$$N = |\overline{A_1}\,\overline{A_2}\,\overline{A_3}\,\overline{A_4}| = |S| - |A_1 \cup A_2 \cup A_3 \cup A_4|$$

$$= 3003 - (720 + 840 + 420 + 360)$$

$$+ (336 + 90 + 60 + 225 + 150)$$

$$- (90 + 60)$$

$$= 1374$$

5.2   符 号 形 式

从前面的例子可以看出, 基于集合表示的容斥原理应用起来不是非常方便. 下面介绍一种符号表示的方法, 使容斥原理的表示更加代数化, 应用也更加简单.

定义 5.1 设 S 是一个有限集, $p_1, p_2, \cdots, p_n$ 是 S 中的元素可能具有的 n 个性质, 对任意的 k 个不同的正整数 $1 \leqslant i_1 < i_2 < \cdots < i_k \leqslant n$, 以 $N(p_{i_1} p_{i_2} \cdots p_{i_k})$ 表示集合 S 中具有 $p_{i_1}, p_{i_2}, \cdots, p_{i_k}$ 这 k 个性质的元素个数, 以 $N(\overline{p}_{i_1} \overline{p}_{i_2} \cdots \overline{p}_{i_k})$ 表示集合 S 中不具有 $p_{i_1}, p_{i_2}, \cdots, p_{i_k}$ 中任一性质的元素个数, 并约定

$$N(a \pm b) = N(a) \pm N(b), \quad N(1) = |S|$$

这里 a, b 均表示一些性质的组合.

按照上面的定义和约定, 前面的定理 5.6 就可以表示为下面更为一般的形式:

定理 5.8 设 S 是一个有限集, $p_1, p_2, \cdots, p_n$ 是 S 中的元素可能具有的 n 个性质, 对于 $0 \leqslant k, j \leqslant n$, 令 $N_{\geqslant k}$ 表示 S 中至少具有其中 k 个性质的元素个数之和, $N_{=j}$ 表示 S 中恰具有其中 j 个性质的元素个数之和, 即

$$N_{\geqslant k} = \sum_{1 \leqslant i_1 < i_2 < \cdots < i_k \leqslant n} N(p_{i_1} p_{i_2} \cdots p_{i_k}) \tag{5.7}$$

$$N_{=j} = \sum_{1 \leqslant k_1 < k_2 < \cdots < k_j \leqslant n} N(p_{k_1} p_{k_2} \cdots p_{k_j} \overline{p}_{k_{j+1}} \cdots \overline{p}_{k_n}) \tag{5.8}$$

其中 $N_{\geqslant 0} = N(1) = |S|$, $N_{=0} = N(\overline{p}_1 \overline{p}_2 \cdots \overline{p}_n)$, 那么有

$$N_{=j} = \sum_{k=j}^{n} (-1)^{k-j} \binom{k}{j} N_{\geqslant k} \tag{5.9}$$

$$N_{\geqslant k} = \sum_{j=k}^{n} \binom{j}{k} N_{=j} \tag{5.10}$$

特别地, 有

$$N_{=0} = \sum_{k=0}^{n} (-1)^k N_{\geqslant k} \tag{5.11}$$

证明 对于 $\forall x \in S$, 如果 x 恰具有某 j 个性质 $p_{i_1}, p_{i_2}, \cdots, p_{i_j}$, 则 x 对 $N_{\geqslant j}$ 的贡献为 1, 对 $N_{\geqslant k}$ $(k > j)$ 的贡献为 0, 所以该元素 x 对 (5.9) 式的右端正好贡献 1; 如果 x 恰有某 ℓ $(\ell > j)$ 个性质 $p_{i_1}, p_{i_2}, \cdots, p_{i_\ell}$, 则当 $j \leqslant k \leqslant \ell$ 时, x 对 $N_{\geqslant k}$ 的贡献为 $\binom{\ell}{k}$; 而当 $k > \ell$ 时, x 对 $N_{\geqslant k}$ 的贡献为 0. 从而, x 对 (5.9) 式右端的贡献为:

$$\sum_{k=j}^{\ell} (-1)^{k-j} \binom{k}{j} \binom{\ell}{k} = \sum_{k=j}^{\ell} (-1)^{k-j} \binom{\ell}{j} \binom{\ell-j}{k-j}$$

$$= \binom{\ell}{j} \sum_{k=j}^{\ell} (-1)^{k-j} \binom{\ell-j}{k-j}$$

$$= \binom{\ell}{j} (1-1)^{\ell-j} = 0$$

故 (5.9) 右端统计了 S 中恰具有 j 个性质的元素个数.

至于 (5.10), 结论是显然的. 请读者自己完成. ∎

事实上, (5.9) 和 (5.10) 只要其中一个等式成立, 另一个等式也必成立, 它们构成了一对反演公式, 这也是二项式反演公式的另一种形式, 也有人称之为 **Jordan 反演公式**.

推论 5.8.1 设 $p_1, p_2, \cdots, p_n$ 是有限集 S 中的元素可能具有的 n 个性质, 则有

$$N_{=0} = N\left(\overline{p}_1 \overline{p}_2 \cdots \overline{p}_n\right) = N\left[(1-p_1)(1-p_2)\cdots(1-p_n)\right]$$

证明 因为有

$$(1-p_1)(1-p_2)\cdots(1-p_n) = 1 + \sum_{k=1}^{n} (-1)^k \sum_{1 \leqslant i_1 < i_2 < \cdots < i_k \leqslant n} p_{i_1} p_{i_2} \cdots p_{i_k}$$

注意到关于 N 的约定, 并将 N 应用到上式的两边, 立即可得结论. ∎

推论 5.8.2 设 $p_1, p_2, \cdots, p_n$ 是有限集 S 中的元素可能具有的 n 个性质, 则有

$$N\left(p_1 p_2 \cdots p_k \overline{p}_{k+1} \cdots \overline{p}_n\right) = N\left[p_1 p_2 \cdots p_k (1-p_{k+1})\cdots(1-p_n)\right]$$

证明 请读者自行完成. ∎

例 5.9 设 $A = \{a_1, \cdots, a_n, b_1, \cdots, b_n, c_n, \cdots, c_n\}$ 是一个 $3n$ 元集, 试求 A 的全排列中满足: 对任意的 $1 \leqslant k \leqslant n$, a_k 与 b_k 不相邻的排列个数.

解 设 S 是 A 的全排列之集, 对于 A 的任一个全排列 π, 如果 π 中 a_k 与 b_k 相邻, 则称 π 具有性质 p_k, $1 \leqslant k \leqslant n$, 那么由定理 5.8, 所求的排列个数为

$$N_{=0} = \sum_{k=0}^{n} (-1)^k N_{\geqslant k}$$

又由于

$$N_{\geqslant k} = \sum_{1 \leqslant i_1 < i_2 < \cdots < i_k \leqslant n} N\left(p_{i_1} p_{i_2} \cdots p_{i_k}\right) = \binom{n}{k} 2^k (3n - k)!$$

所以

$$N_{=0} = \sum_{k=0}^{n} (-1)^k \binom{n}{k} 2^k (3n - k)!$$

例 5.10 设 $S = \mathbb{Z}_{1000}^+$, 试求 S 中能被 4 整除但不能被 3 也不能被 10 整除的数的个数.

解 设 p_1, p_2, p_3 分别表示 S 中的数能被 $3, 4, 10$ 整除的性质, 则根据定理 5.8 的推论, 所求 S 中满足条件的数的个数为

$$N(\overline{p}_1 p_2 \overline{p}_3) = N\left[(1 - p_1) p_2 (1 - p_3)\right]$$

$$= N\left(p_2 - p_1 p_2 - p_2 p_3 + p_1 p_2 p_3\right)$$

$$= N(p_2) - N(p_1 p_2) - N(p_2 p_3) + N(p_1 p_2 p_3)$$

$$= \left\lfloor \frac{1000}{4} \right\rfloor - \left\lfloor \frac{1000}{12} \right\rfloor - \left\lfloor \frac{1000}{20} \right\rfloor + \left\lfloor \frac{1000}{60} \right\rfloor$$

$$= 250 - 83 - 50 + 16 = 133$$

例 5.11 试求 $\mathbb{Z}_n^+!$ 中没有任何两个连续自然数顺序相邻的排列个数 Q_n.

解 对于 $\forall \pi = i_1 i_2 \cdots i_n \in \mathbb{Z}_n^+!$, 如果 π 中出现 $j(j+1)$, 则称排列 π 具有性质 p_j, $j = 1, 2, \cdots, n - 1$, 则根据容斥原理有

$$Q_n = N_{=0} = \sum_{k=0}^{n-1} (-1)^k N_{\geqslant k}$$

下面我们计算上式求和中的各项. 显然, $N_{\geqslant 0} = N(1) = n!$, $N(p_i) = (n-1)!$; 对于 $N(p_i p_j)$, 由于 $N(p_i p_j)$ 是具有性质 p_i 与 p_j 的排列个数, 也就是排列 π 中既

出现 $i(i+1)$ 又出现 $j(j+1)$ 的排列数. 不妨设 $i < j$, 分两种情况考虑: 一种是 $i+1 = j$, 此时排列 π 同时具有性质 p_i 与 p_j, 即指 π 中出现 $i(i+1)(i+2)$, 显然这类排列 π 的个数为 $(n-2)!$; 另一种是 $i+1 \neq j$, 显然这类排列的个数也是 $(n-2)!$. 对于其他的各种情况可做类似的分析, 一般有 $N(p_{i_1}p_{i_2}\cdots p_{i_k}) = (n-k)!$. 因此有

$$N_{\geqslant k} = \sum_{1 \leqslant i_1 < i_2 < \cdots < i_k \leqslant n-1} N(p_{i_1}p_{i_2}\cdots p_{i_k})$$

$$= \binom{n-1}{k}(n-k)!, \quad k = 0, 1, \cdots, n-1$$

从而可得

$$Q_n = \sum_{k=0}^{n-1}(-1)^k N_{\geqslant k} = \sum_{k=0}^{n-1}(-1)^k \binom{n-1}{k}(n-k)!$$

例 5.12 某学校有 12 位教师, 已知教数学的教师有 8 位, 教物理的教师有 6 位, 教化学的教师有 5 位, 有 5 位教师既教数学又教物理, 4 位教师兼教数学和化学, 3 位教师兼教物理和化学, 3 位教师兼教数理化三门课, 试问教数理化以外的课的教师有几位? 只教 1 门课的教师有几位? 正好教 2 门课的教师有几位?

解 设 S 是全体教师的集合, p_1, p_2, p_3 分别表示 S 中的元素教数、理、化的性质, 则根据题意有

$$N(p_1) = 8, \quad N(p_2) = 6, \quad N(p_3) = 5$$

$$N(p_1p_2) = 5, \quad N(p_1p_3) = 4, \quad N(p_2p_3) = 3, \quad N(p_1p_2p_3) = 3$$

由此可得

$$N_{\geqslant 0} = |S| = 12$$

$$N_{\geqslant 1} = N(p_1) + N(p_2) + N(p_3) = 19$$

$$N_{\geqslant 2} = N(p_1p_2) + N(p_1p_3) + N(p_2p_3) = 12$$

$$N_{\geqslant 3} = N(p_1p_2p_3) = 3$$

根据容斥原理, 教数理化以外的课的教师人数为

$$N_{=0} = N_{\geqslant 0} - N_{\geqslant 1} + N_{\geqslant 2} - N_{\geqslant 3}$$

$$= 12 - 19 + 12 - 3 = 2$$

只教 1 门课以及正好教 2 门课的教师人数分别为

$$N_{=1} = \sum_{k=1}^{3} (-1)^{k-1} \binom{k}{1} N_{\geqslant k} = 19\binom{1}{1} - 12\binom{2}{1} + 3\binom{3}{1} = 4$$

$$N_{=2} = \sum_{k=2}^{3} (-1)^{k-2} \binom{k}{2} N_{\geqslant k} = 12\binom{2}{2} - 3\binom{3}{2} = 3$$

定理 5.8 也有对应的概率形式, 一般称之为 **Waring** 定理. 叙述如下:

定理 5.9　设 S 是随机试验 E 的样本空间, $A_1, A_2, \cdots, A_n$ 是 S 的 n 个子集, 对于 $0 \leqslant j, k \leqslant n$, 若以 $\mathbb{P}_{\geqslant k}$ 表示这 n 个事件中至少 k 个事件同时发生的概率之和, 而以 $\mathbb{P}_{=j}$ 表示 n 个事件中恰有 j 个事件发生的概率之和, 即

$$\mathbb{P}_{\geqslant k} = \sum_{1 \leqslant i_1 < i_2 < \cdots < i_k \leqslant n} \mathbb{P}(A_{i_1} A_{i_2} \cdots A_{i_k})$$

$$\mathbb{P}_{=j} = \sum_{1 \leqslant k_1 < k_2 < \cdots < k_j \leqslant n} \mathbb{P}\left(A_{k_1} A_{k_2} \cdots A_{k_j} \overline{A}_{k_{j+1}} \overline{A}_{k_{j+2}} \cdots \overline{A}_{k_n}\right)$$

其中 $\mathbb{P}_{=0} = \mathbb{P}\left(\overline{A}_1 \overline{A}_2 \cdots \overline{A}_n\right)$, $\mathbb{P}_{\geqslant 0} = \mathbb{P}(S) = 1$, 那么有

$$\mathbb{P}_{=j} = \sum_{k=j}^{n} (-1)^{k-j} \binom{k}{j} \mathbb{P}_{\geqslant k} \tag{5.12}$$

$$\mathbb{P}_{\geqslant k} = \sum_{j=k}^{n} \binom{j}{k} \mathbb{P}_{=j} \tag{5.13}$$

利用这里的记号, 那么定理 5.7 的结论 (5.5) 和 (5.6) 可重新表示为

$$\mathbb{P}\left(\sum_{i=1}^{n} A_i\right) = \sum_{k=1}^{n} (-1)^{k-1} \mathbb{P}_{\geqslant k} = 1 - \mathbb{P}_{=0} \tag{5.14}$$

$$\mathbb{P}\left(\prod_{i=1}^{n} \overline{A}_i\right) = \sum_{k=0}^{n} (-1)^k \mathbb{P}_{\geqslant k} = \mathbb{P}_{=0} \tag{5.15}$$

例 5.13　设 $\boldsymbol{X}$ 是取值于集合 $\{0, 1, 2, \cdots, n\}$ 的离散型随机变量, 对于正整数 k, $\mathbb{E}_k(\boldsymbol{X}) = \mathbb{E}[\boldsymbol{X}(\boldsymbol{X}-1) \cdots (\boldsymbol{X}-k+1)]$ 表示 $\boldsymbol{X}$ 的 k 阶下阶乘矩, 试证明: 对于 $1 \leqslant j \leqslant n$ 有

$$\mathbb{P}\{\boldsymbol{X} = j\} = \frac{1}{j!} \sum_{k=j}^{n} (-1)^{k-j} \frac{\mathbb{E}_k(\boldsymbol{X})}{(k-j)!}$$

证明 令事件 $A_i = \{\boldsymbol{X} \geqslant i\}$, $i = 1, 2, \cdots, n$, 并令

$$\mathbb{P}_{\geqslant k} = \sum_{1 \leqslant i_1 < i_2 < \cdots < i_k \leqslant n} \mathbb{P}\left(A_{i_1} A_{i_2} \cdots A_{i_k}\right)$$

则有

$$\mathbb{P}_{\geqslant 1} = \sum_{i=1}^{n} \mathbb{P}\{\boldsymbol{X} \geqslant i\} = \sum_{i=1}^{n} i\mathbb{P}\{\boldsymbol{X} = i\} = \mathbb{E}_1(\boldsymbol{X})$$

$$\mathbb{P}_{\geqslant 2} = \sum_{i=1}^{n-1} \sum_{j=i+1}^{n} \mathbb{P}\{\boldsymbol{X} \geqslant j\} = \sum_{j=2}^{n} (j-1)\mathbb{P}\{\boldsymbol{X} \geqslant j\}$$

$$= \sum_{k=2}^{n} \mathbb{P}\{\boldsymbol{X} = k\} \sum_{j=1}^{k-1} j = \frac{\mathbb{E}_2(\boldsymbol{X})}{2!}$$

可以证明 (请读者自行完成), 对于 $\mathbb{P}_{\geqslant k}$ 有

$$\mathbb{P}_{\geqslant k} = \frac{\mathbb{E}_k(\boldsymbol{X})}{k!}$$

容易看出, 事件 $\{\boldsymbol{X} = j\}$ 等价于 n 个事件 $A_1, A_2, \cdots, A_n$ 中恰有 j 个事件发生, 即

$$\{\boldsymbol{X} = j\} = A_1 A_2 \cdots A_j \overline{A}_{j+1} \cdots \overline{A}_n$$

这是因为当 $k_1 < k_2 < \cdots < k_j$, $k_{j+1} < k_{j+2} < \cdots < k_n$ 时有

$$A_{k_1} A_{k_2} \cdots A_{k_j} \overline{A}_{k_{j+1}} \overline{A}_{k_{j+2}} \cdots \overline{A}_{k_n} = \{k_j \leqslant \boldsymbol{X} < k_{j+1}\}$$

所以有

$$\mathbb{P}_{=j} = \sum_{1 \leqslant k_1 < k_2 < \cdots < k_j \leqslant n} \mathbb{P}\left(A_{k_1} A_{k_2} \cdots A_{k_j} \overline{A}_{k_{j+1}} \overline{A}_{k_{j+2}} \cdots \overline{A}_{k_n}\right)$$

$$= \mathbb{P}\left(A_1 A_2 \cdots A_j \overline{A}_{j+1} \cdots \overline{A}_n\right)$$

$$= \mathbb{P}\{\boldsymbol{X} = j\}$$

所以由定理 5.9 可得

$$\mathbb{P}\{\boldsymbol{X} = j\} = \mathbb{P}_{=j} = \sum_{k=j}^{n} (-1)^{k-j} \binom{k}{j} \mathbb{P}_{\geqslant k}$$

$$= \sum_{k=j}^{n} (-1)^{k-j} \binom{k}{j} \frac{\mathbb{E}_k(\boldsymbol{X})}{k!}$$

$$= \frac{1}{j!} \sum_{k=j}^{n} (-1)^{k-j} \frac{\mathbb{E}_k(\boldsymbol{X})}{(k-j)!} \qquad \blacksquare$$

集合的特征函数是集合论、实函数理论的一类重要的研究对象. 它有许多重要的用途, 例如可用集合的特征函数研究集合之间的关系等等. 在模糊集理论中, 特征函数的概念被一般化为集合的隶属度函数, 它是研究模糊集合的重要工具. 另外, 特征函数也是数理逻辑理论的重要研究对象. 其定义如下.

定义 5.2 设 X 是一个集合, S 是 X 的子集, 对 $\forall x \in X$, 定义函数

$$\boldsymbol{\Lambda}_S(x) = \begin{cases} 1, & x \in S \\ 0, & x \notin S \end{cases}$$

则称 $\boldsymbol{\Lambda}_S(x)$ 为集合 X 上关于集合 S 的**特征函数**.

根据上面的定义, 特征函数显然具有下面的性质.

定理 5.10 设 A、B 是集合 X 的子集, 则有

① $A = \varnothing \iff \boldsymbol{\Lambda}_A(x) = 0, \ \forall x \in X$;

② $A = X \iff \boldsymbol{\Lambda}_A(x) = 1, \ \forall x \in X$;

③ $A = B \iff \boldsymbol{\Lambda}_A(x) = \boldsymbol{\Lambda}_B(x), \ \forall x \in X$;

④ $A \subseteq B \iff \boldsymbol{\Lambda}_A(x) \leqslant \boldsymbol{\Lambda}_B(x), \ \forall x \in X$;

⑤ $\boldsymbol{\Lambda}_{AB}(x) = \boldsymbol{\Lambda}_A(x)\boldsymbol{\Lambda}_B(x), \ \forall x \in X$;

⑥ $\boldsymbol{\Lambda}_{A \cup B}(x) = \boldsymbol{\Lambda}_A(x) + \boldsymbol{\Lambda}_B(x) - \boldsymbol{\Lambda}_{AB}(x), \ \forall x \in X$;

⑦ $\boldsymbol{\Lambda}_{A-B}(x) = \boldsymbol{\Lambda}_A(x) - \boldsymbol{\Lambda}_{AB}(x), \ \forall x \in X$;

⑧ $\boldsymbol{\Lambda}_{\overline{A}}(x) = 1 - \boldsymbol{\Lambda}_A(x), \ \forall x \in X$.

如果将容斥原理用于特征函数, 可得到下面的结论

定理 5.11 设 $A_1, A_2, \cdots, A_n$ 是集合 X 的 n 个子集, 对 $x \in X$, 令

$$\boldsymbol{\Lambda}_{\geqslant k}(x) = \sum_{1 \leqslant i_1 < i_2 < \cdots < i_k \leqslant n} \boldsymbol{\Lambda}_{A_{i_1} A_{i_2} \cdots A_{i_k}}(x)$$

$$\boldsymbol{\Lambda}_{=j}(x) = \sum_{1 \leqslant k_1 < k_2 < \cdots < k_j \leqslant n} \boldsymbol{\Lambda}_{A_{k_1} A_{k_2} \cdots A_{k_j} \overline{A}_{k_{j+1}} \cdots \overline{A}_{k_n}}(x)$$

其中 $\boldsymbol{\Lambda}_{\geqslant 0}(x) = \boldsymbol{\Lambda}_X(x) \equiv 1$, $\boldsymbol{\Lambda}_{=0}(x) = \boldsymbol{\Lambda}_{\overline{A}_1 \overline{A}_2 \cdots \overline{A}_n}(x)$, 则对 $\forall x \in X$ 有

$$\mathbf{\Lambda}_{=j}(x) = \sum_{k=j}^{n} (-1)^{k-j} \binom{k}{j} \mathbf{\Lambda}_{\geqslant k}(x)$$

$$\mathbf{\Lambda}_{\geqslant k}(x) = \sum_{j=k}^{n} \binom{j}{k} \mathbf{\Lambda}_{=j}(x)$$

证明 利用特征函数的性质 (定理 5.10) 即得, 请读者自己完成. ∎

由定理 5.11 立即可得

$$\mathbf{\Lambda}_{A_1 \cup A_2 \cup \cdots \cup A_n}(x) = 1 - \mathbf{\Lambda}_{=0}(x) = \sum_{k=1}^{n} (-1)^{k-1} \mathbf{\Lambda}_{\geqslant k}(x)$$

更进一步, 可将集合上的特征函数扩展成为集合上的权函数. 设 X 是一个集合, $w(x)$ 是定义在集合 X 上的实值权函数, 则 $w(x)$ 可按如下方式扩充成幂集 2^X 上的实值函数:

$$w(A) = \sum_{x \in A} w(x), \quad \forall A \subseteq X$$

显然, $w(A)$ 是定义在幂集 2^X 上的权函数. 设 $A_1, A_2, \cdots, A_n$ 是 X 的 n 个子集, 对于 $\forall I \subseteq \mathbb{Z}_n^+$, 令

$$\mathcal{W}_\cap(I) = \begin{cases} w\left(\bigcap_{i \in I} A_i\right), & I \neq \varnothing \\ 0, & I = \varnothing \end{cases}$$

$$\mathcal{W}_\cup(I) = \begin{cases} w\left(\bigcup_{i \in I} A_i\right), & I \neq \varnothing \\ 0, & I = \varnothing \end{cases}$$

那么可得下面的结论.

定理 5.12 设 $A_1, A_2, \cdots, A_n$ 是集合 X 的 n 个子集, 对于 $I \subseteq \mathbb{Z}_n^+$, 函数 $\mathcal{W}_\cap(I)$ 与 $\mathcal{W}_\cup(I)$ 定义如上, 则对 $\forall J \subseteq \mathbb{Z}_n^+$ 有

$$\mathcal{W}_\cup(J) = \sum_{I \subseteq J} (-1)^{|I|-1} \mathcal{W}_\cap(I) \tag{5.16}$$

$$\mathcal{W}_\cap(J) = \sum_{I \subseteq J} (-1)^{|I|-1} \mathcal{W}_\cup(I) \tag{5.17}$$

证明 我们首先证明 (5.16), 然后利用 (5.16) 证明 (5.17).

如果 $J \subseteq \mathbb{Z}_n^+$ 且 $|J| = 0$, 结论显然; 故设 $|J| = j \geqslant 1$ 且不妨令 $J = \mathbb{Z}_j^+$, 那么根据前面的定义, $\mathcal{W}_\cup(J) = w(A_1 \cup A_2 \cup \cdots \cup A_j)$, 于是 (5.16) 成为

$$\mathcal{W}_\cup(J) = \sum_{k=1}^j (-1)^{k-1} \sum_{1 \leqslant i_1 < i_2 < \cdots < i_k \leqslant j} w(A_{i_1} A_{i_2} \cdots A_{i_k})$$

$$= \sum_{k=1}^j w(A_k) - \sum_{1 \leqslant k < l \leqslant j} w(A_k A_l) + \cdots + (-1)^{j-1} w(A_1 A_2 \cdots A_j)$$

对于 $\forall x \in A_1 \cup A_2 \cup \cdots \cup A_j$, 不妨设 $x \in A_1 A_2 \cdots A_\ell \, (\ell \leqslant j)$, 那么 x 对上式左边的贡献为 $w(x)$, 对上式右边的贡献为

$$\binom{\ell}{1} w(x) - \binom{\ell}{2} w(x) + \cdots + (-1)^{\ell-1} \binom{\ell}{\ell} w(x) = w(x)$$

因此, (5.16) 成立.

至于 (5.17), 如果 (5.16) 成立, 即 $\mathcal{W}_\cup(J) = \sum_{I \subseteq J} (-1)^{|I|-1} \mathcal{W}_\cap(I)$, 那么 (5.17) 的右端成为

$$\sum_{I \subseteq J} (-1)^{|I|-1} \mathcal{W}_\cup(I) = \sum_{I \subseteq J} (-1)^{|I|-1} \left[\sum_{K \subseteq I} (-1)^{|K|-1} \mathcal{W}_\cap(K) \right]$$

$$= \sum_{K \subseteq J} (-1)^{|K|-1} \mathcal{W}_\cap(K) \left[\sum_{K \subseteq I \subseteq J} (-1)^{|I|-1} \right] \tag{5.18}$$

如果令 $|I| = i, |J| = j, |K| = k$, 则 $k \leqslant i \leqslant j$. 从而有

$$\sum_{K \subseteq I \subseteq J} (-1)^{|I|-1} = \sum_{i=k}^j (-1)^{i-1} \binom{j-k}{i-k} = \begin{cases} (-1)^{k-1}, & k = j \\ 0, & k \neq j \end{cases}$$

即

$$\sum_{K \subseteq I \subseteq J} (-1)^{|I|-1} = \begin{cases} (-1)^{|K|-1}, & K = J \\ 0, & K \neq J \end{cases}$$

将以上结果代入 (5.18) 式即得

$$\sum_{I \subseteq J} (-1)^{|I|-1} \mathcal{W}_\cup(I) = \mathcal{W}_\cap(J)$$

于是 (5.17) 成立.　　　　　　　　　　　　　　　　　　　　　　　　　　■

5.3 禁 排 问 题

前面的例 5.7 和例 5.11, 都属于有限制条件的排列问题, 其中例 5.7 属于位置限制的排列问题, 也就是所谓的禁排问题. 下面我们讨论这类排列问题, 并用容斥原理导出这类排列问题的计数公式.

5.3.1 棋盘的概念

为了方便, 我们记 $田_{n×m} = \mathbb{Z}_n^+ × \mathbb{Z}_m^+$, 当 $m = n$ 时将 $田_{n×n}$ 简记为 $田_n$, 并将 $田_n$ 解释为平面上 n 行 n 列的正方形格子的集合, 其中的每个元素 (i, j) 称为一个**格子**, 而 i, j 则分别表示该格子所在行列编号. 对于 $B \subseteq 田_n$, 则称集合 B 是一个**棋盘**.

由于空集 $\varnothing \subseteq 田_n$, 所以根据定义空集 $\varnothing$ 也是一个棋盘, $田_n$ 也是一个棋盘. 注意, 有些教材中将棋盘格子 (i, j) 解释为格点坐标, 但我们这里定义的棋盘格子 (i, j) 则解释为格子所处位置的行列编号, 也就是说其中的 i 是格子所处位置的行编号 (从上到下编号), j 是格子所处位置的列编号 (从左到右编号). 图 5.2 是棋盘 $田_5$ 的格子编号方法.

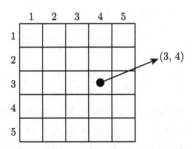

图 5.2 棋盘 $田_5$ 的格子编号方法

定义 5.3 设 $\pi \in \mathbb{Z}_n^+!$, 以 $\pi(i)$ 表示排列 π 的位于第 i 个位置的元素, 则称集合 $B_\pi = \{(i, \pi(i)) \mid i \in \mathbb{Z}_n^+\}$ 是排列 π 的**图**.

根据上面的定义, 对于 $\forall \pi \in \mathbb{Z}_n^+!$, B_π 可看作是 n 个相同的棋子在棋盘 $田_n$ 的格子上的一种布局, 布局的规则是每行每列只允许放一个棋子. 如同中国象棋中的 "车", 因为 "车" 所占据的棋盘行列不允许有其他棋子, 否则就会有被吃掉的危险. 所以, 按照这种规则在 $田_n$ 的格子上布局棋子等价于 n 个 "车" 在象棋棋盘 $田_n$ 格子上的一种无危险的安排. 因为排列与图是一一对应的关系, 所以 n 元集的任何一个排列 π 等价于 n 个棋子或 "车" 在棋盘 $田_n$ 上的一种布局. 例如, 图 5.3 就是排列 $\pi = 24315$ 所对应的棋子在棋盘 $田_5$ 上的布局.

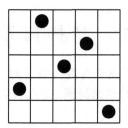

图 5.3　排列 $\pi = 24315$ 所对应的棋子布局

定义 5.4 设 $B \subseteq 田_n$ 是一个棋盘, 如果对于 $\forall (i, j), (k, \ell) \in B$, 均有 $i \neq k, j \neq \ell$, 则称 B 是一个**车棋盘**.

根据定义 5.4, 车棋盘 B 中的每一个格子均位于不同的行不同的列. 因此, 对于 $\forall \pi \in \mathbb{Z}_n^+!$, π 的图 B_π 一定是车棋盘. 例如, 图 5.3 中的排列 $\pi = 24315$ 所对应的图为

$$B_\pi = \{(1, 2), (2, 4), (3, 3), (4, 1), (5, 5)\}$$

它显然是一个车棋盘. 空棋盘 $\varnothing$ 也是一个车棋盘. 车棋盘的格子数就是允许布局到该棋盘上的最大棋子数.

定义 5.5 设 $B \subseteq 田_n$ 是一个棋盘, 令 $r_k(B)$ 表示 k 个棋子在棋盘 B 上的布局方案数, 约定 $r_0(B) = 1$, 并令

$$N_{=j}(B) = \left| \left\{ \pi \,\middle|\, \pi \in \mathbb{Z}_n^+!, |B_\pi \cap B| = j \right\} \right|$$

$$N_{\geqslant k}(B) = \left| \left\{ \pi \,\middle|\, \pi \in \mathbb{Z}_n^+!, |B_\pi \cap B| \geqslant k \right\} \right|$$

即 $N_{=j}(B)$ 是 n 个棋子在棋盘 $田_n$ 上的所有布局方案中恰有 j 个棋子落入棋盘 B 的方案数, 而 $N_{\geqslant k}(B)$ 则表示至少有 k 个棋子落入棋盘 B 的方案数.

根据上面的定义, $r_1(B)$ 等于棋盘 B 中的格子数, 即 $r_1(B) = |B|$; 当棋子数 $k > |B|$ 时, 显然有 $r_k(B) = 0$. 如果棋盘 $B \subseteq 田_n$ 是一个车棋盘, 则 $N_{=j}(B)$ 和 $r_k(B)$ 的计算比较简单. 事实上, 对于车棋盘有

$$N_{=j}(B) = \sum_{b \in B^{(j)}} r_{n-j} \left(\overline{B}_{(b)} \right), \quad r_k(B) = \binom{m}{k}$$

其中 $m = |B|$, 即 m 是棋盘 B 的格子数, $\overline{B} = 田_n - B$ 称为棋盘 B 的**补棋盘**, $\overline{B}_{(b)}$ 是棋盘 $\overline{B}$ 去掉棋盘 b 所占据的行列之后剩下的棋盘. 但对于一般的棋盘 B, 则计算比较复杂. 下面我们主要关注 $N_{=j}(B)$, $N_{\geqslant k}(B)$ 以及 $r_k(B)$ 的计算问题, 特别是 $N_{=0}(B)$ 的计算问题, 因为 $N_{=0}(B)$ 表示 n 个棋子在棋盘 $田_n$ 上的布局方案中, 不允许在棋盘 B 上放置棋子的方案数, 也就是禁排问题的计数.

另外, 对于 $B \subseteq 田_n$, 根据定义 5.5 知, 下面等式是显然的:

$$N_{\geqslant k}(B) = r_k(B)(n-k)!, \ 0 \leqslant k \leqslant n$$

对于给定的棋盘 $B \subseteq 田_n$, 令

$$\mathscr{R}(B) = \left\{ i \,\middle|\, (i, j) \in B \right\}, \ \mathscr{C}(B) = \left\{ j \,\middle|\, (i, j) \in B \right\}$$

则显然有 $\mathscr{R}(B) \subseteq \mathbb{Z}_n^+$, $\mathscr{C}(B) \subseteq \mathbb{Z}_n^+$, 实际上 $\mathscr{R}(B)$ 是棋盘 B 所占据的空间行位置的集合, 而 $\mathscr{C}(B)$ 则是棋盘 B 所占据的空间列位置的集合.

定义 5.6 设 $B_1, B_2 \subseteq 田_n$ 是两个棋盘, 如果

$$\mathscr{R}(B_1) \cap \mathscr{R}(B_2) = \varnothing, \ \mathscr{C}(B_1) \cap \mathscr{C}(B_2) = \varnothing$$

则称棋盘 B_1 与 B_2 **相互独立**.

显然, 两个相互独立的棋盘所占据的行与列均不互相重叠, 棋子在这两个棋盘上的放置方案互不影响. 因此, 下面的结论是显然的.

定理 5.13 设 $B_1, B_2 \subseteq 田_n$ 是两个相互独立的棋盘, $B = B_1 \bigcup B_2$, 则有

$$r_k(B) = \sum_{i=0}^{k} r_i(B_1)\, r_{k-i}(B_2)$$

显然, 定理 5.13 的结论对任意有限个相互独立的棋盘也成立, 即有

定理 5.14 设 $B_1, B_2, \cdots, B_m \subseteq 田_n$ 是 m 个相互独立的棋盘, 则有

$$r_k\left(\bigcup_{j=1}^{m} B_j \right) = \sum_{\substack{k_1+k_2+\cdots+k_m=k \\ 0 \leqslant k_i,\ i=1,2,\cdots,m}} r_{k_1}(B_1) r_{k_2}(B_2) \cdots r_{k_m}(B_m)$$

需要注意的是, 上述结论对 $N_{=j}(B)$ 却不成立!

定义 5.7 设 $B_1, B_2 \subseteq 田_n$ 是两个棋盘, 如果 B_1 经过旋转或翻转之后与 B_2 重合, 则称棋盘 B_1 与 B_2 是**等价的**, 记为 $B_1 \sim B_2$.

显然, 有下面的结论.

定理 5.15 设 $B_1, B_2 \subseteq 田_n$ 是两个棋盘, 且 $B_1 \sim B_2$, 则有

$$r_k(B_1) = r_k(B_2), \quad N_{\geqslant k}(B_1) = N_{\geqslant k}(B_2), \quad N_{=j}(B_1) = N_{=j}(B_2)$$

定理 5.16 设 $B \subseteq 田_n$ 是一个棋盘, (i_0, j_0) 是棋盘 B 上指定的一个格子, 以 $B_\oplus$ 表示从棋盘 B 去掉格子 (i_0, j_0) 所占据的行和列之后剩下的棋盘, 以 $B_\circledast$ 表示从棋盘 B 去掉格子 (i_0, j_0) 后剩下的棋盘, 则有

$$r_k(B) = r_{k-1}(B_\oplus) + r_k(B_\circledast), \ k \geqslant 1$$

证明 k 个棋子在棋盘 B 上的所有放置方案可分为两类: 一类是指定的格子 (i_0, j_0) 上放有棋子, 其方案数是 $r_{k-1}(B_{\oplus})$; 另一类是指定的格子 (i_0, j_0) 上不放棋子, 其方案数等于 $r_k(B_{\circledast})$, 由此即得.   ■

定理 5.13 和定理 5.16 非常适合于计算在复杂的棋盘 B 上放置棋子的方案数 $r_k(B)$. 例如,

$$r_3\left(\text{▱} \right) = r_2\left(\text{▦} \right) + r_3\left(\text{▱} \right)$$

但由于 ▦ 与 ⊞ 是两个相互独立的棋盘, 所以有

$$r_2\left(\text{▦} \right) = \sum_{k=0}^{2} r_k\left(\text{⊞} \right) r_{2-k}\left(\text{⊞} \right)$$

$$= 1 \cdot 1 + 4 \cdot 3 + 2 \cdot 1 = 15$$

$$r_3\left(\text{▦} \right) = \sum_{k=0}^{3} r_k\left(\text{⊞} \right) r_{3-k}\left(\text{⊞} \right)$$

$$= 1 \cdot 0 + 4 \cdot 1 + 2 \cdot 3 + 0 \cdot 1 = 10$$

从而得

$$r_3\left(\text{▱} \right) = 15 + 10 = 25$$

一般来说, $N_{=j}(B)$ 的计算比较复杂, 而 $N_{\geqslant k}(B)$ 的计算则相对比较容易, 我们的目标就是试图通过 $N_{\geqslant k}(B)$ 来计算 $N_{=j}(B)$. 为此我们引入棋盘多项式的概念.

5.3.2   棋盘多项式

定义 5.8   设有棋盘 $B \subseteq \text{⊞}_n$, 定义多项式 $\mathcal{N}(B; x)$ 和 $\mathcal{R}(B; x)$ 如下:

$$\mathcal{N}(B; x) = \sum_{j=0}^{n} N_{=j}(B) x^j \tag{5.19}$$

$$\mathcal{R}(B; x) = \sum_{k=0}^{n} r_k(B) x^k \tag{5.20}$$

则 $\mathcal{N}(B; x)$ 称为棋盘 B 的**命中多项式**, 而 $\mathcal{R}(B; x)$ 则称为棋盘 B 的**棋盘多项式**.

对于多项式 $\mathcal{N}(B; x)$ 和 $\mathcal{R}(B; x)$, 下面的结论是显然的.

定理 5.17 设 $B_1, B_2 \subseteq \boxplus_n$ 是两个棋盘, 且 $B_1 \sim B_2$, 则有

$$\mathcal{N}(B_1; x) = \mathcal{N}(B_2; x), \quad \mathcal{R}(B_1; x) = \mathcal{R}(B_2; x)$$

定理 5.18 设 $B \subseteq \boxplus_n$ 是给定的棋盘, 则有

$$\mathcal{N}(B; x) = \sum_{k=0}^{n} N_{\geqslant k}(B)(x-1)^k \tag{5.21}$$

证明 显然, 我们只需要证明对 $\forall x \in \mathbb{Z}^+$, (5.21) 成立即可.

一方面, 多项式 $\mathcal{N}(B; x) = \sum_{j=0}^{n} N_{=j}(B)x^j$ 统计了所有序偶 (π, φ) 的个数, 这里 $\pi \in \mathbb{Z}_n^+!$, 而 φ 是集合 $B \cap B_\pi$ 到集合 $\mathbb{Z}_x^+$ 的映射, 即

$$\sum_{j=0}^{n} N_{=j}(B)x^j = \left| \left\{ (\pi, \varphi) \,\middle|\, \pi \in \mathbb{Z}_n^+!, \, \varphi: B \cap B_\pi \mapsto \mathbb{Z}_x^+ \right\} \right|$$

这是因为对任意的 $j\,(0 \leqslant j \leqslant n)$, $N_{=j}(B)$ 是使得 $|B \cap B_\pi| = j$ 的排列数, 而 x^j 则是满足 $|B \cap B_\pi| = j$ 的集合 $B \cap B_\pi$ 到集合 $\mathbb{Z}_x^+$ 的所有映射的个数, 所以 $N_{=j}(B)x^j$ 是对满足 $|B \cap B_\pi| = j$ 的序偶 (π, φ) 的统计, 即

$$N_{=j}(B)x^j = \left| \left\{ (\pi, \varphi) \,\middle|\, \pi \in \mathbb{Z}_n^+!, \, \varphi: B \cap B_\pi \mapsto \mathbb{Z}_x^+, \, |B \cap B_\pi| = j \right\} \right|$$

另一方面, 序偶 (π, φ) 的统计可采用下面的方式: 对任意的 $k\,(0 \leqslant k \leqslant n)$, 可先将 k 个棋子布局到棋盘 B 上, 方案数为 $r_k(B)$, 并将这 k 个棋子以 $\{2, 3, \cdots, x\}$ 标记, 标记的方案数为 $(x-1)^k$; 然后将剩下的 $n-k$ 个棋子布局到棋盘 $\boxplus_n$ 上, 以形成 n 个棋子在棋盘 $\boxplus_n$ 上的布局, 显然布局的方案数为 $(n-k)!$; 最后将这 $n-k$ 个棋子中落入棋盘 B 的棋子标记为 1, 标记的方案数为 1. 故总方案数为 $r_k(B)(n-k)!(x-1)^k = N_{\geqslant k}(B)(x-1)^k$. 易知, 这个方案数统计了序偶 (π, φ) 的个数, 其中排列 π (n 个棋子在棋盘 $\boxplus_n$ 上的布局) 所对应的布局方案至少有 k 个棋子落入棋盘 B, φ 是将落入棋盘 B 的至少 k 个棋子映射到集合 $\mathbb{Z}_x^+$, 最后由加法原理即得

$$\mathcal{N}(B; x) = \sum_{j=0}^{n} N_{=j}(B)x^j = \sum_{k=0}^{n} N_{\geqslant k}(B)(x-1)^k \qquad \blacksquare$$

这个定理也可以这样来证明: 对于给定的 $k\,(0 \leqslant k \leqslant n)$, 考虑序偶 (π, C) 的个数 Q_k, 其中 $\pi \in \mathbb{Z}_n^+!$ 且满足 $|B \cap B_\pi| \geqslant k$, $C \subseteq B \cap B_\pi$ 且 $|C| = k$, 即

$$Q_k = \left| \left\{ (\pi, C) \,\middle|\, \pi \in \mathbb{Z}_n^+!, \, |B \cap B_\pi| \geqslant k; \, C \subseteq B \cap B_\pi, \, |C| = k \right\} \right|$$

一方面, 对于给定的非负整数 k, 当 $k \leqslant j \leqslant n$ 时, 有 $N_{=j}(B)$ 种方式选择 $\pi \in \mathbb{Z}_n^+!$ 使得 $|B \cap B_\pi| = j$, 有 $\binom{j}{k}$ 种方式选择 $C \subseteq B \cap B_\pi$ 使得 $|C| = k$. 因此,

$$Q_k = \sum_{j=k}^{n} \binom{j}{k} N_{=j}(B)$$

另一方面, 对于给定的 k, 有 $r_k(B)$ 种方式将 k 个棋子布局到棋盘 B 上从而得到 C, 有 $(n-k)!$ 种方式将这 k 个棋子在 C 上的布局扩充到 n 个棋子在整个棋盘 田$_n$ 上的布局方案 π, 所以 $Q_k = r_k(B)(n-k)! = N_{\geqslant k}(B)$. 因此得到

$$\sum_{j=k}^{n} \binom{j}{k} N_{=j}(B) = N_{\geqslant k}(B)$$

将上式两边同乘以 y^k 然后关于 k 求和, 可得

$$\sum_{k=0}^{n} \sum_{j=k}^{n} \binom{j}{k} y^k N_{=j}(B) = \sum_{k=0}^{n} N_{\geqslant k}(B) y^k$$

即有

$$\sum_{j=0}^{n} N_{=j}(B)(1+y)^j = \sum_{k=0}^{n} N_{\geqslant k}(B) y^k$$

然后令 $y = x - 1$ 即得定理的结论. ■

如果在公式 (5.21) 中令 $x = 0$ 即得如下所谓的**禁排公式**:

$$N_{=0}(B) = \mathcal{N}(B; 0) = \sum_{k=0}^{n} (-1)^k N_{\geqslant k}(B) = \sum_{k=0}^{n} (-1)^k r_k(B)(n-k)! \quad (5.22)$$

禁排公式 (5.22) 用来计算 n 个棋子在棋盘 田$_n$ 的布局方案中没有一个棋子落入棋盘 B 的方案数, 也就是 n 元集的全排列中禁止某些元素出现在某些位置的排列数; 而对应的棋盘 B 则一般称为**禁区**. 这个公式也可直接用容斥原理证明, 请读者自己完成.

从上面的证明过程并比较公式 (5.21) 两端 x^j 的系数, 立即可得下面的结论.

定理 5.19　设 $B \subseteq$ 田$_n$, 那么有

$$\begin{cases} N_{=j}(B) = \sum_{k=j}^{n} (-1)^{k-j} \binom{k}{j} N_{\geqslant k}(B) \\[2mm] N_{\geqslant k}(B) = \sum_{j=k}^{n} \binom{j}{k} N_{=j}(B) \end{cases} \quad (5.23)$$

这个公式给出了 $N_{=j}(B)$ 与 $N_{\geqslant k}(B)$ 之间的关系 —— Jordan 反演公式. 在实际应用中, (5.23) 的第一个公式至关重要, 因为 $N_{\geqslant k}(B)$ 相对于 $N_{=j}(B)$ 计算更为容易, 而 $N_{\geqslant k}(B) = r_k(B)(n-k)!$, 所以我们只需求出棋盘 B 上的棋盘多项式 $\mathcal{R}(B; x)$, 就能得到各个 $N_{=j}(B)\,(0 \leqslant j \leqslant n)$. 显然, 公式 (5.23) 也可直接由容斥原理得到.

根据定理 5.13, 容易证明下面的结论.

定理 5.20 如果 $B_1, B_2 \subseteq \boxplus_n$ 是两个相互独立的棋盘, 则有

$$\mathcal{R}(B_1 \cup B_2; x) = \mathcal{R}(B_1; x)\,\mathcal{R}(B_2; x)$$

显然, 这个结论对任意有限个独立的棋盘也成立.

定理 5.21 设 $B \subseteq \boxplus_n$ 是给定的棋盘, (i_0, j_0) 是棋盘 B 上指定的一个格子, 仍以 $B_\oplus$ 表示从棋盘 B 去掉格子 (i_0, j_0) 所占据的行和列之后剩下的棋盘, 以 $B_\circledast$ 表示从棋盘 B 去掉格子 (i_0, j_0) 后剩下的棋盘, 则有

$$\mathcal{R}(B; x) = x\mathcal{R}(B_\oplus; x) + \mathcal{R}(B_\circledast; x)$$

证明 利用定理 5.16 即得. ∎

上面两个定理可以很方便地用来求一个棋盘的棋盘多项式. 例如, 设

$$B = \{(1, 1), (2, 2), (3, 3), (3, 4), (4, 4)\} \subseteq \boxplus_4$$

则有

$$\mathcal{R}(B; x) = \mathcal{R}(\square; x) \cdot \mathcal{R}(\square; x) \cdot \mathcal{R}(\boxplus; x)$$
$$= (1 + x)^2 \left(1 + 3x + x^2\right) = 1 + 5x + 8x^2 + 5x^3 + x^4$$

即 $r_0(B) = 1$, $r_1(B) = 5$, $r_2(B) = 8$, $r_3(B) = 5$, $r_4(B) = 1$. 根据公式 (5.23) 可得

$$N_{=0}(B) = 6, \quad N_{=1}(B) = 9, \quad N_{=2}(B) = 7, \quad N_{=3}(B) = 1, \quad N_{=4}(B) = 1$$

从而可得 B 的命中多项式为

$$\mathcal{N}(B; x) = 6 + 9x + 7x^2 + x^3 + x^4$$

例 5.14 求 n 元集的错排数 D_n.

解 不妨设 n 元集为 $S = \mathbb{Z}_n^+$, 由于在错排中 1 不能排在第一位, 2 不能排在第二位, $\cdots$, n 不能排在第 n 位, 所以禁排区域为

$$B = \{(1, 1), (2, 2), \cdots, (n, n)\} \subseteq \boxplus_n$$

显然 B 由 n 个相互独立的棋盘 "□" 构成, 因此有

$$\mathcal{R}(B; x) = [\mathcal{R}(\square; x)]^n = (1+x)^n = \sum_{k=0}^{n} \binom{n}{k} x^k$$

即有 $r_k(B) = \binom{n}{k}$, 从而由禁排公式 (5.22) 可得

$$D_n = \sum_{k=0}^{n} (-1)^k r_k(B)(n-k)! = \sum_{k=0}^{n} (-1)^k \binom{n}{k}(n-k)!$$

$$= n! \left[1 - \frac{1}{1!} + \frac{1}{2!} - \cdots + (-1)^n \frac{1}{n!} \right]$$

从而再次得到与例 5.7 同样的结果. 另外, 对于这样的棋盘 B, 利用上面关于 $r_k(B)$ 的计算结果可得

$$N_{=j}(B) = \sum_{k=j}^{n} (-1)^{k-j} \binom{k}{j} r_k(B)(n-k)!$$

$$= \sum_{k=j}^{n} (-1)^{k-j} \binom{k}{j} \binom{n}{k}(n-k)!$$

$$= n! \sum_{k=j}^{n} (-1)^{k-j} \binom{k}{j} \frac{1}{k!}$$

且命中多项式为

$$\mathcal{N}(B; x) = \sum_{k=0}^{n} r_k(B)(n-k)!(x-1)^k$$

$$= \sum_{k=0}^{n} \binom{n}{k}(n-k)!(x-1)^k$$

$$= n! \sum_{k=0}^{n} \frac{1}{k!}(x-1)^k$$

例 5.15　某宾馆现有 5 间客房, 准备安排甲、乙、丙、丁、戊 5 人住宿, 但由于房间大小、朝向以及个人习惯等原因, 甲不住 5 号房, 乙不住 4, 5 号房, 丙不住 3 号房, 丁不住 2 号房, 戊不住 1, 2 号房, 试求安排住宿的方案数 N.

解　如果令集合 $S = \{$甲, 乙, 丙, 丁, 戊$\}$, 则问题相当于集合 S 中元素的禁排问题. 根据题意, 其禁排区域如图 5.4 所示 (阴影部分).

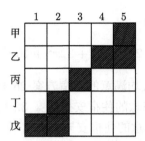

图 5.4 住宿问题对应的禁排区域

注意到 $B \subseteq \boxplus_5$ 是由三个互相独立的棋盘 ⌐⌐、□ 和 ⌐⌐ 组成, 所以有

$$\mathcal{R}(B;x) = \mathcal{R}(\text{⌐⌐};x) \cdot \mathcal{R}(\square;x) \cdot \mathcal{R}(\text{⌐⌐};x)$$

$$= (1+x)\left(1+3x+x^2\right)^2$$

$$= 1 + 7x + 17x^2 + 17x^3 + 7x^4 + x^5$$

于是由禁排公式 (5.22) 可得方案数

$$N_{=0}(B) = \sum_{k=0}^{5}(-1)^k r_k(B)(5-k)!$$

$$= 120 - 7 \cdot 24 + 17 \cdot 6 - 17 \cdot 2 + 7 \cdot 1 - 1 = 26$$

除此之外, 根据公式 (5.23) 可得

$$N_{=1}(B) = \sum_{k=1}^{5}(-1)^{k-1}\binom{k}{1}r_k(B)(5-k)! = 43$$

$$N_{=2}(B) = \sum_{k=2}^{5}(-1)^{k-2}\binom{k}{2}r_k(B)(5-k)! = 32$$

$$N_{=3}(B) = \sum_{k=3}^{5}(-1)^{k-3}\binom{k}{3}r_k(B)(5-k)! = 16$$

$$N_{=4}(B) = \sum_{k=4}^{5}(-1)^{k-4}\binom{k}{4}r_k(B)(5-k)! = 2$$

$$N_{=5}(B) = \sum_{k=5}^{5}(-1)^{k-5}\binom{k}{5}r_k(B)(5-k)! = 1$$

所以棋盘 B 的命中多项式为

$$\mathcal{N}(B;\,x) = 26 + 43x + 32x^2 + 16x^3 + 2x^4 + x^5$$

上面的结果表明, 所有人均满意的住宿方案 26 种, 恰有 1 人不满意的住宿安排方案 43 种, 恰有 2 人不满意的住宿安排方案 32 种, 恰有 3 人不满意的住宿安排方案 16 种, 恰有 4 人不满意的住宿安排方案 2 种, 所有人均不满意的住宿安排方案只有 1 种.

例 5.16　设 $B_1^{(n)}$, $B_2^{(n)} \subseteq 田_n$, 试求其棋盘多项式和命中多项式, 其中

$$B_1^{(n)} = \{(1,1), (2,2), \cdots, (n,n), (1,2), (2,3), \cdots, (n-1,n), (n,1)\}$$
$$B_2^{(n)} = \{(1,1), (2,2), \cdots, (n,n), (1,2), (2,3), \cdots, (n-1,n)\}$$

解　由定理 5.21 可得

$$\mathcal{R}\big(B_1^{(n)};\,x\big) = \mathcal{R}\big(B_2^{(n)};\,x\big) + x\mathcal{R}\big(B_2^{(n-1)};\,x\big) \tag{5.24}$$

$$\mathcal{R}\big(B_2^{(n)};\,x\big) = \mathcal{R}\big(B_3^{(n)};\,x\big) + x\mathcal{R}\big(B_2^{(n-1)};\,x\big) \tag{5.25}$$

其中

$$B_3^{(n)} = \{(2,2), (3,3), \cdots, (n,n), (1,2), (2,3), \cdots, (n-1,n)\}$$

且有

$$\mathcal{R}\big(B_3^{(n)};\,x\big) = \mathcal{R}\big(B_2^{(n-1)};\,x\big) + x\mathcal{R}\big(B_3^{(n-1)};\,x\big) \tag{5.26}$$

由 (5.25) 和 (5.26) 可得, 当 $n \geqslant 3$ 时有

$$\mathcal{R}\big(B_2^{(n)};\,x\big) - (1+2x)\mathcal{R}\big(B_2^{(n-1)};\,x\big) + x^2\mathcal{R}\big(B_2^{(n-2)};\,x\big) = 0 \tag{5.27}$$

注意到 $\mathcal{R}\big(B_2^{(1)};\,x\big) = 1 + x$, $\mathcal{R}\big(B_2^{(2)};\,x\big) = 1 + 3x + x^2$, 根据以上递推关系可补充定义 $\mathcal{R}\big(B_2^{(0)};\,x\big) = 1$, 由此得到

$$\begin{cases} \mathcal{R}\big(B_2^{(n)};\,x\big) - (1+2x)\mathcal{R}\big(B_2^{(n-1)};\,x\big) + x^2\mathcal{R}\big(B_2^{(n-2)};\,x\big) = 0, \ n \geqslant 2 \\ \mathcal{R}\big(B_2^{(1)};\,x\big) = 1 + x, \ \mathcal{R}\big(B_2^{(0)};\,x\big) = 1 \end{cases} \tag{5.28}$$

这说明序列 $\{\mathcal{R}\big(B_2^{(n)};\,x\big)\}_{n \geqslant 1}$ 满足二阶线性常系数齐次递推关系, 且易知递推关系 (5.28) 的通解为 $\mathcal{R}\big(B_2^{(n)};\,x\big) = C_1\lambda_1^n + C_2\lambda_2^n$, 其中

$$\lambda_{1,\,2} = \frac{1 + 2x \pm \sqrt{1+4x}}{2}, \quad C_{1,\,2} = \frac{\sqrt{1+4x} \pm 1}{2\sqrt{1+4x}}$$

于是有

$$
\begin{aligned}
\mathcal{R}\big(B_2^{(n)}; x\big) &= \frac{1}{2^{n+1}\sqrt{1+4x}}\Big[\big(\sqrt{1+4x}+1\big)\big(1+2x+\sqrt{1+4x}\big)^n \\
&\qquad + \big(\sqrt{1+4x}-1\big)\big(1+2x-\sqrt{1+4x}\big)^n\Big] \\
&= \frac{1}{2^n}\sum_{k=0}^{n}\binom{n}{k}(1+2x)^{n-k}(1+4x)^{\lfloor k/2\rfloor} \\
&= \frac{1}{2^n}\sum_{k=0}^{\lfloor n/2\rfloor}(1+4x)^k\left[\binom{n}{2k}(1+2x)^{n-2k} + \binom{n}{2k+1}(1+2x)^{n-2k-1}\right] \\
&= \frac{1}{2^n}\sum_{k=0}^{\lfloor n/2\rfloor}(1+4x)^k\sum_{i=0}^{n-2k}\binom{n}{i}\binom{n+1-i}{n-2k-i}(2x)^i \\
&= \sum_{k=0}^{n}\binom{2n-k}{k}x^k
\end{aligned}
$$

最后由 (5.24) 得到

$$
\begin{aligned}
\mathcal{R}\big(B_1^{(n)}; x\big) &= \mathcal{R}\big(B_2^{(n)}; x\big) + x\mathcal{R}\big(B_2^{(n-1)}; x\big) \\
&= \sum_{k=0}^{n}\binom{2n-k}{k}x^k + \sum_{k=0}^{n-1}\binom{2n-2-k}{k}x^{k+1} \\
&= 1 + \sum_{k=1}^{n}\left[\binom{2n-k}{k} + \binom{2n-k-1}{k-1}\right]x^k \\
&= \sum_{k=0}^{n}\frac{2n}{2n-k}\binom{2n-k}{k}x^k
\end{aligned}
$$

至于命中多项式 $\mathcal{N}\big(B_1^{(n)}; x\big)$ 和 $\mathcal{N}\big(B_2^{(n)}; x\big)$，只需注意到

$$
\begin{cases}
N_{\geqslant k}\big(B_1^{(n)}\big) = r_k\big(B_1^{(n)}\big)(n-k)! = \dfrac{2n}{2n-k}\binom{2n-k}{k}(n-k)! \\[3mm]
N_{\geqslant k}\big(B_2^{(n)}\big) = r_k\big(B_2^{(n)}\big)(n-k)! = \binom{2n-k}{k}(n-k)!
\end{cases}
$$

和定理 5.18, 即得命中多项式 $\mathcal{N}\big(B_1^{(n)}; x\big)$ 和 $\mathcal{N}\big(B_2^{(n)}; x\big)$.

值得注意的是, $r_k\big(B_1^{(n)}\big)$ 和 $r_k\big(B_2^{(n)}\big)$ 也可以利用不相邻的组合计数得到. 实际上, 如果将棋盘 $B_2^{(n)}$ 的 $2n-1$ 个格子从第一行至第 n 行每行从左至右依次

编号为 $1, 2, \cdots, 2n-1$, 那么 k 个棋子在棋盘 $B_2^{(n)}$ 上的每一种布局唯一地对应集合 $\mathbb{Z}_{2n-1}^+$ 的一个 1 间隔 k 组合, 因集合 $\mathbb{Z}_{2n-1}^+$ 中任何两个相邻元素对应于棋盘 $B_2^{(n)}$ 中位于同一行或列的两个格子. 从而, 由不相邻组合的计数公式有

$$r_k(B_2^{(n)}) = \binom{2n-1}{k}_{|1|} = \binom{2n-1-(k-1)}{k} = \binom{2n-k}{k}$$

至于 $r_k(B_1^{(n)})$, 我们也可将棋盘 $B_1^{(n)}$ 的 $2n$ 个格子顺序地编号为 $1, 2, \cdots, 2n$, 然后将数 $1, 2, \cdots, 2n$ 看成是圆周上按顺时针或逆时针方向排列的 $2n$ 个点, 那么从这 $2n$ 点中选择 k 个不相邻的点, 每一个选择方案都唯一地对应 k 个棋子在棋盘 $B_1^{(n)}$ 上的一种布局. 而从圆周上 $2n$ 点选择 k 个不相邻的点可按编号为 1 的点是否被选择分为两类: 第一类含点 1, 其方案数为集合 $\{3, 4, \cdots, 2n-1\}$ 的 1 间隔 $k-1$ 组合数 $\binom{2n-3}{k-1}_{|1|}$; 第二类不含点 1, 其方案数为集合 $\{2, 3, \cdots, 2n\}$ 的 1 间隔 k 组合数 $\binom{2n-1}{k}_{|1|}$. 从而有

$$r_k(B_1^{(n)}) = \binom{2n-3}{k-1}_{|1|} + \binom{2n-1}{k}_{|1|} = \frac{2n}{2n-k}\binom{2n-k}{k}$$

5.3.3 Ferrers 棋盘

在讨论整数的拆分时, 我们曾讨论过 Ferrers 图. 如果将它画成格子的话, 就是所谓的 Young 图, 显然它也是一个棋盘, 这里我们一律称之为 Ferrers 棋盘. 为了描述方便, 我们给出如下定义.

定义 5.9 给定非负整数 $b_1 \geqslant b_2 \geqslant \cdots \geqslant b_m \geqslant 0$, 令

$$B = \big\{(i, j) \,\big|\, 1 \leqslant i \leqslant m, \ 1 \leqslant j \leqslant b_i\big\}$$

则称 B 是一个类型为 $(b_1, b_2, \cdots, b_m)$ 的 **Ferrers 棋盘**.

显然, Ferrers 棋盘只依赖于正的 b_i, 但在技术上允许 $b_i = 0$ 将会对许多问题的描述提供方便. 例如, 图 5.5 所示的棋盘就是一个类型为 $(6, 4, 3, 2, 1)$ 的 Ferrers 棋盘.

定理 5.22 设 B 是一个类型为 $(b_1, b_2, \cdots, b_m)$ 的 Ferrers 棋盘, 令 $s_i = b_i - m + i$, 则对 $\forall x \in \mathbb{R}$ 有

$$\sum_{k=0}^{m} r_k(B)\,(x)_{m-k} = \prod_{i=1}^{m}(x + s_i)$$

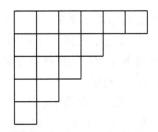

图 5.5　类型为 (6, 4, 3, 2, 1) 的 Ferrers 棋盘

证明　实际上, 我们只需要证明对 $\forall\, x \in \mathbb{Z}^+$ 结论成立即可.

考虑类型为 $(x+b_1, x+b_2, \cdots, x+b_m)$ 的 Ferrers 棋盘 B', 即 $B' = B \cup C$, 其中 C 是位于 B 左边的 $\boxplus_{m \times x}$ 棋盘. 并考虑用两种方式计算 $r_m\,(B')$:

先将 k 个棋子布局在棋盘 B 上, 有 $r_k(B)$ 种方式; 然后将剩下的 $m - k$ 个棋子布局在 C 上, 有 $(x)_{m-k}$ 种方式. 因此有

$$r_m\,(B') = \sum_{k=0}^{m} r_k(B)\,(x)_{m-k}$$

另一方面, 首先将一个棋子放在 B' 的第 m 行, 有 $x + b_m = x + s_m$ 种方式; 然后将第二个棋子放在第 $m - 1$ 行, 有 $x + b_{m-1} - 1 = x + s_{m-1}$ 种方式, $\cdots$, 最后将第 m 个棋子放在第 1 行, 有 $x + b_1 - m + 1 = x + s_1$ 种方式, 从而可得

$$r_m\,(B') = \prod_{i=1}^{m} (x + s_i)$$

综合以上两式即得定理的结论.　■

推论 5.22.1　设 B 是类型为 $(m-1, m-2, \cdots, 1, 0)$ 的 Ferrers 棋盘, 则有

$$r_k(B) = S(m, m-k), \quad 0 \leqslant k \leqslant m$$

证明　事实上, 根据定理 5.22 有 $s_i = 0$, $i = 1, 2, \cdots, m$, 因此

$$x^m = \sum_{k=0}^{m} r_k(B)\,(x)_{m-k}$$

根据上式及第二类 Stirling 数的定义即得.　■

根据这个推论的结论, 如果我们能直接建立 $r_k(B)$ 与 $S(m, m-k)$ 之间的联系, 也许更有意义. 事实上, 设 $S = \{1, 2, \cdots, m\}$, 则 $S(m, m-k)$ 是 S 的无序 $m - k$ 拆分数. 类型为 $(m-1, m-2, \cdots, 1, 0)$ 的 Ferrers 棋盘 B 为

$$B = \big\{(i, j)\,\big|\, 1 \leqslant i \leqslant m,\, 1 \leqslant j \leqslant m - i\big\}$$

$r_k(B)$ 是 k 个棋子在棋盘 B 上的布局方案数. 对于 k 个棋子在棋盘 B 上的每一种布局方案, 如果一个棋子位于 (i, j), 则将 i, j 划归为 S 的同一个子集. 容易验证, 这种方法建立了 k 个棋子在棋盘 B 上的布局方案与 m 元集 S 拆分成 $m - k$ 个无序非空子集的方案之间的一一对应.

推论 5.22.2　设 B 与 B' 分别是类型为 $(b_1, b_2, \cdots, b_m)$ 和 $(b_1', b_2', \cdots, b_m')$ 的两个 Ferrers 棋盘, 记 $s_i = b_i - m + i$, $s_i' = b_i' - m + i$, $i = 1, 2, \cdots, m$, 并令

$$S = \{ s_i \,\big|\, 1 \leqslant i \leqslant m \}, \quad S' = \{ s_i' \,\big|\, 1 \leqslant i \leqslant m \}$$

则 $\mathcal{R}(B; x) = \mathcal{R}(B'; x)$ 的充分必要条件是多重集 $S = S'$.

习　题　5

5.1　试证明定理 5.5.

5.2　求多重集 $S = \{3 \cdot a, 4 \cdot b, 5 \cdot c\}$ 的 10 组合数.

5.3　求多重集 $S = \{3 \cdot a, 4 \cdot b, 2 \cdot c\}$ 的全排列中满足相同字母不能全部相邻的排列数.

5.4　求多重集 $S = \{\infty \cdot a, 3 \cdot b, 5 \cdot c, 7 \cdot d\}$ 的 10 组合数.

5.5　求多重集 $S = \{4 \cdot a, 3 \cdot b, 4 \cdot c, 5 \cdot d\}$ 的 12 组合数.

5.6　求不定方程

$$\begin{cases} x_1 + x_2 + x_3 = 20 \\ 3 \leqslant x_1 \leqslant 9, \, 0 \leqslant x_2 \leqslant 8, \, 7 \leqslant x_3 \leqslant 17 \end{cases}$$

的整数解的个数.

5.7　求不定方程

$$\begin{cases} x_1 + x_2 + x_3 + x_4 = 20 \\ 1 \leqslant x_1 \leqslant 6, \, 0 \leqslant x_2 \leqslant 7, \, 4 \leqslant x_3 \leqslant 8, \, 2 \leqslant x_4 \leqslant 6 \end{cases}$$

的整数解的个数.

5.8　求不定方程

$$\begin{cases} x_1 + x_2 + x_3 + x_4 = 15 \\ 2 \leqslant x_1 \leqslant 6, \, -2 \leqslant x_2 \leqslant 1, \, 0 \leqslant x_3 \leqslant 6, \, 3 \leqslant x_4 \leqslant 8 \end{cases}$$

的整数解的个数.

5.9　求不定方程 $x_1 + x_2 + x_3 + x_4 = 14$ 的不超过 8 的非负整数解的个数.

5.10　求不超过 1000 的正整数中不含有小于 10 的正因子的数的个数.

5.11　求不超过 10000 的正整数中满足既不是完全平方数也不是完全立方数的数的个数.

5.12　求不超过 10000 的正整数中不能被 4, 5 和 6 整除的数的个数.

5.13 求不超过 10000 的正整数中不能被 4, 6, 7 和 10 整除的数的个数.

5.14 求不超过 1000000 且各位数字之和等于 19 的正整数的个数.

5.15 求分母是 1001 且大于零的最简真分数的个数.

5.16 某甲参加一种会议, 会上有 6 位朋友, 甲和其中的每一个人在会上各相遇 12 次, 每 2 个人各相遇 6 次, 每 3 个人各相遇 4 次, 每 4 个人各相遇 3 次, 每 5 个人各相遇 2 次, 6 个人相遇 1 次, 一人也没遇见的有 5 次, 问甲共参加了几次会议.

5.17 某年级有 100 名学生参加中文、英语和数学考试, 其中 92 人通过中文考试, 75 人通过英语考试, 65 人通过数学考试; 除此之外, 同时通过中文、英语考试的有 65 人, 通过中文、数学考试的有 54 人, 通过英语、数学考试的有 45 人. 试在以下两种情况下求同时通过三门课程考试的学生人数: ①每个学生至少通过了一门课程的考试; ②有 7 名同学三门课程都没有通过.

5.18 在一个准备出访外国的代表团里, 懂英语、法语的有 10 人, 懂英语、法语、俄语的有 5 人, 懂英语、法语、汉语的有 3 人, 懂四种语言的有 2 人, 问只懂英语、法语而不懂俄语、汉语的有几人?

5.19 设 $S = \{a_1, a_2, a_3, a_4, a_5\}$, 试求 S 的全排列数, 但要求排列满足: a_1 不排在第一位和第二位, a_2 不排在第二位和第三位, a_3 不排在第五位, a_4 不排在第四位和第五位, a_5 不排在第三位和第四位.

5.20 7 个人站一排, 求甲不站最左边, 乙不站中间, 丙不站最右边的站法有多少种?

5.21 将与 105 互素的所有正整数从小到大排成一排组成一个数列 $\{a_n\}_{n \geqslant 1}$, 例如, $a_1 = 1, a_2 = 2, a_3 = 4, \cdots$, 试求这个数列的第 1000 项 a_{1000}.

5.22 设 $\{a_n\}_{n \geqslant 1}$ 是从自然数 1, 2, 3, $\cdots$ 中依次去掉 3 和 4 的倍数但保留其中是 5 的倍数后剩下的序列, 试求 a_{2002}.

5.23 设 $N = 1990^{1990}$, 求满足条件 $1 \leqslant n \leqslant N$ 且 $\gcd(n^2 - 1, N) = 1$ 的整数 n 的个数 a_N.

5.24 设 $S = \{10^3, 10^3 + 1, 10^3 + 2, \cdots, 10^4\}$, 求 S 中既不是平方数也不是立方数的个数.

5.25 求从圆周上的 m 个点选择 k 个点的方案数 $f(m, k)$, 使得没有任何两个点是相邻的.

5.26 试求下列棋盘 $B_i \subseteq 田_5$ 的棋盘多项式和命中多项式.

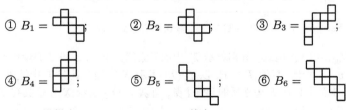

① $B_1 =$;　② $B_2 =$;　③ $B_3 =$;

④ $B_4 =$;　⑤ $B_5 =$;　⑥ $B_6 =$

5.27 设棋盘 $B_i \subseteq 田_6$, $1 \leqslant i \leqslant 4$, 其中

$$B_1 = \{(1,1), (1,2), (2,2), (2,3), (3,3), (3,4), (4,4), (5,5)\}$$

$$B_2 = \{(1,1), (2,1), (2,2), (4,3), (4,4), (5,3), (5,4)\}$$

$$B_3 = \{(1,1), (1,2), (2,3), (2,4), (3,5), (3,6)\}$$

$$B_4 = \{(1,1), (1,2), (2,1), (2,2), (3,3), (3,4), (5,5), (5,6), (6,5), (6,6)\}$$

试求棋盘 B_i 的棋盘多项式 $\mathcal{R}(B_i; x)$ 和命中多项式 $\mathcal{N}(B_i; x)$.

5.28 设棋盘 $B \subseteq 田_{n+1}$, 其中

$$B = \{(1,1), (2,2), \cdots, (n,n), (1,2), (2,3), \cdots, (n-1,n), (n,n+1)\}$$

试求 $r_k(B), 0 \leqslant k \leqslant n$.

5.29 设棋盘 $B_{p,q}^r$ 是由 p 行左对齐的格子构成, 其中第 1 行有 q 个格子, 第 2 行有 $q+r$ 个格子, 第 3 行有 $q+2r$ 个格子, $\cdots$, 第 p 行有 $q+(p-1)r$ 个格子. 如果记 $\mathcal{R}_{p,q}^r(x) = \mathcal{R}(B_{p,q}^r; x)$, 试证明:

$$\begin{cases} \mathcal{R}_{p,q}^r(x) = \mathcal{R}_{p-1,q+r}^r(x) + qx\mathcal{R}_{p-1,q+r-1}^r(x), \quad p \geqslant 2 \\ \mathcal{R}_{1,q}^r(x) = 1 + qx \\ \mathcal{R}_{2,q}^r(x) = 1 + (2q+r)x + q(q+r-1)x^2 \end{cases}$$

并由此证明:

$$\mathcal{R}_{p,1}^1(x) = \sum_{k=0}^p S(p+1, p+1-k) x^k, \quad p \geqslant 1$$

5.30 试求 5 个棋子在棋盘 $田_5$ 上的布局方式数, 但要求棋子不能落入棋盘 B, 其中 $B = \{(1,1), (1,2), (2,3), (2,4), (3,1), (3,5), (4,2), (4,3), (5,4), (5,5)\}$.

5.31 设 $S = \{2 \cdot 1, 2 \cdot 2, \cdots, 2 \cdot n\}$, 试求 S 的相邻元素不相等的全排列数.

5.32 求 $\mathbb{Z}_{2n}^+$ 的全排列中所有偶数都不在自己位置上的排列数 δ_n.

5.33 设 Q_n 是集合 $\mathbb{Z}_n^+$ 的没有任何两个连续自然数顺序相邻的排列数, D_n 是集合 $\mathbb{Z}_n^+$ 的错排数, 试证明: 当 $n \geqslant 2$ 时, 有 $Q_n = D_n + D_{n-1}$.

5.34 设 X 是 n 元集, $\Lambda(X)$ 是 X 上所有特征函数的集合, 试证明: $|\Lambda(X)| = 2^n$.

5.35 设 X 是 n 元集, V 是集合 X 的幂集 2^X 到某个域 $\mathbb{F}$ 的所有映射的集合, 试证明: V 是一个 2^n 维的向量空间.

5.36 设 $A_1, A_2, \cdots, A_n$ 是有限集 A 的子集, 对 $\forall T \subseteq \mathbb{Z}_n^+$, 令 $A_T = \bigcap_{i \in T} A_i$, 约定 $A_\varnothing = A$, 并令 $S_k = \sum_{|T|=k} |A_T|, 0 \leqslant k \leqslant n$, 试证明:

$$S_k - S_{k+1} + \cdots + (-1)^{n-k}S_n \geqslant 0, \quad 0 \leqslant k \leqslant n$$

5.37 设 $X = \mathbb{Z}_{100}^+$, p_1, p_2, p_3, p_4 分别表示 X 中的元素能被 2, 3, 5 和 7 整除的性质, 并记 $P = \{p_1, p_2, p_3, p_4\}$. 对于任意的 $T \subseteq P$, 以 $f_\leqslant(T)$ 表示 X 中至多具有 T 中性质的元素个数, $f_\geqslant(T)$ 表示 X 中至少具有 T 中性质的元素个数, 而以 $f_=(T)$ 表示 X 中恰具有 T 中性质的元素个数. 对于 $0 \leqslant k, j \leqslant 4$, 令

$$N_{\leqslant k} = \sum_{T \in P^{(k)}} f_\leqslant(T), \quad N_{\geqslant k} = \sum_{T \in P^{(k)}} f_\geqslant(T), \quad N_{=j} = \sum_{T \in P^{(j)}} f_=(T)$$

试求 $N_{\leqslant k}, N_{\geqslant k}, N_{=j}, j, k = 0, 1, 2, 3, 4$.

第 6 章 Möbius 反演及应用

众所周知, 在组合学、概率论等领域中最有用的工具之一可能就是有限序列的反演. 尽管许多的反演问题都被归于容斥原理的范畴, 但其基本的框架均依赖于所研究对象的一个特定次序, 而这正是 Möbius 反演的精髓. 古典的 Möbius 反演公式是在 19 世纪由德国数学家 A. F. Möbius (1790—1868) 引入的; 而最早独立给出一般情况下 Möbius 反演公式的则是加拿大学者 L. Weisner[25] 和 P. Hall[26]. 他们都是因研究群论问题而引入了这一反演公式, 但他们当时似乎都没有意识到这一工作对组合学意味着什么, 也没有对 Möbius 函数的理论进行深入的研究. 1964 年, 美国数学家 G.-C. Rota (1932—1999) 在他的一篇关于 Möbius 函数的论文[27] 中, 阐述了 Möbius 函数及其反演理论对组合学的重要意义, 并作了深入的研究. 他注意到了这一理论与诸如容斥原理、古典数论中的 Möbius 反演、着色问题以及网络流问题等之间的关系. 自此之后, 在 Rota 的影响下, Möbius 反演及其相关问题成为组合学的一个非常活跃的研究领域. 目前, Möbius 反演理论比较成熟, 已成为代数组合学的基石. 代数组合学主要应用抽象代数的方法如群论、群表示论来研究组合问题, 一些组合技巧也反过来被用于代数领域, 这种交互作用的结果, 也使得组合交换代数成为近年来代数组合学发展最快的子领域之一.

Möbius 反演与容斥原理存在密切的内在联系. 实际上, 偏序集上的 Möbius 反演公式是容斥原理的深刻一般化. 前面的容斥原理不过是在某个特定偏序集上的 Möbius 反演公式. 例如, 一般形式的容斥原理就是布尔代数上的 Möbius 反演公式. 古典数论中的 Möbius 反演公式, 就是正整数的正因子按整除关系确定的偏序集上的 Möbius 反演, 等等. 本章着重介绍 Möbius 反演公式及其应用.

6.1 问题引入

问题 6.1 设 $f(n)$, $g(n)$ 都是定义在非负整数集 N 上的函数 (本章所涉及的函数均是指实函数, 除非特别说明, 下同), 并且有

$$f(n) = \sum_{k=0}^{n} g(k) = \sum_{k \leqslant n} g(k), \quad \forall\, n \in \mathbb{N}$$

假定我们只知道函数 $f(n)$ 的表达式, 能否根据上式导出函数 $g(n)$ 的表达式?

例如, 如果 $f(n) = n^2$, 那么易知 $g(n) = 2n - 1$, $n > 0$, 且 $g(0) = 0$.

对于问题 6.1, 注意到 $f(0) = g(0)$, 因此 $g(0) = f(0)$; 由 $f(1) = g(0) + g(1)$, 得到 $g(1) = f(1) - f(0)$; 类似可得 $g(2) = f(2) - f(1)$. 继续这一过程, 我们发现下面的结果:

$$g(n) = \begin{cases} f(n) - f(n-1), & n > 0 \\ f(0), & n = 0 \end{cases}$$

值得注意的是, 上述结果的推导并不依赖于函数 $f(n)$ 的任何性质, 它仅仅是用函数 $f(n)$ 来简单地表示函数 $g(n)$.

问题 6.2 设 $f(n)$, $g(n)$ 都是定义在正整数集 $\mathbb{Z}^+$ 上的函数, 并且有

$$f(n) = \sum_{d \mid n} g(d), \quad \forall n \in \mathbb{Z}^+$$

这里求和遍历 n 的所有正因子. 如果我们只给定函数 $f(n)$ 的表达式, 能否根据上式导出函数 $g(n)$ 的表达式?

例如, 如果 $f(n) = n$, 那么易知 $g(n) = \phi(n)$, $n > 0$.

对于问题 6.2, 由于 $f(1) = g(1)$, 所以 $g(1) = f(1)$; 又 $f(2) = g(1) + g(2)$, 所以有 $g(2) = f(2) - f(1)$; 类似地, 有 $g(3) = f(3) - f(1)$, $g(4) = f(4) - f(2)$, $g(5) = f(5) - f(1)$, $g(6) = f(6) - f(3) - f(2) + f(1)$, 等等. 继续这一过程我们就会发现, 很难找出比较简单的规律得到函数 $g(n)$ 表达式, 但它确实是有规律的, 只是不那么一目了然罢了.

问题 6.3 设 X 是一个集合, 函数 $f(S)$, $g(S)$ 对 X 的每个子集 $S \subseteq X$ 都有定义, 即它们都是 X 的幂集 2^X 上的函数, 并且有

$$f(S) = \sum_{T \subseteq S} g(T), \ \forall S \subseteq X$$

这里求和遍历 S 的所有子集. 同样地, 能否根据函数 $f(S)$ 的表达式导出函数 $g(S)$ 的表达式?

例如, 如果 $f(S) = |S|$, 那么易知 $g(S) = 1$, $|S| = 1$, 且 $g(S) = 0$, $|S| \neq 1$.

对于问题 6.3, 可完全类似于问题 6.1 和问题 6.2, 通过采用自下而上的方式, 即让 S 从 $\varnothing$ 开始, 然后依次是 1 元集、2 元集, $\cdots$, 可得到 $g(\varnothing) = f(\varnothing)$, $g(\{a\}) = f(\{a\}) - f(\varnothing)$, $g(\{a, b\}) = f(\{a, b\}) - f(\{a\}) - f(\{b\}) + f(\varnothing)$, $\cdots$. 继续这一过程, 不难看出下面的结论成立:

$$g(S) = \sum_{T \subseteq S} (-1)^{|S-T|} f(T), \quad \forall S \subseteq X$$

从抽象的观点来看, 上面的三个问题实际上都是在特定的偏序集上的 Möbius 反演问题. 下面我们将从偏序集开始, 详细地讨论 Möbius 反演问题.

6.2 偏 序 集

在数学史上, 偏序集和格这一领域最早起源于 19 世纪的 G. Boole (1815—1864)、S. Peirce (1839—1914)、E. Schröder 以及 R. Dedekind (1831—1916) 等的工作. 然而, 一直到 20 世纪 30 年代 G. D. Birkhoff (1884—1944) 的工作, 偏序集和格理论才真正地开始建立起来. 特别是在 1940 年, Birkhoff 关于格理论的著作[28] 第一次出版, 给这个领域的发展产生了非常重大的影响. 迄今为止, 关于偏序集的理论和文献已十分丰富, 我们这里的主要目标主要是偏序集上的 Möbius 反演, 所以并不准备涉及整个偏序集的理论领域, 有兴趣的读者可进一步查阅相关文献[29].

下面我们介绍偏序集及其相关概念. 在此之前, 我们事先作一点说明以提醒读者在阅读时注意. 由于偏序集理论一般会涉及大量的概念和定义, 有些概念与本章的中心内容 —— Möbius 反演密切相关, 有些概念或是因相关内容而自然导出, 或是为了内容的完整性, 与后面的 Möbius 反演内容可能关联不大, 读者可以有选择性地阅读.

首先, 我们引入二元关系的定义.

定义 6.1 设 P 是一个非空集合, 集合 $R \subseteq P^2$, 则称集合 R 是集合 P 上的一个**二元关系**. 对于 $\forall x, y \in P$, 如果 $(x, y) \in R$, 则称元素 x 与 y 具有关系 R, 记为 xRy; 如果 $(x, y) \notin R$, 则称元素 x 与 y 不具有关系 R, 记为 $x\overline{R}y$.

根据二元关系的概念, 空集 $\varnothing$ 显然也是集合 P 上的二元关系, 一般称 $\varnothing$ 为 P 上的**空关系**. 集合 P^2 当然也是 P 上的一个二元关系, 一般称 P^2 为 P 上的**全关系**, 记为 Ω_P. 除此之外, $I_P = \{(x, x) \mid x \in P\}$ 自然也是 P 上的一个二元关系, 一般称其为 P 上的**恒等关系**.

定义 6.2 设 R 是集合 P 上的一个二元关系, 如果满足

① **自反性** 对 $\forall x \in P$ 有 xRx;

② **反对称性** 若 xRy 且 yRx, 则 $x = y$;

③ **传递性** 若 xRy 且 yRz, 则有 xRz.

则称 R 是集合 P 上的一个**偏序关系**.

按照惯例, 一般将偏序关系 R 记为 $\preccurlyeq$. 因此, 如果 P 中的元素 x 与 y 具有偏序关系 R, 则将 xRy 记为 $x \preccurlyeq y$; 如果 x 与 y 不具有关系 R, 则将 $x\overline{R}y$ 记为 $x \npreceq y$. 如果 $x \preccurlyeq y$ 或 $y \preccurlyeq x$, 则称元素 x 与 y **可比较**, 否则称元素 x 与 y **不可比较**. 显然, $x \succcurlyeq y$ 意味着 $y \preccurlyeq x$; $x \prec y$ 意味着 $x \preccurlyeq y$ 并且 $x \neq y$; $x \succ y$

意味着 $y \prec x$. 如果 $x \prec y$, 并且不存在 $z \in P$ 使得 $x \prec z \prec y$, 则称 y **覆盖** x, 记为 $x \lessdot y$ 或 $y \gtrdot x$. 集合 P 连同其上定义的偏序关系 $\preccurlyeq$ 称为**偏序集**, 一般记为 $(P, \preccurlyeq)$. 有时在偏序关系不至于混淆的情况下, 也直接称集合 P 是偏序集. 如果 P 是有限集, 则称其为**有限偏序集**, 否则称其为**无限偏序集**.

显而易见, 偏序集 $(P, \preccurlyeq)$ 上的偏序关系 $\preccurlyeq$ 实际上定义了 P 上的一个部分次序的关系, 这个部分次序关系使得集合 P 中的有些元素对可以互相比较 “大小”, 有些元素对则不可以互相比较 “大小”. 如果偏序关系 $\preccurlyeq$ 使得集合 P 中的任何一对元素 x 与 y 均可以互相比较 “大小”, 则称 $(P, \preccurlyeq)$ 是一个**全序集或链**. 对于 P 的任何子集 Q, 如果 Q 中任何两个元素的 “大小” 关系由 P 上的偏序关系 $\preccurlyeq$ 确定, 易知 $(Q, \preccurlyeq)$ 也是一个偏序集, 并称偏序集 $(Q, \preccurlyeq)$ 是由 P 上的偏序关系 $\preccurlyeq$ 所**导出的子偏序集**, 或简称 Q 是 P 的**子偏序集**. 有一个特殊的子偏序集称为**闭区间**, 其定义为 $[x, y] = \{z \mid x \preccurlyeq z \preccurlyeq y\}$, 其中 $x \preccurlyeq y$. 完全类似地, 也可以定义开区间和半开半闭区间. 如当 $x \prec y$ 时, 定义开区间 $(x, y) = \{z \mid x \prec z \prec y\}$, 半开半闭区间 $[x, y) = \{z \mid x \preccurlyeq z \prec y\}$, $(x, y] = \{z \mid x \prec z \preccurlyeq y\}$. 因此, 根据区间的定义, 显然有 $[x, x] = \{x\}$, $(x, x) = \varnothing$; 当 $x \lessdot y$ 时, $[x, y] = \{x, y\}$, $(x, y) = \varnothing$.

如果偏序集 P 的任何一个闭区间都是有限的, 则称 P 是**局部有限的偏序集**. 设集合 $Q \subseteq P$, 如果 Q 是 P 的一个全序子集, 则称子集 Q 为 P 的一条**链**; 如果 Q 中的任何两个元素均不可比较 “大小”, 则称 Q 为 P 的一条**反链**. 显然, 偏序集 P 的任何 1 元子集既是链也是反链. 如果 Q 是偏序集 P 的一条有限的链或反链, 则定义 $\ell(Q) = |Q| - 1$, 并称 $\ell(Q)$ 为链或反链 Q 的**长度**. 因此, 链中不可能有长度非零的反链, 反链中也不可能有长度非零的链; 也可以说, 链的任何非空子集仍然是链, 反链的任何非空子集仍然是反链.

如果 C 是偏序集 P 中的一条长度为 k 的链, 并记为

$$C: a = x_0 \prec x_1 \prec \cdots \prec x_k = b$$

也称 C 是一条始于 a 终于 b 的长度为 k 的链, 简称 C 是一条长度为 k 的 **ab 链**; 如果长度为 k 的 ab 链 C 还满足: 对于任意的正整数 $i\,(1 \leqslant i \leqslant k)$ 有 $x_{i-1} \lessdot x_i$, 则称 C 是一条长度为 k 的 **ab 极大链**. 如果 C 是 P 上的重集, 并记

$$C = \{x_0, x_1, \cdots, x_k\} \text{ 且满足 } a = x_0 \preccurlyeq x_1 \preccurlyeq \cdots \preccurlyeq x_k = b$$

则称 C 是一条始于 a 终于 b 的长度为 k 的**重链**, 简称 C 是长度为 k 的 **ab 重链**; 如果长度为 k 的 ab 重链 C 还满足: 对于任意正整数 $i\,(1 \leqslant i \leqslant k)$, 或者 $x_{i-1} = x_i$, 或者 $x_{i-1} \lessdot x_i$, 则称 C 是长度为 k 的 **ab 极大重链**. P 中所有非空链的集合记为 $\mathrm{Ch}(P)$, 所有非空重链的集合记为 $\mathrm{Ch}((P))$, 所有长度为 k 的链的集合记为 $\mathrm{Ch}_k(P)$, 所有长度为 k 的重链集合记为 $\mathrm{Ch}_k((P))$; 对于 $x \preccurlyeq y$, 所有 xy

链的集合记为 $\mathrm{Ch}(x, y)$, 所有 xy 重链的集合记为 $\mathrm{Ch}((x, y))$, 所有长度为 k 的 xy 链的集合记为 $\mathrm{Ch}_k(x, y)$, 所有长度为 k 的 xy 重链的集合记为 $\mathrm{Ch}_k((x, y))$; P 中所有非空反链的集合记为 $\mathrm{Ac}(P)$.

定义 6.3 设 $(P, \preccurlyeq)$ 是一个偏序集, 如果 $\exists x \in P$, 使得对于 $\forall y \in P - \{x\}$ 都有 $x \not\preccurlyeq y$ 且 $y \not\preccurlyeq x$, 则称元素 x 是**孤立的**.

根据定义 6.3, 所谓 P 中的孤立元素 x, 是指 x 与 P 中的任何其他元素均不可比较 "大小". 因此, P 中所有孤立元素的集合一定是 P 的反链.

例 6.1 集合 $\mathbb{Z}_n^+$ 在通常数的大小关系 $\leqslant$ 意义下, 构成一个偏序集 $(\mathbb{Z}_n^+, \leqslant)$, 它显然也是一个全序集, 其任何子集自然也都是链. 今后我们以 $[\![n]\!]$ 表示这个全序集, 而以 $[\![n]\!]_0$ 表示非负整数集 $\mathbb{Z}_{n+1} = \{0, 1, \cdots, n\}$ 在通常数的大小关系 $\leqslant$ 意义下构成的偏序集. 显然, $\boldsymbol{\ell}([\![n]\!]) = n - 1$, 而 $\boldsymbol{\ell}([\![n]\!]_0) = n$.

例 6.2 集合 S 的所有子集的集合 2^S 在通常集合的包含关系 $\subseteq$ 意义下, 构成一个偏序集 $(2^S, \subseteq)$, 但它不是一个全序集. 如果 $S = \mathbb{Z}_n^+$, 我们将这个偏序集记为 $\mathbb{B}_n$. 例如,

$$\mathbb{B}_3 = \{\varnothing, \{1\}, \{2\}, \{3\}, \{1,2\}, \{1,3\}, \{2,3\}, \{1,2,3\}\}$$

其中 $\mathcal{C} = \{\varnothing, \{1\}, \{1,2\}, \{1,2,3\}\}$ 就是一条链, 而 $\mathcal{A} = \{\{1\}, \{2\}, \{3\}\}$ 则是一条反链, $\mathcal{A}' = \{\{1,2\}, \{1,3\}, \{2,3\}\}$ 也是一条反链.

下面的定理描述了 $\mathbb{B}_n$ 中两个元素具有覆盖关系的特征, 其结论是显然的.

定理 6.1 如果 $A, B \in \mathbb{B}_n$, 那么 $A \lessdot B$ 当且仅当 $A \subset B$ 且 $|A| = |B| - 1$.

例 6.3 正整数 n 的所有正因子的集合 $\mathbb{D}_n$ 在通常整数的整除关系 $\mid$ 意义下, 构成一个偏序集 $(\mathbb{D}_n, \mid)$, 一般情况下, 它不是一个全序集, 除非 $n = p^k$ (p 为素数, k 为正整数). 例如,

$$\mathbb{D}_{30} = \{1, 2, 3, 5, 6, 10, 15, 30\}$$

子集 $\mathcal{C} = \{1, 3, 6\}$ 就是一条链, 而子集 $\mathcal{A} = \{2, 3, 5\}$ 则是一条反链.

定理 6.2 设 $n = p_1^{n_1} p_2^{n_2} \cdots p_k^{n_k}$, 其中 $p_1, p_2, \cdots, p_k$ 是不同的素数. 对于 $\mathbb{D}_n$ 中的任何两个元素 x, y, $x \lessdot y$ 当且仅当 $y/x = p_j$, 其中 $1 \leqslant j \leqslant k$.

定理 6.2 的结论是显然的, 它描述了 $\mathbb{D}_n$ 中两个元素具有覆盖关系的特征, 通俗地说就是, y 覆盖 x 的充分必要条件是 y/x 是某个素数, 且该素数一定是 n 的因子.

例 6.4 设 $\Pi(S)$ 仍然表示 n 元集 S 的所有非空无序拆分的集合, 对于 $\forall \pi, \sigma \in \Pi(S)$, 并设 $\pi = \{P_1, P_2, \cdots, P_k\}$, $\sigma = \{S_1, S_2, \cdots, S_l\}$, 其中 S 的子集 $P_i (1 \leqslant i \leqslant k)$ 和 $S_j (1 \leqslant j \leqslant l)$ 分别称为拆分 π 和 σ 中的块, 并以 $|\pi|$ 和 $|\sigma|$ 分别表示对应拆分的块数, 即 $|\pi| = k$, $|\sigma| = l$. 定义 $\Pi(S)$ 上的二元关系 $\preccurlyeq$ 如下: 若

对 $\forall P_i \in \pi$, 存在唯一的 $S_j \in \sigma$ 使得 $P_i \subseteq S_j$, 则称 $\pi \preccurlyeq \sigma$, 也称拆分 π 是拆分 σ 的**细化**. 容易验证, 这样的二元关系 $\preccurlyeq$ 确实是 $\Pi(S)$ 上的一个偏序关系. 故 $(\Pi(S), \preccurlyeq)$ 是一个偏序集. 如果 $S = \mathbb{Z}_n^+$, 我们将以 $\mathbf{\Pi}_n$ 表示这个偏序集. 例如, $\mathbf{\Pi}_3 = \{\pi_1, \pi_2, \pi_3, \pi_4, \pi_5\}$, 其中

$$\pi_1 = \{\{1\}, \{2\}, \{3\}\}, \quad \pi_2 = \{\{1,2\}, \{3\}\}, \quad \pi_3 = \{\{1,3\}, \{2\}\}$$

$$\pi_4 = \{\{2,3\}, \{1\}\}, \quad \pi_5 = \{\{1,2,3\}\}$$

显然, $\mathbf{\Pi}_3$ 的子集 $\{\pi_1, \pi_2, \pi_5\}$, $\{\pi_1, \pi_3, \pi_5\}$ 以及 $\{\pi_1, \pi_4, \pi_5\}$ 都是链, 而 $\{\pi_2, \pi_3, \pi_4\}$ 却是一条反链.

对于偏序集 $\mathbf{\Pi}_n$ 中两个元素的覆盖关系, 我们有下面的结论.

定理 6.3 设 $\pi, \sigma \in \mathbf{\Pi}_n$, 则 $\pi < \sigma$ 当且仅当 $|\pi| = |\sigma| + 1$.

证明 不妨设 $\pi = \{P_1, P_2, \cdots, P_k\}$, $\sigma = \{S_1, S_2, \cdots, S_l\}$, 根据题意, 由于 $\pi \preccurlyeq \sigma$, 所以对于 $\forall P_i \in \pi$, 存在唯一的 $S_j \in \sigma$ 使得 $P_i \subseteq S_j$, 从而必有 $l \leqslant k$. 下面我们将证明: σ 中恰有一个块包含 π 中的两个块, 而其他的块就是 π 中的块; 换句话说, 拆分 σ 是在拆分 π 的基础上通过合并 π 中的某两块得到的.

首先, 我们证明 σ 中的任何一块都不可能包含 π 中 3 个以上的块. 如若不然, 不妨设 $S_1 = P_1 \cup P_2 \cup P_3$, 现令 $\tau = \{P_1 \cup P_2, P_3, \cdots, P_k\}$, 则 $\tau \in \mathbf{\Pi}_n$, 且满足 $\pi \prec \tau \prec \sigma$, 这显然与 $\pi < \sigma$ 矛盾. 这表明, σ 中的任何一块或者是 π 中的块 (称为性质 I), 或者拆分成了 π 中的 2 块 (称为性质 II).

其次, 我们证明 σ 中不可能有两个或两个以上的块具有性质 II. 如若不然, 不妨设 $S_1 = P_1 \cup P_2$, $S_2 = P_3 \cup P_4$, 则 $\tau = \{P_1 \cup P_2, P_3, \cdots, P_k\} \in \mathbf{\Pi}_n$, 并且有 $\pi \prec \tau \prec \sigma$, 同样与条件 $\pi < \sigma$ 矛盾. 由此表明, σ 中恰有一块具有性质 II, 所有其他的块均具有性质 I, 即有 $k = l + 1$. ■

定理 6.3 告诉我们, $\mathbb{Z}_n^+$ 的两个拆分 π 和 σ, $\pi < \sigma$ 充分必要条件是 σ 是通过合并 π 中的某两块得到的, 也可以说 π 是通过将 σ 中某块拆分成两块来得到的.

例 6.5 设 q 是一个素数的幂, $\mathbb{F}_q^n$ 是 q 元有限域 $\mathbb{F}_q$ 上的 n 维向量空间, 以 $\mathbb{L}_q^n$ 表示 $\mathbb{F}_q^n$ 的所有子向量空间的集合, 则向量空间的包含关系 $\subseteq$ 是 $\mathbb{L}_q^n$ 上的一个偏序关系, 因此 $(\mathbb{L}_q^n, \subseteq)$ 是一个偏序集.

下面定理是显然的, 它刻画了偏序集 $\mathbb{L}_q^n$ 中两元素具有覆盖关系的特征.

定理 6.4 设 $V, W \in \mathbb{L}_q^n$, 即 V, W 是 n 维向量空间 $\mathbb{F}_q^n$ 的两个子空间, 那么 $V < W$ 当且仅当 $V \subset W$ 且 $\dim(W) = \dim(V) + 1$.

从这个定理可以看出, $\mathbb{F}_q^n$ 中所有 $k(1 \leqslant k \leqslant n)$ 维子向量空间的集合必是偏序集 $\mathbb{L}_q^n$ 中的一条反链.

例 6.6 设 P 是 n 维欧氏空间 $\mathbb{R}^n$ 中的一个凸多面体 —— $\mathbb{R}^n$ 中的一

个有界点集, 它既可以看成是若干个半空间的交 (即 P 中的所有点均位于一个超平面的一侧), 也可以看成是 $\mathbb{R}^n$ 中有限点集 $\{\mathbf{v}_1, \mathbf{v}_2, \cdots, \mathbf{v}_k\}$ 的**凸包**, 一般记为 $P = \mathrm{conv}\{\mathbf{v}_1, \mathbf{v}_2, \cdots, \mathbf{v}_k\}$, 具体说来就是

$$P = \big\{\mathbf{x} \,\big|\, \mathbf{x} = c_1\mathbf{v}_1 + c_2\mathbf{v}_2 + \cdots + c_k\mathbf{v}_k, \ c_i \geqslant 0, \ c_1 + c_2 + \cdots + c_k = 1\big\}$$

其中点集 $\{\mathbf{v}_1, \mathbf{v}_2, \cdots, \mathbf{v}_k\}$ 称为 P 的顶点集, 记为 $\mathcal{V}(P)$. 因此, $P = \mathrm{conv}\,\mathcal{V}(P)$.

值得注意的是, 凸多面体有许多不同的定义方式, 对此有兴趣的读者可进一步参见 Branko Grünbaum 的那本具有广泛影响力的著作[30].

对于 n 维空间 $\mathbb{R}^n$ 中的任意有限点集 $\{\mathbf{v}_1, \mathbf{v}_2, \cdots, \mathbf{v}_k\}$, 如果存在 k 个不全为零的实数 $\lambda_1, \lambda_2, \cdots, \lambda_k$ 使得

$$\lambda_1\mathbf{v}_1 + \lambda_2\mathbf{v}_2 + \cdots + \lambda_k\mathbf{v}_k = \mathbf{0}, \quad \lambda_1 + \lambda_2 + \cdots + \lambda_k = 0$$

则称点集 (或向量组) $\{\mathbf{v}_1, \mathbf{v}_2, \cdots, \mathbf{v}_k\}$ **仿射相关**; 否则, 称其为**仿射独立**. 对于凸多面体 P, 如果其顶点集 $\mathcal{V}(P)$ 中仿射独立的子集最多包含 $d+1$ 个向量, 则非负整数 d 称为凸多面体 P 的**仿射维数**, 简称**维数**, 记为 $\dim(P)$. 一般情况下, 凸多面体 P 的维数指的就是其仿射维数, 即 $\mathbb{R}^n$ 中包含 P 且具有最小维数的仿射子空间的维数. 因此, 对于 $\mathbb{R}^n$ 中的凸多面体 P, 一般有 $\dim(P) \leqslant n$. 例如, 2 维空间 $\mathbb{R}^2$ 中的一个点和一条线段分别是 2 维空间中的 0 维和 1 维凸多面体, 一个三角形则是 $\mathbb{R}^2$ 中的 2 维凸多面体, 当然它也是 $\mathbb{R}^n (n \geqslant 3)$ 中的 2 维凸多面体. 如果 $\dim(P) = n$, 则称 P 是**全维凸多面体**.

在凸多面体的理论中, 还有一个极为重要的概念, 那就是凸多面体的**面**. 注意这里所谓的 "面" 是抽象的面, 与我们在实际生活中所理解的 "面" 不同. 例如, 凸多面体 P 的每个顶点就是一个 0 维的面, 每条边就是一个 1 维的面, 由三个不共线的顶点确定的每个面都是一个 2 维的面, 等等. 如果 $\dim(P) = d$, 则 P 中每一个 k 维面都存在, $0 \leqslant k \leqslant d-1$. 如果 $\dim(P) = d$, $|\mathcal{V}(P)| = d+1$, 且 $\mathcal{V}(P)$ 仿射独立, 则称 P 是一个 d 维的**单纯形**. 例如, 0 维的单纯形就是一个点, 1 维的单纯形就是一条线段, 2 维的单纯形就是一个三角形, 3 维的单纯形就是一个四面体, 等等. 如果 d 维凸多面体 P 的每个面 (d 维面 P 可能除外) 都是单纯形, 则称 P 是一个**单纯凸多面体**. 例如, 三角形、四面体、八面体等都是单纯凸多面体. 显然, 对于单纯形来说, 其任意的 $k+1$ 个顶点唯一地决定一个 k 维的面. 由于每一个凸多面体的面也是一个凸多面体, 以 $\mathbb{F}(P)$ 表示凸多面体 P 的所有 $k (-1 \leqslant k \leqslant d)$ 维面的集合, 其中 -1 维的面指空集 $\varnothing$, d 维的面就是 P, 则 $\mathbb{F}(P)$ 在集合的包含关系 "$\subseteq$" 意义下形成一个偏序集, 称为凸多面体的面偏序集. 在这个偏序集中, 两个具有覆盖关系的元素之间显然有下面的性质:

定理 6.5　设 P 是一个凸多面体, $x, y \in \mathbb{F}(P)$, 即 x, y 是 P 的两个面, 那么 $x < y$, 当且仅当 $x \subset y$ 且 $\dim(y) = \dim(x) + 1$.

设 P 是 n 维欧氏空间中的一个 $d\,(\leqslant n)$ 维的凸多面体, 对于 $x \in \mathbb{F}(P)$, 如果以 $f_k(x)$ 表示 $\mathbb{F}(P)$ 中包含 x 的 $k\,(\dim(x) \leqslant k \leqslant d)$ 维面的个数, 那么 $f_k(\varnothing)$ 就表示 P 中所有 k 维面的个数, 且有下面的定理.

定理 6.6　设 P 是一个任意的 d 维凸多面体, 则有

$$\sum_{k=\dim(\varnothing)}^{d} (-1)^k f_k(\varnothing) = \sum_{k=-1}^{d} (-1)^k f_k(\varnothing) = 0 \tag{6.1}$$

公式 (6.1) 就是著名的 Euler **公式**, 也称为 **Euler-Poincaré 关系**. 这个定理有许多证明方法, 最初等的证明甚至可以完全不涉及任何拓扑的概念, 有兴趣的读者可参阅相关文献[30].

由于 $f_{-1}(\varnothing) = f_d(\varnothing) = 1$, 所以 (6.1) 也可以写为

$$f_0(\varnothing) - f_1(\varnothing) + \cdots + (-1)^{d-1} f_{d-1}(\varnothing) = 1 + (-1)^{d-1} \tag{6.2}$$

如果记 $\mathbf{f}(P) = \left[f_0(\varnothing), f_1(\varnothing), \cdots, f_{d-1}(\varnothing) \right]$, 并称其为 d 维凸多面体 P 的 **f 向量**, 则 (6.2) 表明, 对于任何 d 维的凸多面体 P, 其对应的 **f** 向量一定位于 d 维欧氏空间中的某个超平面上, 这个超平面一般称为 **Euler 超平面**.

对于 $x \in \mathbb{F}(P)$, Euler 公式 (6.1) 还有一个更一般的形式[30]:

$$\sum_{k=\dim(x)}^{\dim(P)} (-1)^{\dim(P)-k} f_k(x) = \delta(x, P) \tag{6.3}$$

其中 $\delta(x, P)$ 就是所谓的 **Kronecker Delta 函数**, 其函数值仅当 $x = P$ 时为 1, 其他情况下均为 0. 稍后, 我们将会进一步地介绍这个 Delta 函数.

定义 6.4　设 $(P, \preccurlyeq)$ 是一个偏序集, $\pi = \{P_1, P_2, \cdots, P_k\} \in \Pi_k(P)$, 如果每个子集 $P_i\,(1 \leqslant i \leqslant k)$ 都是链, 则称 π 是偏序集 P 的一个 **k 链拆分**; 如果每个子集 $P_i\,(1 \leqslant i \leqslant k)$ 都是反链, 则称 π 是偏序集 P 的一个 **k 反链拆分**. P 的所有链拆分中具有最少链数的拆分, 称为**最小链拆分**; P 的所有反链拆分中具有最少反链数的拆分, 称为**最小反链拆分**.

如例 6.3 中的偏序集 $\mathbb{D}_{30}$, 令 $P_1 = \{1, 3, 6\}$, $P_2 = \{2, 10\}$, $P_3 = \{5, 15, 30\}$, 则 $\{P_1, P_2, P_3\}$ 就是 $\mathbb{D}_{30}$ 的一个 3 链拆分; 若令 $P_1 = \{1\}$, $P_2 = \{2, 3, 5\}$, $P_3 = \{6, 10, 15\}$, $P_4 = \{30\}$, 则 $\{P_1, P_2, P_3, P_4\}$ 就是 $\mathbb{D}_{30}$ 的一个 4 反链拆分. 又如例 6.2 的偏序集 $\mathbb{B}_3$, 令 $P_1 = \{\varnothing\}$, $P_2 = \{\{1\}, \{2\}, \{3\}\}$, $P_3 = \{\{1, 2, 3\}\}$, $P_4 = \{\{1,2\}, \{1,3\}, \{2,3\}\}$, 则 $\{P_1, P_2, P_3, P_4\}$ 就是 $\mathbb{B}_3$ 的一个 4 反链拆分.

定义 6.5 设 $(P, \preccurlyeq)$ 是一个偏序集, C 是 P 的一条链, 如果不存在 $z \in P - C$ 使得 $C \cup \{z\}$ 也是一条链, 则称链 C 是一条**极大链**; 长度最长的极大链称为**最大链**. A 是 P 的一条反链, 如果不存在 $z \in P - A$ 使得 $A \cup \{z\}$ 也是一条反链, 则称反链 A 是一条**极大反链**; 长度最长的极大反链称为**最大反链**.

根据定义 6.5, 所谓链 C 是偏序集 P 的一条极大链, 是指 C 的中间或两端不可能通过插入任何其他的元素来增加链的长度, 也就是说, 如果 C 是一条长度为 k 的 ab 极大链, 记 $C: a = x_0 \prec x_1 \prec \cdots \prec x_k = b$, 则必有 $x_{i-1} \lessdot x_i, 1 \leqslant i \leqslant k$, 且不存在 $z \in P$ 使得 $z \prec a$, 也不存在 $z \in P$ 使得 $b \prec z$. 显然, 最大 (反) 链一定是极大 (反) 链, 但反之则不然. 对于一个有限偏序集来说, 极大 (反) 链和最大 (反) 链都存在, 但一般不唯一. 例如, $C_1 = \{1, 5, 10, 30\}$ 就是偏序集 $\mathbb{D}_{30}$ 的一条最大链, $C_2 = \{1, 3, 6, 30\}$ 也是一条最大链, 而 $A = \{2, 3, 5\}$ 则是 $\mathbb{D}_{30}$ 的一条最大反链. 对于偏序集 $\mathbb{F}(P)$, 如果 $\dim(P) = d$, 则由定理 6.5 知, $\mathbb{F}(P)$ 中最大链的长度为 $d + 1$.

定义 6.6 设 $(P, \preccurlyeq)$ 是一个偏序集, 则其最大链所包含的元素个数称为偏序集 P 的**高度**, 记为 $\mathcal{H}(P)$; 最大反链所包含的元素个数称为偏序集 P 的**宽度**, 记为 $\mathcal{W}(P)$. 对于 P 中作为子偏序集的闭区间 $[x, y]$, 其高度和宽度一般习惯地记为 $\mathcal{H}(x, y)$ 和 $\mathcal{W}(x, y)$.

按照定义 6.6, 偏序集 P 的高度等于 P 中最大链的长度加 1, 而宽度则等于 P 中最大反链的长度加 1. 例如, 表 6.1 列出了一些常见偏序集的宽度和高度, 其中 $n = p_1^{n_1} p_2^{n_2} \cdots p_k^{n_k}$, 而 $p_1, p_2, \cdots, p_k$ 是不同的素数, $m = n_1 + n_2 + \cdots + n_k$, 而 $S\left(n, \lfloor \frac{n+1}{2} \rfloor\right)$ 是第二类 Stirling 数, $\binom{n}{\lfloor n/2 \rfloor}$ 是 q 二项式系数, Q 是 d 维凸多面体, $f_k(\varnothing)$ 如前所述, 表示多面体 Q 中 $k \, (-1 \leqslant k \leqslant d)$ 维面的个数.

表 6.1　常见偏序集的宽度和高度

偏序集: P	偏序关系: $\preccurlyeq$	高度: $\mathcal{H}(P)$	宽度: $\mathcal{W}(P)$
$[\![n]\!]$	小于等于: $\leqslant$	n	1
$[\![n]\!]_0$	小于等于: $\leqslant$	$n + 1$	1
$\mathbb{B}_n$	集合包含: $\subseteq$	$n + 1$	$\binom{n}{\lfloor n/2 \rfloor}$
$\mathbb{D}_n$	数的整除: $\mid$	$m + 1$	k
$\mathbf{\Pi}_n$	拆分细化: $\preccurlyeq$	n	$S\left(n, \lfloor \frac{n+1}{2} \rfloor\right)$
$\mathbb{L}_q^n$	集合包含: $\subseteq$	$n + 1$	$\binom{n}{\lfloor n/2 \rfloor}_q$
$\mathbb{F}(Q)$	集合包含: $\subseteq$	$d + 2$	$\max\limits_{-1 \leqslant k \leqslant d} \{f_k(\varnothing)\}$

有一种较为直观的表示偏序集的方式, 那就是 Hasse 图. 它以偏序集 P 中的元素作为顶点, 以覆盖关系作为边, 即如果 $x \lessdot y$, 则在顶点 x 与 y 之间连一条边, 并且顶点 y 位于顶点 x 的 "上面". 由此得到的图称为偏序集 P 的 Hasse 图, 我们记为 $\mathscr{D}_H(P)$. 图 6.1 展示了几个常见偏序集的 Hasse 图. 从图中不难看出: $\mathcal{H}(\llbracket 4 \rrbracket) = 4$, $\mathcal{H}(\mathbb{B}_3) = 4$, $\mathcal{H}(\mathbf{II}_3) = 3$, $\mathcal{H}(\mathbb{D}_{30}) = 4$, 并且其宽度分别为 $\mathcal{W}(\llbracket 4 \rrbracket) = 1$, $\mathcal{W}(\mathbb{B}_3) = 3$, $\mathcal{W}(\mathbf{II}_3) = 3$, $\mathcal{W}(\mathbb{D}_{30}) = 3$.

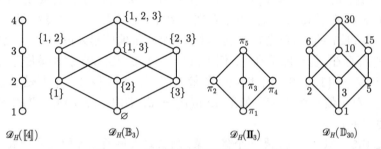

图 6.1   几个常见偏序集的 Hasse 图

另外, 从图 6.1 中我们还发现, 偏序集 $\mathbb{B}_3$ 与 $\mathbb{D}_{30}$ 的 Hasse 图是完全一样的. 事实上, 偏序集 $\mathbb{B}_3$ 与偏序集 $\mathbb{D}_{30}$ 是**同构**的. 所谓两个偏序集 $(P, \preccurlyeq_1)$ 与 $(Q, \preccurlyeq_2)$ 同构, 一般记为 $(P, \preccurlyeq_1) \cong (Q, \preccurlyeq_2)$, 或简记为 $P \cong Q$, 是指存在一个 P 到 Q 且保持偏序关系的一一对应 φ, 即对 $\forall x_1, x_2 \in P$ 有 $x_1 \preccurlyeq_1 x_2 \iff \varphi(x_1) \preccurlyeq_2 \varphi(x_2)$. 因此, 两个同构的偏序集在数学上是完全等同的, 可以不加区分, 也可以看成是同一个偏序集的不同符号表示. 显然, 任何长度为 n 的链一定与偏序集 $\llbracket n \rrbracket_0$ 同构.

图 6.2 展示了四面体 T 的面集按集合的包含关系 "$\subseteq$" 所形成的偏序集 $\mathbb{F}(T)$ 的 Hasse 图 $\mathscr{D}_H(\mathbb{F}(T))$, 其中 $\varnothing$ 表示 -1 维的面, 单个字母表示 0 维的面 —— T

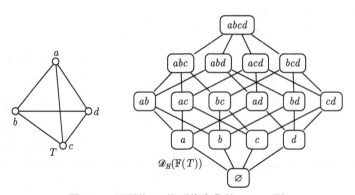

图 6.2   四面体 T 的面偏序集的 Hasse 图

的顶点, 2 个字母表示 1 维的面 —— T 的边, 3 个字母表示 2 维的面 —— T 的面, 4 个字母表示 3 维的面 —— T 自身. 显然, 从 Hasse 图 $\mathscr{D}_H(\mathbb{F}(T))$ 可以看出, $\mathbb{F}(T) \cong \mathbb{B}_4$. 更一般地, 如果 T 是 n 维空间的单纯形, 那么有 $\mathbb{F}(T) \cong \mathbb{B}_{n+1}$.

定义 6.7 设 $(P, \preccurlyeq_1)$ 是一个偏序集, 在 P 上定义另一个二元关系 $\preccurlyeq_2$, 使得对于 $x, y \in P$, $x \preccurlyeq_2 y$ 当且仅当 $y \preccurlyeq_1 x$, 则 $\preccurlyeq_2$ 也是 P 上的偏序关系, 并称偏序集 $(P, \preccurlyeq_2)$ 是偏序集 $(P, \preccurlyeq_1)$ 的**对偶偏序集**, 简称偏序集 P 的偶, 一般记为 P^*. 如果 $P \cong P^*$, 则称 P 是**自对偶的**, 也称 P 是一个**自偶偏序集**.

显然, 根据这个定义, 一条链或一条反链作为子偏序集一定是自偶的偏序集, 图 6.1 中列出的几个常见偏序集也都是自偶的偏序集. 除此之外, 图 6.3 还列出了包含 4 个元素的所有 8 个自偶偏序集的 Hasse 图.

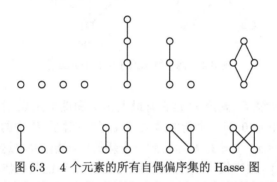

图 6.3　4 个元素的所有自偶偏序集的 Hasse 图

定义 6.8 设 $(P, \preccurlyeq)$ 是一个偏序集, 如果 P 中存在一个元素, 不妨记为 **0**, 使得对于 $\forall x \in P$ 有 $0 \preccurlyeq x$, 则称 **0** 是偏序集 P 的**最小元**; 如果 P 中存在一个元素, 不妨记为 **1**, 使得对于 $\forall x \in P$ 有 $x \preccurlyeq 1$, 则称 **1** 是偏序集 P 的**最大元**. 如果元素 $z \in P$, 且 $\nexists x \in X$ 使得 $x \prec z$ 成立, 则称元素 z 是偏序集 P 的**极小元**; 如果元素 $z \in P$, 且 $\nexists x \in P$ 使得 $z \prec x$ 成立, 则称元素 z 是偏序集 P 的**极大元**.

注意上述定义中的最大元与极大元、最小元与极小元这两对概念的区别: 极大元不一定是最大元, 但最大元一定是极大元; 极小元不一定是最小元, 但最小元一定极小元. 对于有限的偏序集, 不一定有最大元, 也不一定有最小元, 但一定有极大元和极小元; 极大元与极小元可能有多个, 但最大元与最小元如果存在的话, 一定是唯一的; 孤立的元素既是极大元, 也是极小元; 如果只有一个极小 (大) 元, 则该极小 (大) 元一定是最小 (大) 元. 如果 C 是偏序集 P 的一条长度为 k 的 ab 链, 且 $C: a = x_0 \prec x_1 \prec \cdots \prec x_k = b$, 则 C 是极大链当且仅当 a 是 P 的极小元, b 是 P 的极大元, 且 $x_{i-1} < x_i (1 \leqslant i \leqslant k)$. 显然, 根据这个定义, 前面介绍的几个常见的有限偏序集如 $[\![n]\!]$, $\mathbb{B}_n$, $\mathbf{II}_n$, $\mathbb{D}_n$, $\mathbb{L}_q^n$, $\mathbb{F}(Q)$ 都有最小元和最大元, 其中 Q 是凸多面体.

例 6.7　设 $P = \{2, 3, 6, 12, 24, 36\}$, 则 $(P, |)$ 是一个偏序集. 从图 6.4 (a) 中可以看出, 偏序集 P 没有最大元, 也没有最小元, 但有极大元 24 和 36, 也有极小元 2 和 3. 令 $Q = \{1, 2, 3, 4, 5, 6, 8, 10, 12, 15, 24, 30, 60\}$, 则 $(Q, |)$ 也是一个偏序集. Q 有最小元 1 和两个极大元 24 和 60, 但没有最大元. 如图 6.4 (b) 所示.

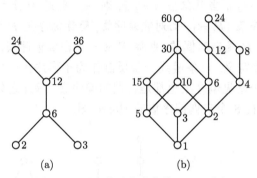

图 6.4　两个特殊偏序集的 Hasse 图

对于任何偏序集 P, 无论 P 是否有最大元 $\mathbf{1}$ 和最小元 $\mathbf{0}$, 总可以通过在 P 中添加一个新的最小元 $\hat{\mathbf{0}}$ 与一个新的最大元 $\hat{\mathbf{1}}$, 使得对于 P 中的任何极小元 x 和极大元 y 都有 $\hat{\mathbf{0}} < x$, $y < \hat{\mathbf{1}}$, 从而得到一个新的偏序集, 并将这个偏序集记为 $\hat{P}$, 即 $\hat{P} = P \cup \{\hat{\mathbf{0}}, \hat{\mathbf{1}}\}$. 偏序集 $\hat{P}$ 常被用来研究偏序集 P 的某些特征.

定义 6.9　设 $(P, \preccurlyeq)$ 是一个偏序集, 如果 P 中所有极大链的长度都是 n, 则称偏序集 P 是一个**分级的偏序集**, 数 n 称为偏序集 P 的**阶**, 记为 $\mathrm{rank}(P) = n$; 如果闭区间 $[x, y]$ 是分级的, 则其阶一般记为 $\mathrm{rank}(x, y)$.

显然, 对于一个阶为 n 的分级偏序集 P 来说, 有 $\mathcal{H}(P) = \mathrm{rank}(P) + 1$. 此时, 存在唯一的一个**阶函数** $\rho : P \mapsto \{0, 1, \cdots, n\}$ 满足: 如果 x 是 P 的一个极小元, 则 $\rho(x) = 0$; 如果 $x \lessdot y$, 则 $\rho(y) = \rho(x) + 1$. 这是因为 P 是分级的, 所以对于 $\forall x \in P$, 至少有一个长度为 n 的极大链包含 x, 且如果有两个或两个以上长度为 n 的极大链都包含 x, 则 x 在这些极大链中的位置是完全一样的. 因若不然, 假设有两个长度为 n 的极大链 $C_1 : x_0 \lessdot x_1 \lessdot \cdots \lessdot x_n$, $C_2 : y_0 \lessdot y_1 \lessdot \cdots \lessdot y_n$, 且 $x_k = y_l = x$. 如果 $k \neq l$, 不妨设 $k < l$, 则 $y_0 \lessdot \cdots \lessdot y_{l-1} \lessdot x \lessdot x_{k+1} \lessdot \cdots \lessdot x_n$ 就是一条长度为 $l + n - k \, (> n)$ 的链, 矛盾. 因此, 分级偏序集 P 中的每个元素在极大链中的位置是固定的, 从而阶函数 $\rho(x)$ 可唯一定义. 如果 $\rho(x) = k$, 称 x 是一个 k **阶元**. 对于分级偏序集 P 的闭区间 $[x, y]$, 显然有 $\mathrm{rank}(x, y) = \rho(y) - \rho(x)$.

定义 6.10　设 $(P, \preccurlyeq)$ 是一个 n 阶的分级偏序集, 如果 P 中阶为 k 的元素有 c_k 个, 其中 $0 \leqslant k \leqslant n$, 则如下关于 q 的 n 次多项式

$$\mathcal{R}(P; q) = c_0 + c_1 q + c_2 q^2 + \cdots + c_n q^n$$

称为分级偏序集 P 的**阶母函数**.

例如, $[\![n]\!]_0$ 就是一个 n 阶的分级偏序集, 且对于满足 $0 \leqslant k \leqslant n$ 的任意的 k, 其 k 阶元的个数 $c_k = 1$, 所以其阶母函数为

$$\mathcal{R}([\![n]\!]_0; q) = 1 + q + q^2 + \cdots + q^n \tag{6.4}$$

分级偏序集的 Hasse 图具有十分明显的特征, 其所有的同阶元位于 Hasse 图的同一条水平线上, 最低阶的元素位于 Hasse 图最下面, 最高阶的元素位于 Hasse 图最上面. 不难看出, 不仅仅是偏序集 $[\![n]\!]_0$, 前面介绍的其他几个常用偏序集如 $[\![n]\!]$, $\mathbb{B}_n$, $\mathbf{\Pi}_n$, $\mathbb{D}_n$, $\mathbb{L}_q^n$ 也都是分级的偏序集. 凸多面体 P 的面在包含关系下形成的偏序集 $\mathbb{F}(P)$ 也是分级的, 并且其奇数阶的元素个数等于其偶数阶的元素个数, 这是 Euler 公式 (6.1) 的结论. 图 6.4 所示的两个偏序集显然也是分级的偏序集. 表 6.2 列出了几个常见分级偏序集中元素的阶, 其中 $n = p_1^{n_1} p_2^{n_2} \cdots p_k^{n_k}$, $p_1, p_2, \cdots, p_k$ 是不同的素数, Q 是 d 维的凸多面体.

表 6.2　几个常见分级偏序集中元素的阶

偏序集: P	$\mathrm{rank}(P)$	$\rho(x)$	说明
$[\![n]\!]$	$n-1$	$x-1$	$x \in \mathbb{Z}_n^+$
$[\![n]\!]_0$	n	x	$x \in \mathbb{Z}_{n+1}$
$\mathbb{B}_n$	n	$|x|$	$x \subseteq \mathbb{Z}_n^+$
$\mathbb{D}_n$	$\sum_{i=1}^{k} n_i$	$\sum_{i=1}^{k} m_i$	$x = p_1^{m_1} p_2^{m_2} \cdots p_k^{m_k}$
$\mathbf{\Pi}_n$	$n-1$	$n-|x|$	x 是集合 $\mathbb{Z}_n^+$ 的拆分
$\mathbb{L}_q^n$	n	$\dim(x)$	x 是 $\mathbb{F}_q^n$ 的子空间
$\mathbb{F}(Q)$	$d+1$	$\dim(x)+1$	x 是 Q 的面

例 6.8　偏序集 $\mathbf{\Pi}_n$ 是分级的, 且 $\mathrm{rank}(\mathbf{\Pi}_n) = n-1$, 对于任意的拆分 $\pi \in \mathbf{\Pi}_n$, 由表 6.2 知, $\rho(\pi) = n - |\pi|$, 所以 $\mathbf{\Pi}_n$ 中 k 阶元 (即 $\mathbb{Z}_n^+$ 的包含 $n-k$ 个块的拆分) 的个数为 n 元集的 $n-k$ 无序拆分数, 于是有

$$\mathcal{R}(\mathbf{\Pi}_n; q) = \sum_{k=0}^{n-1} S(n, n-k) \, q^k \tag{6.5}$$

例 6.9　设 P 是 d 维凸多面体, 则偏序集 $\mathbb{F}(P)$ 是分级的, $\mathrm{rank}(\mathbb{F}(P)) = d+1$, 并且 $\mathbb{F}(P)$ 中 k 阶元的个数 $c_k = f_{k-1}(\varnothing)$, 即 P 中 $k-1$ 维面的个数, 于是有

$$\mathcal{R}(\mathbb{F}(P); q) = \sum_{k=0}^{d+1} f_{k-1}(\varnothing) \, q^k \tag{6.6}$$

根据分级偏序集的定义, 下面的定理是显然的.

定理 6.7 设 $(P, \preccurlyeq)$ 是一个分级的偏序集, $\mathrm{rank}(P) = n$, 令 $\mathcal{A}_k(P)$ 表示 P 中全部 k 阶元的集合, 则 $\mathcal{A}_k(P)$ 是 P 中的一条反链, 且 $\{\mathcal{A}_0(P), \mathcal{A}_1(P), \cdots, \mathcal{A}_n(P)\}$ 是 P 的一个最小反链拆分.

由上面的定理以及分级偏序集的性质可知, 分级偏序集 P 的一条最大反链一定是 P 的某个同阶元的集合. 因此, 根据例 6.8 的结论可得, $\mathbf{\Pi}_n$ 的最大反链中的元素个数即 $\mathbf{\Pi}_n$ 的宽度 $\mathcal{W}(\mathbf{\Pi}_n) = \max_{1 \leqslant k \leqslant n} \{S(n, k)\} = S\left(n, \left\lfloor \dfrac{n+1}{2} \right\rfloor\right)$. 这正是我们在前面表 6.1 中所看到的一个结果.

在序理论和极集理论 (极值组合学的一个分支) 中, 有一个非常重要的定理, 刻画了有限偏序集的宽度特征, 它就是下面的 Dilworth 定理[31].

定理 6.8 设 $(P, \preccurlyeq)$ 是一个有限偏序集, 则 $\mathcal{W}(P)$ 等于偏序集 P 的最小链拆分所包含的链数.

证明 这里采用 H. Tverberg 给出的证明[32].

为简单起见, 我们设 P 中最大反链所包含的元素个数为 M, 即 $\mathcal{W}(P) = M$, 最小链拆分所包含的链数为 m, 则显然有 $m \geqslant M$. 下面对 $|P|$ 采用归纳法证明 $m \leqslant M$. 实际上, 我们只需要证明偏序集 P 存在一个 M 链拆分即可.

如果 $|P| = 0$, 则没有什么可证明的. 当 $|P| > 0$ 时, 设 C 是 P 中的一条极大链, 如果偏序集 $P - C$ 中的每个反链至多包含 $M - 1$ 个元素, 则结论已真; 否则, $P - C$ 中必有一条包含 M 个元素即长度为 $M - 1$ 的反链, 不妨设为 $A = \{a_1, a_2, \cdots, a_M\}$. 现令

$$S^+ = \{x \mid x \in P \text{ 并且 } \exists\, a_i \in A \text{ 使得 } a_i \preccurlyeq x\}$$

$$S^- = \{x \mid x \in P \text{ 并且 } \exists\, a_i \in A \text{ 使得 } x \preccurlyeq a_i\}$$

因为 C 是一条极大链, 所以 C 中的最大元素一定不在 S^- 中, 从而按归纳假设, 定理对 S^- 成立, 即 S^- 存在一个 M 链拆分: $\{S_1^-, S_2^-, \cdots, S_M^-\}$, 其中 $a_i \in S_i^-$. 假设有 $x \in S_i^-$, 且满足 $x \succ a_i$. 因存在 $a_j \in A$ 使得 $x \preccurlyeq a_j$, 于是便有 $a_i \prec a_j$, 矛盾. 此矛盾表明, a_i 是链 S_i^- 中的最大元素, $i = 1, 2, \cdots, M$. 同理可证, S^+ 也存在一个 M 链拆分: $\{S_1^+, S_2^+, \cdots, S_M^+\}$, $a_i \in S_i^+$, 且 a_i 是链 S_i^+ 中的最小元素, $i = 1, 2, \cdots, M$. 如令 $C_i = S_i^+ \cup S_i^-$, $1 \leqslant i \leqslant M$, 则每个 C_i 均是 P 的一条链, 且易知 $\{C_1, C_2, \cdots, C_M\}$ 是 P 的一个 M 链拆分. ∎

下面的定理是由 L. Mirsky 于 1971 年给出的[33], 它实际上是 Dilworth 定理的一个对偶定理.

定理 6.9 设 $(P, \preccurlyeq)$ 是一个有限偏序集, 则 $\mathcal{H}(P)$ 等于偏序集 P 的最小反

链拆分所包含的反链数.

证明 显然, 我们只需要证明存在偏序集 P 的一个 $\mathcal{H}(P)$ 反链拆分. 因为如果 P 的最小反链拆分所包含的反链数 $k < \mathcal{H}(P)$, 则 P 的最大链中至少有两个元素包含在同一个反链中, 这显然是一个矛盾. 下面我们通过对高度 $\mathcal{H}(P)$ 采用归纳法来证明这一结论.

当 $\mathcal{H}(P) = 1$ 时, 结论显然. 假设 $\mathcal{H}(P) = m-1$ 时, 结论成立. 当 $\mathcal{H}(P) = m$ 时, 设 A 是 P 中的所有极大元的集合, 易知 A 是 P 的一条反链. 若 $P - A$ 中有一条含有 m 个元素的最大链: $x_1 \prec x_2 \prec \cdots \prec x_m$, 则这个链也是 P 的最大链, 这样就有 $x_m \in A$, 矛盾. 此矛盾表明, $\mathcal{H}(P - A) = m - 1$; 按归纳假设, 存在 $P - A$ 的一个 $m - 1$ 反链拆分, 因此存在 P 的一个 m 反链拆分. ∎

定理 6.8 及其对偶定理 6.9, 有时统称为 Dilworth 定理. 下面的定理 6.10 可以看成是 Dilworth 定理的一个推论.

定理 6.10 设 $(P, \preceq)$ 是一个有限偏序集, $|P| = ab + 1$, 其中 a, b 为正整数, 则 P 中必有一条长度为 $a + 1$ 的链或者有一条长度为 $b + 1$ 的反链.

细心的读者可能已经注意到, 在表 6.1 中, 偏序集 $\mathbb{B}_n$ 的宽度 $\mathcal{W}(\mathbb{B}_n) = \binom{n}{\lfloor n/2 \rfloor}$, 这实际上是 E. Sperner (1905—1980) 的一个著名结果[34], 所以我们重新将其叙述成下面定理的形式, 并采用 D. Lubell 给出的一个简单证明[35].

定理 6.11 设 $\mathcal{A} = \{A_1, A_2, \cdots, A_m\}$ 是 $\mathbb{B}_n$ 的一条反链, 则 $m \leqslant \binom{n}{\lfloor n/2 \rfloor}$.

证明 设 $\mathcal{C}$ 是 $\mathbb{B}_n$ 的一条最大链 (其长度为 n), 则最大链 $\mathcal{C}$ 中一定包含集合 $\mathbb{Z}_n^+$ 的 0 元子集, 1 元子集, $\cdots$, n 元子集各一个, 于是我们可以采用如下方式来构造最大链 $\mathcal{C}$. 首先令 $C_0 = \varnothing$, 然后令 C_1 是 $\mathbb{Z}_n^+$ 的 1 元子集, 有 n 种方式选择 C_1; 令 C_2 是 $\mathbb{Z}_n^+$ 的 2 元子集, 且 $C_1 \subset C_2$, 有 $n - 1$ 种方式选择 C_2; 再令 C_3 是 $\mathbb{Z}_n^+$ 的 3 元子集, 且 $C_2 \subset C_3$, 有 $n - 2$ 种方式选择 C_3; $\cdots$; 最后选择 C_n 只有 1 种方式. 因此, 偏序集 $\mathbb{B}_n$ 中共有 $n!$ 个最大链. 完全类似地, 如果集合 C_k 是 $\mathbb{Z}_n^+$ 的一个给定的 k 元子集, 那么恰有 $k!(n-k)!$ 个最大链以这个 k 元子集 C_k 作为其中的一个元素. 这是因为有 $k!$ 种方式选择 $C_0, C_1, \cdots, C_{k-1}$ 使之满足 $\varnothing = C_0 \subset C_1 \subset \cdots \subset C_{k-1} \subset C_k$, 有 $(n-k)!$ 种方式选择 $C_{k+1}, C_{k+2}, \cdots, C_n$ 使之满足 $C_k \subset C_{k+1} \subset \cdots \subset C_n$.

下面我们来统计有序对 $(A, \mathcal{C})$ 的个数 N, 其中 $\mathcal{C}$ 是 $\mathbb{B}_n$ 的一条最大链, 并且集合 $A \in \mathcal{A}$, $A \in \mathcal{C}$, 也就是说 A 既是反链 $\mathcal{A}$ 中的元素, 也是最大链 $\mathcal{C}$ 中的元素. 一方面, 由于每个最大链 $\mathcal{C}$ 至多只能包含反链中的一个元素, 所以这样的有序对 $(A, \mathcal{C})$ 的个数 $N \leqslant n!$; 另一方面, 如果设 α_k 是满足 $A \in \mathcal{A}$ 且 $|A| = k$ 的子集 A 的个数, 那么又有 $N = \sum_{k=0}^{n} \alpha_k k!(n-k)!$. 于是有

$$\sum_{k=0}^{n} \alpha_k k!(n-k)! \leqslant n! \text{ 或 } \sum_{k=0}^{n} \alpha_k \Big/ \binom{n}{k} \leqslant 1$$

注意到当 $k = \lfloor n/2 \rfloor$ 时 $\binom{n}{k}$ 达到最大, 且 $\sum_{k=0}^{n} \alpha_k = m$, 由此即得结论. ∎

显然, 定理 6.11 中的不等式成立等号, 当且仅当反链 $\mathcal{A}$ 中的所有元素都是 $\mathbb{Z}_n^+$ 的 $\lfloor n/2 \rfloor$ 元子集. 下面的定理 6.12 一般称为 Erdös-Ko-Rado 定理[36], 它也是极集理论的一个非常重要的结果.

定理 6.12　设 $\mathcal{A} = \{A_1, A_2, \cdots, A_m\}$, $A_i\,(1 \leqslant i \leqslant m)$ 是 $\mathbb{Z}_n^+$ 的 m 个不同的 k 子集, $k \leqslant n/2$, 且对任意的 $1 \leqslant i < j \leqslant m$ 有 $A_i \cap A_j \neq \varnothing$, 则 $m \leqslant \binom{n-1}{k-1}$.

证明　将 $\mathbb{Z}_n^+$ 中的元素 $1, 2, \cdots, n$ 按顺时针方向摆成一个圆环, 并考虑集合 $\mathcal{F} = \{F_1, F_2, \cdots, F_n\}$, 其中 $\mathcal{F}$ 中的每个元素都是圆环顺时针方向上 k 个连续的数的集合, 即 $F_i = \{i, i+1, \cdots, i+k-1\}$, 注意每个 F_i 中的元素应理解为按 n 取模. 显然, 我们有 $|\mathcal{A} \cap \mathcal{F}| \leqslant k$. 因为如果有某个 $F_i = A_j$, 则集合 $\{l, l+1, \cdots, l+k-1\}$ 与 $\{l-k, l-k+1, \cdots, l-1\}$ 至多有一个属于 $\mathcal{A}$, 其中 $i < l < i+k$. 对于 $\pi \in \mathfrak{S}(\mathbb{Z}_n^+)$, 令 $\mathcal{F}^\pi$ 表示应用 π 到 $\mathbb{Z}_n^+$ 之后得到的 $\mathcal{F}$, 也就是说, $\mathcal{F}^\pi = \{F_1^\pi, F_2^\pi, \cdots, F_n^\pi\}$, 其中 $F_i^\pi = \{\pi(i), \pi(i+1), \cdots, \pi(i+k-1)\}$. 则显然也有 $|\mathcal{A} \cap \mathcal{F}^\pi| \leqslant k$. 于是, 我们得到 $S = \sum_{\pi \in \mathfrak{S}(\mathbb{Z}_n^+)} |\mathcal{A} \cap \mathcal{F}^\pi| \leqslant k \cdot n!$. 另一方面, 对于给定的 $A_j \in \mathcal{A}$, $F_i \in \mathcal{F}$, 显然共有 $k!(n-k)!$ 个置换 π 使得 $F_i^\pi = A_j$, 因此又有 $S = m \cdot n \cdot k!(n-k)!$, 从而得到 $m \cdot n \cdot k!(n-k)! \leqslant k \cdot n!$. 由此即得本定理的结论. ∎

若将定理 6.12 的证明稍加修改, 即可得到下面的定理.

定理 6.13　设 $\mathcal{A} = \{A_1, A_2, \cdots, A_m\}$ 是偏序集 $\mathbb{B}_n$ 的一条反链, 并且满足对任意的 $1 \leqslant i < j \leqslant m$ 有 $A_i \cap A_j \neq \varnothing$, 每个子集 $|A_i| \leqslant k \leqslant n/2$, 则 $m \leqslant \binom{n-1}{k-1}$.

证明　请读者自行完成这个定理的证明. ∎

下面的定理 6.14 应归功于 B. Bollobás[37], 它实际上是 Erdös-Ko-Rado 定理 (定理 6.12) 的一个更一般化的结论.

定理 6.14　设 $\mathcal{A} = \{A_1, A_2, \cdots, A_m\}$, $A_i\,(1 \leqslant i \leqslant m)$ 是 $\mathbb{Z}_n^+$ 的 m 个不同的子集, $|A_i| \leqslant n/2$, $1 \leqslant i \leqslant m$, 且对任意的 $1 \leqslant i < j \leqslant m$ 有 $A_i \cap A_j \neq \varnothing$, 那么有

$$\sum_{i=1}^{m} \frac{1}{\dbinom{n-1}{|A_i|-1}} \leqslant 1$$

证明　可参见原文献或 J. H. van Lint 等的著作[38], 此处从略. ∎

下面的定理 6.17 与定理 6.11 的结论类似, 它给出了偏序集 $\mathbb{L}_q^n$ 的宽度, 在前面的表 6.1 中我们已经列出了这个结果. 下面的几个定理将围绕这个结论, 同时也

涉及 $\mathbb{L}_q^n$ 中闭区间的极大链以及含有给定 k 维空间的子空间个数的统计, 这在后面涉及偏序集 $\mathbb{L}_q^n$ 上 Möbius 函数有关的计算时也将会用到.

定理 6.15 设 $V \subseteq W \subseteq \mathbb{F}_q^n$, $\dim(W) - \dim(V) = k$, 并令 $C_q(n,k)$ 是偏序集 $\mathbb{L}_q^n$ 中始于 V 终于 W 的极大链的个数, 则有 $C_q(n,k) = (k)_q!$.

证明 令 $\dim(V) = a$, $\dim(W) = b$, 根据定理 6.4 的结论, 这样极大链的长度显然是 $k = b - a$. 因此, 我们不妨设

$$\mathcal{C} : V = V_a < V_{a+1} < \cdots < V_b = W$$

是这样的一个极大链, 这里 $\dim(V_d) = d\,(a \leqslant d \leqslant b)$. 由于 V_{a+1} 可取为由子空间 V_a 与子空间 $V_b - V_a$ 中的任一向量所张成的子空间, 而 $V_b - V_a$ 中有 $q^b - q^a$ 个向量, 并且每一个这样的子空间 V_{a+1} 由 V_a 与 $q^{a+1} - q^a$ 个不同的向量构成, 所以选择 V_{a+1} 有 $(q^b - q^a)/(q^{a+1} - q^a) = (q^{b-a} - 1)/(q - 1)$ 种方式. 完全类似地, 选择子空间 V_{a+2} 有 $(q^{b-a-1} - 1)/(q - 1)$ 种方式, $\cdots$, 最后选择 V_b 只有 $(q - 1)/(q - 1) = 1$ 种方式. 注意到 $b - a = k$, 于是得到

$$C_q(n,k) = \frac{(q^k - 1)(q^{k-1} - 1) \cdots (q - 1)}{(q - 1)^k}$$

$$= (k)_q(k - 1)_q \cdots (1)_q = (k)_q!$$

这里 $(k)_q = 1 + q + q^2 + \cdots + q^{k-1}$ (详见第 1 章). 证毕. ■

定理 6.16 设 $0 \leqslant k \leqslant n$, 则 n 维向量空间 $\mathbb{F}_q^n$ 中 k 维子空间的个数为 $\binom{n}{k}_q$; 如果 U 是 $\mathbb{F}_q^n$ 的一个给定的 k 维子空间, 则对 $k \leqslant r \leqslant n$, $\mathbb{F}_q^n$ 中包含 U 的 r 维子空间的个数为 $\binom{n-k}{r-k}_q$, 其中 $\binom{n}{k}_q$ 表示 q 二项式系数 (或第二类 Gauss 系数).

证明 细心的读者可能已经注意到, 这个结论的第一部分实际上我们在第一章已经证明过 (定理 1.33), 不过这里的证明方法稍有不同. 根据定理 6.15 的结论, $\mathbb{L}_q^n$ 中长度为 n 的极大链的个数为 $C_q(n,n)$; 对于给定 k 维子空间 U 来说, 包含 U 的极大链个数为 $C_q(n,k)C_q(n,n-k)$. 因此, $\mathbb{F}_q^n$ 的 k 维子空间的个数为

$$\frac{C_q(n,n)}{C_q(n,k)C_q(n,n-k)} = \frac{(n)_q!}{(k)_q!(n-k)_q!} = \binom{n}{k}_q$$

定理其余部分的结论实际上是一个更一般的结果, 请读者自己完成. ■

定理 6.17 设 $\mathcal{A} = \{A_1, A_2, \cdots, A_m\}$ 是 $\mathbb{L}_q^n$ 的一条反链, 则有 $m \leqslant \binom{n}{\lfloor n/2 \rfloor}_q$.

证明 我们来统计序偶 $(A, \mathcal{C})$ 的个数 N, 其中 $A \in \mathcal{A}$, $\mathcal{C}$ 是 $\mathbb{L}_q^n$ 的一条极大链, 且 $A \in \mathcal{C}$. 由于每条极大链至多含有反链 $\mathcal{A}$ 中的一个元素, 而偏序集 $\mathbb{L}_q^n$ 中

有 $C_q(n,n)$ 条极大链 (定理 6.15), 所以有 $N \leqslant C_q(n,n)$. 另一方面, 设 $\mathcal{A}$ 中有 c_k 个 k 维子空间, 对 $\mathcal{A}$ 中的每一个特定的 k 维子空间 A_i, 那么由定理 6.15 知, 恰好有 $C_q(n,k)C_q(n,n-k)$ 个极大链包含 A_i, 因此有

$$N = \sum_{k=0}^{n} c_k C_q(n,k) C_q(n,n-k) \leqslant C_q(n,n)$$

由此得

$$\sum_{k=0}^{n} \frac{c_k}{C_q(n,n)/\left[C_q(n,k)C_q(n,n-k)\right]} = \sum_{k=0}^{n} \frac{c_k}{\binom{n}{k}_q} \leqslant 1$$

如果注意到 $\binom{n}{k} \leqslant \binom{n}{\lfloor n/2 \rfloor}_q$, 且 $m = \sum_{k=0}^{n} c_k$, 则得到

$$m = \sum_{k=0}^{n} c_k \leqslant \max_{0 \leqslant k \leqslant n} \binom{n}{k}_q = \binom{n}{\lfloor n/2 \rfloor}_q \qquad \blacksquare$$

前面的几个定理 (从定理 6.7 到定理 6.17) 都是序理论和极集理论中的重要结果. 极集理论 (extremal set theory) 也称 "极值集" 或 "极端集" 理论, 是极值组合学的一个比较活跃的分支, 其主要的研究目标就是给定 n 元集的一个子集族中至多或至少有多少个子集满足某些特定的条件. 有关这方面的文献极其丰富. 如果读者有兴趣对极集理论有一个全面的了解, 请参阅 P. Frankl 的文献[39].

定义 6.11 设 $(P, \preccurlyeq)$ 是一个偏序集, $Q \subseteq P$, 元素 $z \in P$, 如果对 $\forall x \in Q$ 都有 $z \preccurlyeq x$, 则称元素 z 是子集 Q 的一个**下界**; 如果对 $\forall x \in Q$ 都有 $x \preccurlyeq z$, 则称元素 z 是子集 Q 的一个**上界**; 如果 z 是 Q 的一个下界, 且对 Q 的任何一个下界 w 都有 $w \preccurlyeq z$, 则称 z 是子集 Q 的**下确界**, 一般记为 $z = \inf Q$; 如果 z 是 Q 的一个上界, 且对 Q 的任何一个上界 u 都有 $z \preccurlyeq u$, 则称 z 是子集 Q 的**上确界**, 一般记为 $z = \sup Q$.

注意上界与下界、上确界与下确界的概念. 上确界就是最小的上界, 下确界就是最大的下界. 对于一个一般的偏序集来说, 其任一子集的上界、下界、上确界以及下确界均不一定存在. 但是, 如果上确界或下确界存在的话, 则它一定是唯一的. 对于偏序集 P 的子集 Q 来说, 其上界、上确界以及下界、下确界均有可能不是 Q 中的元素. 但是, Q 中的最大元一定是 Q 的上确界, Q 中的最小元一定是 Q 的下确界.

定义 6.12 设 $(P, \preccurlyeq)$ 是一个偏序集, 如果对 P 的每个二元子集 Q, 其上确界 $\sup Q$ 和下确界 $\inf Q$ 均存在, 则称 $(P, \preccurlyeq)$ 是一个**格**; 如果 P 的每个二元子

集 Q 的上确界 $\sup Q$ 存在, 则称 $(P, \preccurlyeq)$ 是一个**上半格**; 如果 P 的每个二元子集 Q 的下确界 $\inf Q$ 存在, 则称 $(P, \preccurlyeq)$ 是一个**下半格**.

为了方便, 一般记 $\inf\{x, y\} = x \wedge y$, $\sup\{x, y\} = x \vee y$. 事实上, $\wedge$ 和 $\vee$ 是定义在偏序集上的两个二元运算, 容易验证它们具有下面的性质.

$\mathscr{L}_1$ (**幂等律**)　$x \wedge x = x \vee x = x$;

$\mathscr{L}_2$ (**交换律**)　$x \wedge y = y \wedge x$, $x \vee y = y \vee x$;

$\mathscr{L}_3$ (**结合律**)　$(x \wedge y) \wedge z = x \wedge (y \wedge z)$, $(x \vee y) \vee z = x \vee (y \vee z)$;

$\mathscr{L}_4$ (**吸收律**)　$x \wedge (x \vee y) = x = x \vee (x \wedge y)$.

虽然格是一个特殊的偏序集, 但格的定义完全可以绕过偏序集的概念, 仅根据 "$\vee$" 和 "$\wedge$" 这两个二元运算进行公理化定义. 事实上, 可以证明: 具有两个二元运算 "$\vee$" 和 "$\wedge$" 的代数系统 $(P, \vee, \wedge)$, 如果这两个二元运算 "$\vee$" 和 "$\wedge$" 满足 $\mathscr{L}_1 - \mathscr{L}_4$, 则 P 一定是格. 一般的抽象代数教材常采用这种方式来定义格, 有兴趣的读者可继续参阅相关文献[40].

根据格的定义, 偏序集 $[\![n]\!]$, $[\![n]\!]_0$, $\mathbb{B}_n$, $\mathbf{II}_n$, $\mathbb{D}_n$, $\mathbb{L}_q^n$ 显然都是格. 如果 P 是一个凸多面体, 对于 $F_1, F_2 \in \mathbb{F}(P)$, 由于 $F_1 \wedge F_2 = F_1 \cap F_2$(它显然也是 P 的一个面), 而 $F_1 \vee F_2$ 为 $\mathbb{F}(P)$ 中同时包含 F_1 与 F_2 且具有最小维数的面 (它显然是唯一的), 因此偏序集 $\mathbb{F}(P)$ 也是一个格, 一般称其为凸多面体 P 的**面格**. 图 6.5 展示了方形金字塔 P 的面格 $\mathbb{F}(P)$ 的 Hasse 图 $\mathscr{D}_H(\mathbb{F}(P))$, 格中的每个面同前面的图 6.2 一样仍然以顶点集标注.

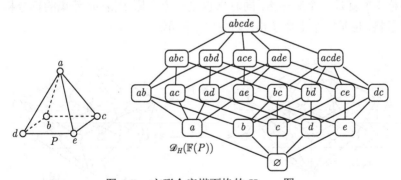

图 6.5　方形金字塔面格的 Hasse 图

另外, 容易证明: 任何有限格均有最大元 1 和最小元 0, 但对无限格这个结论不成立. 对于无限格来说, 如果它的每个子集都有上确界和下确界, 则称其为**完全格**. 显然, 完全格有最大元 1 也有最小元 0. 更多的时候, 我们可能需要判断一个有限的偏序集是否是格, 尤其是对于一个半格来说, 在什么情况下它能升为格? 下面的定理将会是非常有用的, 它给出了一个半格具备什么条件时可以成为格.

定理 6.18   设 $(P, \preccurlyeq)$ 是一个有限的偏序集, 如果 P 是一个下半格, 且有最大元 **1**, 则 P 一定是格; 如果 P 是一个上半格, 且有最小元 **0**, 则 P 一定是格.

证明   设 P 是一个下半格, 我们只需证明对于 $\forall x, y \in P$, $x \vee y$ 存在即可. 为此令 $Q = \{z \,|\, z \in P, x \preccurlyeq z$ 并且 $y \preccurlyeq z\}$, 显然 Q 是一个有限集, 因为 P 有限. 另外, Q 非空, 因为 $\mathbf{1} \in Q$. 而 P 是一个下半格, 易知 Q 的下确界存在, 于是有 $x \vee y = \inf Q$. 另一半的证明类似, 请读者自己完成. ■

在大多数文献里, 格一般用字母 L 表示. 在下面介绍格的一般概念时, 我们也沿用这个惯例.

定义 6.13   设 $(L, \preccurlyeq)$ 是一个格, 具有最小元 **0** 和最大元 **1**, 如果对于 $x \in L$, $\exists y \in L$ 使得 $x \wedge y = \mathbf{0}$, $x \vee y = \mathbf{1}$, 则称 x 和 y 是**互补的**, y 称为 x 的**补元**, 一般记为 $y = \bar{x}$; 同样 x 也称为 y 的补元, 记为 $x = \bar{y}$. 如果格 L 的每个元素都有补元, 则称 L 是**有补格**; 如果格 L 的每个元素都有唯一的补元, 则称 L 是**唯一有补格**; 如果格 L 的每个闭区间 $[a, b]$ 都是有补子格, 则称 L 是**相对有补格**.

定义 6.14   设 $(L, \preccurlyeq)$ 是一个有限格, 因而具有最小元 **0** 和最大元 **1**, 如果 $a \in L$ 满足 $\mathbf{0} \lessdot a$, 则称 a 是 L 的一个**原子或点**; 如果格 L 的每个非 **0** 元素都是 L 中某些原子集合的上确界, 则称 L 是一个**原子格或点格**. 类似地, 如果 $c \in L$ 满足 $c \lessdot \mathbf{1}$, 则称 c 是 L 的一个**上原子**; 如果格 L 的每个非 **1** 元素都是 L 中某些上原子集合的下确界, 则称 L 是一个**上原子格**.

根据定义 6.14, 我们前面曾经介绍过的 q 元域 $\mathbb{F}_q$ 上的 n 维向量空间 $\mathbb{F}_q^n$ 的子空间格 $\mathbb{L}_q^n$ 就是一个原子格, 同时它也是一个上原子格; n 元集的拆分格 $\mathbf{\Pi}_n$ 是一个原子格, 也是一个上原子格. 如图 6.6 所示.

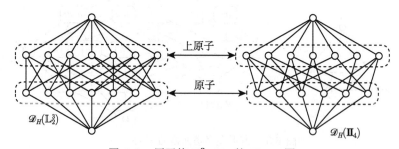

图 6.6   原子格 $\mathbb{L}_2^3$, $\mathbf{\Pi}_4$ 的 Hasse 图

从某种意义上说, 格中最重要的一类就是所谓的分配格, 其定义如下.

定义 6.15   设 $(L, \preccurlyeq)$ 是一个格, 如果对于 $\forall a, b, c \in L$ 有

$\mathscr{L}_5$ **(分配律)** $a \wedge (b \vee c) = (a \wedge b) \vee (a \wedge c)$, $a \vee (b \wedge c) = (a \vee b) \wedge (a \vee c)$

则称 L 是一个**分配格**.

可以证明, 分配律 $\mathscr{L}_5$ 中的两个等式是等价的, 即只要其中的一个成立, 另一个也一定成立 (参见习题 6.10). 根据分配格的定义, 容易验证前面介绍的几个常见的格如链 $[\![n]\!]$ 或 $[\![n]\!]_0$、幂集格 $\mathbb{B}_n$、因子格 $\mathbb{D}_n$ 都是分配格, 但拆分格 $\mathbf{\Pi}_n\,(n > 2)$ 和 q 元域上的子空间格 $\mathbb{L}_q^n\,(n > 1)$ 却不是分配格. $[\![n]\!]$ 或 $[\![n]\!]_0$ 是分配格是显而易见的, 因为在格 $[\![n]\!]$ 中, $x \wedge y = \min(x, y)$, $x \vee y = \max(x, y)$, 这两个运算显然满足分配律; 对于幂集格 $\mathbb{B}_n$ 来说, $x \wedge y = x \cap y$, $x \vee y = x \cup y$, 而集合上的交集运算 $\cap$ 和并集运算 $\cup$ 满足分配律; 至于因子格 $\mathbb{D}_n$, 则由于 $x \wedge y = \gcd(x, y)$, $x \vee y = \mathrm{lcm}(x, y)$, 而两个整数的最大公因子与最小公倍数作为两个二元运算满足分配律, 所以它也是分配格.

定义 6.16 设 $(L, \preccurlyeq)$ 是一个有限格, 如果对于 $x, y \in L$, $x \neq y$ 有

$\mathscr{L}_6$ (模律)　$x \wedge y < x,\ x \wedge y < y \implies x < x \vee y,\ y < x \vee y,$

则称 L 是一个**半模格**; 如果其对偶 L^* 也是一个半模格, 则称 L 是一个**模格**, 模格也称为 **Dedekind 格**.

从更严格的意义上来说, 这里所谓的半模格实际上是**上半模格**. 模律 $\mathscr{L}_6$ 也可以等价地叙述为

$\mathscr{L}_6'$ (模律)　$x \wedge y < x \implies y < x \vee y.$

定理 6.19 设 $(L, \preccurlyeq)$ 是一个有限格, 则 L 是半模格当且仅当 L 是分级的, 且其阶函数 ρ 满足 $\rho(x \wedge y) + \rho(x \vee y) \leqslant \rho(x) + \rho(y)$, $\forall\, x, y \in L$.

证明 设 L 是分级的, 且其阶函数 ρ 满足

$$\rho(x \wedge y) + \rho(x \vee y) \leqslant \rho(x) + \rho(y), \quad \forall\, x, y \in L$$

那么对于 $x, y \in L$, 如果有 $x \wedge y < x$, $x \wedge y < y$, 则 $\rho(x) = \rho(y) = \rho(x \wedge y) + 1$, 并且 $\rho(x \vee y) > \rho(x) = \rho(y)$. 由此即得 $\rho(x \vee y) = \rho(x) + 1 = \rho(y) + 1$, 从而有 $x < x \vee y$, $y < x \vee y$, 即 L 满足模律 $\mathscr{L}_6$, 因此是一个半模格.

现设 L 是半模格, 下面我们用反证法证明 L 是分级的, 且其阶函数 ρ 满足相应的不等式. 假设 L 不是分级的, 并令 $[u, v]$ 是 L 的一个不是分级的闭区间 (其存在性显然), 且具有最小的高度, 那么一定存在 $x_1, x_2 \in [u, v]$ 满足 $u < x_1$, $u < x_2$, 且使得闭区间 $[x_i, v]$ 中的所有极大链均具有相同的长度 ℓ_i, 其中 $\ell_1 \neq \ell_2$. 因若不然, 则与 $[u, v]$ 不是分级的且具有最小高度矛盾. 由于 L 满足模律 $\mathscr{L}_6$, 所以区间 $[x_i, v]$ 中一定存在形如 $x_i < x_1 \vee x_2 < y_1 < y_2 < \cdots < y_k = v$ 的极大链, 这显然与 $\ell_1 \neq \ell_2$ 矛盾. 因此, L 是分级的.

假设存在 $x, y \in L$ 使得

$$\rho(x \wedge y) + \rho(x \vee y) > \rho(x) + \rho(y) \tag{6.7}$$

则选择使得 $\mathcal{H}(x \wedge y, x \vee y)$ 达到最小的一对 x, y, 此时 $\rho(x) + \rho(y)$ 也达到最小值.

于是根据模律 $\mathscr{L}_6$, 不可能同时有 $x \wedge y < x$, $x \wedge y < y$. 不妨假设 $x \wedge y \prec x' \prec x$, 根据 $\mathcal{H}(x \wedge y, x \vee y)$ 及 $\rho(x) + \rho(y)$ 的最小性, 我们有

$$\rho(x' \wedge y) + \rho(x' \vee y) \leqslant \rho(x') + \rho(y) \tag{6.8}$$

注意到 $x' \wedge y = x \wedge y$, 则 (6.7) 与 (6.8) 意味着

$$\rho(x) + \rho(x' \vee y) < \rho(x') + \rho(x \vee y)$$

另一方面, 又显然有 $x \wedge (x' \vee y) \succcurlyeq x'$ 并且 $x \vee (x' \vee y) = x \vee y$, 所以如果我们令 $u = x, v = x' \vee y$, 则

$$\rho(u \wedge v) + \rho(u \vee v) > \rho(u) + \rho(v)$$

$$\mathcal{H}(u \wedge v, u \vee v) < \mathcal{H}(x \wedge y, x \vee y)$$

矛盾. 此矛盾表明, 不可能存在 $x, y \in L$ 使得 (6.7) 成立. ∎

根据模格的定义和定理 6.19, 下面的推论是显然的.

推论 6.19.1　设 $(L, \preccurlyeq)$ 是一个有限格, 则 L 是模格, 当且仅当 L 是分级的, 且其阶函数 ρ 满足 $\rho(x \wedge y) + \rho(x \vee y) = \rho(x) + \rho(y)$, $\forall x, y \in L$.

定义 6.17　设 $(L, \preccurlyeq)$ 是一个有限的半模格, 如果 L 还是一个原子格, 则称 L 是一个**几何格**.

容易证明, 几何格的任何闭区间仍然是几何格 (习题 6.11), 几何格中的任何点 (或原子) 都有补元 (习题 6.12). 根据前面的定义容易验证, 格 $[\![n]\!]$, $\mathbb{B}_n$, $\mathbb{D}_n$, $\mathbb{L}_q^n$ 都是模格, 但拆分格 $\mathbf{\Pi}_n$ 却不是模格; 幂集格 $\mathbb{B}_n$、拆分格 $\mathbf{\Pi}_n$ 与 q 元域上的子空间格 $\mathbb{L}_q^n$ 都是几何格, 格 $[\![n]\!]$ 不是几何格, 因子格 $\mathbb{D}_n$ 一般也不是几何格, 除非正整数 n 可分解为 k 个不同素数的乘积, 此时实际上有 $\mathbb{D}_n \cong \mathbb{B}_k$ (习题 6.25).

格中还有一个非常重要的格, 那就是 Boole 格, 一个具有最小元与最大元的有补分配格. Boole 格也称为 **Boole 代数**, 这是一个以英国数学家 G. Boole (1815—1864) 命名的代数系统. 这种类型的代数结构反映了集合操作与逻辑操作的本质特性, 因此, Boole 代数可以看成是幂集代数的一般化. 对 Boole 代数有兴趣的读者可以继续查阅相关文献, 这里不再赘述.

定义 6.18　设 $(P, \preccurlyeq)$ 是一个偏序集, I 是 P 的非空子集, 如果 $x \in I$ 且 $y \preccurlyeq x$, 那么 $y \in I$, 则称 I 是 P 的一个**序理想**; 如果 $x \in I$ 且 $y \succcurlyeq x$, 那么 $y \in I$, 则称 I 是 P 的一个**对偶序理想**.

根据这个定义, 如果 I 是 P 的一个序理想, 那么 $x \in I$ 就意味着所有终于 x 的链上的元素也都属于 I; I 是 P 的一个对偶序理想, 那么 $x \in I$ 就意味着所有

始于 x 的链上的元素也都属于 I. 容易证明, 偏序集 P 的所有序理想的集合与集合的包含关系形成一个偏序集, 并以 $\mathbb{J}(P)$ 来表示这个偏序集. 当 P 是有限集时, 其序理想与其反链之间存在一一对应关系, 即 $\mathrm{Ac}(P)$ 与 $\mathbb{J}(P)$ 之间存在一一对应关系 (可参见习题 6.6).

接下来, 我们进一步来考虑偏序集 P 与偏序集 $\mathbb{J}(P)$ 之间的关系. 为此, 设 $A = \{x_1, x_2, \cdots, x_m\}$ 是 P 的一条反链, 令 $I = \{y \mid y \in P, y \preccurlyeq x, \exists x \in A\}$, 则 I 显然是 P 的序理想, 并称 I 是由 A **生成的序理想**, 记为 $I = \langle x_1, x_2, \cdots, x_m \rangle$. 如果 $I = \langle x \rangle$, 称 I 是由 x 生成的**主序理想**, 记为 Λ_x, 即 $\Lambda_x = \{y \mid y \in P, y \preccurlyeq x\}$; 对应地, $V_x = \{y \mid y \in P, y \succcurlyeq x\}$ 称为由 x 生成的**主对偶序理想**. 如果 P 有最大元 $\mathbf{1}$, 则由 $\mathbf{1}$ 生成的主序理想 $\Lambda_1 = P$, 这说明 $\mathbb{J}(P)$ 也有最大元 $\mathbf{1}_{\mathbb{J}(P)} = P$.

定义 6.19 设 L 是一个格, $x \in L$, 如果不存在 $y, z \in L$ 使得 $x = y \vee z$, 并且 $y \prec x$, $z \prec x$, 则称 x 是一个 $\vee$ **不可约的元素**; 如果不存在 $y, z \in L$ 使得 $x = y \wedge z$, 并且 $y \succ x$, $z \succ x$, 则称 x 是一个 $\wedge$ **不可约的元素**.

设 P 是一个有限的偏序集, $I \in \mathbb{J}(P)$, 则 I 是 $\vee$ 不可约的当且仅当 I 是 P 的一个主序理想. 这是一个显然的结论. 除此之外, 对于 $I, J \in \mathbb{J}(P)$, 如果 $I \lessdot J$, 那么 $J = I \cup \{x\}$, 其中 x 是 $P - I$ 的极小元. 由此可推出如下定理:

定理 6.20 设 P 是一个 n 元偏序集, 那么 $\mathbb{J}(P)$ 是一个阶为 n 的分级偏序集, 并且对于 $\forall I \in \mathbb{J}(P)$ 有 $\mathrm{rank}(I) = |I|$.

对于任何有限的偏序集 P, 其序理想构成的偏序集 $\mathbb{J}(P)$ 一定是一个分配格. 这是因为 $\mathbb{J}(P)$ 上的两个运算 "$\vee$" 与 "$\wedge$" 就是普通集合的并集运算 "$\cup$" 和交集运算 "$\cap$", 它们显然满足分配律, 且两个序理想的并和交仍然是序理想, 所以 P 的序理想构成的偏序集 $\mathbb{J}(P)$ 不仅是一个格, 而且还是一个分配格. 下面的定理称为**有限分配格基本定理**, 它刻画了有限分配格与有限偏序集的序理想之间的对应关系.

定理 6.21 设 $(L, \preccurlyeq)$ 是一个有限的分配格, 则一定唯一地存在一个有限偏序集 P 使得 $L \cong \mathbb{J}(P)$.

证明 详见 R. P. Stanley 著作[3], 此处从略. ∎

根据这个基本定理, 下面的定理是显然的.

定理 6.22 设 $(L, \preccurlyeq)$ 是一个有限的分配格, $\mathbf{0}_L$ 和 $\mathbf{1}_L$ 分别表示其最小元与最大元, 则如下的条件是等价的.

① L 是一个 **Boole** 代数;

② L 是一个有补格;

③ L 是相对有补格;

④ L 是原子格;

⑤ $\mathbf{1}_L = \sup(A)$, A 是 L 中一些原子的集合;

⑥ L 是几何格;

⑦ 对于 $x \in L$, 如果 x 是 $\vee-$ 不可约的, 则 $\mathbf{0}_L \prec x$;

⑧ 如果 L 中有 n 个 $\vee-$ 不可约元素, $|L| = 2^n$;

⑨ L 是分级的, 其阶母函数 $\mathcal{R}(L; q) = (1+q)^n$, 其中 $n \in \mathbb{N}$.

表 6.3 列出了几个常见格所具有的属性, 符号 "$\sqrt{}$" 表示相应的格具有该属性, 否则表示不具有该属性, 其中符号 "$\sqrt{}^{\dagger}$" 表示仅当正整数 $n = p_1 p_2 \cdots p_k$ 时成立, 其中诸 p_j 是不同的素数; 而符号 "$\mathbb{F}(Q)^{\dagger}$" 中的 Q 则表示凸多面体.

表 6.3　几个常见格所具有的属性

格 L	$[\![n]\!]$	$\mathbb{B}_n$	$\mathbb{D}_n$	$\mathbf{\Pi}_n$	$\mathbb{L}_q^n$	$\mathbb{F}(Q)^{\dagger}$
模格	$\sqrt{}$	$\sqrt{}$	$\sqrt{}$		$\sqrt{}$	$\sqrt{}$
相对有补格		$\sqrt{}$			$\sqrt{}$	$\sqrt{}$
唯一有补格		$\sqrt{}$				
原子格		$\sqrt{}$	$\sqrt{}$	$\sqrt{}$	$\sqrt{}$	$\sqrt{}$
上原子格		$\sqrt{}$			$\sqrt{}$	$\sqrt{}$
几何格		$\sqrt{}$	$\sqrt{}^{\dagger}$	$\sqrt{}$	$\sqrt{}$	$\sqrt{}$

6.3　偏序集的构造

下面我们介绍从给定的偏序集构造新偏序集的几种常见方法.

1. 偏序集的直和

设 $(P, \preccurlyeq_1)$ 与 $(Q, \preccurlyeq_2)$ 是两个偏序集, 且 $P \cap Q = \varnothing$, 定义集合 $P \cup Q$ 上的二元关系 $\preccurlyeq$ 如下: 对于 $\forall x, y \in P \cup Q$, $x \preccurlyeq y$ 当且仅当 $x, y \in P$ 时 $x \preccurlyeq_1 y$, 或者当 $x, y \in Q$ 时 $x \preccurlyeq_2 y$. 易知 $\preccurlyeq$ 是 $P \cup Q$ 上的偏序关系, 称偏序集 $(P \cup Q, \preccurlyeq)$ 是偏序集 $(P, \preccurlyeq_1)$ 与偏序集 $(Q, \preccurlyeq_2)$ 的**直和**, 一般记为 $(P \boxplus Q, \preccurlyeq)$, 在不至于混淆偏序关系的情况下, 直接简记为 $P \boxplus Q$.

根据直和的定义, 如果 $x \in P$, $y \in Q$, 则 x 与 y 不可比较. 因此, 如果 A_x 是偏序集 P 的一条反链, 而 A_y 是偏序集 Q 的一条反链, 则 $A_x \cup A_y$ 显然也是偏序集 $P \boxplus Q$ 的一条反链; P 和 Q 的极大链也一定是直和 $P \boxplus Q$ 的极大链. 从而有下面的定理.

定理 6.23　设 $(P \boxplus Q, \preccurlyeq)$ 是偏序集 $(P, \preccurlyeq_1)$ 与 $(Q, \preccurlyeq_2)$ 的直和, 那么

① 如果 $(P, \preccurlyeq_1)$ 与 $(Q, \preccurlyeq_2)$ 都是格, 则直和 $(P \boxplus Q, \preccurlyeq)$ 一定不是格, 除非 P 或 Q 之一是空集, 但偏序集 $\widehat{P \boxplus Q}$ 一定是格;

② 如果 $(P, \preccurlyeq_1)$ 与 $(Q, \preccurlyeq_2)$ 是同阶的分级偏序集, 则直和 $(P \boxplus Q, \preccurlyeq)$ 也是分级的偏序集, 且有

$$\mathrm{rank}(P \boxplus Q) = \mathrm{rank}(P) = \mathrm{rank}(Q)$$

$$\boldsymbol{\mathcal{R}}(P \boxplus Q; q) = \boldsymbol{\mathcal{R}}(P; q) + \boldsymbol{\mathcal{R}}(Q; q)$$

③ 直和 $(P \boxplus Q, \preccurlyeq)$ 的宽度和高度满足如下关系:

$$\mathcal{W}(P \boxplus Q) = \mathcal{W}(P) + \mathcal{W}(Q)$$

$$\mathcal{H}(P \boxplus Q) = \max\{\mathcal{H}(P), \mathcal{H}(Q)\}$$

根据直和的性质, 由于 P 与 Q 中的元素不可比较, 所以直和 $P \boxplus Q$ 的 Hasse 图 $\mathscr{D}_H(P \boxplus Q)$ 就是两个分离的 Hasse 图: 一个是 P 的 Hasse 图 $\mathscr{D}_H(P)$, 另一个是 Q 的 Hasse 图 $\mathscr{D}_H(Q)$. 除此之外, 直和的概念显然可以很容易地推广到任意有限个偏序集的情况.

2. 偏序集的有序和

设 $(P, \preccurlyeq_1)$ 与 $(Q, \preccurlyeq_2)$ 是两个偏序集, 且 $P \cap Q = \varnothing$, 定义集合 $P \cup Q$ 上的二元关系 $\preccurlyeq$ 如下: 对于 $\forall x, y \in P \cup Q$, $x \preccurlyeq y$ 当且仅当①$x, y \in P$ 时 $x \preccurlyeq_1 y$, 或者②当 $x, y \in Q$ 时 $x \preccurlyeq_2 y$, 或者③$x \in P$ 且 $y \in Q$. 易知 $\preccurlyeq$ 是 $P \cup Q$ 上的偏序关系, 称偏序集 $(P \cup Q, \preccurlyeq)$ 是偏序集 $(P, \preccurlyeq_1)$ 与偏序集 $(Q, \preccurlyeq_2)$ 的**有序和**, 并记为 $(P \oplus Q, \preccurlyeq)$, 在不至于混淆偏序关系的情况下, 简记为 $P \oplus Q$.

设 $C_x : x_0 \prec x_1 \prec \cdots \prec x_n$ 是 P 的极大链, $C_y : y_0 \prec y_1 \prec \cdots \prec y_m$ 是 Q 的极大链, 那么 $C_x \cup C_y : x_0 \prec \cdots \prec x_n \prec y_0 \prec \cdots \prec y_m$ 一定是 $P \oplus Q$ 的一条极大链; 如果 A_x 是 P 的一条极大反链, A_y 是 Q 的一条极大反链, 则 A_x 和 A_y 都是 $P \oplus Q$ 的极大反链. 如果 $(P, \preccurlyeq_1)$ 与 $(Q, \preccurlyeq_2)$ 都是格, 则有序和 $(P \oplus Q, \preccurlyeq)$ 任何两个元素都有上确界和下确界. 因此有以下定理.

定理 6.24 设 $(P \oplus Q, \preccurlyeq)$ 是偏序集 $(P, \preccurlyeq_1)$ 与 $(Q, \preccurlyeq_2)$ 的有序和, 那么

① 如果 $(P, \preccurlyeq_1)$ 与 $(Q, \preccurlyeq_2)$ 都是格, 则 $(P \oplus Q, \preccurlyeq)$ 也是格;

② 如果 $(P, \preccurlyeq_1)$ 与 $(Q, \preccurlyeq_2)$ 是分级偏序集, 则 $(P \oplus Q, \preccurlyeq)$ 也是分级偏序集, 且有

$$\mathrm{rank}(P \oplus Q) = \mathrm{rank}(P) + \mathrm{rank}(Q) + 1$$

$$\boldsymbol{\mathcal{R}}(P \oplus Q; q) = \boldsymbol{\mathcal{R}}(P; q) + q^{\mathcal{H}(P)} \boldsymbol{\mathcal{R}}(Q; q)$$

③ 有序和 $(P \oplus Q, \preccurlyeq)$ 的宽度和高度满足如下关系:

$$\mathcal{W}(P \oplus Q) = \max\{\mathcal{W}(P), \mathcal{W}(Q)\}$$

$$\mathcal{H}(P \oplus Q) = \mathcal{H}(P) + \mathcal{H}(Q)$$

因 Q 的所有极小元都覆盖 P 的所有极大元, 故 $P \oplus Q$ 的 Hasse 图 $\mathscr{D}_H(P \oplus Q)$ 可通过将 Q 的 Hasse 图 $\mathscr{D}_H(Q)$ 直接放在 P 的 Hasse 图 $\mathscr{D}_H(P)$ 的正上方, 并将 P 的每一个极大元与 Q 的所有极小元用边连接来得到, 如图 6.7 所示.

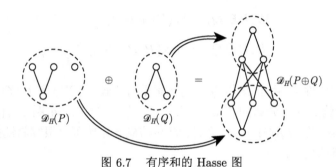

图 6.7　有序和的 Hasse 图

3. 偏序集的直积

设 $(P, \preccurlyeq_1)$ 与 $(Q, \preccurlyeq_2)$ 是两个偏序集, 在积 $P \times Q$ 上定义二元关系 $\preccurlyeq$ 如下: 对于 $\forall (x, y), (x', y') \in P \times Q$, $(x, y) \preccurlyeq (x', y')$ 当且仅当 $x \preccurlyeq_1 x'$ 并且 $y \preccurlyeq_2 y'$. 易证这样定义的二元关系 $\preccurlyeq$ 是 $P \times Q$ 上的偏序关系, 因此, $(P \times Q, \preccurlyeq)$ 是一个偏序集, 一般称其为偏序集 $(P, \preccurlyeq_1)$ 与 $(Q, \preccurlyeq_2)$ 的**直积**, 记为 $(P \boxtimes Q, \preccurlyeq)$, 有时也直接简记为 $P \boxtimes Q$. 显然, 直积的概念可以扩充到任意有限个偏序集的情况. 特别地, n 个同样的偏序集 P 的直积一般简记为 P^n.

显然, 直积具有下面的性质.

定理 6.25　设 $(P \boxtimes Q, \preccurlyeq)$ 是偏序集 $(P, \preccurlyeq_1)$ 与 $(Q, \preccurlyeq_2)$ 的直积, 那么

① 如果 $(P, \preccurlyeq_1)$ 与 $(Q, \preccurlyeq_2)$ 都是格, 则 $(P \boxtimes Q, \preccurlyeq)$ 也是格;

② 如果 $(P, \preccurlyeq_1)$ 与 $(Q, \preccurlyeq_2)$ 是分级偏序集, 则 $(P \boxtimes Q, \preccurlyeq)$ 也是分级偏序集, 且有

$$\mathrm{rank}(P \boxtimes Q) = \mathrm{rank}(P) + \mathrm{rank}(Q)$$

$$\boldsymbol{\mathcal{R}}(P \boxtimes Q; q) = \boldsymbol{\mathcal{R}}(P; q)\boldsymbol{\mathcal{R}}(Q; q)$$

③ 直积 $P \boxtimes Q$ 的宽度和高度满足如下关系:

$$\mathcal{W}(P \boxtimes Q) \geqslant \mathcal{W}(P)\mathcal{W}(Q)$$

$$\mathcal{H}(P \boxtimes Q) = \mathcal{H}(P) + \mathcal{H}(Q) - 1$$

对于定理 6.25 性质③中的公式 $\mathcal{W}(P \boxtimes Q) \geqslant \mathcal{W}(P)\mathcal{W}(Q)$，我们稍作说明. 如果 A_x 和 A_y 分别是 P 和 Q 中的最大反链，则 $A_x \times A_y$ 显然是直积 $P \boxtimes Q$ 中的一条长度为 $|A_x||A_y| = \mathcal{W}(P)\mathcal{W}(Q)$ 的反链，因而有 $\mathcal{W}(P \boxtimes Q) \geqslant \mathcal{W}(P)\mathcal{W}(Q)$，等号成立当且仅当 A_x 和 A_y 分别是 P 和 Q 中唯一的一条包含所有极大元 (或极小元) 的最大反链. 假设 A_x 既不包含 P 的极大元也不包含 P 的极小元，A_y 也如此，现令 m_x 和 M_x 分别表示 P 的极小元与极大元的集合，而 m_y 和 M_y 分别表示 Q 的极小元与极大元的集合，则

$$\left(A_x \times A_y\right) \cup \left(m_x \times M_y\right) \cup \left(M_x \times m_y\right)$$

显然也是直积 $P \boxtimes Q$ 中的一条反链，其长度为

$$|A_x||A_y| + |m_x||M_y| + |M_x||m_y| > \mathcal{W}(P)\mathcal{W}(Q)$$

直积 $P \boxtimes Q$ 的 Hasse 图可以分三步画出. ①画出 P 的 Hasse 图 $\mathscr{D}_H(P)$；②以 $\mathscr{D}_H(Q_x)$ 替换 $\mathscr{D}_H(P)$ 中的每一个点 x，其中 $Q_x = \{(x, y) \,|\, y \in Q\}$, $x \in P$, 因此 $\mathscr{D}_H(Q_x)$ 就是 $\mathscr{D}_H(Q)$；③如果 x_1 和 x_2 在 $\mathscr{D}_H(P)$ 中有边连接，则将 $\mathscr{D}_H(Q_{x_1})$ 与 $\mathscr{D}_H(Q_{x_2})$ 中的对应点连接起来. 图 6.8 (a) 显示了偏序集 P 与 Q 的直积 $P \boxtimes Q$ 的 Hasse 图 $\mathscr{D}_H(P \boxtimes Q)$, 其中图中等号 "=" 右边的每个虚椭圆表示一个不同的 $\mathscr{D}_H(Q_x)$, 它实际上是 $\mathscr{D}_H(Q)$. 如果将右边的每个 $\mathscr{D}_H(Q_x)$ 看成是单个点，则等号 "=" 右边正好是偏序集 P 的 Hasse 图 $\mathscr{D}_H(P)$.

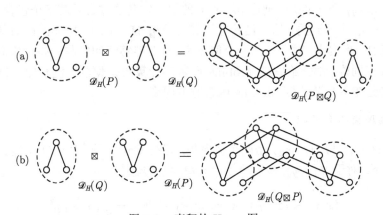

图 6.8　直积的 Hasse 图

有一点读者可能已经注意到，虽然有 $P \boxtimes Q \cong Q \boxtimes P$, 但按上述方式画出的 Hasse 图 $\mathscr{D}_H(P \boxtimes Q)$ 与 $\mathscr{D}_H(Q \boxtimes P)$ 至少在外观上有很大的不同，如图 6.8 (b) 所示，但它们确实是同构的. 事实上，稍加观察就能看到这一点.

例 6.10　设 $n = p_1^{n_1} p_2^{n_2} \cdots p_k^{n_k} \in \mathbb{Z}^+$, 其中 $p_i\,(1 \leqslant i \leqslant k)$ 是 k 个不同的素数, 而 $n_i\,(1 \leqslant i \leqslant k)$ 是 k 个正整数. 令 $P = \mathbb{D}_n$, $Q = \mathbb{D}_{m_1} \boxtimes \mathbb{D}_{m_2} \boxtimes \cdots \boxtimes \mathbb{D}_{m_k}$, 这里 $m_i = p_i^{n_i}\,(1 \leqslant i \leqslant k)$, 试证明: $P \cong Q$.

证明　对于 $\forall d \in \mathbb{D}_n$, $d = p_1^{d_1} p_2^{d_2} \cdots p_k^{d_k}$, 其中 $0 \leqslant d_i \leqslant n_i\,(1 \leqslant i \leqslant k)$, 作映射 $\varphi: P \mapsto Q$, 使得 $\varphi(d) = \left(p_1^{d_1}, p_2^{d_2}, \cdots, p_k^{d_k}\right)$. 显然, 这样定义的 φ 是 P 到 Q 的一个一一对应, 并且满足: 对 $\forall u, v \in \mathbb{D}_n$, $u = p_1^{u_1} p_2^{u_2} \cdots p_k^{u_k}$, $v = p_1^{v_1} p_2^{v_2} \cdots p_k^{v_k}$, 如果 $u \preccurlyeq v$ 即 $u \mid v$, 则必有 $u_i \leqslant v_i\,(1 \leqslant i \leqslant k)$, 即 $p_i^{u_i} \preccurlyeq p_i^{v_i}\,(1 \leqslant i \leqslant k)$, 从而得到

$$\left(p_1^{u_1}, p_2^{u_2}, \cdots, p_k^{u_k}\right) \preccurlyeq \left(p_1^{v_1}, p_2^{v_2}, \cdots, p_k^{v_k}\right)$$

由此即得 $P \cong Q$.　■

由于每个偏序集 $\mathbb{D}_{m_i}$, $m_i = p_i^{n_i}\,(1 \leqslant i \leqslant k)$ 显然都是链, 所以这个例子告诉我们偏序集 $\mathbb{D}_n$ 可以表示为若干个链的直积, 更一般的结论可参见习题 6.24. 后面我们将会看到, 这个结论对于有限偏序集 $\mathbb{D}_n$ 上 Möbius 函数的计算非常有用.

例 6.11　设 $\pi, \sigma \in \mathbf{\Pi}_n$, 且 $\pi \preccurlyeq \sigma$. 如果令 $\sigma = \{S_1, S_2, \cdots, S_k\}$, 并设 σ 中的每个块 $S_i\,(1 \leqslant i \leqslant k)$ 恰包含 π 的 $n_i\,(1 \leqslant i \leqslant k)$ 个块, 则对区间 $[\pi, \sigma]$ 有

$$[\pi, \sigma] \cong \mathbf{\Pi}_{n_1} \boxtimes \mathbf{\Pi}_{n_2} \boxtimes \cdots \boxtimes \mathbf{\Pi}_{n_k}$$

这个结论是显然的, 因为对于 $\forall \tau \in \mathbf{\Pi}_n$, $\pi \preccurlyeq \tau \preccurlyeq \sigma$, 都可以通过合并包含在 $S_i\,(1 \leqslant i \leqslant k)$ 中的 $n_i\,(1 \leqslant i \leqslant k)$ 个 π 的块来得到. 例如, 如果 $S_i\,(1 \leqslant i \leqslant k)$ 包含 $m_i\,(\leqslant n_i)$ 个 τ 的块, 则这 m_i 个 τ 的块一定是通过合并若干个包含在 S_i 中的 n_i 个 π 的块得到的. 这个结论在计算拆分格 $\mathbf{\Pi}_n$ 上的 Möbius 函数具有非常重要的意义. 事实上, 对于任何一个偏序集, 只要能够证明它与一些结构简单的偏序集的直积同构, 都会给它的 Möbius 函数的计算带来便利. 例 6.10 和例 6.11 的结果都将会在下一节计算 Möbius 函数时被用到.

4. 偏序集的有序积

设 $(P, \preccurlyeq_1)$ 与 $(Q, \preccurlyeq_2)$ 是两个偏序集, 若在 Cartes 积 $P \times Q$ 上定义二元关系 $\preccurlyeq$ 如下: 对于 $\forall (x, y), (x', y') \in P \times Q$, 我们规定

$$(x, y) \preccurlyeq (x', y') \iff x \prec_1 x' \text{ 或 } x = x',\ y \preccurlyeq_2 y'$$

易证这样定义的二元关系 $\preccurlyeq$ 是 $P \times Q$ 上的偏序关系, 因此, $(P \times Q, \preccurlyeq)$ 是一个偏序集, 一般称其为偏序集 $(P, \preccurlyeq_1)$ 与 $(Q, \preccurlyeq_2)$ 的**有序积**, 记为 $(P \otimes Q, \preccurlyeq)$.

首先我们注意到, 虽然有序积 $(P \otimes Q, \preccurlyeq)$ 中的次序 $\preccurlyeq$ 是由 P 中的次序 $\preccurlyeq_1$ 和 Q 中的次序 $\preccurlyeq_2$ 衍生出来的, 但这两个次序并没有同等地对待, P 中的次序 $\preccurlyeq_1$

被优先考虑. 实际上, 这种次序是一种通常的字典序. 因此, 一把来说 $P \otimes Q$ 与 $Q \otimes P$ 是不同的, 特别地, 它们一般也不同构, 即 $P \otimes Q \ncong Q \otimes P$.

显然, 有序积的概念可以很容易地扩充到任意有限多个偏序集上. 例如, 设有三个偏序集 $(P, \preccurlyeq_1)$、$(Q, \preccurlyeq_2)$ 与 $(R, \preccurlyeq_3)$, 在 Cartes 积 $P \times Q \times R$ 上定义二元关系 $\preccurlyeq$ 如下: 对于 $(x, y, z), (x', y', z') \in P \times Q \times R$, 我们规定

$$(x, y, z) \preccurlyeq (x', y', z') \iff x \prec_1 x' \text{ 或 } x = x', y \prec_2 y' \text{ 或 } x = x', y = y', z \preccurlyeq_3 z'$$

易知, 二元关系 $\preccurlyeq$ 是 $P \times Q \times R$ 上的一个偏序关系, 因此, $(P \times Q \times R, \preccurlyeq)$ 是一个偏序集, 称这个偏序集为偏序集 P, Q 与 R 的有序积, 记为 $(P \otimes Q \otimes R, \preccurlyeq)$.

有序积具有下面显然的性质.

定理 6.26 设 $(P \otimes Q, \preccurlyeq)$ 是偏序集 $(P, \preccurlyeq_1)$ 与 $(Q, \preccurlyeq_2)$ 的有序积, 那么

① 如果 $(P, \preccurlyeq_1)$ 与 $(Q, \preccurlyeq_2)$ 都是格, 则 $(P \otimes Q, \preccurlyeq)$ 也是格;

② 如果 $(P, \preccurlyeq_1)$ 与 $(Q, \preccurlyeq_2)$ 是分级偏序集, 则 $(P \otimes Q, \preccurlyeq)$ 也是分级偏序集, 且有

$$\operatorname{rank}(P \otimes Q) = \operatorname{rank}(P)\mathcal{H}(Q) + \operatorname{rank}(Q)$$

$$= \operatorname{rank}(Q)\mathcal{H}(P) + \operatorname{rank}(P)$$

$$\boldsymbol{\mathcal{R}}(P \otimes Q; q) = \boldsymbol{\mathcal{R}}(P; q^{\mathcal{H}(Q)})\boldsymbol{\mathcal{R}}(Q; q)$$

③ 有序积 $P \otimes Q$ 的宽度和高度满足如下关系:

$$\mathcal{W}(P \otimes Q) = \mathcal{W}(P)\mathcal{W}(Q)$$

$$\mathcal{H}(P \otimes Q) = \mathcal{H}(P)\mathcal{H}(Q)$$

现在我们考虑有序积 Hasse 图的画法. 如果 $(P, \preccurlyeq_1)$ 与 $(Q, \preccurlyeq_2)$ 都是有限的偏序集, 则其有序积 $P \otimes Q$ 的 Hasse 图 $\mathscr{D}_H(P \otimes Q)$ 可以分三步画出. ①画出 P 的 Hasse 图 $\mathscr{D}_H(P)$; ②将 $\mathscr{D}_H(P)$ 中的每一个点 x 替换成 Hasse 图 $\mathscr{D}_H(Q_x)$, 其中 $Q_x = \{(x, y) \mid y \in Q\}$, $x \in P$. 因为 $Q \cong Q_x$, 所以有 $\mathscr{D}_H(Q_x) = \mathscr{D}_H(Q)$; ③如果在 $\mathscr{D}_H(P)$ 中有 $x_1 < x_2$, 则将 Q_{x_2} 的每个极小元与 Q_{x_1} 的每个极大元连接起来, 即让 Q_{x_2} 的每个极小元覆盖 Q_{x_1} 的每个极大元. 图 6.9 演示了有序积 $P \otimes Q$ 的 Hasse 图 $\mathscr{D}_H(P \otimes Q)$.

根据前面关于偏序集构造的定义, 下面关于分级偏序集阶函数的结论是显然的.

定理 6.27 如果 $(P, \preccurlyeq_1)$ 与 $(Q, \preccurlyeq_2)$ 都是分级偏序集, 则有

$$\rho_{P \oplus Q}(z) = \begin{cases} \rho_P(z), & z \in P \\ \rho_Q(z) + \mathcal{H}(P), & z \in Q \end{cases}$$

$$\rho_{P \boxtimes Q}(x, y) = \rho_P(x) + \rho_Q(y), \quad (x, y) \in P \boxtimes Q$$

$$\rho_{P \otimes Q}(x, y) = \rho_P(x)\mathcal{H}(Q) + \rho_Q(y), \quad (x, y) \in P \otimes Q$$

如果 P 和 Q 是同阶的分级偏序集, 那么还有

$$\rho_{P \boxplus Q}(z) = \begin{cases} \rho_P(z), & z \in P \\ \rho_Q(z), & z \in Q \end{cases}$$

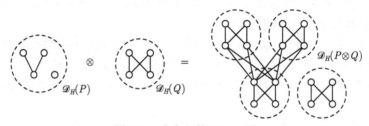

图 6.9　有序积的 Hasse 图

5. 偏序集的幂集

设 $(P, \preccurlyeq_1)$ 与 $(Q, \preccurlyeq_2)$ 是两个偏序集, 以 $Q_\preccurlyeq^P$ 表示 P 到 Q 的所有保序映射的集合, 即对 $\forall \varphi : P \mapsto Q, \varphi \in Q_\preccurlyeq^P$ 当且仅当 $x \preccurlyeq_1 x'$ 时有 $\varphi(x) \preccurlyeq_2 \varphi(x')$. 在 $Q_\preccurlyeq^P$ 上定义二元关系 $\preccurlyeq$ 如下: 对 $\forall \varphi, \psi \in Q^P, \varphi \preccurlyeq \psi$ 当且仅当 $\varphi(x) \preccurlyeq_2 \psi(x), \forall x \in P$. 易知, $(Q_\preccurlyeq^P, \preccurlyeq)$ 是一个偏序集, 并简记为 $Q_\preccurlyeq^P$.

在前面介绍的偏序集的几种构造方法中, 直积 $\boxtimes$ 和直和 $\boxplus$ 作为偏序集集合上二元运算, 它们满足结合律与交换律, 并且还具有下面的性质[3].

定理 6.28　设 P, Q, R 是三个偏序集, 则有

① $P \boxtimes (Q \boxplus R) \cong (P \boxtimes Q) \boxplus (P \boxtimes R)$;

② $P_\preccurlyeq^{Q \boxplus R} \cong P_\preccurlyeq^Q \boxtimes P_\preccurlyeq^R$;

③ $\left(P_\preccurlyeq^Q\right)_\preccurlyeq^R \cong P_\preccurlyeq^{Q \boxtimes R}$.

证明　留作习题 (习题 6.13). ■

6.4　关联代数

这一节主要介绍关联代数, 但我们这里介绍关联代数的目的主要是为了引出 Möbius 函数, 为后面的主要内容 —— Möbius 反演作准备. 因此, 不准备完整地涉及这一领域的内容, 有兴趣的读者可继续查阅相关文献. 关联代数类似于群代

数. 事实上, 无论是关联代数还是群代数, 它们都是范畴代数的特例, 因为群和偏序集都是一种特殊的范畴.

设 $(P, \preccurlyeq)$ 是一个局部有限的偏序集, 并以 $\mathbb{I}(P)$ 表示 P 上的所有闭区间的集合, 以 $\mathbb{A}(P)$ 表示集合 $\mathbb{I}(P)$ 上的所有实函数的集合, 即

$$\mathbb{A}(P) = \{f \,|\, f : \mathbb{I}(P) \mapsto \mathbb{R}\}$$

对于 $f \in \mathbb{A}(P)$, 函数 f 在 P 的每一个闭区间 $[x, y]$ 上有确定的值 $f([x, y])$, 而区间 $[x, y]$ 只在 $x \preccurlyeq y$ 时有定义, 所以可以认为当 $x \not\preccurlyeq y$ 时, $f([x, y]) = 0$. 按照函数的表示习惯, 今后我们以 $f(x, y)$ 表示 $f([x, y])$. 如果偏序集 P 有最小元 $\mathbf{0}$ 和最大元 $\mathbf{1}$, 则函数 $f(\mathbf{0}, \mathbf{1})$ 我们将简记为 $f(P)$.

显然, 函数集合 $\mathbb{A}(P)$ 上我们可以非常自然地定义加法运算 "$+$" 和数乘运算 "$\cdot$", 即对于 $\forall f, g \in \mathbb{A}(P)$, 定义

$$(f + g)(x, y) = f(x, y) + g(x, y)$$

$$(\alpha \cdot f)(x, y) = \alpha \cdot f(x, y), \quad \forall \alpha \in \mathbb{R}$$

$\mathbb{A}(P)$ 上的乘法运算 "$*$" 则按如下规则进行:

$$(f * g)(x, y) = \begin{cases} \displaystyle\sum_{x \preccurlyeq z \preccurlyeq y} f(x, z) g(z, y), & x \preccurlyeq y \\ 0, & x \not\preccurlyeq y \end{cases}$$

首先注意到这个定义是有意义的, 因为 $(P, \preccurlyeq)$ 是一个局部有限的偏序集, 所以上面的求和 $\sum_{z \in [x, y]} f(x, z) g(z, y)$ 实际上是一个有限项的求和, 并且不难验证, 上面定义的乘法运算 "$*$" 满足如下结合律:

$$(f * g) * h = f * (g * h), \quad \forall f, g, h \in \mathbb{A}(P)$$

函数集合 $\mathbb{A}(P)$ 连同其上定义的乘法运算 "$*$"(也称为**卷积**)、加法运算 "$+$" 以及数乘运算 "$\cdot$" 构成所谓的**关联代数**. 对于一个局部有限的偏序集 P, 一般文献将关联代数定义为集合 $\mathbb{I}(P)$ 到一个单元可换环 $\mathbb{K}$ 上的函数集合. 我们这里仅以实数域或复数域 (均为单元可换环) 代替单元可换环, 就本章的目标来说已经足够.

另外, 集合 $\mathbb{A}(P)$ 中的函数 f 实际上是 P^2 上的实函数, 还可以解释为以偏序集 P 中的元素作为行列索引的 $|P|$ 阶实矩阵 (可能是无限阶), 函数值 $f(x, y)$ 就是这个矩阵中位于 x 行 y 列的元素. 由于当 $x \not\preccurlyeq y$ 时, $f(x, y) = 0$, 所以 f 实际上是一个上三角的实矩阵. 因此, 集合 $\mathbb{A}(P)$ 就是一个以偏序集 P 中的元

素作为行列索引的 $|P|$ 阶上三角实矩阵的集合. 在 $|P|$ 有限的情况下, 常采用函数 $f(x,y)$ 的矩阵形式, 特别是在有些证明过程中. 不过这里有一点必须提醒读者注意, 将 $\mathbb{A}(P)$ 中的元素看成是以 P 中的元素作为行列索引的上三角实矩阵的集合时, P 中的任何两元素必须可比较, 这对偏序集 P 来说, 可能是一个问题, 除非 P 是一个链. 但是, 对于任何有限的偏序集 $(P, \preccurlyeq)$, 确实存在一种将 P 中的部分次序 "$\preccurlyeq$" 全序化的方法, 新的全序 "$\preccurlyeq'$" 保留了 P 中原来的部分次序 "$\preccurlyeq$" 关系 (参见习题 6.8), 这个过程称为**拓扑排序**.

　　虽然关联代数可以在局部有限的无限偏序集上定义, 但我们所涉及的这部分内容主要的关注对象是有限的偏序集, 所以矩阵 (自然是有限阶) 表示有时更直观和易于理解. 前面定义的关联代数 $\mathbb{A}(P)$ 上的加法运算 "+" 和数乘运算 "·" 运算就是通常矩阵的加法和数乘运算, 乘法 "$*$" 运算的定义虽然表面上与矩阵乘法运算的定义并不完全一致, 但由于 $\mathbb{A}(P)$ 中矩阵都是上三角的矩阵, 所以其乘法运算的结果实际上与通常矩阵的乘法运算结果完全一样. 为了简便, 我们在以后以矩阵表示关联代数 $\mathbb{A}(P)$ 中的函数时, 自动地假定矩阵的行 (或列) 的次序是某种拓扑排序的结果, 在相关的表达式中也将忽略乘法运算符 "$*$" 和数乘运算符 "·", 相信读者不难根据上下文的关系正确地理解这些运算的含义.

　　下面的矩阵就是关联代数 $\mathbb{A}(\mathbb{B}_2)$ 中所有函数 f 的矩阵形式, 其中符号 "♣" 代表任意的实数.

$$
\begin{array}{c}
\\
\varnothing \\
\{1\} \\
\{2\} \\
\{1,2\}
\end{array}
\begin{array}{cccc}
\varnothing & \{1\} & \{2\} & \{1,2\} \\
\left(\begin{array}{cccc}
♣ & ♣ & ♣ & ♣ \\
0 & ♣ & 0 & ♣ \\
0 & 0 & ♣ & ♣ \\
0 & 0 & 0 & ♣
\end{array}\right)
\end{array}
$$

　　在函数集合 $\mathbb{A}(P)$ 中, 有几个特别令我们感兴趣的函数 (或矩阵), 它们往往蕴含着对应偏序集的典型特征, 甚至可以对偏序集的结构或模式进行统计, 因此它们在关联代数的理论中扮演着重要的角色. 下面我们将逐一介绍.

1. Delta 函数 $\delta(x,y)$

Delta 函数

$$
\delta(x,y) = \begin{cases} 1, & x = y \\ 0, & \text{其他} \end{cases} \tag{6.9}
$$

也称为 **Kronecker-δ 函数**, 有时也将 $\delta(x,y)$ 简记为 $\delta_{x,y}$. 显然, 函数 $\delta(x,y)$ 是函数集合 $\mathbb{A}(P)$ 中关于乘法运算的单位元, 即有

$$
f\delta = \delta f = f, \quad \forall f \in \mathbb{A}(P)
$$

显然, 当 P 是有限的偏序集时, 函数 $\delta(x,y)$ 所对应的矩阵就是 $|P|$ 阶单位矩阵, 今后我们将其记为 $\mathbf{I}_P$, 在发生混淆的情况下忽略偏序集 P 而直接记为 $\mathbf{I}$.

定义 6.20 设 $(P, \preccurlyeq)$ 是一个局部有限的偏序集, 对于 $f \in \mathbb{A}(P)$, 若存在 $g \in \mathbb{A}(P)$, 使得 $fg = \delta$, 则称 g 是 f 的**右逆**; 如果 g 使得 $gf = \delta$, 则称 g 是 f 的**左逆**; 如果 g 使得 $gf = fg = \delta$, 则称 g 是 f 的**逆**, 此时记 $g = f^{-1}$.

下面的定理刻画了函数集 $\mathbb{A}(P)$ 中的任意一个函数 f 存在逆的充分必要条件.

定理 6.29 设 $f \in \mathbb{A}(P)$, 则 f^{-1} 存在的充要条件是 $f(x,x) \neq 0, \forall x \in P$.

证明 必要性显然, 以下只证充分性. 由于 $f(x,x) \neq 0, \forall x \in P$, 故可令

$$g(x,y) = \begin{cases} f(y,y)^{-1}, & x = y \\ f(y,y)^{-1}\left[-\sum_{x \preccurlyeq z \prec y} g(x,z)f(z,y) \right], & x \prec y \end{cases}$$

易知有 $gf = \delta$, 即 g 是 f 的左逆. 再令

$$h(x,y) = \begin{cases} f(x,x)^{-1}, & x = y \\ f(x,x)^{-1}\left[-\sum_{x \prec z \preccurlyeq y} f(x,z)h(z,y) \right], & x \prec y \end{cases}$$

则有 $fh = \delta$, 即 h 是 f 的右逆. 另一方面, 由于乘法的结合律成立, 故有

$$g = g\delta = g(fh) = (gf)h = \delta h = h$$

从而, $g = h$ 就是 f 的逆, 即 $f^{-1} = g$. ∎

从代数的角度看, 定理 6.29 的结论是显然的. 因为一个上三角矩阵可逆的充分必要条件是矩阵的所有对角元素不为零.

2. Zeta 函数 $\zeta(x,y)$

Zeta 函数 $\zeta(x,y)$ 是 $\mathbb{A}(P)$ 中令我们感兴趣的第二个函数, 其定义如下:

$$\zeta(x,y) = \begin{cases} 1, & x \preccurlyeq y \\ 0, & \text{其他} \end{cases} \tag{6.10}$$

显然, 这个函数包含了偏序集 $(P, \preccurlyeq)$ 中所有满足 $x \preccurlyeq y$ 的元素对 x, y 的信息. 因此, 利用 $\zeta(x,y)$ 函数可得到偏序集 $(P, \preccurlyeq)$ 的一些统计信息. 例如, 根据函数 $\zeta(x,y)$ 的定义, 当 $x \preccurlyeq y$ 时, 我们有

$$\zeta^2(x,y) = (\zeta\zeta)(x,y) = \sum_{x \preccurlyeq z \preccurlyeq y} \zeta(x,z)\zeta(z,y) = |[x,y]|$$

更一般地, 可以证明 (习题 6.14): 如果 $k \in \mathbb{Z}^+$, 则有

$$\zeta^k(x,y) = \sum_{x=x_0 \preccurlyeq x_1 \preccurlyeq \cdots \preccurlyeq x_k = y} 1$$

即 $\zeta^k(x,y)$ 统计了长度为 k 的 xy 重链数, 所以, 函数 $\zeta(x,y)$ 也被称为**重链函数**.

例如, 假设 $\mathbb{B}_2 = \{\varnothing, \{1\}, \{2\}, \{1,2\}\}$, 其元素的次序表示了一种拓扑次序, 那么 $\mathbb{A}(\mathbb{B}_2)$ 中 Zeta 函数 $\zeta(x,y)$ 的矩阵表示 $\mathbf{Z}$ 以及 $\mathbf{Z}^2$, $\mathbf{Z}^3$, $\mathbf{Z}^4$ 如下:

$$\mathbf{Z} = \begin{bmatrix} 1 & 1 & 1 & 1 \\ & 1 & 0 & 1 \\ & & 1 & 1 \\ & & & 1 \end{bmatrix}, \quad \mathbf{Z}^2 = \begin{bmatrix} 1 & 2 & 2 & 4 \\ & 1 & 0 & 2 \\ & & 1 & 2 \\ & & & 1 \end{bmatrix}$$

$$\mathbf{Z}^3 = \begin{bmatrix} 1 & 3 & 3 & 9 \\ & 1 & 0 & 3 \\ & & 1 & 3 \\ & & & 1 \end{bmatrix}, \quad \mathbf{Z}^4 = \begin{bmatrix} 1 & 4 & 4 & 16 \\ & 1 & 0 & 4 \\ & & 1 & 4 \\ & & & 1 \end{bmatrix}$$

根据函数 $\zeta^k(x,y)$ 的意义, 不难验证上述矩阵中元素的正确性. 譬如, 为方便我们记 $\mathbf{Z}^3 = (z_{ij}^{(3)})$, 注意到 $z_{14}^{(3)} = 9$, 意味着偏序集 $\mathbb{B}_2$ 中始于 $\varnothing$ 终于 $\{1,2\}$ 且长度为 3 的重链有 9 条, 具体如下:

$$\varnothing = \;\; \varnothing \;\; = \;\; \varnothing \;\; \prec \{1,2\}$$
$$\varnothing = \;\; \varnothing \;\; \prec \;\; \{1\} \;\; \prec \{1,2\}$$
$$\varnothing = \;\; \varnothing \;\; \prec \;\; \{2\} \;\; \prec \{1,2\}$$
$$\varnothing = \;\; \varnothing \;\; \prec \{1,2\} = \{1,2\}$$
$$\varnothing \prec \{1\} \;\; = \;\; \{1\} \;\; \prec \{1,2\}$$
$$\varnothing \prec \{1\} \;\; \prec \{1,2\} = \{1,2\}$$
$$\varnothing \prec \{2\} \;\; = \;\; \{2\} \;\; \prec \{1,2\}$$
$$\varnothing \prec \{2\} \;\; \prec \{1,2\} = \{1,2\}$$
$$\varnothing \prec \{1,2\} = \{1,2\} = \{1,2\}$$

3. Lambda 函数 $\lambda(x,y)$

Lambda 函数 $\lambda(x,y)$ 是 $\mathbb{A}(P)$ 中我们感兴趣的第三个的函数, 其定义如下:

$$\lambda(x,y) = \begin{cases} 1, & x = y \text{ 或 } x \lessdot y \\ 0, & \text{其他} \end{cases} \tag{6.11}$$

根据上面的定义, 当 $x \preccurlyeq y$ 时有

$$\lambda^2(x,y) = \sum_{x \preccurlyeq z \preccurlyeq y} \lambda(x,z)\lambda(z,y)$$

显然, 上式求和中的项仅当 z 满足 $x = z \lessdot y$, $x \lessdot z = y$ 以及 $x \lessdot z \lessdot y$ 时为 1, 而 $x = z \lessdot y$, $x \lessdot z = y$ 以及 $x \lessdot z \lessdot y$ 显然都是长度为 2 的 xy 极大重链, 即函数 $\lambda^2(x,y)$ 统计了长度为 2 的 xy 极大重链数. 更一般地, 对 $k \in \mathbb{Z}^+$, $\lambda^k(x,y)$ 统计了偏序集 P 中长度为 k 的 xy 极大重链数.

例如, $\mathbb{A}(\mathbb{B}_2)$ 中 Lambda 函数 $\lambda(x,y)$ 的矩阵表示 $\mathbf{L}$ 以及 $\mathbf{L}^2$, $\mathbf{L}^3$, $\mathbf{L}^4$ 如下:

$$\mathbf{L} = \begin{bmatrix} 1 & 1 & 1 & 0 \\ & 1 & 0 & 1 \\ & & 1 & 1 \\ & & & 1 \end{bmatrix}, \quad \mathbf{L}^2 = \begin{bmatrix} 1 & 2 & 2 & 2 \\ & 1 & 0 & 2 \\ & & 1 & 2 \\ & & & 1 \end{bmatrix}$$

$$\mathbf{L}^3 = \begin{bmatrix} 1 & 3 & 3 & 6 \\ & 1 & 0 & 3 \\ & & 1 & 3 \\ & & & 1 \end{bmatrix}, \quad \mathbf{L}^4 = \begin{bmatrix} 1 & 4 & 4 & 12 \\ & 1 & 0 & 4 \\ & & 1 & 4 \\ & & & 1 \end{bmatrix}$$

譬如, 若记 $\mathbf{L}^k = \left(l_{ij}^{(k)}\right)$, 注意到 $l_{14}^{(4)} = 12$, 则意味着偏序集 $\mathbb{B}_2$ 中形如

$$\varnothing \preccurlyeq * \preccurlyeq * \preccurlyeq * \preccurlyeq \{1,2\}$$

的极大重链数是 12, 其中 $\preccurlyeq$ 或者是 $=$ 或者是 $\lessdot$. 具体如下:

$$\varnothing = \varnothing = \varnothing \lessdot \{1\} \lessdot \{1,2\}$$
$$\varnothing = \varnothing \lessdot \{1\} = \{1\} \lessdot \{1,2\}$$
$$\varnothing \lessdot \{1\} = \{1\} = \{1\} \lessdot \{1,2\}$$
$$\varnothing = \varnothing \lessdot \{1\} \lessdot \{1,2\} = \{1,2\}$$
$$\varnothing \lessdot \{1\} = \{1\} \lessdot \{1,2\} = \{1,2\}$$

$$\varnothing \lessdot \{1\} = \{1,2\} = \{1,2\} = \{1,2\}$$
$$\varnothing = \varnothing = \varnothing \lessdot \{2\} \lessdot \{1,2\}$$
$$\varnothing = \varnothing \lessdot \{2\} = \{2\} \lessdot \{1,2\}$$
$$\varnothing \lessdot \{2\} = \{2\} = \{2\} \lessdot \{1,2\}$$
$$\varnothing = \varnothing \lessdot \{2\} \lessdot \{1,2\} = \{1,2\}$$
$$\varnothing \lessdot \{2\} = \{2\} \lessdot \{1,2\} = \{1,2\}$$
$$\varnothing \lessdot \{2\} = \{1,2\} = \{1,2\} = \{1,2\}$$

4. Eta 函数 $\eta(x, y)$

$\mathbb{A}(P)$ 中第四个令我们感兴趣的函数就是所谓的 **Eta 函数**, 其定义如下:

$$\eta(x, y) = (\zeta - \delta)(x, y) = \begin{cases} 1, & x \prec y \\ 0, & \text{其他} \end{cases} \tag{6.12}$$

根据上面的定义, 容易证明 (习题 6.15) 当 $k \in \mathbb{Z}^+$ 时有

$$\eta^k(x, y) = (\zeta - \delta)^k(x, y) = \sum_{x = x_0 \prec x_1 \prec \cdots \prec x_k = y} 1$$

即 $\eta^k(x, y)$ 统计了长度为 k 的 xy 链数, 所以 $\eta(x, y)$ 一般称为**链函数**. 又如,

$$(2\delta - \zeta)(x, y) = \begin{cases} 1, & x = y \\ -1, & x \prec y \\ 0, & \text{其他} \end{cases}$$

根据定理 6.29 知, $(2\delta - \zeta)^{-1}(x, y)$ 存在, 并记 $\nu(x, y) = (2\delta - \zeta)^{-1}(x, y)$. 可以证明, 函数

$$\nu(x, y) = (2\delta - \zeta)^{-1}(x, y) = \sum_{k \geqslant 0} \eta^k(x, y) \tag{6.13}$$

也就是说, $\nu(x, y)$ 统计了 P 中所有的 xy 链数 (习题 6.16).

5. Kappa 函数 $\kappa(x, y)$

$\mathbb{A}(P)$ 中第五个令我们感兴趣的函数就是 Kappa 函数, 其定义如下:

$$\kappa(x, y) = (\lambda - \delta)(x, y) = \begin{cases} 1, & x \lessdot y \\ 0, & \text{其他} \end{cases} \tag{6.14}$$

根据定义, 当 $x \preccurlyeq y$ 时有

$$\kappa^2(x, y) = \sum_{x \preccurlyeq z \preccurlyeq y} \kappa(x, z) \kappa(z, y) = \sum_{x \lessdot z \lessdot y} 1$$

所以 $\kappa^2(x, y)$ 统计了长度为 2 的 xy 极大链数. 更一般地, 对 $k \in \mathbb{Z}^+$ 有

$$\kappa^k(x, y) = \sum_{x = x_0 \lessdot x_1 \lessdot \cdots \lessdot x_k = y} 1$$

即 $\kappa^k(x,y)$ 统计了长度为 k 的 xy 极大链数, 函数 $\kappa(x,y)$ 也称为**极大链函数**. 又如,

$$(2\delta - \lambda)(x,y) = \begin{cases} 1, & x = y \\ -1, & x < y \\ 0, & \text{其他} \end{cases}$$

显然, $(2\delta - \lambda)^{-1}$ 存在. 如果记 $\gamma(x,y) = (2\delta - \lambda)^{-1}(x,y)$, 那么可以证明:

$$\gamma(x,y) = (2\delta - \lambda)^{-1}(x,y) = \sum_{k \geqslant 0} \kappa^k(x,y) \tag{6.15}$$

即 $\gamma(x,y)$ 统计了 P 中 xy 极大链的总数 (习题 6.17).

对于有限的偏序集 P, 我们以 $\mathbf{Z}_P$, $\mathbf{L}_P$, $\mathbf{E}_P$, $\mathbf{V}_P$, $\mathbf{K}_P$, $\mathbf{G}_P$ 分别表示以上所介绍的函数 ζ, λ, η, ν, κ, γ 的矩阵形式, 那么上面的结论可以归纳成下面的定理:

定理 6.30 设 $(P, \preccurlyeq)$ 是有限的偏序集, 令 $P = \{p_1, p_2, \cdots, p_n\}$, 其元素索引顺序表示一种拓扑次序, 那么对于任意的正整数 k, 如果记

$$\mathbf{Z}_P^k = \big(\zeta_{ij}^{(k)}\big)_{n \times n}, \quad \mathbf{L}_P^k = \big(\lambda_{ij}^{(k)}\big)_{n \times n}, \quad \mathbf{E}_P^k = \big(\eta_{ij}^{(k)}\big)_{n \times n}$$

$$\mathbf{V}_P = \big(\nu_{ij}\big)_{n \times n}, \quad \mathbf{K}_P^k = \big(\kappa_{ij}^{(k)}\big)_{n \times n}, \quad \mathbf{G}_P = \big(\gamma_{ij}\big)_{n \times n}$$

那么 $\zeta_{ij}^{(k)}$ 统计了 P 中长度为 k 的 $p_i p_j$ 重链数, $\lambda_{ij}^{(k)}$ 统计了 P 中长度为 k 的 $p_i p_j$ 极大重链数, $\eta_{ij}^{(k)}$ 统计了 P 中长度为 k 的 $p_i p_j$ 链数, ν_{ij} 统计了 P 中 $p_i p_j$ 链的总数, $\kappa_{ij}^{(k)}$ 统计了 P 中长度为 k 的 $p_i p_j$ 极大链数, 而 γ_{ij} 则统计了 P 中 $p_i p_j$ 极大链的总数.

如果注意到函数 $\delta(x,y)$ 与函数 $\eta(x,y)$, $\zeta(x,y)$, $\kappa(x,y)$ 以及 $\lambda(x,y)$ 的乘法运算均是可交换的, 且 $\eta(x,y) = (\zeta - \delta)(x,y)$, $\kappa(x,y) = (\lambda - \delta)(x,y)$, 立即得到如下的恒等式:

$$\begin{cases} \zeta^k(x,y) = \displaystyle\sum_{j=0}^{k} \binom{k}{j} \eta^j(x,y), & \eta^k(x,y) = \displaystyle\sum_{j=0}^{k} (-1)^{k-j} \binom{k}{j} \zeta^j(x,y) \\[4mm] \lambda^k(x,y) = \displaystyle\sum_{j=0}^{k} \binom{k}{j} \kappa^j(x,y), & \kappa^k(x,y) = \displaystyle\sum_{j=0}^{k} (-1)^{k-j} \binom{k}{j} \lambda^j(x,y) \end{cases} \tag{6.16}$$

其相应的矩阵形式也满足同样的恒等式.

如果闭区间 $[x, y]$ 是偏序集 P 的一条长度为 n 的链, 则因为有 $[x, y] \cong [\![n]\!]_0$, 所以利用上面的结论立即可得

$$\begin{cases} \eta^k(x,y) = \binom{n-1}{k-1}, & \zeta^k(x,y) = \left(\!\!\binom{n+1}{k-1}\!\!\right) \\[3mm] \kappa^k(x,y) = \delta_{n,k}, & \lambda^k(x,y) = \sum_{i=0}^{k} \binom{k}{i}\kappa^i(x,y) = \binom{k}{n} \end{cases} \tag{6.17}$$

对于偏序集 $\mathbb{B}_n$, 设 $\mathcal{C}: \mathbf{0} = \varnothing = A_0 \prec A_1 \prec \cdots \prec A_k = \mathbb{Z}_n^+ = \mathbf{1}$ 是 $\mathbb{B}_n$ 中一条长度为 k 的 $\mathbf{01}$ 链, 则 $\mathcal{C}$ 唯一地对应集合 $\mathbb{Z}_n^+$ 的一个有序 k 拆分 $\pi(\mathcal{C})$, 其中

$$\pi(\mathcal{C}) = (A_1,\, A_2 - A_1,\, \cdots,\, A_k - A_{k-1}) \in \Pi_k[\mathbb{Z}_n^+]$$

从而有

$$\begin{cases} \eta^k(\mathbf{0},\mathbf{1}) = S[n,k], & \zeta^k(\mathbf{0},\mathbf{1}) = \sum_{i=0}^{k}(k)_i S(n,i) = k^n \\[3mm] \kappa^k(\mathbf{0},\mathbf{1}) = \delta_{n,k}k!, & \lambda^k(\mathbf{0},\mathbf{1}) = \sum_{i=0}^{k}(k)_i \delta_{n,i} = (k)_n \end{cases} \tag{6.18}$$

利用 $\zeta = \delta + \eta$, $\lambda = \delta + \kappa$, 易知函数 ζ 和 λ 均可逆, 且有下面的结论.

定理 6.31　设 $(P, \preccurlyeq)$ 是局部有限的偏序集, 则对任意的 $x, y \in P$, $x \preccurlyeq y$, 那么有

$$\zeta^{-1}(x,y) = (\delta + \eta)^{-1}(x,y) = \sum_{k \geqslant 0}(-1)^k \eta^k(x,y)$$

$$\lambda^{-1}(x,y) = (\delta + \kappa)^{-1}(x,y) = \sum_{k \geqslant 0}(-1)^k \kappa^k(x,y)$$

证明　略 (参见习题 6.18).　　　　　　　　　　　　　　　　　　　　　　■

关于偏序集 P 与 Q 的直积 $P \boxtimes Q$ 上的 Zeta 函数, 以及两个同构的偏序集上的 Zeta 函数, 下面两个定理的结论是显然的.

定理 6.32　设 $(P, \preccurlyeq_1)$ 和 $(Q, \preccurlyeq_2)$ 都是局部有限的偏序集, 则有

$$\zeta_{P \boxtimes Q}\big((x,y),\,(x',y')\big) = \zeta_P(x,x')\,\zeta_Q(y,y')$$

定理 6.32 的结论显然可以扩充到任意有限个局部有限的偏序集的情况, 因此有以下结论.

定理 6.33 设 $(P_i, \preccurlyeq_i)$, $1 \leqslant i \leqslant k$ 是 k 个局部有限的偏序集, $\zeta_{P_i}(x, y)$ 相应于 P_i 上的 ζ 函数, 令 P 是诸偏序集 $\{P_i\}_{i=1}^{k}$ 的直积, 即 $P = P_1 \boxtimes P_2 \boxtimes \cdots \boxtimes P_k$, 并以 $\zeta_P((x_1, x_2, \cdots, x_k), (y_1, y_2, \cdots, y_k))$ 表示直积 P 上的 ζ 函数, 则有

$$\zeta_P((x_1, x_2, \cdots, x_k), (y_1, y_2, \cdots, y_k)) = \prod_{i=1}^{k} \zeta_{P_i}(x_i, y_i)$$

定理 6.34 设 $(P, \preccurlyeq_1)$ 和 $(Q, \preccurlyeq_2)$ 是两个同构的局部有限偏序集, φ 是 P 与 Q 之间的同构映射, 则有 $\zeta_P(x, y) = \zeta_Q(\varphi(x), \varphi(y))$.

6. Möbius 函数 $\mu(x, y)$

$\mathbb{A}(P)$ 中令我们感兴趣的第六个函数就是 **Möbius 函数** $\mu(x, y)$. 这也是我们重点要研究的函数, 所谓 Möbius 反演的主要工作就是在特定的偏序集上关于这个函数的计算问题. 实际上, $\mu(x, y)$ 是 $\mathbb{A}(P)$ 中函数 $\zeta(x, y)$ 关于乘法运算的逆, 即 $\mu = \zeta^{-1}$. 因为按照 $\zeta(x, y)$ 的定义 (6.10) 和定理 6.29知, ζ^{-1} 的存在性是显然的. 从而当 $x \preccurlyeq y$ 时有

$$(\mu\zeta)(x, y) = \sum_{x \preccurlyeq z \preccurlyeq y} \mu(x, z)\zeta(z, y) = \delta(x, y)$$

或者等价地有

$$\sum_{x \preccurlyeq z \preccurlyeq y} \mu(x, z) = \delta(x, y) = \begin{cases} 1, & x = y \\ 0, & x \prec y \end{cases} \tag{6.19}$$

如果注意到 $(\zeta\mu)(x, y) = \delta(x, y)$, 那么显然也有

$$\sum_{x \preccurlyeq z \preccurlyeq y} \mu(z, y) = \delta(x, y) = \begin{cases} 1, & x = y \\ 0, & x \prec y \end{cases} \tag{6.20}$$

由此立即可得 Möbius 函数 $\mu(x, y)$ 所满足的递推关系:

$$\mu(x, y) = \begin{cases} 1, & x = y \\ -\sum_{x \preccurlyeq z \prec y} \mu(x, z), & x \prec y \end{cases} \tag{6.21}$$

或者

$$\mu(x, y) = \begin{cases} 1, & x = y \\ -\sum_{x \prec z \preccurlyeq y} \mu(z, y), & x \prec y \end{cases} \tag{6.22}$$

公式 (6.21) 或 (6.22) 实际上是 Möbius 函数所满足的递推关系, 利用这个递推关系可逐步计算出 Möbius 函数在任意点 (x, y) 处的函数值 $\mu(x, y)$, 其矩阵形式显然是一个上三角矩阵. 例如, 对偏序集 $P = \mathbb{D}_{12} = \{1, 2, 3, 4, 6, 12\}$ 来说, 函数 $\zeta(x, y)$ 和 $\mu(x, y)$ 有如下的矩阵表示:

$$
\mathbf{Z}_P = \begin{array}{c} \\ 1 \\ 2 \\ 3 \\ 4 \\ 6 \\ 12 \end{array} \begin{array}{cccccc} 1 & 2 & 3 & 4 & 6 & 12 \\ \begin{bmatrix} 1 & 1 & 1 & 1 & 1 & 1 \\ 0 & 1 & 0 & 1 & 1 & 1 \\ 0 & 0 & 1 & 0 & 1 & 1 \\ 0 & 0 & 0 & 1 & 0 & 1 \\ 0 & 0 & 0 & 0 & 1 & 1 \\ 0 & 0 & 0 & 0 & 0 & 1 \end{bmatrix} \end{array}, \quad
\mathbf{M}_P = \begin{array}{c} \\ 1 \\ 2 \\ 3 \\ 4 \\ 6 \\ 12 \end{array} \begin{array}{cccccc} 1 & 2 & 3 & 4 & 6 & 12 \\ \begin{bmatrix} 1 & -1 & -1 & 0 & 1 & 0 \\ 0 & 1 & 0 & -1 & -1 & 1 \\ 0 & 0 & 1 & 0 & -1 & 0 \\ 0 & 0 & 0 & 1 & 0 & -1 \\ 0 & 0 & 0 & 0 & 1 & -1 \\ 0 & 0 & 0 & 0 & 0 & 1 \end{bmatrix} \end{array}
$$

容易看出, 这是两个互逆的矩阵. 按照递推关系式 (6.21), $\mathbf{M}_P$ 矩阵的第一行按如下方式计算:

$$\mu(1, 1) = 1$$
$$\mu(1, 2) = -\mu(1, 1) = -1$$
$$\mu(1, 3) = -\mu(1, 1) = -1$$
$$\mu(1, 4) = -\mu(1, 1) - \mu(1, 2) = 0$$
$$\mu(1, 6) = -\mu(1, 1) - \mu(1, 2) - \mu(1, 3) = 1$$
$$\mu(1, 12) = -\mu(1, 1) - \mu(1, 2) - \mu(1, 3) - \mu(1, 4) - \mu(1, 6) = 0$$

$\mathbf{M}_P$ 的其他行可完全类似地计算出来. 然而, 有许多有趣的偏序集, 其 Möbius 函数的性质源于对应偏序集的性质, 因此其函数值可能具有某种组合意义.

设 P 是有限的偏序集, 且 $P = \{p_1, p_2, \cdots, p_n\}$, 利用前面的记号, 注意到

$$\mathbf{M}_P = \mathbf{Z}_P^{-1} = (\mathbf{I}_P + \mathbf{E}_P)^{-1} = \sum_{k \geqslant 0} (-1)^k \mathbf{E}_P^k \triangleq (\mu_{ij})_{n \times n}$$

这实际上是定理 6.31 中 ζ^{-1} 函数展开式在有限偏序集情况下的矩阵表示. 根据定理 6.30 的结论, 即矩阵 $\mathbf{E}_P^k = (\mathbf{Z}_P - \mathbf{I}_P)^k$ 的第 i 行第 j 列的元素 $\eta_{ij}^{(k)}$ 统计了偏序集 P 中长度为 k 的 $p_i p_j$ 链数, 即 $\eta_{ij}^{(k)} = \eta^k(p_i, p_j) = |\mathrm{Ch}_k(p_i, p_j)|$. 因此, 矩阵 $\mathbf{M}_P$ 中的元素 μ_{ij} 统计了 P 中始于 p_i 终于 p_j 的所有链数的代数和, 即

$$\mu_{ij} = \mu(p_i, p_j) = \sum_{k \geqslant 0} (-1)^k \eta^k(p_i, p_j) = \sum_{k \geqslant 0} (-1)^k |\mathrm{Ch}_k(p_i, p_j)| \tag{6.23}$$

这个公式一般称为 **Hall 恒等式**, 也称为 **Hall 定理**[26], 重新叙述如下:

定理 6.35 设 $(P, \preccurlyeq)$ 是一个有限的偏序集, $x, y \in P$, 且 $x \preccurlyeq y$, 则有

$$\mu(x, y) = \sum_{k \geqslant 0} (-1)^k |\mathrm{Ch}_k(x, y)| = \sum_{C \in \mathrm{Ch}(x,y)} (-1)^{\ell(C)} \tag{6.24}$$

Hall 定理有时在计算 Möbius 函数时非常有用, 特别是有些偏序集的区间中长度为 k 的链数很容易统计, 此时利用 Hall 定理就很容易得到 Möbius 函数的值. 例如, 如果区间 $[x, y]$ 本身就是一个链的话, 那么 $\mu(x, y)$ 的计算就非常简单, 定理 6.36 给出了这种情况下的结果.

定理 6.36 设 $(P, \preccurlyeq)$ 是一个局部有限的偏序集, $x, y \in P$, 且 $x \preccurlyeq y$. 如果闭区间 $[x, y]$ 是一条长度为 n 的链, 则对 $n \geqslant 0$ 有

$$\mu(x, y) = \begin{cases} 1, & n = 0 \\ -1, & n = 1 \\ 0, & n \geqslant 2 \end{cases}$$

证明 当 $n = 0$ 或 $n = 1$ 时, 根据递推关系式 (6.21) 知, 结论是显然的.

当 $n \geqslant 2$ 时, 我们以 $x = x_0 \prec x_1 \prec \cdots \prec x_n = y$ 表示闭区间 $[x, y]$, 并仍然以 $\mathrm{Ch}_k(x, y)$ 表示长度为 k 的 xy 链的集合, 并注意到 $|\mathrm{Ch}_0(x, y)| = 0$, 则由定理 6.35 有

$$\mu(x, y) = \sum_{C \in \mathrm{Ch}(x,y)} (-1)^{\ell(C)} = \sum_{k=0}^{n} \sum_{C \in \mathrm{Ch}_k(x,y)} (-1)^k$$

$$= \sum_{k=0}^{n} (-1)^k |\mathrm{Ch}_k(x, y)|$$

$$= \sum_{k=1}^{n} (-1)^k \binom{n-1}{k-1} = 0 \qquad \blacksquare$$

如果 P 和 Q 是同构的偏序集, 则 P 和 Q 上的 Möbius 函数具有如 Zeta 函数同样的性质 (定理 6.34), 因此, 我们有下面的定理.

定理 6.37 设 $(P, \preccurlyeq_1)$ 和 $(Q, \preccurlyeq_2)$ 是两个同构的局部有限偏序集, φ 是 P 与 Q 之间的同构映射, 则有 $\mu_P(x, y) = \mu_Q(\varphi(x), \varphi(y))$.

下面的这个定理由 B. Lindström[41] 和 H. S. Wilf [42] 各自独立发现, 被公认为是 Möbius 函数理论中最优美的部分之一.

定理 6.38 设 $(P, \preccurlyeq)$ 是一个有限的偏序集, $P = \{x_1, x_2, \cdots, x_n\}$, 其元素

的索引表示一种拓扑次序, $f(x)$ 是定义在 P 上的函数, 定义

$$g(x,y) = \sum_{x,\, y \preceq z} f(z)$$

并令 $\mathbf{G} = (g_{ij})_{n \times n}$, 其中 $g_{ij} = g(x_i, x_j)$, 那么有 $|\mathbf{G}| = \prod_{x \in P} f(x)$.

证明　令矩阵 $\mathbf{F} = (f_{ij})_{n \times n}$ 表示一个对角矩阵, 且对角元满足 $f_{ii} = f(x_i)$, 则易知 $\mathbf{G} = \mathbf{Z}_P \mathbf{F} \mathbf{Z}_P^{\mathrm{T}}$, 这里 $\mathbf{Z}_P$ 仍表示函数 $\zeta(x, y)$ 的矩阵形式. 如果注意到 $|\mathbf{Z}_P| = 1$, 则得到

$$|\mathbf{G}| = |\mathbf{Z}_P| |\mathbf{F}| |\mathbf{Z}_P^{\mathrm{T}}| = |\mathbf{F}| = \prod_{x \in P} f(x) \qquad\blacksquare$$

值得注意的是, 如果 $(P, \preceq)$ 是一个格, 则定理 6.38 中的函数 $g(x, y)$ 可定义为

$$g(x,y) = \sum_{x,\, y \preceq z} f(z) = \sum_{x \vee y \preceq z} f(z)$$

另外, 由 $\mathbf{G} = \mathbf{Z}_P \mathbf{F} \mathbf{Z}_P^{\mathrm{T}}$ 可得 $\mathbf{F} = \mathbf{Z}_P^{-1} \mathbf{G} (\mathbf{Z}_P^{\mathrm{T}})^{-1} = \mathbf{M}_P \mathbf{G} \mathbf{M}_P^{\mathrm{T}}$, 由此得到

$$f(x) = \sum_{x \preceq z} \left[\sum_{x \preceq y} \mu(x, y) g(y, z) \right] \mu(x, z)$$

除了上面介绍的一些性质之外, Möbius 函数 $\mu(x, y)$ 还有许多有用的性质. 下面的定理就是由 L. Weisner 于 1935 年发现的[25], 一般称之为 **Weisner 定理**.

定理 6.39　设 $\mu(x, y)$ 是有限格 $(L, \preceq)$ 上的 Möbius 函数, $\mathbf{0}$ 和 $\mathbf{1}$ 分别是 L 的最小元和最大元, 元素 $a \in L$ 且 $a \succ \mathbf{0}$, 则有

$$\sum_{x:\ x \vee a = \mathbf{1}} \mu(\mathbf{0}, x) = 0$$

证明　对于固定的 a, 根据 (6.20) 得到

$$\sum_{a \vee x \preceq y} \mu(y, \mathbf{1}) = \sum_{a \vee x \preceq y \preceq \mathbf{1}} \mu(y, \mathbf{1}) = \begin{cases} 1, & a \vee x = \mathbf{1} \\ 0, & a \vee x \prec \mathbf{1} \end{cases}$$

从而有

$$\sum_{x:\ x \vee a = \mathbf{1}} \mu(\mathbf{0}, x) = \sum_{x \in L} \mu(\mathbf{0}, x) \sum_{a \vee x \preceq y} \mu(y, \mathbf{1})$$

$$= \sum_{a \preceq y} \mu(y, \mathbf{1}) \sum_{\mathbf{0} \preceq x \preceq y} \mu(\mathbf{0}, x)$$

$$= 0$$

上式最后一个等号是因为 $0 \prec a \preccurlyeq y$ 和 (6.19). ■

定理 6.39 也有一个对偶形式, 我们叙述如下.

定理 6.40 设 $\mu(x, y)$ 是有限格 $(L, \preccurlyeq)$ 上的 Möbius 函数, 0 和 1 分别是 L 的最小元和最大元, 元素 $a \in L$ 且 $a \prec 1$, 则有

$$\sum_{x:\, x \wedge a = 0} \mu(x, 1) = 0$$

证明 请读者自己完成. ■

定理 6.41 设 $(P, \preccurlyeq_1)$ 和 $(Q, \preccurlyeq_2)$ 是局部有限的偏序集, $\mu_P(x, y)$ 和 $\mu_Q(x, y)$ 分别是对应于这两个偏序集上的 Möbius 函数, 并令 $\mu_{P \boxtimes Q}\big((x, y), (x', y')\big)$ 表示偏序集 $(P \boxtimes Q, \preccurlyeq)$ 上的 Möbius 函数, 则有

$$\mu_{P \boxtimes Q}\big((x, y), (x', y')\big) = \mu_P(x, x') \mu_Q(y, y')$$

证明 对于 $(x, y) \preccurlyeq (x', y')$, 有

$$\sum_{(x,y) \preccurlyeq (u,v) \preccurlyeq (x',y')} \mu_P(x, u) \mu_Q(y, v) = \left[\sum_{x \preccurlyeq_1 u \preccurlyeq_1 x'} \mu_P(x, u) \right] \left[\sum_{y \preccurlyeq_2 v \preccurlyeq_2 y'} \mu_Q(y, v) \right]$$

$$= \delta(x, x') \delta(y, y') = \delta\big((x, y), (x', y')\big)$$

$$= \sum_{(x,y) \preccurlyeq (u,v) \preccurlyeq (x',y')} \mu_{P \boxtimes Q}\big((x, y), (u, v)\big)$$

由上式与 (6.19) 即知定理的结论成立. ■

如果 P 和 Q 都是有限的偏序集, Zeta 函数 $\zeta(x, y)$ 与 Möbius 函数 $\mu(x, y)$ 的矩阵形式也有对应于定理 6.32 和定理 6.41 的结论, 叙述如下:

定理 6.42 设 $(P, \preccurlyeq_1)$ 和 $(Q, \preccurlyeq_2)$ 都是有限的偏序集, 则

$$\mathbf{Z}_{P \boxtimes Q} = \mathbf{Z}_P \odot \mathbf{Z}_Q, \quad \mathbf{M}_{P \boxtimes Q} = \mathbf{M}_P \odot \mathbf{M}_Q$$

这里符号 "$\odot$" 表示两个矩阵的 Kronecker 积.

显然, 定理 6.41 对任意有限个偏序集的直积的情况也成立, 即有以下定理.

定理 6.43 设 $(P_i, \preccurlyeq_i)$, $1 \leqslant i \leqslant k$ 是 k 个局部有限的偏序集, $\mu_{P_i}(x, y)$ 是相应的 Möbius 函数, 令 P 表示诸偏序集 $\{P_i\}_{i=1}^k$ 的直积, 即 $P = P_1 \boxtimes P_2 \boxtimes \cdots \boxtimes P_k$, 并以 $\mu_P\big((x_1, x_2, \cdots, x_k), (y_1, y_2, \cdots, y_k)\big)$ 表示偏序集 P 上的 Möbius 函数, 则有

$$\mu_P\big((x_1, x_2, \cdots, x_k), (y_1, y_2, \cdots, y_k)\big) = \prod_{i=1}^k \mu_{P_i}(x_i, y_i)$$

定理 6.41 和定理 6.43 在计算偏序集上的 Möbius 函数时非常有用, 下面我们通过计算一些典型偏序集上的 Möbius 函数来说明.

定理 6.44　设 $n = p_1^{n_1} p_2^{n_2} \cdots p_k^{n_k}$, $p_1, p_2, \cdots, p_k$ 是 k 个互异的素数, $\mu(x, y)$ 是格 $\mathbb{D}_n$ 上的 Möbius 函数, 则对于 $x, y \in \mathbb{D}_n$ 有

$$\mu(x, y) = \begin{cases} 1, & y/x = 1 \\ (-1)^\ell, & y/x = p_{i_1} p_{i_2} \cdots p_{i_\ell} \\ 0, & \text{其他} \end{cases} \tag{6.25}$$

其中 $\{i_1, i_2, \cdots, i_\ell\} \subseteq \mathbb{Z}_k^+$.

证明　根据条件, 可设 $x = p_1^{u_1} p_2^{u_2} \cdots p_k^{u_k}$, $y = p_1^{v_1} p_2^{v_2} \cdots p_k^{v_k}$. 对于 $x \nmid y$, 显然有 $\mu(x, y) = 0$, 所以我们只需要考虑 $x \mid y$ 的情况. 易知, 当 $x \mid y$ 时有

$$0 \leqslant u_i \leqslant v_i \leqslant n_i, \quad 1 \leqslant i \leqslant k$$

而由例 6.10 的结论知, $\mathbb{D}_n \cong \mathbb{D}_{m_1} \boxtimes \mathbb{D}_{m_2} \boxtimes \cdots \boxtimes \mathbb{D}_{m_k}$, 其中 $m_i = p_i^{n_i}$ $(1 \leqslant i \leqslant k)$. 因此, 根据定理 6.43 可得

$$\mu(x, y) = \mu_1(p_1^{u_1}, p_1^{v_1}) \mu_2(p_2^{u_2}, p_2^{v_2}) \cdots \mu_k(p_k^{u_k}, p_k^{v_k})$$

这里 $\mu_i(x, y)$ 是链 $\mathbb{D}_{m_i}$ 上的 Möbius 函数. 由于闭区间 $[p_i^{u_i}, p_i^{v_i}]$ 是偏序集 $\mathbb{D}_{m_i}$ 中的一条长度为 $v_i - u_i$ 的链, 所以根据定理 6.36 可得

$$\mu_i(p_i^{u_i}, p_i^{v_i}) = \begin{cases} 1, & v_i - u_i = 0 \\ -1, & v_i - u_i = 1 \ , \quad 1 \leqslant i \leqslant k \\ 0, & v_i - u_i \geqslant 2 \end{cases}$$

由此立即可得

$$\mu(x, y) = \begin{cases} 1, & y/x = 1 \\ (-1)^\ell, & y/x = p_{i_1} p_{i_2} \cdots p_{i_\ell} \\ 0, & \text{其他} \end{cases}$$

且显然有 $\{i_1, i_2, \cdots, i_\ell\} \subseteq \mathbb{Z}_k^+$.　∎

显然, 偏序集 $\mathbb{D}_n$ 上的 Möbius 函数 $\mu(x, y)$ 可以表示为正整数 y/x 的一元函数, 此时它就是数论领域的经典 Möbius 函数 $\mu(y/x) = \mu(x, y)$(习题 2.50).

定理 6.45 设 $\mu(A, B)$ 是格 $\mathbb{B}_n$ 上的 Möbius 函数, 则对于 $A, B \in \mathbb{B}_n$ 有

$$\mu(A, B) = \begin{cases} (-1)^{|B|-|A|}, & A \subseteq B \\ 0, & \text{其他} \end{cases} \tag{6.26}$$

证明 习题 6.20 和习题 6.25 给出了证明这个定理的另外两种途径, 不过它们都需要利用定理 6.43 的结论. 我们这里将通过对 $|B - A|$ 进行归纳证明.

当 $A = B$ 时, 显然有 $\mu(A, A) = 1$; 而当 $A \subset B$ 且 $|B - A| = 1$ 时, 由 (6.21) 得

$$\mu(A, B) = -\sum_{A \subseteq C \subset B} \mu(A, C) = -\mu(A, A) = -1$$

即当 $|B - A| = 1$ 时结论成立.

假设 $|B - A| < m$ 时结论成立, 则当 $|B - A| = m$ 时, 对 $0 \leqslant k < m$, 令 C_k 是满足 $A \subseteq C_k \subset B$ 且 $|C_k - A| = k < m$ 的集合, 则由于

$$\mu(A, B) = -\sum_{A \subseteq C \subset B} \mu(A, C) = -\sum_{k=0}^{m-1} \binom{m}{k} \mu(A, C_k)$$

$$= -\sum_{k=0}^{m} (-1)^k \binom{m}{k} + (-1)^m \binom{m}{m} = (-1)^m$$

由归纳法原理即得 $\mu(A, B) = (-1)^{|B-A|} = (-1)^{|B|-|A|}$. ∎

定理 6.46 设 $\mathbf{0}$ 和 $\mathbf{1}$ 分别是有限拆分格 $\mathbf{\Pi}_n$ 的最小元与最大元, $\mu(\pi, \sigma)$ 是格 $\mathbf{\Pi}_n$ 上的 Möbius 函数, 则有 $\mu(\mathbf{0}, \mathbf{1}) = (-1)^{n-1}(n-1)!$.

证明 对 n 用归纳法. $n = 1$ 时显然, 假设小于 n 时结论也成立. 当为 n 时, 令 $\pi = \{\{1, 2\}, \{3\}, \{4\}, \cdots, \{n\}\}$, 显然 $\pi \in \mathbf{\Pi}_n$. 考虑拆分集

$$\pi^{\vee} = \{\sigma \mid \sigma \in \mathbf{\Pi}_n \, \text{且} \, \pi \vee \sigma = \mathbf{1}\}$$

由于 $\mathbf{0} = \{\{1\}, \{2\}, \cdots, \{n\}\}$, $\mathbf{1} = \{\{1, 2, \cdots, n\}\}$, 所以对于 $\forall \sigma \in \pi^{\vee}$, 如果 $\sigma \neq \mathbf{1}$, 那么 σ 中的任何块都不能包含 $\{1, 2\}$, 且 $\sigma < \mathbf{1}$; 否则必有 $\pi \vee \sigma = \sigma$. 因此, σ 一定是一个仅含有 2 个块的拆分, 即 $\sigma = \{S_1, S_2\}$, 其中 $1 \in S_1$, $2 \in S_2$. 显然, 共有 2^{n-2} 个这样的 σ, 且可按 S_1 包含的元素个数 $i + 1 (0 \leqslant i \leqslant n - 2)$ 进行分类. 易知, 满足 $|S_1| = i + 1$ 的 σ 有 $\binom{n-2}{i}$ 个. 于是由 Weisner 定理 (定

理 6.39) 可得

$$\sum_{\sigma:\,\pi\vee\sigma=1} \mu(\mathbf{0},\sigma) = 0 \iff \sum_{\sigma\in\pi^\vee} \mu(\mathbf{0},\sigma) = 0$$

$$\iff \mu(\mathbf{0},\mathbf{1}) + \sum_{\sigma\in\pi^\vee,\,\sigma\neq\mathbf{1}} \mu(\mathbf{0},\sigma) = 0$$

$$\iff \mu(\mathbf{0},\mathbf{1}) = -\sum_{i=0}^{n-2} \binom{n-2}{i}\mu(\mathbf{0},\sigma_i)$$

这里 $\sigma_i = \{S_1,\,S_2\}$ 且满足 $|S_1| = i+1$. 注意到 $\mathbf{0} = \{\{1\},\{2\},\cdots,\{n\}\}$, 所以 S_1 包含 $\mathbf{0}$ 的 $i+1$ 块, S_2 包含 $\mathbf{0}$ 的 $n-i-1$ 块. 于是, 由例 6.11 的结论可得 $[\mathbf{0},\sigma_i] \cong \mathbf{\Pi}_{i+1} \boxtimes \mathbf{\Pi}_{n-i-1}$. 再由归纳假设和定理 6.41 得到

$$\mu(\mathbf{0},\sigma_i) = \mu(\mathbf{0}_{\mathbf{\Pi}_{i+1}},\mathbf{1}_{\mathbf{\Pi}_{i+1}})\mu(\mathbf{0}_{\mathbf{\Pi}_{n-i-1}},\mathbf{1}_{\mathbf{\Pi}_{n-i-1}})$$

$$= (-1)^i (i!)(-1)^{n-i-2}(n-i-2)!$$

这里 $\mathbf{0}_{\mathbf{\Pi}_{i+1}}, \mathbf{1}_{\mathbf{\Pi}_{i+1}}$ 分别表示格 $\mathbf{\Pi}_{i+1}$ 的最小元与最大元, 而 $\mathbf{0}_{\mathbf{\Pi}_{n-i-1}}, \mathbf{1}_{\mathbf{\Pi}_{n-i-1}}$ 则分别表示格 $\mathbf{\Pi}_{n-i-1}$ 的最小元与最大元. 从而得到

$$\mu(\mathbf{0},\mathbf{1}) = -\sum_{i=0}^{n-2} \binom{n-2}{i}\mu(\mathbf{0},\sigma_i)$$

$$= -\sum_{i=0}^{n-2} \binom{n-2}{i}(-1)^i (i!)(-1)^{n-i-2}(n-i-2)!$$

$$= (-1)^{n-1}(n-1)! \qquad\blacksquare$$

定理 6.47　设 $\mu(\pi,\sigma)$ 是格 $\mathbf{\Pi}_n$ 上的 Möbius 函数, 则对于 $\pi,\sigma \in \mathbf{\Pi}_n$ 有

$$\mu(\pi,\sigma) = \begin{cases} (-1)^{|\pi|-|\sigma|} \displaystyle\prod_{S\in\sigma}(n_S-1)!, & \pi \preccurlyeq \sigma \\ 0, & \text{其他} \end{cases} \tag{6.27}$$

其中 n_S 为拆分 σ 的块 S 中包含的拆分 π 中的块数.

　　证明　显然, 我们只需考虑 $\pi \preccurlyeq \sigma$ 的情况, 为此令 $\sigma = \{S_1,\,S_2,\cdots,\,S_k\}$, 且不妨设 S_i 包含拆分 π 的 n_i 块, $1 \leqslant i \leqslant k$. 那么根据例 6.11 的结论, 我们有

$$[\pi,\sigma] \cong \mathbf{\Pi}_{n_1} \boxtimes \mathbf{\Pi}_{n_2} \boxtimes \cdots \boxtimes \mathbf{\Pi}_{n_k}$$

从而由定理 6.43 得到, $\mu(\pi, \sigma) = \prod_{i=1}^{k} \mu_i(\mathbf{0}_i, \mathbf{1}_i)$, 其中 $\mathbf{0}_i, \mathbf{1}_i$ 分别是拆分格 $\mathbf{\Pi}_{n_i}$ 的最小元与最大元. 再由定理 6.46 得到

$$\mu(\pi, \sigma) = \prod_{i=1}^{k}(-1)^{n_i-1}(n_i - 1)! = (-1)^{|\pi|-|\sigma|} \prod_{S \in \sigma}(n_S - 1)! \qquad \blacksquare$$

定理 6.48 设 $\mu(U, W)$ 是格 $\mathbb{L}_q^n$ 上的 Möbius 函数, 则对于 $U, W \in \mathbb{L}_q^n$ 有

$$\mu(U, W) = \begin{cases} (-1)^k q^{\binom{k}{2}}, & U \subseteq W \text{ 且 } \dim(W) - \dim(U) = k \\ 0, & \text{其他} \end{cases} \qquad (6.28)$$

证明 我们首先说明, 区间 $[U, W]$ 的结构只依赖于 $\dim(W) - \dim(U)$, 也就是说, 对于 $V \in \mathbb{L}_q^n$, 如果 $\dim(V) = \dim(W) - \dim(U)$, 则 $[U, W] \cong [\mathbf{0}, V]$. 这是习题 6.21 的结果, 请读者自己完成这个证明.

鉴于此, 我们仅需考虑 $U = \{0\} = \mathbf{0}$, $W = \mathbb{F}_q^n = \mathbf{1}$ 的情况即可. 下面我们通过对 n 用归纳法证明 $\mu(\mathbf{0}, \mathbf{1}) = (-1)^n q^{\binom{n}{2}}$. 对 $n = 0, 1$, 结论是显然的. 假设对维数小于 n 时结论成立, 则当维数等于 n 时, 令 U 是 $\mathbb{F}_q^n$ 的 1 维子空间, 并考虑子空间的集合

$$U^{\vee} = \{V \mid V \subseteq \mathbb{F}_q^n \text{ 且 } U \vee V = \mathbf{1}\}$$

由于 U 是 1 维子空间, 所以对 $\forall V \in U^{\vee}$, 则或者 $\dim(V) = n$, 此时有 $V = \mathbb{F}_q^n$; 或者 $\dim(V) = n - 1$ 且 $U \not\subseteq V$, 此时有 $U \cap V = \{0\}$. 显然在后一种情况下, $\mathbb{F}_q^n$ 中满足 $\dim(V) = n - 1$ 且 $U \not\subseteq V$ 的 $n - 1$ 维子空间的个数为 $\binom{n}{1}_q - \binom{n-1}{1}_q = q^{n-1}$, 从而由定理 6.39 并注意到归纳假设可得

$$\mu(\mathbf{0}, \mathbf{1}) = -\sum_{V \in U^{\vee}, V \neq \mathbf{1}} \mu(\mathbf{0}, V)$$

$$= -(-1)^{n-1} q^{\binom{n-1}{2}} \cdot q^{n-1}$$

$$= (-1)^n q^{\binom{n}{2}} \qquad \blacksquare$$

定理 6.49 设 P 是 n 为欧氏空间中的一个凸多面体, $\mu(x, y)$ 是其面格 $\mathbb{F}(P)$ 上的 Möbius 函数, 则对于 $\forall x, y \in \mathbb{F}(P)$ 有

$$\mu(x, y) = \begin{cases} (-1)^{\dim(y) - \dim(x)}, & x \preccurlyeq y \\ 0, & \text{其他} \end{cases} \qquad (6.29)$$

证明　首先对于 $\forall\, x \in \mathbb{F}(P)$, 根据 Euler 公式 (6.3) 有

$$\sum_{k=\dim(x)}^{\dim(P)} (-1)^{\dim(P)-k} f_k(x) = \delta(x, P)$$

其中 $f_k(x)$ 是 $\mathbb{F}(P)$ 中包含 x 的 k 维面的个数, 即有

$$\sum_{x \preccurlyeq y} (-1)^{\dim(P)-\dim(y)} = \delta(x, P)$$

由上式和 (6.20) 式可得

$$\mu(y, P) = (-1)^{\dim(P)-\dim(y)}$$

如果注意到对于 $\forall\, x \in \mathbb{F}(P)$ 有 $[\mathbf{0}, x] \cong \mathbb{F}(x)$, 即得当 $x \preccurlyeq y$ 时有

$$\mu(x, y) = (-1)^{\dim(y)-\dim(x)} \qquad \blacksquare$$

定义 6.21　设 $(P, \preccurlyeq)$ 是一个具有最小元 $\mathbf{0}$ 的分级偏序集, 且 $\mathrm{rank}(P) = n$, 则如下关于 λ 的多项式

$$\chi(P; \lambda) = \sum_{x \in P} \mu(\mathbf{0}, x)\, \lambda^{\mathrm{rank}(P)-\rho(x)} = \sum_{k=0}^{n} w_k(P)\, \lambda^{n-k}$$

称为偏序集 P 的**特征多项式**, 其中

$$w_k(P) = \sum_{x \in \mathcal{A}_k(P)} \mu(\mathbf{0}, x)$$

称之为**第一类的 Whitney 数**, P 中 k 阶元的个数则称为**第二类的 Whitney 数**, 一般记为 $W_k(P)$, 即 $W_k(P) = |\mathcal{A}_k(P)|$, 这里 $\mathcal{A}_k(P)$ 表示 P 中 k 阶元的集合.

根据上面的定义, Whitney 数不同于 Stirling 数, 它与具体的偏序集有关. 下面是几个常见分级偏序集的特征多项式以及 Whitney 数的结果.

定理 6.50　对于偏序集 $\mathbb{L}_q^n$, 则其 Whitney 数以及特征多项式如下:

$$\begin{cases} W_k(\mathbb{L}_q^n) = \dbinom{n}{k}_q, & 0 \leqslant k \leqslant n \\[2mm] w_k(\mathbb{L}_q^n) = (-1)^k q^{\binom{k}{2}} \dbinom{n}{k}_q, & 0 \leqslant k \leqslant n \\[2mm] \chi(\mathbb{L}_q^n; \lambda) = \prod_{k=0}^{n-1} (\lambda - q^k) & \end{cases} \qquad (6.30)$$

证明 因为 $\mathrm{rank}(\mathbb{L}_q^n) = n$, 且其 k 阶元就是 n 维向量空间 $\mathbb{F}_q^n$ 的 k 维子空间, 于是由定理 6.16 知, $W_k(\mathbb{L}_q^n) = \binom{n}{k}_q$; 再由定理 6.48 即得 $w_k(\mathbb{L}_q^n)$, 最后由特征多项式的定义, 并利用恒等式 (细心的读者可能已经注意到, 这个恒等式在第 1 章已经出现过, 也就是定理 1.32, 本章后面我们将证明它)

$$\sum_{k=0}^{n} (-1)^k \binom{n}{k}_q q^{\binom{k}{2}} \lambda^{n-k} = \prod_{k=0}^{n-1} \left(\lambda - q^k\right)$$

即知第三个等式也成立. ■

定理 6.51 对于偏序集 $\mathbb{B}_n$, 则其 Whitney 数以及特征多项式如下:

$$\begin{cases} W_k(\mathbb{B}_n) = \binom{n}{k}, & 0 \leqslant k \leqslant n \\ \\ w_k(\mathbb{B}_n) = (-1)^k \binom{n}{k}, & 0 \leqslant k \leqslant n \\ \\ \chi(\mathbb{B}_n; \lambda) = (\lambda - 1)^n \end{cases} \tag{6.31}$$

证明 显然, $\mathbb{B}_n$ 是分级的, $\mathrm{rank}(\mathbb{B}_n) = n$, 且对 $\forall A \in \mathbb{B}_n$ 有 $\rho(A) = |A|$. 因此, A 是 k 阶元当且仅当 A 是 $\mathbb{Z}_n^+$ 的 k 子集, 从而 $\mathbb{B}_n$ 中 k 阶元的个数 $W_k(\mathbb{B}_n) = \binom{n}{k}$; 如果注意到定理 6.45, 即知 $w_k(\mathbb{B}_n) = (-1)^k \binom{n}{k}$; 由此及特征多项式的定义, 即得 $\chi(\mathbb{B}_n; \lambda) = (\lambda - 1)^n$. ■

定理 6.52 对于偏序集 $\mathbf{II}_n$, 则其 Whitney 数以及特征多项式如下:

$$\begin{cases} W_k(\mathbf{II}_n) = S(n, n-k), & 0 \leqslant k \leqslant n-1 \\ w_k(\mathbf{II}_n) = s(n, n-k), & 0 \leqslant k \leqslant n-1 \\ \chi(\mathbf{II}_n; \lambda) = (\lambda - 1)(\lambda - 2) \cdots (\lambda - n + 1) \end{cases} \tag{6.32}$$

证明 因为 $\mathrm{rank}(\mathbf{II}_n) = n - 1$, 且对于任意的 $\pi \in \mathbf{II}_n$, $\rho(\pi) = n - |\pi|$. 因此, π 是 k 阶元当且仅当拆分 π 中含有 $n - k$ 个块, 从而偏序集 $\mathbf{II}_n$ 中 k 阶元的个数 $W_k(\mathbf{II}_n) = S(n, n-k)$. 其余的两个等式, 我们将在本章的后面予以证明. ■

定理 6.53 设 $n = p_1^{n_1} p_2^{n_2} \cdots p_t^{n_t}$, 其中 $p_1, p_2, \cdots, p_t$ 是互异的素数. 对于偏序集 $\mathbb{D}_n$, 令 $N = n_1 + n_2 + \cdots + n_t$, 则其 Whitney 数以及特征多项式如下:

$$
\begin{cases}
W_k(\mathbb{D}_n) = N_k, \ \ 0 \leqslant k \leqslant N \\[2mm]
w_k(\mathbb{D}_n) = \begin{cases} (-1)^k \binom{t}{k}, & 0 \leqslant k \leqslant t \\[2mm] 0, & t+1 \leqslant k \leqslant N \end{cases} \\[6mm]
\chi(\mathbb{D}_n; \lambda) = \lambda^{N-t}(\lambda - 1)^t
\end{cases} \tag{6.33}
$$

其中 N_k 是如下方程的整数解的个数:

$$
\begin{cases}
m_1 + m_2 + \cdots + m_t = k \\[2mm]
0 \leqslant m_i \leqslant n_i, \ \ 1 \leqslant i \leqslant t
\end{cases} \tag{6.34}
$$

证明   显然, $\mathrm{rank}(\mathbb{D}_n) = N$, 且对于 $\forall x \in \mathbb{D}_n$, 可将其表示为

$$
x = p_1^{m_1} p_2^{m_2} \cdots p_t^{m_t}, \quad 0 \leqslant m_i \leqslant n_i, 1 \leqslant i \leqslant t
$$

易知有 $\rho(x) = \sum_{i=1}^{t} m_i$. 因此, 偏序集 $\mathbb{D}_n$ 中 k 阶元的个数 $W_k(\mathbb{D}_n)$ 就是方程 (6.34) 的整数解的个数 N_k. 由于 $w_k(\mathbb{D}_n) = \sum_{x \in \mathcal{A}_k(\mathbb{D}_n)} \mu(\mathbf{0}, x)$, 且根据定理 6.44 的结论, 仅当 x 可分解为 k 个素数的乘积时有 $\mu(\mathbf{0}, x) = (-1)^k$, 而集合 $\mathcal{A}_k(\mathbb{D}_n)$ 中这样的 x 显然有 $\binom{t}{k}$; 但在所有其他情况下有 $\mu(\mathbf{0}, x) = 0$. 因此有

$$
w_k(\mathbb{D}_n) = \begin{cases} (-1)^k \binom{t}{k}, & 0 \leqslant k \leqslant t \\[2mm] 0, & t+1 \leqslant k \leqslant N \end{cases}
$$

由此及定义 6.21 即得 $\mathbb{D}_n$ 的特征多项式. ∎

定理 6.54   对于偏序集 $[\![n]\!]$, 则其 Whitney 数以及特征多项式如下:

$$
\begin{cases}
W_k([\![n]\!]) = 1, \ \ 0 \leqslant k \leqslant n-1 \\[2mm]
w_k([\![n]\!]) = \begin{cases} 1, & k = 0 \\[1mm] -1, & k = 1 \\[1mm] 0, & 2 \leqslant k \leqslant n-1 \end{cases} \\[8mm]
\chi([\![n]\!]; \lambda) = \lambda^{n-2}(\lambda - 1)
\end{cases} \tag{6.35}
$$

证明   请读者自己完成定理的证明. ∎

对于 n 维欧氏空间中的一个 d 维的凸多面体 P, $\mathbb{F}(P)$ 是一个 $d+1$ 阶的分级偏序集, 直接由定义 6.21 即得下面的定理.

定理 6.55 设 P 是 d 维凸多边形, 则对于偏序集 $\mathbb{F}(P)$ 有

$$
\begin{cases}
W_k(\mathbb{F}(P)) = f_{k-1}(\varnothing), \ 0 \leqslant k \leqslant d+1 \\
w_k(\mathbb{F}(P)) = (-1)^k f_{k-1}(\varnothing), \ 0 \leqslant k \leqslant d+1 \\
\chi(\mathbb{F}(P); \lambda) = \lambda^{d+1} \displaystyle\sum_{k=0}^{d+1} (-1)^k \frac{f_{k-1}(\varnothing)}{\lambda^k}
\end{cases}
\tag{6.36}
$$

其中 $f_k(\varnothing)$ 表示多面体 P 中 k 维面的个数.

6.5 Möbius 反演

这一节我们介绍本章的主要内容之一 —— Möbius 反演. 下面的定理就是一般偏序集上的 **Möbius 反演公式**. 此后我们将陆续证明, 上一章介绍的各种形式的容斥原理不过是 Möbius 反演公式在特定偏序集上的一个实例. 因此, Möbius 反演公式是容斥原理的深刻一般化.

定理 6.56 设 $(P, \preccurlyeq)$ 是一个局部有限的偏序集, $f(x), g(x)$ 是定义在 P 上的函数, 那么对于 $\forall x \in P$ 有

$$
f(x) = \sum_{y \preccurlyeq x} g(y) \iff g(x) = \sum_{y \preccurlyeq x} f(y) \mu(y, x)
$$

证明 必要性 ($\Longrightarrow$)   设 $f(x) = \sum_{y \preccurlyeq x} g(y), \ \forall x \in P$, 则有

$$
\begin{aligned}
\sum_{y \preccurlyeq x} f(y) \mu(y, x) &= \sum_{y \preccurlyeq x} \sum_{z \preccurlyeq y} g(z) \mu(y, x) \\
&= \sum_{z \preccurlyeq x} g(z) \sum_{z \preccurlyeq y \preccurlyeq x} \mu(y, x) \\
&= \sum_{z \preccurlyeq x} g(z) \delta(z, x) = g(x)
\end{aligned}
$$

充分性 ($\Longleftarrow$)   设 $g(x) = \sum_{y \preccurlyeq x} f(y) \mu(y, x), \ \forall x \in P$, 则有

$$
\begin{aligned}
\sum_{y \preccurlyeq x} g(y) &= \sum_{y \preccurlyeq x} \sum_{z \preccurlyeq y} f(z) \mu(z, y) \\
&= \sum_{z \preccurlyeq x} f(z) \sum_{z \preccurlyeq y \preccurlyeq x} \mu(z, y) \\
&= \sum_{z \preccurlyeq x} f(z) \delta(z, x) = f(x)
\end{aligned}
$$

∎

如果 $(P, \preccurlyeq)$ 是一个有限的偏序集, 令 $P = \{x_1, x_2, \cdots, x_n\}$ 是 P 中元素的一种拓扑次序, $\mathbf{Z}_P$ 和 $\mathbf{M}_P$ 分别表示 P 上的 $\zeta(x, y)$ 函数和 $\mu(x, y)$ 函数的矩阵形式, 那么对于 P 上的任何实函数 $f(x)$ 和 $g(x)$, 若记 $f_i = f(x_i)$, $g_i = g(x_i)$ $1 \leqslant i \leqslant n$, 函数 $f(x)$ 和 $g(x)$ 可表示为一个 n 维行向量的形式

$$\mathbf{f} = [f_1, f_2, \cdots, f_n], \quad \mathbf{g} = [g_1, g_2, \cdots, g_n]$$

此时定理的结论成为

$$\mathbf{f} = \mathbf{g}\mathbf{Z}_P \iff \mathbf{g} = \mathbf{f}\mathbf{M}_P$$

不难看出, 这个结论从线性代数的角度看是显然的, 因为 $\mathbf{M}_P = \mathbf{Z}_P^{-1}$.

定理 6.56(有时称其为**下反演**) 还有另外一种形式, 一般称其为 Möbius 反演公式的**对偶形式** (也称其为**上反演**), 这在应用上有时会很方便.

定理 6.57 设 $(P, \preccurlyeq)$ 是一个局部有限的偏序集, $f(x), g(x)$ 是定义在 P 上的函数, 那么对于 $\forall x \in P$ 有

$$f(x) = \sum_{x \preccurlyeq y} g(y) \iff g(x) = \sum_{x \preccurlyeq y} \mu(x, y) f(y)$$

证明 这个定理的证明同定理 6.56 的证明完全类似, 请读者自己完成.   ■

显然, 对偶形式的 Möbius 反演公式的矩阵向量形式为

$$\mathbf{f}^{\mathrm{T}} = \mathbf{Z}_P \mathbf{g}^{\mathrm{T}} \iff \mathbf{g}^{\mathrm{T}} = \mathbf{M}_P \mathbf{f}^{\mathrm{T}}$$

从定理 6.56 和定理 6.57 可以看出, 为了应用 Möbius 反演公式, 必须针对特定的偏序集计算 Möbius 函数的值并推导 Möbius 反演公式的具体形式, 这可能需要一些特别的技巧. 下面的定理 6.58 是实际上偏序集 $[\![n]\!]_0$ 上的 Möbius 反演, 它也回答了本章开始所提出的问题 6.1.

定理 6.58 设 $f(n), g(n)$ 均是定义在 $\mathbb{N}$ 上的函数, 则对于 $\forall n \in \mathbb{N}$ 有

$$f(n) = \sum_{k=0}^{n} g(k) \iff g(n) = \begin{cases} f(n) - f(n-1), & n \geqslant 1 \\ f(0), & n = 0 \end{cases}$$

证明 显然, 非负整数集 $\mathbb{N}$ 在传统的数的大小比较关系运算符 $\leqslant$ 下构成偏序集, 实际上 $(\mathbb{N}, \leqslant)$ 是一无限全序集, 但它是局部有限的. 因此, 对于 $\forall i, j \in \mathbb{N}$, $i < j$, 由于区间 $[i, j]$ 是链, 所有由定理 6.36 立即可得

$$\mu(i, j) = \begin{cases} 1, & j = i \\ -1, & j = i+1 \\ 0, & \text{否则} \end{cases}$$

由 Möbius 反演公式 (定理 6.56), 可得

$$f(n) = \sum_{k \leqslant n} g(k) = \sum_{k=0}^{n} g(k), \quad \forall n \in \mathbb{N}$$

的充分必要条件是对 $\forall n \in \mathbb{N}$ 有

$$g(n) = \sum_{k \leqslant n} f(k)\mu(k,n) = \begin{cases} f(n) - f(n-1), & n \geqslant 1 \\ f(0), & n = 0 \end{cases}$$

这个结果表明, 有限差分 Δ 与有限求和 $\sum$ 是互逆的运算. ∎

下面的定理 6.59 是所谓的古典 Möbius 反演公式, 实际上是偏序集 $\mathbb{D}_n$ 上的 Möbius 反演, 同时也给出了本章开始所提出的问题 6.2 的答案.

定理 6.59 设 $f(n)$, $g(n)$ 均是定义在 $\mathbb{Z}^+$ 上的函数, 则对任意的正整数 n 有

$$f(n) = \sum_{d \mid n} g(d) \iff g(n) = \sum_{d \mid n} \mu(d) f\left(\frac{n}{d}\right)$$

这里 $\mu(n)$ 是所谓的古典 Möbius 函数, 其定义为

$$\mu(n) = \begin{cases} 1, & n = 1 \\ (-1)^k, & n = p_1 p_2 \cdots p_k \\ 0, & \text{其他} \end{cases}$$

其中 $p_1, p_2, \cdots, p_k$ 是 k 个不同的素数.

证明 对于给定正整数 n, 考虑偏序集 $\mathbb{D}_n$. 由定理 6.56 立即可得

$$f(n) = \sum_{d \mid n} g(d) \iff g(n) = \sum_{d \mid n} \mu(d,n) f(d)$$

而由定理 6.44 的结论可得, 偏序集 $\mathbb{D}_n$ 上的 Möbius 函数为

$$\mu(d,n) = \begin{cases} 1, & n/d = 1 \\ (-1)^k, & n/d = p_1 p_2 \cdots p_k \\ 0, & \text{否则} \end{cases}$$

这里 $p_1, p_2, \cdots, p_k$ 是 k 个不同的素数. 注意到古典的 Möbius 函数 $\mu(n/d)$ 实际上就是偏序集 $\mathbb{D}_n$ 上的 Möbius 函数 $\mu(d,n)$, 由此即得定理的结论. ∎

古典的 Möbius 函数 $\mu(n)$ 是定义在 $\mathbb{Z}^+$ 上的实函数 (参见定理 6.59), 且具有如下性质 (习题 2.50).

$$\sum_{d\,|\,n} \mu(n) = \begin{cases} 1, & n = 1 \\ 0, & n > 1 \end{cases} \tag{6.37}$$

由古典 Möbius 函数 $\mu(n)$ 的性质和上述反演公式, 可立即得到下面的定理.

定理 6.60　设 $\mu(n)$ 是古典 Möbius 函数, $\phi(n)$ 是 Euler 函数, 则对所有的 $n \in \mathbb{Z}^+$ 有

$$n = \sum_{d\,|\,n} \phi(d) \iff \phi(n) = n \sum_{d\,|\,n} \frac{\mu(d)}{d}$$

证明　显然, 这里我们仅需要证明: $n = \sum_{d\,|\,n} \phi(d)$. 首先, 将集合 $\mathbb{Z}_n^+$ 中的元素按与 n 的最大公因子进行分类:

$$S_d = \left\{ i \,|\, i \in \mathbb{Z}_n^+,\ \gcd(i, n) = d \right\},\ d\,|\,n$$

易知当 $d \neq d'$ 时, $S_d \cap S_{d'} = \varnothing$, 且 $\bigcup_{d\,|\,n} S_d = \mathbb{Z}_n^+$. 因此, $n = \sum_{d\,|\,n} |S_d|$. 注意到

$$i \in S_d \iff \gcd(i, n) = d \iff \gcd(i/d, n/d) = 1$$

即有 $|S_d| = \phi(n/d)$. 于是就有

$$n = \sum_{d\,|\,n} |S_d| = \sum_{d\,|\,n} \phi(n/d) = \sum_{d'\,|\,n} \phi(d')$$

然后由定理 6.59 即得. ■

当然, 这个定理的第二个表达式也可以直接根据 Euler 函数 $\phi(n)$ 的表达式以及古典 Möbius 函数 $\mu(n)$ 的性质 (6.37) 直接证明. 对于 $n = p_1^{n_1} p_2^{n_2} \cdots p_k^{n_k}$, 其中 $p_1, p_2, \cdots, p_k$ 是 k 个不同的素数. 如果令 $m = p_1 p_2 \cdots p_k$, 那么根据古典 Möbius 函数的性质 (6.37) 可得

$$n \sum_{d\,|\,n} \frac{\mu(d)}{d} = n \sum_{d\,|\,m} \frac{\mu(d)}{d}$$

$$= n \left[1 - \sum_{i=1}^{k} \frac{1}{p_i} + \sum_{i<j} \frac{1}{p_i p_j} - \cdots + (-1)^k \frac{1}{p_1 p_2 \cdots p_k} \right]$$

$$= n \left(1 - \frac{1}{p_1} \right) \left(1 - \frac{1}{p_2} \right) \cdots \left(1 - \frac{1}{p_k} \right) = \phi(n)$$

利用直积上 Möbius 函数的性质 (定理 6.43), 定理 6.59 很容易推广到多元函数上, 由此得到下面的 Möbius 反演定理的多元函数版本.

定理 6.61 设 $r \in \mathbb{Z}^+$, $f(n_1, n_2, \cdots, n_r)$ 和 $g(n_1, n_2, \cdots, n_r)$ 为多元实函数, $n_i \in \mathbb{Z}^+$, $1 \leqslant i \leqslant r$, $\mu(n)$ 是古典的 Möbius 函数, 则对 $\forall n_1, n_2, \cdots, n_r \in \mathbb{Z}^+$,

$$f(n_1, n_2, \cdots, n_r) = \sum_{d_i \mid n_i} g(d_1, d_2, \cdots, d_r) \tag{6.38}$$

的充分必要条件是

$$g(n_1, n_2, \cdots, n_r) = \sum_{d_i \mid n_i} \mu(d_1)\mu(d_2)\cdots\mu(d_r) f\left(\frac{n_1}{d_1}, \frac{n_2}{d_2}, \cdots, \frac{n_r}{d_r}\right) \tag{6.39}$$

定理 6.61 有一个非常特殊的情况, 就是定理 6.62. 这个定理可以绕过偏序集的相关内容而直接得到证明, 建议读者自行完成. 现叙述如下.

定理 6.62 设 $r \in \mathbb{Z}^+$, $f(n_1, n_2, \cdots, n_r)$ 和 $g(n_1, n_2, \cdots, n_r)$ 为多元实函数, $n_i \in \mathbb{Z}^+$, $1 \leqslant i \leqslant r$, $\mu(n)$ 是古典的 Möbius 函数, 则对 $\forall n_1, n_2, \cdots, n_r \in \mathbb{Z}^+$,

$$f(n_1, n_2, \cdots, n_r) = \sum_{d \mid \gcd(n_1, n_2, \cdots, n_r)} g\left(\frac{n_1}{d}, \frac{n_2}{d}, \cdots, \frac{n_r}{d}\right) \tag{6.40}$$

的充分必要条件是

$$g(n_1, n_2, \cdots, n_r) = \sum_{d \mid \gcd(n_1, n_2, \cdots, n_r)} \mu(d) f\left(\frac{n_1}{d}, \frac{n_2}{d}, \cdots, \frac{n_r}{d}\right) \tag{6.41}$$

下面的定理给出了幂集格 $\mathbb{B}_n$ 上的 Möbius 反演定理, 它同时也给出了本章开始的问题 6.3 的答案.

定理 6.63 设 f, g 均是定义在 $\mathbb{B}_n$ 上的函数, 则对 $\forall S \in \mathbb{B}_n$ 有

$$f(S) = \sum_{T \subseteq S} g(T) \iff g(S) = \sum_{T \subseteq S} (-1)^{|S-T|} f(T) \tag{6.42}$$

$$f(S) = \sum_{S \subseteq T} g(T) \iff g(S) = \sum_{S \subseteq T} (-1)^{|T-S|} f(T) \tag{6.43}$$

证明 由定理 6.45 和定理 6.56 直接得到 (6.42); 而 (6.43) 则是其对偶形式, 可由定理 6.45 和定理 6.57 得到. ∎

定理 6.64 设 f, g 均是定义在 $\mathbf{\Pi}_n$ 上的函数, 则对 $\forall \pi \in \mathbf{\Pi}_n$ 有

$$f(\pi) = \sum_{\sigma \preccurlyeq \pi} g(\sigma) \iff g(\pi) = \sum_{\sigma \preccurlyeq \pi} \mu(\sigma, \pi) f(\sigma) \tag{6.44}$$

$$f(\pi) = \sum_{\pi \preccurlyeq \sigma} g(\sigma) \iff g(\pi) = \sum_{\pi \preccurlyeq \sigma} \mu(\pi, \sigma) f(\sigma) \tag{6.45}$$

其中 $\mu(\pi, \sigma)$ 的定义如 (6.27).

证明　显然, 由定理 6.47 和定理 6.56 即得结论 (6.44); (6.45) 是其对偶形式, 可由定理 6.47 和定理 6.57 得到.　■

定理 6.65　设 f, g 均是定义在 $\mathbb{L}_q^n$ 上的函数, 则对 $\forall W \in \mathbb{L}_q^n$ 有

$$f(W) = \sum_{U \subseteq W} g(U) \iff g(W) = \sum_{U \subseteq W} \mu(U, W) f(U) \tag{6.46}$$

$$f(W) = \sum_{W \subseteq U} g(U) \iff g(W) = \sum_{W \subseteq U} \mu(W, U) f(U) \tag{6.47}$$

其中 $\mu(U, W)$ 的定义如 (6.28).

证明　由定理 6.48 和定理 6.56 即得结论 (6.46); (6.47) 是其对偶形式, 可由定理 6.48 和定理 6.57 得到.　■

定理 6.66　设 f, g 均是定义在 $\mathbb{F}(P)$ 上的函数, 其中 P 是凸多面体, 则对 $\forall x \in \mathbb{F}(P)$ 有

$$f(x) = \sum_{y \subseteq x} g(y) \iff g(x) = \sum_{y \subseteq x} \mu(y, x) f(y) \tag{6.48}$$

$$f(x) = \sum_{x \subseteq y} g(y) \iff g(x) = \sum_{x \subseteq y} \mu(x, y) f(y) \tag{6.49}$$

其中 $\mu(x, y)$ 的定义如 (6.29).

证明　由定理 6.49 和定理 6.56 即得结论 (6.48); (6.49) 是其对偶形式, 可由定理 6.49 和定理 6.57 得到.　■

6.6　Möbius 反演的应用

这一节我们研究 Möbius 反演公式的应用. 我们首先来看一看 Möbius 反演与容斥原理的关系.

6.6.1　$\mathbb{B}_n$ 上的应用

设集合 X 是一个有限集, P 是一个 n 元集, 其中的 n 个元素代表集合 X 中的元素所具有的 n 个性质的集合. 对于 P 的任何子集 S, 以 $f_=(S)$ 表示集合 X 中恰具有 S 中的每个性质但不具有 $\overline{S} = P - S$ 中的任何性质的元素个数, 以 $f_\geqslant(S)$ 表示集合 X 中至少具有 S 中的每个性质 (即除具有 S 中的全部性质之外, 可能还具有 $\overline{S}$ 中的某些性质) 的元素个数, 以 $f_\leqslant(S)$ 表示集合 X 中至多具有 S 中性质 (即具有 S 中的部分或全部性质, 但绝不可能具有 $\overline{S}$ 中的任何性质) 的元素个数, 那么有

$$f_\geqslant(S) = \sum_{S \subseteq T} f_=(T) \tag{6.50}$$

$$f_{\leqslant}(S) = \sum_{T \subseteq S} f_{=}(T) \tag{6.51}$$

根据定理 6.63 可得

$$f_{=}(S) = \sum_{S \subseteq T} (-1)^{|T-S|} f_{\geqslant}(T) \tag{6.52}$$

$$f_{=}(S) = \sum_{T \subseteq S} (-1)^{|S-T|} f_{\leqslant}(T) \tag{6.53}$$

其中 (6.51) 和 (6.53) 分别是 (6.50) 和 (6.52) 的对偶形式. 根据 (6.52), 集合 X 中不具有 P 中任何性质的元素个数为

$$f_{=}(\varnothing) = \sum_{S \subseteq P} (-1)^{|S|} f_{\geqslant}(S) \tag{6.54}$$

通常情况下, $f_{\geqslant}(T)$ 的计算相对容易, 而 $f_{=}(T)$ 的计算往往比较困难, 所以大多数情况下是通过计算 $f_{\geqslant}(T)$ 来得到 $f_{=}(T)$. 事实上, 不难看出 (6.50) 到 (6.54) 实际上就是容斥原理. 首先我们来看 (6.54). 由于 (6.54) 的求和针对 n 元集 P 的所有子集, 因此可按照子集中的元素个数 k 进行分类计数, 于是可得

$$f_{=}(\varnothing) = \sum_{S \subseteq P} (-1)^{|S|} f_{\geqslant}(S) = \sum_{k=0}^{n} (-1)^k \sum_{S \in P^{(k)}} f_{\geqslant}(S)$$

由于上式中的求和 $\sum_{S \in P^{(k)}} f_{\geqslant}(S)$ 遍历 P 的所有 k 子集, 而求和项 $f_{\geqslant}(S)$ 表示 X 中至少具有 S 中的全部性质 (即某 k 个性质) 的元素个数, 所以按照前面采用的记号, $\sum_{S \in P^{(k)}} f_{\geqslant}(S)$ 就是集合 X 中所有至少具有 n 个性质中的 k 个性质的元素个数 $N_{\geqslant k}$, 而 $f_{=}(\varnothing)$ 就是 X 中不具有 n 个性质中的任何性质的元素个数 $N_{=0}$. 因此, 上式就成为

$$N_{=0} = \sum_{k=0}^{n} (-1)^k N_{\geqslant k}$$

这正是前面 (5.11) 的结论.

如果将 (6.52) 的两边按性质集 P 的 j 元子集进行求和, 可得

$$\sum_{S \in P^{(j)}} f_{=}(S) = \sum_{S \in P^{(j)}} \sum_{T \supseteq S} (-1)^{|T-S|} f_{\geqslant}(T)$$

上式右端的求和, 当 S 遍历 P 的所有 j 子集时, T 则遍历 P 的所有 $k\,(j \leqslant k \leqslant n)$ 子集. 所以, 将上式右端交换求和次序可得

$$\sum_{S \in P^{(j)}} f_=(S) = \sum_{k=j}^{n} \sum_{T \in P^{(k)}} \sum_{S \in T^{(j)}} (-1)^{|T-S|} f_{\geqslant}(T)$$

$$= \sum_{k=j}^{n} \sum_{T \in P^{(k)}} (-1)^{k-j} \binom{k}{j} f_{\geqslant}(T)$$

$$= \sum_{k=j}^{n} (-1)^{k-j} \binom{k}{j} \sum_{T \in P^{(k)}} f_{\geqslant}(T)$$

注意到 $N_{=j} = \sum_{S \in P^{(j)}} f_=(S)$, $N_{\geqslant k} = \sum_{T \in P^{(k)}} f_{\geqslant}(T)$, 则上式成为

$$N_{=j} = \sum_{k=j}^{n} (-1)^{k-j} \binom{k}{j} N_{\geqslant k}$$

而 (6.50) 则成为

$$N_{\geqslant k} = \sum_{j=k}^{n} \binom{j}{k} N_{=j}$$

再一次导出了定理 5.8 的结论. 这正好说明容斥原理是 Möbius 反演在特定偏序集上的一个实例. 如果利用 (6.51) 和 (6.53), 并令 $N_{\leqslant k} = \sum_{T \in P^{(k)}} f_{\leqslant}(T)$, 则得到

$$N_{\leqslant k} = \sum_{j=0}^{k} \binom{n-j}{k-j} N_{=j} \iff N_{=j} = \sum_{k=0}^{j} (-1)^{j-k} \binom{n-k}{j-k} N_{\leqslant k} \qquad (6.55)$$

请读者自行完成 (6.55) 的证明.

另外, 在公式 (6.50) 与 (6.52) 或公式 (6.51) 与 (6.53) 的实际应用中, 有一种特别的情况经常见到, 那就是函数 $f_=(T)$ 和 $f_{\geqslant}(T)$ 或 $f_{\leqslant}(T)$ 只依赖于 T 的基数, 也就是说, 当 $T_1, T_2 \subseteq P$ 且 $|T_1| = |T_2|$ 时, 有

$$f_=(T_1) = f_=(T_2), \quad f_{\geqslant}(T_1) = f_{\geqslant}(T_2), \quad f_{\leqslant}(T_1) = f_{\leqslant}(T_2)$$

设 $|P| = n$, 当 $|T| = k$ 时, 令 $a_{n-k} = f_=(T)$, $b_{n-k} = f_{\geqslant}(T)$, 公式 (6.50) 与 (6.52) 的等价性就成为

$$b_m = \sum_{k=0}^{m} \binom{m}{k} a_k \iff a_m = \sum_{k=0}^{m} (-1)^{m-k} \binom{m}{k} b_k \qquad (6.56)$$

这就是我们曾经介绍过的二项式反演公式. 若当 $|T| = k$ 时, 仍令 $a_{n-k} = f_=(T)$, 但令 $b_{n-k} = f_\leqslant(T)$, 则 (6.51) 与 (6.53) 的等价性就成为

$$b_m = \sum_{k=m}^n \binom{n-m}{n-k} a_k \iff a_m = \sum_{k=m}^n (-1)^{k-m} \binom{n-m}{k-m} b_k \tag{6.57}$$

例 6.12 考虑 n 元集 $\mathbb{Z}_n^+$ 的错排计数 D_n. 令集合 $X = \mathbb{Z}_n^+!$, X 中的元素有 n 个性质, 其第 i 个性质 p_i 为 $\mathbb{Z}_n^+$ 全排列中整数 i 恰位于第 i 个位置, 并令 P 表示这 n 个性质的集合. 对于 $\forall T \subseteq P$, 如果其基数 $|T| = i$, 那么有

$$f_\geqslant(T) = b_{n-i} = (n-i)!, \quad f_=(T) = a_{n-i}$$

如果注意到 $f_=(\varnothing) = a_n = D_n$, 可得

$$D_n = a_n = \sum_{i=0}^n (-1)^{n-i} \binom{n}{i} b_i = \sum_{i=0}^n (-1)^{n-i} \binom{n}{i} i!$$

$$= n! \left[1 - \frac{1}{1!} + \frac{1}{2!} - \frac{1}{3!} + \cdots + \frac{(-1)^n}{n!} \right]$$

这是我们多次得到过的结果.

例 6.13 设 $n, k \in \mathbb{Z}^+$, $k \leqslant n$, 对于 $S \subseteq \mathbb{Z}_k^+$, 令 $f(S)$ 表示 $\mathbb{Z}_n^+$ 到 S 的满射的个数, $g(S)$ 表示 $\mathbb{Z}_n^+$ 到 S 所有映射的个数, 则显然有 $g(S) = \sum_{T \subseteq S} f(T)$. 另一方面, 由于 $g(S) = |S|^n$, 所以由定理 6.63 可得

$$f(\mathbb{Z}_k^+) = \sum_{S \subseteq \mathbb{Z}_k^+} (-1)^{k-|S|} |S|^n = \sum_{i=0}^k (-1)^{k-i} \binom{k}{i} i^n = S[n, k]$$

这也是我们多次证明过的一个结果.

例 6.14 设 $\pi = a_1 a_2 \cdots a_n \in \mathbb{Z}_n^+!$, π 的降序集 $D(\pi) = \{i \mid a_i > a_{i+1}\}$, 且显然有 $D(\pi) \subseteq \mathbb{Z}_{n-1}^+$. 对于 $\forall S \subseteq \mathbb{Z}_{n-1}^+$, 我们仍以 $\alpha_n(S)$ 和 $\beta_n(S)$ 分别表示 $\mathbb{Z}_n^+!$ 中降序集包含在 S 中的排列数以及降序集等于 S 的排列数, 即

$$\alpha_n(S) = \left| \left\{ \pi \mid \pi \in \mathbb{Z}_n^+!, \ D(\pi) \subseteq S \right\} \right|$$

$$\beta_n(S) = \left| \left\{ \pi \mid \pi \in \mathbb{Z}_n^+!, \ D(\pi) = S \right\} \right|$$

令 $S = \{s_1, s_2, \cdots, s_k\} \subseteq \mathbb{Z}_{n-1}^+$, $s_1 < s_2 < \cdots < s_k$, 并记 $s_0 = 0$, $s_{k+1} = n$, 则

$$\beta_n(S) = n! \det(\mathbf{A}_{k+1}) = \det(\mathbf{B}_{k+1})$$

其中 $\mathbf{A}_{k+1} = (a_{ij})$，$\mathbf{B}_{k+1} = (b_{ij})$ 均为 $k+1$ 阶方阵，并且

$$a_{ij} = \begin{cases} \dfrac{1}{(s_j - s_{i-1})!}, & i \leqslant j+1, \\[2mm] 0, & i > j+1, \end{cases} \qquad b_{ij} = \begin{cases} \dbinom{n - s_{i-1}}{s_j - s_{i-1}}, & i \leqslant j+1 \\[2mm] 0, & i > j+1 \end{cases}$$

证明　在第 1 章我们曾经证明了下面的关于 $\alpha_n(S)$ 的计算公式:

$$\alpha_n(S) = \binom{n}{s_1,\, s_2 - s_1,\, \cdots,\, s_k - s_{k-1},\, n - s_k}$$

$$= n! \prod_{j=1}^{k+1} \frac{1}{(s_j - s_{j-1})!} \tag{6.58}$$

并且由于

$$\alpha_n(S) = \sum_{T \subseteq S} \beta_n(T)$$

所以根据 Möbius 反演公式 (定理 6.45)，并注意到 (6.58) 可得

$$\beta_n(S) = \sum_{T \subseteq S} (-1)^{|S-T|} \alpha_n(T)$$

$$= \sum_{1 \leqslant i_1 < i_2 < \cdots < i_j \leqslant k} (-1)^{k-j} n! \prod_{\ell=1}^{j+1} \frac{1}{(s_{i_\ell} - s_{i_{\ell-1}})!}$$

$$= n! \det(\mathbf{A}_{k+1}) \tag{6.59}$$

这里 $s_{i_0} = 0$，$s_{i_{j+1}} = n$. 如果注意到 $\alpha_n(S)$ 也可以写成

$$\alpha_n(S) = \binom{n}{s_1}\binom{n - s_1}{s_2 - s_1}\binom{n - s_2}{s_3 - s_2} \cdots \binom{n - s_k}{n - s_k}$$

$$= \binom{n - s_0}{s_1 - s_0}\binom{n - s_1}{s_2 - s_1} \cdots \binom{n - s_k}{s_{k+1} - s_k} \tag{6.60}$$

那么根据 (6.59)，$\beta_n(S)$ 还可以表示成

$$\beta_n(S) = \det(\mathbf{B}_{k+1}) \tag{6.61}$$

证毕.　　■

6.6.2 $\mathbb{D}_n$ 上的应用

下面我们讨论古典 Möbius 反演定理的一个简单应用 —— 非标定的手镯型圆排列问题. 第 1 章我们曾经讨论过简单的非标定圆排列问题, 这里进一步考虑非标定手镯型圆排列中带有重复元素的圆排列问题. 根据第 1 章的结论, n 元集的 r 圆排列中手镯型圆排列数为 $\odot_b[n;\,r]$, 项链型圆排列数为 $\odot_n[n;\,r]$, 且有

$$\odot_b[n;\,r] = \frac{(n)_r}{r}, \quad \odot_n[n;\,r] = \frac{(n)_r}{2r}$$

不过 $\odot_b[n;\,r]$ 与 $\odot_n[n;\,r]$ 统计的是非重圆排列的计数. 这里我们将讨论允许元素重复的情况.

定义 6.22 设 S 是一个 n 元集, 从 S 中有放回地取 r 个元素作成一个手镯型的圆排列, 称之为 n 元集的**手镯型 r 重复圆排列**, 数 r 称为该圆排列的**长度**. 若一圆排列可由某个长度为 d 的线排列在圆周上重复若干次形成, 则其最小 d 值称为该圆排列的**周期**, 并称这样的圆排列为**周期圆排列**.

为了方便, 我们以 $\odot_b^{\circ}[\![n;\,r;\,d]\!]$ 表示 n 元集的周期为 d 的手镯型 r 重复圆排列数, 当 $d = r$ 时周期为 r 的手镯型 r 重复排列数 $\odot_b^{\circ}[\![n;\,r;\,r]\!]$ 简记为 $\odot_b^{\circ}[\![n;\,r]\!]$, 而以 $\odot_b[\![n;\,r]\!]$ 表示 n 元集的手镯型 r 重复圆排列数, 则有下面的结论.

定理 6.67 设 $\mu(n)$ 是古典的 Möbius 函数, $\phi(n)$ 是 Euler 函数, 则关于 n 元集周期为 r 的手镯型 r 重复圆排列数和手镯型 r 重复圆排列数, 有

$$\begin{cases} \odot_b^{\circ}[\![n;\,r]\!] = \dfrac{1}{r} \displaystyle\sum_{d\,|\,r} \mu(d)\, n^{r/d} \\[4mm] \odot_b[\![n;\,r]\!] = \dfrac{1}{r} \displaystyle\sum_{d\,|\,r} \phi(d)\, n^{r/d} \end{cases}$$

证明 对于周期为 d 的手镯型 r 重复圆排列, 必有 $d\,|\,r$, 其中 r/d 为重复次数. 显然, 这种圆排列形如

$$\underbrace{(a_1 a_2 \cdots a_d)\,(a_1 a_2 \cdots a_d) \cdots (a_1 a_2 \cdots a_d)}_{r/d\,个}$$

由于每一个这样的圆排列对应如下 d 个不同的 r 元线排列:

$$a_1 a_2 \cdots a_d \,|\, a_1 a_2 \cdots a_d \,|\, \cdots \,|\, a_1 a_2 \cdots a_d$$

$$a_2 a_3 \cdots a_1 \,|\, a_2 a_3 \cdots a_1 \,|\, \cdots \,|\, a_2 a_3 \cdots a_1$$

$$\cdots\cdots$$

$$a_d a_1 \cdots a_{d-1} \mid a_d a_1 \cdots a_{d-1} \mid \cdots \mid a_d a_1 \cdots a_{d-1}$$

反过来, 形如上的 d 个 r 元线排列对应于一个周期为 d 的手镯型 r 重复圆排列. 所以, 周期为 d 的 r 线排列总数为 $d \, \bigodot_b^\circ [\![n; \, r; \, d]\!]$. 因此, n 元集的 r 重复线排列的总数为 n^r, 因而有

$$n^r = \sum_{d \mid r} d \, \bigodot_b^\circ [\![n; \, r; \, d]\!]$$

根据古典 Möbius 反演定理 (定理 6.59) 可得

$$r \, \bigodot_b^\circ [\![n; \, r; \, r]\!] = \sum_{d \mid r} \mu(d) \, n^{r/d} \implies \bigodot_b^\circ [\![n; \, r]\!] = \bigodot_b^\circ [\![n; \, r; \, r]\!] = \frac{1}{r} \sum_{d \mid r} \mu(d) \, n^{r/d}$$

由此即得第一个公式. 另外, 根据上面的结果以及定理 6.60 有

$$\bigodot_b [\![n; \, r]\!] = \sum_{d \mid r} \bigodot_b^\circ [\![n; \, d]\!] = \sum_{d \mid r} \frac{1}{d} \sum_{d_1 \mid d} \mu(d_1) \, n^{d/d_1}$$

$$= \sum_{d_1 \mid r} \sum_{m \mid (r/d_1)} \frac{1}{d_1 m} \mu(d_1) \, n^m = \sum_{m \mid r} \frac{n^m}{m} \sum_{d_1 \mid (r/m)} \frac{\mu(d_1)}{d_1}$$

$$= \sum_{m \mid r} \frac{n^m}{r} \sum_{d_1 \mid (r/m)} \frac{\mu(d_1)}{d_1} \cdot \frac{r}{m} = \sum_{m \mid r} \frac{n^m}{r} \cdot \phi\left(\frac{r}{m}\right)$$

$$= \frac{1}{r} \sum_{m \mid r} \phi\left(\frac{r}{m}\right) n^m = \frac{1}{r} \sum_{d \mid r} \phi(d) \, n^{r/d} \qquad ∎$$

例 6.15 设 $S = \{a, \, b, \, c\}$, 求 S 的周期为 4 的手镯型 4 重复圆排列数 $\bigodot_b^\circ [\![3; \, 4]\!]$ 以及 S 的所有 4 重复圆排列数 $\bigodot_b [\![3; \, 4]\!]$.

解 根据定理 6.67可得

$$\bigodot_b^\circ [\![3; \, 4]\!] = \frac{1}{4} \sum_{d \mid 4} \mu(d) \, 3^{4/d}$$

$$= \frac{1}{4} \left[\mu(1) \, 3^{4/1} + \mu(2) \, 3^{4/2} + \mu(4) \, 3^{4/4} \right]$$

$$= \frac{1}{4} \left(3^4 - 3^2 \right) = 18$$

$$\bigodot_b [\![3; \, 4]\!] = \frac{1}{4} \sum_{d \mid 4} \phi(d) \, 3^{4/d}$$

$$= \frac{1}{4} \left[\phi(1)\, 3^{4/1} + \phi(2)\, 3^{4/2} + \phi(4)\, 3^{4/4} \right]$$

$$= \frac{1}{4} \left(3^4 + 3^2 + 2 \cdot 3^1 \right) = 24$$

例 6.16 有足够多的红蓝黄三种颜色的珠子, 从中取出 9 个穿成一个手镯, 求不同的方案数.

解 显然所求的方案数为 $\bigodot_b [\![3; 9]\!]$, 所以由定理 6.67得

$$\bigodot_b [\![3; 9]\!] = \frac{1}{9} \sum_{d \mid 9} \phi(d)\, 3^{9/d}$$

$$= \frac{1}{9} \left[\phi(1)\, 3^{9/1} + \phi(3)\, 3^{9/3} + \phi(9)\, 3^{9/9} \right]$$

$$= \frac{1}{9} \left(3^9 + 2 \cdot 3^3 + 6 \cdot 3^1 \right) = 2195$$

现在我们考虑 n 元重集 $S = \{n_1 \cdot a_1, n_2 \cdot a_2, \cdots, n_k \cdot a_k\}$ 的手镯型圆排列问题, 其中 $n = \sum_{i=1}^{k} n_i$. 若将 S 中的全部元素作手镯型圆排列, 其全排列数记为 $\bigodot_b [n_1, n_2, \cdots, n_k]$, 周期为 d 的手镯型圆排列数记为 $\bigodot_b^\circ [d_1, d_2, \cdots, d_k]$, 其中 $d = d_1 + d_2 + \cdots + d_k$, 而 d_i 则表示每个周期含元素 a_i 的个数, 周期的概念同上.

对于 S 的周期为 d 的手镯型圆排列, 必有 $d \mid n$, 且每个这样的手镯型圆排列恰含有 $\ell = n/d$ 个周期. 由于有 $d_i \ell = n_i\, (1 \leqslant i \leqslant k)$, 所以 $\ell \mid \gcd(n_1, n_2, \cdots, n_k)$. 显然, S 的周期为 d 的每个手镯型圆排列, 可形成 S 的 d 个不同的线排列, 而 S 的所有线排列个数为 $\binom{n}{n_1, n_2, \cdots, n_k}$, 从而有

$$\sum_{d \mid n} d \bigodot_b^\circ [d_1, d_2, \cdots, d_k] = \binom{n}{n_1,\ n_2,\ \cdots,\ n_k}$$

如果令 $\ell = n/d$, 则 $d = n/\ell$, $d_i = n_i/\ell$, 且 $\ell \mid \gcd(n_1, n_2, \cdots, n_k)$. 于是有

$$\sum_{\ell \mid \gcd(n_1, n_2, \cdots, n_k)} \frac{n}{\ell} \cdot \bigodot_b^\circ [n_1/\ell, n_2/\ell, \cdots, n_k/\ell] = \binom{n}{n_1,\ n_2,\ \cdots,\ n_k}$$

根据定理 6.62可得

$$n \bigodot_b^\circ [n_1, n_2, \cdots, n_k] = \sum_{d \mid \gcd(n_1, n_2, \cdots, n_k)} \mu(d) \binom{n/d}{n_1/d,\ n_2/d,\ \cdots,\ n_k/d}$$

由此得到

$$\odot_b^\circ[n_1, n_2, \cdots, n_k] = \frac{1}{n} \sum_{d \,\mid\, \gcd(n_1, n_2, \cdots, n_k)} \mu(d) \binom{n/d}{n_1/d, \ n_2/d, \ \cdots, \ n_k/d}$$

从而有

$$\odot_b[n_1, n_2, \cdots, n_k] = \sum_{d \,\mid\, n} \odot_b^\circ[d_1, d_2, \cdots, d_k]$$

$$= \frac{1}{n} \sum_{d \,\mid\, \gcd(n_1, n_2, \cdots, n_k)} \phi(d) \binom{n/d}{n_1/d, \ n_2/d, \ \cdots, \ n_k/d}$$

综上所述, 我们有如下类似于定理 6.67 的结论.

定理 6.68　设 $S = \{n_1 \cdot a_1, n_2 \cdot a_2, \cdots, n_k \cdot a_k\}$ 是一 n 元重集, $\mu(n)$ 是古典的 Möbius 函数, $\phi(n)$ 是 Euler 函数, 则关于重集 S 的手镯型圆排列数有

$$\odot_b^\circ[n_1, n_2, \cdots, n_k] = \frac{1}{n} \sum_{d \,\mid\, \gcd(n_1, n_2, \cdots, n_k)} \mu(d) \binom{n/d}{n_1/d, \ n_2/d, \ \cdots, \ n_k/d}$$

$$\odot_b[n_1, n_2, \cdots, n_k] = \frac{1}{n} \sum_{d \,\mid\, \gcd(n_1, n_2, \cdots, n_k)} \phi(d) \binom{n/d}{n_1/d, \ n_2/d, \ \cdots, \ n_k/d}$$

6.6.3　$\mathbf{II}_n$ 上的应用

设 $n, x \in \mathbb{Z}^+$, $N = \mathbb{Z}_n^+$, X 是 x 元集. 对于 $\forall \pi \in \mathbf{II}_n$, 如果映射 $\varphi \in X^N$ 将拆分 π 的同一个块中的元素映射到集合 X 中的同一个元素, 而不同块中的元素映射到 X 中不同的元素, 即拆分 π 是映射 φ 的无序核 (这意味着拆分 π 的块数 $|\pi| \leqslant x$). 显然, 按照无序核的定义, X^N 中不同的映射可以有相同的无序核. 对于 $\forall \pi \in \mathbf{II}_n$, 我们令

$$N_=(\pi) = \big|\{\varphi \,|\, \varphi \in X^N, \ \ker(\varphi) = \pi\}\big|$$

$$N_\geqslant(\pi) = \big|\{\varphi \,|\, \varphi \in X^N, \ \ker(\varphi) \succcurlyeq \pi\}\big|$$

那么有

$$N_\geqslant(\pi) = \sum_{\sigma \in \mathbf{II}_n : \sigma \succcurlyeq \pi} N_=(\sigma)$$

由 Möbius 反演公式 (定理 6.64) 可得

$$N_=(\pi) = \sum_{\sigma \in \mathbf{II}_n : \sigma \succcurlyeq \pi} \mu(\pi, \sigma) N_\geqslant(\sigma)$$

上式中令 $\pi = \mathbf{0} = \{\{1\}, \{2\}, \cdots, \{n\}\}$ 即得

$$N_=(\mathbf{0}) = \sum_{\sigma \in \mathbf{\Pi}_n} \mu(\mathbf{0}, \sigma) N_{\geqslant}(\sigma)$$

由于 $N_=(\mathbf{0})$ 就是集合 N 到集合 X 的单射个数 $|X_{\vdash}^N|$, 即有

$$N_=(\mathbf{0}) = x(x-1)\cdots(x-n+1) = (x)_n$$

假设拆分 $\sigma \in \mathbf{\Pi}_n$ 有 $r(\sigma)$ 个块, 那么 $N_{\geqslant}(\sigma)$ 既统计了集合 X^N 中将 σ 同一个块中的元素映射到 X 中同一个元素的映射 φ, 也统计了将 σ 不同块中的元素映射到 X 中同一个元素的映射 φ, 因为 $N_{\geqslant}(\sigma)$ 是对满足 $\ker(\varphi) \succcurlyeq \sigma$ 的映射 φ 的统计, 所以有 $N_{\geqslant}(\sigma) = x^{r(\sigma)}$. 于是我们得到如下的恒等式:

$$(x)_n = \sum_{\sigma \in \mathbf{\Pi}_n} \mu(\mathbf{0}, \sigma) x^{r(\sigma)} \tag{6.62}$$

显然, $r(\sigma) = 1$ 当且仅当 $\sigma = \mathbf{1} = \{1, 2, \cdots, n\}$, 因此比较上式两端 x 的系数即得

$$\mu(\mathbf{0}, \mathbf{1}) = (-1)^{n-1}(n-1)!$$

这正是前面定理 6.46 的结论.

另外, 由于 $\mathbf{\Pi}_n$ 是分级的, 所以对于 $\sigma \in \mathbf{\Pi}_n$, 其阶 $\rho(\sigma) = n - r(\sigma)$, 从而有

$$(x)_n = \sum_{\sigma \in \mathbf{\Pi}_n} \mu(\mathbf{0}, \sigma) x^{n-\rho(\sigma)} \tag{6.63}$$

如果注意到 $(x)_n = \sum_{k=0}^{n} s(n, k) x^k$, 并比较上式两端 x^{n-k} 的系数可得

$$s(n, n-k) = \sum_{\sigma \in \mathbf{\Pi}_n: \rho(\sigma)=k} \mu(\mathbf{0}, \sigma)$$

$$= \sum_{\sigma \in \mathcal{A}_k(\mathbf{\Pi}_n)} \mu(\mathbf{0}, \sigma) = w_k(\mathbf{\Pi}_n) \tag{6.64}$$

(6.64) 给出了第一类 Stirling 数 $s(n, k)$ 的另一个组合解释! 也证明了前面在定理 6.52 中尚未证明的关于第一类 Whitney 数的结论. 除此之外, 利用恒等式 (6.63) 可直接得到偏序集 $\mathbf{\Pi}_n$ 的特征多项式

$$\chi(\mathbf{\Pi}_n; \lambda) = \sum_{\sigma \in \mathbf{\Pi}_n} \mu(\mathbf{0}, \sigma) \lambda^{n-1-\rho(\sigma)} = (\lambda - 1)(\lambda - 2)\cdots(\lambda - n + 1)$$

这也是定理 6.52 中尚未证明的一个结论.

例 6.17 试求顶点集为 $\mathbb{Z}_n^+$ 连通的标定简单图的个数.

解 考虑顶点集 $\mathbb{Z}_n^+$ 的拆分格 $\mathbf{II}_n$. 对于 $\pi \in \mathbf{II}_n$, 令 $f(\pi)$ 表示顶点集为 $\mathbb{Z}_n^+$ 的简单图的个数, 其中 π 的每一块表示图的一个连通分支; 令 $g(\pi)$ 表示顶点集为 $\mathbb{Z}_n^+$ 的简单图的个数, 其中图的所有连通分支的顶点集所构成的 $\mathbb{Z}_n^+$ 的拆分 σ 是拆分 π 的细化, 即 $\sigma \preccurlyeq \pi$. 因此有

$$g(\pi) = \sum_{\sigma \preccurlyeq \pi} f(\sigma)$$

显然, $f(\mathbf{1})$ 就是我们的所求. 对于 $\forall \pi \in \mathbf{II}_n$, 假定 π 中大小为 i 的块有 k_i 个, 其中 $1 \leqslant i \leqslant n$. 由于在顶点标定的情况下, 仅以边集来区分不同的图, 而每条边只有 2 种可能, 所以 k_i 个大小为 i 的连通分支的总个数为 $2^{k_i \binom{i}{2}}$, 于是可得

$$g(\pi) = 2^{k_2 \binom{2}{2}} 2^{k_3 \binom{3}{2}} \dots 2^{k_n \binom{n}{2}}$$

根据拆分格 $\mathbf{II}_n$ 上的 Möbius 反演公式 (定理 6.64) 有

$$f(\sigma) = \sum_{\pi \preccurlyeq \sigma} \mu(\pi, \sigma) g(\pi)$$

由此可得

$$f(\mathbf{1}) = \sum_{\pi \preccurlyeq \mathbf{1}} \mu(\pi, \mathbf{1}) g(\pi) = \sum_{\pi \in \mathbf{II}_n} \mu(\pi, \mathbf{1}) g(\pi)$$

上式中的求和遍历 $\mathbb{Z}_n^+$ 的所有拆分.

为了便于计算, 我们将 $\mathbf{II}_n$ 中的所有拆分进行分类: 如果拆分 π 中大小为 i 的块有 k_i 个, 其中 $1 \leqslant i \leqslant n$, 则称拆分 π 是一个类型为 $(k_1, k_2, \cdots, k_n)$ 的拆分. 显然, 这里非负整数 k_i 满足 $k_1 + 2k_2 + \cdots + nk_n = n$, 即 $(k_1, k_2, \cdots, k_n) \in \mathbf{\Lambda}_n$. 显然, 拆分格 $\mathbf{II}_n$ 中类型为 $(k_1, k_2, \cdots, k_n)$ 的拆分个数为

$$\frac{n!}{(1!)^{k_1} k_1! (2!)^{k_2} k_2! \cdots (n!)^{k_n} k_n!} = n! \prod_{i=1}^{n} \frac{1}{(i!)^{k_i} k_i!}$$

另外根据定理 6.64, 对于类型为 $(k_1, k_2, \cdots, k_n) \in \mathbf{\Lambda}_{n,m}$ 的拆分 π 有

$$\mu(\pi, \mathbf{1}) = (-1)^{k_1 + k_2 + \cdots + k_n - 1} (k_1 + k_2 + \cdots + k_n - 1)!$$

$$= (-1)^{m-1} (m-1)!$$

由此得到

$$f(1) = \sum_{\substack{k_1+2k_2+\cdots+nk_n=n \\ k_i \geqslant 0, \ i=1, 2, \cdots, n}} (-1)^{m-1} n!(m-1)! \prod_{i=1}^{n} \frac{2^{k_i\binom{i}{2}}}{(i!)^{k_i} k_i!}$$

$$= \sum_{m=1}^{n} (-1)^{m-1} n!(m-1)! \sum_{(k_1, k_2, \cdots, k_n) \in \Lambda_{n, m}} \prod_{i=1}^{n} \frac{2^{k_i\binom{i}{2}}}{(i!)^{k_i} k_i!}$$

这个结论似乎很优美, 但计算显然是相当繁琐的. 表 6.4 列出了 $n = 5$ 时的情况.

表 6.4　以 $\mathbb{Z}_5^+$ 为顶点集的情况

π 的类型	π 的个数	π 的块数	$g(\pi)$	$\mu(\pi, 1)$
$(0, 0, 0, 0, 1)$	1	1	1024	1
$(1, 0, 0, 1, 0)$	5	2	64	-1
$(0, 1, 1, 0, 0)$	10	2	16	-1
$(2, 0, 1, 0, 0)$	10	3	8	2
$(1, 2, 0, 0, 0)$	15	3	4	2
$(3, 1, 0, 0, 0)$	10	4	2	-6
$(5, 0, 0, 0, 0)$	1	5	1	24

因此, 以 $\mathbb{Z}_5^+$ 作为顶点集的连通标定简单图的个数为

$$f(1) = 1 \cdot 1 \cdot 1024 + 5 \cdot (-1) \cdot 64 + 10 \cdot (-1) \cdot 16$$

$$+ 10 \cdot 2 \cdot 8 + 15 \cdot 2 \cdot 4 + 10 \cdot (-6) \cdot 2 + 1 \cdot 24 \cdot 1$$

$$= 728$$

也就是说, 以 $\mathbb{Z}_5^+$ 作为顶点集的标定简单图的总数为 1024 (这是因为 5 个顶点的简单图最多只有 10 条边, 每条边有 2 种选择, 故简单图的总数为 $2^{10} = 1024$) 个, 而其中连通的简单图只有 728 个.

6.6.4　$\mathbb{F}_q^n$ 上的应用

下面我们介绍 q 元域 $\mathbb{F}_q$ 上 n 维向量空间 $\mathbb{F}_q^n$ 的一些计数问题, 以及与此相关的 q 二项式系数的恒等式.

定理 6.69　设 q 是一个素数的幂, x 是任意的实数, 则有

$$\prod_{k=0}^{n-1} (x - q^k) = \sum_{k=0}^{n} (-1)^k q^{\binom{k}{2}} \binom{n}{k}_q x^{n-k} \tag{6.65}$$

$$\prod_{k=0}^{n-1}\left(1-q^k x\right) = \sum_{k=0}^{n}(-1)^k q^{\binom{k}{2}}\binom{n}{k}_q x^k \tag{6.66}$$

$$\prod_{k\geqslant 0}\left(1-q^k x\right) = \sum_{k\geqslant 0}(-x)^k q^{\binom{k}{2}}\prod_{j=1}^{k}(1-q^j) \tag{6.67}$$

证明　首先我们注意到 (6.65) 实际上就是我们第 1 章定理 1.32 的结论 (1.37), 但在这里我们将采用 Möbius 反演理论来证明这个结论.

先设 $x \in \mathbb{Z}^+$, X 是包含 x 个向量的域 $\mathbb{F}_q$ 上的向量空间, 集合 F 表示向量空间 $\mathbb{F}_q^n$ 到向量空间 X 的所有线性变换的集合, 对线性变换 $f \in F$, 令

$$\mathscr{N}(f) = \{\mathbf{v} \,|\, \mathbf{v} \in \mathbb{F}_q^n, \, f(\mathbf{v}) = \mathbf{0}\}$$

并称 $\mathscr{N}(f)$ 为线性变换 f 的**零空间** 或**核空间** (容易验证 $\mathscr{N}(f)$ 确实是一个向量空间). 对于任意的子向量空间 $U \in \mathbb{L}_q^n$, 令

$$F_=(U) = \big\{f \,|\, f \in F, \, \mathscr{N}(f) = U\big\}$$

$$F_\geqslant(U) = \big\{f \,|\, f \in F, \, \mathscr{N}(f) \supseteq U\big\}$$

并记 $N_=(U) = |F_=(U)|$, $N_\geqslant(U) = |F_\geqslant(U)|$, 即 $N_=(U)$ 统计了 F 中零空间恰好是 U 的线性变换的个数, 而 $N_\geqslant(U)$ 则统计了 F 中零空间包含 U 的线性变换的个数, 那么显然有

$$N_\geqslant(U) = \sum_{U \subseteq W} N_=(W)$$

根据定理 6.65可得

$$N_=(U) = \sum_{U \subseteq W} \mu(U, W) N_\geqslant(W)$$

上式中令 $U = \{\mathbf{0}\} = \mathbf{0}$ 得到

$$N_=(\mathbf{0}) = \sum_{W \in \mathbb{L}_q^n} \mu(\mathbf{0}, W) N_\geqslant(W) \tag{6.68}$$

易知, $N_=(\mathbf{0})$ 统计了 F 中单线性变换的个数, 这可以先通过指定 $\mathbb{F}_q^n$ 空间的一组基向量 $\mathbf{v}_1, \mathbf{v}_2, \cdots, \mathbf{v}_n$, 然后依次选择各基向量的像, 来得到 F 中单线性变换的统计. 因此有 $N_=(\mathbf{0}) = (x-1)(x-q)\cdots(x-q^{n-1})$. 显然, 对于 $U \neq \mathbf{0}$, 譬如 $\dim(U) = \ell$ 的情况, $N_=(U)$ 的计算可类似地得到. 事实上, 仍令 $\mathbf{v}_1, \mathbf{v}_2, \cdots, \mathbf{v}_n$ 是 $\mathbb{F}_q^n$ 的一组基向量, 并不妨设 $\mathbf{v}_1, \mathbf{v}_2, \cdots, \mathbf{v}_\ell$ 是 U 的基向量. 对于 $\forall f \in F_=(U)$,

由于变换 f 必须将 U 的基向量映射到零, 而将其余的基向量 $\mathbf{v}_{\ell+1}, \mathbf{v}_{\ell+2}, \cdots, \mathbf{v}_n$ 映射到 X 中的非零向量, 从而有 $N_=(U) = (x-1)(x-q)\cdots(x-q^{n-\ell-1})$.

现在我们来计算式 (6.68) 中的 $N_\geqslant(W)$. 因 $N_\geqslant(W)$ 统计了 F 中零空间包含 W 的线性变换的个数, 所以对于 $\forall f \in F_\geqslant(W)$, 线性变换 f 必须将 W 中的向量映射到 X 中的零向量, 而将 $\mathbb{F}_q^n - W$ 中的向量不受限制的映射到 X 中. 因此, 如果设向量组 $\mathbf{v}_1, \mathbf{v}_2, \cdots, \mathbf{v}_n$ 是 $\mathbb{F}_q^n$ 的一组基, 且子向量组 $\mathbf{v}_1, \mathbf{v}_2, \cdots, \mathbf{v}_{\dim(W)}$ 是 W 的一组基, 那么对于 $F_\geqslant(W)$ 中的每一个 f 必须满足 $f(\mathbf{v}_k) = \mathbf{0}$, $1 \leqslant k \leqslant \dim(W)$, 但其余的 $n - \dim(W)$ 个基向量的像 $f(\mathbf{v}_k)$, $\dim(W) + 1 \leqslant k \leqslant n$ 可任意选择, 因此有 $N_\geqslant(W) = x^{n-\dim(W)}$. 然后根据 (6.68), 立即得到如下结论:

$$(x-1)(x-q)\cdots(x-q^{n-1}) = \sum_{k=0}^{n} \binom{n}{k}_q \mu_k x^{n-k} \tag{6.69}$$

其中 $\mu_k = \mu(\mathbf{0}, W)$, $\dim(W) = k$. 因为上式左右两端均为 x 的多项式, 且对任意的正整数 x 都成立, 因此它是一个多项式恒等式, 即对任意的实数 x 上式也成立. 通过比较等式两端常数项的系数即得

$$\mu_n = (-1)(-q)\left(-q^2\right)\cdots\left(-q^{n-1}\right) = (-1)^n q^{\binom{n}{2}}$$

这正是定理 6.48 的结论. 应用此结论到 (6.69), 便立即得到恒等式 (6.65); 如果在 (6.65) 中以 $1/x$ 代替 x, 整理后即可得恒等式 (6.66). 因为 (6.66) 对无限多个 q 都成立, 所以它也是一个关于 q 的恒等式, 故可在 (6.66) 中选择 $|q| < 1$, 并令 $n \to \infty$, 即得恒等式 (6.67). ∎

显然, 从定理 6.69 的证明过程容易看出, 下面的定理成立.

定理 6.70 设 $n, m \in \mathbb{Z}^+$, $n \leqslant m$, 则 q 元域 $\mathbb{F}_q$ 上 n 维向量空间 $\mathbb{F}_q^n$ 到 m 维向量空间 $\mathbb{F}_q^m$ 的单线性变换的个数为 $(q^m-1)(q^m-q)\cdots(q^m-q^{n-1})$; $\mathbb{F}_q^n$ 到 $\mathbb{F}_q^m$ 且核空间为 U 的线性变换的个数为 $(q^m-1)(q^m-q)\cdots(q^m-q^{n-\dim(U)-1})$.

至于从 $\mathbb{F}_q^n$ 到 $\mathbb{F}_q^m$ 的满线性变换个数的统计, 其表达式要稍微复杂一些. 下面的定理给出了这个满线性变换个数的表达式.

定理 6.71 设 $n, m \in \mathbb{Z}^+$, $n \geqslant m$, 则 q 元域 $\mathbb{F}_q$ 上 n 维向量空间 $\mathbb{F}_q^n$ 到 m 维向量空间 $\mathbb{F}_q^m$ 的满线性变换的个数为

$$\sum_{k=0}^{m} (-1)^{m-k} q^{nk + \binom{m-k}{2}} \binom{m}{k}_q$$

证明 令 $W = \mathbb{F}_q^m$, 显然 $W \subseteq \mathbb{F}_q^n$. 对于任意的 $U \subseteq W$, 令 $f(U)$ 表示从空间 $\mathbb{F}_q^n$ 到其子空间 U 的满线性变换的个数, 而以 $g(U)$ 表示从 $\mathbb{F}_q^n$ 到 U 的任意线

性变换的个数, 那么显然有 $g(U) = \sum_{V \subseteq U} f(V)$. 因此, 由 $\mathbb{L}_q^n$ 上的 Möbius 反演定理 (定理 6.65), 并注意到 $g(U) = q^{n \dim(U)}$, 可得

$$f(W) = \sum_{U \subseteq W} \mu(U, W) g(U) = \sum_{U \subseteq W} \mu(U, W) q^{n \dim(U)}$$

由于 $\dim(W) = m$, 故上式求和可按 $0 \leqslant \dim(U) \leqslant \dim(W) = m$ 进行分类统计. 已知当 $\dim(U) = k \, (0 \leqslant k \leqslant m)$ 时, 由定理 6.16知, 这样的子空间有 $\binom{m}{k}$ 个, 如果注意到 $\mu(U, W)$ 的表达式 (6.28), 那么由上式即得

$$f(W) = \sum_{k=0}^{m} (-1)^{m-k} q^{\binom{m-k}{2}} \binom{m}{k}_q q^{nk} = \sum_{k=0}^{m} (-1)^{m-k} q^{nk+\binom{m-k}{2}} \binom{m}{k}_q \qquad \blacksquare$$

当 $n = m$ 时, 定理 6.71给出了 $\mathbb{F}_q^n$ 到 $\mathbb{F}_q^m$ 的单线性变换个数的另一个表达式, 如果注意到定理 6.70的结论, 即得如下恒等式:

$$\sum_{k=0}^{n} (-1)^{n-k} q^{nk+\binom{n-k}{2}} \binom{n}{k}_q = (q^n - 1)(q^n - q) \cdots (q^n - q^{n-1})$$

$$= q^{2\binom{n}{2}} (q^n - 1)(q^{n-1} - 1) \cdots (q - 1) \qquad (6.70)$$

众所周知, n 维向量空间 $\mathbb{F}_q^n$ 到 m 维向量空间 $\mathbb{F}_q^m$ 的线性变换, 实际上是域 $\mathbb{F}_q$ 上的一个 $m \times n$ 的矩阵, 而满线性变换则对应于一个秩为 m 的 $m \times n$ 矩阵. 因此, 定理 6.71的结论告诉我们, 当 $n \geqslant m$ 时, q 元域 $\mathbb{F}_q$ 上行满秩的 $m \times n$ 矩阵的个数为

$$\sum_{k=0}^{m} (-1)^{m-k} q^{nk+\binom{m-k}{2}} \binom{m}{k}_q$$

读者可以试着比较一下习题 1.51 的相关结果, 能得到什么结论? 另外, 由上式还可得如下推论.

推论 6.71.1　设 $n, m \in \mathbb{Z}^+$, $n \geqslant m$, q 元域 $\mathbb{F}_q$ 上秩为 $r \, (\leqslant m)$ 的 $m \times n$ 矩阵的个数为

$$\binom{m}{r}_q \sum_{k=0}^{r} (-1)^{r-k} q^{nk+\binom{r-k}{2}} \binom{r}{k}_q$$

如果再次将这个推论的结果与习题 1.51 的相关结果进行比较, 可以得到关于 q 二项式系数的一个恒等式, 请读者自行完成.

习　题　6

6.1　设 N, X 是有限集, 且 $|N| = n$, $|X| = x$, 对于 $\phi, \psi \in X^N$, 定义

$$\phi \preccurlyeq \psi \iff |\phi^{-1}(x)| \leqslant |\psi^{-1}(x)|, \ \forall x \in X$$

这样定义的二元关系 $\preccurlyeq$ 是否是 X^N 集合上的一个偏序?

6.2　设 $(X, \preccurlyeq)$ 是偏序集, 其中 $X = \{1, 2, 3, 4, 6, 9, 24, 54\}$, $\preccurlyeq$ 是整数的整除关系 $|$, ①试画出 $(X, \preccurlyeq)$ 的 Hasse 图; ②求 X 中的极大元和最小元; ③如果令 $Q = \{4, 6, 9\}$, 求 $\inf Q$ 和 $\sup Q$.

6.3　图 6.10 所示的四个偏序集哪一个是格?

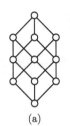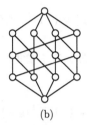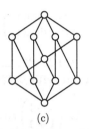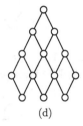

　　　(a)　　　　　　　(b)　　　　　　　(c)　　　　　　　(d)

图 6.10　　几个偏序集的 Hasse 图

6.4　设 $\mathcal{A} = \{A_1, A_2, \cdots, A_m\}$, 其中 $A_i (1 \leqslant i \leqslant m)$ 是 $\mathbb{Z}_n^+$ 的 m 个不同的子集, 且对 $i \neq j$ 有 $A_i \cap A_j \neq \varnothing$. 证明: $m \leqslant 2^{n-1}$, 并指出什么情况下成立等号.

6.5　设 $\mathcal{A} = \{A_1, A_2, \cdots, A_m\}$, 其中 $A_i (1 \leqslant i \leqslant m)$ 是 $\mathbb{Z}_n^+$ 的 m 个不同的子集, 且满足①对 $i \neq j$ 有 $A_i \cap A_j \neq \varnothing$, $A_i \cup A_j \neq \mathbb{Z}_n^+$; ②$\mathcal{A}$ 是 $\mathbb{B}_n$ 的一条反链. 试证明: $m \leqslant \binom{n-1}{\lfloor n/2 \rfloor - 1}$.

6.6　试证明: 有限偏序集 P 的序理想与其反链之间存在一一对应关系.

6.7　试证明: 每个长为 $n^2 + 1$ 且各项互异的实序列, 必存在长为 $n + 1$ 的递增子序列或递减子序列.

6.8　试给出一种拓扑排序算法, 将一个偏序集扩充成为一个全序集.

6.9　对于 $x, y \in \mathbb{Z}^+$, 定义 $x \wedge y = \gcd(x, y)$, $x \vee y = \mathrm{lcm}(x, y)$, 试证明: 代数系统 $(\mathbb{Z}^+, \vee, \wedge)$ 是一个格.

6.10　试证明: 对于格来说, 分配律 $\mathscr{L}_5$ 中的两个等式是等价的.

6.11　试证明: 几何格的任何闭区间仍然是几何格.

6.12　试证明: 几何格中的任何点 (或原子) 都有补元.

6.13　试证明定理 6.28.

6.14　试证明: 对任意的正整数 k, 函数 $\zeta^k(x, y)$ 统计了长度为 k 的 xy 重链数.

6.15　试证明: 对任意的正整数 k, 函数 $\eta^k(x, y)$ 统计了长度为 k 的 xy 链数.

6.16　设 $(X, \preccurlyeq)$ 是一个局部有限的偏序集, 试证明: 函数 $\nu(x, y) = (2\delta - \zeta)^{-1}(x, y)$ 统计了 xy 链 $x = x_0 \prec x_1 \prec \cdots \prec x_k = y$ 的总数.

6.17　设 $(X, \preccurlyeq)$ 是一个局部有限的偏序集, 试证明: 函数 $\gamma(x, y) = (2\delta - \lambda)^{-1}(x, y)$ 统计了 xy 极大链 $x = x_0 \lessdot x_1 \lessdot \cdots \lessdot x_k = y$ 的总数.

6.18　试证明定理 6.31.

6.19　设 $B_n = \{(b_1, b_2, \cdots, b_n) \mid b_i = 0$ 或 $b_i = 1, 1 \leqslant i \leqslant n\}$, 定义 B_n 上的二元关系如下: 对于 $a = (a_1, a_2, \cdots, a_n)$, $b = (b_1, b_2, \cdots, b_n) \in B_n$, $a \preccurlyeq b$ 当且仅当 $a_i \leqslant b_i$, $1 \leqslant i \leqslant n$. 试证明: $(B_n, \preccurlyeq)$ 是一个偏序集, 且与 $(\mathbb{B}_n, \subseteq)$ 同构.

6.20　试利用上题的结论证明: 对于任意的 $A, B \in \mathbb{B}_n$ 且满足 $A \subseteq B$, 有: $\mu(A, B) = (-1)^{|B| - |A|}$.

6.21　设 $\forall U, V, W \in \mathbb{L}_q^n$, $U \subseteq W$, $\dim(V) = \dim(W) - \dim(U)$, 则 $[U, W] \cong [\mathbf{0}, V]$.

6.22　设 P 是 n 维欧氏空间中的 d 维凸多边形, 试证明: 对于 $\forall x, y \in \mathbb{F}(P)$, $x \prec y$, 有 $[x, y] \cong \mathbb{F}(Q)$, 其中 Q 是某个 $\dim(y) - \dim(x) - 1$ 维凸多边形.

6.23　设 P 是 d 维单纯凸多面体, 试证明: 对于 $\forall x \in \mathbb{F}(P)$, $x \neq P$, 有

$$\sum_{j=k}^{d-1} (-1)^j \binom{j - \dim(x)}{k - \dim(x)} f_j(x) = (-1)^{d-1} f_k(x)$$

其中 $k = -1, 0, 1, \cdots, d-1$, $f_j(x)$ 是 P 中包含面 x 的 j 维面的个数. 特别地, 当面 $x = \varnothing$ 时, 上式给出所谓的 **Dehn-Sommerville 方程**:

$$\sum_{j=k}^{d-1} (-1)^j \binom{j+1}{k+1} f_j(\varnothing) = (-1)^{d-1} f_k(\varnothing)$$

6.24　设 $n = pq$, 其中 p, q 互素, 试证明: $\mathbb{D}_n \cong \mathbb{D}_p \boxtimes \mathbb{D}_q$.

6.25　设 $n = p_1 p_2 \cdots p_k$, 其中 $p_1, p_2, \cdots, p_k$ 是不同素数, 证明: $\mathbb{B}_k \cong \mathbb{D}_n$.

6.26　试证明: $\mathbb{B}_n \cong [\![1]\!]_0^n$, 这里 $[\![1]\!]_0^n$ 表示 n 个 $[\![1]\!]_0$ 的直积. 画出 $\mathbb{B}_4$ 与 $[\![1]\!]_0^4$ 对应的 Hasse 图, 并观察这两个 Hasse 图的结构.

6.27　设 X 是一个集合, $\mathbb{M}(X)$ 表示 X 上的所有有限重集由集合的包含关系所确定的偏序集, 试证明:

① 如果 $|X| = k$, 那么 $\mathbb{M}(X) \cong \mathbb{N}^k$, 这里 $\mathbb{N}$ 表示非负整数由通常数的大小关系所确定的偏序集, 而 $\mathbb{N}^k$ 表示 k 个 $\mathbb{N}$ 的直积; 并当 $X = \{a, b\}$ 时, 画出 $\mathbb{M}(X)$ 的 Hasse 图 $\mathcal{D}_H(\mathbb{M}(X))$.

② 如果 X 是可数无限集, 那么 $\mathbb{M}(X) \cong \mathbb{D}_\infty$, 其中 $\mathbb{D}_\infty$ 表示所有正整数由整除关系所确定的偏序集, 即 $m \preccurlyeq n \iff m \mid n$ $(m, n \in \mathbb{Z}^+)$.

③ 对于 $\mathbb{D}_\infty$ 的区间 $[1, 360]$, 验证 $\mathbb{D}_{360} = [1, 360] \cong [\![3]\!]_0 \boxtimes [\![2]\!]_0 \boxtimes [\![1]\!]_0$, 并画出子偏序集 $[1, 360]$ 的 Hasse 图 $\mathcal{D}_H([1, 360])$.

④ 对于 $K, L \in \mathbb{M}(X)$, 不妨设 $X = \{x_1, x_2, \cdots\}$, 并记

$$K = \{k_i \cdot x_i \mid x_i \in X, k_i \in \mathbb{N}\}, \quad L = \{l_i \cdot x_i \mid x_i \in X, l_i \in \mathbb{N}\}$$

那么 $K \preccurlyeq L$ 当且仅当存在唯一的正整数 j 使得 $l_j = k_j + 1$, 且对所有的 $i \neq j$ 则有 $k_i = l_i$.

6.28　设 $n = 8$, $S = \{1, 5\}$, 试求 $\alpha_n(S)$ 和 $\beta_n(S)$.

6.29　设 $f(x) = \sum_{1 \leqslant n \leqslant x} \mu(n) \left\lfloor \dfrac{x}{n} \right\rfloor$, $x > 0$, 试求 $f(x)$, 其中 $\mu(n)$ 是古典的 Möbius 函数.

6.30　设 $f_n(z)$, $n \in \mathbb{Z}^+$ 是复函数, 且对任何满足 $\eta^n = 1$ 但 $\eta^k \neq 1$, $1 \leqslant k < n$ 的数 η 均有 $f_n(\eta) = 0$, $\mu(n)$ 是古典的 Möbius 函数, 试证明:

$$f_n(z) = \prod_{k \mid n} (z^k - 1)^{\mu(n/k)}$$

6.31 设 $\mu(n)$ 是古典的 Möbius 函数, 试证明: $\sum_{d \mid n} = \begin{cases} 1, & n = 1, \\ 0, & n > 1. \end{cases}$

6.32 设 $\zeta(s) = \sum_{n \geqslant 1} n^{-s}$, $\Re(s) > 1$ 是 Riemann ζ 函数, $\mu(n)$ 是古典 Möbius 函数. 试证明: $1/\zeta(s) = \sum_{n \geqslant 1} \mu(n) n^{-s}$.

6.33 设 $S \subseteq \mathbb{F}_q^n$, 如果 S 中向量的线性组合构成 $\mathbb{F}_q^n$, 则称 S 是 $\mathbb{F}_q^n$ 的**生成集**. 注意: 空集 $\varnothing$ 不生成任何空间, 而子集 $\{\mathbf{0}\}$ 生成 0 维的子空间 $\{\mathbf{0}\}$. 试证明: 向量空间 $\mathbb{F}_q^n$ 的不同生成集的个数为

$$\sum_{k=0}^{n} (-1)^{n-k} q^{\binom{n-k}{2}} \binom{n}{k}_q (2^{q^k} - 1)$$

第 7 章　鸽 巢 原 理

鸽巢原理也叫抽屉原理, 最早由德国数学家 P. G. L. Dirichlet (1805—1859) 于 1834 年提出, 所以也叫 **Dirichlet 原理**. 组合数学中的原理一般用来计数, 但鸽巢原理并非用于计数, 而是用于解决组合学中的一些存在性问题, 它是组合数学中最简单也是最基本的原理. 原理本身非常通俗和容易理解, 其直观意义是当进入鸽巢里的鸽子数多于鸽巢时, 则至少会有一个鸽巢里不少于两只鸽子. 但这个简单朴素的原理往往以一种不太明显的方式隐藏在一些极其复杂的命题之中, 许多相关结果令人吃惊并且饶有趣味. 特别是 1930 年, 年仅 27 岁的英国数学家、逻辑学家 F. P. Ramsey (1903—1930) 发表了他的那篇著名论文[43] 以来, 引起了广泛的关注, 并开创了 Ramsey 理论的研究, 其结论被称为 **Ramsey 定理**, 这个定理是鸽巢原理的深入和推广. 这一新领域目前仍十分活跃, 并已在许多科学技术领域获得了成功的应用. 迄今为止, Ramsey 问题仍然是组合数学中的一大难题.

19 世纪以来, 这个原理首先用来建立有理数理论, 随后逐步应用到不同的数学领域, 如数论、集合论、组合论、几何学、遍历论、调和分析等; 不仅如此, 近几十年来鸽巢原理及 Ramsey 理论在理论计算机科学领域也取得了很多成功的应用. 本章主要介绍鸽巢原理及其一般形式、基本的 Ramsey 定理及其相关的 Ramsey 数等. 至于 Ramsey 理论的一些更深入的结果, 有兴趣的读者可继续查阅相关文献.

7.1　鸽巢原理: 简单形式

下面这个几乎是显而易见的结论, 就是所谓的**鸽巢原理**.

定理 7.1　$n+1$ 只鸽子进入到 n 个鸽巢里, 则至少有 1 个鸽巢里有不少于 2 只鸽子.

证明　可用反证法. 如果每个巢里至多只有 1 只鸽子, 则 n 个鸽巢里的鸽子总数至多是 n, 这与 $n+1$ 只鸽子飞入鸽巢里矛盾.　∎

下面是几个比较浅显的例子.

例 7.1　任意的 366 个人中至少有 2 个人的生日相同 (一年按 365 天计算).

例 7.2　从 10 双手套中任取 11 只, 则至少有 2 只手套是成双的.

例 7.3　n 位代表参加会议, 假设每位代表至少认识其他代表中的一人, 则至少有两位代表认识的人数是一样多的.

证明 这个例子的结论可能不太明显, 但稍作分析即知结论是正确的. 因为每个代表认识的人数至少 1 人, 至多 $n-1$ 人, 所以可将 1 至 $n-1$ 看成是 $n-1$ 个房间的号码, 如果某代表认识 k 个人, 则该代表进入编号为 k 的房间, 这样就变成了 n 个代表进入 $n-1$ 个房间. 因此, 由鸽巢原理知, 至少有 1 个房间里不少于 2 人, 显然同一个房间里的两人认识的人数是一样多. ■

下面的例子源于匈牙利数学家 P. Erdös (1913—1996).

例 7.4 从集合 $\mathbb{Z}_{2n}^+$ 中任取 $n+1$ 个数, 则这 $n+1$ 个数中至少有两个数, 其中一个数是另一个数的倍数.

证明 不妨设这 $n+1$ 个数为 $a_1, a_2, \cdots, a_{n+1}$, 令 $a_i = 2^{k_i} r_i$, 其中每个 r_i 均为奇数, 显然 $r_i \in \mathbb{Z}_{2n}^+$; 但 $\mathbb{Z}_{2n}^+$ 中只有 n 个奇数, 所以这 $n+1$ 个奇数 $r_1, r_2, \cdots, r_n$ 中必有两个奇数相等, 不妨设这两个奇数为 r_i, r_j, 那么 a_i 与 a_j 即满足要求. ■

例 7.5 任意的 $n+1$ 个正整数中必有两个数, 它们的差能被 n 整除.

例 7.6 从集合 $\mathbb{Z}_{2n}^+$ 中任取 $n+1$ 个数, 则这 $n+1$ 个数中至少有两个数是互素的.

证明 将 $\mathbb{Z}_{2n}^+$ 分成如下 n 个不相交的 2 元子集:

$$\{1, 2\}, \{3, 4\}, \cdots, \{2n-1, 2n\}$$

所以从 $\mathbb{Z}_{2n}^+$ 中选取的 $n+1$ 个数一定至少有 2 个数在同一个 2 元子集中, 即这 2 个数是相邻的自然数, 因而是互素的. ■

不难看出下面的定理是正确的, 它实际上是定理 7.1 的集合表示形式.

定理 7.2 设 S 是一个有限集, $A_1, A_2, \cdots, A_n$ 是 S 的子集, 且 $\bigcup_{i=1}^n A_i = S$. 如果 $|S| \geqslant n+1$, 则必有正整数 $k (1 \leqslant k \leqslant n)$ 使得 $|A_k| \geqslant 2$.

例 7.7 设 $a_1, a_2, \cdots, a_n$ 是 n 个正整数, 则必存在 $k, l (0 \leqslant k < l \leqslant n)$ 使得和 $a_{k+1} + a_{k+2} + \cdots + a_l$ 能被 n 整除.

证明 令 $S_j = \sum_{i=1}^j a_i, j = 1, 2, \cdots, n$. 若某个 S_j 能被 n 整除, 则结论已成立; 否则, 所有的 S_j 均不能被 n 整除. 不妨设 r_j 是 S_j 被 n 整除后余数, 那么 $1 \leqslant r_j \leqslant n-1, j = 1, 2, \cdots, n$, 即 $r_1, r_2, \cdots, r_n$ 中只有 $n-1$ 个不同的数, 故由鸽巢原理知, 必有 $k < l$ 使得 $r_k = r_l$, 即 $n \mid S_l - S_k$, 从而有 $a_{k+1} + a_{k+2} + \cdots + a_l$ 能被 n 整除. ■

例 7.8 设 $a_1, a_2, \cdots, a_{100}$ 是由 1 和 2 组成的序列, 已知从其中任意一个数开始的顺序 10 个数的和不超过 16, 即对任意的 $1 \leqslant i \leqslant 91$ 均有

$$a_i + a_{i+1} + \cdots + a_{i+9} \leqslant 16$$

则至少存在 k 和 $l (0 \leqslant k < l)$ 使得 $a_{k+1} + a_{k+2} + \cdots + a_l = 39$.

证明 令 $s_j = \sum_{i=1}^{j} a_i$, $j = 1, 2, \cdots, 100$, 则显然有 $s_1 < s_2 < \cdots < s_{100}$, 且

$$s_{100} = (a_1 + \cdots + a_{10}) + (a_{11} + \cdots + a_{20}) + \cdots$$
$$+ (a_{91} + \cdots + a_{100}) \leqslant 10 \cdot 16 = 160$$

考虑序列:

$$s_1, s_2, \cdots, s_{100}, s_1 + 39, s_2 + 39, \cdots, s_{100} + 39$$

则有 $s_{100}+39 \leqslant 199$, 故上述 200 个整数中至少有 2 个数相等, 但因 $s_1, s_2, \cdots, s_{100}$ 及 $s_1+39, s_2+39, \cdots, s_{100}+39$ 均为严格递增的序列, 所以一定存在 k 和 $l\,(k < l)$ 使得 $s_l = s_k + 39$, 即

$$a_{k+1} + a_{k+2} + \cdots + a_l = 39 \qquad \blacksquare$$

例 7.9 某足球运动员进行一次为期 11 周共 77 天的集训, 已知他每天至少踢一场球, 而每周至多踢 12 场球. 证明: 该足球运动员在集训期间必有连续的若干天, 在这些天里该运动员共踢了 21 场球.

证明 设 a_i 表示该足球运动员从第 1 天至第 i 天踢球的场数, $i = 1, 2, \cdots,$ 77, 则显然有

$$1 \leqslant a_1 < a_2 < \cdots < a_{77} \leqslant 12 \times 11 = 132$$

考虑序列

$$a_1, a_2, \cdots, a_{77}, a_1 + 21, a_2 + 21, \cdots, a_{77} + 21$$

则有 $a_{77}+21 \leqslant 153$, 故上述 154 个整数中至少有 2 个数相等, 但因 $a_1, a_2, \cdots, a_{77}$ 及 $a_1+21, a_2+21, \cdots, a_{77}+21$ 均为严格递增的序列, 所以一定存在 k 和 $l\,(k < l)$ 使得 $a_l = a_k + 21$. 这个结论表明, 该运动员在第 $k + 1$ 至第 l 天这连续的 $l - k$ 天里共踢了 21 场球. $\qquad \blacksquare$

以上两个例题实际上是完全类似的, 总结如下.

定理 7.3 设 $a_1, a_2, \cdots, a_n$ 是任意的正整数序列, s_k, $k = 1, 2, \cdots, n$ 是其前 k 个整数的部分和序列, 则对于任意给定的正整数 c, 如果 $s_n + c - s_1 + 1 < 2n$, 则必存在整数 k 和 $l\,(0 \leqslant k < l)$ 使得

$$s_l - s_k = a_{k+1} + a_{k+2} + \cdots + a_l = c$$

下面的定理称为**中国剩余定理**或**孙子剩余定理**, 它最早起源于我国古代重要的数学著作《孙子算经》. 该书中有这样一段记载: "今有物不知其数, 三三数之剩二, 五五数之剩三, 七七数之剩二, 问物几何." 通俗地讲就是一个数被 3 除余 2,

被 5 除余 3, 被 7 除余 2, 求这个数.《孙子算经》中给出了这个问题的答案 23. 我国古代的文献里也称这个问题为 "孙子问题" 或 "韩信点兵" 问题.

虽然《孙子算经》中的 "物不知数" 问题开创了一次同余式组研究的先河, 但由于问题本身比较简单, 用尝试的方法也能很快地求出来, 所以还没有上升到理论的高度去解决这个问题. 真正从理论上完全解决这个问题并给出完整算法的, 是我国南宋时期的数学家秦九韶. 公元 1247 年, 秦九韶完成了我国古代重要的一部数学著作《数书九章》, 概述论及 9 大类共 81 个问题. 书中系统地论述了一次同余式组解法的基本原理和一般算法——**大衍求一术**. 这一方法与 19 世纪高斯在其著作《算术研究》[44] 中提出的关于一次同余式组的解法完全一致. 自 19 世纪中期,《孙子算经》和《数书九章》中的关于一次同余式组的研究成果, 才开始受到西方数学界的重视, 从此在西方数学史著作中正式被称为 "中国剩余定理".

定理 7.4 *设 m 与 n 是两个互素的正整数, a 与 b 是两个非负整数, 且满足 $0 \leqslant a \leqslant m-1, 0 \leqslant b \leqslant n-1$, 则一定存在正整数 x, 使得 x 被 m 除得余数 a, x 被 n 除得余数 b, 即存在非负整数 p 与 q 使得 $x = pm + a = qn + b$.*

证明 考虑如下 n 个正整数:

$$a, m+a, 2m+a, \cdots, (n-1)m+a$$

显然这 n 个正整数除以 n 所得的 n 个余数 $r_0, r_1, \cdots, r_{n-1}$ 必不相同. 因若不然, 必存在 $0 \leqslant i < j \leqslant n-1$ 使得

$$im + a = q_i n + r, \quad jm + a = q_j n + r$$

这样就有

$$(j-i)m = (q_j - q_i)n$$

但 $\gcd(m, n) = 1$, 所以必有 $n \mid (j-i)$, 显然这是不可能的. 这说明余数集

$$R = \{r_0, r_1, \cdots, r_{n-1}\} = \{0, 1, 2, \cdots, n-1\}$$

而 $b \in R$, 所以 $a, m+a, 2m+a, \cdots, (n-1)m+a$ 必有某个数 $pm+a$ 被 n 整除后的余数恰好是 b, 即 $pm + a = qn + b$. ∎

中国剩余定理更一般的形式如下.

定理 7.5 *设 $n_1, n_2, \cdots, n_k$ 是两两互素的正整数, $a_1, a_2, \cdots, a_k$ 是任意给定的整数, 那么一次同余方程组 $x \equiv a_j \pmod{n_j}, 1 \leqslant j \leqslant k$ 必有解, 且其任何两个解关于模 $N = n_1 n_2 \cdots n_k$ 同余. 因此, 必存在唯一的不大于 N 的非负整数解. 进一步, 可以证明解可表示为*

$$x = N_1 M_1 a_1 + N_2 M_2 a_2 + \cdots + N_k M_k a_k$$

其中 $N_j = N/n_j$, 而 M_j 满足 $N_j M_j \equiv 1 \,(\mathrm{mod}\ n_j)$, $1 \leqslant j \leqslant k$.

关于这个定理的证明, 有兴趣的读者可参考相关文献.

7.2 鸽巢原理: 一般形式

定理7.6 m 只鸽子进入 n 个鸽巢里, 则至少有一个鸽巢里有不少于 $\left\lfloor \dfrac{m-1}{n} \right\rfloor$ $+1$ 只鸽子.

证明 因若所有鸽巢里的鸽子数均不超过 $\left\lfloor \dfrac{m-1}{n} \right\rfloor$, 则鸽子总数

$$n \left\lfloor \frac{m-1}{n} \right\rfloor \leqslant n \cdot \frac{m-1}{n} = m-1$$

这与鸽子数为 m 矛盾.   ∎

下面的推论是显然的.

推论 7.6.1 $nm+1$ 只鸽子进入 n 个鸽巢里, 则至少有一个鸽巢里有不少于 $m+1$ 只鸽子.

定理 7.7 设 $m_1, m_2, \cdots, m_n$ 均为正整数, 如果有 $\sum_{k=1}^{n} m_k + 1$ 只鸽子进入 n 个鸽巢里, 则或者第 1 个鸽巢里至少有 $m_1 + 1$ 只鸽子, 或者第 2 个鸽巢里至少有 $m_2 + 1$ 只鸽子, $\cdots$, 或者第 n 个鸽巢里至少有 $m_n + 1$ 只鸽子.

证明 可用反证法证明, 请读者自己完成.   ∎

有时候, 我们也将一般形式的鸽巢原理写成不等式的形式:

定理7.8 设 $m_1, m_2, \cdots, m_n, r$ 是正整数, 若 $\dfrac{1}{n}(m_1 + m_2 + \cdots + m_n) > r-1$, 则至少存在一个 k 使得 $m_k \geqslant r$; 若 $\dfrac{1}{n}(m_1 + m_2 + \cdots + m_n) < r+1$, 则至少存在一个 k 使得 $m_k \leqslant r$.

例7.10 任给 7 个实数, 证明其中必有两实数 x 和 y 满足: $0 \leqslant \dfrac{x-y}{1+xy} < \dfrac{\sqrt{3}}{3}$.

证明 由鸽巢原理知, 7 个实数中至少有 4 个非负或非正, 不妨设有 4 个非负实数, 并设为 $\tan \theta_i$, $0 \leqslant \theta_i < \dfrac{\pi}{2}$, $i = 1, 2, 3, 4$. 现将区间 $\left[0, \dfrac{\pi}{2} \right)$ 等分成 3 个小区间, 即有

$$\left[0, \frac{\pi}{2} \right) = \left[0, \frac{\pi}{6} \right) \cup \left[\frac{\pi}{6}, \frac{\pi}{3} \right) \cup \left[\frac{\pi}{3}, \frac{\pi}{2} \right)$$

由鸽巢原理知, 4 个 θ 中至少有 2 个 θ, 譬如 θ_1 和 θ_2, 属于同一个小区间, 并不妨

设 $\theta_1 \leqslant \theta_2$. 现令 $x = \tan\theta_2$, $y = \tan\theta_1$, 则由于 $0 \leqslant \theta_2 - \theta_1 < \dfrac{\pi}{6}$, 所以有

$$0 \leqslant \frac{x-y}{1+xy} = \tan(\theta_2 - \theta_1) < \frac{\sqrt{3}}{3} \qquad \blacksquare$$

下面的例题源于 P. Erdös 和 G. Szekeres[45]. 这个结论的另一个证明可参见 H. J. Ryser 的文献[46] 或 R. L. Graham 等的文献[47]. 事实上, 这个结论已经出现在习题 6.7 中, 在那里我们是作为 Dilworth 定理的一个直接结果.

例 7.11 每个长为 $n^2 + 1$ 且各项互异的实序列, 必存在长度至少为 $n+1$ 的递增子序列或递减子序列.

证明 设实序列为 $a_1, a_2, \cdots, a_{n^2+1}$, 现从每一个元素 a_i 开始向后选出若干个元素构成单调递增的子序列, 记从元素 a_i 开始的最长单调递增子序列的长度为 ℓ_i, $i = 1, 2, \cdots, n^2 + 1$, 并考虑如下序列:

$$\ell_1, \ell_2, \cdots, \ell_{n^2+1}$$

若该序列中存在 $\ell_i \geqslant n + 1$, 则结论已真; 否则必有

$$1 \leqslant \ell_i \leqslant n, \quad i = 1, 2, \cdots, n^2 + 1$$

则由鸽巢原理知, 至少有 $n+1$ 个 ℓ_i 是相等的, 不妨设

$$\ell_{k_1} = \ell_{k_2} = \cdots = \ell_{k_{n+1}} = \ell, \quad k_1 < k_2 < \cdots < k_{n+1}$$

由于各 a_i 互不相等, 所以必有

$$a_{k_1} > a_{k_2} > \cdots > a_{k_{n+1}}$$

因若当 $k_i < k_j$ 时有 $a_{k_i} < a_{k_j}$, 则可得到一个从 a_{k_i} 开始的长为 $\ell+1$ 的单调增子序列, 这与从 a_{k_i} 开始的单调增子序列最长为 ℓ 矛盾. 于是, 我们得到了一个长度至少是 $n+1$ 的单调下降子序列 $a_{k_1}, a_{k_2}, \cdots, a_{k_{n+1}}$. $\blacksquare$

例 7.12 任意 5 个整数中必能选出 3 个数, 使得它们的和能被 3 整除.

证明 设 $S = \{a_1, a_2, a_3, a_4, a_5\}$ 是 5 个数的集合, 并设

$$A_k = \{a \mid a \in S, \, a \equiv k(\mathrm{mod}\, 3)\}, \quad k = 0, 1, 2$$

如果 A_0, A_1, A_2 均不空, 则从 A_0, A_1, A_2 中各取一个元素其和能被 3 整除; 否则, 集合 A_0, A_1, A_2 有一空集, 另外两个集合中必有一个集合至少含有 3 个元素, 则从该集合中取 3 个元素即满足要求. $\blacksquare$

例 7.13 任意 11 个整数中必能选出 6 个整数, 使得它们的和能被 6 整除.

证明 由上题知, 11 个整数中一定有 3 个整数, 其和是 3 的倍数, 不妨设这 3 个整数为 a_1, a_2, a_3; 另外 8 个整数中也一定存在 3 个整数, 其和是 3 的倍数, 不妨设这 3 个整数为 a_4, a_5, a_6; 同理, 剩下的 5 个整数中也存在 3 个整数, 其和是 3 的倍数, 不妨设这 3 个整数为 a_7, a_8, a_9. 令

$$b_1 = a_1 + a_2 + a_3, \quad b_2 = a_4 + a_5 + a_6, \quad b_3 = a_7 + a_8 + a_9$$

又由于 b_1, b_2, b_3 必有两个数奇偶性相同, 不妨设 b_1, b_2 的奇偶性相同, 则 $b_1 + b_2$ 既能被 2 整除也能被 3 整除, 从而它们是 6 的倍数. ■

例 7.14 能否在 $n \times n \, (n \geqslant 3)$ 的棋盘格上填入数字 1, 2 或 3, 使得棋盘的每行、每列以及每条对角线上的数字之和均不相同?

证明 答案是否定的. 证明如下.

设 $r_1, r_2, \cdots, r_n$ 表示棋盘各行上的数字之和, $c_1, c_2, \cdots, c_n$ 表示棋盘各列上的数字之和, d_1, d_2 表示棋盘两条对角线上的数字之和, 则显然有

$$n \leqslant r_i \leqslant 3n, \quad n \leqslant c_i \leqslant 3n, \quad n \leqslant d_j \leqslant 3n, \quad i = 1, 2, \cdots, n; \ j = 1, 2$$

这就是说, $2n + 2$ 个数 $r_1, r_2, \cdots, r_n, c_1, c_2, \cdots, c_n, d_1, d_2$ 中只有 $2n + 1$ 个不同的数, 所以由鸽巢原理知, 至少有两个数是相等的. ■

7.3 Ramsey 问题

Ramsey 问题是鸽巢原理深刻而又重要的推广. 迄今为止, 它仍是组合学中最困难也是最具挑战性的问题之一. 该问题的完整讨论已超出本书的范围, 本节只介绍一些最简单的情况.

定理 7.9 6 人中至少有 3 个人互相认识或互相不认识.

证明 设甲是其中一人, 则剩余 5 人可按与甲认识或不认识分成两个集合 F (认识) 和 U (不认识). 根据鸽巢原理, 集合 F 与 U 至少有一个包含三个元素. 假定 $|F| \geqslant 3$. 如果 F 中有 3 人互相不认识, 则结论已真; 否则就至少有 2 人互相认识, 那么这 2 人与甲是互相认识的 3 个人. 另一种情况是 $|U| \geqslant 3$. 如果 U 中有 3 人互相认识, 则结论已真; 否则, U 中至少有 2 人互相不认识, 则这 2 人与甲是互相不认识的 3 个人. ■

为了描述方便, 我们将 6 个人看成是平面上的 6 个顶点, 如果两个人互相认识, 则在这两个顶点之间连一条红色边; 否则就连一条蓝色边. 这样就可得到一个 6 个顶点的完全图 K_6, 其边具有红蓝两色. 显然, 任意给定的 6 个人, 都唯一地对应着这样的一个边具有两种颜色的 K_6, 也称为**边 2 着色的** K_6. 为方便, 今后直接简称 **2 着色的** K_6. 于是, 上面的定理就可以描述成下面的形式.

定理 7.10　2 着色的完全图 K_6, 一定存在一个同色 K_3.

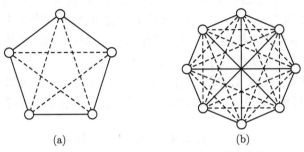

图 7.1　K_5 及 K_8 的不合乎要求 2 着色方法

图 7.1 (a) 展示了一种 2 着色的 K_5, 它既不存在红色 (实线) 的 K_3, 也不存在蓝色 (虚线) 的 K_3. 这说明, 要保证 2 着色的 K_n 或者存在红色的 K_3 或者存在蓝色的 K_3, 一定有 $n \geqslant 6$.

定理 7.11　2 着色的完全图 K_9, 一定存在一红色 K_3 或蓝色 K_4.

证明　首先 2 着色的 K_9 中必存在一顶点, 使得从该顶点到其余 8 个顶点的 8 条边中同色边数不等于 3(不妨设为红色). 如若不然, 所有顶点到其余 8 个顶点的 8 条边中红色边数等于 3, 那么从各个顶点引出的这些红色边的总条数为 $3 \times 9 = 27$, 显然这是不可能的. 因为每条边关联两个顶点, 所有顶点引出的红色边的总数应为偶数. 因此, 必有一顶点到其余 8 个顶点的 8 条边中红色边不等于 3, 不妨设该顶点为 v_0.

考虑两种情况: 从 v_0 到其余 8 个顶点的 8 条边中红色边数大于 3 和红色边数小于 3. 先考虑 8 条边中红色边大于 3, 即至少有 4 条边的情况. 不妨设与 v_0 以 4 条红色边关联的顶点为 $\{v_1, v_2, v_3, v_4\}$, 那么由这 4 个顶点构成的完全图 K_4 或者边全为蓝色, 此时定理的结论已真; 或者至少有 1 条红色边, 不妨设为 $\{v_1, v_2\}$, 那么由顶点 v_0, v_1, v_2 所确定的三角形恰好构成一红色的 K_3.

对于从 v_0 到另外 8 个顶点的 8 条边中红色边数小于 3 的情况, 那么蓝色边数至少有 6 条, 不妨设 v_0 与 $\{v_1, v_2, v_3, v_4, v_5, v_6\}$ 以蓝色边关联. 现考虑由这 6 个顶点构成的完全图 K_6. 由上一个定理的结论, 这个二着色的 K_6 或者存在一红色 K_3, 此时结论已真; 或者存在一蓝色 K_3, 该蓝色 K_3 与顶点 v_0 恰好形成一蓝色 K_4. ■

图 7.1 (b) 表明, 存在一种 2 着色的 K_8, 它既不存在红色 (实线) 的 K_3, 也不存在蓝色 (虚线) 的 K_4. 因此, 要保证 2 着色的 K_n 或者存在红色的 K_3 或者存在蓝色的 K_4, 必须有 $n \geqslant 9$.

定理 7.12　2 着色的完全图 K_{18}, 一定存在一同色 K_4.

证明　设 $v_0, v_1, \cdots, v_{17}$ 是 K_{18} 的顶点, 考虑从 v_0 到其余顶点的 17 条边. 由鸽巢原理知, 这 17 条边中至少有 9 条边同色, 不妨设有 9 条红色边, 且与 v_0 以红色边关联的顶点为 $v_1, v_2, \cdots, v_9$, 现考虑由这 9 个顶点构成的 K_9. 由定理定理 7.11 知, K_9 中存在一红色 K_3 或一蓝色 K_4. 如果是后者, 则结论已真; 如果是前者, 则该红色 K_3 与顶点 v_0 形成一红色 K_4. ∎

事实上, 确实存在 2 着色的 K_{17}, 其中不存在同色 K_4. 例如, 可按如下方式对 K_{17} 进行 2 着色: 以 $V = \{0, 1, 2, \cdots, 16\}$ 表示 K_{17} 的顶点集, 并令

$$V_r = \{1, 2, 4, 8, 9, 13, 15, 16\}$$

$$V_b = \{3, 5, 6, 7, 10, 11, 12, 14\}$$

对于 $\forall u, v \in V$, 如果 $|u-v| \in V_r$, 则边 $\{u, v\}$ 着红色; 如果 $|u-v| \in V_b$, 则边 $\{u, v\}$ 着蓝色. 由此所得的 2 着色的 K_{17} 就不含同色的 K_4. 因为, V 中任何 4 个顶点的两顶点之差的绝对值 (至多 6 个不同的值) 都不可能同时属于 V_r 或 V_b, 所以不可能有同色的 K_4 存在.

定义 7.1　设 p, q, m 是正整数, 如果对任意不小于 m 的正整数 n, 2 着色的完全图 K_n 必存在一红色 K_p 或蓝色 K_q, 则称正整数 m 具有 (p, q)- Ramsey 属性. 并称这种具有 (p, q)- Ramsey 属性的最小正整数 m 为 **2 色 Ramsey 数**, 记为 $R(p, q)$.

根据定义 7.1, 下面的定理是显然的.

定理 7.13　设 $p, q \in \mathbb{Z}^+$, 并且 $p \geqslant 2, q \geqslant 2$, 则有

$$R(p, q) = R(q, p), \quad R(p, 2) = p$$

定理 7.14　设 $p, q \in \mathbb{Z}^+$, 并且 $p \geqslant 3, q \geqslant 3$, 则有

$$R(p, q) \leqslant R(p-1, q) + R(p, q-1)$$

证明　令 $m = R(p-1, q) + R(p, q-1)$, 则只需证明 m 具有 (p, q)- **Ramsey** 属性即可, 即证明 2 着色的 K_m 存在红色 K_p 或蓝色 K_q. 设 v_0 是 K_m 的一顶点, 从 v_0 向其余 $m-1$ 个顶点引出的 $m-1$ 条边中, 或者至少有 $R(p-1, q)$ 条红色边, 或者至少有 $R(p, q-1)$ 条蓝色边. 因若不然, 红色边数和蓝色边数之和将会小于 $m-1$. 下面分别考虑这两种情况.

如果 $m-1$ 条边中至少有 $R(p-1, q)$ 条红色边, 则与 v_0 以 $R(p-1, q)$ 条红色边关联的 $R(p-1, q)$ 个顶点所形成的完全图 $K_{R(p-1,q)}$ 中, 必存在红色 K_{p-1} 或蓝色 K_q. 如果 $K_{R(p-1,q)}$ 中存在蓝色 K_q, 则结论已真; 如果 $K_{R(p-1,q)}$ 中存在红色 K_{p-1}, 则 K_{p-1} 加上顶点 v_0 形成一红色 K_p, 结论亦真.

如果 $m-1$ 条边中至少有 $R(p, q-1)$ 条蓝色边, 则与 v_0 以 $R(p, q-1)$ 条蓝色边关联的 $R(p, q-1)$ 个顶点所形成的完全图 $K_{R(p,q-1)}$ 中, 必存在红色 K_p 或蓝色 K_{q-1}. 如果 $K_{R(p,q-1)}$ 中存在红色 K_p, 则结论已真; 如果 $K_{R(p,q-1)}$ 中存在蓝色 K_{q-1}, 则 K_{q-1} 加上顶点 v_0 形成一蓝色 K_q, 结论亦真.

综上所述, 即有 $R(p, q) \leqslant m = R(p-1, q) + R(p, q-1)$. ■

定理 7.15 设 $p, q \in \mathbb{Z}^+$, 并且 $p \geqslant 3, q \geqslant 3$, 若 $R(p-1, q)$ 与 $R(p, q-1)$ 均为偶数, 则有

$$R(p, q) \leqslant R(p-1, q) + R(p, q-1) - 1$$

证明 令 $m = R(p-1, q) + R(p, q-1) - 1$, 则 2 着色的 K_m 中至少存在一顶点 v_0, 使得与 v_0 关联的 $m-1$ 条边中, 或者至少有 $R(p-1, q)$ 条红色边, 或者至少有 $R(p, q-1)$ 条蓝色边. 因若不然, m 个顶点中的每个顶点所关联的 $m-1$ 条边中恰好有 $R(p-1, q)-1$ 条红色边和 $R(p, q-1)-1$ 条蓝色边, 这样 K_m 中红色边 (或蓝色边) 的总数为 $\dfrac{m}{2}[R(p-1, q)-1]$ $\left(\text{或 } \dfrac{m}{2}[R(p, q-1)-1]\right)$. 但按照假设, m 与 $R(p-1, q)-1$ 均为奇数, 矛盾. 定理其余部分的证明与上一定理的证明是完全一样的, 在此不再赘述. ■

定理 7.16 设 $p, q \in \mathbb{Z}^+$, 并且 $p \geqslant 2, q \geqslant 2$, 则有 $R(p, q) \leqslant \binom{p+q-2}{p-1}$.

证明 对 $p+q$ 用归纳法. 当 $p+q = 4$ 时结论显然成立.

现假设当 $p+q = m$ 时结论成立, 则当 $p+q = m+1$ 时, 由于

$$(p-1) + q = m, \quad p + (q-1) = m$$

根据定理 7.14 可得

$$R(p, q) \leqslant R(p-1, q) + R(p, q-1)$$
$$\leqslant \binom{p+q-3}{p-2} + \binom{p+q-3}{p-1} = \binom{p+q-2}{p-1}$$ ■

定理 7.16 中 Ramsey 数 $R(p, q)$ 的上界称为 **Erdös-Szekeres 上界**. 这个结论在随后的 50 年内没有任何改进, 直到 1986 年捷克数学家 V. Rödl 以及 1988 年英国数学家 A. Thomason 才在 $R(p, p)$ 上稍有改变, 但对一些特殊的 Ramsey 数如 $R(3, q)$ 则有更好的上下界估计, 关于这点后面还会涉及.

定理 7.9、定理 7.10 以及定理 7.11 和定理 7.12, 都是定理 7.17 的特例, 一般统称为 Ramsey 定理. Ramsey 最早将其用于形式逻辑领域, 其基本结果后来被 Erdös 和 Szekeres 重新发现并推广到几何学领域[45]. 在诸如数论、集合论、代数学、几何学、逻辑学、遍历论、信息论及理论计算机科学等领域, 存在许许

多多的 Ramsey 类型定理, 如数论中的 Schur 定理[48]、Waerden 定理[49]、Hales-Jewett 定理[50]、偏序集上的 Dilworth 定理[31]、几何中的 Erdös-Szekeres 定理[45] 等等. 这些定理陈述着一个共同的事实: 一个足够大的系统被任意地分成有限个子系统, 那么至少有一个子系统具有特定的属性. 这些不同领域中的 Ramsey 定理, 共同构成了所谓的 Ramsey 理论. Ramsey 理论有许多有趣的应用, 特别是在理论计算机科学领域, 如并行排序算法的下界估计、噪声信道的混叠图、多信道的下界容量估计、包交换网络的设计、信息检索、决策等等.

定理 7.17 对于 $\forall p, q \in \mathbb{Z}^+$, 且 $p \geqslant 2, q \geqslant 2$, 一定存在正整数 $R(p, q)$, 使得对于任意的正整数 m, 当 $m \geqslant R(p, q)$ 时 m 具有 (p, q)- Ramsey 属性.

证明 对 $p+q$ 采用归纳法, 并利用定理 7.13、定理 7.14 的结论, 请读者自己完成这个定理的证明过程. ∎

Ramsey 问题是一个非常复杂的问题, Ramsey 理论主要研究一个组合对象必须包含某些较小的组合对象所满足的条件, 而 Ramsey 数则扮演着量化这一存在性问题的角色. 目前已经确切知道的 2 色 Ramsey 数只有 9 个, 其余的仅仅知道一个大致的范围, 表 7.1 列出了部分 2 色 Ramsey 数的上下界, 其数据来源于 S. P. Radziszowski 编撰的 *Small Ramsey Numbers* (**Rev. 11, 2006**).

表 7.1 2 色 Ramsey 数的上下界

p	q												
	3	4	5	6	7	8	9	10	11	12	13	14	15
3	6	9	14	18	23	28	36	40 43	46 51	52 59	59 69	66 78	73 88
4		18	25	35 41	49 61	56 84	73 115	92 149	97 191	128 238	133 291	141 349	153 417
5			43 49	58 87	80 143	101 216	125 316	143 442	159	185 848	209	235 1461	265
6				102 165	113 298	127 495	169 780	179 1171	253	262 2566	317 5033		401
7					205 540	216 1031	233 1713	289 2826	405 4553	416 6954	511 10581	15263	22116
8						282 1870	317 3583	6090	10630	16944	817 27490	41525	861 63620
9							565 6588	580 12677	22325	39025	64871	89203	
10								798 23556		81200			1265

鉴于 Ramsey 数所知甚少, 目前数学界尤其是组合数学领域可以说是基本上已经放弃了寻找 $R(p, q)$ 公式的努力, 并普遍认为如果没有新的数学方法产生, 想获得 $R(p, q)$ 的公式几乎是不可能的, 就像数论中不超过 n 的素数个数函数 $\pi(n)$ 一样. 因此, 绝大部分该领域的学者都将热情投向了对作为二元函数的 $R(p, q)$ 随参数 p, q 增长趋势或上下界的估计. 例如, 关于 $R(3, q)$ 的估计多年来就一直是 Ramsey 理论研究领域里的一个公开问题. 1961 年, Erdös 利用概率的方法获得了 $R(3, q)$ 的一个下界[51]. 1968 年, J. E. Graver 和 J. Yackel 发现了 $R(3, q)$ 的

一个上界[52]. 结合这两个结果, 可得到如下的估计式

$$c_1 \frac{q^2}{(\log q)^2} \leqslant R(3,q) \leqslant c_2 \frac{q^2 \log \log q}{\log q} \tag{7.1}$$

1980 年, M. Ajtai、J. Komlós 和 E. Szemerédi 去掉了上式上界中的 $\log \log q$ 因子 [53]. 不过关于 $R(3,q)$ 最近的渐进估计则是 1995 年由韩裔学者 J. H. Kim 得到的[54]:

$$c_1 \frac{q^2}{\log q} \leqslant R(3,q) \leqslant c_2 \frac{q^2}{\log q} \tag{7.2}$$

除了 2 色的 Ramsey 数之外, 还可以定义 3 色甚至多色 Ramsey 数. 下面就是 3 色 Ramsey 数的定义.

定义 7.2 设 $p,q,r,m \in \mathbb{Z}^+$, 如果对 $n \geqslant m$ 的正整数 n, 3 着色的完全图 K_n 必存在一红色 K_p, 或蓝色 K_q, 或黄色 K_r, 则称正整数 m 具有 $(\boldsymbol{p}, \boldsymbol{q}, \boldsymbol{r})$-**Ramsey 属性**, 并称具有 (p,q,r)-Ramsey 属性的最小的正整数 m 为 **3 色 Ramsey 数**, 一般记为 $R(p,q,r)$.

对于 3 色 Ramsey 数, 仅有一个数是确切知道的, 那就是下面的定理.

定理 7.18 $R(3,3,3) = 17$.

证明 设 v_0 是 K_{17} 的一个顶点, 考虑从 v_0 到其余顶点的 16 条边, 这 16 条边有 3 种颜色, 根据鸽巢原理, 至少有 $\left\lfloor \dfrac{16-1}{3} \right\rfloor + 1 = 6$ 条边同色, 并不妨设为红色. 现考虑与 v_0 以红色边关联的 6 个顶点, 不妨设为 $v_1, v_2, \cdots, v_6$. 如果以 $v_1, v_2, \cdots, v_6$ 作为顶点的 K_6 中没有红色边, 则该 K_6 是一个 2 着色的 K_6, 则根据定理 7.10 知, 一定存在蓝色 K_3 或黄色 K_3; 否则该 K_6 中至少有一条红色边, 那么这条红色边所关联的两个顶点与顶点 v_0 形成一红色 K_3. ∎

这个定理告诉我们, 对于 3 着色的 K_n 存在同色 K_3 的最小的 $n = 17$, 也就是说, 存在一种对 K_{16} 的 3 着色方法, 其中不存在同色 K_3. 事实上, 将 K_{16} 的 16 个顶点用 4 位二进制编码为 0000, 0001, 0010, $\cdots$, 1111, 并将除顶点 0000 外的 15 个顶点分成如下 3 个集合:

$$V_r = \{\, 1100, 0011, 1001, 1110, 1000 \,\}$$

$$V_g = \{\, 1010, 0101, 0110, 1101, 0100 \,\}$$

$$V_b = \{\, 0001, 0010, 0111, 0100, 1111 \,\}$$

设 V 是 K_{16} 的顶点集, 按如下规则对 K_{16} 的边进行着色: 对于 $\forall x, y \in V$, 如果 $x \oplus_2 y \in V_r$, 则边 $\{x, y\}$ 着红色; 如果 $x \oplus_2 y \in V_g$, 则边 $\{x, y\}$ 着绿色; 否

则边 $\{x, y\}$ 着蓝色. 由此所得的 3 着色 K_{16} 不存在同色 K_3. 这里符号 $\oplus_2$ 表示模 2 的加法即按位异或运算.

完全类似地, 我们可以定义 k 色 Ramsey 数.

定义 7.3 设 $k, m, n_1, n_2, \cdots, n_k \in \mathbb{Z}^+$, 并且 $k \geqslant 2, n_i \geqslant 2\,(1 \leqslant i \leqslant k)$, 如果对满足 $n \geqslant m$ 的任意正整数 n, 必有某个正整数 $j\,(1 \leqslant j \leqslant k)$, 使得 k 着色的完全图 K_n 中必存在一同色 K_{n_j}, 则称正整数 m 具有 $(\boldsymbol{n_1}, \boldsymbol{n_2}, \cdots, \boldsymbol{n_k})$-**Ramsey 属性**, 并称具有 $(n_1, n_2, \cdots, n_k)$- Ramsey 属性的最小的正整数 m 为 $\boldsymbol{k}$ **色 Ramsey 数**, 一般记为 $R(n_1, n_2, \cdots, n_k)$.

相应的 **Ramsey** 定理可以表述为以下形式.

定理 7.19 设 $k, n_1, n_2, \cdots, n_k \in \mathbb{Z}^+$, 并且 $k \geqslant 2, n_i \geqslant 2\,(1 \leqslant i \leqslant k)$, 一定存在正整数 $R(n_1, n_2, \cdots, n_k)$, 使得对于满足 $n \geqslant R(n_1, n_2, \cdots, n_k)$ 的任意的正整数 n 均具有 $(n_1, n_2, \cdots, n_k)$- Ramsey 属性.

证明 同定理 7.17 的证明类似, 采用归纳法, 不过这里是对颜色数 k 进行归纳. 对于 $k = 2$ 的情况结论显然成立 (定理 7.17); 对于 $k > 2$ 的情况可以证明下面的结论:

$$R(n_1, n_2, \cdots, n_k) \leqslant R(n_1, n_2, \cdots, n_{k-2}, R(n_{k-1}, n_k)) \tag{7.3}$$

由于上式的右边只涉及至多 $k-1$ 种颜色, 所以由归纳假设知 $R(n_1, n_2, \cdots, n_k)$ 是一个有限的数 n, 从而得到定理的证明. 下面我们证明不等式 (7.3).

令 $n = R(n_1, n_2, \cdots, n_{k-2}, R(n_{k-1}, n_k))$, 因为按归纳假设 n 显然是存在的. 我们考虑用 k 种颜色 $c_1, c_2, \cdots, c_k$ 对 K_n 的边进行染色. 先将颜色 c_{k-1} 与颜色 c_k 看成是一样的, 这等同于用 $k-1$ 种颜色 $c_1, c_2, \cdots, c_{k-1}$ 对 K_n 的边进行染色, 根据归纳假设知, 一定存在 $c_i\,(1 \leqslant i \leqslant k-2)$ 色 K_{n_i}, 或者存在 c_{k-1} 色的 $K_{R(n_{k-1}, n_k)}$. 如果是前一种情况, 则结论已真; 如果是后一种情况, 我们重新将颜色 c_{k-1} 与 c_k 看成是不同的, 即存在边用 2 种颜色 c_{k-1}, c_k 染过的 $K_{R(n_{k-1}, n_k)}$, 然后根据 Ramsey 数 $R(n_{k-1}, n_k)$ 的定义知, 一定存在 c_{k-1} 色的 $K_{n_{k-1}}$, 或者存在 c_k 色的 R_{n_k}. ∎

如果注意到完全图 K_n 的一条边实际上是其顶点集 $V(K_n)$ 的一个 2 子集, 对于正整数 $p \leqslant n$, K_n 的 p 阶完全子图 K_p 实际上是 $V(K_n)$ 的一个 p 元子集的所有 2 子集. 因此, 关于 Ramsey 定理以及 Ramsey 数的定义都可以用集合的语言来叙述. 例如, 定理 7.19 就可以这样来叙述.

定理 7.20 设 $k, n_1, n_2, \cdots, n_k \in \mathbb{Z}^+$, 并且 $k \geqslant 2, n_i \geqslant 2\,(1 \leqslant i \leqslant k)$, 那么一定存在正整数 $R(n_1, n_2, \cdots, n_k)$, 当 $n \geqslant R(n_1, n_2, \cdots, n_k)$ 时, 用 k 种颜色对 n 元集 S 的所有 2 子集进行任意染色, 必存在 S 某个 n_i 子集 T, 使得 T 的所有 2 子集具有同一颜色.

以上所述的 Ramsey 数统称为**经典 Ramsey 数**, 现在 Ramsey 数被扩展为下面更一般的情况.

定义 7.4 设 $k, r, m, n_1, n_2, \cdots, n_k \in \mathbb{Z}^+$, 且 $k \geqslant 2$, $n_i \geqslant 2\,(1 \leqslant i \leqslant k)$, 如果对 $n \geqslant m$ 的正整数 n, 用 k 种颜色对 n 元集 S 的所有 r 子集进行任意染色, 必存在 S 某个 n_i 子集 T, 使得这个 n_i 子集 T 的所有 r 子集同色, 则称正整数 m 具有 $(\boldsymbol{n_1}, \boldsymbol{n_2}, \cdots, \boldsymbol{n_k}; \boldsymbol{r})$ **- Ramsey 属性**, 并称具有 $(n_1, n_2, \cdots, n_k; r)$ - Ramsey 属性的最小正整数 m 为 k **色 Ramsey 数**, 一般记为 $R(n_1, n_2, \cdots, n_k; r)$.

根据定义 7.4, 当 $r = 2$ 时, 2 色 Ramsey 数 $R(n_1, n_2, \cdots, n_k; 2)$ 就是所谓的经典 Ramsey 数 $R(n_1, n_2, \cdots, n_k)$. 关于一般 Ramsey 数 $R(n_1, n_2, \cdots, n_k; r)$ 的存在性, 也可以通过对颜色数 k 的进行归纳地证明, 在此不再赘述.

7.4 Ramsey 类定理

在众多的**Ramsey** 类定理中, 数论中以德国数学家 I. Schur (1875—1941)[1]命名的 Schur 定理[48] 当是最早的 Ramsey 类定理之一, 它出现在 1916 年, 其结论简单明了易于理解, 叙述如下.

定理 7.21 对于任意的正整数 k, 存在正整数 $S(k)$, 当 $n \geqslant S(k)$ 时, 集合 $\mathbb{Z}_n^+$ 的任意一个 k 拆分 $\pi = \{A_1, A_2, \cdots, A_k\} \in \Pi_k^{\varnothing}(\mathbb{Z}_n^+)$, 一定存在整数 $i\,(1 \leqslant i \leqslant k)$, 使得部分 A_i 包含不定方程 $x + y = z$ 的解, 即 $\exists x, y, z \in A_i$ 满足 $x + y = z$, 其中整数 x, y 不一定互不相同.

证明 首先我们注意到这个定理可以等价地陈述为: 对于任意的正整数 k, 存在正整数 $S(k)$, 当 $n \geqslant S(k)$ 时, 用 k 种颜色 $c_1, c_2, \cdots, c_k$ 对集合 $\mathbb{Z}_n^+$ 中的每一个整数随意地染色, 则染色后的整数集 $\mathbb{Z}_n^+$ 中一定存在不定方程 $x + y = z$ 的单色解, 即 $\exists x, y, z \in \mathbb{Z}_n^+$ 满足方程 $x + y = z$, 且 x, y, z 具有相同的颜色.

对于给定的正整数 k, 取 $n = R(3, 3, \cdots, 3)$, 其中 $R(3, 3, \cdots, 3)$ 是上述的 k 色 Ramsey 数. 现用 k 种颜色 $c_1, c_2, \cdots, c_k$ 对以 $\mathbb{Z}_n^+$ 为顶点集的完全图 K_n 的边 $\{u, v\}$ 按如下方式染色: 如果 $|u - v|$ (它显然在集合 $\mathbb{Z}_n^+$ 中) 在染色后的集合 $\mathbb{Z}_n^+$ 中具有颜色 c_j, 则将 K_n 的边 $\{u, v\}$ 染成颜色 c_j. 由于完全图 K_n 的边用 k 种颜色染色后一定存在同色三角形, 不妨设该三角形的顶点为 $i, j, k\,(i < j < k)$, 则正整数 $j - i, k - j, k - i$ 在集合 $\mathbb{Z}_n^+$ 中具有相同的颜色, 如令 $x = j - i, y = k - j, z = k - i$, 即有 $x + y = z$. 这说明 $S(k) \leqslant R(3, 3, \cdots, 3)$, 由此即得 $S(k)$ 的存在性. ∎

---

[1] I. Schur, 犹太人, 1875 年出生在白俄罗斯, 早年受教育于拉脱维亚, 后在柏林师从 F. G. Frobenius 并获得博士学位, 此后一生的大部分时间都在德国工作, 一直自认为是德国人, 并因此而婉言谢绝了离开德国去美国和英国的邀请. 其工作成果集中在群表示论、组合学、数论以及理论物理等领域.

　　Schur 定理中 $S(k)$ 的最小者, 一般称为 **Schur 数**, 仍记为 $S(k)$. 例如, 当 $k = 3$ 时, 对集合 $\mathbb{Z}_{13}^+$ 的如下 3 染色方案 (这里为描述方便, 我们以下标 R, G, B 分别表示红、绿、蓝三色):

$$1_R, 2_B, 3_B, 4_R, 5_G, 6_G, 7_G, 8_G, 9_G, 10_R, 11_B, 12_B, 13_R$$

就不存在不定方程 $x + y = z$ 的单色解. 然而, 对于集合 $\mathbb{Z}_{14}^+$ 的任何 3 染色方案都存在 $x + y = z$ 的单色解. 因此, $S(3) = 14$.

　　同 Ramsey 数一样, Schur 数也仅知道很少的几个数, 实际上目前只知道前 4 个数, 如 $S(1) = 2$, $S(2) = 5$, $S(3) = 14$, $S(4) = 45$. 当 $k \geqslant 5$ 时, 一些 Schur 数只有上界或下界的估计, 而且许多估计还是相当粗糙的. 例如, $161 \leqslant S(5) \leqslant 316$(文献[55]); $S(6) \geqslant 537$, $S(7) \geqslant 1681$ (文献 [56]). 另外, 对于任意的正整数 k 均有 $S(k) \leqslant R(3, 3, \cdots, 3)$, 这可以从定理 7.21 的证明过程得到. Schur 自己给出了 Schur 数的一个上界和下界的估计:[48]

$$\frac{1}{2}\left(3^k + 1\right) \leqslant S(k) \leqslant \lfloor k! \mathrm{e} \rfloor$$

其中的上界估计现在已略有改进, 变成了 $\left\lfloor k!\left(\mathrm{e} - \dfrac{1}{24}\right) \right\rfloor$.

　　值得注意的是, 也有许多文献[56] 将 Schur 数定义为满足如下条件的最大正整数 n: 集合 $\mathbb{Z}_n^+$ 存在一个 k 拆分 $\pi = \{A_1, A_2, \cdots, A_k\} \in \Pi_k^{\varnothing}(\mathbb{Z}_n^+)$, 使得 π 的任何一个部分 A_i 都不包含不定方程 $x + y = z$ 的整数解. 如果将这样的 Schur 数记为 $S'(k)$, 那么显然有 $S(k) = S'(k) + 1$.

　　Ramsey 类定理家族中另一个重要的定理是以荷兰数学家 B. L. van der Waerden (1903—1996) 的名字命名的 **Waerden 定理**, 发表于 1927 年[49], 它甚至比 Ramsey 定理还要早一年. 这个定理刻画了整数的基本结构, 此前曾经是 I. Schur 的一个猜想. 下面就是所谓的 Waerden 定理.

　　定理 7.22　对于任意的正整数 r, k, 存在一个最小的正整数 $W(k; r)$, 使得当 $n \geqslant W(k; r)$ 时, 集合 $\mathbb{Z}_n^+$ 的任意一个 r 拆分 $\pi = \{A_1, A_2, \cdots, A_r\} \in \Pi_r^{\varnothing}(\mathbb{Z}_n^+)$ 中必有一个部分 A_i, 该部分含有一个长度至少是 k 的算术序列.

　　证明　这个定理的内容虽然很容易理解, 但证明却比较复杂, 感兴趣的读者可参阅相关文献[57].　∎

　　同 Schur 定理一样, 这个定理也可以等价地陈述为: 对于任意的正整数 r, k, 存在正整数 $W(k; r)$, 使得当 $n \geqslant W(k; r)$ 时, 用 r 种颜色对集合 $\mathbb{Z}_n^+$ 中的每一个整数随意地染色, 一定存在一个长度至少是 k 的同色算术序列.

　　推论 7.22.1　任意 r 染色的正整数集 $\mathbb{Z}^+$, 一定存在任意长的单色算术序列.

证明 因为对于任意的正整数 k, r 染色的正整数集 $\mathbb{Z}^+$ 的子集 $\mathbb{Z}^+_{W(k;r)}$ 一定存在长度至少是 k 的单色算术序列, 因此推论成立. ■

定理 7.22 中的数 $W(k; r)$, 一般称为 **Waerden 数**. 关于这个数的几个显而易见的平凡结果如下:

$$W(k; 1) = k, \quad W(2; r) = r + 1, \quad W(1; r) = r$$

例如, 集合 $\mathbb{Z}^+_8$ 一种红 (R)、蓝 (B) 染色方案:

$$1_B, 2_R, 3_R, 4_B, 5_B, 6_R, 7_R, 8_B$$

由于这个染色方案中不存在长度为 3 的同色算术序列, 所以有 $W(3; 2) > 8$. 但是下面集合 $\mathbb{Z}^+_9$ 的两个红 (R)、蓝 (B) 染色方案却都包含长度为 3 的同色算术序列 (带下划线的数字):

$$1_B, 2_R, \underline{3_R}, 4_B, 5_B, \underline{6_R}, 7_R, 8_B, \underline{9_R}$$

$$\underline{1_B}, 2_R, 3_R, 4_B, \underline{5_B}, 6_R, 7_R, 8_B, \underline{9_B}$$

实际上, 可以通过枚举的方式证明 $W(3; 2) \leqslant 9$, 因此有 $W(3; 2) = 9$.

虽然定理 7.22 告诉我们, Waerden 数是存在的, 但遗憾的是目前关于这个数所知甚少, 除了上面的三个平凡的结果之外, 非平凡的结果也仅知道下面的 6 个数而已:

$$W(3; 3) = 27, \ W(3; 4) = 76$$

$$W(3; 2) = 9, \ W(4; 2) = 35, \ W(5; 2) = 178, \ W(6; 2) = 1132$$

其他的 Waerden 数仅有一些范围的估计! 例如, W. T. Gowers 给出了下面的上界估计: [58]

$$W(k; r) \leqslant 2^{2^{r^{2^{2^{k+9}}}}}$$

当 p 是素数时, E. Berlekamp 证明了 2 色 Waerden 数 $W(p + 1; 2)$ 的一个下界估计: [59]

$$W(p + 1; 2) > p \cdot 2^p$$

除了 Waerden 数之外, 还有与之相关的**非对角 Waerden 数** $w(n_1, n_2, \cdots, n_r)$, 它是满足如下条件的最小正整数 n: 用 r 种颜色对集合 $\mathbb{Z}^+_n$ 的整数着色, 则必

存在具有某种颜色 i 长度为 n_i 的算术序列. 显然, 数 $W(k; r)$ 与数 $w(n_1, n_2, \cdots, n_r)$ 存在下面的关系:

$$W(k; r) = w(\underbrace{k, k, \cdots, k}_{r \, \text{个} \, k})$$

与 Waerden 数一样, 人们对非对角 Waerden 数也所知甚少, 仅几十个而已. 下面的 (7.4) 列出了由 V. Chvatal 发现的部分非对角 Waerden 数[60]:

$$
\begin{array}{llll}
w(3,3) = 9 & w(3,4) = 18 & w(3,5) = 22 & w(3,6) = 32 \\
w(3,7) = 46 & w(4,4) = 35 & w(4,5) = 55 & w(3,3,3) = 27
\end{array}
\tag{7.4}
$$

(7.5) 列出的非对角 Waerden 数由 M. Beeler 和 P. O'Neil 发现[61], 其中的 $w(4,7)$ 是由 M. Beeler 独自发现的[62]:

$$
\begin{array}{lll}
w(3,8) = 58 & w(3,9) = 77 & w(3,10) = 97 \\
w(4,7) = 109 & w(3,3,4) = 51 & w(3,3,3,3) = 76
\end{array}
\tag{7.5}
$$

下面的 12 个非对角 Waerden 数由 B. Landman、A. Robertson 和 C. Culver 发现[63]:

$$
\begin{array}{lll}
w(3,11) = 114 & w(2,4,6) = 83 & w(2,2,3,7) = 65 \\
w(3,12) = 135 & w(3,3,5) = 80 & w(2,3,3,4) = 60 \\
w(3,13) = 160 & w(3,4,4) = 89 & w(2,2,2,3,3) = 20 \\
w(2,3,7) = 55 & w(2,2,3,6) = 48 & w(2,2,3,3,3) = 41
\end{array}
\tag{7.6}
$$

如下的 8 个非对角 Waerden 数由 M. Kouril 发现, 其中 7 个出现在他的博士论文中[64], 仅 $W(2,6) = w(6,6)$ 出现在与人合作的文献中[65]:

$$
\begin{array}{lll}
w(3,14) = 186 & w(4,8) = 146 & w(2,3,8) = 72 \\
w(3,15) = 218 & w(5,6) = 206 & w(2,4,7) = 119 \\
w(3,16) = 238 & w(6,6) = 1132 &
\end{array}
\tag{7.7}
$$

T. Ahmed 在其文献中列出了 32 个非对角 Waerden 数[66], 其中的 $w(3,17)$,

$w(3,18)$ 是在 2010 年由他发现的[67]:

$$w(3,17) = 279 \qquad w(2,2,4,5) = 75 \qquad w(2,2,2,2,3,3) = 21$$

$$w(3,18) = 312 \qquad w(2,2,4,6) = 93 \qquad w(2,2,2,2,3,4) = 33$$

$$w(2,3,9) = 90 \qquad w(2,3,3,5) = 86 \qquad w(2,2,2,2,3,5) = 50$$

$$w(2,3,10) = 108 \quad w(2,2,2,3,4) = 29 \qquad w(2,2,2,2,3,6) = 60$$

$$w(2,3,11) = 129 \quad w(2,2,2,3,5) = 44 \qquad w(2,2,2,2,4,4) = 56$$

$$w(2,3,12) = 150 \quad w(2,2,2,3,6) = 56 \qquad w(2,2,2,3,3,3) = 42 \qquad (7.8)$$

$$w(2,3,13) = 171 \quad w(2,2,2,3,7) = 72 \qquad w(2,2,2,2,2,3,3) = 24$$

$$w(2,5,5) = 180 \quad w(2,2,2,3,8) = 88 \qquad w(2,2,2,2,2,3,4) = 36$$

$$w(2,2,3,8) = 83 \quad w(2,2,2,4,4) = 54 \quad w(2,2,2,2,2,2,3,3) = 25$$

$$w(2,2,3,9) = 99 \quad w(2,2,2,4,5) = 79 \quad w(2,2,2,2,2,2,2,3,3) = 28$$

$$w(2,2,3,10) = 119 \quad w(2,2,3,3,4) = 63$$

(7.9) 列出的 10 个非对角 Waerden 数可参见 T. C. Brown 的文献[68].

$$w(2,3,3) = 14 \quad w(2,3,6) = 40 \quad w(2,2,3,3) = 17$$

$$w(2,3,4) = 21 \quad w(2,4,4) = 40 \quad w(2,2,3,4) = 25$$

$$w(2,3,5) = 32 \quad w(2,4,5) = 71 \quad w(2,2,3,5) = 43 \qquad (7.9)$$

$$w(2,2,4,4) = 53$$

另外, R. Stevens 与 R. Shantaram 发现 $w(5,5) = 178$[69], P. Schweitzer 发现了 $w(2,3,14) = 201, w(2,2,3,11) = 141$[70], 以及最近新发现的 5 个数, 它们是 $w(3,19) = 349, w(3,3,6) = 107, w(2,2,2,2,2,3,5) = 55, w(2,2,2,2,2,2,3,4) = 40(2010$ 年$)$ 和 $w(4,9) = 309$ (2011 年). 有兴趣的读者可访问 T. Ahmed 的主页: http://users.encs.concordia.ca/ ta_ahmed/.

习 题 7

7.1 一只箱子装有 100 个苹果、 100 个香蕉、 100 个橘子和 100 个梨. 如果我们每分钟从箱子里取出 1 件水果, 那么需要多少时间我们就能肯定取出了至少 1 打的同类水果 (1 打为 12 个)?

7.2 试证明: 任意的 8 个自然数中一定存在 6 个数不妨设为 a, b, c, d, e, f, 使得 $(a - b)(c - d)(e - f)$ 是 105 的倍数.

7.3 试举例说明, 在中国剩余定理 (定理 7.4) 中, 当 m 与 n 不互素时结论未必成立.

7.4 试证明: 一个有理数 $\frac{a}{b}$ 最终可写成十进制循环小数 (a 与 b 为正整数).

7.5 某学生正在准备一场考试, 他还有 37 天的复习时间. 他准备每天至少复习 1 小时, 按以往的经验他知道自己总共还有不超过 60 个小时的复习时间. 假定他每天复习时间的小时数是整数, 试证明无论该学生怎么安排他的复习日程表, 必存在连续的若干天使得在这些天里该学生恰复习了 13 个小时.

7.6 一房间有 10 人, 其中年龄最大者不超过 60 岁, 最小者不小于 1 岁. ① 试证明: 总能从这 10 人中选出两组人来 (两组人无交集且两组人的人数之和 $\leqslant 10$), 使得这两组人的年龄之和相同; ② 试问: 要想 ① 中的结论成立, 可以用更小的正整数来替换 10 吗?

7.7 设 $\mathscr{U}$ 是由 n 元集 S 的子集所形成的集合, 且满足: 对 $\forall A, B \in \mathscr{U}$ 均有 $A \cap B \neq \varnothing$. 试证明: $|\mathscr{U}| \leqslant 2^{n-1}$.

7.8 设 $n > 1$ 是奇数, 则集合 $S = \{2^1 - 1, 2^2 - 1, \cdots, 2^{n-1} - 1\}$ 中必有一数能被 n 整除.

7.9 设 $d \in \mathbb{Z}_9^+$, 则对于任意的正整数 N, 必存在各数字位仅由 0 和 d 构成的正整数, 使得该正整数能被 N 整除.

7.10 试证明: 存在一个各位数字均为 4 的自然数 $44\cdots 4$, 使得 $1996 \mid 44\cdots 4$.

7.11 对圆周上的 2022 个点随意地编号为 $1, 2, \cdots, 2022$, 则必存在一点, 该点与其两个相邻点的号码之和不小于 3035.

7.12 试证明: 任意 13 个互异的实数中, 必存在 2 个实数 x, y 满足:

$$0 < \frac{x - y}{1 + xy} \leqslant 2 - \sqrt{3}$$

7.13 平面上有 6 个点, 其中任意 3 个点均不共线, 试证明: 一定存在 3 个点, 使得由这 3 个点所构成的三角形必有一内角不超过 $30°$.

7.14 设 $P_i(x_i, y_i), i = 1, 2, \cdots, 13$ 是平面上任意 13 个坐标均为整数的点, 试证明: 一定存在 3 个点, 使得由这 3 个点所构成的三角形其重心坐标也是整数.

7.15 在面积为 6 的正方形内有 3 个面积为 3 的多边形, 试证明: 3 个多边形中至少有两个多边形的公共部分的面积不小于 1.

7.16 设 $S = \{a_1, a_2, \cdots, a_{2n+1}\}$ 是一个正整数集合, 试证明: 对 S 的任意全排列 $a_{i_1} a_{i_2} \cdots a_{i_{2n+1}}$ 均有 $\prod_{k=1}^{2n+1} (a_{i_k} - a_k)$ 为偶数.

7.17 设 $S = \{1, 2, \cdots, 326\}$, 现将集合 S 任意拆分成 5 个部分, 试证明: 其中必有一部分满足: 一个数是某两个数之和或一个数是另一个数的两倍.

7.18 设 $n_k (1 \leqslant k \leqslant 6)$ 均为大于 1 的正整数, $\gcd(n_i, n_j) = 1$, $1 \leqslant i < j \leqslant 6$, 且诸 n_k 的最大素因子不超过 35, 试证明: 一定有一个 n_k 是素数或素数幂.

7.19 设 n, k 均为正整数, 试证明从 $S = \{1, 2, \cdots, kn\}$ 中任选 $n+1$ 个数, 总存在两个数使得它们的差不超过 $k - 1$.

7.20 设 x 为无理数, 则必存在正整数 n 使得 $|nx - \langle nx \rangle| \leqslant 10^{-10}$, 其中 $\langle x \rangle$ 表示最接近 x 的整数.

第 8 章　Pólya 计数理论

组合分析中相当大的一部分内容涉及计数问题, 如某类问题或某种方程解的计数、某种类型集合的计数, 甚至某种条件下可能性的计数等等. 被誉为现代图论之父的美国数学家 F. Harary (1921—2005) 认为, 组合数学中的计数方法与其说是一种科学, 倒不如说是一门艺术. 许多组合计数问题在技术上是相当困难的. 一般来说, 如果想寻找计数问题的一个通用的计数公式, 母函数是恰当的选择; 如果统计具有或不具有某些性质的对象, 容斥原理就是最理想的工具. 但是, 有些计数问题的困难可能并不在技术上而是在概念上. 例如, 参与计数的不同的对象有时需要将它们看成是无区别的, 这就相当于在计数对象的集合上引入了某种等价关系, 所涉及的计数问题实际上是等价类的计数问题; 又如, 另一些计数问题, 常常并不需要关注所有的对象, 可能只需要统计那些具有同样 "权重" 的对象. 本章将要讨论的 Pólya 计数理论就是这样的一种计数方法, 它将母函数、变换群以及权这三者巧妙地统一了起来, 无论是从方法的思想还是从其表现形式, 都极其优美, 堪称是一门艺术. 虽然用该方法进行具体的计算比较复杂, 但迄今为止它仍然是图论及其众多领域的最有力的计数工具之一.

8.1　问题引入

我们先来看一些计数问题.

问题 8.1　一个 2×2 的棋盘格用黑白两种颜色进行涂色, 问有多少种涂色方案? 假定绕棋盘格中心旋转使之重合的两种方案被视为同一种方案.

问题 8.2　n 个顶点的简单图有多少个? 假定同构的图视为同一个图.

问题 8.3　用 m 种颜色对正立方体的顶点 (边、面) 进行染色有多少种染色方案? 假定绕过正立方体中心的轴线的空间运动使之重合的两种染色方案被视为同一种染色方案.

问题 8.4　用 m 种颜色的珠子穿成 n 个珠子的项链有多少种不同的方案? 这实际上是问题 8.1 的更一般形式的提法, 也相当于 m 元集的项链型 n 重复圆排列的计数问题.

问题 8.5　n 个顶点的完全二叉树, 用黑白两色对其顶点进行着色, 如果将通过交换左右子树重合的着色方案视为同一方案, 那么一共有多少种着色方案?

问题 8.6　将 3 个白球和 1 个黑球放入到 2 个方形盒子和 1 个圆形盒子中且允许空盒有多少种方案?

显然, 这样的问题还有很多. 虽然问题的提法形式多样, 但基本上可归结为一种组合计数模型, 即集合 X 到集合 C 的映射计数问题. 但由于 X 或者 C 上存在某种变换, 甚至 X 和 C 上同时存在某种变换, 使得有些映射在这些变换下是等价的. 因此, 这样的映射计数问题就是统计不等价的映射个数. 这里我们将集合 C 中的元素称为**颜色**, C 称为**颜色集**; 而集合 X 中的元素则称为**对象**, 集合 X 称为**对象集**. 从而集合 X 到集合 C 的映射计数问题, 可以看成是用 C 中的颜色对 X 中的对象进行染色, 求在某种变换意义下的不同染色方案数.

用 C 中的颜色对 X 中的对象进行染色, 所有染色方案的集合就是集合 X 到集合 C 的所有映射的集合, 即

$$C^X = \{\varphi \,|\, \varphi : X \mapsto C\}$$

也就是说, 对于 $\forall \varphi \in C^X$ 和 $x \in X$, $c \in C$, 表达式 " $\varphi(x) = c$" 表示 "将 X 中的对象 x 染成颜色 c". 今后, 我们将染色方案看成是对象集到颜色集两个集合之间的映射时, 都作这样的解释.

除此之外, 如果 X 是一个 n 元集, 而 C 是一个 m 元集, 则 X 到 C 的每一个映射或每一个染色方案 φ, 显然也可以看成是一个 m 元集的 n 重复排列, 或者是一个 n 位的 m 进制数. 本章后面有些证明采用了这些表示方法.

所谓 X 或 C 上存在某种变换, 使得 C^X 中有些映射在这些变换下是等价的, 相当于这些变换在集合 C^X 上引入了某种等价关系, 由这个等价关系将集合 C^X 拆分成不同的等价类. 因此, 在某种意义下对集合 C^X 的计数问题, 就是统计集合 C^X 在某等价关系意义下将 C^X 拆分成不同等价类的个数问题.

显然, 如果仅用前面的知识无法解决这类计数问题. 我们需要更深入一些的东西, 那就是群的概念和知识. 群作为代数学领域的一个重要研究对象, 在抽象代数或离散数学等课程里都有专门的介绍. 我们这里仅仅将群作为计数工具, 所涉及的有关群的内容也仅为满足计数需要. 因此, 对群更深入的讨论不是本书的目的, 请读者自行查阅相关文献.

8.2　关系、群及其性质

在前面的章节里, 我们曾经介绍了二元关系的概念, 这里再稍作回顾. 所谓集合 X 上的一个二元关系 R, 就是 Cartes 积 X^2 的一个子集, 例如空集 $\varnothing$、全集 $\Omega_X = X^2$ 以及 $I_X = \{(x,x) \,|\, x \in X\}$ 等都是 X 上的平凡二元关系, 按照前面的约定, 分别称它们为空关系、全关系和恒等关系. 在 Möbius 反演部分我们还重点

介绍了一个非平凡的二元关系即偏序关系, 下面再着重介绍一个非平凡的二元关系——等价关系. 这是本章的一个非常重要的概念, 因为有许多问题都要借助于这个等价关系来描述.

8.2.1 等价关系

定义 8.1 设 R 是集合 X 上的一个二元关系, 如果满足

① **自反性** 对 $\forall x \in X$ 有 $(x, x) \in R$;

② **对称性** 若 $(x, y) \in R$, 则 $(y, x) \in R$;

③ **传递性** 若 $(x, y) \in R$ 且 $(y, z) \in R$, 则有 $(x, z) \in R$.

则称二元关系 R 是集合 X 上的一个**等价关系**.

按照等价关系的概念, 全关系 Ω_X 和恒等关系 I_X 显然是等价关系, 但空关系 $\varnothing$ 却不是等价关系, 因为 $\varnothing$ 不具有自反性.

一般用符号 $\sim$ 表示一个集合 X 上的等价关系 R. 因此, 如果 X 中的元素 x 与 y 具有等价关系 R, 则将 xRy 记为 $x \sim y$, 并称元素 x 与 y **等价**; 如果元素 x 与 y 不具有等价关系, 则将 $x\overline{R}y$ 记为 $x \nsim y$, 并称元素 x 与 y **不等价**.

定义 8.2 设 $\sim$ 是集合 X 上的一个等价关系, 对于 $x \in X$, 令

$$[x]_\sim = \{y \mid y \in X, x \sim y\}$$

则称 $[x]_\sim$ 是 X 上由等价关系 $\sim$ 所确定的**元素** x **所在的等价类**. 在不至于混淆的情况下, x 所在的等价类简记为 $[x]$.

关于等价类, 我们有下面的结果.

定理 8.1 设 $\sim$ 是集合 X 上的一个等价关系, 则有

① $\forall x \in X$, 有 $x \in [x]$;

② $\forall x, y \in X$, 或者 $[x] = [y]$, 或者 $[x] \cap [y] = \varnothing$;

③ $X = \bigcup_{x \in X} [x]$.

证明 留给读者自行完成, 此处从略. ∎

根据上述定理, 集合 X 上的一个等价关系 $\sim$ 将 X 拆分成不同的等价类. 事实上, X 上的每一个等价关系都确定 X 的一个无序拆分, 显然不同的等价关系将对应不同的拆分. 反之, 集合 X 的每一个无序拆分也决定 X 上的一个等价关系. 换句话说, 一个集合 X 的所有无序拆分之集 $\Pi(X)$ 与 X 上的等价关系之集 $\Xi(X)$ 是一一对应的 (参见习题 8.1).

8.2.2 群的概念和性质

从这一小节开始, 我们将陆续介绍群的相关概念和基本性质, 对此比较熟悉的读者可以跳过这些内容, 直接阅读 "置换群及其性质".

定义 8.3 设 G 是一个集合, $\circ$ 是 G 上的一个二元运算, 如果满足

① $\forall a, b \in G$, 有 $a \circ b \in G$;

② $\forall a, b, c \in G$, 有 $(a \circ b) \circ c = a \circ (b \circ c)$;

③ $\exists e \in G$, 使得对 $\forall a \in G$ 有 $(a \circ e) = e \circ a = a$;

④ $\forall a \in G, \exists b \in G$ 使得 $a \circ b = b \circ a = e$.

则称 $(G, \circ)$ 是一个**群**, 有时也直接称 G 是一个群. 元素 e 称为群 G 的**单位元**; 满足④的元素 b 称为元素 a 的**逆元**, 记为 $b = a^{-1}$.

显然, 逆元是相互的, 即如果 b 是 a 的逆元, 则 a 也是 b 的逆元.

如果 $(G, \circ)$ 中的运算 $\circ$ 是可交换的, 即对 $\forall a, b \in G$ 有 $a \circ b = b \circ a$, 则称 $(G, \circ)$ 是**交换群**或 **Abel 群**; 如果 G 是有限集, 则称 $(G, \circ)$ 是**有限群**, G 中的元素个数称为群 $(G, \circ)$ 的**阶**, 记为 $|G|$; 如果 G 是无限集, 则称 $(G, \circ)$ 是**无限群**.

例如, 全体整数的集合 $\mathbb{Z}$, 在通常的加法 $+$ 运算下形成一个 Abel 群 $(\mathbb{Z}, +)$; 全体正有理数的集合 $\mathbb{Q}^+$, 在通常数的乘法 $\times$ 运算下形成一个 Abel 群 $(\mathbb{Q}^+, \times)$; 集合 $G = \{1, -1\}$ 在通常数的乘法运算下形成一个 Abel 群 $(G, \times)$; 集合 $\mathbb{Z}_n = \{0, 1, \cdots, n-1\}$ 在模 n 的加法运算 $\oplus_n$ 下形成一个 Abel 群 $(\mathbb{Z}_n, \oplus_n)$. 又如, 在 4 元集 $\mathcal{K} = \{e, a, b, c\}$ 上定义如下表中的二元运算, 则 $(\mathcal{K}, \circ)$ 是一个 Abel 群, 一般称其为 **Klein 四元群**.

$\circ$	e	a	b	c
e	e	a	b	c
a	a	e	c	b
b	b	c	e	a
c	c	b	a	e

为了简便, 今后在讨论群的运算时, 我们将忽略群的运算符 $\circ$, 直接将 $a \circ b$ 记为 ab. 只有在涉及多个群的时候, 为了区别不同群的运算, 才显式将运算符写出.

另外, 通过群中的二元运算, 可以递归地定义群中元素 a 的整数幂运算:

$$a^1 = a, \quad a^2 = aa, \ a^n = aa^{n-1}, \quad n \geqslant 2$$

约定 $a^0 = e$(单位元), 并对 $n \in \mathbb{Z}^+$ 约定 $a^{-n} = (a^{-1})^n$. 那么容易证明:

$$(a^n)^{-1} = (a^{-1})^n = a^{-n}, \quad (a^n)^m = a^{nm}, \quad a^n a^m = a^{n+m}$$

定义 8.4 设 $(G, \circ)$ 是一个群, 若 $\exists z \in G$ 使得对 $\forall a \in G$ 均有 $az = za = z$, 则称元素 z 是群 $(G, \circ)$ 的**零元素**.

下面的定理叙述了群中零元素、单位元、逆元的基本性质.

定理 8.2 设 $(G, \circ)$ 是一个群, 则有

① 如果 G 中有零元素, 则零元素必唯一;

② 如果 $|G| > 1$, 则 G 中不存在零元素;

③ 群 G 中的单位元唯一;

④ 群 G 中任何元素的逆元素唯一;

⑤ 对 $\forall a, b \in G$, 有 $(ab)^{-1} = b^{-1}a^{-1}$.

证明 留作习题 (习题 8.2). ■

显然, 定理8.2的结论⑤可以扩充为如下的结论:

$$(ab \cdots c)^{-1} = c^{-1} \cdots b^{-1}a^{-1}, \quad \forall a, b, \cdots, c \in G$$

请读者自行证明之.

定理 8.3 设 $(G, \circ)$ 是一个群, 则有

① 对 $\forall a, b, c \in G$, 若 $ab = ac$, 则 $b = c$; 若 $ba = ca$, 则 $b = c$;

② 对 $\forall a, b \in G$, 方程 $ax = b$ 和 $ya = b$ 均在 G 中有唯一解.

证明 ① 设 e 是 G 的单位元, 因为

$$b = eb = (a^{-1}a)b = a^{-1}(ab) = a^{-1}(ac) = (a^{-1}a)c = ec = c$$

由 $ba = ca$ 推出 $b = c$ 可类似证明. 也就是说, 群 G 中的运算满足消去律.

② 对 $\forall a, b \in G$, $ax = b$ 在 G 中有唯一解. 事实上, $x = a^{-1}b$ 就是方程 $ax = b$ 在 G 中的一个解. 下面证明唯一性. 设方程 $ax = b$ 在 G 中有两个解 x_1 和 x_2, 即 $ax_1 = b = ax_2$, 则由 ① 即得 $x_1 = x_2$. 至于方程 $ya = b$ 在 G 中有唯一解, 可完全类地证明. ■

定义 8.5 设 $(G, \circ)$ 是一个群, e 是 G 的单位元, 对于 $a \in G$, 如果存在最小的正整数 r 使得 $a^r = e$, 则称数 r 是元素 a 的**周期**或**阶**, 记为 $|a| = r$. 如果不存在这样的最小正整数, 则称元素 a 没有周期, 或称元素 a 的周期是无限的.

显然, 如果 $|a| = r$, 则 $a^{-1} = a^{r-1}$. 对于一个无限群来说, 其元素可能有有限周期, 也可能有无限周期; 但对于有限群来说, 每个元素的周期都是有限的. 因此, 我们有下面的结论.

定理 8.4 设 $(G, \circ)$ 是有限群, 且 $|G| = n$, 则对 $\forall a \in G$, 必存在最小正整数 $r \leqslant n$ 使得 $a^r = e$, 其中 e 是 G 的单位元.

证明 对 $\forall a \in G$, 考虑序列

$$a, a^2, \cdots, a^{n+1}$$

而 $a, a^2, \cdots, a^{n+1} \in G$, 但 G 中只有 n 个不同元素, 所以序列 $a, a^2, \cdots, a^{n+1}$ 中必有两个元素相等, 不妨设 $a^j = a^i$ 且 $j > i$, 那么有 $a^{j-i} = e$ 且 $n \geqslant j - i > 0$. 因此, 集合

$$K = \left\{ k \,\middle|\, k \in \mathbb{Z}^+, a^k = e \right\}$$

不空, 且 K 是一个有下界的正整数集合, 显然, $r = \min K$ 就是满足要求的最小正整数.　　■

定理 8.5　设 $(G, \circ)$ 是一个群, e 是其单位元, $a \in G$, 并且 $|a| = r$, 那么有① 正整数 m 满足 $a^m = e$, 当且仅当 $r \,|\, m$; ② $|a| = |a^{-1}|$.

证明　留作习题 (习题 8.3).　　■

8.2.3　子群及其判定

定义 8.6　设 $(G, \circ)$ 是一个群, H 是 G 的子集, 如果 H 在运算 $\circ$ 下也形成一个群, 则称群 $(H, \circ)$ 是群 $(G, \circ)$ 的**子群**, 简称 H 是 G 的子群, 记为 $H \leqslant G$. 如果 H 是 G 的子群, 且 H 是 G 的真子集, 则称 H 是 G 的**真子群**, 记为 $H < G$.

下面的四个定理给出了群的子集是否是子群的判定方法.

定理 8.6　设 $(G, \circ)$ 是一个群, H 是 G 的非空子集, 则 H 是 G 的子群的充分必要条件是 ① $\forall a, b \in H \implies ab \in H$; ② $\forall a \in H \implies a^{-1} \in H$.

证明　必要性显然, 以下证充分性. 首先由条件 ① 知, H 关于运算 $\circ$ 封闭; 其次由条件 ② 知, H 中的任何元素均存在逆元素; 再由条件 ① 和条件 ② 联合可得, 单位元 $e = aa^{-1} \in H$; 最后由于运算 $\circ$ 在 G 中满足结合律, 当然在 H 中也满足结合律. 从而由群的定义知, $(H, \circ)$ 是一个群.　　■

定理 8.7　设 $(G, \circ)$ 是一个群, H 是 G 的非空子集, 则 H 是 G 的子群的充分必要条件是 $\forall a, b \in H \implies ab^{-1} \in H$.

证明　必要性显然, 下证充分性.

因 H 非空, 故必有 $a \in H$, 由条件得 $e = aa^{-1} \in H$;

对于 $\forall a \in H$, 由 $e, a \in H$ 得 $a^{-1} = ea^{-1} \in H$;

对于 $\forall a, b \in H$, 由于 $b^{-1} \in H$, 所以 $ab = a(b^{-1})^{-1} \in H$.

综上所述, 根据定理 8.6 知, H 是 G 的子群.　　■

定理 8.8　设 $(G, \circ)$ 是一个群, H 是 G 的有限非空子集, 则 H 是 G 的子群的充分必要条件是 $\forall a, b \in H \implies ab \in H$.

证明　必要性显然, 下证充分性.

根据定理 8.6, 我们只需证明对 $\forall a \in H$, $a^{-1} \in H$ 即可.

对于 $\forall a \in H$, 若 $a = e$, 则 $a^{-1} = e^{-1} = e \in H$. 若 $a \neq e$, 令

$$S = \left\{ a, a^2, \cdots, a^n, \cdots \right\}$$

显然, $S \subseteq H$. 但由于 H 是有限集, 所以必有 $a^i = a^j$, $i < j$. 由于在 G 中满足消去律, 所以 $a^{j-i} = e$. 又由于 $a \neq e$, 所以 $j - i > 1$, 由此得

$$a^{j-i-1}a = aa^{j-i-1} = e$$

即 $a^{-1} = a^{j-i-1} \in H$. ∎

定理 8.9 设 $(G, \circ)$ 是一个群, H 是 G 的非空子集, 则 H 是 G 的子群的充分必要条件是 $\forall a, b \in H$, 方程 $ax = b$ 和 $ya = b$ 在 H 中有唯一解.

证明 根据定理 8.3, 必要性显然, 只证充分性.

对于 $\forall a \in H$, 由于方程 $ax = a$ 和 $ya = a$ 在 H 中有唯一解, 所以其解 $x = y = e \in H$; 另外, 方程 $ax = e$ 和 $ya = e$ 也在 H 中有唯一解, 所以其解 $a^{-1} \in H$. 也就是说, 对于 $\forall a \in H$, $a^{-1} \in H$. 另一方面, 对于 $\forall a, b \in H$, 由于方程 $yb = a$ 在 H 中有唯一解, 所以解 $ab^{-1} \in H$. 根据定理 8.7 即得充分性的证明. ∎

定理 8.10 设 $(G, \circ)$ 是一个群, $a \in G$, 令

$$H = \{a^k \mid k \in \mathbb{Z}\}$$

则 $H \leqslant G$, 并称 H 是由 a **生成的子群**, a 称为 H 的**生成元**, 一般记为 $H = \langle a \rangle$.

证明 首先, 由于 $a \in H$, 所以 H 不空. 其次, 对于 $\forall a^k, a^l \in H$ 有

$$a^k(a^l)^{-1} = a^k a^{-l} = a^{k-l} \in H$$

所以根据定理 8.7 知, H 是 G 的子群. ∎

群 $H = \langle a \rangle$ 也称为**循环群**, 显然循环群都是 Abel 群. 容易证明, 若生成元 a 的周期有限, 如 $|a| = r$, 则 $H = \langle a \rangle$ 是一个 r 阶的循环群, 且

$$H = \langle a \rangle = \{e, a, a^2, \cdots, a^{r-1}\}$$

反过来, 如果 $H = \langle a \rangle$ 是一个 r 阶的循环群, 则必有 $|a| = r$.

下面的定理刻画了循环群中元素的周期性质.

定理 8.11 设 $(G, \circ)$ 是一个群, $a \in G$, 且 $|a| = r$. 令 $H = \langle a \rangle$ 是一个由 a 生成的 r 阶循环群, 即 $H = \{e, a, a^2, \cdots, a^{r-1}\}$, 则对任意的正整数 $k(1 \leqslant k \leqslant r-1)$ 有 $|a^k| = r/d$, 其中 $d = \gcd(k, r)$ 表示 k 和 r 的最大公因子.

证明 对于 $1 \leqslant k \leqslant r-1$, 设 $|a^k| = t$, 由于 $|a| = r$, 且 $(a^k)^t = a^{kt} = e$, 所以由定理 8.5 知, $r \mid kt$.

令 $d = \gcd(k, r)$, 即 $d \mid k$, $d \mid r$. 由于 $r \mid kt$, 故 $\dfrac{r}{d} \mid \dfrac{k}{d} \cdot t$; 而 $\gcd\left(\dfrac{r}{d}, \dfrac{k}{d}\right) = 1$,

所以必有 $\dfrac{r}{d}\,\Big|\,t$; 另一方面, 又由于

$$(a^k)^{\frac{r}{d}} = (a^r)^{\frac{k}{d}} = e^{\frac{k}{d}} = e$$

再由定理 8.5 得 $t\,\Big|\,\dfrac{r}{d}$. 从而得到 $t = \dfrac{r}{d}$. ■

这个定理表明, 有限循环群 $H = \langle a \rangle$ 中任何元素的周期都是群的阶 $|H|$ 的因子. 如果 $|H| = p$ 为素数, 则 $H = \langle a \rangle$ 中任何元素 (单位元除外) 的周期均为 p. 事实上, 这些结论对任意的有限群也成立. 稍后, 我们将证明这一点.

8.2.4 Lagrange 定理

定义 8.7 设 $(G, \circ)$ 是一个群, $H \leqslant G$, $a \in G$, 令

$$aH = \{ah \mid h \in H\}, \quad Ha = \{ha \mid h \in H\}$$

则分别称 aH 和 Ha 是子群 H 在 G 中由元素 a 生成的**左陪集**和**右陪集**, 统称**陪集**; a 称为相应陪集的**代表元素**.

显然, 陪集具有下面的性质.

定理 8.12 设 $(G, \circ)$ 是一个群, e 是其单位元, $H \leqslant G$, 则有:

① $eH = H$, $He = H$;

② $\forall\, a \in G$ 有 $a \in aH$, $a \in Ha$;

③ $\forall\, a, b \in G$, 有

$$b \in aH \iff a^{-1}b \in H \iff aH = bH$$

$$b \in Ha \iff ba^{-1} \in H \iff Ha = Hb$$

证明 留作习题 (习题 8.4). ■

定义 8.8 设 $(G, \circ)$ 是一个群, $H \leqslant G$, 令

$$R_l = \big\{ (a, b) \,\big|\, a, b \in G \text{ 且 } a^{-1}b \in H \big\}$$

$$R_r = \big\{ (a, b) \,\big|\, a, b \in G \text{ 且 } ba^{-1} \in H \big\}$$

R_l 和 R_r 都是 G 上的二元关系, 分别称 R_l 和 R_r 是由子群 H 所确定 G 上的**左陪集关系**和**右陪集关系**.

定理 8.13 设 $(G, \circ)$ 是一个群, $H \leqslant G$, R_l 和 R_r 分别是由子群 H 所确定的 G 上的左、右陪集关系, 则 R_l 和 R_r 都是 G 上的等价关系, 且有

$$[a]_{R_l} = aH, \quad [a]_{R_r} = Ha$$

证明 我们仅对 R_l 进行证明, R_r 的证明完全类似.

首先, R_l 是自反的. 因为对 $\forall a \in G$, $a^{-1}a = e \in H$, 所以 aR_la.

其次, R_l 是对称的. 因为对 $\forall a, b \in G$, 如果 aR_lb, 即 $a^{-1}b \in H$, 从而

$$b^{-1}a = (a^{-1}b)^{-1} \in H$$

所以 bR_la.

最后, R_l 是传递的. 因为对 $\forall a, b, c \in G$, 如果 aR_lb 且 bR_lc, 即

$$a^{-1}b \in H, \quad b^{-1}c \in H$$

所以 $a^{-1}c = (a^{-1}b)(b^{-1}c) \in H$, 从而 aR_lc.

综上所述, R_l 是 G 上的等价关系. 以下证明 $[a]_{R_l} = aH$.

对 $\forall b \in G$, 则有

$$b \in [a]_{R_l} \iff (a, b) \in R_l \iff a^{-1}b \in H$$

又根据定理 8.12, 有

$$a^{-1}b \in H \iff aH = bH \iff b \in aH$$

即 $b \in [a]_{R_l} \iff b \in aH$. ∎

推论 8.13.1 设 $(G, \circ)$ 是一个群, $H \leqslant G$, 则有:

① 对 $\forall a, b \in G$, 或者 $aH = bH$, 或者 $aH \cap bH = \varnothing$;

② $G = \bigcup_{a \in G} aH$.

证明 由上面的定理和定理 8.1 立即可得. ∎

一般说来, 对于给定的有限群 G 及其子群 H, $aH \neq Ha$ (除非 G 是 Abel 群). 但是 H 在 G 中的不同左陪集的个数与不同右陪集的个数是相等的. 事实上, 如果以 $\mathrm{CS}_L(H) = \{aH \mid a \in G\}$, $\mathrm{CS}_R(H) = \{Ha \mid a \in G\}$ 分别表示子群 H 的左、右陪集的集合, 定义映射 $f : \mathrm{CS}_L(H) \mapsto \mathrm{CS}_R(H)$ 使之满足 $f(aH) = Ha^{-1}$, $\forall a \in G$, 那么容易验证, f 是集合 $\mathrm{CS}_L(H)$ 到集合 $\mathrm{CS}_R(H)$ 上的一个一一对应, 即 H 在 G 中的左右陪集的个数相等.

因此, 对于给定的群 G 及其子群 H, 讨论陪集的个数时, 我们不必区分是子群 H 的左陪集个数还是右陪集个数, 统称为陪集个数, 并称这个数为子群 H 在群 G 中的**指数**, 一般记为 $[G : H]$. 关于这个指数, 有一个非常重要的结论, 那就是下面的 **Lagrange 定理**.

定理 8.14 设 $(G, \circ)$ 是有限群, $H \leqslant G$, 则 $|G| = [G : H] \cdot |H|$.

证明　设 $[G:H] = t$, 即 H 在 G 中有 t 个不同的左陪集, 并记为

$$a_1H, \ a_2H, \ \cdots, \ a_tH$$

根据前面的推论 8.13.1, 有

$$G = \bigcup_{i=1}^{t} a_iH \text{ 且 } a_iH \cap a_jH = \varnothing, \ i \neq j$$

注意到 $|a_iH| = |H| \ (i = 1, 2, \cdots, t)$, 从而

$$|G| = \sum_{i=1}^{t} |a_iH| = \sum_{i=1}^{t} |H| = t|H| = [G:H] \cdot |H| \qquad \blacksquare$$

Lagrange 定理告诉我们, 有限群 G 的任何子群 H 的阶都是 $|G|$ 的因子. 另外, 对于 $\forall a \in G$, 根据定理 8.4 知, a 的周期有限, 不妨设 $|a| = r$, 则

$$H = \langle a \rangle = \{e, a, a^2, \cdots, a^{r-1}\}$$

是 G 的 r 阶子群. 根据定理 8.14, $|H| = r \mid |G|$, 由此我们得到推论.

推论 8.14.1　有限群 G 的任何元素的周期都是 $|G|$ 的因子.

8.2.5　群的同态与同构

定义 8.9　设 $(G, \circ)$ 和 $(H, *)$ 是两个群, 如果存在 G 到 H 的映射 f, 使得对于 $\forall a, b \in G$ 均有 $f(a \circ b) = f(a) * f(b)$, 则称 f 是群 G 到群 H 的一个**同态映射**, 并称群 G 和群 H 是**同态的**, 记为 $(G, \circ) \simeq (H, *)$, 或简记为 $G \simeq H$; 如果 f 是同态映射且是 G 到 H 的一个双射, 则称 f 是群 G 到群 H 的一个**同构映射**, 此时称群 G 和群 H 是**同构的**, 记为 $(G, \circ) \cong (H, *)$, 或 $G \cong H$.

容易验证, 群的同构关系是全体群集合上的一个等价关系. 在代数中, 群的同构具有重要的意义. 因为两个同构的群具有完全相同的性质和代数结构, 可以将它们同等对待, 因而可将它们看成是同一个群的不同符号表示, 这意味着相互同构的群只需要研究其中的一个就可以了.

定理 8.15　设 $(G, \circ)$ 和 $(H, *)$ 是两个同构的群, e_G 和 e_H 分别是它们的单位元, f 是 G 到 H 的同构映射, 则有 $f(e_G) = e_H$, 且 $f(a^{-1}) = [f(a)]^{-1}$, $\forall a \in G$.

证明　留作习题 (习题 8.5).　　　　　　　　　　　　　　　　　　　　　　$\blacksquare$

例如, 设 $\mathbb{R}$、$\mathbb{R}^+$ 分别表示实数与正实数的集合, 容易验证 $\mathbb{R}$ 在通常实数的加法运算下形成一个群 $(\mathbb{R}, +)$, 而 $\mathbb{R}^+$ 在通常的实数乘法运算下形成一个群 $(\mathbb{R}^+, \times)$. 令 $f(x) = \ln x$, 则 f 就是 $\mathbb{R}^+$ 到 $\mathbb{R}$ 的一个一一对应, 且满足对 $\forall x, y \in \mathbb{R}^+$ 均有

$$f(xy) = \ln(xy) = \ln x + \ln y = f(x) + f(y)$$

所以 f 是群 $(\mathbb{R}^+, \times)$ 到群 $(\mathbb{R}, +)$ 的同构映射, 即 $(\mathbb{R}^+, \times) \cong (\mathbb{R}, +)$.

又如, 整数加法群 $(\mathbb{Z}, +)$ 和模 n 的整数加法群 $(\mathbb{Z}_n, \oplus_n)$ 是同态的. 因为容易验证, 映射 $f(k) = k \bmod n, \forall k \in \mathbb{Z}$ 是群 $(\mathbb{Z}, +)$ 到群 $(\mathbb{Z}_n, \oplus_n)$ 的同态映射.

定理 8.16 设 $(G, \circ)$ 是一个循环群, 如果 G 是无限群, 则 $(G, \circ) \cong (\mathbb{Z}, +)$; 如果 G 是有限群, 则 $(G, \circ) \cong (\mathbb{Z}_n, \oplus_n)$.

证明 留作习题 (习题 8.6). ∎

实际上, 由于群的同构关系是全体群集合上的一个等价关系, 这个等价关系将所有的群分成了不同的等价类, 而同一个等价类的群是相互同构的, 所以只需研究其中的一个就够了. 因此, 从同构意义上讲, 有限的循环群我们只需研究 $(\mathbb{Z}_n, \oplus)$, 无限的循环群只需研究 $(\mathbb{Z}, +)$ 就可以了. 另外, 任何有限群都与一个置换群同构 (定理 8.25), 所以置换群是群论中最重要的研究对象之一, 以下我们将介绍置换群的概念与性质.

8.3 置换群及其性质

在第 1 章我们曾经介绍过置换的概念及其表示, 这里我们再来回顾一下这些概念. 所谓 n 元集 X 上的置换, 就是集合 X 到其自身的一个一一对应. 这里, 我们仍然沿用前面的记号, 以 $\mathfrak{S}(X)$ 表示集合 X 上全体置换的集合. 如果 $X = \{x_1, x_2, \cdots, x_n\}$, 则对于 $\sigma \in \mathfrak{S}(X)$, 可将其可表示为

$$\sigma = \begin{bmatrix} x_1 & x_2 & \cdots & x_n \\ x_{i_1} & x_{i_2} & \cdots & x_{i_n} \end{bmatrix} = \begin{bmatrix} x_1 & x_2 & \cdots & x_n \\ \sigma(x_1) & \sigma(x_2) & \cdots & \sigma(x_n) \end{bmatrix}$$

其意义是 $\sigma(x_k) = x_{i_k}, k = 1, 2, \cdots, n$, 也就是说, 置换 σ 将元素 x_k 映射到 x_{i_k}, 其中 $i_1, i_2, \cdots, i_n$ 是集合 $\mathbb{Z}_n^+$ 的一个排列.

根据第 1 章的结论, $\forall \sigma \in \mathfrak{S}(X)$, σ 可被分解成一系列互不相同的循环乘积 $\sigma = C_1 C_2 \cdots C_m$, 其中 C_k 表示 σ 的循环分解式中第 k 个循环, 在本章 C_k 也用来表示 σ 的第 k 个循环中所包含的元素之集, 因而有 $C_k \subseteq X$. 为描述方便, 这里我们假定 n 元集 $X = \mathbb{Z}_n^+$, 并将 $\mathbb{Z}_n^+$ 上的全体置换的集合 $\mathfrak{S}(\mathbb{Z}_n^+)$ 表示为 $\mathcal{S}_n$. 这个符号在抽象代数中是约定俗成的, 这里我们沿用这个约定.

对于 $\forall \sigma, \tau \in \mathcal{S}_n$, $\mathcal{S}_n$ 上的二元运算 "$\circ$" 仍然采用第 1 章定义的置换合成运算, 即有:

$$(\sigma \circ \tau)(x) = \sigma(\tau(x)), \quad x \in \mathbb{Z}_n^+$$

容易验证, $(\mathcal{S}_n, \circ)$ 是一个群, 称为 n 元集 $\mathbb{Z}_n^+$ 上的**对称群**, $\mathcal{S}_n$ 的子群称为 n 元集 $\mathbb{Z}_n^+$ 上的**置换群**. 对于任何其他 n 元集譬如 X 上的对称群, 一般习惯将其表示

为 $\mathcal{S}_n(X)$, 在不至于混淆的情况下也直接用 $\mathcal{S}_n$ 表示. 显然, 群 $(\mathcal{S}_n, \circ)$ 的单位元 ι 就是集合 $\mathbb{Z}_n^+$ 上的恒等置换 $\iota = (1)(2)\cdots(n)$. $\mathcal{S}_n$ 中有一个平凡的子群, 它只包含一个恒等置换 ι, 称为**恒等置换群**, 我们记为 $\mathcal{I}_n$; 有时为了标识 $\mathcal{I}_n$ 是集合 X 上的恒等置换群, 也记为 $\mathcal{I}_n(X)$.

为了简便, 在不至于混淆的情况下, 当涉及群的运算时我们像前面一样省略群的运算符, 将 $\sigma \circ \tau$ 表示为 $\sigma\tau$. 例如, 设 $\sigma, \tau \in \mathcal{S}_9$, 且

$$\sigma = \begin{bmatrix} 1 & 2 & 3 & 4 & 5 & 6 & 7 & 8 & 9 \\ 3 & 1 & 2 & 7 & 6 & 5 & 8 & 4 & 9 \end{bmatrix} = (132)(478)(56)(9)$$

$$\tau = \begin{bmatrix} 1 & 2 & 3 & 4 & 5 & 6 & 7 & 8 & 9 \\ 4 & 5 & 2 & 1 & 3 & 7 & 9 & 6 & 8 \end{bmatrix} = (14)(253)(6798)$$

则有 $\sigma\tau = (17943)(2685)$, $\tau\sigma = (12498)(3576)$. 事实上, 合成运算 $\sigma\tau$ 可以这样得到: 先将两行矩阵表示的 σ 作列交换, 使得 σ 的第一行与 τ 的第二行元素排列完全一致, 然后由 τ 的第一行与 σ 的第二行构成的矩阵就是 $\sigma\tau$. 例如, 基于上面给定的 σ 和 τ, 我们有

$$\sigma\tau = \begin{bmatrix} 1 & 2 & 3 & 4 & 5 & 6 & 7 & 8 & 9 \\ 3 & 1 & 2 & 7 & 6 & 5 & 8 & 4 & 9 \end{bmatrix} \begin{bmatrix} 1 & 2 & 3 & 4 & 5 & 6 & 7 & 8 & 9 \\ 4 & 5 & 2 & 1 & 3 & 7 & 9 & 6 & 8 \end{bmatrix}$$

$$= \begin{bmatrix} 4 & 5 & 2 & 1 & 3 & 7 & 9 & 6 & 8 \\ 7 & 6 & 1 & 3 & 2 & 8 & 9 & 5 & 4 \end{bmatrix} \begin{bmatrix} 1 & 2 & 3 & 4 & 5 & 6 & 7 & 8 & 9 \\ 4 & 5 & 2 & 1 & 3 & 7 & 9 & 6 & 8 \end{bmatrix}$$

$$= \begin{bmatrix} 1 & 2 & 3 & 4 & 5 & 6 & 7 & 8 & 9 \\ 7 & 6 & 1 & 3 & 2 & 8 & 9 & 5 & 4 \end{bmatrix} = (17943)(2685)$$

$$\tau\sigma = \begin{bmatrix} 1 & 2 & 3 & 4 & 5 & 6 & 7 & 8 & 9 \\ 4 & 5 & 2 & 1 & 3 & 7 & 9 & 6 & 8 \end{bmatrix} \begin{bmatrix} 1 & 2 & 3 & 4 & 5 & 6 & 7 & 8 & 9 \\ 3 & 1 & 2 & 7 & 6 & 5 & 8 & 4 & 9 \end{bmatrix}$$

$$= \begin{bmatrix} 3 & 1 & 2 & 7 & 6 & 5 & 8 & 4 & 9 \\ 2 & 4 & 5 & 9 & 7 & 3 & 6 & 1 & 8 \end{bmatrix} \begin{bmatrix} 1 & 2 & 3 & 4 & 5 & 6 & 7 & 8 & 9 \\ 3 & 1 & 2 & 7 & 6 & 5 & 8 & 4 & 9 \end{bmatrix}$$

$$= \begin{bmatrix} 1 & 2 & 3 & 4 & 5 & 6 & 7 & 8 & 9 \\ 2 & 4 & 5 & 9 & 7 & 3 & 6 & 1 & 8 \end{bmatrix} = (12498)(3576)$$

在这种置换的合成运算下, 每一个置换的逆置换可按如下方法求得: 对该置换表示的 $2 \times n$ 矩阵施行一系列的列交换, 使得这个矩阵的第二行变为 $1\,2\cdots n$, 然后交换它的第一行与第二行即得. 例如, 对于上面的 σ, 有

$$\sigma = \begin{bmatrix} 1 & 2 & 3 & 4 & 5 & 6 & 7 & 8 & 9 \\ 3 & 1 & 2 & 7 & 6 & 5 & 8 & 4 & 9 \end{bmatrix} \xrightarrow{\text{列交换}} \begin{bmatrix} 2 & 3 & 1 & 8 & 6 & 5 & 4 & 7 & 9 \\ 1 & 2 & 3 & 4 & 5 & 6 & 7 & 8 & 9 \end{bmatrix}$$

$$\xrightarrow{\text{行交换}} \begin{bmatrix} 1 & 2 & 3 & 4 & 5 & 6 & 7 & 8 & 9 \\ 2 & 3 & 1 & 8 & 6 & 5 & 4 & 7 & 9 \end{bmatrix} = (123)(487)(56)(9) = \sigma^{-1}$$

如果已知置换 σ 的循环分解式 $\sigma = C_1 C_2 \cdots C_p$, 则求 σ 的逆置换 σ^{-1} 将更容易. 这是因为如果 $\sigma(a) = b$, 则必有 $\sigma^{-1}(b) = a$. 因此, 我们只需将 σ 的每个循环 C_j 中的元素次序反转即可, 即 $\sigma^{-1} = \widetilde{C}_1 \widetilde{C}_2 \cdots \widetilde{C}_p$, 其中 $\widetilde{C}_j$ 是将 C_j 中的元素反向排列所构成的循环.

另外, 由于每一个循环可表为若干个对换的乘积, 例如

$$(i_1 i_2 \cdots i_k) = (i_1 i_k)(i_1 i_{k-1}) \cdots (i_1 i_4)(i_1 i_3)(i_1 i_2)$$

$$= (i_1 i_k)(i_1 i_{k-1}) \cdots (i_1 i_4)(i_2 i_3)(i_1 i_3)$$

因此, 每一个置换亦可表示为若干个对换的乘积, 显然这种表示的方法不唯一, 但对换个数的奇偶性不变. 可表示为奇数个对换乘积的置换称为**奇置换**, 可表示为偶数个对换乘积的置换称为**偶置换**. 奇偶置换也可用置换在自然映射下的排列来判断. 若排列的逆序数为奇数, 则对应的置换就是奇置换; 若排列的逆序数为偶数, 则对应的置换就是偶置换. 除此之外, 也可用置换 σ 的格式 $\text{typ}(\sigma)$ 进行判断, 这里 $\text{typ}(\sigma) = (\lambda_1, \lambda_2, \cdots, \lambda_n) \in \boldsymbol{\Lambda}_n$ 或 $\text{typ}(\sigma) = (1)^{\lambda_1}(2)^{\lambda_2} \cdots (n)^{\lambda_n}$, λ_k 是置换 σ 的循环分解式中长度为 k 的循环个数. 如果 $\lambda_2 + \lambda_4 + \cdots$ 为偶数, 则置换 σ 是偶置换; 否则就是奇置换. 这是因为长度为奇数的循环可分解为偶数个对换的乘积. 如果记 $\mathcal{S}_n$ 中的全体偶置换的集合为 $\mathcal{A}_n$, 可以证明: $(\mathcal{A}_n, \circ)$ 是对称群 $(\mathcal{S}_n, \circ)$ 的子群, 且 $|\mathcal{A}_n| = |\mathcal{S}_n|/2$; 并称 $\mathcal{A}_n$ 为**交错群**. 鉴于下面的事实:

$$\lambda_2 + \lambda_4 + \cdots \text{ 是偶数} \iff n - \sum_{i=1}^n \lambda_i \text{ 是偶数}$$

所以也可以通过判断 $n - \sum_i \lambda_i$ 是否为偶数来决定一个置换是否是一个偶置换.

定理 8.17 设 $\sigma \in \mathcal{S}_n$, C_k 是 σ 的循环分解式中第 k 个循环, $|C_k|$ 表示循环 C_k 的长度, 则有 $\sigma^{|C_k|}(x) = x$, $\forall x \in C_k$.

证明 事实上, 令 $|C_k| = m$, 并设 $C_k = (k_0 k_1 \cdots k_{m-1})$, 则

$$\sigma(k_j) = k_{(j+1) \bmod m}, \quad j = 0, 1, 2, \cdots, m-1$$

且对 $l \leqslant m$ 有

$$\sigma^l(k_j) = k_{(j+l) \bmod m}, \quad j = 0, 1, 2, \cdots, m-1$$

特别地, 当 $l = m$ 时有

$$\sigma^m(k_j) = k_{(j+m) \bmod m} = k_j, \quad j = 0, 1, 2, \cdots, m-1$$

也就是说, σ^m 在 C_k 上是一个恒等映射, 也称为 σ^m 限制在 C_k 上是一个恒等置换, 记为 $\sigma^m\big|_{C_k} = (k_0)(k_1)\cdots(k_{m-1})$. 因此, $\sigma^{|C_k|}(x) = x$, $\forall x \in C_k$. ■

推论 8.17.1　设 $\sigma \in \mathcal{S}_n$, C_k 是 σ 的循环分解式中第 k 个循环, 则对任意的正整数 l 有 $\sigma^l\big|_{C_k} = \sigma^{l \bmod |C_k|}\big|_{C_k}$.

证明　从上面的证明过程立即可得. ■

推论 8.17.2　设 $\sigma = C_1 C_2 \cdots C_m \in \mathcal{S}_n$, 并令 λ 是 σ 的各循环长度的最小公倍数, 即 $\lambda = \mathrm{lcm}(|C_1|, |C_2|, \cdots, |C_m|)$, 则有 $\sigma^\lambda = \iota$.

证明　由上面的推论立即可得. ■

下面我们介绍几个关于置换格式的结论.

定理 8.18　对于 $\forall \sigma \in \mathcal{S}_n$, 有 $\mathrm{typ}(\sigma) = \mathrm{typ}(\sigma^{-1})$.

证明　留作习题 (习题 8.7). ■

这个定理告诉我们, 一个置换与其逆具有同样的格式.

定义 8.10　对于 $\forall \sigma, \tau \in \mathcal{S}_n$, 如果 $\exists \pi \in \mathcal{S}_n$, 使得 $\sigma = \pi \tau \pi^{-1}$, 则称置换 σ 和 τ 是**互相共轭的置换**.

定理 8.19　对于 $\forall \sigma, \tau \in \mathcal{S}_n$, σ 和 τ 共轭, 当且仅当 $\mathrm{typ}(\sigma) = \mathrm{typ}(\tau)$.

证明　必要性. 设 σ 和 τ 共轭, 即存在 $\pi \in \mathcal{S}_n$ 使得 $\sigma = \pi \tau \pi^{-1}$. 令

$$\tau = (t_{10} t_{11} \cdots t_{1k_1})(t_{20} t_{21} \cdots t_{2k_2}) \cdots (t_{m0} t_{m1} \cdots t_{mk_m}) \tag{8.1}$$

定义 $s_{pq} = \pi(t_{pq})$, 则有

$$\sigma(s_{pq}) = \pi \tau \pi^{-1}(s_{pq}) = \pi \tau(t_{pq}) = \pi(t_{p,\, q+1 \bmod (k_p+1)}) = s_{p,\, q+1 \bmod (k_p+1)}$$

因此有

$$\sigma = (s_{10} s_{11} \cdots s_{1k_1})(s_{20} s_{21} \cdots s_{2k_2}) \cdots (s_{m0} s_{m1} \cdots s_{mk_m}) \tag{8.2}$$

即有 $\mathrm{typ}(\sigma) = \mathrm{typ}(\tau)$.

充分性. 因有 $\mathrm{typ}(\sigma) = \mathrm{typ}(\tau)$, 所以不妨设 τ 和 σ 分别如 (8.1) 和 (8.2) 所定义, 则令 $\pi(t_{pq}) = s_{pq}$, 此时即有 $\sigma = \pi \tau \pi^{-1}$, 且 $\pi \in \mathcal{S}_n$. ■

根据上面的结论, 对于 $\forall \sigma \in \mathcal{S}_n$, σ 和 σ^{-1} 共轭. 事实上, 如果 σ 的循环分解式如 (8.2), 则有

$$\sigma^{-1} = (s_{1k_1} \cdots s_{11} s_{10})(s_{2k_2} \cdots s_{21} s_{20}) \cdots (s_{mk_m} \cdots s_{m1} s_{m0})$$

只需令

$$\pi(s_{pq}) = s_{p,\, k_p - q}, \quad p = 1, 2, \cdots, m; \quad q = 0, 1, \cdots, k_p$$

那么就有 $\pi \in \mathcal{S}_n$, 且 $\sigma = \pi\sigma^{-1}\pi^{-1}$. 而且不难验证, 置换之间的共轭关系是 $\mathcal{S}_n$ 上的等价关系, 该等价关系将 $\mathcal{S}_n$ 拆分成不同的等价类, 同一等价类的置换具有同样的格式. 如果一个等价类中置换的格式为 $(1)^{\lambda_1}(2)^{\lambda_2}\cdots(n)^{\lambda_n}$, 则称该等价类为形如 $(1)^{\lambda_1}(2)^{\lambda_2}\cdots(n)^{\lambda_n}$ 的**共轭类**, 或称属于 $(1)^{\lambda_1}(2)^{\lambda_2}\cdots(n)^{\lambda_n}$ 的共轭类, 并以 $\mathcal{S}_n(\lambda_1, \lambda_2, \cdots, \lambda_n)$ 表示, 即

$$\mathcal{S}_n(\lambda_1, \lambda_2, \cdots, \lambda_n) = \left\{ \sigma \,\middle|\, \sigma \in \mathcal{S}_n, \mathrm{typ}(\sigma) = (1)^{\lambda_1}(2)^{\lambda_2}\cdots(n)^{\lambda_n} \right\} \tag{8.3}$$

所以, 一个共轭类实际上是具有同样格式的置换的集合. 根据第 1 章的结论, 共轭类中的元素 (置换) 个数为

$$|\mathcal{S}_n(\lambda_1, \lambda_2, \cdots, \lambda_n)| = \frac{n!}{1^{\lambda_1}2^{\lambda_2}\cdots n^{\lambda_n} \cdot \lambda_1!\lambda_2!\cdots\lambda_n!} \tag{8.4}$$

下面的定理描述了共轭类及其元素的性质, 我们不加证明地叙述如下.

定理 8.20 设 $\mathcal{S}_n$ 是 n 元集 $\mathbb{Z}_n^+$ 上的对称群, 那么有

① $\mathcal{S}_n$ 中同一共轭类的每个元素具有同样的周期;

② 如果 σ 与 τ 共轭, 则 σ^k 与 τ^k 共轭;

③ 单位元 ι(即恒等置换) 所在的共轭类为 $\{\iota\}$, 即除单位元之外没有其他的置换与恒等置换共轭;

④ $\mathcal{S}_n$ 中不同共轭类的个数等于正整数 n 的拆分数 $p(n)$, 也等于方程

$$\lambda_1 + 2\lambda_2 + \cdots + n\lambda_n = n$$

的非负整数解 $(\lambda_1, \lambda_2, \cdots, \lambda_n)$ 的个数 $|\mathbf{\Lambda}_n|$.

定义 8.11 设 G 是 n 元集 X 上的置换群, 对于给定的 $x \in X$, 令

$$\mathrm{Sta}\,(x) = \left\{ \sigma \,\middle|\, \sigma \in G, \sigma(x) = x \right\}$$

则称 $\mathrm{Sta}\,(x)$ 是 **x 的不动置换类**或 **x 的稳定子**.

定理 8.21 设 G 是 n 元集 X 上的置换群, 则对于 $\forall x \in X, \mathrm{Sta}\,(x) \leqslant G$.

证明 首先, G 是有限群, 且单位元 $\iota \in \mathrm{Sta}\,(x)$, 所以 $\mathrm{Sta}\,(x)$ 是 G 的有限非空子集. 对于 $\forall \sigma, \tau \in \mathrm{Sta}\,(x)$, 有 $(\sigma\tau)(x) = \sigma(\tau(x)) = \sigma(x) = x$, 所以 $\sigma\tau \in \mathrm{Sta}\,(x)$. 根据定理8.8, 即得 $\mathrm{Sta}\,(x) \leqslant G$. ■

定义 8.12 设 G 是 n 元集 X 上的置换群, 定义 X 上的二元关系 R 如下:

$$R = \left\{ (a, b) \,\middle|\, a, b \in X \text{ 且 } \exists \sigma \in G \text{ 使得 } \sigma(a) = b \right\}$$

则称 R 是 X 上由**置换群 G 导出的二元关系**.

定理 8.22　设 G 是 n 元集 X 上的置换群, R 是 X 上由 G 导出的二元关系, 则 R 是 X 上的一个等价关系.

证明　首先, 对于 $\forall a \in X$, 群 G 单位元 e 满足 $e(a) = a$, 所以 $(a, a) \in R$, 即 R 是自反的.

其次, 如果 $(a, b) \in R$, 则 $\exists \sigma \in G$ 使得 $\sigma(a) = b$; 显然 $\sigma^{-1}(b) = a$, 于是 $(b, a) \in R$, 即 R 是对称的.

最后, 如果 $(a, b) \in R$, $(b, c) \in R$, 则 $\exists \sigma, \tau \in G$ 使得 $\sigma(a) = b$, $\tau(b) = c$. 从而 $(\tau\sigma)(a) = \tau(\sigma(a)) = \tau(b) = c$, 即 $(a, c) \in R$, 所以 R 是传递的.

综上所述, R 是 X 上的一个等价关系.　　　　　　　　　　　　　　■

今后, 我们将 n 元集 X 上由置换群 G 导出的等价关系 R 记为 $\overset{G}{\sim}$.

定义 8.13　设 G 是 n 元集 X 上的置换群, $\overset{G}{\sim}$ 是 X 上由 G 导出的等价关系, 则 X 上由等价关系 $\overset{G}{\sim}$ 所确定的等价类称为置换群 G 的**轨道**. 对于 $\forall x \in X$, x 所在的等价类或轨道, 一般记为 $\mathrm{Orb}\,(x)$.

根据定义, 轨道 $\mathrm{Orb}\,(x)$ 中的任何两个元素 a, b 都是等价的, 或者说在群 G 的意义下同一条轨道 $\mathrm{Orb}\,(x)$ 中的元素是不可区分的, 即存在 G 中的置换 σ 使得 $\sigma(a) = b$. 换句话说, 如果 $a \in \mathrm{Orb}\,(x)$, $b \in \mathrm{Orb}\,(y)$ 且轨道 $\mathrm{Orb}\,(x)$ 与轨道 $\mathrm{Orb}\,(y)$ 无公共元素, 则一定 $\nexists \sigma \in G$ 满足 $\sigma(a) = b$.

定义 8.14　设 G 是 n 元集 X 上的置换群, 则 G 的所有不同轨道形成的集合称为 G 的**轨道集**, 记为 X/G, 即 $X/G = \{\mathrm{Orb}\,(x) \mid x \in X\}$.

这里有一点应该注意, G 的轨道是集合 X 的子集, 且显然有

$$X = \bigcup_{\mathrm{Orb}(x) \in X/G} \mathrm{Orb}\,(x) \tag{8.5}$$

也就是说, 轨道集是集合 X 的一个无序拆分, 即 $X/G \in \Pi(X)$. 如果 $|X/G| = k$, 那么 X/G 就是 X 的一个 k 拆分, 即 $X/G \in \Pi_k(X)$. 如果 $k = 1$, 我们说在群 G 的意义下 X 中的元素是**不可区分**的. 为了刻意地强调与置换群 G 的关系, 也称 **G 可区分**和 **G 不可区分**. 因此, X 中由等价关系 $\overset{G}{\sim}$ 所确定的同一个等价类的元素都是 G 不可区分的, 而属于不同等价类的元素则是 G 可区分的.

定理 8.23　设 G 是 n 元集 X 上的置换群, $x \in X$, $\mathrm{Orb}\,(x)$ 是 G 的一条包含 x 的轨道, 则对 $\forall a, b \in \mathrm{Orb}\,(x)$, 有 $|\mathrm{Sta}\,(a)| = |\mathrm{Sta}\,(b)|$.

证明　由于 $a, b \in \mathrm{Orb}\,(x)$, 所以 $\exists \sigma \in G$ 使得 $\sigma(a) = b$. 现作集合 $\mathrm{Sta}\,(a)$ 到集合 $\mathrm{Sta}\,(b)$ 的映射 $f : \mathrm{Sta}\,(a) \mapsto \mathrm{Sta}\,(b)$ 如下:

$$f(\tau) = \sigma\tau\sigma^{-1}, \quad \forall \tau \in \mathrm{Sta}\,(a)$$

首先, 因为

$$(f(\tau))(b) = (\sigma\tau\sigma^{-1})(b) = (\sigma\tau)(\sigma^{-1}(b))$$

$$= (\sigma\tau)(a) = \sigma(\tau(a)) = \sigma(a) = b$$

所以 $f(\tau) \in \mathrm{Sta}\,(b)$, 即 f 确实是集合 $\mathrm{Sta}\,(a)$ 到集合 $\mathrm{Sta}\,(b)$ 的映射.

其次, 对于 $\tau_1, \tau_2 \in \mathrm{Sta}\,(a)$, 由群的消去律得到

$$f(\tau_1) = f(\tau_2) \iff \sigma\tau_1\sigma^{-1} = \sigma\tau_2\sigma^{-1} \iff \tau_1 = \tau_2$$

因此, f 是集合 $\mathrm{Sta}\,(a)$ 到集合 $\mathrm{Sta}\,(b)$ 的单射.

最后, 对于 $\forall\, \pi \in \mathrm{Sta}\,(b)$, 由 $(\sigma^{-1}\pi\sigma)(a) = a$ 知, $\sigma^{-1}\pi\sigma \in \mathrm{Sta}\,(a)$, 且满足

$$f(\sigma^{-1}\pi\sigma) = \sigma(\sigma^{-1}\pi\sigma)\sigma^{-1} = \pi$$

所以, f 是集合 $\mathrm{Sta}\,(a)$ 到集合 $\mathrm{Sta}\,(b)$ 的满射.

综上所述, f 是一个双射. 故有 $|\mathrm{Sta}\,(a)| = |\mathrm{Sta}\,(b)|$. ∎

这个定理表明, X 中处在 G 的同一条轨道上的任何元素 a, 其对应的不动置换类 $\mathrm{Sta}\,(a)$ $(\leqslant G)$ 具有相同的阶.

定理 8.24 设 G 是 n 元集 X 上的置换群, 对 $\forall x \in X$, 令 $\mathrm{Orb}\,(x)$ 是 G 的一条包含 x 的轨道, $\mathrm{Sta}\,(x)$ 是 G 的 x 不动置换类, 则有 $|G| = |\mathrm{Sta}\,(x)|\,|\mathrm{Orb}\,(x)|$.

证明 设 $|\mathrm{Orb}\,(x)| = k$, 并令 $\mathrm{Orb}\,(x) = \{x_1, x_2, \cdots, x_k\}$. 因 $\mathrm{Orb}\,(x)$ 是 G 的包含 x 的轨道, 故对 $x_j \in \mathrm{Orb}\,(x)$, $\exists\, \sigma_j \in G$ 使得 $\sigma_j(x) = x_j$, $1 \leqslant j \leqslant k$. 令

$$G_j = \sigma_j\mathrm{Sta}\,(x) = \{\sigma_j\tau \mid \tau \in \mathrm{Sta}\,(x)\}, \quad 1 \leqslant j \leqslant k$$

显然, $G_j \subseteq G$ 且 $|G_j| = |\mathrm{Sta}\,(x)|$.

下面我们将证明 $\{G_1, G_2, \cdots, G_k\} \in \Pi_k(G)$, 即

$$G = \bigcup_{j=1}^{k} G_j \text{ 并且 } G_i \cap G_j = \varnothing, \quad i \neq j$$

事实上, 如果 $G_i \cap G_j \neq \varnothing$, $i \neq j$, 则 $\exists\, g \in G_i \cap G_j$, 即 $\exists\, \tau_i, \tau_j \in \mathrm{Sta}\,(x)$ 使得 $g = \sigma_i\tau_i = \sigma_j\tau_j$. 于是便有

$$x_i = \sigma_i(x) = \sigma_i(\tau_i(x)) = (\sigma_i\tau_i)(x) = (\sigma_j\tau_j)(x) = \sigma_j(\tau_j(x)) = \sigma_j(x) = x_j$$

矛盾. 此矛盾表明 $G_i \cap G_j = \varnothing$, $i \neq j$.

$\bigcup_{j=1}^{k} G_j \subseteq G$ 是显然的, 因此, 我们只需证明 $G \subseteq \bigcup_{j=1}^{k} G_j$ 即可.

对于 $\forall \sigma \in G$, 设 $\sigma(x) = y$, 则 $y \in \mathrm{Orb}\,(x)$, 不妨设 $y = x_l$, 那么有

$$(\sigma_l^{-1}\sigma)(x) = \sigma_l^{-1}(\sigma(x)) = \sigma_l^{-1}(y) = \sigma_l^{-1}(x_l) = \sigma_l^{-1}(\sigma_l(x)) = x$$

所以 $\sigma_l^{-1}\sigma \in \mathrm{Sta}\,(x)$, 即 $\exists \tau \in \mathrm{Sta}\,(x)$ 使得 $\sigma_l^{-1}\sigma = \tau$, 从而 $\sigma = \sigma_l\tau \in G_l$. 综上可得, $\bigcup_{j=1}^{k} G_j = G$. 于是

$$|G| = \sum_{j=1}^{k} |G_j| = \sum_{j=1}^{k} |\mathrm{Sta}\,(x)| = k\,|\mathrm{Sta}\,(x)| = |\mathrm{Orb}\,(x)|\,|\mathrm{Sta}\,(x)| \qquad \blacksquare$$

这个定理的结论告诉我们, G 的子群 $\mathrm{Sta}\,(x)$ 在 G 中的指数就是 x 所在的轨道 $\mathrm{Orb}\,(x)$ 中的元素个数, 即 $[G : \mathrm{Sta}\,(x)] = |\mathrm{Orb}\,(x)|$.

定理 8.25　设 $(G, *)$ 是一个有限群, 则其与 G 上的一个置换群 $(H, \circ)$ 同构.

证明　设 $a \in G$ 是 G 中的一个给定的元素, 作 G 上的映射 $\sigma_a : G \mapsto G$, 使得对 $\forall g \in G$ 有 $\sigma_a(g) = a * g$. 显然, σ_a 是 G 上的置换. 令 $H = \{\sigma_a \mid a \in G\}$, 则 H 在置换的合成运算。下形成一个群, 且有

$$\sigma_a \circ \sigma_b = \sigma_{a*b}, \qquad \sigma_a^{-1} = \sigma_{a^{-1}}$$

如果 e 是 G 的单位元, 则 $\sigma_e = \iota$ 是 H 的单位元. 因此, H 是 G 上的置换群. 容易证明, 使得 $f(a) = \sigma_a$ 的映射 $f : G \mapsto H$ 就是群 G 到群 H 的一个同构映射. 证毕.

在一般的文献上, 定理 8.25 被称为 Cayley 定理, 其中的置换群 H 称为有限群 G 的 Cayley 表示. 作为置换群, Cayley 表示具有非常简洁的置换分解结构. 例如, 设 $a \in G$, 且 a 的阶 $|a| = d$, 则对 $\forall g \in G$, G 上的置换 σ_a 的循环分解式中, g 所在的循环为

$$\{g, a * g, a^2 * g, \cdots, a^{d-1} * g\}$$

这是 σ_a 的一个长度为 d 的循环. 如果 G 是一个 n 阶群, 则由于 G 中的任何元素均处于 σ_a 的长度为 d 的循环中, 所以 $d \mid n$, 即 σ_a 被分解成了 n/d 个长度为 d 的循环, 换句话说, 由 G 中的元素 a 所确定的 G 上的置换 σ_a 具有格式 $\mathrm{typ}(\sigma_a) = (d)^{n/d}$. 另外, 由推论 8.17.2 可知, 置换 σ_a 的周期 $|\sigma_a| = d = |a|$.

8.4　Burnside 引理

下面的定理一般文献上称为 **Burnside 引理**, 也称为 **Burnside 计数定理**, 除此之外, 它还被称为 **Cauchy-Frobenius 引理**或**轨道计数定理**, 这是群论中的一个结果. 事实上, 这个定理并不是由英国数学家 W. Burnside (1852—1927) 发

现的, 他只是在他的著作[71] 中引用了这个结果. 这个定理应该归功于法国数学家 A. L. Cauchy (1789—1857) 和德国数学家 F. G. Frobenius (1849—1917)[72]. 尽管 Frobenius 和 Cauchy 各自独立地证明了这个结论, 但 Cauchy 是在 1845 年, 早于 Frobenius 的 1887 年.

定理 8.26 设 G 是 n 元集 X 上的置换群, X/G 表示 G 的轨道集, 则有

$$|X/G| = \frac{1}{|G|} \sum_{\sigma \in G} \lambda_1(\sigma)$$

其中 $\lambda_1(\sigma)$ 是置换 σ 的循环分解式中 1 循环的个数, 即置换 σ 的不动点的个数.

证明 对于 $\sigma \in G$, $x \in X$, 我们以两种不同的方式来统计满足 $\sigma(x) = x$ 的序偶 (σ, x) 的个数. 为此令

$$G_X = \big\{ (\sigma, x) \,\big|\, \sigma \in G, x \in X \text{ 且 } \sigma(x) = x \big\}$$

一方面, 显然有 $|G_X| = \sum_{\sigma \in G} \lambda_1(\sigma)$; 另一方面, 因 $X = \bigcup_{\mathrm{Orb}(x) \in X/G} \mathrm{Orb}(x)$, 并注意到定理 8.23 和定理 8.24 得

$$
\begin{aligned}
|G_X| &= \sum_{x \in X} |\mathrm{Sta}(x)| \\
&= \sum_{\mathrm{Orb}(x) \in X/G} \sum_{y \in \mathrm{Orb}(x)} |\mathrm{Sta}(y)| \\
&= \sum_{\mathrm{Orb}(x) \in X/G} |\mathrm{Orb}(x)| \, |\mathrm{Sta}(x)| \\
&= \sum_{\mathrm{Orb}(x) \in X/G} |G| = |X/G| \, |G|
\end{aligned}
$$

综上所述即得结论. ∎

显然, Burnside 引理主要用来统计有限集 X 上的置换群 G 的轨道. 下面我们通过一些例子来加以说明.

例 8.1 设 $X = \{1, 2, 3\}$, $G = \{\sigma_1, \sigma_2, \sigma_3\}$, 其中

$$\sigma_1 = (1)(2)(3), \quad \sigma_2 = (123), \quad \sigma_3 = (132)$$

显然, G 是 X 上的置换群, 实际上 $G = \mathcal{A}_3$. 由于 $\lambda_1(\sigma_1) = 3, \lambda_1(\sigma_2) = 0, \lambda_1(\sigma_3) = 0$, 所以 G 的轨道数为

$$|X/G| = \frac{1}{|G|} \sum_{\sigma \in G} \lambda_1(\sigma) = \frac{1}{3} \big[\lambda_1(\sigma_1) + \lambda_1(\sigma_2) + \lambda_1(\sigma_3) \big] = 1$$

这意味着由 G 所导出的 X 上的等价关系只有一个等价类 (轨道): $\{1, 2, 3\}$, 即 X 中的任何两个元素 a, b 都存在 $\sigma \in G$ 使得 $\sigma(a) = b$. 也可以说, 在群 G 的作用下集合 X 中的元素 "不可区分".

例 8.2   设 $X = \{1, 2, 3, 4\}$, $G = \{\sigma_1, \sigma_2, \sigma_3, \sigma_4\}$, 其中

$$\sigma_1 = (1)(2)(3)(4), \quad \sigma_2 = (12)(3)(4)$$

$$\sigma_3 = (1)(2)(34), \quad \sigma_4 = (12)(34)$$

易知, G 是 X 上的置换群, 且 $\lambda_1(\sigma_1) = 4$, $\lambda_1(\sigma_2) = \lambda_1(\sigma_3) = 2$, $\lambda_1(\sigma_4) = 0$, 所以 G 的轨道数为

$$|X/G| = \frac{1}{|G|} \sum_{\sigma \in G} \lambda_1(\sigma) = \frac{1}{4} \left[\lambda_1(\sigma_1) + \lambda_1(\sigma_2) + \lambda_1(\sigma_3) + \lambda_1(\sigma_4) \right] = 2$$

即 G 有两个轨道: $\{1, 2\}$, $\{3, 4\}$. 因为置换 σ_2, σ_4 满足:

$$\sigma_2(1) = 2, \quad \sigma_2(2) = 1, \quad \sigma_4(1) = 2, \quad \sigma_4(2) = 1$$

而置换 σ_3, σ_4 满足:

$$\sigma_3(3) = 4, \quad \sigma_3(4) = 3, \quad \sigma_4(3) = 4, \quad \sigma_4(4) = 3$$

但 G 中却不存在任何置换能够将集合 $\{1, 2\}$ 中的元素映射到集合 $\{3, 4\}$ 中的元素. 因此, $\{1, 2\}$ 是一个等价类, 而 $\{3, 4\}$ 则是另一个等价类. 也就是说, 在 G 的作用下, 集合 X 中只有两类不同的元素.

例 8.3   设 $X = \{1, 2, 3, 4\}$, $G = \{\sigma_1, \sigma_2, \sigma_3, \sigma_4, \sigma_5, \sigma_6\}$, 其中

$$\sigma_1 = (1)(2)(3)(4), \quad \sigma_2 = (1)(234)$$
$$\sigma_3 = (1)(243), \quad \sigma_4 = (1)(2)(34)$$
$$\sigma_5 = (1)(24)(3), \quad \sigma_6 = (1)(23)(4)$$

容易验证, G 是 X 上的置换群, 它实际上是星形图 $K_{1,3}$ 的自同构群 $\mathcal{A}ut(K_{1,3})$. 稍后我们将介绍什么是图的自同构群, 星型图 $K_{1,3}$ 可参见图 8.6 . 由于

$$\lambda_1(\sigma_1) = 4, \quad \lambda_1(\sigma_2) = \lambda_1(\sigma_3) = 1, \quad \lambda_1(\sigma_4) = \lambda_1(\sigma_5) = \lambda_1(\sigma_6) = 2$$

所以

$$|X/G| = \frac{1}{|G|} \sum_{\sigma \in G} \lambda_1(\sigma) = \frac{1}{6} \sum_{i=1}^{6} \lambda_1(\sigma_i) = 2$$

即 G 有两个轨道: $\{1\}$, $\{2, 3, 4\}$.

例 8.4 用两种颜色对一个 2×2 的棋盘格进行染色, 每格染一种颜色, 问有多少种染色方案? 假定绕棋盘格的中心旋转使之重合的两种方案视为同一种方案.

2	1
3	4

图 8.1　2×2 棋盘格的编号方式

解 这个例子就是前面的问题 8.1. 令 $C = \{0, 1\}$ 表示两种颜色, 并将 2×2 的棋盘格按图 8.1 所示进行编号, 并令 $X = \{1, 2, 3, 4\}$, 则每一种染色方案 φ 是 X 到 C 的一个映射. 因每一染色方案与一个 4 位二进制数一一对应, 其中格子 1 对应四位二进制数的最低位, 格子 4 则对应四位二进制数的最高位. 例如, 1101 表示将 X 中的对象 1, 2, 3, 4 分别染成颜色 1, 0, 1, 1 的染色方案, 故可将 4 位二进制数对应的 10 进制数值作为 φ 的下标. 于是, 总共 16 种染色方案的方案集可表为 $C^X = \{\varphi_0, \varphi_1, \cdots, \varphi_{15}\}$, 它们所对应的具体染色方案如图 8.2 所示.

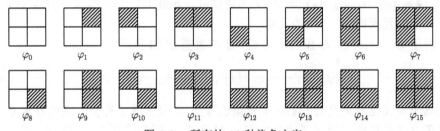

图 8.2　所有的 16 种染色方案

由于绕棋盘格中心旋转有 4 种方式, 分别是逆时针旋转 $0°$, $90°$, $180°$, $270°$. 每一种旋转都将产生集合 C^X 上的一个置换, 不妨设对应的置换为 $\tau_0, \tau_1, \tau_2, \tau_3$, 则有

$$\tau_0 = (\varphi_0)(\varphi_1)(\varphi_2)(\varphi_3)(\varphi_4)(\varphi_5)(\varphi_6)(\varphi_7)(\varphi_8)(\varphi_9)(\varphi_{10})(\varphi_{11})(\varphi_{12})(\varphi_{13})(\varphi_{14})(\varphi_{15})$$

$$\tau_1 = (\varphi_0)(\varphi_1\varphi_2\varphi_4\varphi_8)(\varphi_3\varphi_6\varphi_{12}\varphi_9)(\varphi_5\varphi_{10})(\varphi_7\varphi_{14}\varphi_{13}\varphi_{11})(\varphi_{15})$$

$$\tau_2 = (\varphi_0)(\varphi_1\varphi_4)(\varphi_2\varphi_8)(\varphi_3\varphi_{12})(\varphi_5)(\varphi_6\varphi_9)(\varphi_{10})(\varphi_7\varphi_{13})(\varphi_{11}\varphi_{14})(\varphi_{15})$$

$$\tau_3 = (\varphi_0)(\varphi_1\varphi_8\varphi_4\varphi_2)(\varphi_3\varphi_9\varphi_{12}\varphi_6)(\varphi_5\varphi_{10})(\varphi_7\varphi_{11}\varphi_{13}\varphi_{14})(\varphi_{15})$$

容易验证, $H = \{\tau_0, \tau_1, \tau_2, \tau_3\}$ 是 C^X 上的置换群. 所谓绕棋盘格中心旋转重合的两种方案 φ_i, φ_j, 就是存在 H 中的置换 τ 满足 $\tau(\varphi_i) = \varphi_j$. 因此, 所求的染色方

案数就转化为求群 H 在集合 C^X 上的轨道数. 根据定理 8.26, 得所求的方案数为

$$|C^X/H| = \frac{1}{|H|} \sum_{\tau \in H} \lambda_1(\tau) = \frac{1}{4} \left[\lambda_1(\tau_0) + \lambda_1(\tau_1) + \lambda_1(\tau_2) + \lambda_1(\tau_3)\right]$$

$$= \frac{1}{4}(16 + 2 + 4 + 2) = 6$$

容易看出, H 在集合 C^X 上的 6 条轨道为

$$\{\varphi_0\}, \quad \{\varphi_1, \varphi_2, \varphi_4, \varphi_8\}, \quad \{\varphi_5, \varphi_{10}\},$$

$$\{\varphi_3, \varphi_6, \varphi_9, \varphi_{12}\}, \quad \{\varphi_7, \varphi_{11}, \varphi_{13}, \varphi_{14}\}, \quad \{\varphi_{15}\}$$

从上面的求解过程不难看出, 绕 2×2 棋盘格中心的旋转也产生了格子集合 $X = \{1, 2, 3, 4\}$ 上的置换, 4 种旋转所对应的 4 种置换为

$$\sigma_0 = (1)(2)(3)(4), \quad \sigma_1 = (1234), \quad \sigma_2 = (13)(24), \quad \sigma_3 = (1432)$$

易知, $G = \{\sigma_0, \sigma_1, \sigma_2, \sigma_3\}$ 是 X 上的置换群. 下面我们来研究 X 上的置换群 G 与 C^X 上的置换群 H 之间的关系.

对于每一个 $\sigma \in G$, 我们定义 C^X 上的置换 $\bar{\sigma}$ 如下:

$$(\bar{\sigma}(\varphi))(x) = \varphi(\sigma^{-1}(x)), \quad x \in X, \quad \varphi \in C^X \tag{8.6}$$

显然这个定义是有意义的, 置换 $\bar{\sigma}$ 将染色方案 φ 映射成了另一个染色方案 $\bar{\sigma}(\varphi)$, 该染色方案将对象 x 染成了染色方案 φ 对 $\sigma^{-1}(x)$ 所染的颜色, 且有 $(\bar{\sigma}_1\bar{\sigma}_2)(\varphi) = \overline{\sigma_1\sigma_2}(\varphi)$. 这是因为对于 $\forall x \in X$, 根据导出置换的定义 (8.6) 有

$$\big((\bar{\sigma}_1\bar{\sigma}_2)(\varphi)\big)(x) = \big(\bar{\sigma}_1(\bar{\sigma}_2(\varphi))\big)(x) = \big(\bar{\sigma}_2(\varphi)\big)(\sigma_1^{-1}(x))$$

$$= \varphi\big(\sigma_2^{-1}(\sigma_1^{-1}(x))\big) = \varphi\big((\sigma_2^{-1}\sigma_1^{-1})(x)\big)$$

$$= \varphi\big((\sigma_1\sigma_2)^{-1}(x)\big) = \big(\overline{\sigma_1\sigma_2}(\varphi)\big)(x)$$

例如, $\sigma_1 = (1234)$, 而其逆置换 $\sigma_1^{-1} = \sigma_3 = (1432)$, 所以

$$(\bar{\sigma}_1(\varphi))(1) = \varphi(\sigma_1^{-1}(1)) = \varphi(\sigma_3(1)) = \varphi(4)$$

$$(\bar{\sigma}_1(\varphi))(2) = \varphi(\sigma_1^{-1}(2)) = \varphi(\sigma_3(2)) = \varphi(1)$$

$$(\bar{\sigma}_1(\varphi))(3) = \varphi(\sigma_1^{-1}(3)) = \varphi(\sigma_3(3)) = \varphi(2)$$

$$(\bar{\sigma}_1(\varphi))(4) = \varphi(\sigma_1^{-1}(4)) = \varphi(\sigma_3(4)) = \varphi(3)$$

以上结果这表明, 染色方案 $\bar{\sigma}_1(\varphi)$ 相当于将 4 位二进制表示的染色方案 φ 的下标进行了一次向左循环移位, 即有 $\bar{\sigma}_1 = \tau_1$. 例如,

$$\bar{\sigma}_1(\varphi_5) = \bar{\sigma}_1(\varphi_{0101}) = \varphi_{1010} = \varphi_{10}$$

$$\bar{\sigma}_1(\varphi_{10}) = \bar{\sigma}_1(\varphi_{1010}) = \varphi_{0101} = \varphi_5$$

$$\bar{\sigma}_1(\varphi_1) = \bar{\sigma}_1(\varphi_{0001}) = \varphi_{0010} = \varphi_2$$

$$\bar{\sigma}_1(\varphi_2) = \bar{\sigma}_1(\varphi_{0010}) = \varphi_{0100} = \varphi_4$$

$$\bar{\sigma}_1(\varphi_4) = \bar{\sigma}_1(\varphi_{0100}) = \varphi_{1000} = \varphi_8$$

$$\bar{\sigma}_1(\varphi_8) = \bar{\sigma}_1(\varphi_{1000}) = \varphi_{0001} = \varphi_1$$

类似地, 染色方案 $\bar{\sigma}_3(\varphi)$ 则相当于将 4 位二进制表示的染色方案 φ 进行一次向右循环移位, 即 $\bar{\sigma}_3 = \tau_3$. 类似地, $\bar{\sigma}_0 = \tau_0$, $\bar{\sigma}_2 = \tau_2$. 由此我们得到

$$\bar{\sigma}_0 = (\varphi_0)(\varphi_1)(\varphi_2)(\varphi_3)(\varphi_4)(\varphi_5)(\varphi_6)(\varphi_7)(\varphi_8)(\varphi_9)(\varphi_{10})(\varphi_{11})(\varphi_{12})(\varphi_{13})(\varphi_{14})(\varphi_{15})$$

$$\bar{\sigma}_1 = (\varphi_0)(\varphi_1\varphi_2\varphi_4\varphi_8)(\varphi_3\varphi_6\varphi_{12}\varphi_9)(\varphi_5\varphi_{10})(\varphi_7\varphi_{14}\varphi_{13}\varphi_{11})(\varphi_{15})$$

$$\bar{\sigma}_2 = (\varphi_0)(\varphi_1\varphi_4)(\varphi_2\varphi_8)(\varphi_3\varphi_{12})(\varphi_5)(\varphi_6\varphi_9)(\varphi_{10})(\varphi_7\varphi_{13})(\varphi_{11}\varphi_{14})(\varphi_{15})$$

$$\bar{\sigma}_3 = (\varphi_0)(\varphi_1\varphi_8\varphi_4\varphi_2)(\varphi_3\varphi_9\varphi_{12}\varphi_6)(\varphi_5\varphi_{10})(\varphi_7\varphi_{11}\varphi_{13}\varphi_{14})(\varphi_{15})$$

不难发现, $\overline{G} = \{\bar{\sigma}_0, \bar{\sigma}_1, \bar{\sigma}_2, \bar{\sigma}_3\} = \{\tau_0, \tau_1, \tau_2, \tau_3\} = H$. C^X 上的置换群 $\overline{G}$ (或 H) 一般称为由 X 上的置换群 G 按照 (8.6) 式所**导出的置换群**. 事实上, 群 G 和群 $\overline{G}$(或 H) 是同构的, 且映射 $f: G \mapsto \overline{G}$, $f(\sigma) = \bar{\sigma}$ 就是群 G 到群 $\overline{G}$ 的同构映射. 因为显然 f 是一个双射, 并且对 $\forall \sigma_1, \sigma_2 \in G$ 有 $f(\sigma_1\sigma_2) = \overline{\sigma_1\sigma_2} = \bar{\sigma}_1\bar{\sigma}_2$. 因此, 在同构的意义下, G 既是 X 上的置换群, 也是 C^X 上的置换群.

注 值得注意的是, (8.6) 不能定义成 $(\bar{\sigma}(\varphi))(x) = \varphi(\sigma(x))$, $x \in X$, $\varphi \in C^X$. 因为如果这样的话, 就有 $(\bar{\sigma}_1\bar{\sigma}_2)(\varphi) = \bar{\sigma}_2(\bar{\sigma}_1(\varphi))$, 这不符合我们对置换合成的定义; 所以如果采用 $(\sigma_1\sigma_2)(x) = \sigma_2(\sigma_1(x))$ 作为置换合成的定义, 那么 (8.6) 就必须定义成 $(\bar{\sigma}(\varphi))(x) = \varphi(\sigma(x))$, $x \in X$, $\varphi \in C^X$.

现在我们讨论这样的问题: 对于 $\forall \varphi_1, \varphi_2 \in C^X$, 根据定理 8.26, 染色方案 φ_1 与 φ_2 等价, 实际上是 φ_1 与 φ_2 属于 C^X 上的置换群 $\overline{G}$ 的同一条轨道. 那么对于 X 上的置换群 G 来说, 两种染色方案 φ_1 与 φ_2 等价又意味着什么呢? 下面的定理将回答这个问题.

定理 8.27 设 X 是对象集, C 是颜色集, G 是 X 上的置换群, $\overline{G}$ 是由 G 导出的 C^X 上的置换群, 对于 $\varphi_1, \varphi_2 \in C^X$, $\exists \sigma \in G$ 使得 $\varphi_1(x) = \varphi_2(\sigma(x))$, $\forall x \in X$ 的充分必要条件是 $\bar{\sigma}(\varphi_1) = \varphi_2$, 其中 $\bar{\sigma}$ 是由 σ 按 (8.6) 式导出的 C^X 上的置换.

证明　先证充分性. 由于 $\bar{\sigma}(\varphi_1) = \varphi_2$, 所以 φ_1, φ_2 属于 $\overline{G}$ 的同一条轨道, 即 φ_1, φ_2 等价. 根据 (8.6), 对于 $\forall x \in X$ 有

$$(\bar{\sigma}(\varphi_1))(x) = \varphi_1(\sigma^{-1}(x)) = \varphi_2(x)$$

由此即得 $\varphi_1(x) = \varphi_2(\sigma(x))$.

再证必要性. 设 $\exists \sigma \in G$, 使得 $\forall x \in X$ 有 $\varphi_1(x) = \varphi_2(\sigma(x))$, 即 $\forall x \in X$ 有

$$(\bar{\sigma}(\varphi_1))(x) = \varphi_1(\sigma^{-1}(x)) = \varphi_2(x)$$

由此即得 $\bar{\sigma}(\varphi_1) = \varphi_2$, 这说明 φ_1, φ_2 属于群 $\overline{G}$ 的同一条轨道, 所以两个染色方案 φ_1, φ_2 是等价的. ∎

如果 $\varphi_1, \varphi_2 \in C^X$ 是两个等价的染色方案, 那么根据上述定理有

$$\exists \sigma \in G \text{ 使得 } \varphi_1(x) = \varphi_2(\sigma(x)), \quad \forall x \in X$$

进一步假设 $(x, \sigma(x), \cdots, \sigma^{\ell-1}(x))$ 是置换 σ 的一个长度为 ℓ 的循环, 若染色方案 φ_1 将这个循环中对象分别染成了颜色 $c_{i_0} c_{i_1} c_{i_2} \cdots c_{i_{\ell-1}}$, 那么染色方案 φ_2 必将这个循环中对象分别染成了颜色 $c_{i_{\ell-1}} c_{i_0} c_{i_1} \cdots c_{i_{\ell-2}}$. 例如, 假设 $X = \{1, 2, 3, 4, 5\}$, $C = \{c_1, c_2, c_3\}$, G 是 X 上的置换群. 令

$$\varphi_1 = c_1 c_1 c_2 c_3 c_3, \quad \varphi_2 = c_3 c_1 c_1 c_2 c_3$$

是两种染色方案. 如果 $\sigma = (12345) \in G$, 则有对 $\forall x \in X$ 有 $\varphi_1(x) = \varphi_2(\sigma(x))$. 也就是说, 在 G 的作用下, 染色方案 φ_1, φ_2 是等价的.

综上所述, 在置换群 $\overline{G}$ 的作用下, 染色方案 φ_1, φ_2 等价, 是指 φ_1, φ_2 属于群 $\overline{G}$ 的同一条轨道. 因此, 不同的染色方案数可通过计算群 $\overline{G}$ 的不同轨道数得到. 而定理 8.27 告诉我们, 在置换群 G 的作用下, 染色方案 φ_1, φ_2 等价, 当且仅当 $\exists \sigma \in G$, 使得 $\forall x \in X$ 有 $\varphi_1(x) = \varphi_2(\sigma(x))$. 因此, 如果记

$$R = \left\{ (\varphi_1, \varphi_2) \,|\, \varphi_1, \varphi_2 \in C^X, \text{ 且} \exists \sigma \in G \text{ 使得 } \varphi_1(x) = \varphi_2(\sigma(x)), \forall x \in X \right\}$$

则易知 R 是 C^X 上的等价关系, 记为 $\overset{G}{\sim}$; 并将由等价关系 $\overset{G}{\sim}$ 所确定的 C^X 上的每一个等价类称为一个 **G 模式**, 其不同等价类的集合我们仍然以 C^X/G 表示. 由于有 $\overset{G}{\sim} = \overset{\overline{G}}{\sim}$, 所以自然也有 $C^X/G = C^X/\overline{G}$. 因此, G 模式与 $\overline{G}$ 轨道所描述的本质上是同一种对象, 只不过 G 是 X 上的置换群, 而 $\overline{G}$ 则是 C^X 上的置换群. 我们已经知道了如何通过 $\overline{G}$ 来统计 C^X 中的 $\overline{G}$ 轨道数 (Burnside 引理), 那么如何通过 G 来统计 C^X 中的 G 模式数呢? 下面的 Pólya 定理回答了这个问题.

8.5 Pólya 定理

下面的定理 8.28 就是著名的 **Pólya 定理**, 也称 **Redfield-Pólya 定理**, 它是 Burnside 引理的一般化. 虽然最早由美国数学家 J. H. Redfield (1879—1944) 于 1927 年发现并发表[73], 但它的重要性并没有引起当时数学家们的注意. 直到 1937 年, 匈牙利数学家 G. Pólya (1887—1985) 独立地证明了同样的结果[74], 并展示了大量的应用, 特别是化学分子的计数问题.

定理 8.28 设 X 是 n 元对象集, C 是 m 元颜色集, 用 C 中的颜色对 X 中的对象进行染色, 则在 X 上的置换群 G 的作用下不同的染色方案数 (G 模式数)

$$\left|C^X/G\right| = \frac{1}{|G|} \sum_{\sigma \in G} |C|^{\lambda(\sigma)} = \frac{1}{|G|} \sum_{\sigma \in G} m^{\lambda(\sigma)}$$

其中 $\lambda(\sigma)$ 是置换 σ 的循环分解式中循环的个数.

证明 设 $\overline{G}$ 是由 G 导出的染色方案集 C^X 上的置换群, 那么根据定理 8.26, 不同的染色方案数为

$$\left|C^X/G\right| = \left|C^X/\overline{G}\right| = \frac{1}{|\overline{G}|} \sum_{\bar{\sigma} \in \overline{G}} \lambda_1(\bar{\sigma}) = \frac{1}{|G|} \sum_{\bar{\sigma} \in \overline{G}} \lambda_1(\bar{\sigma})$$

这里 $\lambda_1(\bar{\sigma})$ 是置换 $\bar{\sigma}$ 的循环分解式中 1 循环的个数, 即满足 $\bar{\sigma}(\varphi) = \varphi$ 的染色方案 φ 的个数. 根据定理 8.27, 对于 $\forall x \in X$ 有

$$\bar{\sigma}(\varphi) = \varphi \iff \varphi(\sigma^{-1}(x)) = \varphi(x) \iff \varphi(x) = \varphi(\sigma(x))$$

上式说明, 染色方案 φ 必须将 $x, \sigma(x), \sigma^2(x)$ 等对象染成同样的颜色, 即染色方案 φ 必须将 σ 的循环分解式中同一循环中的对象染成同样的颜色. 因此, 满足 $\bar{\sigma}(\varphi) = \varphi$ 的染色方案 φ 的个数, 就是将置换 σ 的循环分解式中同一循环中的对象染成同样颜色的方案数. 由于 σ 的每个循环有 m 种颜色可供选择, $\lambda(\sigma)$ 个循环共有 $m^{\lambda(\sigma)}$ 种染色方案, 即 $\lambda_1(\bar{\sigma}) = m^{\lambda(\sigma)}$. 从而有

$$\left|C^X/G\right| = \frac{1}{|G|} \sum_{\bar{\sigma} \in \overline{G}} \lambda_1(\bar{\sigma}) = \frac{1}{|G|} \sum_{\sigma \in G} m^{\lambda(\sigma)} \qquad \blacksquare$$

现在我们利用上面的定理, 重新计算一下例 8.4. 因为绕格子中心的旋转导出了集合 $X = \{1, 2, 3, 4\}$ 上的置换群 G, 其中 $G = \{\sigma_0, \sigma_1, \sigma_2, \sigma_3\}$, 且

$$\sigma_0 = (1)(2)(3)(4), \quad \sigma_1 = (1234), \quad \sigma_2 = (13)(24), \quad \sigma_3 = (1432)$$

所以根据定理 8.28 知, 染色方案数为

$$|C^X/G| = \frac{1}{|G|} \sum_{\sigma \in G} 2^{\lambda(\sigma)} = \frac{1}{4}\left(2^4 + 2^1 + 2^2 + 2^1\right) = 6$$

对于 n 元集 X 上的置换群 G, 如果以 c_k 表示置换群 G 中能够分解成 k 个循环的置换的个数, 那么这个定理也可以表示为

$$|C^X/G| = \frac{1}{|G|} \sum_{k=1}^{n} c_k m^k$$

因为只要将群 G 中的置换按照其分解式中循环的个数进行分类统计, 即有

$$\sum_{\sigma \in G} m^{\lambda(\sigma)} = \sum_{k=1}^{n} c_k m^k$$

再来看几个例子.

例 8.5　试求以 $V = \mathbb{Z}_n^+$ 作为顶点集的简单无向图的个数, 这里我们假定两个同构的图被视为同一个图.

解　这是我们前面提到过的问题 8.2. 首先为了描述方便, 我们以 H 表示图, 而让 G 仍然表示群.

给定一个图 H, 其顶点集和边集分别以 $V(H)$ 和 $E(H)$ 表示. 我们曾经在第 1 章介绍了图的同构和自同构的概念. 这里我们重新回顾一下这两个概念. 所谓图 H 的一个自同构, 就是其顶点集 $V(H)$ 上的一个置换 σ, 且满足: 如果 $\{u, v\} \in E(H)$, 那么 $\{\sigma(u), \sigma(v)\} \in E(H)$. 容易验证, 图 H 的所有自同构在置换合成 " $\circ$ " 的意义下形成一个群, 称为图 H 的**自同构群**, 一般记为 $\mathrm{Aut}(H)$. 如果两个图 H_1 和 H_2 共享同样的顶点集 V, 且存在顶点集 V 上的一个置换 σ 使得

$$\{u, v\} \in E(H_1) \text{ 当且仅当 } \{\sigma(u), \sigma(v)\} \in E(H_2)$$

则称图 H_1 和 H_2 是**同构**的. 如图 8.3 所示, 置换 $\sigma = (2)(134) \in \mathrm{Aut}(H_1)$; 而置换 $\tau = (14)(23)$ 则是图 H_1 和 H_2 之间的一个同构映射.

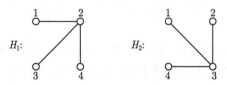

图 8.3　顶点集为 $\{1, 2, 3, 4\}$ 的 2 个同构的图

现在, 要想利用 Pólya 定理解决图的计数, 我们需要解决以下问题.

① 如何将图看成一个染色方案, 使得图的计数问题就可以看成是一个染色方案的计数问题?

② 颜色集 C 和染色对象集 X 是什么?

③ 同构的图对应等价的染色方案, X 上的置换群 G 又是什么?

考虑以 $\mathbb{Z}_n^+$ 作为顶点集的完全图 K_n. 显然, 每个以 $\mathbb{Z}_n^+$ 作为顶点集的图均可看成是从完全图 K_n 中去掉一些边而得到的. 因此, 每个图就可以看成是用黑白两种颜色对完全图 K_n 的边进行染色的一种染色方案 (譬如, 不妨设染白色的边是去掉的边, 而黑色边的集合则完全表示了相应的染色方案或图). 于是, 我们的颜色集 C 和染色对象集 X 分别为

$$C = \{0, 1\}, \quad X = E(K_n) = \{\overline{1}, \overline{2}, \cdots, \overline{m}\}, \quad m = \binom{n}{2}$$

至此我们已解决了前两个问题. 下面我们考虑 X 上的置换群 G.

显然, 根据定理 8.27 的结论, 对于 $\varphi_1, \varphi_2 \in C^X$, $\varphi_1 \overset{G}{\sim} \varphi_2$ 当且仅当 $\exists \sigma \in G$ 使得 $\varphi_1(x) = \varphi_2(\sigma(x))$, $x \in X$. 需要注意的是, φ_1 与 φ_2 实际上是两个图 (分别记为 H_1 和 H_2), 按照前面的说明, 它们可表示为 $\varphi_1 = E(H_1)$, $\varphi_2 = E(H_2)$. 因此, $\varphi_1 \overset{G}{\sim} \varphi_2$ 便意味着对应的图 H_1 与 H_2 同构. 这就是我们对群 G 所提的要求.

对于 K_n, 显然有 $\text{Aut}(K_n) = \mathcal{S}_n$. 对于给定的 $\sigma \in \text{Aut}(K_n)$, 我们定义 $E(K_n)$ 到 $E(K_n)$ 的映射 $\bar{\sigma}$ 如下:

$$\bar{\sigma}(\{u, v\}) = \{\sigma(u), \sigma(v)\}, \quad \forall \{u, v\} \in E(K_n)$$

易知, $\bar{\sigma}$ 是集合 $E(K_n)$ 或 X 上的一个置换. 如果记

$$G = \{\bar{\sigma} \,|\, \sigma \in \text{Aut}(K_n)\}$$

那么容易证明: G 在置换的合成运算 "$\circ$" 下形成边集 $X = E(K_n)$ 上的置换群, 并且对于 $\varphi_1, \varphi_2 \in C^X$ 有

$$\varphi_1 \overset{G}{\sim} \varphi_2 \iff \exists \bar{\sigma} \in G \text{ 使得 } \varphi_1(x) = \varphi_2(\bar{\sigma}(x)), \forall x \in X$$

$$\iff \bar{\sigma}(E(H_1)) = E(H_2)$$

$$\iff \{\{\sigma(u), \sigma(v)\} \,|\, \{u, v\} \in E(H_1)\} = E(H_2)$$

即图 H_1 和 H_2 同构. 这意味着在群 G 作用下两个染色方案 φ_1 与 φ_2 等价, 等同于 φ_1 与 φ_2 对应的两个图 H_1 和 H_2 同构.

现在一切准备就绪, 我们所求的不同构图的个数, 就是用 C 中的两种颜色对 X 中的对象进行染色, 在 X 上的置换群 G 的作用下不等价的染色方案数. 从而由 Pólya 定理得到

$$\left|C^X/G\right| = \frac{1}{|G|} \sum_{\bar{\sigma} \in G} 2^{\lambda(\bar{\sigma})}$$

例如, 当 $n = 3$ 时, $\mathrm{Aut}(K_3) = \{\sigma_0, \sigma_1, \sigma_2, \sigma_3, \sigma_4, \sigma_5\} = \mathcal{S}_3$, 其中

$$\sigma_0 = (1)(2)(3), \quad \sigma_1 = (1)(23), \quad \sigma_2 = (2)(13)$$
$$\sigma_3 = (3)(12), \quad \sigma_4 = (123), \quad \sigma_5 = (132)$$

对应于完全图 K_3 的边集 $E(K_3) = \{\{2, 3\}, \{1, 3\}, \{1, 2\}\} \triangleq \{\bar{1}, \bar{2}, \bar{3}\} = X$, 由 $\mathrm{Aut}(K_3)$ 所导出的 X 上的置换群 $G = \{\bar{\sigma}_0, \bar{\sigma}_1, \bar{\sigma}_2, \bar{\sigma}_3, \bar{\sigma}_4, \bar{\sigma}_5\}$, 其中

$$\bar{\sigma}_0 = (\bar{1})(\bar{2})(\bar{3}), \quad \bar{\sigma}_1 = (\bar{1})(\bar{2}\bar{3}), \quad \bar{\sigma}_2 = (\bar{2})(\bar{1}\bar{3})$$
$$\bar{\sigma}_3 = (\bar{3})(\bar{1}\bar{2}), \quad \bar{\sigma}_4 = (\bar{1}\bar{2}\bar{3}), \quad \bar{\sigma}_5 = (\bar{1}\bar{3}\bar{2})$$

所以

$$\left|C^X/G\right| = \frac{1}{|G|} \sum_{\bar{\sigma} \in G} 2^{\lambda(\bar{\sigma})} = \frac{1}{6}\left(2^3 + 2^2 + 2^2 + 2^2 + 2^1 + 2^1\right) = 4$$

图 8.4 是以 $V = \{1, 2, 3\}$ 为顶点集的 8 个图. 显然, 这 8 个图在同构的意义下只有 4 个不同的图, 换言之, 在 G 的作用下 8 个图只有下面的 4 个等价类:

$$\{(a)\}, \{(b), (c), (d)\}, \{(e), (f), (g)\}, \{(h)\}$$

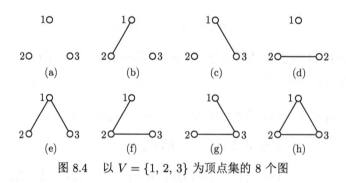

图 8.4　以 $V = \{1, 2, 3\}$ 为顶点集的 8 个图

当 $n = 4$ 时, 边集 X 上的置换群 G 由自同构群 $\mathrm{Aut}(K_4) = \mathcal{S}_4$ 导出, 所以置换群 G 中有 24 个置换, 但只有 4 个不同的格式, 其中格式为 $(1)^6$ 的置换 1 个,

格式为 $(1)^2(2)^2$ 的置换 9 个, 格式为 $(2)^1(4)^1$ 的置换 6 个, 格式为 $(3)^2$ 的置换 8 个. 这是因为 $\mathcal{S}_4$ 有 5 种不同的置换格式: $(1)^4$, $(1)^2(2)$, $(2)^2$, $(1)(3)$, (4), 其置换个数分别为 1, 6, 3, 8, 6. 这些顶点集 V 上的置换所导出的边集 X 上的置换格式为: $(1)^6$, $(1)^2(2)^2$, $(3)^2$, $(2)(4)$.

此时图的总数为 $2^6 = 64$, 而不同构图的个数为

$$|C^X/G| = \frac{1}{|G|} \sum_{\bar{\sigma} \in G} 2^{\lambda(\bar{\sigma})} = \frac{1}{24} \left(2^6 + 9 \cdot 2^4 + 6 \cdot 2^2 + 8 \cdot 2^2\right) = 11$$

11 个不同构的图如图 8.5. 并且不难看出, (a) 类图 1 个, (b) 类图 6 个, (c) 类图 3 个, (d) 类图 12 个, (e) 类图 4 个, (f) 类图 12 个, (g) 类图 4 个, (h) 类图 3 个, (i) 类图 12 个, (j) 类图 6 个, (k) 类图 1 个.

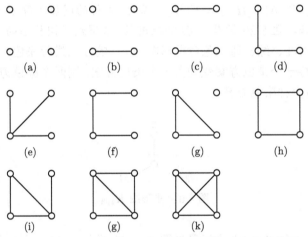

图 8.5　以 $V = \{1, 2, 3, 4\}$ 为顶点集的 11 个非同构图

类似地, 当 $n = 5$ 时, 自同构群 $\mathrm{Aut}(K_5) = \mathcal{S}_5$ 中共有 120 个置换, 其格式为

$$(1)^5, \quad (1)^3(2), \quad (1)^2(3), \quad (1)(2)^2, \quad (1)(4), \quad (2)(3), \quad (5)^1$$

对应的置换个数分别为 1, 10, 20, 15, 30, 20, 24, 而所导出的边集 $X = E(K_5)$ 上的置换群 G 中 120 个置换的格式对应为

$$(1)^{10}, \quad (1)^4(2)^3, \quad (1)(3)^3, \quad (1)^2(2)^4, \quad (2)(4)^2, \quad (1)(3)(6), \quad (5)^2$$

相应的置换个数为 1, 10, 20, 15, 30, 20, 24. 此时图的总数为 $2^{10} = 1024$, 而不同构的图的个数为

$$|C^X/G| = \frac{1}{|G|} \sum_{\bar{\sigma} \in G} 2^{\lambda(\bar{\sigma})}$$

$$= \frac{1}{120} \left(2^{10} + 10 \cdot 2^7 + 15 \cdot 2^6 + 20 \cdot 2^4 + 50 \cdot 2^3 + 24 \cdot 2^2 \right)$$

$$= 34$$

注 如果以 $V = \mathbb{Z}_n^+$ 为顶点集的所有图的集合记为 $\mathscr{H} = \{ H \mid V(H) = V \}$，那么由于 $\mathscr{H}$ 中每个图具有相同的顶点集，所以区别 $\mathscr{H}$ 中各图的标志就是它的边集. 也就是说，对于 $\forall H_1, H_2 \in \mathscr{H}$，则 $H_1 = H_2$ 的充分必要条件是 $E(H_1) = E(H_2)$. 因此，图 H 的边集 $E(H)$ 完全代表了图 H. 从而，集合 $\mathscr{H}$ 实际上就是边集 $E(K_n)$ 的所有子集的集合，因而有 $|\mathscr{H}| = |2^{E(K_n)}| = 2^{|E(K_n)|} = 2^{n(n-1)/2}$.

鉴于此，边集 $E(K_n)$ 上的置换 σ 可以很自然地扩展成 $E(K_n)$ 的幂集 $2^{E(K_n)}$ 即 $\mathscr{H}$ 上的置换. 因此，$E(K_n)$ 上的置换群 G 可以看成 $\mathscr{H}$ 上的置换群. 这样，在置换群 G 的作用下，两个图 H_1, H_2 等价指的是存在 $\mathscr{H}$ 上的置换 $\bar{\sigma} \in G$ 使得 $\bar{\sigma}(H_1) = H_2$，即 $\bar{\sigma}(E(H_1)) = E(H_2)$. 因此，等价的图位于群 G 的同一条轨道. 从而也可以根据定理 8.26 计算群 G 的轨道数，来得到不同构图的个数.

例 8.6 用红、绿、蓝三色对星形图 $K_{1,3}$ 的顶点进行染色，如果通过 $K_{1,3}$ 的一个自同构将一个染色方案变为另一个染色方案，则两个染色方案视为同一种方案，试求有多少种染色方案.

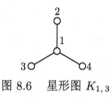

图 8.6 星形图 $K_{1,3}$

解 设 $X = \{1, 2, 3, 4\}$ 表示星形图 $K_{1,3}$ 的顶点集，$C = \{红, 绿, 蓝\}$ 表示颜色集. 显然，$K_{1,3}$ 的自同构群 $\mathrm{Aut}(K_{1,3}) \cong \mathcal{S}_1 ⊞ \mathcal{S}_3$. 实际上，如果将图 8.6 看作是一个刚体结构的话，则该结构的刚体运动可产生 $K_{1,3}$ 的自同构群 $\mathrm{Aut}(K_{1,3})$. 这些刚体运动包括绕中心顶点 1 分别旋转 $0°$, $120°$, $240°$，可得到 3 个置换:

$$\sigma_0 = (1)(2)(3)(4), \quad \sigma_1 = (1)(234), \quad \sigma_2 = (1)(243)$$

另外，绕过中心顶点 1 的每条直线作 $180°$ 的翻转得到 3 个置换:

$$\sigma_3 = (1)(2)(34), \quad \sigma_4 = (1)(3)(24), \quad \sigma_5 = (1)(4)(23)$$

即 $\mathrm{Aut}(K_{1,3}) = \{\sigma_0, \sigma_1, \sigma_2, \sigma_3, \sigma_4, \sigma_5\} \cong G$. 这样，根据定理 8.28 可得不同的染色方案数为

$$\left| C^X / G \right| = \frac{1}{|G|} \sum_{\sigma \in G} 3^{\lambda(\sigma)} = \frac{1}{6} \left(3^4 + 2 \cdot 3^2 + 3 \cdot 3^3 \right) = 30$$

例 8.7 设 T 是 7 个顶点的完全二叉树, 现用黑白两色对 T 的顶点进行染色, 如果交换左右子树重合的两种染色方案视为同一种方案, 试求有多少种染色方案.

解 这是问题 8.5 的一个特例. 设 $X = \mathbb{Z}_7^+$ 是 T 的顶点集, $C = \{$黑, 白$\}$ 是颜色集. 对 T 的顶点进行染色相当于对集合 X 中的对象进行染色. 交换 T 的左右子树相当于 T 的顶点集 X 上的置换, 所以 X 上的置换群 G 应包含所有可能的交换 T 的左右子树的置换. 显然, 这种置换一共有 8 种, 如图 8.7 所示.

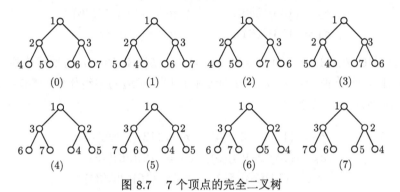

图 8.7 7 个顶点的完全二叉树

图 8.7 的第 i 个子图对应于置换 σ_i, 其中

$$\sigma_0 = (1)(2)(3)(4)(5)(6)(7), \quad \sigma_1 = (1)(2)(3)(45)(6)(7)$$

$$\sigma_2 = (1)(2)(3)(4)(5)(67), \quad \sigma_3 = (1)(2)(3)(45)(67)$$

$$\sigma_4 = (1)(23)(46)(57), \quad \sigma_5 = (1)(23)(4756)$$

$$\sigma_6 = (1)(23)(4657), \quad \sigma_7 = (1)(23)(47)(56)$$

易证, $G = \{\sigma_0, \sigma_1, \sigma_2, \sigma_3, \sigma_4, \sigma_5, \sigma_6, \sigma_7\}$ 是 X 上的置换群. 由定理 8.28 知, 在 G 的作用下不同的染色方案数为

$$|C^X/G| = \frac{1}{|G|} \sum_{\sigma \in G} 2^{\lambda(\sigma)}$$

$$= \frac{1}{8} \left(2^7 + 2^6 + 2^6 + 2^5 + 2^4 + 2^3 + 2^3 + 2^4 \right)$$

$$= 42$$

例 8.8 用黑白两种颜色的珠子穿成 6 颗珠子的项链, 可穿成多少种项链?

解 这是问题 8.4 的一个特例. 显然, 这个问题相当于用黑白两种颜色对正 6 边形的顶点进行染色, 并且绕正 6 边形中心作平面旋转或绕过正 6 边形中心的轴线作空间翻转使之重合的两种方案视为同一种方案, 求不同的染色方案数.

设 $X = \{1, 2, 3, 4, 5, 6\}$ 是顶点集, $C = \{\text{黑}, \text{白}\}$ 表示颜色集. 绕正 6 边形的中心作平面旋转有 6 种方式, 分别是旋转 $0°, 60°, 120°, 180°, 240°, 300°$. 每个旋转对应顶点集 X 上的一个置换, 不妨设这些置换为 σ_k, $k = 0, 1, 2, \cdots, 5$, 其中置换 σ_k 相应于旋转 $k \cdot 60°$. 假定顶点按逆时针方向编号, 旋转也按逆时针方向旋转, 那么有

$$\sigma_0 = (1)(2)(3)(4)(5)(6), \quad \sigma_1 = (123456)$$
$$\sigma_2 = (135)(246), \qquad\qquad \sigma_3 = (14)(25)(36)$$
$$\sigma_4 = (153)(264), \qquad\qquad \sigma_5 = (165432)$$

分别绕过正 6 边形的中心和顶点对 $\{1, 4\}$, $\{2, 5\}$ 和 $\{3, 6\}$ 的轴线作空间翻转, 得到 X 上 3 个置换 $\sigma_6, \sigma_7, \sigma_8$; 分别过中心和一对边的中线作空间翻转, 得到 3 个置换 $\sigma_9, \sigma_{10}, \sigma_{11}$. 显然有

$$\sigma_6 = (1)(26)(35)(4), \quad \sigma_7 = (13)(2)(46)(5)$$
$$\sigma_8 = (15)(24)(3)(6), \quad \sigma_9 = (12)(36)(45)$$
$$\sigma_{10} = (14)(23)(56), \quad \sigma_{11} = (16)(25)(34)$$

容易验证, $G = \{\sigma_0, \sigma_1, \cdots, \sigma_{11}\}$ 是 X 上的置换群, 而且有

$$\sigma_{11}\sigma_0 = \sigma_{11}, \quad \sigma_{11}\sigma_1 = \sigma_8$$

$$\sigma_{11}\sigma_2 = \sigma_{10}, \quad \sigma_{11}\sigma_3 = \sigma_7$$

$$\sigma_{11}\sigma_4 = \sigma_9, \quad \sigma_{11}\sigma_5 = \sigma_6$$

实际上, 如果记 $\sigma = \sigma_1$, $\tau = \sigma_{11}$, 则有 $G = \langle \sigma \rangle \cup \tau \langle \sigma \rangle$, 即 G 由置换 σ 和 τ 生成, 这是所谓的二面体群 (后面我们还会详细讨论). 根据定理 8.28, 所求的染色方案数 (即不同的穿法数) 为

$$|C^X/G| = \frac{1}{12}\left(2^6 + 3 \cdot 2^4 + 4 \cdot 2^3 + 2 \cdot 2^2 + 2 \cdot 2^1\right) = 13$$

图 8.8 展示了全部 13 种不同的穿法, 实际上也是二元集 C 的项链型 6 重复圆排列的全部方案.

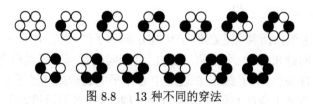

图 8.8   13 种不同的穿法

例 8.9 设 p 为素数, 则对于任意的正整数 a 有 $p \mid a$, 或者 $p \mid a^{p-1} - 1$.

解 本例的结论, 一般称为费马 (P. de Fermat, 1601—1665) 小定理.

我们考虑 a 元集的手镯型 p 重复圆排列的计数问题. 这个问题也相当于如下的计数问题. 用 a 种颜色对正 p 边形的顶点进行染色, 如果绕正 p 边形的中心作平面旋转重合的两种染色方案视为同一种染色方案, 求不同的染色方案数.

设 $X = \mathbb{Z}_p^+$ 是正 p 边形的顶点集, $C = \mathbb{Z}_a^+$ 表示颜色集. 绕正 p 边形的中心旋转有 p 种方式, 分别是旋转 $k \cdot \dfrac{360°}{p}$, $k = 0, 1, \cdots, p-1$, 且每个旋转都产生顶点集 X 上的一个置换. 不妨设旋转 $k \cdot \dfrac{360°}{p}$ 对应的置换为 σ_k, 那么有

$$\sigma_0 = (1)(2) \cdots (p)$$

$$\sigma_1 = (123 \cdots p)$$

$$\sigma_2 = (135 \cdots p24 \cdots \underline{p-1})$$

$$\cdots\cdots$$

$$\sigma_{p-1} = (1p\,\underline{p-1} \cdots 32)$$

容易证明, $G = \{\sigma_0, \sigma_1, \cdots, \sigma_{p-1}\}$ 是顶点集 X 上的置换群. 根据定理 8.28 知, 不同的染色方案数为

$$|C^X/G| = \frac{1}{|G|} \sum_{\sigma \in G} a^{\lambda(\sigma)} = \frac{1}{p} \left[a^p + (p-1)a \right]$$

$$= \frac{1}{p} \left[a(a^{p-1} - 1) + pa \right]$$

$$= a + \frac{a(a^{p-1} - 1)}{p}$$

由于 $|C^X/G|$ 为整数, 所以必有 $p \mid a$ 或 $p \mid a^{p-1} - 1$.

8.6 置换群的循环指数

从前面的例子可以看出, 应用 Pólya 定理 (定理 8.28) 对 C^X 中的 G 模式数 $|C^X/G|$ 进行统计时并不需要知道群中每个置换的具体形式, 只需要知道群中有哪些置换格式以及相应这些格式有多少个置换即可. 因此, 如果能够以类似于母函数的方式统计一个置换群中置换的格式信息, 那么应用 Pólya 定理时将会非常方便. 于是, Pólya 引入了置换群的循环指数的概念[74], 其具体的定义如下.

定义 8.15　设 G 是 n 元集 X 上的置换群, 对于 $\sigma \in G$, $\lambda_k(\sigma)$ 表示置换 σ 的循环分解式中长度为 k 的循环个数, 设 $x_1, x_2, \cdots, x_n$ 是 n 个变元, 令

$$\mathrm{CI}_G(x_1, \cdots, x_n) = \frac{1}{|G|} \sum_{\sigma \in G} x_1^{\lambda_1(\sigma)} x_2^{\lambda_2(\sigma)} \cdots x_n^{\lambda_n(\sigma)}$$

则多项式 $\mathrm{CI}_G(x_1, \cdots, x_n)$ 称为置换群 G 的**循环指数**.

显然, 多项式 $\mathrm{CI}_G(x_1, \cdots, x_n)$ 统计了置换群 G 中的各种置换的格式, 而其中的项 $x_1^{\lambda_1(\sigma)} x_2^{\lambda_2(\sigma)} \cdots x_n^{\lambda_n(\sigma)}$ 对应于群 G 中格式为 $(1)^{\lambda_1}(2)^{\lambda_2} \cdots (n)^{\lambda_n}$ 的置换, 该项的系数则是群 G 中具有这种格式的置换个数. 因此, 置换群的循环指数实际上是群中置换格式计数序列的多元母函数. 如果在 $\mathrm{CI}_G(x_1, \cdots, x_n)$ 中令所有的变元 $x_k = m$, 则有

$$\begin{aligned}
\mathrm{CI}_G(m, \cdots, m) &= \frac{1}{|G|} \sum_{\sigma \in G} m^{\lambda_1(\sigma)} m^{\lambda_2(\sigma)} \cdots m^{\lambda_n(\sigma)} \\
&= \frac{1}{|G|} \sum_{\sigma \in G} m^{\lambda_1(\sigma) + \lambda_2(\sigma) + \cdots + \lambda_n(\sigma)} \\
&= \frac{1}{|G|} \sum_{\sigma \in G} m^{\lambda(\sigma)}
\end{aligned}$$

其中 $\lambda(\sigma) = \lambda_1(\sigma) + \lambda_2(\sigma) + \cdots + \lambda_n(\sigma)$ 是置换 σ 的循环分解式中循环的个数. 容易看出, 上式正是用集合 C 中的 m 种颜色对集合 X 中的 n 个对象进行染色, 在 X 上的置换群 G 的作用下不同的染色方案数 $|C^X/G|$, 也是群 $\overline{G}$ 在集合 C^X 中的轨道数 $|C^X/\overline{G}|$. 因此, 借助于群 G 的循环指数, 可以很方便地计算出在置换群 G 的作用下不同的染色方案数 $|C^X/G|$ 或 G 模式数. 如例 8.8 中的置换群 G 的循环指数为

$$\mathrm{CI}_G(x_1, \cdots, x_6) = \frac{1}{12} \left(x_1^6 + 3x_1^2 x_2^2 + 4x_2^3 + 2x_3^2 + 2x_6 \right)$$

因此, 两种颜色的珠子制作成 6 个珠子项链的方案数为 $\mathrm{CI}_G(2, \cdots, 2) = 13$. 不仅如此, 随后我们将会发现循环指数还有助于对染色方案中的颜色使用情况进行枚举.

下面我们讨论几种常见的置换群的循环指数.

定理 8.29　设 Λ_n 是满足 $\lambda_1 + 2\lambda_2 + \cdots + n\lambda_n = n$ 的非负整数解 λ_k 构成的 n 元有序组 $(\lambda_1, \lambda_2, \cdots, \lambda_n)$ 的集合, 则对称群 $\mathcal{S}_n$ 的循环指数为

$$\mathrm{CI}_{\mathcal{S}_n}(x_1, \cdots, x_n) = \sum_{(\lambda_1, \lambda_2, \cdots, \lambda_n) \in \Lambda_n} \prod_{k=1}^n \frac{1}{\lambda_k!} \left(\frac{x_k}{k} \right)^{\lambda_k}$$

证明 根据定义 8.15, 并注意到 (8.4), 得到

$$\mathrm{CI}_{\mathcal{S}_n}(x_1, \cdots, x_n) = \frac{1}{|\mathcal{S}_n|} \sum_{\sigma \in \mathcal{S}_n} x_1^{\lambda_1(\sigma)} x_2^{\lambda_2(\sigma)} \cdots x_n^{\lambda_n(\sigma)}$$

$$= \frac{1}{n!} \sum_{(\lambda_1, \lambda_2, \cdots, \lambda_n) \in \mathbf{\Lambda}_n} \sum_{\sigma \in \mathcal{S}_n(\lambda_1, \lambda_2, \cdots, \lambda_n)} \prod_{k=1}^n x_k^{\lambda_k(\sigma)}$$

$$= \frac{1}{n!} \sum_{(\lambda_1, \lambda_2, \cdots, \lambda_n) \in \mathbf{\Lambda}_n} |\mathcal{S}_n(\lambda_1, \lambda_2, \cdots, \lambda_n)| \prod_{k=1}^n x_k^{\lambda_k}$$

$$= \frac{1}{n!} \sum_{(\lambda_1, \lambda_2, \cdots, \lambda_n) \in \mathbf{\Lambda}_n} n! \prod_{k=1}^n \frac{1}{k^{\lambda_k} \lambda_k!} \prod_{k=1}^n x_k^{\lambda_k}$$

$$= \sum_{(\lambda_1, \lambda_2, \cdots, \lambda_n) \in \mathbf{\Lambda}_n} \prod_{k=1}^n \frac{1}{\lambda_k!} \left(\frac{x_k}{k}\right)^{\lambda_k} \qquad ∎$$

如果注意到 $|\mathcal{A}_n| = |\mathcal{S}_n|/2$, 且对于 $\sigma \in \mathcal{S}_n$, $\mathrm{typ}(\sigma) = (\lambda_1, \lambda_2, \cdots, \lambda_n)$, 那么 $\sigma \in \mathcal{A}_n$ 当且仅当 $\lambda_2 + \lambda_4 + \cdots =$ 偶数, 由此立即可得下面的定理.

定理 8.30 交错群 $\mathcal{A}_n$ 的循环指数为

$$\mathrm{CI}_{\mathcal{A}_n}(x_1, \cdots, x_n) = \mathrm{CI}_{\mathcal{S}_n}(x_1, \cdots, x_n) + \mathrm{CI}_{\mathcal{S}_n}(x_1, -x_2, x_3, -x_4, \cdots)$$

$$= \sum_{(\lambda_1, \lambda_2, \cdots, \lambda_n) \in \mathbf{\Lambda}_n} \left[1 + (-1)^{\lambda_2 + \lambda_2 + \cdots}\right] \prod_{k=1}^n \frac{1}{\lambda_k!} \left(\frac{x_k}{k}\right)^{\lambda_k}$$

例如, 对于 $n = 3$ 来说, 不定方程

$$\begin{cases} \lambda_1 + 2\lambda_2 + 3\lambda_3 = 3 \\ \lambda_k \geqslant 0, \ k = 1, 2, 3 \end{cases}$$

有 3 个解 $(\lambda_1, \lambda_2, \lambda_3)$: $(3, 0, 0)$, $(1, 1, 0)$, $(0, 0, 1)$, 即 $|\mathbf{\Lambda}_3| = 3$, 也就是说 $\mathcal{S}_3$ 有 3 个共轭类:

$$\mathcal{S}_3(3, 0, 0), \quad \mathcal{S}_3(1, 1, 0), \quad \mathcal{S}_3(0, 0, 1)$$

其中

$$|\mathcal{S}_3(3, 0, 0)| = 1, \quad |\mathcal{S}_3(1, 1, 0)| = 3, \quad |\mathcal{S}_3(0, 0, 1)| = 2$$

且共轭类 $\mathcal{S}_3(3, 0, 0)$, $\mathcal{S}_3(0, 0, 1)$ 中的置换均为偶置换. 直接根据

$$\mathcal{S}_3 = \{(1)(2)(3), (1)(23), (2)(13), (3)(12), (123), (132)\}$$

不难看出上面结论的正确性. 因而有

$$\begin{cases} \mathrm{CI}_{\mathcal{S}_3}(x_1,\, x_2,\, x_3) = \dfrac{1}{6}\left(x_1^3 + 3x_1 x_2 + 2x_3\right) \\[3mm] \mathrm{CI}_{\mathcal{A}_3}(x_1,\, x_2,\, x_3) = \dfrac{1}{3}\left(x_1^3 + 2x_3\right) \end{cases} \tag{8.7}$$

如果用 2 种颜色对集合 $\{1,\,2,\,3\}$ 中的对象进行染色, 则在 $\mathcal{S}_3$ 的作用下不同的染色方案数为 $\mathrm{CI}_{\mathcal{S}_3}(2,\,2,\,2) = 4$, 这实际上就是以 $\{1,\,2,\,3\}$ 作为顶点集彼此不同构的图的个数.

同样地, 对于 $n = 4$ 来说, 不定方程

$$\begin{cases} \lambda_1 + 2\lambda_2 + 3\lambda_3 + 4\lambda_4 = 4 \\[2mm] \lambda_k \geqslant 0,\ k = 1,\,2,\,3,\,4 \end{cases}$$

有 5 个解: $(4,0,0,0),\ (0,2,0,0),\ (0,0,0,1),\ (2,1,0,0),\ (1,0,1,0)$, 即 $|\boldsymbol{\Lambda}_4| = 5$, $\mathcal{S}_4$ 共有如下 5 个共轭类:

$$\mathcal{S}_4(4,\,0,\,0,\,0), \quad \mathcal{S}_4(0,\,2,\,0,\,0), \quad \mathcal{S}_4(0,\,0,\,0,\,1), \quad \mathcal{S}_4(2,\,1,\,0,\,0), \quad \mathcal{S}_4(1,\,0,\,1,\,0)$$

其中包含的置换个数分别为 $1, 3, 6, 6, 8$, 并且共轭类

$$\mathcal{S}_4(4,\,0,\,0,\,0), \quad \mathcal{S}_4(0,\,2,\,0,\,0), \quad \mathcal{S}_4(1,\,0,\,1,\,0)$$

中的置换均为偶置换. 由此可得

$$\begin{cases} \mathrm{CI}_{\mathcal{S}_4}(x_1,\,\cdots,\,x_4) = \dfrac{1}{24}\left(x_1^4 + 3x_2^2 + 6x_1^2 x_2 + 8x_1 x_3 + 6x_4\right) \\[3mm] \mathrm{CI}_{\mathcal{A}_4}(x_1,\,\cdots,\,x_4) = \dfrac{1}{12}\left(x_1^4 + 3x_2^2 + 8x_1 x_3\right) \end{cases} \tag{8.8}$$

定理 8.31   设 V 和 E 分别是正 n 边形 G_n 的顶点集和边集, 则绕 G_n 的中心作平面旋转所导出的 V 和 E 上的置换群均为 $\mathcal{C}_n$, 且 $\mathcal{C}_n$ 的循环指数为

$$\mathrm{CI}_{\mathcal{C}_n}(x_1,\,\cdots,\,x_n) = \frac{1}{n}\sum_{d\,|\,n}\phi(d)x_d^{n/d}$$

其中 $\phi(n)$ 是 Euler 函数.

证明   设 $V = \mathbb{Z}_n^+$, 则绕 G_n 的中心作平面旋转 (假设逆时针旋转) 有 n 种方式, 即旋转 $k \cdot \dfrac{360°}{n}$, $0 \leqslant k \leqslant n - 1$. 每一种旋转都产生顶点集 V 上的一个置

换, 不妨设 σ_k 是对应于逆时针旋转 $k \cdot \dfrac{360°}{n}$ 时所得到的置换, 则有

$$\sigma_k = \begin{bmatrix} 1 & 2 & \cdots & n-k & n-k+1 & n-k+2 & \cdots & n \\ k+1 & k+2 & \cdots & n & 1 & 2 & \cdots & k \end{bmatrix}$$

即 $\mathcal{C}_n = \{\sigma_0, \sigma_1, \cdots, \sigma_{n-1}\}$, 易证 $\mathcal{C}_n$ 是 V 上的置换群. 显然, $\sigma_0 = (1)(2)\cdots(n)$ 是群 $\mathcal{C}_n$ 的单位元, 且由于 $\sigma_i \sigma_j = \sigma_{(i+j) \bmod n}$, 所以 $\sigma_k = \sigma_1^k$, $1 \leqslant k < n$. 如果令 $\iota = \sigma_0$, $\sigma = \sigma_1 = (12\cdots n)$, 则 $\mathcal{C}_n = \{\iota, \sigma, \sigma^2, \cdots, \sigma^{n-1}\} = \langle \sigma \rangle$, 即置换群 $\mathcal{C}_n$ 是一个由 σ 所生成的 n 阶循环群. 对于任意的 $1 \leqslant k \leqslant n-1$, 根据定理 8.11, 元素 σ^k 的周期 $|\sigma^k| = n/d$, 其中 $d = \gcd(n, k)$. 若记 $n/d = t+1$, 即 $n = (t+1)d$, 并记 $\sigma^k = \pi$, 则对于 $\forall v \in V$ 有

$$\{v, \pi(v), \pi^2(v), \cdots, \pi^t(v)\}$$

这是置换 σ^k 的循环分解式中 v 所在的循环, 显然这是 σ^k 的一个 n/d 循环. 也就是说, V 中的任何元素均位于 σ^k 的长度为 n/d 的循环中, 这说明 σ^k 是一个 $(n/d)^d$ 型置换; 并且对于 n 的任一个正因子 d, 满足 $d = \gcd(n, k)$ 的所有置换 σ^k 都是一个 $(n/d)^d$ 型置换. 因此, 群 $\mathcal{C}_n$ 中 $(n/d)^d$ 型置换的个数, 就是使得 $d = \gcd(n, k)$ 且小于 n 的正整数 k 的个数, 即使得 $1 = \gcd(n/d, i)$ 且小于 n/d 的正整数 i 的个数, 显然这个数就是 $\phi(n/d)$. 因此, 置换群 $\mathcal{C}_n$ 的循环指数为

$$\begin{aligned} \mathrm{CI}_{\mathcal{C}_n}(x_1, \cdots, x_n) &= \frac{1}{|\mathcal{C}_n|} \sum_{\sigma \in \mathcal{C}_n} x_1^{\lambda_1(\sigma)} x_2^{\lambda_2(\sigma)} \cdots x_n^{\lambda_n(\sigma)} \\ &= \frac{1}{n}\left[x_1^n + \sum_{d \mid n,\, 1 < d < n} \phi\left(\frac{n}{d}\right) x_{n/d}^d \right] \\ &= \frac{1}{n}\left[\phi(1) x_1^n + \sum_{d \mid n,\, 1 < d < n} \phi(d) x_d^{n/d} \right] \\ &= \frac{1}{n} \sum_{d \mid n} \phi(d) x_d^{n/d} \end{aligned}$$

至于绕 G_n 的中心作平面旋转所导出的 E 上的置换群也是 $\mathcal{C}_n$ 是显然的. ■

用 m 种颜色对正 n 边形 G_n 的顶点进行染色, 如果绕正 n 边形的中心作平面旋转使之重合的两种染色方案视为同一种方案, 那么不同的染色方案数就是 $\mathrm{CI}_{\mathcal{C}_n}(m, m, \cdots, m)$. 显然, 这个染色方案数 $\mathrm{CI}_{\mathcal{C}_n}(m, m, \cdots, m)$ 也是 m 元

集的手镯型 n 重复圆排列数 $\bigodot_b[\![m; n]\!]$, 从而根据上面的定理8.31有

$$\bigodot_b[\![m; n]\!] = \frac{1}{n} \sum_{d \mid n} \phi(d) m^{n/d} \tag{8.9}$$

这正是定理6.67 的一个结论.

定理 8.32 设 V 和 E 分别是正 n 边形 G_n 的顶点集和边集, 则绕 G_n 的中心作平面旋转和空间翻转所导出的 V 和 E 上的置换群均为 $\mathcal{D}_n$, 且其循环指数为

$$\mathrm{CI}_{\mathcal{D}_n}(x_1, \cdots, x_n) = \frac{1}{2n} \sum_{d \mid n} \phi(d) x_d^{n/d} + \begin{cases} \dfrac{1}{2} x_1 x_2^{(n-1)/2}, & n\text{为奇数} \\[2mm] \dfrac{1}{4} \big(x_1^2 x_2^{n/2-1} + x_2^{n/2} \big), & n\text{为偶数} \end{cases}$$

其中 $\phi(n)$ 是 Euler 函数.

证明 记 G_n 的顶点集为 $V = \mathbb{Z}_n^+$. 从定理8.31的证明可知, 绕正 n 边形 G_n 的中心作平面旋转将产生顶点集 V 上的置换群 $\mathcal{C}_n$, 它包含如下 n 个置换:

$$\iota, \ \sigma, \ \sigma^2, \ \cdots, \ \sigma^{n-1}$$

其中置换 $\sigma = (123 \cdots n)$. 下面我们来讨论正 n 边形 G_n 空间翻转所导出的顶点集 V 上的置换, 分 n 为奇数和偶数两种情况讨论.

当 $n = 2k + 1$ 时, 只有 1 种类型但有 n 个空间翻转, 那就是以过 G_n 的每一个顶点与对边中点的连线 ℓ 作为轴线 (如图 8.9 (a) 所示), 作 $180°$ 的空间翻转. 每一个这样的翻转都产生一个顶点集 V 上的 $(1)(2)^k = (1)(2)^{(n-1)/2}$ 型置换, 所以共有 n 个这样的置换, 并记这 n 个置换为 $\tau_1, \tau_2, \cdots, \tau_n$. 因此有

$$\mathcal{D}_n = \big\{ \iota, \ \sigma, \ \sigma^2, \ \cdots, \ \sigma^{n-1}, \ \tau_1, \ \cdots, \ \tau_n \big\}$$

且易知 $\mathcal{D}_n$ 在置换的合成运算 "∘" 下形成顶点集 V 上的置换群. 因此, 当 n 为奇数时 $\mathcal{D}_n$ 的循环指数为

$$\mathrm{CI}_{\mathcal{D}_n}(x_1, \cdots, x_n) = \frac{1}{2n} \left[\sum_{d \mid n} \phi(d) x_d^{n/d} + n x_1 x_2^{(n-1)/2} \right]$$

$$= \frac{1}{2n} \sum_{d \mid n} \phi(d) x_d^{n/d} + \frac{1}{2} x_1 x_2^{(n-1)/2}$$

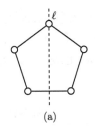
(a)

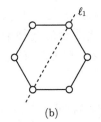
(b)

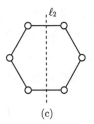
(c)

图 8.9 正 n 边形的空间翻转

当 $n = 2k$ 时, 有 2 种类型且每种类型各有 k 个空间翻转. 第一种类型的空间翻转, 是以过 G_n 的中心与一对顶点的连线 ℓ_1 作为轴线 (如图 8.9 (b) 所示), 作 $180°$ 的空间翻转. 每一个这样的空间翻转产生 1 个 V 上的 $(1)^2(2)^{k-1}$ 型置换, 共有 k 个这种类型的置换, 不妨记为 $\tau_1, \tau_2, \cdots, \tau_k$. 第二种类型的空间翻转, 是以过 G_n 的中心与一对边的中点的连线 ℓ_2 作为轴线 (如图 8.9 (c) 所示), 作 $180°$ 的空间翻转. 每一个这样的翻转将产生 1 个 V 上的 $(2)^k$ 型置换, 共有 k 个这种类型的置换, 并记这 k 个置换为 $\tau_{k+1}, \tau_{k+2}, \cdots, \tau_{2k}$. 此时置换群 $\mathcal{D}_n$ 为

$$\mathcal{D}_n = \left\{ \iota, \sigma, \sigma^2, \cdots, \sigma^{n-1}, \tau_1, \cdots, \tau_k, \tau_{k+1}, \cdots, \tau_{2k} \right\}$$

从而其循环指数为

$$\mathrm{CI}_{\mathcal{D}_n}(x_1, \cdots, x_n) = \frac{1}{2n} \left[\sum_{d \mid n} \phi(d) x_d^{n/d} + k(x_1 x_2^{k-1} + x_2^k) \right]$$

$$= \frac{1}{2n} \sum_{d \mid n} \phi(d) x_d^{n/d} + \frac{1}{4} \left(x_1 x_2^{n/2-1} + x_2^{n/2} \right)$$

至于旋转和翻转导出的边集上的置换群也是 $\mathcal{D}_n$ 则是显然的, 不再赘述. ■ 定理 8.32 中的群 $\mathcal{D}_n$ 一般称为**二面体群**. 如果令集合 $\mathbb{Z}_n^+$ 上的置换

$$\sigma = (12 \cdots n)$$

$$\tau = \begin{cases} (1)(2\,\underline{2k+1})(3\,\underline{2k}) \cdots (\underline{k+1}\ \underline{k+2}), & n = 2k+1 \\ (1\,\underline{2k})(2\,\underline{2k-1}) \cdots (\underline{k-1}\ k)(k\,\underline{k+1}), & n = 2k \end{cases}$$

则二面体群 $\mathcal{D}_n$ 还可表示为

$$\mathcal{D}_n = \left\{ \iota, \sigma, \sigma^2, \cdots, \sigma^{n-1}, \tau, \tau\sigma, \cdots, \tau\sigma^{n-1} \right\}$$

$$= \langle \sigma \rangle \cup \tau \langle \sigma \rangle = \mathcal{C}_n \cup \tau \mathcal{C}_n$$

根据定理 8.32, 用 m 种颜色对正 n 边形 G_n 的顶点进行染色, 如果通过绕 G_n 的中心作平面旋转和空间翻转使之重合的两种染色方案视为同一种方案, 则其方案数为 $\mathrm{CI}_{\mathcal{D}_n}(m, m, \cdots, m)$. 显然, 数 $\mathrm{CI}_{\mathcal{D}_n}(m, m, \cdots, m)$ 也是 m 元集的项链型 n 重复圆排列数 $\bigodot_n[\![m; n]\!]$, 因而有

$$
\bigodot_n[\![m; n]\!] =
\begin{cases}
\dfrac{1}{2n}\sum_{d\,|\,n}\phi(d)m^{n/d} + \dfrac{1}{2}m^{(n+1)/2}, & n\text{为奇数} \\[3mm]
\dfrac{1}{2n}\sum_{d\,|\,n}\phi(d)m^{n/d} + \dfrac{1}{4}\big(m^{n/2+1} + m^{n/2}\big), & n\text{为偶数}
\end{cases}
$$

$$
=
\begin{cases}
\dfrac{1}{2}\big[\bigodot_b[\![m; n]\!] + m^{(n+1)/2}\big], & n\text{为奇数} \\[3mm]
\dfrac{1}{2}\big[\bigodot_b[\![m; n]\!] + m^{n/2}(m+1)/2\big], & n\text{为偶数}
\end{cases}
\tag{8.10}
$$

前面我们曾经介绍过有限群的 Cayley 表示, 下面我们研究其循环指数.

定理 8.33　设 G 是一个 n 阶群, H 是其 Cayley 表示, 则 H 的循环指数为

$$
\mathrm{CI}_H(x_1, \cdots, x_n) = \frac{1}{n}\sum_{d\,|\,n}\nu(d)x_d^{n/d}
\tag{8.11}
$$

其中 $\nu(d)$ 是有限群 G 中阶为 d 的元素个数.

证明　由于 $G \cong H$, 所以对于 $\forall a \in G$, $|a| = d$, H 中有一个对应的置换 σ_a. 根据前面的结论, 置换 σ_a 的类型为 $(d)^{n/d}$, 其中 $d\,|\,n$. 因此, 置换群 H 的循环指数为

$$
\mathrm{CI}_H(x_1, \cdots, x_n) = \frac{1}{n}\sum_{a\in G}x_{|a|}^{n/|a|} = \frac{1}{n}\sum_{d\,|\,n}\nu(d)x_d^{n/d}
$$

其中 $\nu(d)$ 是有限群 G 中阶为 d 的元素个数.　∎

例如, Klein 四元群 $\mathcal{K} = \{e, a, b, c\}$ 的 Cayley 表示

$$
H = \{(e)(a)(b)(c), (ea)(bc), (eb)(ac), (ec)(ab)\}
$$

其循环指数为

$$
\mathrm{CI}_{\mathcal{K}}(x_1, x_2, x_3, x_4) = \frac{1}{4}\big(x_1^4 + 3x_2^2\big)
$$

如果我们用 $C = \{0, 1\}$ 中的两种颜色对群 $\mathcal{K}$ 中的对象进行染色, 则在置换群 H 的作用下不同的染色方案数为

$$
\mathrm{CI}_{\mathcal{K}}(2, 2, 2, 2) = \frac{1}{4}\big(2^4 + 3\cdot 2^2\big) = 7
$$

也就是说, 所有 16 种染色方案中只有 7 类不同的染色方案. 如果我们用 4 位二进制数表示染色方案, 则下面的表列出了 16 种染色方案分成的 7 个等价类:

$$\{0000\}, \{1111\}, \{0001, 0010, 0100, 1000\},$$

$$\{0011, 1100\}, \{0101, 1010\}, \{0110, 1001\},$$

$$\{0111, 1011, 1101, 1110\}$$

定理 8.34 设 $\mathcal{V}, \mathcal{E}$ 和 $\mathcal{F}$ 分别是由正四面体 T_h 的空间刚体运动所导出的顶点集 V、边集 E 和面集 F 上的置换群, 则它们的循环指数分别为

$$\begin{cases} \mathrm{CI}_{\mathcal{V}}(x_1, \cdots, x_4) = \dfrac{1}{12}\left(x_1^4 + 8x_1 x_3 + 3x_2^2\right) \\[2mm] \mathrm{CI}_{\mathcal{E}}(x_1, \cdots, x_6) = \dfrac{1}{12}\left(x_1^6 + 8x_3^2 + 3x_1^2 x_2^2\right) \\[2mm] \mathrm{CI}_{\mathcal{F}}(x_1, \cdots, x_4) = \dfrac{1}{12}\left(x_1^4 + 8x_1 x_3 + 3x_2^2\right) \end{cases}$$

证明 下面我们来证明第一个式子, 其余请读者自己完成. 不过在证明之前, 我们先对正多面体的 "空间刚体运动" 的概念作一点说明. 我们这里所谓正多面体的空间刚体运动, 仅仅指的是绕过正多面体中心的轴线旋转使正多面体的顶点、边和面重合的运动 (下同).

设 $V = \{1, 2, 3, 4\}$ 是正四面体 T_h 的顶点集. T_h 的能产生顶点集 V 上置换的刚体运动只有两种类型: 一种是过一顶点与对面中心的轴线 ℓ_1 逆时针旋转 $0°$、$120°$ 和 $240°$, 如图 8.10 (a) 所示; 另一种是过一对边的中点的轴线 ℓ_2 作 $180°$ 翻转, 如图 8.10 (b) 所示. 其中, 每一个以 ℓ_1 作为轴线旋转 $0°$ 将产生 V 上的恒等置换, 即 $(1)^4$ 型置换; 旋转 $120°$ 和 $240°$ 将各产生 1 个格式为 $(1)(3)$ 型置换. 由

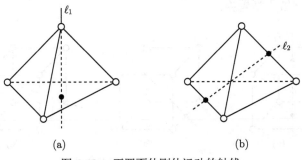

(a)   (b)

图 8.10 正四面体刚体运动的轴线

于共有 4 条这样的轴线, 总共将产生 1 个 $(1)^4$ 型置换, 8 个 $(1)(3)$ 型置换:

$$(1)(2)(3)(4),\ (1)(234),\ (1)(243),\ (2)(143),\ (2)(134)$$

$$(3)(124),\ (3)(142),\ (4)(123),\ (4)(132)$$

而每一个以 ℓ_2 作为轴线的翻转, 则产生 1 个 V 上的 $(2)^2$ 型置换; 3 条这样的轴线共产生 3 个 $(2)^2$ 型置换:

$$(14)(23),\ (13)(24),\ (12)(34)$$

因此, 置换群 $\mathcal{V}$ 的循环指数为

$$\mathrm{CI}_{\mathcal{V}}(x_1, \cdots, x_4) = \frac{1}{12}\left(x_1^4 + 8x_1x_3 + 3x_2^2\right)$$ ■

定理 8.35　设 $\mathcal{V}, \mathcal{E}$ 和 $\mathcal{F}$ 分别是由正六面体 H_h 的空间刚体运动所导出的顶点集 V、边集 E 和面集 F 上的置换群, 则它们的循环指数分别为

$$
\begin{cases}
\mathrm{CI}_{\mathcal{V}}(x_1, \cdots, x_8) = \dfrac{1}{24}\left(x_1^8 + 8x_1^2x_3^2 + 9x_2^4 + 6x_4^2\right) \\[2mm]
\mathrm{CI}_{\mathcal{E}}(x_1, \cdots, x_{12}) = \dfrac{1}{24}\left(x_1^{12} + 6x_1^2x_2^5 + 3x_2^6 + 8x_3^4 + 6x_4^3\right) \\[2mm]
\mathrm{CI}_{\mathcal{F}}(x_1, \cdots, x_6) = \dfrac{1}{24}\left(x_1^6 + 3x_1^2x_2^2 + 6x_1^2x_4 + 6x_2^3 + 8x_3^2\right)
\end{cases}
$$

证明　我们只证明第一个式子, 其余可类似证明.

设 $V = \{1, 2, \cdots, 8\}$ 是正六面体 H_h 的顶点集. H_h 的能产生顶点集 V 上置换的刚体运动有三种类型. ① 绕对面中垂线 ℓ_1 (如图 8.11 (a) 所示) 逆时针旋转 $0°, 90°, 180°$ 和 $270°$, 分别对应 V 上的 1 个 $(1)^8$ 型置换, 1 个 $(2)^4$ 型置换, 以及 2 个 $(4)^2$ 型置换. ② 过一对边的中点和 H_h 的中心的轴线 ℓ_2 (如图 8.11 (b) 所示) 作 $180°$ 翻转, 对应 V 上的 1 个 $(2)^4$ 型置换. ③ 过对角顶点和 H_h 的中心的轴线 ℓ_3 (如图 8.11 (c) 所示) 旋转 $0°, 120°$ 和 $240°$, 分别对应 V 上的 1 个恒等置换和 2 个 $(1)^2(3)^2$ 型置换.

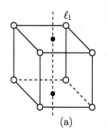 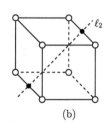 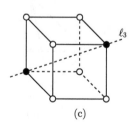

图 8.11　正六面体刚体运动的轴线

由于轴线 ℓ_1 有 3 条, 轴线 ℓ_2 有 6 条, 轴线 ℓ_3 有 4 条, 因此由正六面体 H_h 的刚体运动所导出的顶点集 V 上置换有 24 个, 其中 $(1)^8$ 型置换 1 个, $(1)^2(3)^2$ 型置换 8 个, $(2)^4$ 型置换 9 个, $(4)^2$ 型置换 6 个. 根据循环指数的定义, 群 $\mathcal{V}$ 的循环指数为

$$\mathrm{CI}_{\mathcal{V}}(x_1, \cdots, x_8) = \frac{1}{24} \left(x_1^8 + 8x_1^2 x_3^2 + 9x_2^4 + 6x_4^2 \right) \qquad \blacksquare$$

定理 8.36 设 $\mathcal{V}, \mathcal{E}$ 和 $\mathcal{F}$ 分别是由正八面体 O_h 的空间刚体运动所导出的顶点集 V、边集 E 和面集 F 上的置换群, 则它们的循环指数分别为

$$\begin{cases} \mathrm{CI}_{\mathcal{V}}(x_1, \cdots, x_6) = \dfrac{1}{24} \left(x_1^6 + 3x_1^2 x_2^2 + 6x_1^2 x_4 + 6x_2^3 + 8x_3^2 \right) \\[2mm] \mathrm{CI}_{\mathcal{E}}(x_1, \cdots, x_{12}) = \dfrac{1}{24} \left(x_1^{12} + 3x_2^6 + 6x_4^3 + 6x_1^2 x_2^5 + 8x_3^4 \right) \\[2mm] \mathrm{CI}_{\mathcal{F}}(x_1, \cdots, x_8) = \dfrac{1}{24} \left(x_1^8 + 8x_1^2 x_3^2 + 9x_2^4 + 6x_4^2 \right) \end{cases}$$

证明 图 8.12 展示了过正八面体 O_h 中心的三条轴线, 由此不难得到定理的证明, 我们将其留作习题 (习题 8.8). $\qquad \blacksquare$

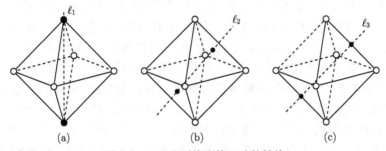

图 8.12 正八面体刚体运动的轴线

定理 8.37 设 $\mathcal{V}, \mathcal{E}$ 和 $\mathcal{F}$ 分别是由正十二面体 D_h 的空间刚体运动所导出的顶点集 V、边集 E 和面集 F 上的置换群, 则它们的循环指数分别为

$$\begin{cases} \mathrm{CI}_{\mathcal{V}}(x_1, \cdots, x_{20}) = \dfrac{1}{60} \left(x_1^{20} + 15x_2^{10} + 20x_1^2 x_3^6 + 24x_5^4 \right) \\[2mm] \mathrm{CI}_{\mathcal{E}}(x_1, \cdots, x_{30}) = \dfrac{1}{60} \left(x_1^{30} + 15x_1^2 x_2^{14} + 20x_3^{10} + 24x_5^6 \right) \\[2mm] \mathrm{CI}_{\mathcal{F}}(x_1, \cdots, x_{12}) = \dfrac{1}{60} \left(x_1^{12} + 15x_2^6 + 20x_3^4 + 24x_1^2 x_5^2 \right) \end{cases}$$

证明 正十二面体 D_h 的空间刚体运动有三类. ① 绕过 D_h 的中心和两

个相对顶点的轴线 ℓ_1 旋转; ② 绕过 D_h 的中心和两个对面的中心轴线 ℓ_2 旋转; ③ 绕过 D_h 的中心和两个对边中心的轴线 ℓ_3 旋转, 参见图 8.13.

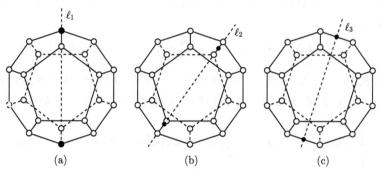

图 8.13　正十二面体刚体运动的轴线

对于 D_h 来说, 易知 $|V| = 20$, $|E| = 30$, $|F| = 12$. 绕轴线 ℓ_1 的旋转有 3 种, 分别是旋转 $0°$, $120°$, $240°$. 除旋转 $0°$ 产生恒等置换外, 其他的每个旋转均产生 V 上的 $(1)^2(3)^6$ 型置换、E 上的 $(3)^{10}$ 型置换和 F 上的 $(3)^4$ 型置换, 共有 10 条这样的轴线. 因此, 绕 ℓ_1 的旋转共产生 20 个顶点集 V 上的 $(1)^2(3)^6$ 型置换、边集 E 上的 $(3)^{10}$ 型置换和面集 F 上 $(3)^4$ 型置换. 绕轴线 ℓ_2 的旋转有 5 种, 分别是旋转 $0°$, $72°$, $144°$, $216°$, $288°$. 除旋转 $0°$ 产生恒等置换外, 其他的每个旋转均产生 V 上的 $(5)^4$ 型置换、E 上的 $(5)^6$ 型置换和 F 上的 $(1)^2(5)^2$ 型置换, 共有 6 条这样的轴线. 因此, 绕轴线 ℓ_2 的旋转共产生 24 个顶点集 V 上的 $(5)^4$ 型置换、边集 E 上的 $(5)^6$ 型置换和面集 F 上的 $(1)^2(5)^2$ 型置换. 而绕轴线 ℓ_3 只能作 $180°$ 的翻转, 这将产生 V 上的 $(2)^{10}$ 型置换、E 上的 $(1)^2(2)^{14}$ 型置换和 F 上 $(2)^6$ 型置换, 共有 15 条这样的轴线, 产生 15 个顶点集 V 上的 $(2)^{10}$ 型置换、边集 E 上的 $(1)^2(2)^{14}$ 型置换和面集 F 上 $(2)^6$ 型置换. 由此即得定理的结论. ■

定理 8.38　设 $\mathcal{V}, \mathcal{E}$ 和 $\mathcal{F}$ 分别是由正二十面体 I_h 的空间刚体运动所导出的顶点集 V、边集 E 和面集 F 上的置换群, 则它们的循环指数分别为

$$\begin{cases} \mathrm{CI}_{\mathcal{V}}(x_1, \cdots, x_{12}) = \dfrac{1}{60}\left(x_1^{12} + 15x_2^6 + 20x_3^4 + 24x_1^2 x_5^2\right) \\[2mm] \mathrm{CI}_{\mathcal{E}}(x_1, \cdots, x_{30}) = \dfrac{1}{60}\left(x_1^{30} + 15x_1^2 x_2^{14} + 20x_3^{10} + 24x_5^6\right) \\[2mm] \mathrm{CI}_{\mathcal{F}}(x_1, \cdots, x_{20}) = \dfrac{1}{60}\left(x_1^{20} + 15x_2^{10} + 20x_1^2 x_3^6 + 24x_5^4\right) \end{cases}$$

证明　正二十面体的空间刚体运动由绕过 I_h 中心的三条轴线旋转而成, 参

见图 8.14 . 请读者自己完成相关的证明. ■

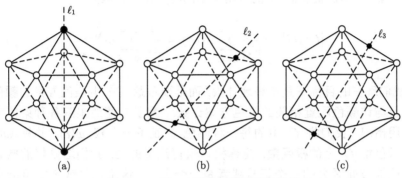

图 8.14　正二十面体刚体运动的轴线

值得注意的是, 虽然循环指数给出了置换群中置换格式的统计, 但置换群与其循环指数并不是一个一一对应的关系. Pólya 曾经给出了两个不同构的群具有完全相同的循环指数[74]. 因此, 我们不能指望通过置换群的循环指数来推测任何有关置换群的结构.

8.7　Pólya 定理的母函数形式

前面我们讨论的 Pólya 定理 (定理 8.28) 主要用来对染色方案或 G 模式进行计数, 但有时我们不仅对计数感兴趣, 也对各种计数方案的颜色使用情况感兴趣. 譬如, 某些颜色使用指定次数的方案数. 因此, 有必要对计数方案或各种 G 模式进行枚举. 下面我们将介绍所谓的母函数形式的 Pólya 定理, 既可用它来进行计数也可用它来实现枚举.

考虑用 3 种颜色 r, g, b 对两个不同的小球进行染色, 则所有的染色方案可写为

$$(r + g + b)^2 = r^2 + g^2 + b^2 + 2rg + 2rb + 2gb \tag{8.12}$$

其中 $r + g + b$ 表示每个小球的可能染色方案, 因此 $(r + g + b)^2$ 包含了用 3 种颜色 r, g, b 对 2 个小球进行染色的所有染色方案. (8.12) 右端的每一项表示了染色方案的颜色配置, 即各种颜色的使用情况, 而该项对应的系数则反映了使用该颜色配置的染色方案数. 因此, (8.12) 按所使用的颜色分类统计了用 3 种颜色染色 2 个小球的所有可能的染色方案, 实际上是对所有染色方案的枚举. 下面我们将这种思想用于 Pólya 定理, 不过需要事先花一点时间准备.

同前面一样, 设 $C = \{ c_1, c_2, \cdots, c_m \}$ 颜色集, $X = \{ x_1, x_2, \cdots, x_n \}$ 是染色对象集, G 是 X 上的置换群, $\overline{G}$ 是由 G 按 (8.6) 所导出的染色方案集 C^X 上的

置换群. 根据 Burnside 引理和 Pólya 定理, 用 C 中的 m 种颜色对 X 中的 n 个对象进行染色, 则在置换群 G 的作用下不同的染色方案数为

$$|C^X/G| = \frac{1}{|\overline{G}|} \sum_{\bar{\sigma} \in \overline{G}} \lambda_1(\bar{\sigma}) = \frac{1}{|G|} \sum_{\sigma \in G} m^{\lambda(\sigma)}$$

不过, 我们现在的目标不是单纯地计数, 而是要跟踪 C^X 中染色方案的颜色配置情况以及与该颜色配置相关的染色方案计数. 为了方便地跟踪各种染色方案的颜色使用情况, 我们将 C 中的每一种颜色 c 赋予一个权 $w(c)$, 并称 $w(\cdot)$ 是定义在颜色集 C 上的**权函数**, 简称**权**. 值得注意的是, 我们这里权的概念只是使颜色能够彼此区分的一个记号或者是一个名字, 这个记号或名字可能是一个数, 也可能是一个字母, 不是通常意义上的权. 例如, 将 C 中的 m 种颜色记为 $c_1, c_2, \cdots, c_m$, 就是给 C 中的每一种颜色赋了一个权; 当然也可以将 C 中的 m 种颜色记为 $1, 2, \cdots, m$, 不过这相当于在颜色集 C 上定义了另一个权函数.

定义 8.16　设 C 是颜色集, X 是染色对象集, $w(\cdot)$ 是定义在 C 上的权函数, 则对于 $\varphi \in C^X$, 令

$$w(\varphi) = \prod_{x \in X} w(\varphi(x))$$

则称 $w(\varphi)$ 是染色方案 φ 的**权**.

显然, 对于一个给定的 $\varphi \in C^X$, 权 $w(\varphi)$ 刻画了染色方案 φ 的颜色使用情况. 例如, 用 3 种颜色 r, g, b (权) 对 5 个对象进行染色, 则每一种染色方案可表为 3 元集合 $C = \{r, g, b\}$ 的 5 重复排列. 若染色方案 $\varphi = rrgbg$, 它表示 φ 将第一个、第二个对象染成颜色 r, 第三个、第五个对象染成颜色 g, 而将第四个对象染成颜色 b, 则染色方案 φ 的权为 $w(\varphi) = r^2 g^2 b$.

定义 8.17　设 C 是颜色集, X 是染色对象集, $w(\cdot)$ 是定义在 C 上的权函数, 则对于 $K \subseteq C^X$, 令

$$w(K) = \sum_{\varphi \in K} w(\varphi)$$

则称 $w(K)$ 为染色方案集 K 的**权**, 并约定 $w(\varnothing) = 0$.

从上述定义可以看出, $w(K)$ 对染色方案集 K 中的染色方案按其权进行分类统计, 它描述了 K 中染色方案的颜色分布, 其作用类似于母函数. 因为 $w(K)$ 中的每一项都代表了某个染色方案的颜色配置, 而该项的系数则是具有相应颜色配置的染色方案数. 例如, 设 $C = \{r, g, b\}$, $X = \{x_1, x_2, x_3, x_4, x_5\}$, 并令

$$K = \{rrrrr,\ rrggb,\ rggrb,\ brggr,\ rgbbb,\ bgbbr,\ rrgbb\}$$

显然 $K \subseteq C^X$. 如果定义 C 上的权函数为 $w(c) = c,\ c \in C$, 则有

$$w(K) = r^5 + 3r^2g^2b + 2rgb^3 + r^2gb^2$$

如果保持 X 不变, 而将 C 上的权函数定义为 $w(r) = w(g) = 1,\ w(b) = x$, 则染色方案集 K 的权变为 $w(K) = 1 + 3x + x^2 + 2x^3$. 它表示染色方案集 K 中, 不使用颜色 b 的方案有 1 个, 只有 1 个对象染成颜色 b 的方案有 3 个, 有 2 个对象染成颜色 b 的方案有 1 个, 而有 3 个对象染成颜色 b 的方案有 2 个.

从上面的例子可以看出, 一个染色方案集 K 的权完全依赖于定义在颜色集 C 上的权函数. 对于同一个染色方案集 K, 不同的权函数定义会产生不同的权. 不过, 这非常便于我们灵活地分析染色方案集 K 中的颜色使用情况. 如上面的第二种赋权方式就非常有助于我们分析 K 中第三种颜色 b 的使用情况. 每当我们只对某个或某几个颜色感兴趣时, 就可以采用这种定义权函数的方式, 即将不关心的颜色简单地赋权 1, 以简化染色方案集 K 的权表达式 $w(K)$. 当颜色集 C 上的权函数给定之后, 染色方案的权就确定了. 那么在置换群的作用下, 两个等价的染色方案的权有什么关系呢? 下面的定理回答了这个问题.

定理 8.39 设 $w(\cdot)$ 是定义在颜色集 C 上的权函数, G 是染色对象集 X 上的置换群, $\varphi_1, \varphi_2 \in C^X$ 是在 G 的作用下两个等价的染色方案, 那么有 $w(\varphi_1) = w(\varphi_2)$.

证明 由于 φ_1, φ_2 在 G 的作用下等价, 根据定理 8.27 知, $\exists \sigma \in G$ 使得

$$\varphi_1(x) = \varphi_2(\sigma(x)), \quad \forall x \in X$$

从而

$$w(\varphi_1) = \prod_{x \in X} w[\varphi_1(x)] = \prod_{x \in X} w\left[\varphi_2(\sigma(x))\right] \tag{8.13}$$

但由于 σ 是 X 上的置换, 所以 $X = \{\sigma(x) \mid x \in X\}$, 因此有

$$\prod_{x \in X} w\left[\varphi_2(\sigma(x))\right] = \prod_{x \in X} w[\varphi_2(x)] = w(\varphi_2) \tag{8.14}$$

综合 (8.13) 和 (8.14) 即得. ∎

根据上面定理的结论, 处在同一个染色等价类 ($\overline{G}$ 轨道或 G 模式) 的所有染色方案具有相同的权, 这个共同的权刻画了该等价类的颜色使用模式. 因此, 我们将一个染色方案等价类所共有的权称为**等价类的权**或 $\boldsymbol{G}$ **模式的权**. 也就是说, 如果 $\text{Orb}(\varphi)$ 是 φ 所在的染色方案等价类 ($\overline{G}$ 轨道或 G 模式), 则其权为 $w(\varphi)$.

C^X/G 中所有 G 模式的权和称为 **G 模式清单**, 在不至于混淆的情况下直接简称**模式清单**, 记为 $\mathrm{Inv}(C^X/G)$, 即有

$$\mathrm{Inv}(C^X/G) = \sum_{\mathrm{Orb}(\varphi) \in C^X/\overline{G}} w(\varphi) \tag{8.15}$$

显然, 模式清单 $\mathrm{Inv}(C^X/G)$ 以 G 模式或 $\overline{G}$ 轨道为单位统计了染色方案集 C^X 的颜色使用情况, 即每个等价类或 G 模式取一个染色方案为代表进行统计. 也就是说, 模式清单 $\mathrm{Inv}(C^X/G)$ 中的每一项枚举了一种颜色使用模式, 这个模式标识了某些颜色的使用计数, 而对应项的系数则是具有相应颜色使用模式的计数. 但需要注意的是, 不同的 G 模式或 $\overline{G}$ 轨道可能具有相同的权. 因此, 模式清单 $\mathrm{Inv}(C^X/G)$ 中不同的项数并不等于 G 模式数, 而不同模式的权系数之和才等于 G 模式数, 也就是用 C 中的颜色对 X 中的对象进行染色在群 G 的作用下不同的染色方案数.

　　下面我们的目标是计算模式清单 $\mathrm{Inv}(C^X/G)$. 为了得到这个 G 模式清单的具体表达式, 必须借助于 $\overline{G}$ 轨道, 其中 $\overline{G}$ 是由 X 上的置换群 G 导出的染色方案集 C^X 的置换群. 因为本质上 $\overline{G}$ 轨道和 G 模式是完全一样的, 只不过是用不同集合上的置换群表述 C^X 中的同一个等价类. 为此, 对于给定的 $\bar{\sigma} \in \overline{G}$, 我们令

$$\mathrm{Fix}(\bar{\sigma}) = \left\{ \varphi \mid \varphi \in C^X, \bar{\sigma}(\varphi) = \varphi \right\} \tag{8.16}$$

显然, $\mathrm{Fix}(\bar{\sigma}) \subseteq C^X$. 实际上 $\mathrm{Fix}(\bar{\sigma})$ 是 $\bar{\sigma}$ 的不动点 (即 $\bar{\sigma}$ 的循环分解式中的 1 循环) 的集合, 因此有 $|\mathrm{Fix}(\bar{\sigma})| = \lambda_1(\bar{\sigma})$, 并且有下面的结论:

　　定理 8.40　设 X 是染色对象集, G 是 X 上的置换群, C 是颜色集, $w(\cdot)$ 是 C 上的权函数, $\mathrm{Fix}(\bar{\sigma})$ 定义如 (8.16). 用 C 中的颜色对 X 中的对象进行染色, 则染色方案集 C^X 关于群 G 的模式清单为

$$\mathrm{Inv}(C^X/G) = \frac{1}{|\overline{G}|} \sum_{\bar{\sigma} \in \overline{G}} w(\mathrm{Fix}(\bar{\sigma})) \tag{8.17}$$

其中 $\overline{G}$ 是由 G 导出的染色方案集 C^X 上的置换群.

　　证明　根据 (8.16), $w(\mathrm{Fix}(\bar{\sigma}))$ 统计了置换 $\bar{\sigma}$ 的所有不动点 (染色方案) 的权和, 所以式 (8.17) 的右端 $\sum_{\bar{\sigma} \in \overline{G}} w(\mathrm{Fix}(\bar{\sigma}))$ 统计了 $\overline{G}$ 中所有置换不动点 (染色方案) 的权和. 显然, 这个权和也可以从另一个角度来统计, 就是让 φ 遍历集合 C^X, 然后对每一个 φ 考虑以 φ 作为不动点的置换 $\bar{\sigma}$, 显然 $\bar{\sigma} \in \mathrm{Sta}(\varphi)$, 即有

$$\frac{1}{|\overline{G}|} \sum_{\bar{\sigma} \in \overline{G}} w(\mathrm{Fix}(\bar{\sigma})) = \frac{1}{|\overline{G}|} \sum_{\varphi \in C^X} w(\varphi) \, |\mathrm{Sta}(\varphi)|$$

如果注意到 $|\overline{G}| = |\mathrm{Sta}\,(\varphi)|\,|\mathrm{Orb}\,(\varphi)|$、定理 8.23 和定理 8.39, 那么上式成为

$$
\begin{aligned}
\frac{1}{|\overline{G}|} \sum_{\bar{\sigma} \in \overline{G}} w(\mathrm{Fix}\,(\bar{\sigma})) &= \frac{1}{|\overline{G}|} \sum_{\varphi \in C^X} w(\varphi)\,|\mathrm{Sta}\,(\varphi)| \\
&= \frac{1}{|\overline{G}|} \sum_{\mathrm{Orb}(\varphi) \in C^X/\overline{G}} \ \sum_{\varphi \in \mathrm{Orb}(\varphi)} w(\varphi)\,|\mathrm{Sta}\,(\varphi)| \\
&= \frac{1}{|\overline{G}|} \sum_{\mathrm{Orb}(\varphi) \in C^X/\overline{G}} w(\varphi)\,|\mathrm{Sta}\,(\varphi)|\,|\mathrm{Orb}\,(\varphi)| \\
&= \sum_{\mathrm{Orb}(\varphi) \in C^X/\overline{G}} w(\varphi) = \mathrm{Inv}\big(C^X/G\big) \qquad \blacksquare
\end{aligned}
$$

如果定义颜色集 C 上的权函数 $w(\cdot) \equiv 1$, 那么对 $\forall \varphi \in C^X$ 有 $w(\varphi) \equiv 1$, 且显然有

$$
\mathrm{Inv}\big(C^X/G\big) = \sum_{\mathrm{Orb}(\varphi) \in C^X/\overline{G}} w(\varphi) = \big|C^X/\overline{G}\big|, \quad w(\mathrm{Fix}\,(\bar{\sigma})) = \lambda_1(\bar{\sigma})
$$

即 (8.17) 给出了 Burnside 引理 (定理 8.26) 的结果.

对于 $\forall \sigma \in G$, 令 $\sigma = C_1 C_2 \cdots C_k$, 其中 C_j 是 σ 循环分解式中的第 j 个循环, 仍像前面一样 C_j 也表示第 j 个循环中所包含的元素之集, 令

$$
\mathrm{Keb}\,(\sigma) = \big\{ \varphi \,\big|\, \varphi \in C^X,\ \varphi(x) = \varphi(y),\ \forall x, y \in C_j,\ 1 \leqslant j \leqslant k \big\} \tag{8.18}
$$

显然, $\mathrm{Keb}\,(\sigma) \subseteq C^X$, $\mathrm{Keb}\,(\sigma)$ 中的染色方案都将 σ 同一循环中的对象染成同样的颜色. 下面的定理给出了染色方案集 $\mathrm{Keb}\,(\sigma)$ 的权和.

定理 8.41 设 $w(\cdot)$ 是定义在颜色集 C 上的权函数, G 是 n 元对象集 X 上的置换群, 对于 $\sigma \in G$, $\lambda_j(\sigma)$ 表示 σ 长度为 j 的循环个数, $\mathrm{Keb}\,(\sigma)$ 的定义如 (8.18), 则有

$$
w(\mathrm{Keb}\,(\sigma)) = \prod_{j=1}^{n} w_j(C)^{\lambda_j(\sigma)}, \quad w_j(C) = \sum_{c \in C} w(c)^j \tag{8.19}
$$

其中 $w_j(C)$ 表示用 C 中的颜色染色 σ 的一个 j 循环中的对象且每个对象染同样颜色的所有染色方案的权和, 也是 $\mathrm{Keb}\,(\sigma)$ 中所有染色方案限制在 σ 的长度为 j 的循环上的权和.

证明　设 $\sigma = C_1 C_2 \cdots C_k$ 是置换 σ 的循环分解式, 并考虑如下 k 个因子的乘积

$$\left[\sum_{c \in C} [w(c)]^{|C_1|} \right] \left[\sum_{c \in C} [w(c)]^{|C_2|} \right] \cdots \left[\sum_{c \in C} [w(c)]^{|C_k|} \right] \tag{8.20}$$

显然 (8.20) 可以展开成如下诸项的和

$$\sum_{c_{i_1} c_{i_2} \cdots c_{i_k} \in C^{[\![k]\!]}} w(c_{i_1})^{|C_1|} w(c_{i_2})^{|C_2|} \cdots w(c_{i_k})^{|C_k|}$$

上式求和遍历颜色集 C 的所有 k 重复排列, 且每一个这样的排列 $c_{i_1} c_{i_2} \cdots c_{i_k}$ 唯一地确定 $\mathrm{Keb}\,(\sigma)$ 中的一个染色方案 φ, 该染色方案 φ 将 σ 的循环 C_1 中的对象染成颜色 c_{i_1}, 将循环 C_2 中的对象染成颜色 c_{i_2}, $\cdots$, 将循环 C_k 中的对象染成颜色 c_{i_k}; 而求和中的项

$$w(c_{i_1})^{|C_1|} w(c_{i_2})^{|C_2|} \cdots w(c_{i_k})^{|C_k|}$$

则正好就是这个染色方案 φ 的权 $w(\varphi)$. 因此, (8.20) 就是所有将 σ 同一循环中的对象染成同样颜色的染色方案的权和, 从而有

$$w(\mathrm{Keb}\,(\sigma)) = \prod_{j=1}^{k} \left[\sum_{c \in C} w(c)^{|C_j|} \right] = \prod_{j=1}^{k} w_{|C_j|}(C) \tag{8.21}$$

显然, (8.21) 中因子 $w_j(C)$ 恰好出现 $\lambda_j(\sigma)$ 次, 由此即知 (8.19) 成立. ■

　　如果注意到 $\mathrm{Keb}\,(\sigma) \equiv \mathrm{Fix}\,(\bar{\sigma})$, 即 $\bar{\sigma}$ 的不动点 φ, 就是将 σ 的同一循环中的对象染成同样颜色的染色方案 φ; 反之亦然. 从而由定理 8.40 和定理 8.41 立即可得如下母函数型的 Pólya 定理:

定理 8.42　设 G 是 n 元对象集 X 上的置换群, $w(\cdot)$ 是定义在 m 元颜色集 C 上的权函数, 用 C 中的颜色对 X 中的对象进行染色, 则染色方案集 C^X 关于置换群 G 的模式清单为

$$\mathrm{Inv}(C^X/G) = \mathrm{CI}_G(w_1(C), w_2(C), \cdots, w_n(C))$$

其中 $\mathrm{CI}_G(x_1, \cdots, x_n)$ 是置换群 G 的循环指数, $w_k(C)$ 如 (8.19).

　　如果在定理 8.42 中取 $w(\cdot) \equiv 1$, 则有 $w_j(C) = \sum_{c \in C} [w(c)]^j \equiv m$, 此时定理 8.42 中的模式清单 $\mathrm{Inv}(C^X/G)$ 给出了模式数, 即不同的染色方案数. 这就是前面的 Pólya 定理 (定理 8.28), 所以我们也称定理 8.42 为 Pólya 基本定理. 这个基本定理的使用有时会更方便一些. 例如, 取颜色集 $C = \{c_1, c_2, c_3\}$, 即只考虑用

三种颜色对 X 中的 n 个对象进行染色, 并且我们只关心颜色 c_2 用了 ℓ 次的方案数, 则可定义 C 上的权函数 $w(\cdot)$ 使之满足: $w(c_1) = w(c_3) = 1$, $w(c_2) = x$, 此时有 $w_j(C) = 2 + x^j$, 那么颜色 c_2 用了 ℓ 次的方案数 N 为模式清单 $\mathrm{Inv}(C^X/G)$ 的展开式中 x^ℓ 的系数, 记为 $[x^\ell]\mathrm{Inv}(C^X/G)$, 即有

$$N = [x^\ell]\mathrm{Inv}(C^X/G) = [x^\ell]\left[\frac{1}{|G|}\sum_{\sigma \in G}\prod_{j=1}^n (2+x^j)^{\lambda_j(\sigma)}\right]$$

例 8.10 用黑白两种颜色的珠子穿成 n 个珠子的手镯, 求恰有 $k\,(\leqslant n)$ 个白色珠子的方案数.

解 显然颜色集 $C = \{黑, 白\}$. 定义 C 上的权函数如下:

$$w(黑) = 1, \quad w(白) = x$$

则有 $w_j(C) = 1 + x^j$. 根据定理 8.31, 对应的置换群 $\mathcal{C}_n$ 的循环指数为

$$\mathrm{CI}_{\mathcal{C}_n}(x_1, \cdots, x_n) = \frac{1}{n}\sum_{d\,|\,n}\phi(d)x_d^{n/d}$$

所以

$$\mathrm{Inv}(C^X/\mathcal{C}_n) = \frac{1}{n}\sum_{d\,|\,n}\phi(d)\big(1+x^d\big)^{n/d}$$

$$= \frac{1}{n}\sum_{d\,|\,n}\phi(d)\sum_{i=0}^{n/d}\binom{n/d}{i}x^{id}$$

由此得 x^k 的系数为

$$N = [x^k]\mathrm{Inv}(C^X/\mathcal{C}_n) = \frac{1}{n}\sum_{d\,|\,\gcd(n,k)}\phi(d)\binom{n/d}{k/d}$$

此即为有 k 个白色珠子的手镯方案数.

下面我们看一下前面的例 8.8, 也就是用黑白两种颜色的珠子穿成 6 颗珠子的项链, 有多少种不同的穿法的问题. 根据前面计算的结果, 我们知道共有 13 种穿法. 如果在所用颜色集 $C = \{黑, 白\}$ 上定义如下权函数:

$$w(黑) = 1, \quad w(白) = x, \quad w_j(C) = 1 + x^j$$

则由所涉及群 $\mathcal{D}_6$ 的循环指数

$$\mathrm{CI}_{\mathcal{D}_6}(x_1, \cdots, x_6) = \frac{1}{12}\sum_{d\,|\,6}\phi(d)x_d^{6/d} + \frac{1}{4}\left(x_1^2 x_2^2 + x_2^3\right)$$

可得方案集 C^X 关于群 $\mathcal{D}_6$ 的模式清单为

$$\mathrm{Inv}\big(C^X/\mathcal{D}_6\big) = \mathrm{CI}_{\mathcal{D}_6}\big((1+x),\,(1+x^2),\,\cdots,\,(1+x^6)\big)$$

$$= \frac{1}{12}\sum_{d\,|\,6}\phi(d)\big(1+x^d\big)^{6/d} + \frac{1}{4}\Big[\big(1+x\big)^2\big(1+x^2\big)^2 + \big(1+x^2\big)^3\Big]$$

$$= 1 + x + 3x^2 + 3x^3 + 3x^4 + x^5 + x^6$$

上面的结果表明, 13 种穿法中, 5 颗白珠子、6 颗白珠子以及 5 颗黑珠子、6 颗黑珠子的穿法各 1 种, 2 颗白珠子、3 颗白珠子以及 4 颗白珠子的穿法各 3 种. 对照一下图 8.8 即知结论的正确性.

例 8.11　将 4 颗红色珠子镶嵌在正六面体的 4 个角上, 试求其方案数 N.

解　问题相当于用红、绿 2 种颜色对正六面体 H_h 的顶点进行染色, 求每种颜色各染 4 个顶点的方案数. 根据定理 8.35, H_h 的顶点集 V 上的置换群 $\mathcal{V}$ 的循环指数为

$$\mathrm{CI}_{\mathcal{V}}(x_1,\,\cdots,\,x_8) = \frac{1}{24}\big(x_1^8 + 8x_1^2x_3^2 + 9x_2^4 + 6x_4^2\big)$$

定义颜色集 $C = \{\text{红},\,\text{绿}\}$ 上的权函数如下:

$$w(\text{红}) = x,\quad w(\text{绿}) = 1,\quad w_j(C) = 1 + x^j$$

则由定理 8.42 可得

$$\mathrm{Inv}\big(C^V/\mathcal{V}\big) = \frac{1}{24}\Big[\big(1+x\big)^8 + 8\big(1+x\big)^2\big(1+x^3\big)^2$$

$$+ 9\big(1+x^2\big)^4 + 6\big(1+x^4\big)^2\Big]$$

$$= 1 + x + 3x^2 + 3x^3 + 7x^4 + 3x^5 + 3x^6 + x^7 + x^8$$

从而得所求的方案数为

$$N = \big[x^4\big]\mathrm{Inv}\big(C^V/\mathcal{V}\big) = 7$$

例 8.12　将 5 个 "♣" 和 4 个 "♡" 摆放在 3×3 的棋盘格上, 试问有多少种不同的摆法? 假定绕棋盘格中心的旋转和翻转使之重合的两种摆法视为同一种摆法.

解　将 9 个格子标以数字 1 至 9, 令 $X = \{1,\,2,\,\cdots,\,9\}$, 棋盘格绕中心的旋转和绕轴线的翻转导出集合 X 上的置换群 G, 易知 G 的循环指数为

$$\mathrm{CI}_G(x_1,\,\cdots,\,x_9) = \frac{1}{8}\big(x_1^9 + x_1x_2^4 + 2x_1x_4^2 + 4x_1^3x_2^3\big)$$

令 $C = \{\heartsuit, \clubsuit\}$, 并定义: $w(\heartsuit) = 1$, $w(\clubsuit) = x$, 则 $w_j(C) = 1 + x^j$, 由定理 8.42 知, 摆放方案集 C^X 关于群 G 的模式清单为

$$
\begin{aligned}
\mathrm{Inv}\big(C^X/G\big) &= \frac{1}{8}\big[(1+x)^9 + (1+x)(1+x^2)^4 \\
&\quad + 2(1+x)(1+x^4)^2 + 4(1+x)^3(1+x^2)^3\big] \\
&= 1 + 3x + 8x^2 + 16x^3 + 23x^4 + 23x^5 + 16x^6 + 8x^7 + 3x^8 + x^9
\end{aligned}
$$

则所求的摆放方案数 N 为

$$
N = \big[x^5\big]\mathrm{Inv}\big(C^X/G\big) = 23
$$

下面我们将利用母函数型的 Pólya 定理解决重集的圆排列问题.

定理 8.43 设 $S = \{n_1 \cdot c_1, n_2 \cdot c_2, \cdots, n_k \cdot c_k\}$ 是 n 元重集, 其中 $n = \sum_{j=1}^{k} n_j$. 若将 S 中的全部元素作手镯型圆排列, 其方案数记为 $\odot_b[n_1, n_2, \cdots, n_k]$, 那么有

$$
\odot_b[n_1, n_2, \cdots, n_k] = \frac{1}{n} \sum_{d \,|\, \gcd(n_1, n_2, \cdots, n_k)} \phi(d) \binom{n/d}{n_1/d,\, n_2/d,\, \cdots,\, n_k/d}
$$

证明 显然, S 中的全部元素所形成的每一个手镯型圆排列均相当于用颜色集 $C = \{c_1, c_2, \cdots, c_k\}$ 中的颜色对正 n 边形顶点集 X 中的对象进行染色的一种染色方案, 且要求有 n_i 个顶点染成颜色 c_i, $1 \leqslant i \leqslant k$. 由于正 n 边形绕中心的平面旋转所导出的顶点集 X 上的置换群是循环群 $\mathcal{C}_n$, 其循环指数为

$$
\mathrm{CI}_{\mathcal{C}_n}(x_1, \cdots, x_n) = \frac{1}{n} \sum_{d \,|\, n} \phi(d)\, x_d^{n/d}
$$

定义 C 上的权函数 $w(\cdot)$ 为 $w(c_i) = y_i$, $1 \leqslant i \leqslant k$, 则 $w_j(C) = \sum_{i=1}^{k} y_i^j$. 于是, 染色方案集 C^X 关于群 $\mathcal{C}_n$ 的模式清单为

$$
\begin{aligned}
\mathrm{Inv}\big(C^X/\mathcal{C}_n\big) &= \mathrm{CI}_{\mathcal{C}_n}\big(w_1(C), w_2(C), \cdots, w_n(C)\big) \\
&= \frac{1}{n} \sum_{d \,|\, n} \phi(d)\,\big(y_1^d + y_2^d + \cdots + y_k^d\big)^{n/d} \\
&= \frac{1}{n} \sum_{d \,|\, n} \phi(d) \sum_{\substack{t_1+t_2+\cdots+t_k=n/d \\ 0 \leqslant t_i,\, i=1,2,\cdots,k}} \binom{n/d}{t_1,\, t_2,\, \cdots,\, t_k} y_1^{dt_1} y_2^{dt_2} \cdots y_k^{dt_k}
\end{aligned}
$$

显然, 所求的手镯型圆排列的个数

$$
\odot_b[n_1, n_2, \cdots, n_k] = \big[y_1^{n_1} y_2^{n_2} \cdots y_k^{n_k}\big]\mathrm{Inv}\big(C^X/\mathcal{C}_n\big)
$$

$$= \frac{1}{n} \sum_{d \mid \gcd(n_1, n_2, \cdots, n_k)} \phi(d) \binom{n/d}{n_1/d,\ n_2/d,\ \cdots,\ n_k/d} \quad \blacksquare$$

容易看出, 这正是前面第 6 章的定理 6.68 的一个结论. 所不同的是定理 6.68 是利用 Möbius 反演得到的, 而这里的定理 8.43 则是利用母函数型的 Pólya 定理得到的, 可谓是殊途同归.

定理 8.44　设 $S = \{n_1 \cdot c_1, n_2 \cdot c_2, \cdots, n_k \cdot c_k\}$ 是 n 元重集, 其中 $n = \sum_{j=1}^{k} n_j \geqslant 3$, 并设 $n_1, n_2, \cdots, n_k$ 中有 r 个奇数. 若将 S 中的全部元素作项链型圆排列, 其方案数记为 $\bigodot_n[n_1, n_2, \cdots, n_k]$, 那么有

$$\bigodot_n[n_1, n_2, \cdots, n_k] = \begin{cases} \frac{1}{2}\left[\bigodot_b[n_1, n_2, \cdots, n_k] + \binom{\sum_{j=1}^{k}[n_j/2]}{[n_1/2],\ \cdots,\ [n_k/2]}\right], & r \leqslant 2 \\ \frac{1}{2}\bigodot_b[n_1, n_2, \cdots, n_k], & r > 2 \end{cases}$$

证明　与上一定理的证明类似, 不过所涉及的正 n 边形顶点集 X 上的置换群是二面体群 $\mathcal{D}_n$, 其循环指数为

$$\mathrm{CI}_{\mathcal{D}_n}(x_1, \cdots, x_n) = \begin{cases} \dfrac{1}{2n} \sum_{d \mid n} \phi(d)\, x_d^{n/d} + \dfrac{1}{2} x_1 x_2^m, & n = 2m+1 \\ \dfrac{1}{2n} \sum_{d \mid n} \phi(d)\, x_d^{n/d} + \dfrac{1}{4}\left(x_1^2 x_2^{m-1} + x_2^m\right), & n = 2m \end{cases}$$

颜色集 C 上的权函数仍为 $w(c_i) = y_i$, $1 \leqslant i \leqslant k$, 因此, $w_j(C) = \sum_{i=1}^{k} y_i^j$. 于是染色方案集 C^X 关于群 $\mathcal{D}_n$ 的模式清单为

$$\mathrm{Inv}\big(C^X/\mathcal{D}_n\big) = \mathrm{CI}_{\mathcal{D}_n}\big(w_1(C),\, w_2(C),\, \cdots,\, w_n(C)\big)$$

$$= \frac{1}{2}\left[\frac{1}{n} \sum_{d \mid n} \phi(d)\left(\sum_{j=1}^{k} y_j^d\right)^{n/d} + f\right] \tag{8.22}$$

其中

$$f = \begin{cases} \left(\displaystyle\sum_{i=1}^{k} y_i\right)\left(\displaystyle\sum_{i=1}^{k} y_i^2\right)^m, & n = 2m+1 \\ \dfrac{1}{2}\left[\left(\displaystyle\sum_{i=1}^{k} y_i\right)^2\left(\displaystyle\sum_{i=1}^{k} y_i^2\right)^{m-1} + \left(\displaystyle\sum_{i=1}^{k} y_i^2\right)^m\right], & n = 2m \end{cases} \tag{8.23}$$

易知, 所求的项链型圆排列数

$$\bigodot_n[n_1, n_2, \cdots, n_k] = [y_1^{n_1} y_2^{n_2} \cdots y_k^{n_k}] \mathrm{Inv}(C^X/\mathcal{D}_n)$$

显然, (8.22) 的第一部分中 $y_1^{n_1} y_2^{n_2} \cdots y_k^{n_k}$ 项的系数为 $\dfrac{1}{2} \bigodot_b[n_1, n_2, \cdots, n_k]$. 因此, 以下我们主要分析 (8.22) 的第二部分即 (8.23) 中 $y_1^{n_1} y_2^{n_2} \cdots y_k^{n_k}$ 项的系数.

当 $n = 2m + 1$ 时, 由 (8.23) 可得

$$
\begin{aligned}
f &= \left(\sum_{i=1}^k y_i\right) \left(\sum_{i=1}^k y_i^2\right)^m \\
&= \left(\sum_{i=1}^k y_i\right) \sum_{\substack{t_1+t_2+\cdots+t_k=m \\ 0 \leqslant t_i,\, i=1,2,\cdots,k}} \binom{m}{t_1,\, t_2,\, \cdots,\, t_k} y_1^{2t_1} y_2^{2t_2} \cdots y_k^{2t_k} \\
&= \sum_{i=1}^k \sum_{\substack{t_1+t_2+\cdots+t_k=m \\ 0 \leqslant t_i,\, i=1,2,\cdots,k}} \binom{m}{t_1,\, t_2,\, \cdots,\, t_k} y_1^{2t_1} \cdots y_i^{2t_i+1} \cdots y_k^{2t_k}
\end{aligned}
$$

显然, 因 n 是奇数, 所以正整数 $n_1, n_2, \cdots, n_k$ 中的奇数个数 $r = 1$ 或 $r > 2$. 当 $r > 2$ 时, 根据上式知 f 中不含 $y_1^{n_1} y_2^{n_2} \cdots y_k^{n_k}$ 项; 而当 $r = 1$ 时, 不妨设 n_i 为奇数, 则 f 中恰有一个项满足要求, 即 $y_1^{n_1} \cdots y_i^{n_i} \cdots y_k^{n_k} = y_1^{2t_1} \cdots y_i^{2t_i+1} \cdots y_k^{2t_k}$ 项, 其系数为

$$
\begin{aligned}
\binom{m}{t_1,\, \cdots,\, t_i,\, \cdots,\, t_k} &= \binom{(n-1)/2}{n_1/2,\, \cdots,\, (n_i-1)/2,\, \cdots,\, n_k/2} \\
&= \binom{\sum_{i=1}^k [n_i/2]}{[n_1/2],\, \cdots,\, [n_i/2],\, \cdots,\, [n_k/2]}
\end{aligned}
$$

当 $n = 2m$ 时, 由 (8.23) 可得

$$
\begin{aligned}
f &= \frac{1}{2}\left[\left(\sum_{i=1}^k y_i\right)^2 \left(\sum_{i=1}^k y_i^2\right)^{m-1} + \left(\sum_{i=1}^k y_i^2\right)^m\right] \\
&= \frac{1}{2}\left(\sum_{i=1}^k y_i^2 + 2\sum_{i<j} y_i y_j\right) \left(\sum_{i=1}^k y_i^2\right)^{m-1} + \frac{1}{2}\left(\sum_{i=1}^k y_i^2\right)^m \\
&= \left(\sum_{i=1}^k y_i^2\right)^m + \left(\sum_{i<j} y_i y_j\right) \left(\sum_{i=1}^k y_i^2\right)^{m-1}
\end{aligned}
$$

$$= \sum_{\substack{t_1+t_2+\cdots+t_k=m \\ 0\leqslant t_i,\, i=1,2,\cdots,k}} \binom{m}{t_1,\ t_2,\ \cdots,\ t_k} y_1^{2t_1} y_2^{2t_2} \cdots y_k^{2t_k}$$

$$+ \sum_{i<j} \left[\sum_{\substack{t_1+t_2+\cdots+t_k=m-1 \\ 0\leqslant t_i,\, i=1,2,\cdots,k}} \binom{m-1}{t_1,\ t_2,\ \cdots,\ t_k} y_1^{2t_1} \cdots y_i^{2t_i+1} \cdots y_j^{2t_j+1} \cdots y_k^{2t_k} \right]$$

当 $n_1, n_2, \cdots, n_k$ 中的奇数个数 $r > 2$ 时, 上式 f 中不含 $y_1^{n_1} y_2^{n_2} \cdots y_k^{n_k}$ 项; 而当 $r \leqslant 2$ 时只有两种情况, 即 $r = 2$ 或 $r = 0$. 当 $r = 0$ 时, f 的第一项求和中恰有一项是 $y_1^{n_1} y_2^{n_2} \cdots y_k^{n_k}$, 此时 $2t_i = n_i\,(1 \leqslant i \leqslant k)$, 所以该项的系数为

$$\binom{m}{t_1,\ t_2,\ \cdots,\ t_k} = \binom{\sum\limits_{i=1}^{k} [n_i/2]}{[n_1/2], [n_2/2], \cdots, [n_k/2]}$$

当 $r = 2$ 时, f 的第二项求和中恰有一项是 $y_1^{n_1} y_2^{n_2} \cdots y_k^{n_k}$, 此时

$$2t_i + 1 = n_i, \quad 2t_j + 1 = n_j, \quad 2t_\ell = n_\ell, \quad \ell \neq i, j$$

所以该项的系数为

$$\binom{m-1}{t_1,\ t_2,\ \cdots,\ t_k} = \binom{\sum\limits_{i=1}^{k} [n_i/2]}{\dfrac{n_1}{2},\ \cdots,\ \dfrac{n_i-1}{2},\ \cdots,\ \dfrac{n_j-1}{2},\ \cdots,\ \dfrac{n_k}{2}}$$

$$= \binom{\sum\limits_{i=1}^{k} [n_i/2]}{[n_1/2],\ [n_2/2],\ \cdots,\ [n_k/2]}$$

综上所述, 即得定理的结论.   ■

例 8.13   求由集合 $S = \{2 \cdot a, 2 \cdot b, 4 \cdot c\}$ 中的全部元素作成的手镯型圆排列和项链型圆排列的个数.

解   根据定理 8.43 和定理 8.44 可得

$$\odot_b[2,\ 2,\ 4] = \frac{1}{8} \sum_{d\,|\,\gcd(2,2,4)} \phi(d) \binom{8/d}{2/d,\ 2/d,\ 4/d}$$

$$= \frac{1}{8}\left[\phi(1) \binom{8}{2,\ 2,\ 4} + \phi(2) \binom{4}{1,\ 1,\ 2} \right] = 54$$

$$\bigodot_n[2,\,2,\,4] = \frac{1}{2}\bigodot_b[2,\,2,\,4] + \frac{1}{2}\begin{pmatrix} 4 \\ 1,\,1,\,2 \end{pmatrix}$$

$$= \frac{1}{2}(54 + 12) = 33$$

8.8 Pólya 定理的扩展

下面我们讨论 Pólya 计数理论的一些更深入的应用问题.

8.8.1 直和上的扩展

设 X 是 p 元集, Y 是 q 元集, 且 $X \cap Y = \varnothing$, $(G, *)$ 和 $(H, \bullet)$ 分别是 X 和 Y 上的置换群. 令 $Z = X \cup Y \triangleq X \boxplus Y$, 并将集合 Z 称为集合 X 与集合 Y 的**直和**. 对于 $\forall \sigma \in G, \tau \in H$, 定义集合 Z 上的置换 $\sigma \boxplus \tau$ 如下:

$$(\sigma \boxplus \tau)(z) = \begin{cases} \sigma(z), & z \in X \\ \tau(z), & z \in Y \end{cases}$$

显然, $\sigma \boxplus \tau$ 是 Z 上的置换. 如果令 $G \boxplus H = \{\sigma \boxplus \tau \mid \sigma \in G, \tau \in H\}$, 那么容易验证, $G \boxplus H$ 在通常的置换合成运算 "∘" 下形成 $Z = X \boxplus Y$ 上的置换群, 并且对 $\forall \sigma \boxplus \tau, \sigma' \boxplus \tau' \in G \boxplus H$, $G \boxplus H$ 上的置换合成运算 "∘" 满足:

$$(\sigma \boxplus \tau) \circ (\sigma' \boxplus \tau') = (\sigma * \sigma') \boxplus (\tau \bullet \tau')$$

这里, 我们称群 $(G \boxplus H, \circ)$ 为群 G 与群 H 的**直和**. 注意到

$$|G \boxplus H| = |G||H|, \quad |X \boxplus Y| = |X| + |Y| = p + q$$

我们得到下面的结论.

定理 8.45 $p + q$ 元集 $X \boxplus Y$ 上的置换群 $G \boxplus H$ 的循环指数为

$$\mathrm{CI}_{G \boxplus H}(x_1, \cdots, x_{p+q}) = \mathrm{CI}_G(x_1, \cdots, x_p) \cdot \mathrm{CI}_H(x_1, \cdots, x_q)$$

证明 对于 $\forall \sigma \boxplus \tau \in G \boxplus H$, 设

$$\mathrm{typ}(\sigma) = (1)^{\lambda_1(\sigma)}(2)^{\lambda_2(\sigma)} \cdots (p)^{\lambda_p(\sigma)}, \quad \mathrm{typ}(\tau) = (1)^{\lambda_1(\tau)}(2)^{\lambda_2(\tau)} \cdots (q)^{\lambda_q(\tau)}$$

那么有

$$\mathrm{typ}(\sigma \boxplus \tau) = (1)^{\lambda_1(\sigma)+\lambda_1(\tau)}(2)^{\lambda_2(\sigma)+\lambda_2(\tau)} \cdots (r)^{\lambda_r(\sigma)+\lambda_r(\tau)}$$

其中 $r = \max(p, q)$, 且 $\lambda_r(\sigma) = 0, r > p;\ \lambda_r(\tau) = 0, r > q$. 由此得 $p + q$ 元集 $X \boxplus Y$ 上的置换群 $G \boxplus H$ 的循环指数为

$$
\begin{aligned}
\mathrm{CI}_{G \boxplus H}(x_1, \cdots, x_{p+q}) &= \frac{1}{|G \boxplus H|} \sum_{\sigma \boxplus \tau \in G \boxplus H} x_1^{\lambda_1(\sigma \boxplus \tau)} x_2^{\lambda_2(\sigma \boxplus \tau)} \cdots x_r^{\lambda_r(\sigma \boxplus \tau)} \\
&= \frac{1}{|G|} \sum_{\sigma \in G} x_1^{\lambda_1(\sigma)} \cdots x_p^{\lambda_p(\sigma)} \frac{1}{|H|} \sum_{\tau \in H} x_1^{\lambda_1(\tau)} \cdots x_q^{\lambda_q(\tau)} \\
&= \mathrm{CI}_G(x_1, \cdots, x_p) \cdot \mathrm{CI}_H(x_1, \cdots, x_q)
\end{aligned}
$$ ∎

例 8.14　用 2 种颜色对正六面体的 6 个面和 8 个顶点进行染色, 求染色方案数 N, 假定正六面体的转动使之重合的方案视为同一种方案.

解　首先我们将 8 个顶点编号为 $1, 2, \cdots, 8$, 6 个面编号为 $9, 10, \cdots, 14$, 然后令 $X = \{1, 2, \cdots, 14\}$, 这就是我们的染色对象集. 其上的置换群是由正六面体的空间运动所导出的 X 上的置换群, 不妨设为 G, 则易知 G 的循环指数为

$$
\mathrm{CI}_G(x_1, x_2, \cdots, x_{14}) = \frac{1}{24}\left(x_1^{14} + 3x_1^2 x_2^6 + 6x_1^2 x_4^3 + 6x_2^7 + 8x_1^2 x_3^4\right)
$$

于是由 Pólya 定理, 用 2 种颜色对 X 中的对象进行染色, 在 G 的作用下不同的染色方案数为

$$
\begin{aligned}
N &= \mathrm{CI}_G(2, 2, \cdots, 2) \\
&= \frac{1}{24}\left(2^{14} + 3 \cdot 2^8 + 6 \cdot 2^5 + 6 \cdot 2^7 + 8 \cdot 2^6\right) \\
&= \frac{1}{24}(16384 + 768 + 192 + 768 + 512) \\
&= 776
\end{aligned}
$$

现在我们换一种方式来计算. 设正六面体的顶点集为 V, 面集为 F, 由于正六面体的转动所产生的 V 上的置换群为 $\mathcal{V}$, F 上的置换群为 $\mathcal{F}$, 则由定理 8.35 知, $\mathcal{V}$ 和 $\mathcal{F}$ 的循环指数分别为

$$
\mathrm{CI}_{\mathcal{V}}(x_1, \cdots, x_8) = \frac{1}{24}\left(x_1^8 + 8x_1^2 x_3^2 + 9x_2^4 + 6x_4^2\right)
$$

$$
\mathrm{CI}_{\mathcal{F}}(x_1, \cdots, x_6) = \frac{1}{24}\left(x_1^6 + 3x_1^2 x_2^2 + 6x_1^2 x_4 + 6x_2^3 + 8x_3^2\right)
$$

再由定理 8.45 可得, $V \boxplus F$ 上的置换群 $\mathcal{V} \boxplus \mathcal{F}$ 的循环指数为

$$\mathrm{CI}_{\mathcal{V} \boxplus \mathcal{F}}(x_1, \cdots, x_{14}) = \mathrm{CI}_{\mathcal{V}}(x_1, \cdots, x_8) \cdot \mathrm{CI}_{\mathcal{F}}(x_1, \cdots, x_6)$$

由此得用 2 种颜色对正六面体的 6 个面和 8 个顶点进行染色, 在置换群 $\mathcal{V} \boxplus \mathcal{F}$ 的作用下不同的染色方案数为

$$N = \mathrm{CI}_{\mathcal{V} \boxplus \mathcal{F}}(2, \cdots, 2)$$
$$= \mathrm{CI}_{\mathcal{V}}(2, \cdots, 2) \cdot \mathrm{CI}_{\mathcal{F}}(2, \cdots, 2)$$
$$= 230$$

读者应该认真地思考一下: 这两个结果为什么不同? 哪一个结果才是我们真正需要的结果?

注意到群 $G \boxplus H$ 中的每一个置换 $\sigma \boxplus \tau$ 对 X 和 Y 都是封闭的, 即将 X 中的元素映射到 X 中的元素, 将 Y 中的元素映射到 Y 中的元素, 而不可能将 X 中的元素映射到 Y 中的元素. 因此, 群 $G \boxplus H$ 在直和 $X \boxplus Y$ 上的每一条轨道 $\mathrm{Orb}\,(z)$, 或者 $\mathrm{Orb}\,(z) \subseteq X$, 或者 $\mathrm{Orb}\,(z) \subseteq Y$. 也就是说, 置换 $\sigma \boxplus \tau$ 的循环分解式可直接由 σ 的循环分解式与 τ 的循环分解式相乘得到, 这也说明 $\sigma \boxplus \tau$ 的循环分解式中不可能出现长度大于 $\max(p, q)$ 的循环. 定理 8.45 给出了群 $G \boxplus H$ 的循环指数结构, 它实际上是群 G 和群 H 各自的循环指数相乘. 对于用同一颜色集 C 对 X 和 Y 中的对象染色, 求在群 G 和群 H 的共同作用下的染色方案数, 定理 8.45 将会非常方便, 正如上面的例子那样. 但是, 如果要求 C 中某特定颜色在对象集 X 和对象集 Y 上使用指定次数的染色方案计数, 甚至要求用不同的颜色集 C_X 和 C_Y 分别对 X 和 Y 中的对象进行染色方案的计数, 应用定理 8.45 就不太方便, 因为我们无法区分 $\mathrm{CI}_{G \boxplus H}(x_1, \cdots, x_{p+q})$ 的展开式中 x_i^k 项的指数, 哪些是由群 G 的循环指数提供的, 哪些是由群 H 的循环指数提供的. 所以, 有时候将定理 8.45 中群 $G \boxplus H$ 的循环指数表示成如下的形式:

$$\mathrm{CI}_{G \boxplus H}(x_1, \cdots, y_1, \cdots) = \mathrm{CI}_G(x_1, \cdots, x_p) \cdot \mathrm{CI}_H(y_1, \cdots, y_q) \tag{8.24}$$

例如, 如果颜色集 C_X 和 C_Y 满足 $|C_X| = k$, $|C_Y| = l$, 用 C_X 和 C_Y 中的颜色分别对 X 和 Y 中的对象染色, 则在群 G 和 H 的共同作用下的染色方案数为

$$\mathrm{CI}_{G \boxplus H}(k, \cdots, l, \cdots) = \mathrm{CI}_G(k, \cdots, k) \cdot \mathrm{CI}_H(l, \cdots, l)$$

显然, 定理 8.45 可以扩展到任意有限个互相分离的集合上.

下面我们重新回顾一下我们在前面曾多次提到过的集合中元素不可区分的问题. 我们知道, "不可区分" 在数学上的精确意义是指在特定群作用下的不可区分.

也就是说, 在集合 X 上的置换群 G 的作用下, 由等价关系 $\overset{G}{\sim}$ 所确定的 X 上同一个等价类的元素是 G 不可区分的, 而属于不同等价类的元素则是 G 可区分的. 这里我们需要强调一下, 在没有明确指定特定群作用下的不可区分, 均是指在对称群 $\mathcal{S}_n$ 作用下的不可区分, 本章之前各章节所涉及的不可区分亦均是此意义下的不可区分. 因此, 群的作用就是决定集合上的一个等价关系. 我们已经知道, 集合 X 上的置换群 G 可以决定 X 上的一个等价关系 $\overset{G}{\sim}$; 反过来, X 上的一个等价关系也确定 X 上的一个置换群 G. 为简便起见, 不妨设 $X = \mathbb{Z}_n^+$. 由于等价关系与集合拆分是一一对应的 (习题 8.1), 设 $\pi = \{A_1, A_2, \cdots, A_k\} \in \Pi_k(\mathbb{Z}_n^+)$, 如果我们假定位于拆分 π 中同一块 A_i 中的元素是不可区分的, 而分属不同块譬如 $A_i, A_j\,(i \neq j)$ 中的元素是可区分的, 那么这相当于在 $\mathbb{Z}_n^+$ 上定义了下面的等价关系 (记为 $\overset{\pi}{\sim}$):

$$\overset{\pi}{\sim} = \bigcup_{i=1}^{k} A_i \times A_i$$

容易验证, $\overset{\pi}{\sim}$ 确实是 $\mathbb{Z}_n^+$ 上的等价关系. 现令

$$G(\pi) = \mathcal{S}(A_1) \boxplus \mathcal{S}(A_2) \boxplus \cdots \boxplus \mathcal{S}(A_k)$$

其中 $\mathcal{S}(A_i)$ 表示子集 A_i 上的对称群. 易知, $G(\pi)$ 就是 $\mathbb{Z}_n^+$ 上的置换群, 且由该置换群所确定的 $\mathbb{Z}_n^+$ 上的等价关系正好就是 $\overset{\pi}{\sim}$, 而由此等价关系 $\overset{\pi}{\sim}$ 所确定的等价类就是拆分 π 中的各个块 $A_i\,(1 \leqslant i \leqslant k)$. 因此, 我们称此置换群 $G(\pi)$ 为**由 $\mathbb{Z}_n^+$ 上的拆分 π 所导出的 $\mathbb{Z}_n^+$ 上的置换群**. 如果 $|A_i| = n_i\,(1 \leqslant i \leqslant k)$, 那么显然有

$$G(\pi) \cong \mathcal{S}_{n_1} \boxplus \mathcal{S}_{n_2} \boxplus \cdots \boxplus \mathcal{S}_{n_k}$$

例如, 取 $\pi = \{\{1\}, \{2,3\}, \{4,5,6\}\} \in \Pi_3(\mathbb{Z}_6^+)$, 并注意到

$$\mathcal{S}(\{1\}) = \{(1)\}$$

$$\mathcal{S}(\{2,3\}) = \{(2)(3), (23)\}$$

$$\mathcal{S}(\{4,5,6\}) = \{(4)(5)(6), (4)(56), (5)(46), (6)(45), (456), (465)\}$$

由此得到

$$\begin{aligned}
G(\pi) &= \mathcal{S}(\{1\}) \boxplus \mathcal{S}(\{2,3\}) \boxplus \mathcal{S}(\{4,5,6\}) \\
&= \{(1)(2)(3)(4)(5)(6), (1)(2)(3)(4)(56), (1)(2)(3)(5)(46), \\
&\quad (1)(2)(3)(6)(45), (1)(2)(3)(456), (1)(2)(3)(465),
\end{aligned}$$

$$(1)(23)(4)(5)(6),\ (1)(23)(4)(56),\ (1)(23)(5)(46),$$

$$(1)(23)(6)(45),\ (1)(23)(456),\ (1)(23)(465)\}$$

8.8.2　Cartes 积上的扩展

仍设 X 是 p 元集, Y 是 q 元集, $(G, *)$ 和 $(H, \bullet)$ 分别是 X 和 Y 上的置换群. 考虑集合 X 与 Y 以及 G 与 H 的 Cartes 积:

$$X \times Y = \{(x, y) \mid x \in X, y \in Y\}$$

$$G \times H = \{(\sigma, \tau) \mid \sigma \in G, \tau \in H\}$$

对于 $(\sigma, \tau) \in G \times H$, 按如下方式将 (σ, τ) 定义成集合 $X \times Y$ 到自身的一个映射:

$$(\sigma, \tau)\big((x, y)\big) = (\sigma(x), \tau(y)), \quad \forall (x, y) \in X \times Y$$

显然, 这样定义的映射 (σ, τ) 是集合 $X \times Y$ 上的置换. 容易验证, $G \times H$ 在通常的置换合成运算下形成集合 $X \times Y$ 上的置换群, 并且 $G \times H$ 上的置换合成运算满足:

$$(\sigma_1, \tau_1)(\sigma_2, \tau_2) = (\sigma_1\sigma_2, \tau_1\tau_2), \quad \forall (\sigma_1, \tau_1), (\sigma_2, \tau_2) \in G \times H$$

下面我们讨论 (σ, τ) 的循环分解式与 σ 及 τ 的循环分解式之间的关系.

定理 8.46　设 $\sigma \in G$, $\tau \in H$, 如果 σ 的循环分解式中有 $\lambda_k(\sigma)$ 个长度为 k 的循环, τ 的循环分解式中有 $\lambda_l(\tau)$ 个长度为 l 的循环, 则 (σ, τ) 的循环分解式中有 $\gcd(k, l)\lambda_k(\sigma)\lambda_l(\tau)$ 个长度为 $\mathrm{lcm}(k, l)$ 的循环, 这里 $\gcd(k, l)$ 与 $\mathrm{lcm}(k, l)$ 分别表示 k 与 l 的最大公因子与最小公倍数.

证明　留作习题 (习题 8.9). ■

根据上面的定理, 可得如下结论.

定理 8.47　设 G 是 p 元集 X 上的置换群, H 是 q 元集 Y 上的置换群, 则 pq 元集 $X \times Y$ 上的置换群 $G \times H$ 的循环指数为

$$\mathrm{CI}_{G \times H}(x_1, \cdots, x_{pq}) = \frac{1}{|G||H|} \sum_{\sigma \in G} \sum_{\tau \in H} \left[\prod_{k=1}^{p} \prod_{l=1}^{q} x_{\mathrm{lcm}(k, l)}^{\gcd(k, l)\lambda_k(\sigma)\lambda_l(\tau)} \right]$$

例 8.15　设 (V, E) 是一个二部图, 其中 $V = X \cup Y$, $|X| = 3$, $|Y| = 2$, 试求以 $V = X \bigcup Y$ 作为顶点集的二部图的数目 N, 假定两个同构的图视为同一个图.

解　对于给定顶点集 $V = X \cup Y$ 的二部图来说, 由其边集 E 唯一决定; 而每一个这样的二部图的边集 E 实际上是以 $V = X \cup Y$ 作为顶点集的完全二部图 $K_{3,2}$ 的边集 $E(K_{3,2}) = X \times Y$ 的子集, 而 $E(K_{3,2})$ 的每一个子集均可看

成是用 2 种颜色对 $E(K_{3,2}) = X \times Y$ 中的对象进行染色的一种染色方案: 如果 $(x, y) \in E$, 则将边 (x, y) 染成白色; 否则染成黑色 (例如, 对于黑板来说, 黑色意味着没有这条边; 而对于白纸来说, 则白色意味着没有这条边).

如果令 $X = \{1, 2, 3\}$, $Y = \{4, 5\}$, 并记 $\overline{X} = E(K_{3,2}) = X \times Y$, 那么

$$\overline{X} = \{\overline{1}, \overline{2}, \cdots, \overline{6}\} = \{(1, 4), (1, 5), (2, 4), (2, 5), (3, 4), (3, 5)\}$$

再令 $\overline{C} = \{\text{黑}, \text{白}\}$ 表示颜色的集合, 那么问题就成为用 $\overline{C}$ 中的两种颜色对 $\overline{X}$ 中对象的染色问题, 且每一个染色方案 $\varphi \in \overline{C}^{\overline{X}}$ 就是一个以 V 作为顶点集的二部图. 那么, $\overline{X}$ 上的置换群 $\overline{G}$ 又是什么呢? 显然, 它应该满足: 两个染色方案 φ_1, φ_2 在群 $\overline{G}$ 的作用下等价, 当且仅当二部图 φ_1 与 φ_2 同构. 实际上, 群 $\overline{G}$ 可由完全二部图 $K_{3,2}$ 的自同构群 $\mathrm{Aut}(K_{3,2})$ 导出.

显然, $K_{3,2}$ 的自同构群 $\mathrm{Aut}(K_{3,2})$ 可由 X 上的置换群 $G = \mathcal{S}_3$ 和 Y 上的置换群 $H = \mathcal{S}_2$ 构造出来, 实际上 $\mathrm{Aut}(K_{3,2}) = G \times H$, 且 $G \times H$ 可以一种非常自然的方式扩展成为 $\overline{X}$ 上的置换群 $\overline{G}$: 对 $\forall (\sigma, \tau) \in G \times H$, 定义

$$(\sigma, \tau)\big((x, y)\big) = \big(\sigma(x), \tau(y)\big), \quad (x, y) \in X \times Y$$

易知 (σ, τ) 是集合 $X \times Y$ 即 $\overline{X}$ 上的置换. 置换的合成 "$\circ$" 按如下方式定义:

$$(\sigma_1, \tau_1) \circ (\sigma_2, \tau_2) = (\sigma_1 \sigma_2, \tau_1 \tau_2)$$

容易验证, $(G \times H, \circ)$ 是 $\overline{X}$ 上的置换群, 并且在 $G \times H$ 的作用下, 两个染色方案 φ_1 与 φ_2 等价当且仅当二部图 φ_1 与 φ_2 同构. 因此, 可取 $\overline{G} = G \times H$. 于是, 现在的问题就变成了: 用 $\overline{C}$ 中的 2 种颜色对集合 $\overline{X}$ 中的对象进行染色, 求在群 $\overline{G}$ 的作用下不同的染色方案数.

根据定理 8.47, 置换群 $\overline{G}$ 的循环指数为

$$\begin{aligned}
\mathrm{CI}_{\overline{G}}(x_1, \cdots, x_6) &= \frac{1}{|G \times H|} \sum_{\sigma \in G} \sum_{\tau \in H} \left[\prod_{k=1}^{3} \prod_{l=1}^{2} x_{\mathrm{lcm}(k,l)}^{\gcd(k,l)\lambda_k(\sigma)\lambda_l(\tau)} \right] \\
&= \frac{1}{12} \left(x_1^6 + 3x_1^2 x_2^2 + 4x_2^3 + 2x_3^2 + 2x_6 \right)
\end{aligned}$$

由此可得, 以 $V = X \cup Y$ 作为顶点集的二部图的数目为

$$\begin{aligned}
\left| \overline{C}^{\overline{X}} / \overline{G} \right| &= \mathrm{CI}_{\overline{G}}(2, \cdots, 2) \\
&= \frac{1}{12} \left(2^6 + 2^5 + 3 \cdot 2^4 + 2^3 + 2^2 \right) \\
&= 13
\end{aligned}$$

如果定义 $\overline{C}$ 上的权函数为 $w(\text{黑}) = 1$, $w(\text{白}) = x$, 那么由定理 8.42 可得

$$\text{Inv}\left(\overline{C}^{\overline{X}}\big/\overline{G}\right) = \frac{1}{12}\big[(1+x)^6 + 3(1+x)^2(1+x^2)^2$$
$$+ 4(1+x^2)^3 + 2(1+x^3)^2 + 2(1+x^6)\big]$$
$$= 1 + x + 3x^2 + 3x^3 + 3x^4 + x^5 + x^6$$

即 13 个二部图中, 不含边、含 1 条边、含 5 条边以及含 6 条边的二部图各 1 个, 而含 2 条边、含 3 条边以及含 4 条边的二部图各 3 个, 参见图 8.15 .

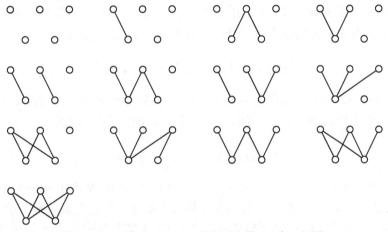

图 8.15 以 $V = X \cup Y$ 作为顶点的 13 个二部图

不难看出, 图 8.15 中 13 个不同构的图中, 每个图 (按从左到右从上到下次序) 分别有 1, 6, 3, 6, 6, 12, 6, 2, 3, 6, 6, 6, 1 个同构的图.

8.8.3 子集集上的扩展

在这一节我们来研究由 X 上的置换群 G 所导出的 $X^{(2)}$ 上的置换群 $G^{(2)}$, 一般称其为**对群**或**偶群**. 关于这个问题的研究最早源于美国学者 Harary[75, 76], 他将对称群 $\mathcal{S}_n$ 扩展到集合 $\mathbb{Z}_n^+$ 的二子集 $(\mathbb{Z}_n^+)^{(2)}$ 和有序二子集 $(\mathbb{Z}_n^+)^{[2]}$ 上得到对群 $\mathcal{S}_n^{(2)}$ 和**有序对群** $\mathcal{S}_n^{[2]}$, 并利用这些群的循环指数枚举图和有向图[75, 77, 78]. 这里我们主要介绍对群, 研究如何通过 G 的循环指数得到对群 $G^{(2)}$ 的循环指数. 至于有序对群 $G^{[2]}$ 的循环指数, 则可通过上一小节的定理 8.47 直接得到, 此处不再赘述.

设 G 是 n 元集 X 上的置换群, 对于 $\sigma \in G$, 令

$$\overline{\sigma}(\{x, y\}) = \{\sigma(x), \sigma(y)\}, \quad \{x, y\} \in X^{(2)}$$

则易知 $\overline{\sigma}$ 是 $X^{(2)}$ 上的一个置换, 且 $\overline{G} = \{\overline{\sigma} \mid \sigma \in G\}$ 在置换的合成运算下形成 $X^{(2)}$ 上的置换群. 如果 $\mathrm{typ}(\sigma) = (1)^{\lambda_1}(2)^{\lambda_2} \cdots (n)^{\lambda_n}$, 那么对应于 $X^{(2)}$ 上的置换 $\overline{\sigma}$ 具有什么样的格式? 对于给定的 $\{x, y\} \in X^{(2)}$, 考虑 $\overline{\sigma}$ 的循环分解式中 $\{x, y\}$ 所在的循环:

$$(\{x, y\}\{\sigma(x), \sigma(y)\} \cdots \{\sigma^{t-1}(x), \sigma^{t-1}(y)\})$$

下面我们来分析这个循环长度 t 与 σ 的格式之间的关系. 分以下两种情况考虑.

(1) $x, y \in C$, 且 C 是 σ 的一个 k 循环. 分两种情况考虑.

① 当 k 为偶数时, 令 $k = 2m$, 记 $C = (j_1 j_2 \cdots j_m j_{m+1} \cdots j_{2m})$, 则当 x 与 y 在 C 中的循环距离为 m 时, $\{x, y\}$ 属于 $\overline{\sigma}$ 的 m 循环, 且 C 中任何循环距离为 m 的一对 x, y 均位于 $\overline{\sigma}$ 的这个 m 循环中, 例如 $x = j_1, y = j_{m+1}$, 这个 m 循环就是

$$(\{j_1, j_{m+1}\}\{j_2, j_{m+2}\} \cdots \{j_m, j_{2m}\})$$

当 x 与 y 在 C 中的循环距离不是 m 时, $\{x, y\}$ 属于 $\overline{\sigma}$ 的一个 $2m$ 循环, 且共有 $m - 1$ 个这样的 $2m$ 循环, 它们分别是置换 $\overline{\sigma}$ 的循环分解式中

$$\{j_1, j_2\}, \{j_1, j_3\}, \cdots, \{j_1, j_m\}$$

所在的循环. 因此, σ 的每个 k 循环会产生 $\overline{\sigma}$ 的 1 个 m 循环和 $m - 1$ 个 $2m$ 循环, σ 的 λ_k 个 k 循环将为 $\overline{\sigma}$ 的循环分解式提供 λ_k 个 $k/2$ 循环和 $(k/2 - 1)\lambda_k$ 个 k 循环, 即 σ 的 $(k)^{\lambda_k}$ 循环格式将产生 $\overline{\sigma}$ 的 $(k/2)^{\lambda_k}(k)^{(k/2-1)\lambda_k}$ 循环格式.

② 当 k 为奇数时, 令 $k = 2m+1$, 记 $C = (j_1 j_2 \cdots j_m j_{m+1} \cdots j_{2m+1})$, 则 $\{x, y\}$ 必属于 $\overline{\sigma}$ 的一个 $2m + 1$ 循环, 并且共有 m 个不同的 $2m+1$ 循环, 它们分别是置换 $\overline{\sigma}$ 的循环分解式中 $\{j_1, j_2\}, \{j_1, j_3\}, \cdots, \{j_1, j_{m+1}\}$ 所在的循环. 因此, 当 k 为奇数时, λ_k 个 σ 的 k 循环将产生 $\overline{\sigma}$ 的 $\lambda_k(k-1)/2$ 个 k 循环.

(2) x, y 分别属于 σ 不同的循环, 也分两种情况.

① x, y 分别属于 σ 的两个不同的 k 循环. 此时, $\{x, y\}$ 必属于 $\overline{\sigma}$ 的一个 k 循环, 且 σ 的任何两个 k 循环会产生 $\overline{\sigma}$ 的 k 个 k 循环. 因此, λ_k 个 σ 的 k 循环将为 $\overline{\sigma}$ 的循环分解式提供 $k\binom{\lambda_k}{2}$ 个 k 循环.

② $x \in C_k$, $y \in C_\ell$, 其中 C_k 和 C_ℓ 分别是 σ 的一个 k 循环和一个 ℓ 循环, 不妨设 $k < \ell$. 此时, $\{x, y\}$ 必属于 $\overline{\sigma}$ 的一个 $\mathrm{lcm}(k, \ell)$ 循环, 且 σ 的每一对 C_k 和 C_ℓ 将为 $\overline{\sigma}$ 的循环分解式提供 $\gcd(k, \ell)$ 个 $\mathrm{lcm}(k, \ell)$ 循环. 因此, σ 的 λ_k 个 C_k 和 λ_ℓ 个 C_ℓ 将为 $\overline{\sigma}$ 的循环分解式共提供 $\lambda_k \lambda_\ell \gcd(k, \ell)$ 个 $\mathrm{lcm}(k, \ell)$ 循环.

综上所述, 对于 σ 的 λ_k 个长度为 k 的循环, 当 k 为奇数时为 $X^{(2)}$ 上的置换 $\overline{\sigma}$ 提供 $\dfrac{k-1}{2}\lambda_k + k\binom{\lambda_k}{2}$ 个长度为 k 的循环; 而当 k 为偶数时则为 $\overline{\sigma}$ 提供 λ_k 个长度

为 $\dfrac{k}{2}$ 的循环和 $\left(\dfrac{k}{2}-1\right)\lambda_k + k\binom{\lambda_k}{2}$ 个长度为 k 的循环. 对于满足 $1 \leqslant k < \ell \leqslant n$ 的任意一对正整数 k 和 ℓ, σ 的 λ_k 个长度为 k 的循环和 λ_ℓ 个长度为 ℓ 的循环将为 $\overline{\sigma}$ 提供 $\lambda_k\lambda_\ell \gcd(k,\ell)$ 个长度为 $\mathrm{lcm}(k,\ell)$ 的循环. 因此, 我们有如下定理.

定理 8.48 设 G 是 n 元集 X 上的置换群, $\overline{G}$ 是由 G 导出的 $X^{(2)}$ 上的置换群, 对于 $\sigma \in G$, 如果 $\mathrm{typ}(\sigma) = (1)^{\lambda_1}(2)^{\lambda_2}\cdots(n)^{\lambda_n}$, 那么对应于 $X^{(2)}$ 上的置换 $\overline{\sigma}$ 的格式为

$$\mathrm{typ}(\overline{\sigma}) = \prod_{k=1}^{n} \theta_k(\sigma) \prod_{1\leqslant k<\ell\leqslant n} \theta_{k,\ell}(\sigma)$$

这里

$$\begin{cases} \theta_k(\sigma) = \begin{cases} (k)^{\frac{k-1}{2}\lambda_k + k\binom{\lambda_k}{2}}, & k \text{ 为奇数} \\[2mm] (k/2)^{\lambda_k}(k)^{(\frac{k}{2}-1)\lambda_k + k\binom{\lambda_k}{2}}, & k \text{ 为偶数} \end{cases} \\[5mm] \theta_{k,\ell}(\sigma) = \big(\mathrm{lcm}(k,\ell)\big)^{\lambda_k\lambda_\ell \gcd(k,\ell)}, & k < \ell \end{cases}$$

并且约定 $(k)^0 = 1$.

根据定理 8.29 和定理 8.48, 可得对群的循环指数, 这就是下面的定理.

定理 8.49 对群 $\mathcal{S}_n^{(2)}$ 的循环指数为

$$\mathrm{CI}_{\mathcal{S}_n^{(2)}}(x_1, \cdots, x_m) = \sum_{(\lambda_1,\lambda_2,\cdots,\lambda_n)\in \mathbf{\Lambda}_n} \prod_{k=1}^{n} \frac{1}{\lambda_k! k^{\lambda_k}} \prod_{j=0}^{[\frac{n-1}{2}]} x_{2j+1}^{j\lambda_{2j+1}+(2j+1)\binom{\lambda_{2j+1}}{2}}$$

$$\cdot \prod_{j=1}^{[\frac{n}{2}]} x_j^{\lambda_{2j}} x_{2j}^{(j-1)\lambda_{2j}+2j\binom{\lambda_{2j}}{2}} \cdot \prod_{1\leqslant k<\ell\leqslant n} x_{\mathrm{lcm}(k,\ell)}^{\lambda_k\lambda_\ell \gcd(k,\ell)}$$

这里 $m = \binom{n}{2}$.

利用上面定理的结论, 由对称群 $\mathcal{S}_3, \mathcal{S}_4, \mathcal{S}_5, \mathcal{S}_6, \mathcal{S}_7$ 的循环指数

$$\mathrm{CI}_{\mathcal{S}_3}(x_1, \cdots, x_3) = \frac{1}{6}\big(x_1^3 + 3x_1x_2 + 2x_3\big)$$

$$\mathrm{CI}_{\mathcal{S}_4}(x_1, \cdots, x_4) = \frac{1}{24}\big(x_1^4 + 3x_2^2 + 6x_1^2x_2 + 8x_1x_3 + 6x_4\big)$$

$$\mathrm{CI}_{\mathcal{S}_5}(x_1, \cdots, x_5) = \frac{1}{120}\big(x_1^5 + 10x_1^3x_2 + 20x_1^2x_3 + 15x_1x_2^2$$

$$+ 30x_1x_4 + 20x_2x_3 + 24x_5\big)$$

$$\mathrm{CI}_{\mathcal{S}_6}(x_1, \cdots, x_6) = \frac{1}{720}\big(x_1^6 + 15x_1^4x_2 + 40x_1^3x_3 + 45x_1^2x_2^2$$

$$+ 90x_1^2 x_4 + 144x_1 x_5 + 120x_1 x_2 x_3$$

$$+ 90x_2 x_4 + 15x_2^3 + 40x_3^2 + 120x_6)$$

$$\mathrm{CI}_{\mathcal{S}_7}(x_1, \cdots, x_7) = \frac{1}{5040}\big(x_1^7 + 21x_1^5 x_2 + 105x_1^3 x_2^2 + 105x_1 x_2^3$$

$$+ 70x_1^4 x_3 + 420x_1^2 x_2 x_3 + 210x_2^2 x_3$$

$$+ 280x_1 x_3^2 + 210x_1^3 x_4 + 630x_1 x_2 x_4$$

$$+ 420x_3 x_4 + 504x_1^2 x_5 + 504x_2 x_5$$

$$+ 840x_1 x_6 + 720x_7\big)$$

可得其对群 $\mathcal{S}_3^{(2)}$, $\mathcal{S}_4^{(2)}$, $\mathcal{S}_5^{(2)}$, $\mathcal{S}_6^{(2)}$, $\mathcal{S}_7^{(2)}$ 的循环指数分别为

$$\mathrm{CI}_{\mathcal{S}_3^{(2)}}(x_1, \cdots, x_3) = \frac{1}{6}\big(x_1^3 + 3x_1 x_2 + 2x_3\big)$$

$$\mathrm{CI}_{\mathcal{S}_4^{(2)}}(x_1, \cdots, x_6) = \frac{1}{24}\big(x_1^6 + 9x_1^2 x_2^2 + 8x_3^2 + 6x_2 x_4\big)$$

$$\mathrm{CI}_{\mathcal{S}_5^{(2)}}(x_1, \cdots, x_{10}) = \frac{1}{120}\big(x_1^{10} + 10x_1^4 x_2^3 + 20x_1 x_3^3 + 15x_1^2 x_2^4$$

$$+ 30x_2 x_4^2 + 20x_1 x_3 x_6 + 24x_5^2\big)$$

$$\mathrm{CI}_{\mathcal{S}_6^{(2)}}(x_1, \cdots, x_{15}) = \frac{1}{720}\big(x_1^{15} + 15x_1^7 x_2^4 + 40x_1^3 x_3^4 + 60x_1^3 x_2^6$$

$$+ 180x_1 x_2 x_4^3 + 120x_1 x_2 x_3^2 x_6 + 144x_5^3$$

$$+ 40x_3^5 + 120x_3 x_6^2\big)$$

$$\mathrm{CI}_{\mathcal{S}_7^{(2)}}(x_1, \cdots, x_{21}) = \frac{1}{5040}\big(x_1^{21} + 21x_1^{11} x_2^5 + 105x_1^5 x_2^8 + 105x_1^3 x_2^9$$

$$+ 70x_1^6 x_3^5 + 280x_3^7 + 210x_1^3 x_2 x_4^4$$

$$+ 630x_1 x_2^2 x_4^4 + 504x_1 x_5^4 + 420x_1^2 x_2^2 x_3^3 x_6$$

$$+ 210x_1^2 x_2^2 x_3 x_6^2 + 840x_3 x_6^3 + 720x_7^3$$

$$+ 504x_1 x_5^2 x_{10} + 420x_2 x_3 x_4 x_{12}\big)$$

在前面的例 8.5 中，我们曾经得到 $n = 3, 4, 5$ 时 n 个顶点的不同构简单图的个数分别为 4, 11, 34. 利用上面对群 $\mathcal{S}_6^{(2)}$ 和 $\mathcal{S}_7^{(2)}$ 的循环指数, 可分别得到 6 个顶

点和 7 个顶点的不同构简单图的个数为

$$
\begin{aligned}
\text{CI}_{\mathcal{S}_6^{(2)}}(2,\,2,\,\cdots,\,2) =\; &\frac{1}{720}\big(2^{15} + 15 \cdot 2^{11} + 40 \cdot 2^7 + 60 \cdot 2^9 + 180 \cdot 2^5 \\
&+ 120 \cdot 2^5 + 144 \cdot 2^3 + 40 \cdot 2^5 + 120 \cdot 2^3\big) \\
=\; &156
\end{aligned}
$$

$$
\begin{aligned}
\text{CI}_{\mathcal{S}_7^{(2)}}(2,\,2,\,\cdots,\,2) =\; &\frac{1}{5040}\big(2^{21} + 21 \cdot 2^{16} + 105 \cdot 2^{13} + 105 \cdot 2^{12} + 70 \cdot 2^{11} \\
&+ 280 \cdot 2^7 + 210 \cdot 2^8 + 630 \cdot 2^7 + 504 \cdot 2^5 + 420 \cdot 2^8 \\
&+ 210 \cdot 2^7 + 840 \cdot 2^4 + 720 \cdot 2^3 + 504 \cdot 2^4 + 420 \cdot 2^4\big) \\
=\; &1044
\end{aligned}
$$

8.8.4 de Bruijn 定理

下面我们考虑不仅在染色对象集 X 而且在颜色集 C 上也存在置换群的染色方案计数问题. 这个问题的开拓研究者是荷兰学者 N. G. de Bruijn 和美国学者 E. Palmer.

设 $(G, *)$ 和 $(H, \bullet)$ 分别是 n 元集 X (染色对象集) 和 m 元集 C (颜色集) 上的置换群. 一般称 G 为**对象置换群**, 而称 H 为**颜色置换群**. 下面我们就来研究在 X 上的对象置换群 G 和 C 上的颜色置换群 H 的共同作用下, 染色方案集 C^X 中到底有多少种不同的染色方案. 显然, 首先我们需要将两个群的联合作用等价到作用在方案集 C^X 上的单个置换群 (不妨记为 H^G) 上, 使得不同染色方案的计数问题成为群 H^G 在方案集 C^X 上的轨道计数问题. 因此, 关键的问题是如何根据群 G 和群 H 来定义 C^X 上等价的置换群 H^G.

首先注意到, 如果 C 上没有置换群 H 的作用, 仅在置换群 G 的作用下, 两个染色方案 φ_1 与 φ_2 等价, 当且仅当 $\exists \sigma \in G$ 使得 $\varphi_1(x) = \varphi_2(\sigma(x)),\quad \forall x \in X$. 现在 C 上有了置换群 H 的作用, 所以如果存在 $\sigma \in G,\ \tau \in H$ 使得

$$
\tau(\varphi_1(x)) = \varphi_2(\sigma(x)), \quad \forall x \in X
$$

则染色方案 φ_1 与 φ_2 就是等价的. 这样, 我们的具体目标就非常清楚了, 那就是如何根据 G 和 H 来定义 C^X 上的置换群 H^G, 使得染色方案 φ_1 与 φ_2 满足上式当且仅当它们属于群 H^G 的同一条轨道.

对于 $\forall \sigma \in G$ 以及 $\forall \tau \in H$, 定义染色方案集 C^X 上的置换 τ^σ 如下:

$$
\left(\tau^\sigma(\varphi)\right)(x) = \tau\left(\varphi\left(\sigma^{-1}(x)\right)\right), \quad \forall \varphi \in C^X,\ \forall x \in X \tag{8.25}
$$

显然上述定义是有意义的, 并且容易验证 τ^{σ} 确实是 C^X 上的置换. 现在我们令

$$H^G = \left\{\tau^{\sigma} \,\middle|\, \sigma \in G,\, \tau \in H\right\}$$

这里有一点需要特别注意, 我们使用符号 H^G 只是一个形式记号, 它并不表示群 G 到群 H 所有映射的集合, 主要是为了与染色方案集 C^X 在形式上一致, 因此不能将 H^G 理解为幂集. C^X 上的置换采用记号 τ^{σ}, 也是出于同样的原因.

容易验证, H^G 在通常的置换合成运算意义下形成 C^X 上的置换群, 并且对 $\forall \tau_1^{\sigma_1},\, \tau_2^{\sigma_2} \in H^G$, H^G 上的置换合成运算满足 $\tau_1^{\sigma_1} \circ \tau_2^{\sigma_2} = (\tau_1 \bullet \tau_2)^{(\sigma_1 * \sigma_2)}$. H^G 是由置换群 G 和 H 导出的 C^X 上的置换群, Harary 和 Palmer 称这个置换群为 **幂群**, 我们这里沿用 "幂群" 这个概念.

下面我们研究在幂群 H^G 的作用下, 映射 φ_1, $\varphi_2 \in C^X$ 等价的含义. 设 $\overset{H^G}{\sim}$ 表示由幂群 H^G 所导出的 C^X 上的等价关系, 那么对于 φ_1, $\varphi_2 \in C^X$, 有

$$\varphi_1 \overset{H^G}{\sim} \varphi_2 \iff \exists \tau^{\sigma} \in H^G \text{ 使得 } \tau^{\sigma}(\varphi_1) = \varphi_2$$

$$\iff \left(\tau^{\sigma}(\varphi_1)\right)(x) = \varphi_2(x),\ \forall\, x \in X$$

$$\iff \tau(\varphi_1(\sigma^{-1}(x))) = \varphi_2(x),\ \forall\, x \in X$$

$$\iff \tau(\varphi_1(x)) = \varphi_2(\sigma(x)),\ \forall\, x \in X$$

于是我们有下面的结论.

定理 8.50　设 G 和 H 分别是集合 X 和 C 上的置换群, 对于 $\forall \varphi_1$, $\varphi_2 \in C^X$, 则在群 G 和群 H 的共同作用下, φ_1 与 φ_2 等价当且仅当 $\exists \sigma \in G$, $\exists \tau \in H$, 使得对 $\forall x \in X$, $\tau(\varphi_1(x)) = \varphi_2(\sigma(x))$.

定理 8.50告诉我们, C^X 上的置换群 H^G 确实具有我们所希望的性质.

由于 H^G 是 C^X 上的置换群, 所以由等价关系 $\overset{H^G}{\sim}$ 所确定的 C^X 中的等价类实际上是幂群 H^G 的轨道, 我们有时也将其称为 **H^G 模式**. 前面我们已经介绍过, 在 C 上没有置换群的条件下, 仅由 X 上的置换群 G 的作用所产生的 C^X 中的等价类称为 G 模式; 同样地, 在 X 上没有置换群的条件下, 仅由 C 上的置换群 H 的作用所产生的 C^X 中的等价类则称为 H **模式**.

下面我们研究如何通过幂群 H^G 来统计 H^G 模式数或 H^G 轨道数. 由定理 8.26可知, 幂群 H^G 的轨道数为

$$\left|C^X / H^G\right| = \frac{1}{|H^G|} \sum_{\tau^{\sigma} \in H^G} \lambda_1\left(\tau^{\sigma}\right)$$

$$= \frac{1}{|H|\,|G|} \sum_{\tau \in H} \sum_{\sigma \in G} \lambda_1\left(\tau^{\sigma}\right)$$

$$= \frac{1}{|H|} \sum_{\tau \in H} \left[\frac{1}{|G|} \sum_{\sigma \in G} \lambda_1 \left(\tau^{\sigma} \right) \right] \tag{8.26}$$

对于给定的 $\sigma \in G$, $\tau \in H$, 首先来计算 $\lambda_1 (\tau^{\sigma})$, 即置换 τ^{σ} 的 1 循环的个数, 也就是满足 $\tau^{\sigma}(\varphi) = \varphi$ 的映射 φ 的个数. 根据定理 8.50, 显然有

$$\tau^{\sigma}(\varphi) = \varphi \iff \forall x \in X, \ \tau \left(\varphi(x) \right) = \varphi(\sigma(x)) \tag{8.27}$$

由于 x 与 $\sigma(x)$ 是 σ 的循环分解式同一循环中两个相继的对象, 而上式表明 $\varphi(x)$ 与 $\varphi(\sigma(x))$是 τ 的循环分解式同一循环的两个相继的颜色. 因此, (8.27) 告诉我们这样一个事实: $\varphi \in C^X$ 是置换 τ^{σ} 的不动点当且仅当 φ 用 τ 的同一循环中相继的颜色染色 σ 同一循环中相继的对象, 且颜色所在的循环 (τ 的循环) 长度是对象所在的循环 (σ 的循环) 长度的因子. 下面我们将更细致地分析置换 τ^{σ} 的不动点 φ 的性质.

设 $\sigma = C_1 C_2 \cdots C_k$ 是置换 σ 的循环分解式, C_j 是 σ 的第 j 个循环, 同前面一样它也表示第 j 个循环所包含的元素之集. 对 $\varphi \in C^X$, 令 $\varphi_j = \varphi|_{C_j} : C_j \mapsto C$, 即 $\varphi_j \in C^{C_j}$ 是 φ 在 C_j 上的限制. 换句话说, φ_j 只负责对 σ 的第 j 个循环 C_j 中的对象进行染色. 显然, $\tau^{\sigma}(\varphi) = \varphi$ 当且仅当对所有满足 $1 \leqslant j \leqslant k$ 的正整数 j 有

$$\varphi_j(\sigma(x)) = \tau(\varphi_j(x)), \ \forall x \in C_j \tag{8.28}$$

因此, 对于满足 (8.28) 的任何一组映射 $\varphi_1, \varphi_2, \cdots, \varphi_k$, 定义 $\varphi \in C^X$ 使得 φ 在 C_j 上的限制正好是 φ_j, 即令 $\varphi(x) = \varphi_j(x)$, $x \in C_j$, $1 \leqslant j \leqslant k$. 显然这样定义的 φ 就满足 $\tau(\varphi(x)) = \varphi(\sigma(x))$, $\forall x \in X$, 也就是说 φ 是给定置换 τ^{σ} 的不动点. 从而 τ^{σ} 不动点 φ 的个数 $\lambda_1(\tau^{\sigma})$ 就是满足 (8.28) 的诸 φ_j 个数的乘积.

下面我们统计对于每一个 $j (1 \leqslant j \leqslant k)$, 满足 (8.28) 的 φ_j 个数.

设 $|C_j| = \ell$, 记 $C_j = \{a, \sigma(a), \cdots, \sigma^{\ell-1}(a)\}$. 假定 $\varphi_j : C_j \mapsto C$ 满足 (8.28), 且不妨设 $\varphi_j(a) = b$, 则 φ_j 满足:

$$\varphi_j \left(\sigma^t(a) \right) = \tau^t(b), \quad t = 0, 1, 2, \cdots \tag{8.29}$$

其中 $\sigma^0(a) = a$, $\tau^0(b) = b$, 而且

$$b = \varphi_j(a) = \varphi_j \left(\sigma^{\ell}(a) \right) = \tau^{\ell}(b)$$

上式说明, C 上的置换 τ 的循环分解式中 b 所在的循环其长度是 ℓ 的因子; 反过来, 若 $b \in C$ 位于 τ 的长度整除 ℓ 的循环中, 那么定义 $\varphi_j(a) = b$ 并使 φ_j 满足 (8.29), 则 φ_j 一定满足 (8.28), 且基于不同的 b 得到不同的 φ_j. 事实上, φ_j

将 τ 的循环分解式中长度整除 ℓ 的循环中的颜色循环顺序地给 C_j 中的对象进行顺序地染色. 综上所述, 当 $|C_j| = \ell$ 时, 满足 (8.28) 的 φ_j 的个数 $m_\ell(\tau)$ 与置换 τ 的循环分解式中长度整除 ℓ 的循环中元素个数一样多, 因此有

$$m_{|C_j|}(\tau) = m_\ell(\tau) = \sum_{d\,|\,\ell} d\lambda_d(\tau) = \sum_{d\,|\,|C_j|} d\lambda_d(\tau) \tag{8.30}$$

从而可得

$$\lambda_1(\tau^\sigma) = \prod_{j=1}^{k} m_{|C_j|}(\tau) = \prod_{\ell=1}^{n} m_\ell(\tau)^{\lambda_\ell(\sigma)} \tag{8.31}$$

将上式的结果代入到 (8.26), 立即可得下面的结论:

定理 8.51　设 $(G, *)$ 和 $(H, \bullet)$ 分别是 n 元对象集 X 和 m 元颜色集 C 上的置换群, 则幂群 $(H^G, \circ)$ 在染色方案集 C^X 上的轨道数为

$$\left| C^X / H^G \right| = \frac{1}{|H|} \sum_{\tau \in H} \mathrm{CI}_G(m_1(\tau),\, m_2(\tau),\, \cdots,\, m_n(\tau))$$

其中 $\mathrm{CI}_G(x_1, \cdots, x_n)$ 是置换群 G 的循环指数, $m_k(\tau)$ 是置换 τ 的循环分解式中循环长度能够整除 k 的循环中所包含的元素个数.

定理 8.51 在有些文献中也称为 de Bruijn 定理.

例 8.16　将 3 个白球和 1 个黑球放入到 2 个方形盒子和 1 个圆形盒子中且允许空盒, 试求其方案数 (这里我们假定 3 个白球是不可区分的, 2 个方形盒子也是不可区分的).

解　令 $X = \{b, w_1, w_2, w_3\}$ 表示 1 个黑球和 3 个白球的集合, $C = \{r, s_1, s_2\}$ 表示 1 个圆形盒子和 2 个方形盒子的集合, 那么显然 X 与 C 上的置换群分别为

$$G = \mathcal{S}_1(\{b\}) \boxplus \mathcal{S}_3(\{w_1, w_2, w_3\}) \cong \mathcal{S}_1 \boxplus \mathcal{S}_3$$

$$H = \mathcal{S}_1(\{r\}) \boxplus \mathcal{S}_2(\{s_1, s_2\}) \cong \mathcal{S}_1 \boxplus \mathcal{S}_2$$

即有

$$H = \{(r)(s_1)(s_2),\, (r)(s_1 s_2)\} \triangleq \{\tau_1,\, \tau_2\}$$

$$G = \{(b)(w_1)(w_2)(w_3),\, (b)(w_1 w_2 w_3),\, (b)(w_1 w_3 w_2)$$

$$(b)(w_1)(w_2 w_3),\, (b)(w_2)(w_1 w_3),\, (b)(w_3)(w_1 w_2)\}$$

于是

$$\mathrm{CI}_G(x_1, \cdots, x_4) = \frac{1}{6}\left(x_1^4 + 3x_1^2 x_2 + 2x_1 x_3\right)$$

并且根据公式 (8.30) 有

$$\begin{cases} m_1(\tau_1) = 3 \\ m_2(\tau_1) = 3 \\ m_3(\tau_1) = 3 \\ m_4(\tau_1) = 3 \end{cases} \quad \begin{cases} m_1(\tau_2) = 1 \\ m_2(\tau_2) = 3 \\ m_3(\tau_2) = 1 \\ m_4(\tau_2) = 3 \end{cases}$$

由于所求的方案数 N 为幂群 H^G 在方案集 C^X 上的轨道数, 于是由定理 8.51 得

$$N = \left|C^X/H^G\right| = \frac{1}{|H|} \sum_{\tau \in H} \mathrm{CI}_G(m_1(\tau), m_2(\tau), m_3(\tau), m_4(\tau))$$

$$= \frac{1}{2}\left[(3^4 + 3 \cdot 3^2 \cdot 3 + 2 \cdot 3 \cdot 3)/6 + (1^4 + 3 \cdot 1^2 \cdot 3 + 2 \cdot 1 \cdot 1)/6\right]$$

$$= 16$$

事实上, 具体 16 种方案如下:

[○○○●][ ]( )　　[○○○][●]( )　　[○○][○●]( )　　[○○●][○]( )

[○○○][ ](●)　　[○○][○](●)　　[○○●][ ](○)　　[○○][●](○)

[○●][○](○)　　[○●][ ](○○)　　[○][●](○○)　　[○○][ ](○●)

[○][○](○●)　　[●][ ](○○○)　　[○][ ](○○●)　　[ ][ ](○○○●)

这里方括号 "[ ]" 表示方形盒子, 圆括号 "( )" 表示圆形盒子.

下面我们考虑在三个特殊情况下幂群 H^G 在方案集 C^X 上的轨道数.

第一个特殊情况　集合 X 上没有置换群, 且 $|X| = n$, 这相当于 X 上只有一个恒等置换 ι, 即相当于置换群 $G = \{\iota\}$, 此时 $H^G \cong H$, 群 G 的循环指数 $\mathrm{CI}_G(x_1, \cdots, x_n) = x_1^n$, 并且对于任意的 $\tau \in H$, 有 $m_1(\tau) = \lambda_1(\tau)$, 于是由定理 8.51 可得

$$\left|C^X/H^G\right| = \left|C^X/H\right| = \frac{1}{|H|} \sum_{\tau \in H} \left[\lambda_1(\tau)\right]^n \tag{8.32}$$

这个结论给出了用 C 中的颜色对 X 中的对象染色且在颜色集 C 上的置换群 H 的作用下不同的染色方案数即 H 模式数.

例如, 令颜色集 $C = \{1, 2, 3, 4\}$, 并取 C 上的置换群 $H = \mathrm{Aut}(K_{1,3})$, 即

$$H = \{(1)(2)(3)(4), (1)(234), (1)(243), (1)(2)(34), (1)(3)(24), (1)(4)(23)\}$$

则根据 (8.32) 有

$$|C^X/H| = \frac{1}{|H|} \sum_{\tau \in H} \left[\lambda_1(\tau)\right]^{|X|} = \frac{1}{6}\left(4^{|X|} + 2 \cdot 1^{|X|} + 3 \cdot 2^{|X|}\right)$$

因此, 如果 $|X| = 2$, 则 $|C^X/H| = 5$, 即用 C 中的 4 种颜色对 X 中的 2 个对象进行染色, 在群 H 的作用下只有 5 种不同的染色方案. 若将每种染色方案 φ 表示成集合 C 的 2 重复排列, 则所有的 16 种染色方案为

$$\{11\},\ \{12,\ 13,\ 14\},\ \{21,\ 31,\ 41\},$$

$$\{22,\ 33,\ 44\},\ \{23,\ 32,\ 24,\ 42,\ 34,\ 43\}$$

其中, 同一集合中的方案是相互等价的. 如果 $|X| = 3$, 则 $|C^X/H| = 15$, 即在群 H 的作用下, 所有 64 种方案中只有 15 种不同的方案.

如果令 $H = \mathcal{S}_4$, 则由于

$$\text{CI}_{\mathcal{S}_4}(x_1, \cdots, x_4) = \frac{1}{24}\left(x_1^4 + 3x_2^2 + 6x_1^2 x_2 + 8x_1 x_3 + 6x_4\right)$$

则得到

$$|C^X/H| = \frac{1}{24}\left(4^{|X|} + 6 \cdot 2^{|X|} + 8 \cdot 1^{|X|}\right)$$

当 $|X| = 4$ 时, 由上式得到

$$|C^X/H| = 15 = 1 + 7 + 6 + 1 = \sum_{k=1}^{4} S(4, k)$$

这正是 4 个不同的球放入 4 个相同的盒子中且允许空盒的方案数, 也是 4 元集 X 到 4 元集 C 映射计数 $|C^X|$, 其中 C 中的元素不可区分 ($\mathcal{S}_4$ 不可区分).

值得注意的一点是, 尽管不同的群 H 在 C 上的轨道数可能是一样的, 但由此所得到的幂群 H^G 在方案集 C^X 上的轨道数可能就不一样. 例如, $|X| = 2$, $C = \{1, 2, 3\}$. 如果取 $H = \mathcal{A}_3 = \{(1)(2)(3),\ (123),\ (132)\}$, $G = \{\iota\}$, 那么 H 在 C 上的轨道数为 1, 即 C 中的元素是 $\mathcal{A}_3$ 不可区分. 注意到 $H^G \cong H$, 所以 $C^X/H^G = C^X/H$, 且 $|C^X/H| = 3$. 如果将 C^X 中所有染色方案表示为颜色集 C 的 2 重复排列, 则这 3 个等价类为

$$\{11,\ 22,\ 33\},\ \ \{12,\ 23,\ 31\},\ \ \{13,\ 32,\ 21\}$$

如果取 $H = \mathcal{S}_3$, 则 H 在 C 上的轨道数也是 1, 即在 H 的作用下 C 中的元素也是不可区分的 ($\mathcal{S}_3$ 不可区分). 但此时却有 $\left|C^X/H\right| = 2$, 这两个等价类为

$$\{11, 22, 33\}, \quad \{12, 23, 31, 13, 32, 21\}$$

第二种特殊情况 集合 C 上没有置换群, 这相当于 C 上只有一个恒等置换, 即相当于置换群 $H = \{\iota\}$, 此时由于 $H^G \cong G$, 所以 $C^X/H^G = C^X/G$. 如果注意到 $m_k(\iota) = m$, $1 \leqslant k \leqslant n$, 那么由定理 8.51 可得

$$\left|C^X/H^G\right| = \left|C^X/G\right| = \frac{1}{|G|} \sum_{\sigma \in G} m^{\lambda(\sigma)} \tag{8.33}$$

其中 $\lambda(\sigma)$ 是 σ 的循环分解式中总的循环个数. 这正是前面的 Pólya 定理的结论. 特别地, $G = \mathcal{S}_n$, $H = \{\iota\}$ 时, $\left|C^X/H^G\right|$ 是 n 元集 X 到 m 元集 C 的映射个数, 其中 X 中的元素不可区分. 实际上, 根据定理 8.29 和 Pólya 定理以及定理 1.44 得到

$$\left|C^X/H^G\right| = \frac{1}{|G|} \sum_{\sigma \in G} m^{\lambda(\sigma)} = \frac{1}{n!} \sum_{k=1}^{n} c(n,k) m^k$$
$$= \frac{(m)^n}{n!} = \left(\!\!\binom{m}{n}\!\!\right)$$

这正是第 1 章定理 1.41 的结论.

第三种特殊情况 集合 X 和集合 C 上均没有置换群, 这相当于群 G 和群 H 中均只有一个恒等置换 ι, 且 $\mathrm{CI}_G(x_1, \cdots, x_n) = x_1^n$, $m_k(\iota) = m$, $1 \leqslant k \leqslant n$, 因此由定理 8.51 可得

$$\left|C^X/H^G\right| = \left|C^X\right| = m^n$$

这正是在没有任何群的作用下 n 元集到 m 元集的所有映射的个数.

如果我们注意到 $a^k = \left.\dfrac{\partial^k}{\partial z^k}\left(e^{az}\right)\right|_{z=0}$, 并记 $\left(\dfrac{\partial}{\partial z}\right)^k \triangleq \dfrac{\partial^k}{\partial z^k}$, 那么有

$$\prod_{k=1}^{n} m_k(\tau)^{\lambda_k(\sigma)} = \prod_{k=1}^{n} \left(\frac{\partial}{\partial z_k}\right)^{\lambda_k(\sigma)} \exp\left[m_k(\tau) z_k\right]\Bigg|_{z_k=0}$$
$$= \prod_{k=1}^{n} \left(\frac{\partial}{\partial z_k}\right)^{\lambda_k(\sigma)} \exp\left[\sum_{k=1}^{n} m_k(\tau) z_k\right]\Bigg|_{z_1=z_2=\cdots=0}$$

另一方面, 由于

$$\sum_{k \geqslant 1} m_k(\tau) z_k = \sum_{k \geqslant 1} \sum_{\ell \mid k} \ell \lambda_\ell(\tau) z_k = \sum_{\ell \geqslant 1} \ell \lambda_\ell(\tau) \sum_{k \geqslant 1} z_{k\ell}$$

所以有

$$\exp\left[\sum_{k=1}^{n} m_k(\tau) z_k\right] = \prod_{\ell \geqslant 1} \varepsilon_\ell(z_1, z_2, \cdots)^{\lambda_\ell(\tau)}$$

其中

$$\varepsilon_\ell(z_1, z_2, z_3, \cdots) = e^{\ell(z_\ell + z_{2\ell} + z_{3\ell} + \cdots)}, \quad \ell = 1, 2, \cdots \tag{8.34}$$

从而有

$$\prod_{k \geqslant 1} m_k(\tau)^{\lambda_k(\sigma)} = \prod_{k \geqslant 1} \left(\frac{\partial}{\partial z_k}\right)^{\lambda_k(\sigma)} \prod_{\ell \geqslant 1} \varepsilon_\ell(z_1, z_2, \cdots)^{\lambda_\ell(\tau)}\Bigg|_{z_1 = z_2 = \cdots = 0}$$

于是定理 8.51 就可以重新叙述为下面的形式.

定理 8.52 设 $(G, *)$ 和 $(H, \bullet)$ 分别是 n 元对象集 X 和 m 元颜色集 C 上的置换群, 则幂群 $(H^G, \circ)$ 在染色方案集 C^X 上的轨道数为

$$\left|C^X/H^G\right| = \mathrm{CI}_G\left(\frac{\partial}{\partial z_1}, \frac{\partial}{\partial z_2}, \cdots\right) \mathrm{CI}_H(\varepsilon_1(z_1, \cdots), \varepsilon_2(z_1, \cdots), \cdots)\Bigg|_{z_1 = z_2 = \cdots = 0}$$

其中函数 $\varepsilon_\ell(z_1, z_2, \cdots)$ 定义如 (8.34), $\mathrm{CI}_G(x_1, x_2, \cdots)$ 和 $\mathrm{CI}_H(x_1, x_2, \cdots)$ 分别是置换群 G 和 H 的循环指数.

下面我们研究定理 8.51 的母函数形式. 假定在颜色集 C 上有一个权函数 $w(\cdot)$, 并假设这个权函数 $w(\cdot)$ 在颜色置换群 H 的每条轨道上是常数, 即若 $\mathrm{Orb}\,(c)$ 是颜色置换群 H 在颜色集 C 上的一条轨道, 则对 $\forall c_1, c_2 \in \mathrm{Orb}\,(c)$, 有 $w(c_1) = w(c_2)$. 同前面一样, 对 $\forall \varphi \in C^X$, 可定义映射 φ 的权 $w(\varphi)$ 如下:

$$w(\varphi) = \prod_{x \in X} w(\varphi(x))$$

可以证明, 由此定义的方案集 C^X 上的权函数 $w(\cdot)$ 在幂群 H^G 的每条轨道上也是常数. 事实上, 设 $\mathrm{Orb}\,(\varphi)$ 是幂群 H^G 在方案集 C^X 上的一条轨道, 则对于 $\forall \varphi_1, \varphi_2 \in \mathrm{Orb}\,(\varphi)$, 由于 $\exists \tau^\sigma \in H^G$ 使得 $\tau^\sigma(\varphi_1) = \varphi_2$, 即对 $\forall x \in X$ 有 $\tau(\varphi_1(x)) = \varphi_2(\sigma(x))$, 所以对于 $\forall x \in X$, $\varphi_1(x)$ 与 $\varphi_2(\sigma(x))$ 属于群 H 的同一条轨道. 因此, 根据关于权函数 $w(\cdot)$ 的假定, 对于 $\forall x \in X$ 有 $w(\varphi_1(x)) = w(\varphi_2(\sigma(x)))$, 于是得到

$$w(\varphi_1) = \prod_{x \in X} w(\varphi_1(x)) = \prod_{x \in X} w(\varphi_2(\sigma(x))) = \prod_{x \in X} w(\varphi_2(x)) = w(\varphi_2)$$

值得注意的是, 如果权函数 $w(\cdot)$ 在颜色群 H 的每条轨道上不是常数, 则将 $w(\cdot)$ 扩充为方案集 C^X 上的权函数, 那么这个权函数 $w(\cdot)$ 在幂群 H^G 的每

条轨道上一般也不是常数. 既然如此, 我们可将权和 $\sum w(\varphi)$ 针对每一条 H^G 轨道或 H^G 模式求和, 即每条轨道取一个映射的权作为代表, 即得方案集 C^X 关于幂群 H^G 的模式清单 $\mathrm{Inv}(C^X/H^G)$. 假定

$$C^X/H^G = \left\{ \mathrm{Orb}\,(\varphi_1),\, \mathrm{Orb}\,(\varphi_2),\, \cdots,\, \mathrm{Orb}\,(\varphi_k) \right\}$$

那么有

$$\mathrm{Inv}(C^X/H^G) = \sum_{\mathrm{Orb}(\varphi)\,\in\, C^X/H^G} w(\varphi) = \sum_{j=1}^{k} w(\varphi_j)$$

关于这个模式清单, 我们有下面的结论.

定理 8.53 设 $w(\cdot)$ 是颜色集 C 上的权函数, 且 $w(\cdot)$ 在群 H 的每条轨道上是常数. 对于给定的 $\tau^\sigma \in H^G$, 令 $\mathrm{Fix}\,(\tau^\sigma)$ 表示置换 τ^σ 的不动点的集合, $w(\mathrm{Fix}\,(\tau^\sigma))$ 表示 τ^σ 的所有不动点的权和, 则有

$$\mathrm{Inv}(C^X/H^G) = \frac{1}{|H^G|} \sum_{\tau^\sigma \in H^G} w(\mathrm{Fix}\,(\tau^\sigma)) \tag{8.35}$$

证明 事实上, 由于 (8.35) 右端的求和是幂群 H^G 中所有置换的不动点的权和, 这个权和可以从另一角度来求: 即先对每一个 $\varphi \in C^X$ 计算其权, 然后统计幂群 H^G 中使 φ 保持不动的置换个数 (即 φ 的不动置换类 $\mathrm{Sta}\,(\varphi)$ 的元素个数). 则根据前面的定理 8.23 和定理 8.24, 即对 $\varphi_1,\,\varphi_2 \in \mathrm{Orb}\,(\varphi)$ 有 $|\mathrm{Sta}\,(\varphi_1)| = |\mathrm{Sta}\,(\varphi_2)|$, $w(\varphi_1) = w(\varphi_2) = w(\varphi)$, 以及对 $\forall \varphi \in C^X$ 有 $|H^G| = |\mathrm{Sta}\,(\varphi)|\,|\mathrm{Orb}\,(\varphi)|$, 我们得到

$$\frac{1}{|H^G|} \sum_{\tau^\sigma \in H^G} w(\mathrm{Fix}\,(\tau^\sigma)) = \frac{1}{|H^G|} \sum_{\varphi \in C^X} w(\varphi)\,|\mathrm{Sta}\,(\varphi)|$$

$$= \frac{1}{|H^G|} \sum_{\mathrm{Orb}(\varphi)\,\in\, C^X/H^G} \sum_{\varphi \in \mathrm{Orb}(\varphi)} w(\varphi)\,|\mathrm{Sta}\,(\varphi)|$$

$$= \frac{1}{|H^G|} \sum_{\mathrm{Orb}(\varphi)\,\in\, C^X/H^G} w(\varphi)\,|\mathrm{Sta}\,(\varphi)|\,|\mathrm{Orb}\,(\varphi)|$$

$$= \sum_{\mathrm{Orb}(\varphi)\,\in\, C^X/H^G} w(\varphi)$$

由此即知 (8.35) 成立. ∎

公式 (8.35) 虽然简单整齐, 但若真要根据这个公式计算模式清单 $\mathrm{Inv}(C^X/H^G)$ 的话, 显然不是一件轻而易举的事. 我们需要 $\mathrm{Inv}(C^X/H^G)$ 的一个更易于计算的公式. 下面我们仍将从 (8.35) 入手, 这里的关键是如何计算权和 $w(\mathrm{Fix}\,(\tau^\sigma))$.

　　读者应该不会忘记, 就在稍早证明 de Bruijn 定理 (定理 8.51) 时就已经注意到这样的事实: 对于给定的置换 $\tau^\sigma \in H^G$, 染色方案 $\varphi \in C^X$ 是 τ^σ 的不动点, 当且仅当 φ 用置换 τ 的循环分解式同一循环的颜色循环顺序地染色置换 σ 循环分解式同一循环中的对象, 并且颜色所在的循环 (τ 的循环) 其长度是染色对象所在的循环 (σ 的循环) 长度的因子. 例如, 设 $C_j = \{a, \sigma(a), \sigma^2(a), \cdots, \sigma^{\ell-1}(a)\}$ 是 σ 的一个长度为 ℓ 的循环, 其中 $1 \leqslant j \leqslant k$, 并设 φ 是置换 τ^σ 的不动点, 那么 φ 只能用 τ 中 d (ℓ 的因子) 循环中的颜色循环顺序地染色 C_j 中的 ℓ 个对象, 且 τ 的每个 d 循环恰有 d 种方式染色 C_j 中的 ℓ 个对象. 如果以 φ_j 表示映射 φ 在 C_j 上的限制, 并注意到权函数 $w(\cdot)$ 在 τ 的每一个循环上为常数, 所以对 $\forall j\,(1 \leqslant j \leqslant k)$ 有

$$w(\varphi_j) = w(b_j)^{|C_j|}, \quad \tau^{|C_j|}(b_j) = b_j$$

其中 b_j 属于 τ 的一个 d 循环, 且 $d \mid |C_j|$. 于是

$$w(\varphi) = \prod_{j=1}^{k} w(\varphi_j) = \prod_{j=1}^{k} w(b_j)^{|C_j|}, \quad \tau^{|C_j|}(b_j) = b_j \tag{8.36}$$

上式表明, 置换 τ^σ 的任何一个不动点 φ 的权 $w(\varphi)$ 均具有 (8.36) 的形式.

　　现考虑下面乘积的展开式

$$\prod_{j=1}^{k} \left[\sum_{\tau^{|C_j|}(b_j)=b_j} w(b_j)^{|C_j|} \right] \tag{8.37}$$

容易看出, (8.37) 的展开式中每一项均具有 (8.36) 的形式, 也就是说 (8.37) 的展开式中每一项都是置换 τ^σ 的某个不动点的权. 因此, (8.37) 就是置换 τ^σ 所有不动点的权和, 从而有

$$w(\mathrm{Fix}\,(\tau^\sigma)) = \prod_{j=1}^{k} \left[\sum_{\tau^{|C_j|}(b_j)=b_j} w(b_j)^{|C_j|} \right]$$

设 $\lambda_k(\sigma)$ 仍然表示置换 σ 的循环分解式中长度为 k 的循环个数, 则有

$$w(\mathrm{Fix}\,(\tau^\sigma)) = \prod_{j=1}^{n} \left[\sum_{\tau^j(b)=b} w(b)^j \right]^{\lambda_j(\sigma)} = \prod_{j=1}^{n} M_j(\tau)^{\lambda_j(\sigma)} \tag{8.38}$$

其中

$$M_j(\tau) = \sum_{\tau^j(b)=b} w(b)^j \tag{8.39}$$

实际上, $M_j(\tau)$ 是用 τ 的所有 d 循环中的颜色循环顺序地染色 σ 的一个 j 循环中的对象由此得到的所有染色方案的权和, 其中 $d \mid j$. 根据 (8.38) 和 (8.39) 以及定理 8.53 我们得到

$$\mathrm{Inv}\big(C^X/H^G\big) = \frac{1}{|H^G|} \sum_{\tau^\sigma \in H^G} w\big(\mathrm{Fix}\,(\tau^\sigma)\big)$$

$$= \frac{1}{|H|\,|G|} \sum_{\tau \in H} \sum_{\sigma \in G} M_1(\tau)^{\lambda_1(\sigma)} M_2(\tau)^{\lambda_2(\sigma)} \cdots M_n(\tau)^{\lambda_n(\sigma)}$$

$$= \frac{1}{|H|} \sum_{\tau \in H} \left[\frac{1}{|G|} \sum_{\sigma \in G} M_1(\tau)^{\lambda_1(\sigma)} M_2(\tau)^{\lambda_2(\sigma)} \cdots M_n(\tau)^{\lambda_n(\sigma)} \right]$$

$$= \frac{1}{|H|} \sum_{\tau \in H} \mathrm{CI}_G\big(M_1(\tau), M_2(\tau), \cdots, M_n(\tau)\big)$$

于是得到下面的定理, 它是与定理 8.51 对应的母函数形式:

定理 8.54 设 $(G, *)$ 和 $(H, \bullet)$ 分别是 n 元集 X 和 m 元集 C 上的置换群, $w(\cdot)$ 是定义在 C 上的权函数, 且 $w(\cdot)$ 在 H 的每一条轨道上是常数, 则

$$\mathrm{Inv}\big(C^X/H^G\big) = \frac{1}{|H|} \sum_{\tau \in H} \mathrm{CI}_G\big(M_1(\tau), M_2(\tau), \cdots, M_n(\tau)\big)$$

其中 $\mathrm{CI}_G(x_1, \cdots, x_n)$ 是置换群 G 的循环指数, $M_j(\tau)$ 定义如 (8.39).

不难看出, 如果定义颜色集 C 上的权函数 $w(\cdot) \equiv 1$, 则 $M_j(\tau) = m_j(\tau)$, 此时定理 8.54 退化成定理 8.51.

几个特殊的情况下, 定理 8.54 的结论可简化.

第一种特殊情况 置换群 G 只包含单位元 ι, $\mathrm{CI}_G(x_1, \cdots, x_n) = x_1^n$, 且

$$M_1(\tau) = \sum_{\tau(b)=b} w(b) = \sum_{b \in \mathrm{Fix}(\tau)} w(b) = w\big(\mathrm{Fix}\,(\tau)\big)$$

注意到此时有 $H^G \cong H$, 于是由定理 8.54 得到

$$\mathrm{Inv}\big(C^X/H^G\big) = \mathrm{Inv}\big(C^X/H\big) = \frac{1}{|H|} \sum_{\tau \in H} \Big[w\big(\mathrm{Fix}\,(\tau)\big) \Big]^n \tag{8.40}$$

例如, 对 $|X| = 2$, $C = \{1, 2, 3, 4\}$, $H = \mathrm{Aut}(K_{1,3})$ 的情况, 由于 H 在 C 上有两条轨道: $\{1\}$, $\{2, 3, 4\}$, 故可在 C 上定义权函数如下:

$$w(1) = 1,\ w(2) = w(3) = w(4) = x$$

由此得模式清单 $\mathrm{Inv}(C^X/H) = 1 + 2x + 2x^2$, 其中的 1 表示不使用颜色 2, 3, 4 的一种染色方案 $\{11\}$, $2x$ 表示一个对象使用颜色 1 另一个对象使用颜色 2, 3, 4 的两种染色方案 $\{12, 13, 14\}$, $\{21, 31, 41\}$, 而 $2x^2$ 则表示两个对象均使用颜色 2, 3, 4 的两种染色方案 $\{22, 33, 44\}$, $\{23, 32, 24, 42, 34, 43\}$.

第二种特殊情况 置换群 H 只包含单位元 ι, 即群 H 在 C 上有 m 条轨道. 注意到

$$M_j(\iota) = \sum_{c \in C} w(c)^j = w_j(C), \quad 1 \leqslant j \leqslant n$$

且由于 $H^G \cong G$, 于是由定理 8.54 可得

$$\mathrm{Inv}(C^X/H^G) = \mathrm{Inv}(C^X/G) = \mathrm{CI}_G(w_1(C), w_2(C), \cdots, w_n(C)) \tag{8.41}$$

这正是 Pólya 基本定理 (定理 8.42).

第三种特殊情况 置换群 G 和 H 均只包含单位元 ι, 此时群 H 在 m 元颜色集 C 上有 m 条轨道, 所以如令 $C = \{c_1, c_2, \cdots, c_m\}$, 则可定义权函数为 $w(c_i) = x_i$, $1 \leqslant i \leqslant m$. 又由于 $\mathrm{Fix}(\iota) = C$, 所以

$$w(\mathrm{Fix}(\iota)) = \sum_{c \in C} w(c) = x_1 + x_2 + \cdots + x_m$$

于是, 由 (8.40) 可得

$$
\begin{aligned}
\mathrm{Inv}(C^X/H^G) = \mathrm{Inv}(C^X) &= \frac{1}{|H|} \sum_{\tau \in H} \left[w(\mathrm{Fix}(\tau)) \right]^n \\
&= \left[\sum_{c \in C} w(c) \right]^n = (x_1 + x_2 + \cdots + x_m)^n \\
&= \sum_{\substack{n_1 + n_2 + \cdots + n_m = n \\ n_i \geqslant 0,\, i = 1, 2, \cdots, m}} \binom{n}{n_1,\ n_2,\ \cdots,\ n_m} x_1^{n_1} x_2^{n_2} \cdots x_m^{n_m}
\end{aligned}
\tag{8.42}
$$

上面的结果正是 n 元集 X 到 m 元集 C 的所有映射方案的枚举, 也是 n 个不同的球放入 m 个不同的盒子且允许空盒的放入方案的枚举.

例 8.17 考虑例 8.16 的情况, 即将 3 个白球和 1 个黑球放入到 2 个方形盒子和 1 个圆形盒子中且允许空盒, 试求模式清单.

解 像前面一样, 仍然令 $X = \{b, w_1, w_2, w_3\}$ 表示 1 个黑球和 3 个白球的集合, $C = \{r, s_1, s_2\}$ 表示 1 个圆形盒子和 2 个方形盒子的集合, 则由前面的结

论, C 与 X 上的置换群分别为

$$H = \left\{ (r)(s_1)(s_2),\, (r)(s_1 s_2) \right\} \triangleq \left\{ \tau_1,\, \tau_2 \right\}$$

$$G = \big\{ (b)(w_1)(w_2)(w_3),\, (b)(w_1 w_2 w_3),\, (b)(w_1 w_3 w_2)$$

$$(b)(w_1)(w_2 w_3),\, (b)(w_2)(w_1 w_3),\, (b)(w_3)(w_1 w_2) \big\}$$

且显然有

$$\mathrm{CI}_G(x_1, \cdots, x_4) = \frac{1}{6} \left(x_1^4 + 3 x_1^2 x_2 + 2 x_1 x_3 \right)$$

由于群 H 在 C 上有 2 条轨道: $\{r\}$, $\{s_1, s_2\}$, 故定义 C 上的权函数为

$$w(r) = x, \quad w(s_1) = w(s_2) = y$$

显然, 这样的权函数 $w(\cdot)$ 在 H 的每一条轨道上是常数, 并且由公式 (8.39) 可得

$$\begin{cases} M_1(\tau_1) = x + 2y \\ M_2(\tau_1) = x^2 + 2y^2 \\ M_3(\tau_1) = x^3 + 2y^3 \\ M_4(\tau_1) = x^4 + 2y^4 \end{cases}$$

$$\begin{cases} M_1(\tau_2) = x \\ M_2(\tau_2) = x^2 + 2y^2 \\ M_3(\tau_2) = x^3 \\ M_4(\tau_2) = x^4 + 2y^4 \end{cases}$$

由此得

$$\mathrm{CI}_G(M_1(\tau_1), \cdots, M_4(\tau_1)) = x^4 + 4x^3 y + 7x^2 y^2 + 10 x y^3 + 8 y^4$$

$$\mathrm{CI}_G(M_1(\tau_2), \cdots, M_4(\tau_2)) = x^4 + x^2 y^2$$

于是根据定理 8.54 有

$$\mathrm{Inv}\big(C^X / H^G\big) = \frac{1}{2} \sum_{i=1}^{2} \mathrm{CI}_G(M_1(\tau_i), \cdots, M_4(\tau_i))$$

$$= x^4 + 2x^3 y + 4x^2 y^2 + 5 x y^3 + 4 y^4$$

对照例 8.16 的结果, 不难发现上述模式清单 $\mathrm{Inv}(C^X/H^G)$ 的正确性. x^4 表示 4 个球全部放入圆形盒子的 1 种情况: [ ] [ ](○○○●); $2x^3y$ 表示 3 个球放入圆形盒子和 1 个球放入方形盒子的 2 种情况: [●] [ ](○○○)、[○][ ](○○●); $4x^2y^2$ 表示 2 个球放入圆形盒子和 2 个球放入方形盒子的 4 种情况:

$$[○●][ ](○○)、[○][●](○○)、[○○][ ](○●)、[○][○](○●)$$

$5xy^3$ 表示 1 个球放入圆形盒子和 3 个球放入方形盒子的 5 种情况:

$$[○○○][ ](●)、[○○][○](●)、[○○●][ ](○)、[○○][●](○)、[○●][○](○)$$

而 $4y^4$ 则表示 4 个球全部放入方形盒子的 4 种情况:

$$[○○○●][ ]( )、[○○○][●]( )、[○○][○●]( )、[○○●][○]( )$$

下面我们考虑在置换群 G 和 H 的作用下将 X 中的不同对象染成 C 中不同颜色的方案数, 即求幂群 H^G 在单射集合 $C_{\vdash}^X$ 上的轨道数 $C_{\vdash}^X/H^G$. 显然, 这要求染色对象的个数不超过使用的颜色数, 即 $n = |X| \leqslant |C| = m$.

对于 $\forall \varphi \in C^X$ 和 $\forall \tau^\sigma \in H^G$, φ 是单射, 当且仅当 $\tau^\sigma(\varphi)$ 是单射. 所以幂群 H^G 不仅是 C^X 上的置换群, 也是 C^X 的子集 $C_{\vdash}^X$ 上的置换群, 但 H^G 一般不是 $C_{\vDash}^X$ 上的置换群. 于是, 根据前面的 Burnside 引理 (定理 8.26) 有

$$\left|C_{\vdash}^X/H^G\right| = \frac{1}{|H^G|} \sum_{\tau^\sigma \in H^G} \lambda_1(\tau^\sigma) = \frac{1}{|H||G|} \sum_{\tau \in H} \sum_{\sigma \in G} \lambda_1(\tau^\sigma) \tag{8.43}$$

下面我们的任务是计算给定置换 τ^σ 的 1 循环即不动点的个数 $|\mathrm{Fix}(\tau^\sigma)|$. 给定 $\sigma \in G$, $\tau \in H$, 对于 $\forall \varphi \in \mathrm{Fix}(\tau^\sigma)$, 由于

$$\tau^\sigma(\varphi) = \varphi \iff \tau(\varphi(x)) = \varphi(\sigma(x)), \ \forall x \in X$$

所以如果 $\{a, \sigma(a), \sigma^2(a), \cdots, \sigma^{k-1}(a)\}$ 是置换 σ 的一个长度为 k 的循环, 且不妨令 $\varphi(a) = b$, 则在 τ 的循环分解式中 b 所在的循环为 $\{b, \tau(b), \tau^2(b), \cdots, \tau^{k-1}(b)\}$. 由于 φ 是一个单射, 所以集合 $\{b, \tau(b), \tau^2(b), \cdots, \tau^{k-1}(b)\}$ 中的诸元素必不相同; 又由于有 $\tau^k(b) = \varphi(\sigma^k(a)) = \varphi(a) = b$, 因此 b 所在的循环也是一个长度为 k 的循环, 也就是说, φ 将 σ 的长度为 k 的循环映射到 τ 的长度为 k 的循环. 这意味着, 如果对某个 $1 \leqslant k \leqslant n$, σ 的长度为 k 的循环个数 $\lambda_k(\sigma)$ 大于 τ 的长度为 k 的循环个数 $\lambda_k(\tau)$, 则置换 τ^σ 没有不动点, 即有 $|\mathrm{Fix}(\tau^\sigma)| = 0$. 从而, 我们得到

定理 8.55 设 G 是 n 元对象集 X 上的置换群, H 是 m 元颜色集 C 上的置换群, 则对于给定的 $\sigma \in G$, $\tau \in H$, 集合 $C_{\vdash}^X$ 上的置换 τ^σ 有不动点 φ, 当且仅当对于任意的 $1 \leqslant k \leqslant n$ 有 $\lambda_k(\sigma) \leqslant \lambda_k(\tau)$, 其中 $\lambda_k(\sigma)$ 和 $\lambda_k(\tau)$ 分别表示置换 σ 和 τ 的循环分解式中长度为 k 的循环个数.

假定对于给定的 $\sigma \in G$, $\tau \in H$, 有 $\lambda_k(\sigma) \leqslant \lambda_k(\tau)$, $1 \leqslant k \leqslant n$, 并不妨设 $\sigma = C_1 C_2 \cdots C_p$ 是置换 σ 的循环分解式, 这里 C_j 表示 σ 的第 j 个循环, 也表示 σ 的第 j 个循环所包含的元素之集, 则置换 τ^σ 的每一个不动点 φ 可以这样来构造: 对 σ 的每一个循环 C_j, 选择 τ 的一个长度为 $|C_j|$ 的循环 C_j', 使得不同的 C_j 对应不同的 C_j', 然后作单映射 (实际上是一一对应) $\varphi_j : C_j \mapsto C_j'$, 使得

$$\tau(\varphi_j(x)) = \varphi_j(\sigma(x)), \quad \forall x \in C_j$$

最后作映射 $\varphi : X \mapsto C$ 使得 $\varphi|_{C_j} = \varphi_j$, $1 \leqslant j \leqslant p$, 易知 $\varphi \in C_\vdash^X$, 且 $\tau^\sigma(\varphi) = \varphi$. 因此, φ 的构造方式数即是置换 τ^σ 的不动点的个数. 设 $|C_j| = k$, 则对于特定的 C_j' 有 k 种不同的定义 φ_j 的方式; 而 σ 的 $\lambda_k(\sigma)$ 个长度为 k 的循环与 τ 的 $\lambda_k(\tau)$ 个长度为 k 的循环有 $\lambda_k(\tau)\big[\lambda_k(\tau) - 1\big] \cdots \big[\lambda_k(\tau) - \lambda_k(\sigma) + 1\big] = (\lambda_k(\tau))_{\lambda_k(\sigma)}$ 种对应方式. 由此得

$$|\mathrm{Fix}\,(\tau^\sigma)| = \prod_{k=1}^n k^{\lambda_k(\sigma)}(\lambda_k(\tau))_{\lambda_k(\sigma)} \tag{8.44}$$

如果注意到 (8.44) 中的乘积项 $k^{\lambda_k(\sigma)}(\lambda_k(\tau))_{\lambda_k(\sigma)}$ 是 $(1+kz_k)^{\lambda_k(\tau)}$ 关于 z_k 的 $\lambda_k(\sigma)$ 阶导数在 $z_k = 0$ 处的值, 那么 (8.44) 可表示为

$$|\mathrm{Fix}\,(\tau^\sigma)| = \prod_{k=1}^n \left(\frac{\partial}{\partial z_k}\right)^{\lambda_k(\sigma)} (1 + kz_k)^{\lambda_k(\tau)}\bigg|_{z_k=0} \tag{8.45}$$

将 (8.45) 代入到 (8.43) 得到

定理 8.56 设 G 是 n 元对象集 X 上的置换群, H 是 m 元颜色集 C 上的置换群, $m \geqslant n$, 则幂群 H^G 在集合 $C_\vdash^X$ 上的轨道数为

$$\left|C_\vdash^X/H^G\right| = \mathrm{CI}_G\left(\frac{\partial}{\partial z_1}, \frac{\partial}{\partial z_2}, \cdots\right) \mathrm{CI}_H(1 + z_1, 1 + 2z_2, \cdots)\bigg|_{z_1=z_2=\cdots=0} \tag{8.46}$$

其中 $\mathrm{CI}_G(x_1, \cdots, x_n)$ 和 $\mathrm{CI}_H(x_1, \cdots, x_m)$ 分别是群 G 和群 H 的循环指数.

如果 $n = m$, 定理 8.56 的结论可稍作简化. 因为此时总有

$$\sum_{k=1}^n k\lambda_k(\sigma) = \sum_{k=1}^n k\lambda_k(\tau)$$

所以如果置换 τ^σ 存在不动点, 即有 $\lambda_k(\sigma) \leqslant \lambda_k(\tau)$, $1 \leqslant k \leqslant n$, 则根据上式必有 $\lambda_k(\sigma) = \lambda_k(\tau)$, $1 \leqslant k \leqslant n$. 此时, (8.44) 和 (8.45) 成为

$$|\mathrm{Fix}\,(\tau^\sigma)| = \prod_{k=1}^n k^{\lambda_k(\sigma)}\lambda_k(\tau)! = \prod_{k=1}^n \left(\frac{\partial}{\partial z_k}\right)^{\lambda_k(\sigma)} [kz_k]^{\lambda_k(\tau)}\bigg|_{z_k=0}$$

于是定理 8.56 可重新叙述为下面的形式:

定理 8.57 设 G 是 n 元对象集 X 上的置换群, H 是 n 元颜色集 C 上的置换群, 则幂群 H^G 在集合 $C_\vdash^X$ 上的轨道数为

$$\left|C_\vdash^X/H^G\right| = \mathrm{CI}_G\left(\frac{\partial}{\partial z_1}, \frac{\partial}{\partial z_2}, \cdots\right) \mathrm{CI}_H(z_1, 2z_2, \cdots)\,\Big|_{z_1=z_2=\cdots=0} \tag{8.47}$$

注意到当 $|X| = |C|$ 时, X 到 C 的单射 φ 实际上是 X 到 C 上的一个一一对应, 而 φ^{-1} 则是 C 到 X 上的一个一一对应, 因此有

$$\left|C_\vdash^X/H^G\right| = \left|X_\vdash^C/G^H\right|$$
$$= \mathrm{CI}_H\left(\frac{\partial}{\partial z_1}, \frac{\partial}{\partial z_2}, \cdots\right) \mathrm{CI}_G(z_1, 2z_2, \cdots)\,\Big|_{z_1=z_2=\cdots=0}$$

还有几种特殊的情况, 可使得定理 8.56 和定理 8.57 的结论更简洁.

第一种特殊情况 群 G 只包含单位元, 此时 $\mathrm{CI}_G(x_1, \cdots, x_n) = x_1^n$, 于是有

$$\left|C_\vdash^X/H^G\right| = \begin{cases} \dfrac{\mathrm{d}^n}{\mathrm{d}z^n}\,\mathrm{CI}_H(1+z, 1, 1, \cdots, 1)\,\Big|_{z=0}, & n < m \\[3mm] \dfrac{\mathrm{d}^n}{\mathrm{d}z^n}\,\mathrm{CI}_H(z, 0, 0, \cdots, 0)\,\Big|_{z=0} = \dfrac{n!}{|H|}, & n = m \end{cases} \tag{8.48}$$

例如, $|X| = 2$, $C = \{1, 2, 3, 4\}$, $H = \mathrm{Aut}(K_{1,3})$, 此时由于

$$\mathrm{CI}_G(x_1, x_2) = x_1^2, \quad \mathrm{CI}_H(x_1, \cdots, x_4) = \frac{1}{6}\left(x_1^4 + 3x_1^2 x_2 + 2x_1 x_3\right)$$

所以有

$$\left|C_\vdash^X/H^G\right| = \frac{\mathrm{d}^2}{\mathrm{d}z^2}\,\mathrm{CI}_H(1+z, 1, 1, 1)\,\Big|_{z=0}$$
$$= \frac{1}{6}\cdot\frac{\mathrm{d}^2}{\mathrm{d}z^2}\left[(1+z)^4 + 3(1+z)^2 + 2(1+z)\right]\Big|_{z=0}$$
$$= \frac{1}{6}\left[4\cdot 3(1+z)^2 + 3!\right]\Big|_{z=0} = 3$$

容易看出, H^G 在 $C_\vdash^X$ 上的 3 条轨道为

$$\{12, 13, 14\}, \quad \{21, 31, 41\}, \quad \{23, 32, 24, 42, 34, 43\}$$

又如, 如果 $H = \mathcal{S}_m$, 则易知 $\left|C_\vdash^X/H^G\right| = 1$. 这正是定理 1.40 的结论.

第二种特殊情况 群 H 只包含单位元, 此时 $\mathrm{CI}_H(x_1,\cdots,x_m) = x_1^m$, 于是由定理 8.56可得到

$$\left|C_\vdash^X/H^G\right| = \frac{1}{|G|} \cdot \frac{\mathbf{d}^n}{\mathbf{d}z^n}(1+z)^m \bigg|_{z=0} = \frac{(m)_n}{|G|}, \quad n \leqslant m \tag{8.49}$$

例如, $G = \mathcal{S}_n$ 时, $\left|C_\vdash^X/H^G\right| = (m)_n/n! = \binom{m}{n}$, 这是 m 元集的 n 组合数, 也是 n 个相同的球放入 m 个不同的盒子中且每盒至多一球的方案数, 也是关于映射计数定理 1.41 的结论.

第三种特殊情况 群 G 和 H 均只包含单位元, 此时有

$$\left|C_\vdash^X/H^G\right| = \frac{\mathbf{d}^n}{\mathbf{d}z^n}(1+z)^m \bigg|_{z=0} = (m)_n = \begin{bmatrix} m \\ n \end{bmatrix}, \quad n \leqslant m \tag{8.50}$$

这是关于映射计数定理 1.39 的结论.

例 8.18 ① 试问在几何上有多少种方式将正方体的 6 个面安排成循环次序 (即如果将正方体的 6 个面标以 $X = \{1, 2, 3, 4, 5, 6\}$, 按照一个固定的顺序如 "上下左前右后" 读时, 六个面即集合 X 构成的循环排列的方式数)? ② 如果正方体的六个面分别染上黄、黑、紫、紫、紫红、紫红, 而观察者由于色弱的原因无法确切地认定紫和紫红, 只知道它们有差别, 试求观察者看到的模式数[79].

解 ① 设 $X = \{1,2,3,4,5,6\}$ 表示正方体的 6 个面的编号, 由于要将这 6 个面按照固定顺序表示成循环排列, 故 X 可看成是一个正六边形的顶点集, 作用在 X 上的置换群 G 是由正六边形绕中心作平面旋转所导出的循环群 $\mathcal{C}_6$. 令集合 $C = \{上, 下, 左, 前, 右, 后\}$ 表示 6 面的一个固定顺序. 由于正六面体可以绕中心作空间运动, 不同的空间运动位置, 相对于观察者来说其 "上下左前右后" 所对应的面的编号即 X 中的对象是不同的, 这相当于集合 X 到集合 C 的一个映射. 因此, C 上的置换群 H 是由正六面体绕中心作空间运动所导出的面集 F 上的置换群. 从而我们的问题便相当于用 C 中的颜色对 X 中的对象进行染色, 求在群 G 和群 H 的共同作用下, 不同的对象染成不同颜色的方案数, 即幂群 H^G 在单射集合 $C_\vdash^X$ 上的轨道数 $\left|C_\vdash^X/H^G\right|$. 由于

$$\mathrm{CI}_H(x_1,\cdots,x_6) = \frac{1}{24}\left(x_1^6 + 6x_2^3 + 8x_3^2 + 3x_1^2x_2^2 + 6x_1^2x_4\right)$$

$$\mathrm{CI}_G(x_1,\cdots,x_6) = \frac{1}{6}\left(x_1^6 + x_2^3 + 2x_3^2 + 2x_6\right)$$

于是根据定理 8.57 得到所求的方案数为

$$\left|C_{\vdash}^{X}/H^{G}\right| = \mathrm{CI}_G\left(\frac{\partial}{\partial z_1}, \frac{\partial}{\partial z_2}, \cdots\right)\mathrm{CI}_H(z_1, 2z_2, \cdots)\Big|_{z_1=z_2=\cdots=0}$$

$$= \frac{1}{24}\cdot\frac{1}{6}\left(6! + 6\cdot 2^3\cdot 3! + 16\cdot 3^2\cdot 2!\right) = 9$$

图 8.16 给出了正方体的面按照 "上下左前右后" 顺序构成的 9 种循环排列, 分别是: $123456, 123465, 123546, 132546, 142536, 152436, 162435, 132456, 132465$.

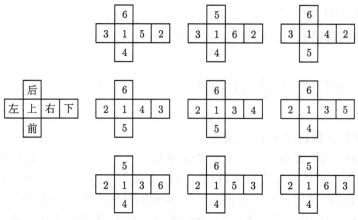

图 8.16　正方体 6 个面的 9 种循环排列

② 仍然以 $X = \{1, 2, 3, 4, 5, 6\}$ 表示正方体的 6 个面的编号, 不妨设这 6 个面对应的染色分别为黄、黑、紫、紫、紫红、紫红. 由于色弱的关系, 观察者无法确切地认定紫色和紫红色, 但知道它们是不同的, 这相当于在集合 X 上有一个如下的置换群 G:

$$G = \{(1)(2)(3)(4)(5)(6),\ (1)(2)(34)(5)(6),\ (1)(2)(3)(4)(56),\ (1)(2)(34)(56),$$

$$(1)(2)(35)(46),\ (1)(2)(36)(45),\ (1)(2)(3546),\ (1)(2)(3645)\}$$

需要注意的是, 由于观察者无法确切地认定紫色和紫红色, 但能区分它们是不同的颜色, 所以如下的置换

$$(1)(2)(3456),\ (1)(2)(3654),\ (1)(2)(3564),\ (1)(2)(3465)$$

不能包含在 G 中, 但 G 仍然是一个群, 其循环指数为

$$\mathrm{CI}_G(x_1, \cdots, x_6) = \frac{1}{8}\left(x_1^6 + 2x_1^4 x_2 + 3x_1^2 x_2^2 + 2x_1^2 x_4\right)$$

C 及 C 上的置换群 H 如 ①, 所以观察者能够看到的模式数为

$$\left| C_{\vdash}^X/H^G \right| = \mathrm{CI}_G\left(\frac{\partial}{\partial z_1}, \frac{\partial}{\partial z_2}, \cdots \right) \mathrm{CI}_H(z_1, 2z_2, \cdots) \Bigg|_{z_1 = z_2 = \cdots = 0}$$

$$= \frac{1}{8}\left[\frac{\partial^6}{\partial z_1^6} + 2\frac{\partial^4}{\partial z_1^4} \cdot \frac{\partial}{\partial z_2} + 3\frac{\partial^2}{\partial z_1^2} \cdot \frac{\partial^2}{\partial z_2^2} + 2\frac{\partial^2}{\partial z_1^2} \cdot \frac{\partial}{\partial z_4} \right]$$

$$\cdot \frac{1}{24}\left[z_1^6 + 6(2z_2)^3 + 8(3z_3)^2 + 3z_1^2(2z_2)^2 + 6z_1^2(4z_4) \right]$$

$$= \frac{1}{192}\left[6! + 3^2 \cdot 2! \cdot 2^2 \cdot 2! + 12 \cdot 2! \cdot 4 \right] = 5$$

图 8.17 展示了色弱观察者所看到的 5 种模式, 其中 "●" 和 "○" 分别表示紫色和紫红色, 且正方体各面相对于观察者的位置同图 8.16 .

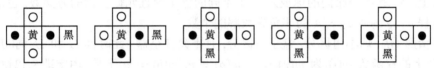

图 8.17　观察者看到的正方体 6 个面的 5 种模式

例 8.19　将 4 个球放入到 3 个盒子, 求在各种情况下的方案数 N.

解　设 $X = \{1, 2, 3, 4\}$ 是 4 个球的集合, $C = \{r, g, b\}$ 是 3 个盒子的集合; 并设 G 是 X 上的置换群, H 是 C 上的置换群. 考虑以下 8 种情况下的方案数 N.

情形 ①　球与盒子均可区分, 且允许空盒. 此时, G 和 H 均只包含一个恒等置换, 即 $G = \{(1)(2)(3)(4)\}$, $H = \{(r)(g)(b)\}$. 因此, $\mathrm{CI}_G(x_1, \cdots, x_4) = x_1^4$, 且对于 $\tau \in H$, 有 $m_1(\tau) = 3$. 于是, 根据定理 8.51 可得

$$N = \left| C^X/H^G \right| = \frac{1}{|H|} \sum_{\tau \in H} \mathrm{CI}_G(m_1(\tau), \cdots, m_4(\tau)) = 3^4$$

这个 N 实际上是 4 元集到 3 元集的所有映射的个数.

情形 ②　球与盒子均可区分, 且不允许空盒. 此时 G 和 H 同情形①, 并定义 C 上的权函数 $w(\cdot)$ 为: $w(r) = x$, $w(g) = y$, $w(b) = z$; 则对于 $\tau \in H$, 有 $M_1(\tau) = x + y + z$. 于是, 由定理 8.54 可得

$$\mathrm{Inv}\left(C^X/H^G \right) = \frac{1}{|H|} \sum_{\tau \in H} \mathrm{CI}_G(M_1(\tau), \cdots, M_4(\tau)) = M_1(\tau)^4$$

$$= x^4 + y^4 + z^4 + 4x^3y + 4x^3z + 4y^3z + 4xy^3 + 4xz^3 + 4yz^3$$

$$+ 6x^2y^2 + 6x^2z^2 + 6y^2z^2 + 12x^2yz + 12xy^2z + 12xyz^2$$

所求的 N 为上式中同时包含 xyz 的项的系数之和, 即

$$N = 12 + 12 + 12 = 36 = S[4,3] = 3!S(4,3)$$

显然, N 实际上是 4 个不同的球放入 3 个不同的盒子中且不允许空盒的方案数.

情形 ③ 球不可区分, 盒子可区分, 且允许空盒. 此时群 $G = \mathcal{S}_4$, 而群 H 则同 ①, 因此有

$$\mathrm{CI}_G(x_1, \cdots, x_4) = \frac{1}{24}\left(x_1^4 + 3x_2^2 + 6x_1^2 x_2 + 8x_1 x_3 + 6x_4\right)$$

定理 8.51 此时退化成为 Pólya 定理 (定理 8.28) , 于是有

$$N = \mathrm{CI}_G(3, \cdots, 3) = 15 = \binom{3+4-1}{4} = \binom{6}{2}$$

事实上, N 是 4 个相同的球放入 3 个不同的盒子中且允许空盒的方案数, 也是不定方程 $x_1 + x_2 + x_3 = 4$ 的非负整数解的个数.

情形 ④ 球不可区分, 盒子可区分, 且不允许空盒. 此时群 G 和 H 同③, 定义 C 上的权函数 $w(\cdot)$ 为 $w(r) = x$, $w(g) = y$, $w(b) = z$; 于是, 由定理 8.42 得

$$\mathrm{Inv}\left(C^X/H^G\right) = \mathrm{CI}_G\left(x + y + z, x^2 + y^2 + z^2, x^3 + y^3 + z^3, x^4 + y^4 + z^4\right)$$

$$= x^4 + y^4 + z^4 + x^3 y + x^3 z + xy^3 + y^3 z + xz^3 + yz^3$$

$$+ x^2 y^2 + x^2 z^2 + y^2 z^2 + x^2 yz + xy^2 z + xyz^2$$

所求的 N 为上式中同时包含 xyz 的项的系数之和, 即

$$N = 1 + 1 + 1 = 3 = \binom{4-1}{3-1} = \binom{3}{1}$$

N 实际上是 4 个相同的球放入 3 个不同的盒子中且不允许空盒的方案数, 也是不定方程 $x_1 + x_2 + x_3 = 4$ 的正整数解的个数.

情形 ⑤ 球可区分, 盒子不可区分, 允许空盒. 此时群 G 同 ①, $H = \mathcal{S}_3$, 即

$$H = \left\{(r)(g)(b), (rgb), (rbg), (r)(gb), (g)(rb), (b)(rg)\right\}$$

$$= \left\{\tau_1, \tau_2, \tau_3, \tau_4, \tau_5, \tau_6\right\}$$

于是由 (8.32) 可得

$$N = \left|C^X/H^G\right| = \frac{1}{6}\sum_{i=1}^{6} \lambda_1(\tau_i)^4$$

$$= 14 = S(4,1) + S(4,2) + S(4,3)$$

上式方案数的最后等式可理解为按使用的盒子数进行分类计数的结果.

情形 ⑥ 球可区分, 盒子不可区分, 不允许空盒. 此时群 G 和 H 同 ⑤, 并定义 C 上的权函数为 $w(r) = x$, $w(g) = y$, $w(b) = z$ (注意: 此处权函数的定义必须满足群 H 在 C 中的每一条轨道上是常数, 因为此时 H 仅一条轨道, 所以我们可以认为 $x = y = z$). 由于

$$w\big(\mathrm{Fix}\,(\tau_1)\big) = x + y + z, \quad w\big(\mathrm{Fix}\,(\tau_2)\big) = w\big(\mathrm{Fix}\,(\tau_3)\big) = 0$$

$$w\big(\mathrm{Fix}\,(\tau_4)\big) = x, \quad w\big(\mathrm{Fix}\,(\tau_5)\big) = y, \quad w\big(\mathrm{Fix}\,(\tau_6)\big) = z$$

所以根据 (8.40) 可得

$$\begin{aligned}
\mathrm{Inv}(C^X/H^G) &= \frac{1}{|H|} \sum_{\tau \in H} \Big[w\big(\mathrm{Fix}\,(\tau)\big) \Big]^4 = \frac{1}{6} \sum_{i=1}^{6} \Big[w\big(\mathrm{Fix}\,(\tau_i)\big) \Big]^4 \\
&= \frac{1}{6} \Big[(x+y+z)^4 + x^4 + y^4 + z^4 \Big] \\
&= \frac{1}{6} \big(2x^4 + 2y^4 + 2z^4 + 6x^2y^2 + 6x^2z^2 + 6y^2z^2 \\
&\quad + 4x^3y + 4x^3z + 4y^3z + 4xy^3 + 4xz^3 + 4yz^3 \\
&\quad + 12x^2yz + 12xy^2z + 12xyz^2 \big)
\end{aligned}$$

所求的 N 为上式中同时包含 xyz 的项的系数之和, 即

$$N = \frac{1}{6}(12 + 12 + 12) = 6 = S(4,3)$$

从上式的模式清单中还可得出: 只使用 1 个盒子的方案数为 $(2+2+2)/6 = 1$; 使用 2 个盒子的方案数为 $(4 \cdot 6 + 3 \cdot 6)/6 = 7$; 使用全部 3 个盒子的方案数为 6. 由此亦可得出允许空盒的方案数为 $1 + 7 + 6 = 14$, 这正是情形⑤的结论.

情形 ⑦ 球与盒子均不可区分, 允许空盒. 此时, 群 G 同 ③, 群 H 同 ⑤. 利用公式 (8.30) 可得

$$\begin{cases} m_1(\tau_1) = 3 \\ m_2(\tau_1) = 3 \\ m_3(\tau_1) = 3 \\ m_4(\tau_1) = 3 \end{cases} \quad \begin{cases} m_1(\tau_2) = 0 \\ m_2(\tau_2) = 0 \\ m_3(\tau_2) = 3 \\ m_4(\tau_2) = 0 \end{cases} \quad \begin{cases} m_1(\tau_3) = 0 \\ m_2(\tau_3) = 0 \\ m_3(\tau_3) = 3 \\ m_4(\tau_3) = 0 \end{cases}$$

$$
\begin{cases}
m_1(\tau_4) = 1 \\
m_2(\tau_4) = 3 \\
m_3(\tau_4) = 1 \\
m_4(\tau_4) = 3
\end{cases}
\begin{cases}
m_1(\tau_5) = 1 \\
m_2(\tau_5) = 3 \\
m_3(\tau_5) = 1 \\
m_4(\tau_5) = 3
\end{cases}
\begin{cases}
m_1(\tau_6) = 1 \\
m_2(\tau_6) = 3 \\
m_3(\tau_6) = 1 \\
m_4(\tau_6) = 3
\end{cases}
$$

于是有

$$
\mathrm{CI}_G(m_1(\tau_1), \cdots, m_4(\tau_1)) = 15
$$

$$
\mathrm{CI}_G(m_1(\tau_2), \cdots, m_4(\tau_2)) = 0
$$

$$
\mathrm{CI}_G(m_1(\tau_3), \cdots, m_4(\tau_3)) = 0
$$

$$
\mathrm{CI}_G(m_1(\tau_4), \cdots, m_4(\tau_4)) = 3
$$

$$
\mathrm{CI}_G(m_1(\tau_5), \cdots, m_4(\tau_5)) = 3
$$

$$
\mathrm{CI}_G(m_1(\tau_6), \cdots, m_4(\tau_6)) = 3
$$

然后根据定理 8.51 得到

$$
\begin{aligned}
N = \left| C^X / H^G \right| &= \frac{1}{|H|} \sum_{\tau \in H} \mathrm{CI}_G(m_1(\tau), \cdots, m_4(\tau)) \\
&= \frac{1}{6} \sum_{i=1}^{6} \mathrm{CI}_G(m_1(\tau_i), \cdots, m_4(\tau_i)) \\
&= \frac{1}{6}(15 + 0 + 0 + 3 + 3 + 3) \\
&= 4 = p_{\leqslant 3}(4)
\end{aligned}
$$

情形 ⑧　球与盒子均不可区分, 不允许空盒. 显然, 这种情况下方案数 $N = p_3(4) = 1$.

习　题　8

8.1　设 S 是一个非空集合, $\Pi(S)$ 表示 S 所有的拆分之集, $\Xi(S)$ 表示 S 上所有的等价关系的集合, 试证明 $\Pi(S)$ 与 $\Xi(S)$ 存在一一对应关系.

8.2　试证明定理 8.2.

8.3　设 $(G, \circ)$ 是一个群, e 是其单位元, m 为正整数, 则对于元素 $a \in G$, 并且 $|a| = r$, 试证明: ① $a^m = e \iff r | m$; ② $|a| = |a^{-1}|$ (定理 8.5).

8.4 试证明陪集的性质 (定理 8.12).

8.5 试证明定理 8.15.

8.6 试证明定理 8.16.

8.7 试证明定理 8.18.

8.8 试证明定理 8.36.

8.9 试证明定理 8.46.

8.10 试证明: 指数函数 $\exp\left(zx_1 + \dfrac{z^2x_2}{2} + \dfrac{z^3x_3}{3} + \cdots\right)$ 的展开式中 z^n 的系数是 n 元对称群 $\mathcal{S}_n$ 的循环指数 $\mathrm{CI}_{\mathcal{S}_n}(x_1, \cdots, x_n)$.

8.11 设 $X = \{a, b\}$, $C = \mathbb{Z}_4^+$, $G = \{\iota\}$ 是 X 上的置换群, $H = \mathrm{Aut}(K_{1,3})$ 是 C 上的置换群, 试求幂群 H^G 的循环指数.

8.12 设 S 是由所有的 n 次单位根 $\mathrm{e}^{\frac{2\pi\mathrm{i}}{n}j}$, $1 \leqslant j \leqslant n$, $\mathrm{i} = \sqrt{-1}$ 构成的集合, 其上的运算就是普通复数的乘法运算, 则 S 是一个群. 试求 S 的 Cayley 表示 G 的循环指数.

8.13 设 $\sigma \in \mathcal{S}_n$, 且 $\mathrm{typ}(\sigma) = (1)^{n-k}(k)$, 试证明: σ 是偶置换当且仅当 k 是奇数.

8.14 设 $\mathcal{S}_n$ 是 $\mathbb{Z}_n^+$ 上的对称群, 对于 $\sigma, \tau \in \mathcal{S}_n$, 定义

$$\delta(\sigma, \tau) = \max_{1 \leqslant k \leqslant n} |\sigma(k) - \tau(k)|$$

① 证明 δ 是 $\mathcal{S}_n$ 上的一种距离;

② 对 $\tau \in \mathcal{S}_n$, 令 $a_\tau(n, r) = |\{\sigma \,|\, \sigma \in \mathcal{S}_n, \delta(\sigma, \tau) \leqslant r\}|$, $n, r \in \mathbb{Z}^+$, 试证明: $a_\tau(n, r)$ 与 τ 的选择无关;

③ 记 $a_\tau(n, r) = a(n, r)$, 证明序列 $\{a(n, 2)\}_{n > 2}$ 足递推关系:

$$a(n, 2) = 2a(n-1, 2) + 2a(n-3, 2) - a(n-5, 2), \quad n \geqslant 6$$

8.15 设 $\mathcal{S}_n$ 是 $\mathbb{Z}_n^+$ 上的对称群, 对于 $\sigma \in \mathcal{S}_n$, 令

$$N(\sigma) = \{k \,|\, k \in \mathbb{Z}_n^+, \sigma(k) \neq k\}$$

试证明: $d(\sigma, \tau) = |N(\sigma\tau^{-1})|$ 是 $\mathcal{S}_n$ 上的一种距离, 并描述球

$$B(\tau) = \{\sigma \,|\, \sigma \in \mathcal{S}_n, d(\sigma, \tau) \leqslant r\}$$

的特征.

8.16 将数字 $0, 1, \cdots, 15$ 分别填入如图 8.18 所示的两个 4×4 的棋盘格中. 如果规定只允许 0 与其相邻的数字对换, 那么能否通过一系列这样的对换操作将布局 (a) 变成布局 (b)? 试证明之.

8.17 试求将集合 $S = \{2 \cdot a, 2 \cdot b\}$ 中的元素放入 2 个编号的盒子 A, B 且允许空盒的放法数.

8.18 试用 Pólya 计数定理计算 4 个相同的球放入两个不同的盒子且允许空盒的放法数.

8.19 试求由集合 $S = \{2 \cdot a, 3 \cdot b, 5 \cdot c\}$ 中全部元素作成的项链圆排列的个数.

1	2	3	4
5	6	7	8
9	10	11	12
13	14	15	0

(a)

15	14	13	12
11	10	9	8
7	6	5	4
3	2	1	0

(b)

图 8.18　两个 4×4 棋盘的数字布局

8.20　试求由集合 $S = \{2 \cdot a, 2 \cdot b, 4 \cdot c\}$ 中全部元素作成的 2 个 a 不相邻的手镯圆排列的个数.

8.21　试求由 4 颗红珍珠、3 颗黑珍珠及 5 颗白珍珠所穿成的项链式样数.

8.22　用边长为 1 的 3 块白瓷砖和 6 块绿瓷砖砌成边长为 3 的正方形图案, 试问能砌成多少种不同式样的图案? (假定两个图案经过平面旋转之后重合, 则这两个图案视为同一个图案)

8.23　用红、蓝、黄 3 种颜色对正六面体 H_h 的 12 条边染色, 使得每种颜色的边各 4 条, 求染色方案数.

8.24　用 $m\,(m \geqslant 2)$ 种颜色的珠子穿成 $n\,(n \geqslant 3)$ 颗珠子的手镯, 使得相邻珠子不同色, 求所得手镯的样式数 $a(n, m)$.

8.25　用 8 个相同的骰子 (正六面体) 堆砌成一个正六面体 (上下各 4 个), 能形成多少种不同的正六面体?

8.26　试用 5 种颜色红、绿、蓝、黄、白对 5 个不同的小球进行染色, 求染色方案数 N, 假定球染红、绿、蓝色视为是一样的, 染黄、白色也不加区分.

8.27　将 2 个红色球、2 个绿色球和 4 个蓝色球放入 1 个圆形盒子和 3 个方形盒子, 求放入方案数 N.

8.28　设 $X = \{1, 2, 3, 4, 5\}$, $C = \{a, b, c\}$, 取 $\pi = \{\{1, 2\}, \{3, 4\}, \{5\}\} \in \Pi_3(X)$, $\tau = \{\{a, b\}, \{c\}\} \in \Pi_2(C)$, 令 G 是由拆分 π 导出的 X 上的置换群, H 是由拆分 τ 所导出的 C 上的置换群. 试求幂群 H^G 在 C^X 上的轨道数 $|C^X/H^G|$.

8.29　对一个正八面体的 6 个顶点用红蓝两种颜色染色, 对其 8 个面用黄绿两种颜色染色, 试求 4 个顶点染红色, 2 个顶点染蓝色, 黄绿各 4 面的染色方案数. 假定正八面体的空间转动使之重合的两种染色方案视为同一种染色方案.

8.30　设 g_{nk} 是 n 个顶点 k 条边的简单图的个数 (同构的图视为同一个图), 定义函数

$$\mathcal{G}_n(x) = \sum_{k=0}^{n(n-1)/2} g_{nk} x^k$$

称 $\mathcal{G}_n(x)$ 为 n 个顶点的**图的计数多项式**. 试求 $\mathcal{G}_n(x)$, $n = 1, 2, \cdots, 7$.

习题答案或提示

习 题 1

1.1 12; 249.

1.2 $n!$ 尾部零的个数 $= \sum_{k \geqslant 1} \left\lfloor \dfrac{n}{5^k} \right\rfloor$.

1.3 4422.

1.4 2916.

1.5 56.

1.6 $2\binom{333}{3} + \binom{334}{3} + 334 + 333^2 = 18463519$.

1.7 1260.

1.8 364.

1.9 $a_5 = 28584$.

1.10 $N = \binom{10+n-1}{n} - 1 = \binom{n+9}{n} - 1$.

1.11 $\left|S^{(3)}\right| = 20$, $\left|S^{(4)}\right| = 34$, $\left|S^{(5)}\right| = 51$.

1.12 $\sum\limits_{\substack{n_1+n_2+\cdots+n_5=7 \\ n_i \geqslant 1;\ i=1,2,\cdots,5}} \binom{7}{n_1,\,n_2,\,\cdots,\,n_5} = 16800$.

1.13 $\binom{7}{2} + \binom{7}{3} + \binom{7}{4} - \binom{5}{2} - \binom{5}{3} - \binom{5}{4} = 66$.

1.14 $10!\binom{10}{5} = 914457600$.

1.15 $(n!)^2$.

1.16 $n!\binom{n}{n_1,\,n_2,\,\cdots,\,n_k}$.

1.17 **提示**: 只要注意到 Prüfer 码中顶点 i 恰出现 $d_i - 1$ 次即得.

1.19 $n2^{n-1}$.

1.20 考虑重集 $S = \left\{m \cdot a_1,\, m \cdot a_2,\, \cdots,\, m \cdot a_{(m-1)!}\right\}$ 的全排列数即得.

1.25 ① $S^2(n) = \dfrac{1}{6}n(n+1)(2n+1)$; ② $S^3(n) = \left[\dfrac{1}{2}n(n+1)\right]^2$.

1.26 ① $S_1(n) = \dfrac{1}{2}(n)^2$; ② $S_2(n) = \dfrac{1}{3}(n)^3$; ③ $S_3(n) = \dfrac{1}{4}(n)^4$;

④ $S_k(n) = \dfrac{1}{k+1}(n)^{k+1}$.

    1.27 **提示**: 考虑 $n+1$ 元集 $\{0, 1, 2, \cdots, n\}$ 的 $a+b+1$ 子集, 将每个子集的元素升序排列, 然后考察每个子集的第 $a+1$ 个位置处的元素值, 根据该元素值将这些子集分类.

    1.28 **提示**: 考虑平面上的格点 $(0, 0)$ 到格点 $(n+1, m+1)$ 的路径数, 且路径中的每一步只允许两种走法: $(x, y) \rightarrow (x+1, y)$ 和 $(x, y) \rightarrow (x+1, y+1)$.

    1.29 **提示**: 恒等式的左侧是从集合 $\mathbb{Z}_n^+$ 中选取两个子集的方式数, 其中一个子集是 p 元集, 而另一个子集则是 q 元集; 而恒等式的右侧则是根据两个子集的交集大小进行分类统计的结果.

1.31　提示: 令 $\omega = e^{\frac{2\pi}{3}i}$, 则 $\omega^2 + \omega + 1 = 0$. 然后利用对展开式

$$(1+\omega)^n = \binom{n}{0} + \binom{n}{1}\omega + \binom{n}{2}\omega^2 + \binom{n}{3} + \binom{n}{4}\omega + \cdots$$

$$(1+\omega^2)^n = \binom{n}{0} + \binom{n}{1}\omega^2 + \binom{n}{2}\omega + \binom{n}{3} + \binom{n}{4}\omega^2 + \cdots$$

$$2^n = \binom{n}{0} + \binom{n}{1} + \binom{n}{2} + \binom{n}{3} + \binom{n}{4} + \cdots$$

相加即得 ①; 同样地, 考虑 $\omega^2(1+\omega)^n$, $\omega(1+\omega^2)^n$, 2^n 的展开式, 然后相加即得 ②; 若考虑 $\omega(1+\omega)^n$, $\omega^2(1+\omega^2)^n$, 2^n 的展开式, 则相加后即得 ③.

1.32　提示: ① 利用恒等式 $(1-x)^n = \sum_{k=0}^{n}(-1)^k\binom{n}{k}x^k$, 然后等式两边关于 x 求导, 令 $x=1$ 即得. ② 利用恒等式 $(1+x)^n = \sum_{k=0}^{n}\binom{n}{k}x^k$, 然后等式两边关于 x 在区间 $[0,1]$ 上积分, 令 $x=1$ 即得. ③ 利用恒等式 $\sum_{k=1}^{n}(-1)^{k-1}\binom{n}{k}x^{k-1} = \dfrac{1-(1-x)^n}{x} = \sum_{k=0}^{n-1}(1-x)^k$, 然后等式两边关于 x 在 $[0,1]$ 区间上积分即得. ④ 利用恒等式 $\sum_{k=0}^{n}\binom{n}{k}x^k$, 然后等式两边关于 x 求导, 并令 $x=2$ 即得.

1.35　$1\binom{n}{2} + 2\binom{n}{3} + \cdots + (n-1)\binom{n}{n} = (n-2)2^{n-1} + 1$.

1.36　$\binom{n}{k}\binom{n-k}{2r-2k}2^{2r-2k}$.

1.37　① $\sum_{k=0}^{n}\binom{n}{k} = 2^n$; ② $\sum_{k=0}^{n}\binom{2n+1}{k}$.

1.38　$\binom{n}{4}$.

1.39　$a_n = \left\lfloor \dfrac{n^2 + 4n + 4}{4} \right\rfloor$.

1.40　$a_n = \left\lfloor \dfrac{n^2 + 2n + 1}{4} \right\rfloor$.

1.41　提示: 将 $S^{(r)}$ 中的元素按其最小元 k 和最大元 l 进行分类, 其中 $k = 1, 2, \cdots, n-r+1$; $l = r, r+1, \cdots, n$, 然后利用 $S^{(r)}$ 中最小元为 k 的子集数为 $\binom{n-k}{r-1}$ 以及最大元为 l 的子集为 $\binom{l-1}{r-1}$, 然后利用一些组合恒等式及组合数的性质即得 ① $\overline{m}(n,r) = \dfrac{n+1}{r+1}$; ② $\overline{M}(n,r) = \dfrac{(n+1)r}{r+1}$.

1.42　$\left| N_{\leqslant}^{X} \right| = \binom{n+x-1}{x}$, $\left| N_{<}^{X} \right| = \binom{n}{x}$.

1.43　提示: 利用上阶乘 $(x)^n$ 和下阶乘 $(x)_n$ 的恒等式:

$$(x)_n = (x-n+1)^n, \quad (x)^n = (x+n-1)_n$$

1.46　① 提示: 由 $(x+1)^p \equiv x^p + 1 \pmod{p}$ 可得, 多项式 $(x+1)^p - (x^p+1)$ 的系数可被 p 整除, 于是有

$$(x+1)^n = (x+1)^{\sum a_i p^i} \equiv \prod_{i \geqslant 0}\left(x^{p^i} + 1\right)^{a_i} \pmod{p}$$

$$= \prod_{i \geqslant 0} \sum_{j=0}^{a_i} \binom{a_i}{j} x^{jp^i} \pmod{p}$$

上式左端 x^m 的系数为 $\binom{n}{m}$, 而右端 x^m 的系数为 $\binom{a_0}{b_0}\binom{a_1}{b_1}\cdots$, 由此即得①的结论.

② 取 $p=2$, 根据①的结论可得: $\binom{n}{m}$ 是奇数当且仅当 m 的二进制展开式包含于 n 的二进制展开式中, 即如果 m 的第 i 个二进制位为 1, 那么 n 的第 i 个二进制位也必须为 1. 因此, 对任意的 $0 \leqslant m \leqslant n$ 组合数 $\binom{n}{m}$ 均为奇数当且仅当 $n = 2^k - 1$.

1.47 提示: 用归纳法证明.

1.49 提示: 将恒等式

$$(x_1 + x_2 + \cdots + x_k)^n = \sum_{\substack{n_1+n_2+\cdots+n_k=n \\ n_i \geqslant 0, \, i=1,2,\cdots,k}} \binom{n}{n_1, \, n_2, \, \cdots, \, n_k} x_1^{n_1} x_2^{n_2} \cdots x_k^{n_k}$$

两边依次对 $x_1, x_2, \cdots, x_k$ 求偏导数, 然后令诸 $x_i = 1$ 即得. 例 2.26 给出了这个结论的母函数证明方法, 参见 (2.32)、(2.33) 和 (2.34).

1.50 提示: 不妨设 $\alpha_1, \alpha_2, \cdots, \alpha_r$ 是 $\mathscr{K}$ 的一组基, 则对 $\forall \alpha \in \mathscr{K}$, α 可唯一地表示为 $\alpha = \sum_{k=1}^{r} x_k \alpha_k$, 而每一个 $x_k \, (1 \leqslant k \leqslant r)$ 均有 q 个不同的选择, 从而有 $|\mathscr{K}| = q^r$.

1.56 提示: ①、②、③、④、⑤ 直接根据定义计算, ⑥ 采用归纳法.

1.57 $\binom{n}{k}_{pq}$ 是集合 $Q = \{p^{n-k}, p^{n-k-1}q, \cdots, pq^{n-k-1}, q^{n-k}\}$ 的所有重复 k 子集中元素的乘积之和; 而 $(pq)^{\binom{k}{2}}\binom{n}{k}_{pq}$ 是集合 $Q = \{p^{n-1}, p^{n-2}q, \cdots, pq^{n-2}, q^{n-1}\}$ 的所有 k 子集中元素的乘积之和.

1.58 提示: 证明 $N_{pq}(n,k)$ 满足关系式

$$N_{pq}(n,k) = p^k N_{pq}(n-1,k) + q^{n-k} N_{pq}(n-1,k-1), \quad n > k \geqslant 1$$

即可, 因为这表明 $N_{pq}(n,k)$ 与 $\binom{n}{k}_{pq}$ 满足同样的递推关系 (参见习题 1.56④), 且显然它们具有相同的初始值.

1.59 提示: 只需证明: $A_k \prec A_{k+1} \iff \overline{A}_{k+1} \prec \overline{A}_k$. 这里 " $A_k \prec A_{k+1}$ " 表示在字典序意义下组合 A_k 位于组合 A_{k+1} 之前.

1.60 提示: ①利用排列 $\pi = p_1 p_2 \cdots p_n$ 与反序排列 $\pi' = p_n p_{n-1} \cdots p_1$ 之间的一一对应关系; ②、③利用序列 $\{i(n,k)\}_{k \geqslant 0}$ 的母函数表达式 $I_n(q) = (n)_q!$.

1.61 提示: 观察排列与自然映射的关系.

1.62 提示: 对于素数 p, 第一类无符号的 Stirling 数 $c(p,k)$ 除 $k=1$ 和 $k=p$ 之外, 均能被 p 整除 (推论 1.42.2); 而由定理 1.44 可得 $p! = \sum_{k=1}^{p} c(p,k)$, 如果注意到 $c(p,1) = (p-1)!$, $c(p,p) = 1$, 即得所证结论.

习 题 2

2.4 提示: 首先用归纳法证明对任意的正整数 m 有

$$(x\mathbf{D})^m = \sum_{k=0}^{m-1} S(m, m-k) \, x^{m-k} \mathbf{D}^{m-k}$$

其中 $S(n,k)$ 是第二类 Stirling 数, 由此可得本题的结论. 注意这里利用了 $S(n,k)$ 所满足的递推关系:

$$S(n,k) = kS(n-1,k) + S(n-1,k-1)$$

由所证明的结论即得 $\sum_{n\geqslant 0} \dfrac{n^2 + 4n + 5}{n!} = 11\mathrm{e}$.

2.5 $f(x) = x\left(1 + 4x + x^2\right)/(1-x)^4$.

2.6 $a_n = \sum_{k=0}^{\lfloor n/2 \rfloor} \binom{n}{2k} \dfrac{(2k)!}{2^k k!}$.

2.7 $a_n = \dfrac{(2n)!}{2^{2n}(n!)^2}$.

2.8   **提示**: 首先约定 $a_k(0) = 1$, 并令 $E_k(x) = \sum_{n\geqslant 0} a_k(n)x^n/n!$. 然后证明: $a_k(n) = \sum_{i=0}^{n} \binom{n}{i} 2^{n-i} a_{k-1}(n-i)$, 由此即得 $E_k(x) = \mathrm{e}^x E_{k-1}(2x)$, 从而有

$$E_k(x) = \mathrm{e}^{x + 2x + 4x + \cdots + 2^{k-1}x} = \mathrm{e}^{(2^k - 1)x}$$

于是得到 $a_k(n) = (2^k - 1)^n$.

2.9 $f_s(x) = x^2/(1-x)^3$, $f_t(x) = x^3/(1-x)^4$.

2.10 $f_h(x) = 1/\left[(1-x)(1-x^2)(1-x^5)(1-x^7)\right]$.

2.11   **提示**: 利用乘法公式可得

$$D(x) = \frac{1}{\sqrt{1 - 6x + x^2}}$$

$$= 1 + 3x + 13x^2 + 63x^3 + 321x^4 + 1683x^5 + 8989x^6$$

$$+ 48639x^7 + 265729x^8 + 1462563x^9 + 8097453x^{10}$$

$$+ 45046719x^{11} + 251595969x^{12} + 1409933619x^{13}$$

$$+ 7923848253x^{14} + 44642381823x^{15} + 252055236609x^{16} + \cdots$$

事实上, d_n 是从格点 $(0,0)$ 到 (n,n) 的格点路径数, 且路径上只允许如下三种步法: $R: (x,y) \mapsto (x+1,y)$, $U: (x,y) \mapsto (x,y+1)$, $D^+: (x,y) \mapsto (x+1,y+1)$, 且序列 $\{d_n\}_{n\geqslant 0}$ 满足如下递推关系:

$$nd_n - 3(2n-1)d_{n-1} + (n-1)d_{n-2} = 0, \quad n \geqslant 2$$

也可以直接得到如下递推关系:

$$d_n = d_{n-1} + 2\sum_{k=1}^{n} S_{k-1}d_{n-k}, \quad n \geqslant 1$$

其中 $\{S_n\}_{n\geqslant 0} = \{1, 2, 6, 22, \cdots\}$ 是大 Schröder 数序列, 详见第 4 章 (特殊计数序列) 一章关于大 Schröder 数的有关内容.

2.12 $E_a(x) = \left[(\mathrm{e}^x + \mathrm{e}^{-x})/2 - 1\right]^2 \mathrm{e}^{3x}$.

2.13 ① $E_h(x) = \left[\left(e^x - (e^{-x})/2 \right) \right]^k$; ② $E_h(x) = \left[e^x - \left(1 + x + \frac{x^2}{2} + \frac{x^3}{6} \right) \right]^k$; ③ $E_h(x)$
$= \prod_{i=1}^{k} \left(e^x - \sum_{j=0}^{i-1} \frac{x^j}{j!} \right)$; ④ $E_h(x) = \prod_{i=1}^{k} \left(\sum_{j=0}^{i} \frac{x^j}{j!} \right)$.

2.14 $c_{12} = 34$.

2.15 $a_{14} = 15$.

2.16 $a_n = 4^{n-1} + 2^{n-1}$, $n \geqslant 1$.

2.17 $\dfrac{6^n + 2^n}{2}$.

2.18 678.

2.19 $c_n = \dfrac{1}{8} \left[1 + (-1)^n \right] + \dfrac{1}{4} (n+1) + \dfrac{1}{2} \binom{n+2}{2}$.

2.20 $S_e^{\#}(2n, m) = \dfrac{1}{2^m} \sum_{k=0}^{m} \binom{m}{k} (2k - m)^{2n}$.

2.21 54.

2.22 146.

2.23 45.

2.25 提示: 仿照上题证明, 首先寻找 b_n 的递推关系. 可按最后一个赛季包含 i 个工作日进行分类统计, 可得 $b_n = \sum_{i=1}^{n} a_i b_{n-i} = \sum_{i=1}^{n} i \cdot 2^{i-1} b_{n-i}$. 然后利用归纳法证明.

2.28 提示: 利用序列 $\{M_n\}_{n \geqslant 0}$ 的普通型母函数 $M(x)$ 可得

$$M(x) = \frac{1 - x - \sqrt{1 - 2x - 3x^2}}{2x^2}$$

$$= \frac{3}{4} + \frac{1}{2} \sum_{k \geqslant 2} (-1)^{k-1} \binom{\frac{1}{2}}{k} \sum_{j=0}^{k} \binom{k}{j} 2^{k-j} 3^j x^{k+j-2}$$

$$= \frac{1}{2} \left[\frac{3}{2} + \sum_{k \geqslant 2} \sum_{j=0}^{k} b(k,j) x^{k+j-2} \right]$$

其中

$$b(k,j) = (-1)^{k-1} \binom{\frac{1}{2}}{k} \binom{k}{j} 2^{k-j} 3^j$$

$$= \frac{(2k-3)!!}{k!} \binom{k}{j} \left(\frac{3}{2} \right)^j, \quad k \geqslant 1, \ 0 \leqslant j \leqslant k$$

这里我们约定 $(-1)!! = 1$. 由此即得 $M(x)$ 的展开式中 x^n 项的系数

$$M_n = \frac{1}{2} \sum_{k = \left[\frac{n+1}{2} \right] + 1}^{n+2} b(k, n-k+2), \quad n \geqslant 0$$

2.29 $E_b(x) = e^{\frac{x}{2} + \frac{x^2}{4}} / \sqrt{1-x}$.

2.30 **提示**: 设 $\mathbb{Z}_n^+$ 是选课的 n 名学生的集合, 每天参加报告的学生是 $\mathbb{Z}_n^+$ 的非空子集, 且这些非空集构成 $\mathbb{Z}_n^+$ 无序拆分. 令 a_m 是 1 天内有 m 个学生进行报告的安排方案数, 则 $a_m = m!$, $m \geqslant 1$, 并约定 $a_0 = 0$. 一旦 $\mathbb{Z}_n^+$ 被拆分成了 k 个子集: $\{S_1, S_2, \cdots, S_k\}$, 则有 $b_k = k!$ 种方案安排这些组的报告顺序. 注意到

$$E_a(x) = \mathbf{G}_e(a_n) = \frac{x}{1-x}, \quad E_b(x) = \mathbf{G}_e(b_n) = \frac{1}{1-x}$$

则由指数合成公式 (定理 2.18) 可得

$$E_c(x) = E_b(E_a(x)) = \frac{1-x}{1-2x} = 1 + \sum_{n \geqslant 1} n! \, 2^{n-1} \cdot \frac{x^n}{n!}$$

因此, $c_n = n! \cdot 2^{n-1}$, $n \geqslant 1$.

2.31 设不定方程 $x_1 + x_2 + \cdots + x_8 = n$ 满足 x_1, x_3, x_5, x_7 取奇数 x_2, x_4, x_6, x_8 取偶数的非负整数解的个数为 a_n, 则数列 $\{a_n\}_{n \geqslant 0}$ 的普通型母函数 $f(x)$ 为

$$f(x) = \left(1 + x^2 + x^4 + \cdots\right)^4 \left(x + x^3 + x^5 + \cdots\right)^4 = \sum_{n \geqslant 0} (n+1) x^{2n+4}$$

所以 $a_{40} = 19$.

2.32 **提示**: 令 $a_0 = 0$, $a_n = -\frac{1}{n}$, $b_0 = 0$, $b_n = \sum_{k=1}^n (-1)^k \binom{n}{k} a_k$, 则

$$b_n = \binom{n}{1} - \frac{1}{2}\binom{n}{2} + \frac{1}{3}\binom{n}{3} - \cdots + (-1)^{n-1}\frac{1}{n}\binom{n}{n}$$

$$= 1 + \frac{1}{2} + \frac{1}{3} + \cdots + \frac{1}{n}$$

然后利用二项式反演公式即得.

2.33 $a_n = \frac{1}{4}\left[3^n + 2 + (-1)^n\right]$.

2.34 设 $G(x)$ 是 $\{g_n\}_{n \geqslant 1}$ 指数型母函数, 则

$$G(x) = \left(x + \frac{x^3}{3!} + \cdots\right)\left(1 + \frac{x^2}{2!} + \cdots\right)\left(1 + x + \frac{x^2}{2!} + \cdots\right)^2$$

$$= \frac{e^x - e^{-x}}{2} \cdot \frac{e^x + e^{-x}}{2} \cdot e^{2x} = \sum_{n \geqslant 1} 4^{n-1} \cdot \frac{x^n}{n!}$$

所以 $g_n = 4^{n-1}$.

2.35 **提示**: 用 n 个点表示数 n, 通过在这 n 个点间的 $n-1$ 个位置可选地插入一个 "|" 来表示 n 的一个有序拆分, 例如: ●●|●●●|●|●●|● 表示 9 的一个有序 5 拆分: $9 = 2 + 3 + 1 + 2 + 1$. 下面采用这种记号来统计 n 的所有有序拆分中 k 出现的次数. 首先在 k 个连续的点的左右各插入一个 "|", 以表示 n 的拆分中含有一个等于 k 的部分, 并考虑如下两种情况.

① k 个连续的点不含端点: 有 $n-k-1$ 种方式构造这种等于 k 的部分, 剩下的点之间还有 $n-k-2$ 个位置可以选择性地插入一个 "$|$", 其方式数为 2^{n-k-2}, 以构成 n 的含有一个等于 k 的部分的有序拆分, 总的方案数为 $(n-k-1)\cdot 2^{n-k-2}$. 例如, 当 $n=9$, $k=3$ 时, $\bullet\bullet|\bullet|\bullet\bullet|\bullet\bullet\bullet|\bullet$ 就表示 9 的含有一个等于 3 的部分的有序拆分: $9=2+1+2+3+1$.

② k 个连续的点含端点: 只有 2 种方式构造这种等于 k 的部分, 剩下的点之间还有 $n-k-1$ 个位置可以选择性地插入一个 "$|$", 其方式数为 2^{n-k-1}, 以构成 n 的含有一个等于 k 的部分的有序拆分, 总的方案数为 $2\cdot 2^{n-k-1}$.

最后由加法原理即得 n 的有序拆分中 k 出现的次数为 $(n-k-1)\cdot 2^{n-k-2}+2\cdot 2^{n-k-1}=(n-k+3)\cdot 2^{n-k-2}$.

2.36 $p^{\leqslant 4}(13)=p_4(13+4)=39$.

2.37 $p\langle 17\rangle=8$.

2.38 $p\langle 11\rangle=8$, 其格式如下:

$$(1)^{11},\ (1)(2)^5,\ (1)^2(3)^3,\ (1)^3(4)^2,\ (1)^5(6),\ (1)(2)(4)^2,\ (1)(2)^2(6),\ (1)^2(3)(6)$$

2.39 $p_{\min}\langle 89\rangle=12$, $\min|\pi\langle 89\rangle|=9$.

2.40 $p_{\min}\langle 19\rangle=3$, $\min|\pi\langle 19\rangle|=6$, 其格式为

$$(1)(2)(4)^4,\quad (1)(2)(4)^4(10),\quad (1)^4(5)(10)$$

2.41 提示: $p_3(n+3)$ 是不定方程 $n=y_1+2y_2+3y_3$ 的非负整数解的个数, 所以序列 $\{p_3(n+3)\}_{n\geqslant 0}$ 的普通母函数为

$$F(x)=\sum_{n\geqslant 0}p_3(n+3)\,x^n=\frac{1}{(1-x)(1-x^2)(1-x^3)}$$

$$=\frac{1}{6(1-x)^3}+\frac{1}{4(1-x)^2}+\frac{17}{72(1-x)}$$

$$+\frac{1}{8(1+x)}+\frac{1}{9(1-\omega x)}+\frac{1}{9(1-\omega^2 x)}\quad(\text{其中 }\omega=\mathrm{e}^{i\frac{2\pi}{3}})$$

由此得

$$p_3(n+3)=\frac{(n+3)^2}{12}-\frac{7}{72}+\frac{(-1)^n}{8}+\frac{1}{9}\left(\omega^n+\omega^{2n}\right)$$

从而

$$\left|p_3(n+3)-\frac{(n+3)^2}{12}\right|\leqslant\frac{7}{72}+\frac{1}{8}+\frac{2}{9}=\frac{4}{9}<\frac{1}{2}$$

由此即得结论.

2.42 提示: 因为当 $n\geqslant 6$ 时, $p_3^{\neq}(n)=p_3(n-3)$, 然后利用习题 2.41 的结论即得.

2.43 提示: $p^{\leqslant r}(n)=p_r(n+r)$ 以及推论 2.21.1.

2.44 提示: $p_r(n)=p^{\leqslant r}(n)-p^{\leqslant r-1}(n)$, $p_r(n)=p^r(n)=p^{\leqslant r}(n-r)$.

2.45 提示: n 的各部分互异的 r 拆分可分为两类: 最小部分等于 1 和最小部分大于 1.

2.46 提示: 仿照定理 2.35 的证明.

2.47 **提示**: 因为 $p_r(n)$ 是方程 $n = x_1 + x_2 + \cdots + x_r$ 满足 $x_1 \geqslant x_2 \geqslant \cdots \geqslant x_r \geqslant 1$ 的整数解的个数, 而对于 n 的每一个 r 拆分 $\pi_r(n) = \{x_1, x_2, \cdots, x_r\}$, r 元集 $\{x_1, x_2, \cdots, x_r\}$ 的每一个全排列均产生不定方程 $n = x_1 + x_2 + \cdots + x_r$ 的一个正整数解 (有些解可能是一样的, 因为 $\pi_r(n)$ 可能是一个重集), 因此有不等式 $r! p_r(n) \geqslant \binom{n-1}{r-1}$. 另一方面, 如果 $n = x_1 + x_2 + \cdots + x_r$, $x_1 \geqslant x_2 \geqslant \cdots \geqslant x_r \geqslant 1$, 令 $y_k = x_k + (r-k)$, $1 \leqslant k \leqslant r$, 则 $y_1 + y_2 + \cdots + y_r = n + k(k-1)/2$, 且诸 y_k 互异, 可得 $r! p_r(n) \leqslant \binom{n+r(r-1)/2-1}{r-1}$. 联合这两个不等式即得结论.

2.48 $G(x) = \dfrac{1}{1-x}$.

2.49 $G(x) = \dfrac{1}{1-x}$.

2.50 $F(x) = \mathrm{e}^x$.

2.51 **提示**: 以 $V = \mathbb{Z}_n^+$ 作为顶点集的阈值图 G 的个数可按其分离顶点的个数 k 进行分类统计, 显然恰有 k 个分离顶点的阈值图的个数为 $\binom{n}{k} s_{n-k}$, 因此有

$$t_n = \sum_{k=0}^{n} \binom{n}{k} s_{n-k}$$

根据定理 2.8 即得 $E_t(x) = \mathrm{e}^x E_s(x)$. 另一方面, 当 $n \geqslant 2$ 时, 阈值图 G 没有分离顶点当且仅当 G 的补图 $\overline{G}$ 有分离顶点. 因此, $t_n = 2s_n$, $n \geqslant 2$. 如果注意到 $t_0 = s_0 = 1$, $t_1 = 1$, $s_1 = 0$, 立即可得 $E_t(x) = 2E_s(x) + x - 1$. 由此可得

$$E_s(x) = \frac{1-x}{2 - \mathrm{e}^x}, \quad E_t(x) = \frac{\mathrm{e}^x(1-x)}{2 - \mathrm{e}^x}$$

2.52 **提示**: 首先注意到 $p^{\neq}(n)$ 等于 $2n$ 的各部分互异且每部分均为偶数的拆分数, 所以只需要证明 $2n$ 的各部分互异且每部分均为偶数的拆分 (其集合记为 S) 与 $2n$ 的拆分中逐次秩均为 1 的拆分 (其集合记为 T) 存在一一对应关系即可. 对于 $\forall s \in S$, 令 $s : 2n = s_1 + s_2 + \cdots + s_r$, 且 $s_1 > s_2 > \cdots > s_r$, 由于 s 的每一部分均为偶数, 故可设 $s_k = 2h_k$, $1 \leqslant k \leqslant r$. 现在开始构造 Young 图 $\mathscr{D}_Y(\pi)$: $\mathscr{D}_Y(\pi)$ 的第一行有 $h_1 + 1$ 个格子, 而第一列有 h_1 个格子, 即第一行与第一列的格子总数为 $2h_1$; 第二行有 $h_2 + 1$ 个格子 (不含第一列), 第二列有 h_2 个格子 (不含第一行), 即第二行与第二列的格子总数为 $2h_2$ (不含第一行与第一列); $\cdots$, 以此类推. 显然, 由此构造的 Young 图 $\mathscr{D}_Y(\pi)$ 对应于 $2n$ 的一个拆分 π, 且 π 的逐次秩均为 1.

2.53 **提示**: ① 略; ② $r_1 + r_2 \leqslant -2$.

习　题　3

3.6 ① $a_n = 5 \cdot 2^n + 2 \cdot n2^n - 4 \cdot 3^n$, $n \geqslant 0$;

② $a_n = 5^n - 3 \cdot n5^{n-1}$, $n \geqslant 0$;

③ $a_n = n$, $n \geqslant 0$;

④ $a_n = 10 \cdot 7^{n-1}$, $n \geqslant 1$;

⑤ $a_n = 10(2^n - 3^n) + 5n(2^{n-1} + 3^{n-1})$, $n \geqslant 0$.

3.7 ① $a_n = 2^{n+1} + 3^n + n + 2$, $n \geqslant 0$;

② $a_n = 2 \cdot 3^n + 4^n + n + 2$, $n \geqslant 0$;

③ $a_n = 17 + 11n - 13 \cdot 2^n + 4n \cdot 2^n$, $n \geqslant 0$;

④ $a_n = 3 \cdot 2^n - 5^n + 3^n$, $n \geqslant 0$.

3.8 ① $a_n = 2^{[3^n - (-1)^n]/4}$, $n \geqslant 0$;

② $a_n = 2^{4^n - 3^n}$, $n \geqslant 0$;

③ $a_n = \left[\dfrac{(-1)^n}{4} + \dfrac{3^{n+1}}{4}\right]^2$, $n \geqslant 0$;

④ $a_n = 2^{[3^n - (-2)^n]/5}$, $n \geqslant 0$.

3.9 ① $\cos n\alpha$;

② $\dfrac{x^{n+1} - y^{n+1}}{x - y}$;

③ $\dfrac{1}{3}(5^{n+1} - 2^{n+1})$;

④ $\dfrac{1}{2} \cdot 3^{n+2} + \dfrac{1}{2} - 2^{n+2}$.

3.10 $a_{n+1} = 2a_n + 4^n$, $n \geqslant 0$; 或 $a_{n+1} = 4a_n - 2^n$, $n \geqslant 0$, 或者

$$\begin{cases} a_n - 6a_{n-1} + 8a_{n-2} = 0, & n \geqslant 2 \\ a_0 = 1, \ a_1 = 3 \end{cases}$$

普通型母函数 $G(x) = \dfrac{1 - 3x}{(1 - 2x)(1 - 4x)}$.

3.11 $a_n = 10a_{n-1} + 40a_{n-2}$, $n \geqslant 3$, 且 $a_1 = 10$, $a_2 = 120$. 由此得

$$a_n = \frac{15 + \sqrt{65}}{4\sqrt{65}} \left(5 + \sqrt{65}\right)^n - \frac{15 - \sqrt{65}}{4\sqrt{65}} \left(5 - \sqrt{65}\right)^n$$

3.12 ① $a_n - 4a_{n-1} + 3a_{n-2} = 0$, $n \geqslant 2$;

② $a_n - 5a_{n-1} + 6a_{n-2} = 0$, $n \geqslant 2$;

③ $a_n - 5a_{n-1} + 4a_{n-2} = 0$, $n \geqslant 2$;

④ $a_n - 15a_{n-1} + 71a_{n-2} - 105a_{n-3} = 0$, $n \geqslant 3$;

⑤ $a_n - 6a_{n-1} + 8a_{n-2} = 0$, $n \geqslant 2$;

⑥ $a_n + a_{n-1} - 16a_{n-2} + 20a_{n-3} = 0$, $n \geqslant 3$.

3.13 ① $a_n = 2a_{n-1} + a_{n-2}$, $a_0 = 1$, $a_1 = 3$;

② $a_n = \dfrac{1}{2}\left[(1 + \sqrt{2})^{n+1} + (1 - \sqrt{2})^{n+1}\right]$, $n \geqslant 0$;

③ $f(x) = \sum_{n \geqslant 0} a_n x^n = \dfrac{1 + x}{1 - 2x - x^2}$.

3.14 $\begin{cases} a_n = (m - 2)a_{n-1} + (m - 1)a_{n-2}, & n \geqslant 4, \\ a_2 = m(m - 1), \ a_3 = m(m - 1)(m - 2), \end{cases}$ 由此可解得

$$a_n = \begin{cases} m, & n = 1 \\ (m - 1)^n + (-1)^n (m - 1), & n \geqslant 2 \end{cases}$$

3.15　序列 $\{a_n\}_{n\geqslant 0}$ 满足: $a_n = (m-2)a_{n-1} + (m-1)a_{n-2}$, $n \geqslant 3$. 如果注意到 $a_1 = 0$, $a_2 = m-1$, 可补充定义 $a_0 = 1$, 由此可解得

$$a_n = \frac{(m-1)^n}{m} + (-1)^n \cdot \frac{m-1}{m}, \quad n \geqslant 0$$

3.16　$h_n = n^2 - n + 2$, $n \geqslant 1$.

3.17　$a_k = \dfrac{n}{\lambda_1^2 - \lambda_2^2}\left(\lambda_1^{k+1} - \lambda_2^{k+1}\right)$, 其中 $\lambda_{1,2} = \dfrac{n-1 \pm \sqrt{n^2+2n-3}}{2}$.

3.18　① 略; ② 设 $\{a_n\}_{n\geqslant 0}$, $\{b_n\}_{n\geqslant 0} \in V$, 且满足:

$$a_0 = b_1 = 1, \quad a_1 = b_0 = 0$$

则易知序列组 $\{a_n, b_n\}_{n\geqslant 0}$ 线性无关, 且对于 $\forall \{c_n\}_{n\geqslant 0} \in V$ 有

$$c_n = c_0 a_n + c_1 b_n, \quad n \geqslant 0$$

即序列 $\{a_n\}_{n\geqslant 0}$, $\{b_n\}_{n\geqslant 0}$ 是向量空间 V 的一组基, 因此有 $\dim(V) = 2$.

习　题　4

4.1　提示: 用归纳法证明.

4.2　提示: 用归纳法证明.

4.3　提示: 利用 $\sum_{n\geqslant 0} F_n x^n = \dfrac{x}{1-x-x^2}$.

4.4　提示: 利用 Binet 公式.

4.7　提示: 利用恒等式 (4.5).

4.9　① F_{n+2}; ② F_{n-1}; ③ F_{n+1}; ④ F_n; ⑤ F_{2n}; ⑥ F_{2n-2}; ⑦ F_{2n+1}; ⑧ F_{2n+2}; ⑨ F_{n+2}; ⑩ F_{n+1}.

4.10　① $a_n = F_{2n}$; ② $a_n = F_{2n+1}$; ③ $a_n = F_{3n}$; ④ $a_n = \dfrac{1}{8}F_{6n}$.

4.11　$L_p^{\geqslant}(p,q) = \dfrac{p-q+1}{p+1}\binom{p+q}{q}$, $C_n = L_p^{\geqslant}(n,n) = \dfrac{1}{n+1}\binom{2n}{n}$.

4.12　提示: 考虑 $S = \{n \cdot +1, n \cdot -1\}$ 的全排列 $a_1 a_2 \cdots a_{2n}$, 如果正整数 j 位于矩阵的第 1 行, 令 $a_j = +1$; 如果正整数 j 位于矩阵的第 2 行, 令 $a_j = -1$. 则可得所求矩阵的集合与 S 的所有部分和非负的全排列集合之间的一一对应, 然后根据定理 4.3 即得.

4.13　提示: 对平面树的顶点进行深度优先遍历 (即前序遍历), 每向下经过一条边记录一个 $+1$, 而每向上经过一条边则记录一个 -1, 则可得一个由 n 个 $+1$ 和 n 个 -1 组成的一个排列; 由于顶点是按深度优先遍历的, 所以该排列的所有部分和非负. 于是, $n+1$ 个顶点的平面树集合与集合 $\{n \cdot +1, n \cdot -1\}$ 的部分和非负的全排列集合之间存在一一对应, 然后根据定理 4.3 即得.

4.21　提示: 利用 Catalan 数 C_n 的性质与行列式的性质.

4.23　提示: 证明所有的剖分方案数 Q_n 满足递推关系 (4.19), 且 Q_n 与 s_n 具有相同的初始值.

4.24　提示: 证明满足条件的树的数目 T_n 满足递推关系 (4.19), 且 T_n 与 s_n 具有相同的初始值.

4.28 **提示**: 本题中的路径与上题 (习题 4.27) 中的整数序列 $i_1 i_2 \cdots i_m$ 之间存在一一对应关系.

4.29 **提示**: 本题中的路径与习题 4.27 中的整数序列 $i_1 i_2 \cdots i_m$ 之间存在一一对应关系.

4.32 **提示**: 可按 Schröder 路径中所包含的 R 步数进行分类计数.

4.34 $G_p(n,m) = \sum_{r=0}^{\min\{n,m\}} \binom{n+m-r}{n-r,\ m-r,\ r}$, $G_p(n,m:r) = \binom{n+m-r}{n-r,\ m-r,\ r}$,

$G_p^{\geqslant}(n,m:r) = \dfrac{n-m+1}{m-r+1} \binom{n+m-r}{r,\ n-r,\ m-r}$, $G_p^{\geqslant}(n,m) = \sum_{r=0}^{m} \dfrac{n-m+1}{m-r+1} \binom{n+m-r}{r,\ n-r,\ m-r}$,

$S_n = \sum_{r=0}^{n} G_p^{\geqslant}(n,n:r)$.

4.36 **提示**: 利用上题中③的组合解释, 并按序列 $a_1 a_2 \cdots a_n$ 中 1 或 -1 的个数进行分类统计即得.

4.37 **提示**: 利用 $s(n,k)$ 及 $S(n,k)$ 的递推关系.

4.40 **提示**: 利用 $j^m = \sum_{k=1}^{j} \binom{j}{k} k! S(m,k) = \sum_{k=1}^{j} S(m,k)(j)_k$ 得到

$$S_m(n) = \sum_{j=1}^{n} \sum_{k=1}^{j} S(m,k)(j)_k = \sum_{k=1}^{n} S(m,k) \sum_{j=k}^{n} (j)_k$$

然后注意到 $\sum_{j=k}^{n}(j)_k = \dfrac{(n+1)_{k+1}}{k+1}$ 即得.

4.41 **提示**: ① 由于 $\dfrac{1}{1+x} F\left(\dfrac{x}{1+x}\right) = \sum_{i \geqslant 0} f(i) x^i \cdot \dfrac{1}{(1+x)^{i+1}}$, 然后利用展开式 $\dfrac{1}{(1+x)^{i+1}} = \sum_{j \geqslant 0} (-1)^j \binom{i+j}{j} x^j$, 得 $\dfrac{1}{1+x} F\left(\dfrac{x}{1+x}\right) = \sum_{i \geqslant 0} \sum_{j \geqslant 0} (-1)^j \binom{i+j}{j} f(i) x^{i+j}$, 式中 x^n 的系数为 $\sum_{j=0}^{n} (-1)^j \binom{n}{j} f(n-j) = \Delta^n f(0)$.

② 根据所给条件易知: $f(0) = 1, f(1) = 2, f(2) = 6, f(3) = 20, \cdots$, 由此猜想 $f(n) = \binom{2n}{n}$, 于是 $F(x) = \sum_{n \geqslant 0} f(n) x^n = (1-4x)^{-\frac{1}{2}}$. 而根据结论①, 则有 $G(x) = \sum_{n \geqslant 0} g(n) x^n = \sum_{n \geqslant 0} [\Delta^n f(0)] x^n = \dfrac{1}{1+x} F\left(\dfrac{x}{1+x}\right) = (1-2x-3x^2)^{-\frac{1}{2}}$. 猜想的正确性可验证 $\dfrac{1}{1+x} G\left(\dfrac{x}{1+x}\right) = F(x^2)$ 得到. 因为根据结论①和题中条件应该有 $\dfrac{1}{1+x} G\left(\dfrac{x}{1+x}\right) = \sum_{n \geqslant 0} [\Delta^n g(0)] x^n = \sum_{n \geqslant 0} f(n) x^{2n} = F(x^2)$, 而通过直接计算可得, 确实有 $\dfrac{1}{1+x} G\left(\dfrac{x}{1+x}\right) = F(x^2)$.

③ 直接计算可得: $f(0) = 1, f(1) = 1, f(2) = 2, f(3) = 5, f(4) = 14, \cdots$, 由此猜想 $f(n) = \dfrac{1}{n+1} \binom{2n}{n} = C_n$, 因此有 $F(x) = \sum_{n \geqslant 0} f(n) x^n = \dfrac{1}{2x}(1 - \sqrt{1-4x})$. 再令 $F_1(x) = \sum_{n \geqslant 0} f(n+1) x^n = \dfrac{1}{x}[F(x) - 1] = \dfrac{1}{2x^2}(1 - 2x - \sqrt{1-4x})$, 然后根据①中的结论, $G(x) = \sum_{n \geqslant 0} g(n) x^n = \dfrac{1}{1+x} F_1\left(\dfrac{x}{1+x}\right) = \dfrac{1}{2x^2}[1 - x - \sqrt{1-2x-3x^2}]$. 猜想的正确性可通过验证等式 $\dfrac{1}{1+x} G\left(\dfrac{x}{1+x}\right) = F(x^2)$ 得到. 显然, 这里的 $f(n)$ 就是 Catalan 数 C_n, 而 $g(n)$ 就是 Motzkin 数 M_n, 因此我们有 $M_n = \Delta^n C_1$, $C_n = {}^{2n} M_0$.

4.42 提示: 利用 $\sum_{n \geqslant k} S(n, k) x^n = \dfrac{x^k}{(1-x)(1-2x) \cdots (1-kx)} = \dfrac{1}{((1-x)/x)_k}$.

习 题 5

5.1 提示: 用归纳法证明.

5.2 6.

5.3 871.

5.4 158.

5.5 34.

5.6 53.

5.7 96.

5.8 69.

5.9 456.

5.10 228.

5.11 $10000 - (100 + 21) + 4 = 9883$.

5.12 5334.

5.13 5429.

5.14 30492.

5.15 720.

5.16 33.

5.17 ① 32; ② 25.

5.18 4.

5.19 16.

5.20 3216.

5.21 2186.

5.22 3337.

5.23 $591 \cdot 1990^{1989}$.

5.24 8921.

5.25 $f(m, k) = \dfrac{m}{m-k} \binom{m-k}{k}$.

5.26 ① $\mathcal{R}(B_1; x) = 1 + 7x + 14x^2 + 8x^3 + x^4$;
  $\mathcal{N}(B_1; x) = 21 + 44x + 42x^2 + 12x^3 + x^4$;
  ② $\mathcal{R}(B_2; x) = 1 + 7x + 13x^2 + 7x^3 + x^4$;
  $\mathcal{N}(B_2; x) = 17 + 50x + 42x^2 + 10x^3 + x^4$;
  ③ $\mathcal{R}(B_3; x) = 1 + 9x + 24x^2 + 20x^3 + 4x^4$;
  $\mathcal{N}(B_3; x) = 12 + 32x + 48x^2 + 24x^3 + 4x^4$;
  ④ $\mathcal{R}(B_4; x) = 1 + 9x + 22x^2 + 14x^3$;
  $\mathcal{N}(B_4; x) = 8 + 36x + 48x^2 + 28x^3$;
  ⑤ $\mathcal{R}(B_5; x) = 1 + 7x + 17x^2 + 19x^3 + 10x^4 + 2x^5$;
  $\mathcal{N}(B_5; x) = 24 + 48x + 28x^2 + 18x^3 + 2x^5$;
  ⑥ $\mathcal{R}(B_6; x) = 1 + 9x + 27x^2 + 33x^3 + 16x^4 + 2x^5$;

$$\mathcal{N}(B_6; x) = 14 + 36x + 40x^2 + 22x^3 + 6x^4 + 2x^5.$$

5.27 ① $\mathcal{R}(B_1; x) = 1 + 8x + 22x^2 + 25x^3 + 11x^4 + x^5$;

$\quad\quad\quad \mathcal{N}(B_1; x) = 159 + 271x + 200x^2 + 72x^3 + 17x^4 + x^5$.

② $\mathcal{R}(B_2; x) = 1 + 7x + 15x^2 + 10x^3 + 2x^4$;

$\quad\quad\quad \mathcal{N}(B_2; x) = 184 + 284x + 204x^2 + 44x^3 + 4x^4$;

③ $\mathcal{R}(B_3; x) = 1 + 6x + 12x^2 + 8x^3$;

$\quad\quad\quad \mathcal{N}(B_3; x) = 240 + 288x + 144x^2 + 48x^3$;

④ $\mathcal{R}(B_4; x) = 1 + 12x + 54x^2 + 112x^3 + 108x^4 + 48x^5 + 8x^6$;

$\quad\quad\quad \mathcal{N}(B_4; x) = 80 + 192x + 216x^2 + 128x^3 + 96x^4 + 8x^6$.

5.28 $r_k(B) = \binom{2n-k+1}{k}$, $0 \leqslant k \leqslant n$.

5.29 提示: 按棋盘 $B_{p,q}^r$ 第 1 行的格子展开.

5.30 $N_{=0}(B) = 23$.

5.31 $\sum_{k=0}^{n} (-1)^{n-k} \binom{n}{k} \dfrac{(n+k)!}{2^k}$.

5.32 $\delta_n = \sum_{k=0}^{n} (-1)^k \binom{n}{k} (2n-k)!$.

5.33 提示: 利用例 5.11 的结果.

5.34 提示: 证明集合 $\Lambda(X)$ 与幂集 2^X 之间存在一一对应关系.

5.35 提示: 证明集合 X 的所有特征函数的集合 $\Lambda(X)$ 是 V 的一组基, 然后利用上题的结论.

5.36 提示: 将 A_i 看成是 A 中具有性质 P_i 的元素集合, 那么

$$|A_T| = f_\geqslant(T) = \sum_{Y \supseteq T} f_=(Y)$$

5.37 $N_{\leqslant 0} = 22$, $N_{\leqslant 1} = 133$, $N_{\leqslant 2} = 294$, $N_{\leqslant 3} = 283$, $N_{\leqslant 4} = 100$, $N_{\geqslant 0} = 100$, $N_{\geqslant 1} = 117$, $N_{\geqslant 2} = 45$, $N_{\geqslant 3} = 6$, $N_{\geqslant 4} = 0$, $N_{=0} = 22$, $N_{=1} = 45$, $N_{=2} = 27$, $N_{=3} = 6$, $N_{=4} = 0$.

习 题 6

6.1 提示: 因不满足反对称性, 故不是 X^N 上的偏序.

6.2 ① 略; ② 极大元: 24, 54; 最小元: $\mathbf{0} = 1$; ③ $\inf Q = 1$, $\sup Q$ 不存在.

6.3 (a)、(b)、(c)、(d) 都不是格.

6.4 提示: ① 同时考虑 A_i 和 $\overline{A}_i$, 其中 $1 \leqslant i \leqslant m$; ② 对于 $x \in \mathbb{Z}_n^+$, 考虑 $\mathbb{Z}_n^+ - \{x\}$ 的所有子集 B_i, $i = 1, 2, \cdots, 2^{n-1}$, 令 $A_i = B_i \bigcup \{x\}$, $1 \leqslant i \leqslant 2^{n-1}$, 显然这些 $A_i\,(1 \leqslant i \leqslant 2^{n-1})$ 就是 $\mathbb{Z}_n^+$ 的 2^{n-1} 个不同的子集, 且任何两个子集的交集非空, 此时不等式显然成立等号.

6.5 设 $|A_k| = \max\limits_{1 \leqslant i \leqslant m} |A_i|$, 如果 $|A_k| \leqslant \lfloor n/2 \rfloor$, 则由定理 6.13 立即可得; 若存在 $I \subseteq \mathbb{Z}_m^+$ 使得 $|A_i| > \lfloor n/2 \rfloor$, $i \in I$, 则考虑集合 $\mathcal{B} = \{B_1, B_2, \cdots, B_m\}$, 其中 $B_i = \overline{A}_i$, $i \in I$; $B_i = A_i$, $i \in \mathbb{Z}_m^+ - I$. 易知, $\mathcal{B}$ 亦满足条件①和②, 且 $|B_k| = \max\limits_{1 \leqslant i \leqslant m} |B_i| \leqslant \lfloor n/2 \rfloor$, 然后对 $\mathcal{B}$ 应用定理 6.13 可得.

6.6 提示: 对于 $\forall A \in \mathrm{Ac}(P)$, 令 $I(A) = \{y \,|\, y \in P$, 且 $\exists x \in A$ 使得 $y \preccurlyeq x\}$, 则 $I(A) \in \mathbb{J}(P)$; 并且如定义 $\varphi(A) = I(A)$, 则 $\varphi : \mathrm{Ac}(P) \mapsto \mathbb{J}(P)$ 是一个双射.

6.7 提示: 设 $x_1, x_2, \cdots, x_{n^2+1}$ 是 n^2+1 个互异的实数, 令 $Q = \{(i, x_i) \mid 1 \leqslant i \leqslant n^2+1\}$, 定义 Q 上的二元关系如下: 对 $(i, x_i), (j, x_j) \in Q$, $(i, x_i) \preccurlyeq (j, x_j)$ 当且仅当 $i \leqslant j$ 且 $x_i \leqslant x_j$, 则 $(Q, \preccurlyeq)$ 是一个偏序集. 然后应用定理 6.10 即得.

6.9 提示: 证明二元运算 "$\vee$" 和 "$\wedge$" 满足 $\mathscr{L}_1 - \mathscr{L}_4$.

6.12 提示: 设 L 是一个几何格, p 是 L 的一个点 (或原子), 并令 a 是 L 中满足 $p \wedge a = \mathbf{0}$ 的最大元素 (a 的存在性显然). 如果 $p \vee a = \mathbf{1}$, 那么 a 就是点 p 的补元, 结论成立; 否则必有 $p \vee a \prec \mathbf{1}$, 并且由于 $\mathbf{1}$ 是 L 中一些点的上确界, 所以一定存在 L 中的点 q 满足 $q \not\leqslant p \vee a$. 于是有两种可能性: ① $p \preccurlyeq q \vee a$; ② $p \not\leqslant q \vee a$. 如果 ① 成立, 则 $p \vee a \preccurlyeq q \vee a$; 但由于 $\mathbf{0} < p$, $\mathbf{0} < q$, 所以 $a < p \vee a$, $a < q \vee a$. 这意味着 $\rho(p \vee a) = \rho(q \vee a)$, 从而有 $q \preccurlyeq p \vee a$, 这与 q 的选择矛盾. 如果 ② 成立, 即 $p \not\leqslant q \vee a$, 那么有 $p \wedge (q \vee a) = \mathbf{0}$. 因为 $q \not\leqslant p \vee a$, 由此得 $a \prec q \vee a$, 而这与 a 的选择矛盾.

6.14 提示: 对 k 采用归纳法证明.

6.15 提示: 对 k 采用归纳法证明.

6.16 提示: 设区间 $[x, y]$ 上 xy 链的最大长度为 ℓ, 那么有

$$(\zeta - \delta)^{\ell+1}(u, v) = 0, \quad x \preccurlyeq u \preccurlyeq v \preccurlyeq y$$

所以当 $x \preccurlyeq u \preccurlyeq v \preccurlyeq y$ 时, 有

$$(2\delta - \zeta)\left[\delta + (\zeta - \delta) + (\zeta - \delta)^2 + \cdots + (\zeta - \delta)^\ell\right](u, v)$$
$$= \left[\delta - (\zeta - \delta)\right]\left[\delta + (\zeta - \delta) + (\zeta - \delta)^2 + \cdots + (\zeta - \delta)^\ell\right](u, v)$$
$$= \left[\delta - (\zeta - \delta)^{\ell+1}\right](u, v) = \delta(u, v)$$

因此有 $\nu = (2\delta - \zeta)^{-1} = \delta + (\zeta - \delta) + (\zeta - \delta)^2 + \cdots + (\zeta - \delta)^\ell$. 如果注意到 $\eta^k = (\zeta - \delta)^k$ 统计了长度为 k 的 xy 链数, 由此即得证明.

6.17 提示: 同上题类似证明.

6.20 提示: 利用定理 6.43 的结论.

6.22 提示: 参见 P. McMullen 和 G. C. Shephard 的文献[80].

6.23 提示: 参见 B. Grünbaum 的专著[30].

6.28 $\alpha_n(S) = 280$, $\beta_n(S) = 217$.

6.29 提示: 注意到 $\lfloor x \rfloor = \sum_{n \leqslant x} 1$, 可得 $f(x) = 1$.

6.30 提示: 先计算 $g_n(z) = \sum_{d \mid n} \ln f_d(z)$, 然后应用 Möbius 反演公式.

6.31 提示: 利用古典 Möbius 函数 $\mu(n)$ 的定义, 如果 $n = p_1^{n_1} p_2^{n_2} \cdots p_k^{n_k}$, $m = p_1 p_2 \cdots p_k$, 则有 $\sum_{d \mid n} \mu(d) = \sum_{d \mid m} \mu(d)$, 由此即可得到证明.

6.32 设 p_i 表示第 i 个素数, 那么有

$$\zeta(s) = \sum_{n \geqslant 1} \frac{1}{n^s} = \frac{1}{1^s} + \frac{1}{2^s} + \frac{1}{3^s} + \cdots$$
$$= \left(1 + \frac{1}{p_1^s} + \frac{1}{p_1^{2s}} + \cdots\right)\left(1 + \frac{1}{p_2^s} + \frac{1}{p_2^{2s}} + \cdots\right) \cdots$$
$$= \prod_{i \geqslant 1} \frac{1}{1 - 1/p_i^s}$$

因此有

$$\frac{1}{\zeta(s)} = \prod_{i \geqslant 1}\left(1 - \frac{1}{p_i^s}\right) = \sum_{n \geqslant 1}\frac{\mu(n)}{n^s}$$

6.33 提示: 对 $U \in \mathbb{L}_q^n$, 令 $f_=(U)$ 表示 $\mathbb{F}_q^n$ 中恰好生成子空间 U 的子集个数, $f_\leqslant(U)$ 表示 $\mathbb{F}_q^n$ 中所生成的子空间包含在 U 中的子集个数, 则有

$$f_\leqslant(U) = 2^s - 1, \quad \text{其中 } s = q^{\dim(U)}$$

上式右端减 1 是因为空集 $\varnothing$ 不生成任何空间. 显然, $f_\leqslant(U) = \sum_{W \subseteq U} f_=(U)$, 然后由 Möbius 反演公式 (定理 6.65) 可得: $f_=(U) = \sum_{W \subseteq U} \mu(W, U) f_\leqslant(W)$, 然后令 $U = \mathbb{F}_q^n$ 即得.

习 题 7

7.1 45 分钟.

7.2 提示: 注意到 $105 = 3 \times 5 \times 7$ 即可.

7.3 提示: 例如, 设 $m = 6$, $n = 4$, 并令 $a = 4$, $b = 1$, 则对任意的正整数 p, q 均有 $6p + 4 \neq 4q + 1$.

7.4 提示: 不妨假设 $a < b$, 然后考虑 a 除以 b 所得的余数.

7.5 提示: 参考例 7.9.

7.6 ① 提示: 考虑 i 个人的年龄之和 $S_j^{(i)}$, $1 \leqslant i \leqslant 10$; $1 \leqslant j \leqslant \binom{10}{i}$;

② 不能, 10 是最小值.

7.7 提示: 用反证法, 并考虑集合 $\mathscr{W} = \{\overline{A} \mid A \in \mathscr{U}\}$, 且有 $\mathscr{U} \cap \mathscr{W} = \varnothing$.

7.10 提示: 利用上题的结论.

7.13 提示: 6 个点中必存在两点 P, Q, 使得其余 4 个点位于过 P, Q 直线的同一侧.

7.15 提示: 先用容斥原理得到 $S_{12} + S_{13} + S_{23} \geqslant 3$, 其中 S_{ij} 是多边形 i 与多边形 j 公共部分的面积, 然后用鸽巢原理即得.

7.18 提示: 用反证法, 并利用不超过 35 的素数只有 11 个的事实.

7.19 提示: 考虑 k 元集 $A_i = \{(i-1)k+1, (i-1)k+2, \cdots, ik\}$, $i = 1, 2, \cdots, n$, 显然有 $S = \bigcup_{i=1}^n A_i$; $A_i \cap A_j = \varnothing$, $i \neq j$.

习 题 8

8.11 $\mathrm{CI}_{HG}(x_1, \cdots, x_{16}) = \frac{1}{6}\left(x_1^{16} + 2x_1 x_3^5 + 3x_1^4 x_2^6\right)$.

8.12 $\mathrm{CI}_G(x_1, \cdots, x_n) = \frac{1}{n}\sum_{d \mid n} \phi(d) x_d^{\frac{n}{d}}$.

8.16 提示: 布局 (a) 不能变成布局 (b).

8.17 9.

8.18 5.

8.19 132.

8.20 39.

8.21 1170.

8.22 22.

8.23 1479.

8.24 $a(n, m) = \dfrac{1}{n} \sum_{\substack{d \mid n \\ d \neq n}} \phi(d) \left[(m-1)^{\frac{n}{d}} + (-1)^{\frac{n}{d}} (m-1) \right]$.

8.25 701968.

8.26 347.

8.27 656.

8.28 56.

8.29 51.

8.30 利用对群 $\mathcal{S}_n^{(2)}$ 的循环指数和定理 8.42, 可得

$$\mathcal{G}_n(x) = \mathrm{CI}_{\mathcal{S}_n^{(2)}} \left(1 + x, \, 1 + x^2, \, \cdots, \, 1 + x^{n(n-1)/2} \right)$$

于是有

$$\mathcal{G}_1(x) = 1$$

$$\mathcal{G}_2(x) = 1 + x$$

$$\mathcal{G}_3(x) = 1 + x + x^2 + x^3$$

$$\mathcal{G}_4(x) = 1 + x + 2x^2 + 3x^3 + 2x^4 + x^5 + x^6$$

$$\mathcal{G}_5(x) = 1 + x + 2x^2 + 4x^3 + 6x^4 + 6x^5 + 6x^6 + 4x^7 + 2x^8 + x^9 + x^{10}$$

$$\mathcal{G}_6(x) = 1 + x + 2x^2 + 5x^3 + 9x^4 + 15x^5 + 21x^6 + 24x^7 + 24x^8$$
$$+ 21x^9 + 15x^{10} + 9x^{11} + 5x^{12} + 2x^{13} + x^{14} + x^{15}$$

$$\mathcal{G}_7(x) = 1 + x + 2x^2 + 5x^3 + 10x^4 + 21x^5 + 41x^6 + 65x^7 + 97x^8$$
$$+ 131x^9 + 148x^{10} + 148x^{11} + 131x^{12} + 97x^{13} + 65x^{14}$$
$$+ 41x^{15} + 21x^{16} + 10x^{17} + 5x^{18} + 2x^{19} + x^{20} + x^{21}$$

参 考 文 献

[1] Cayley A. A theorem on trees. Quart. J. of Pure and App. Math., 1889, 23: 376-378.

[2] Prüfer H. Neuer Beweis eines Satzes über Permutationen. Arch. der Math. und Phys., 1918, 27(3): 142-144.

[3] Stanley R P, Rota G C. Enumerative Combinatorics: I. Cambridge: Cambridge University Press, 1997.

[4] Cramer G. Introduction à l'analyse des lignes courbes algébriques (Geneva), 656-659, 1750.

[5] Hall M. Proc. Symp. Applied Math. 6: 203, Amer. Math. Soc. 1956.

[6] Nijenhuis A, Wilf H S. Combinatorial Algorithms. 2nd ed. Boston, MA: Academic Press, 1978.

[7] Knuth D E. The Art of Computer Programming: Vol. 4, Fascicle 3, Generating All Combinations and Partitions. New York: Pearson Education, Inc. 2005.

[8] MacMahon P A. The Indices of Permutations and the Derivation therefrom of Functions of a Single Variable Associated with the Permutations of any Assemblage of Objects. Amer. J. Math., 1913, 35: 281-322.

[9] Booth K S, Lueker G S. Testing for the consecutive ones property, interval graphs, and graph planarity using PQ-tree algorithms. J. of Computer and System Sciences, 1976, 13(3): 335-379.

[10] Shih W-K, Hsu W-L. A new planarity test. Theoretical Computer Science, 1999, 223 (1-2): 179-191.

[11] Wilf H S. Generatingfunctionology. 2nd ed. Boston, MA: Academic Press, 1994.

[12] Motzkin T S. Relations between hypersurface cross ratios, and a combinatorial formula for partitions of a polygon, for permanent preponderance, and for non-associative products. Bulletin of the American Mathematical Society, 1948, 54: 352-360.

[13] Hardy G H, Ramanujan S. Asymptotic formulaae in combinatory analysis. Proc. London Math. Soc., 1918, 17(2): 75-115.

[14] Rademacher H A. On the partition function $p(n)$. Proc. London Math. Soc., 1937, 43: 241-254.

[15] Franklin F. Sur le d'eveloppement du produit infini $(1-x)(1-x^2)(1-x^3)(1-x^4)\cdots$. Comptes Rendus Acad. Sci. (Paris), 1881, 92: 448-450.

[16] Harary F, Read R C. The Enumeration of Tree-like Polyhexes. Proc. Edinb. Math. Soc., 1970, 17: 1-14.

[17] Anderson I. A first Course in Combinatorial Mathematics. Oxford: Clarendon Press, 1974.

[18] Sigler L E. Fibonacci's Liber Abaci. New York: Springer-Verlag, 2002: Chapter II. 12: 404-405.

[19] Stanley R P. Enumerative Combinatorics: II. Cambridge: Cambridge University Press, 1999.

[20] Narayana T V. Lattice Path Combinatorics with Statistical Application. Toronto: University of Toronto Press, 1979.

[21] Moser L, Zayachkowski W. Lattice paths with diagonal steps. Scripta Math., 1963, 26: 223-229.

[22] Kreweras C. Aires des chemins surdiagonaux a étapes obliques permises. Cahier du B.U.R.O., 1976, 24: 9-18.

[23] Donaghey R, Shapiro L W. Motzkin Numbers. J. of Combinatorial Theory, Ser. A 1977, 23: 291-301.

[24] Agrawal M, Kayal N, Saxena N. PRIMES Is in P. Preprint, Aug. 6, 2002. (http:// www.cse.iitk.ac.in/users/manindra/algebra/primality_v6.pdf)

[25] Weisner L. Abstract theory of inversion of finite series. Trans. Amer. Math. Soc. 1935, 38: 474-484.

[26] Hall P. The Eulerian functions of a group. Quart. J. Math., 1936, 7: 134-151.

[27] Rota G-C. On the foundations of combinatorial theory I: Theory of Möbius functions. Z. Wahrsch. Verw. Gebiete, 1964, 2: 340-368.

[28] Birkhoff G D, et al. Lattice Theory. 3rd ed. Providence, R. I.: Amer. Math. Soc., 1967.

[29] Rival I. Ordered Sets. Dordrecht/Boston: Reidel, 1982.

[30] Grünbaum B. Convex Polytopes. London/New York: John Wiley (Interscience), 1967.

[31] Dilworth R P. A decomposition theorem for partially ordered sets. Ann. of Math., 1950, 51(2): 161-166.

[32] Tverberg H. On Dilworth's decomposition theorem for partially ordered sets. J. of Combinatorial Theory, 1967, 3: 305-306.

[33] Mirsky L. A dual of Dilworth's decomposition theorem. Amer. Math. Monthly, 1971, 78: 876-877.

[34] Sperner E. Ein Satz über Untermengen einer endlichen Menge. Math. Zeitschrift, 1928, 27: 544-548.

[35] Lubell D. A short proof of Sperner's lemma. J. of Combinatorial Theory, 1966, 1: 299.

[36] Erdös P, Chao Ko, Rado R. Extremal problems among subsets of a set. Quart. J. Math. Oxford Ser., 1961, 12(2): 313-318.

[37] Bollobás B. Sperner systems consisting of pairs of complementary subsets. J. of Combinatorial Theory (A), 1973,15: 363-366.

[38] Van Lint J H, Wilson R M. A Course in Combinatorics. 2nd ed. Cambridge: Cambridge University Press, 2001.

[39] Frankl P. Old and new problems on finite sets. Proc. Nineteenth S. E. Conf. on Combinatorics, Graph Th. and Computing, Baton Rouge, 1988.

[40] Grätzer G. General Lattice Theory. New York: Academic Press, 1978.

[41] Lindström B. Determinants on semilattices. Proc. Amer. Math. Soc., 1969, 20: 207-208.

[42] Wilf H S. Hadamard determinants, Möbius functions and the chromatic number of a graph. Bull. Amer. Math. Soc., 1968, 74: 960-964.

[43] Ramsey F P. On a problem of formal logic. Proc. London Math. Soc., 1928, 30: 264-286.

[44] Gauss C F. Disquisitiones Arithmeticae (Translated by Arthur A. Clarke). New Haven: Yale University Press, 1966.

[45] Erdös P, Szekeres G. A combinatorial problem in geometry. Compositio Math., 1935, 2: 464-470.

[46] Ryser H J. Combinatorial Mathematics. Providence: Mathematical Association of America, 1961.

[47] Graham R L, Rothschild B L, Spencer J H. Ramsey Theory. 2nd ed. New York: Wiley, 1990.

[48] Schur I. Uber die Kongruenz $x^m + y^m \equiv z^m \pmod{p}$. Deutsche Math. Ver., 1916, 25: 114-117.

[49] Van der Waerden B L. Beweis einer Baudetschen Vermutung. Nieuw Archiefvoor Wiskunde, 1927, 15: 212-216.

[50] Hales A W, Jewett R I. Regularity and positional games. Trans. Amer. Math., 1963, 106: 222-229.

[51] Erdös P. Graph theory and probability II. Canad. J. Math., 1961, 13: 346-352.

[52] Graver J E, Yackel J. Some graph theoretic results associated with Ramsey's theorem. J. of Combinatorial Theory, 1968, 4: 125-175.

[53] Ajtai M, Komlós J, Szemerédi E. A note on Ramsey numbers. J. of Combinatorial Theory (A), 1980, 29: 354-360.

[54] Kim J H. The Ramsey Number $R(3, t)$ has Order of Magnitude $t^2/\log t$. Random Structures and Algorithms, 1995, 7: 173-207.

[55] Fredricksen H. Schur numbers and the Ramsey numbers $N(3, 3, \cdots, 3; 2)$. J. of Combinatorial Theory Ser. A, 1979, 27: 376-377.

[56] Fredricksen H, Sweet M M. Symmetric Sum-Free Partitions and Lower Bounds for Schur Numbers. Electronic J. Combinatorics 7, 2000(1): R32, 1-9.

[57] Landman B, Bruce M, Aaron R. Ramsey Theory on the Integers. New York: Amer. Math. Soc., 2004.

[58] Gowers W T. A new proof of Szemerédi's theorem. Geometric and Functional Analysis, 2001, 11: 465-588.

[59] Berlekamp E. A construction for partitions which avoid long arithmetic progressions. Canadian Math. Bull. 1968, 11: 409-414.

[60] Chvátal V. Some unknown van der Waerden numbers // Guy R, et al., eds. Combinatorial Structures and Their Applications. New York: Gordon and Breach, 1970.

[61] Beeler M, O'Neil P. Some new van der Waerden numbers. Discrete Math., 1979, 28: 135-146.

[62] Beeler M. A new van der Waerden number. Discrete Applied Math., 1983, 6: 207.

[63] Landman B, Robertson A, Culver C. Some New Exact van der Waerden Numbers. Integers Electronic J. of Combinatorial Number Theory, 2005, 52(2): 1-11.

[64] Kouril M. A backtracking framework for Beowulf clusters with an extension to multi-cluster computation and sat benchmark problem implementation. Ph. D. Thesis, University of Cincinnati, Engineering: Computer Science and Engineering, 2006.

[65] Kouril M, Paul J L. The van der Waerden Number $W(2,6)$ is 1132. Experimental Math., 2008, 17(1): 53-61.

[66] Ahmed T. Some new van der Waerden numbers and some van der Waerden-type numbers. Integers, 2009, 9(A06): 65-76.

[67] Ahmed T. Two new van der Waerden numbers: $w(2,3,17)$ and $w(2,3,18)$. Integers, 2010, 10(A32): 369-377.

[68] Brown T C. Some new van der Waerden numbers (preliminary report). Notices Amer. Math. Soc, 1974, 21: A-432.

[69] Stevens R, Shantaram R. Computer-generated van der Waerden partitions. Math. Computation, 1978, 32: 635-636.

[70] Schweitzer P. Problems of Unknown Complexity. Graph isomorphism and Ramsey theoretic numbers, Dissertation zur Erlangung des Grades des Doktors der Naturwissenschaften (Dr. rer. nat.), U. des Saarlandes, 2009.

[71] Burnside W. Theory of Groups of Finite Order. Cambridge: Cambridge University Press, 1897.

[72] Frobenius F G. Ueber die Congruenz nach einem aus zwei endlichen Gruppen gebildeten Doppelmodul. Crelle CI: 1887, 288.

[73] Redfield J H. The Theory of Group-Reduced Distributions. Amer. J. of Math. 1927, 49(3): 433-455.

[74] Pólya G. Kombinatorische Anzahlbestimmungen für Gruppen, Graphen und chemische Verbindungen. Acta Mathematica, 1937, 68(1): 145-254.

[75] Harary F. The number of linear, directed rooted and connected graphs. Trans. Amer. Math. Soc., 1955, 78: 445-463.

[76] Harary F. A Seminar on Graph Theory. New York: Holt, Rinehart and Winston, 1967.

[77] Harary F. On the number of bi-coloured graphs. Pacific J. Math., 1958, 8: 743-755.

[78] Harary F, Palmer E M. The power group enumeration. J. of Combinatorial Theory, 1966, 1: 157-173.

[79] 康庆德. 组合学笔记. 北京: 科学出版社, 2009.

[80] McMullen P, Shephard G C. On the upper-bound conjecture for convex polytopes. Lecture Notes, University of East Anglia, 1968.

[81] Aigner M. Combinatorial Theory. New York: Springer-Verlag New York Inc., 1979.

[82] Berge C. Théorie des Graphes et Ses Applications. Paris: Dunod, 1958.

[83] Biggs N. Algebraic Graph Theory. Cambridge: Cambridge University Press, 1993.

[84] Birkhoff G D, Lewis D C. Chromatic polynomials. Trans. Amer. Math. Soc., 1968, 60: 355-451.

[85] Bóna M. Introduction to Enumerative Combinatorics. Beijing: McGraw-Hill Education (Asia) Co. and Tsinghua University Press, 2009.

[86] Brooks R L. On colouring the nodes of a network. Proc. Cambridge Philos. Soc., 1941, 37: 194-197.

[87] Brualdi R A. Introductory Combinatorics. 4th ed. New York: Pearson Education, 2004.

[88] Cayley A. On the Theory of the analytical forms called trees. Philos. Mag., 1857, 13: 172-176.

[89] Cayley A. On the mathematical theory of isomers. Philos. Mag., 1874, 67: 444-446.

[90] Fisher M E. Statistical mechanics of dimers on a plane lattice. Physical Review, 1961, 124: 1664-1672.

[91] Graham R L, Rothschild B L. A short proof of van der Waerden's theorem on arithmetic progressions. Proc. American Math. Soc., 1974, 42(2): 385-386.

[92] Kirchhoff G R. Über die Auflösung der Gleichungen, auf welche man bei der Untersuchung der linearen Vertheilung galvanischer Ströme geführt wird. Ann. Phys. Chem., 1847, 72: 497-508.

[93] Kuratowski K. Sur le problème des courbes gauches en topologie. Fund. Math., 1930, 15: 271-283.

[94] 卢开澄, 卢华明. 组合数学. 4 版. 北京: 清华大学出版社, 2006.

[95] Ore O. Theory of Graphs. Providence, RI: American Mathematical Society, 1962.

[96] Read R C. An introduction to chromatic polynomials. J. of Combinatorial Theory, 1968, 4: 52-71.

[97] Roberts F S, Tesman B. Applied Combinatorics. 2nd ed. New York: Pearson Education Asia Limited and China Machine Press, 2005.